高分子材料与工程专业系列教材

聚合物共混改性

（第三版）

吴培熙　张留成　编著

中国轻工业出版社

图书在版编目（CIP）数据

聚合物共混改性/吴培熙，张留成编著. —3版.
—北京：中国轻工业出版社，2025.2
“十三五”普通高等教育本科规划教材. 高分子材料与工程专业系列教材
ISBN 978-7-5184-1401-7

Ⅰ.①聚…　Ⅱ.①吴…②张…　Ⅲ.①高聚物-共混-改性-高等学校-教材　Ⅳ.①TQ316.6

中国版本图书馆CIP数据核字（2017）第109139号

内容提要

本书系统地论述了聚合物共混改性的基本概念、改性原理、聚合物共混物的微观形态、微观形态的测定、增容技术、聚合物共混物的性能特征。在聚合物共混科学基础上，简要介绍了共混工艺及设备，并分别精练地论述了聚乙烯、聚丙烯、聚氯乙烯、聚苯乙烯、聚酰胺、聚酯、聚甲醛、聚苯醚、聚苯硫醚、氟树脂、环氧树脂、酚醛树脂等十多类聚合物的共混改性工程及改性材料的特性与应用。

本书内容丰富、新颖，论述深入浅出，理论与实际结合紧密，图文并茂，不仅适用于大专院校作为教材，而且可供从事高分子材料科学研究、生产的相关工程技术人员研读和参考。

责任编辑：杜宇芳
策划编辑：林　媛　　责任终审：张乃柬　　封面设计：锋尚设计
版式设计：王超男　　责任校对：晋　洁　　责任监印：张京华

出版发行：中国轻工业出版社（北京鲁谷东街5号，邮编：100040）
印　　刷：三河市万龙印装有限公司
经　　销：各地新华书店
版　　次：2025年2月第3版第5次印刷
开　　本：787×1092　1/16　　印张：24.25
字　　数：550千字
书　　号：ISBN 978-7-5184-1401-7　　定价：69.00元
邮购电话：010-85119873
发行电话：010-85119832　010-85119912
网　　址：http://www.chlip.com.cn
Email：club@chlip.com.cn

250216J1C305ZBW

前　言

将不同种类聚合物采用物理的或化学的方法共混，以改进原聚合物的性能或形成具有崭新性能的聚合物体系，已成为高分子材料科学与工程领域一个新的重要分支，引起了广大高分子科学工作者和高分子材料、加工成型企业的极大兴趣和高度重视。

一般而言，聚合物共混应包括以一种树脂为基体，在其中掺混其他种类树脂或橡胶；或以一种橡胶为基体，在其中掺混其他种类橡胶或树脂。但是，聚合物共混习惯上是指前一种情况，后者常称为橡胶的并用（或是橡胶与树脂的并用）。本书仅讨论以树脂为基体的聚合物共混物。在聚合物中添加非聚合物物质应为复合改性，其改性理论、微观形态、改性效果以及制备工艺均与聚合物共混不同，本书亦不涉及。

最早工业化生产的树脂基聚合物共混物是20世纪40年代开发成功的丁腈橡胶改性聚氯乙烯和橡胶增韧聚苯乙烯，至今仍是最重要的聚合物共混品种之一。随后的年代里，数十甚至上百种的重要聚合物共混物陆续问世，在改性效果和性能方面可谓“异彩纷呈”。至20世纪70年代末，伴随着工业技术的发展，国外对聚合物共混改性已建立了一定的基础理论，理论研究的中心集中在聚合物之间的相容性、聚合物共混物的微观形态以及相容性-微观形态-性能之间的关系等方面。当然，新的表征技术的开拓对上述研究起到了积极的促进和保证作用。

我国在聚合物共混改性领域的研究起步较晚。20世纪80年代以前，无论是理论研究还是共混改性品种的开发都很欠缺，甚至在高等院校相关专业教材中均未占有一席之地，工程界对聚合物共混几乎完全陌生。为了促进国内在此领域的发展，我们在20世纪70年代末着手，于1981年完成了《聚合物共混改性原理及工艺》一书，希望起到抛砖引玉的作用。该书1984年出版问世以来，受到国内高分子学术界、教育界和工程界的普遍关注和鼓励，并荣幸地被广泛选作高等学校有关专业研究生、本科生的选修课教材或主要参考书，塑料工程界则以该书为基础，举办了各种层次的专题学习班和讲座。

随后，国内外在聚合物共混科学与工程实际领域均有了长足的进步，“共混”成为高分子材料科学和工程的“热点”。毫不夸张地说，凡与高分子学科有关的研究单位、高（中）等专业院校和生产企业无不涉足“共混”。正是如此，为了反映国内外有关聚合物共混理论研究和生产实际的最新成就，我们从1994年开始着手对《聚合物共混改性原理及工艺》一书进行增补和修改，并改名为《聚合物共混改性》，于1996年出版。

自该书问世至2016年的20年间，据中国轻工业出版社反馈的信息，它得到了相关业界的普遍认可，认为其结构合理、内容全面、论述深入、表达清晰简洁、理论联系实际突出，故多年来一直受到广大读者欢迎，尤其适宜作为高校高分子材料专业的教材。为此，中国轻工业出版社与我们联系，希望我们不负社会需求，紧跟科技发展，再次补充更新内容，编著新版，取名《聚合物共混改性》（第三版），出版社将其列为“十三五”重点教材出版。

第三版保留了第二版较理想的结构框架，但具体内容有了较大改动，除补充更新外，还着重精练了一般应用实践领域的内容和图表。

当今，有关聚合物共混改性的国内外科技文献浩如烟海，涉及范围广，内容极为丰富。本版书限于篇幅并考虑到作为基础性专著的宗旨，我们向读者介绍的重点是较成熟的理论研究结论和工业化生产的大品种聚合物的共混改性，对一些不很成熟却很有意义的新动向也给予了适当的反映。

本书融入了我们的一些科研成果和认知，在许多章节中还分别介绍了张留成及其指导下的青年学者们近年来的新成就。

尽管我们多年来一直从事高分子材料科学与工程（尤其是聚合物共混改性）方面的教学与科研工作，但限于水平，书中错误及疏漏在所难免，敬希广大读者不吝指正。

本书第1章及第6～14章由吴培熙执笔，第2～5章及第15章由张留成执笔，全书由吴培熙整理统编。

本书第二版编著过程中，曾得到一批年轻同事的协助：张福强、张秋红分别参加了第10章和第13章的编写；在第三版的编著过程中，瞿雄伟在文献查阅、整理和电子版录入等诸多方面以及刘国栋、张福强在文献查补方面给予了帮助。在此，向他们表示诚挚的谢意。

编者

2016年11月

于天津

目　录

第1章 概 论

当今，合成聚合物已成为工农业生产和人民生活不可缺少的一类重要材料。然而，随着时代的发展，人们对聚合物材料提出了日益广泛和苛刻的要求。例如，期望聚合物材料既耐高温，又易于加工成型；既有卓越的韧性，又有较高的综合强度；不仅性能良好，而且价格低廉。对于多种多样的要求，单一的均聚物往往是难以满足的。

为获得综合性能优异的聚合物材料，除继续研制合成新型聚合物外，对已有聚合物的共混改性已成为发展聚合物材料的一条卓有成效的途径，近年来日益引起研究者的兴趣和重视。据国外统计[1]，一种工业化的新型聚合物，从研制（约需 0.15 亿美元）到中试（约需 1.5 亿美元）需要大量资金，而研制并在工业上投产一种新型聚合物共混物只需数百万美元的投资，并且一些工程聚合物共混物的力学性能可与某些金属材料相媲美，甚至还可展现出某些特殊功能性。因此，聚合物共混物的研制和生产得以迅速发展。自 20 世纪 80 年代以来，世界聚合物共混物产量的年增长率均在 10%左右，并数倍于塑料工业产量的年增长率。

1.1 基本概念

聚合物共混物（Polymer Blends）是指两种或两种以上均聚物或共聚物的混合物。在聚合物共混物中，各聚合物组分之间主要是物理结合，因此，聚合物共混物与共聚高分子是有区别的。但是，在聚合物共混物中，不同聚合物大分子之间难免会有少量化学键存在，例如在强剪切力作用下的熔融混炼过程中，可能由于剪切作用使得大分子断裂，产生大分子自由基，从而形成少量嵌段共聚物或接枝共聚物。此外，近年来为强化共混聚合物组分之间的界面粘接而采用的反应增容措施，也必然在组分之间引入化学键。

聚合物共混物通常又称为聚合物合金或高分子合金（Polymer Alloys），即两者是等义的，这在塑料工程界比较常见。在科学研究领域中，大多把具有良好互溶性的多组分聚合物（Multicomponent Polymers）体系称为聚合物合金，其微观形态应为均相或微观非均相。所以，按后一种概念，那些互溶性不很好，微观形态呈亚微观非均相或宏观相分离的聚合物共混物不属于高分子合金之列，但高分子合金却可包含嵌段共聚物和接枝共聚物，因为它们具有可明显区分的高分子链（组分），并且一般不呈现宏观的相分离。以上概念并没有得到统一，有人[2]曾对各种观点作过汇总，读者可以参考。

聚合物共混物的微观形态受聚合物组分之间热力学相容性、实施共混的方法和工艺条件等多方面因素的影响。在讨论聚合物共混物微观形态的各类文献中，常出现“相容性”“相溶性”“互溶性”等不同的提法，虽然尚未统一，但一般是与英文 Miscibility 及 Solubility 相对应的，常用于讨论是否热力学相互溶解（共混时，混合自由能 $\Delta G_m \leqslant 0$），而“混容性”（与 Compatibility 相对应）则以是否能获得比较均匀和稳定的形态结构的共混体系为判据，而不论共混体系是否热力学相互溶解。因此，即使热力学不相溶的共混体系，依靠外界条件实现了强制的、良好的分散混合，得到了力学性能优良且稳定的聚合物共混物，就可谓之为混容性好。可见，“混容性”具有动力学含义，是工艺和工程上的主要性质。应当指出，聚合物之间若有良好的相容性，其一般就具有很好的混容性。此外，还有部分相容的概念，即当聚合物共混后，虽然存在分离的物相（热力学不相溶），但仍然可以是结构和性能稳定的共混物体。

聚合物共混物有许多类型，但一般是指塑料与塑料（或树脂与树脂）的共混物以及在塑料中掺混橡胶。对于在塑料中掺混少量橡胶的共混体系，由于在冲击性能上获得很大提高，故通称为橡胶增韧塑料。

聚合物共混物的类型，按所含聚合物组分数目，分为二元及多元聚合物共混物；按聚合物共混物中基体树脂名称，有聚烯烃共混物、聚氯乙烯共混物、聚碳酸酯共混物、聚酰胺共混物等；按性能特征又有耐高温、耐低温、阻燃、耐老化等聚合物共混物之分。

同一类聚合物的共混物（如 HDPE 与 LDPE 共混物）或同一种聚合物不同相对分子质量品级之间的共混物，常称为同系聚合物共混物。

近年来，又有工程聚合物共混物和功能性聚合物共混物的名称出现。前者是指以工程塑料为基体或具有工程塑料特性的聚合物共混物；后者则指除通用性能之外，具有某种特殊功能（如抗静电性、高阻隔性、离子交换性等）的聚合物共混物。

为了简单而又明确地表示聚合物共混物的组成情况，对于二元聚合物共混物记为 A/B(X/Y)，其中 A 为基体树脂的名称，B 为掺混入基体树脂的另一聚合物的名称，X、Y 相应为 A、B 聚合物组分的质量分数。多元聚合物共混物的表示方法以此类推。例如聚丙烯/聚乙烯（85/15）表示在聚丙烯中加入聚乙烯，它们的质量比例为 85∶15；而聚丙烯/聚乙烯/乙-丙橡胶（85/10/5），则表示以聚丙烯为基体，另外两组分为聚乙烯和乙-丙橡胶的聚丙烯三元共混物，三者的质量比依次为 85∶10∶5。有时，当共混组分中有共聚物，且有必要标明时，可采用下述表示方法，即 A/B=$m:n(X/Y)$，其中 B 为共聚物，$m:n$ 为共聚物 B 中两种单体链节数目比。例如，聚氯乙烯/苯乙烯-丙烯腈=95/5(75∶25)，即表示在 95 质量份的聚氯乙烯中掺入 5 质量份的苯乙烯-丙烯腈共聚物，此共聚物链节中含有质量分数为 75%的苯乙烯和 25%的丙烯腈。若用聚合物的英文名称缩写标注聚合物共混物则更为简便，例如 PP/PE 代表聚丙烯/聚乙烯共混物。附表 1 中列出了常见的一些聚合物英文名称缩写以供参考。

1.2 聚合物共混改性的发展概况

关于聚合物共混物的历史，可追溯到 1846 年，当时，Hancock 将天然橡胶与古塔波胶混合，制成了雨衣，并提出了将两种橡胶混合以改进制品性能的想法。

第一个工业化生产的聚合物共混物是于 1942 年投产的聚氯乙烯（PVC）与丁腈橡胶（NBR）的共混物，NBR 是作为长效增塑剂与 PVC 混合的。同年 Dow 化学公司销售的Stytalloy-22，实际上是苯乙烯与丁二烯的互穿网络聚合物（IPN），首次提出了“聚合物合金”这一术语。1942年还开发出了NBR与苯乙烯-丙烯腈共聚物（SAN）的机械共混物（即A型ABS树脂）。ABS树脂作为聚苯乙烯的改性材料而被业界熟知。这种新型材料坚而韧，克服了聚苯乙烯突出的弱点——性脆。此外，ABS树脂耐腐蚀性好，易于加工成型，可用于制备机械零件，是最重要的工程塑料之一。因此，ABS树脂引起了人们极大的兴趣和关注，从此开拓了聚合物共混改性这一新的聚合物科学领域。

ABS与PVC及聚碳酸酯共混物是十分重要的聚合物材料，已于1969年投入市场。迄今，25%以上工业化生产的聚合物共混物含有ABS组分，含有ABS树脂的聚合物共混物占据很大市场。在1986年聚合物共混物的销售量中，此类共混物在欧洲占74%，在日本占77%，在北美占69%。在美国，每年有约80个的ABS共混物新品种投入市场。

1960年发现，难于加工成型的聚苯醚（PPO或PPE）中加入聚苯乙烯（PS）即可顺利加工成型。共混物PPO/PS是相容性的，其密度高于组分密度的加权平均值，性能上表现出明显的协同作用。此类共混物于1965年在美国通用电气公司（General Electric）投产，商品名为Noryl，现在已成为销量很大的重要工程材料。

1975年美国杜邦（Dupont）公司开发了超高韧聚酰胺Zytel-ST。这是在聚酰胺中加入少量聚烯烃或橡胶而制成的共混物，冲击强度比聚酰胺有大幅度提高。这一发现十分重要，现在已知，其他工程塑料如聚碳酸酯（PC）、聚酯、聚甲醛（POM）等，加入少量聚烯烃或橡胶，也可大幅度提高它们的冲击强度。

近几十年来，有关聚合物共混改性的理论研究和工业实践更加活跃，仅全世界每年公布的相关专利就多达4000余项，研究论文更多。此外，国内外出版的相关专著就有10多部。纵观国内外关于共混改性领域的文献报道，可归纳出以下最新动态。

① 微观形态研究方面的进展。通过对聚合物共混物微观形态的控制，设计、制造出性能更为优良或更有特色的聚合物共混物。例如分散相层片化赋予聚合物共混物某种新功能（阻隔性、抗静电性等）；少量起增韧作用的弹性体在形态中的网络化，显著提高了其对脆性基体的增韧效果；结晶聚合物通过与非晶聚合物或其他结晶聚合物共混，使其球晶细化，从而增加了韧性。同时，人们对聚合物共混物微观形态的认识有了新发展，如聚合物共混的计算机模拟[3]、在受限条件下对不相容聚合物共混物的形态演变的考察[4]、聚合物共混体系面界层的表征[5]、聚合物共混体系的多尺度模拟[6]等（以上内容详见本书第3章）。

② 聚合物共混物微观形态观测技术的进展。多年来在观测和研究聚合物共混物微观形态时，主要应用扫描电镜技术和透射电镜技术，近年来一些新的观测设备也被应用于聚合物共混物微观形态的观测，起到了很好的补充作用。主要有：原子力显微镜（AFM），扫描隧道显微镜（STM），激光共聚焦扫描显微镜（LCSM），X射线光电子能谱仪（XPS）等[7]（以上内容详见本书第3章）。

③ 聚合物共混物增韧机理研究的进展。20世纪70年代以前，橡胶增韧聚合物及其增韧机理主要偏重于对脆性聚合物基体的研究。自80年代以来，对韧性聚合物基体增

韧机理的研究认为，其对冲击能的耗散主要依赖于基体产生剪切屈服导致的塑料形变，而不像脆性基体那样主要依赖于银纹化。研究者将热塑性聚合物作为基体分为脆性和韧性两类，认为橡胶增韧机理有两种主导机制，是一个重要的进展。除了被普遍认可的银纹-剪切带增韧机理外，还有界面空洞化、橡胶粒子空洞化、逾渗模型等理论提出。近年来，对刚性聚合物粒子增韧塑料及其机理的研究也颇为活跃，形成了一个新的分支。刚性聚合物粒子增韧的必要条件是基体聚合物具有高的韧性，刚性粒子与基体良好的界面粘接，刚性粒子恰当的浓度。外界冲击能在刚性粒子发生屈服形变之前，通过刚性粒子传递给韧性基体引起塑性形变而耗散（以上内容详见本书第 4 章及第 9 章）。

④ 增容技术的进展。20 世纪 70 年代以后，非反应型相容剂（或增容剂）不断扩展品种和应用，反应型相容剂（或增容剂）更是如雨后春笋般层出不穷，由此促进了许多不相容共混体系的相容，为开发一系列（主要是聚酰胺、聚苯醚系列）新型高分子合金奠定了基础（以上内容详见本书第 7 章）。

⑤ 聚合物共混物加工性能的研究。伴随着聚合物共混物品种的增多，应用领域的不断扩大，对聚合物共混物加工性能的研究也应加强，以适应各种制品的生产需要。这个领域的进展主要有关于聚合物共混物熔体流变性能、挤出膨胀效应等的研究[8-10]。

⑥ 聚合物共混与复合改性技术联合应用的进展。主要包括纳米无机填料用于多种聚合物共混物的研究和应用，填料对聚合物共混物微观形态的影响等[11-13]。

此外，作为第三代高分子合金技术的代表还有各类 IPN 技术、动态硫化技术、反应挤出技术、分子复合技术及它们的联合应用等。

1.3 聚合物共混方法及目的

制备聚合物共混物的方法主要有以下几种。

① 机械共混法。将几种聚合物组分在混合设备如高速混合机、双辊混炼机、挤出机中均匀混合。机械共混法又有干粉共混法及熔融共混法之分。

② 共溶剂法。又称溶液共混法。将各聚合物组分溶解于共同溶液中，再除去溶剂即得到聚合物共混物。

③ 乳液共混法。将不同聚合物的乳液均匀混合，再共沉析得到聚合物共混物。

④ 共聚-共混法。这是制备聚合物共混物的化学方法（详见第 6 章）。

⑤ 各种互穿网络聚合物（IPN）技术（详见第 15 章）。

由于经济原因和工艺操作方便的优势，机械共混法使用最为广泛。制备某些高性能的聚合物共混物时，也常使用共聚-共混法。近年来 IPN 技术也开始在工业生产上广泛采用。

大多数聚合物共混物是非相容性的，具有复相结构。具有微观或亚微观的多相结构是其呈现卓越抗冲性能的重要条件。

聚合物共混物的微观形态结构取决于聚合物组分的特性、共混方法及共混的工艺条件。聚合物共混物微观形态结构的基本特征是：一种聚合物组分（作为分散相）分散于另一种聚合物组分（分散介质或基体）中，或者两组分构成的两个相以相互贯穿的连续相形式存在。聚合物共混物两相之间一般存在过渡区即界面层，它对共混物的性能起着十分重要的作用（见第 3 章）。

聚合物共混改性的目的主要包括以下几方面。

① 综合均衡各聚合物组分的性能，取长补短，消除单一聚合物组分性能上的弱点，获得综合性能较为理想的聚合物材料。如 20 世纪 60 年代工业化的聚丙烯，虽然有密度小、透明性好、压缩强度、硬度及耐热性均优于聚乙烯的优点，但其冲击强度、耐应力开裂性及柔韧性不如聚乙烯。由聚丙烯和聚乙烯共混制成的聚合物共混物，同时保持了两组分的优点，具有较高的拉伸强度、压缩强度和冲击强度，且耐应力开裂性比聚丙烯好，而耐热性优于聚乙烯。

② 使用少量某一聚合物作为另一聚合物的改性剂，改性效果显著。最突出的例子是在聚苯乙烯、聚氯乙烯等脆硬性树脂中掺入 10%～20% 的橡胶类物质，可使它们的冲击强度大幅度提高（表 1-1）。又如把乙烯-醋酸乙烯酯共聚物掺入到聚氯乙烯中，可制得柔性良好的聚氯乙烯。由于乙烯-醋酸乙烯酯共聚物柔软，与聚氯乙烯相容性好，又不会像低分子增塑剂易于挥发，所以可作为聚氯乙烯的一种高分子长效增塑剂。

表 1-1　增韧聚苯乙烯、增韧聚氯乙烯的冲击性能

物料名称	冲击强度/(kJ/m^2)
聚苯乙烯	≥12～16
增韧聚苯乙烯	≥24.5
聚氯乙烯	6
增韧聚氯乙烯	59～88

③ 聚合物加工性能可通过共混得以改善。现代科学技术部门，尤其是航天领域常要求提供耐高温的高分子材料。然而许多耐高温聚合物因熔点高、熔体流动性低，缺乏适宜的溶剂而难以加工成型。聚合物共混技术在这方面显示出重要作用。例如，难熔难溶聚酰亚胺与熔融流动性良好的聚苯硫醚共混后，可以方便地注射成型。由于两种聚合物均有卓越的耐热性能，它们的共混物仍是极好的耐热高温材料。

④ 聚合物共混可以满足一些特殊的需要，制备一系列具有崭新性能的新型聚合物材料。例如，为制备耐燃高分子材料，可与含卤素等耐燃聚合物共混；为获得装饰用具有珍珠光泽的塑料，可将光学性能差异较大的不同种聚合物共混；利用硅树脂的润滑性，与许多聚合物共混，得以生产具有良好自润滑作用的聚合物材料；还可将拉伸强度较悬殊的两种相容性欠佳的树脂共混后发泡，制成多层多孔材料，具有美丽的自然木纹，可代替木材使用。

⑤ 对某些性能卓越但价格昂贵的工程塑料，可通过共混，在不影响使用要求条件下降低原材料成本，例如聚碳酸酯、聚酰胺、聚苯醚等与聚烯烃的共混。由于这些共混体系，常需加入相容剂，所以，在估算成本时，要考虑相容剂的用量和价格。一些重要工程塑料及其共混物的性能见表 1-2。

当前，聚合物共混改性已成为高分子材料科学及工程最活跃的领域之一，共混不仅是聚合物改性的重要手段，更是开发具有崭新性能新型材料的重要途径。国外工业化生产的聚合物品种已达数百种，附表 2 中列举了国外 20 世纪生产工艺成熟的、较重要的聚合物共混物的组成、商品名、特性[1]。当前国内外生产和上市的聚合物合金产品已极为丰富，且经常变化，为精炼篇幅，本书就不再一一罗列。

表 1-2　　一些重要工程聚合物及其共混物的性能

聚合物或其共混物	商品名	伸长率/%	弯曲模量/GPa	拉伸模量/MPa	缺口冲击强度/(J/m)(23℃)	热变形温度/℃(1.8MPa)
PC	Lexan	90	2.20	56	640	132
PC/ABS	Pulse	100	2.59	53	530	96
PC/SMA	Arloy	80	2.20	45	640	121
PC/PET	Macroblend	165	2.07	52	970	88
PC/PBT	Xenoy	130	2.07	56	854	121
PA-6,6		60	2.83	83	53	90
PA/PO	Zytel-ST	60	1.72	52	907	71
PA/PPS		90	2.18	45	955	—
PA-6/ABS	Elemld	—	2.07	48	998	200
HIPS		8	7.66	159	105	235
PSF	Udel	60	2.69	70	69	174
PSF/PC		14	2.46	62	390	180
POM	Delrin	40	2.83	48	75	136
POM/弹性体	Duraloy	220	1.04	37	<220	60
POM/弹性体	Delrin	75	2.62	69	123	136

参考文献

[1] Vtracki L A. Polymer Alloys and Blends [M]: Thermodynamics and Rheology, Hanser Publishers, Munich Vienna, New York, Chapter 1, 1990.

[2] 中条澄. ポリマーァロィ技術の现状と今後の方向 [J]. ブテスチウスュジ，1989，(3)：146；1990，(9)：162.

[3] Lloyd M. Robeson 著，杨卫民，丁玉梅，刘泽译，聚合物共混物 [M]. 北京：化学工业出版社，2012.

[4] 彭小娟，黄亚江，李光宪. 受限条件下不相容聚合物共混物的形态演变研究进展 [J]. 高分子通报，2010 (9)：60-67.

[5] 陈绪煌，陈新泰，龙鹏，黄碧伟，张波. 聚合物共混体系界面层厚度的表征方法 [J]. 高分子材料科学与工程，2013，29 (1)：000115-118.

[6] 李孜孜，王嘉骏，顾雪萍，冯连芳. 聚合物共混体系的多尺度模拟研究进展 [J]. 高分子材料科学与工程，2012，28 (4)：182-186.

[7] 王国全. 聚合物共混改性原理与应用 [M]. 北京：中国轻工业出版社，2013.

[8] 李强，曾琼，杨其，孔米秋，黄亚江. 聚合物体系拉伸流变行为的表征及研究进展 [J]. 高分子通报，2012，(3)：53-61.

[9] 陈旭东，沈家瑞. PVC/MBS 共混物熔体毛细管流变性能研究 [J]. 中山大学学报（自然科学版），2001，40 (6)：46-50.

[10] 王明义，纪莲清，马军，周南桥. LH-PP/Nano-clay 共混挤出的发泡成型 [J]. 高分子材料科

学与工程，2011，27（7）：114-117.

[11]　于杰，胡世军，郭建兵，张敏敏，秦舒浩．纳米无机粒子选择性分布与迁移对聚合物共混物形态与性能的影响［J］．中国塑料，2010，24（3）：49-54.

[12]　王薇莉，杨其，孙雅杰，匡俊杰．填料对聚合物共混物相分离行为的影响［J］．高分子通报，2007，（10）：8-14.

[13]　于清泉，杨其，黄亚江，赵亮，赵红军．填料对不相容聚合物共混物相结构的影响及其应用［J］．塑料工业，2008，36（b06）：216-220.

第 2 章　聚合物之间的相容性

聚合物之间的相容性（Miscibility）与低分子物中的溶解度（Solubility）相对应，是指聚合物之间热力学上的相互溶解性。聚合物之间的相容性是选择适宜共混的聚合物组合以及共混工艺的重要依据，也是决定共混物微观形态和性能的关键因素。所以，在此作较系统的阐述。

2.1　聚合物间相容性的基本特点[1-6]

2.1.1　聚合物间相容性的基本情况

聚合物相对分子质量很大，混合熵很小，因此热力学上真正完全互溶即以任意比例互溶的聚合物对为数不多，大多数聚合物之间是不互溶或部分互溶的。当互溶性（即相互溶解度）较大时，称为相容性好；当互溶性较小时，称为相容性差；当互溶性很小时，称为不相容或基本不相容。表 2-1 及表 2-2 分别列出了一些常见的完全相容对和不相容对的例子。

表 2-1　　室温下可以任意比例相容的聚合物对

聚合物 1	聚合物 2	聚合物 1	聚合物 2
硝基纤维素	聚乙酸乙烯酯	聚苯乙烯	聚 2,6-二乙基-1,4-亚苯醚
硝基纤维素	聚甲基丙烯酸甲酯	聚苯乙烯	聚 2-甲基-6-乙基-1,4-亚苯醚
硝基纤维素	聚丙烯酸甲酯	聚苯乙烯	聚 2,6-二丙基-1,4-亚苯醚
聚氯乙烯	α-甲基苯乙烯/甲基丙烯腈/丙烯酸乙酯(共聚物质量比 58∶40∶2)	聚丙烯酸异丙酯	聚甲基丙烯酸异丙酯
		聚 α-甲基苯乙烯	聚 2,6-二甲基-1,4-亚苯醚
聚乙酸乙烯酯	聚硝酸乙烯酯	聚 2,6-二甲基-1,4-亚苯醚	聚 2-甲基-6-苯基-1,4-亚苯醚
聚苯乙烯	聚 2,6-二甲基-1,4-亚苯醚	聚乙烯醇缩丁醛	苯乙烯/顺丁烯二酸共聚物

表 2-2　　某些不相容的聚合物对

聚合物 1	聚合物 2	聚合物 1	聚合物 2
聚苯乙烯	聚异丁烯	尼龙 6	聚甲基丙烯酸甲酯
聚甲基丙烯酸甲酯	聚乙酸乙烯酯	尼龙 66	聚对苯二甲酸乙二醇酯
天然橡胶	丁苯橡胶	聚苯乙烯	聚丙烯酸乙酯
聚苯乙烯	聚丁二烯	聚苯乙烯	聚异戊二烯
聚甲基丙烯酸甲酯	聚苯乙烯	聚氨酯	聚甲基丙烯酸甲酯
聚甲基丙烯酸甲酯	纤维素三醋酸酯		

Krause[7] 曾公布 342 对聚合物，其中只有 33 对是完全互溶的，46 对部分互溶，其余的都是不互溶或基本不互溶的。大部分聚合物互溶性差，这是聚合物互溶性的一个

特点。

聚合物之间的互溶性与相对分子质量密切相关，一般而言，相对分子质量越大，互溶性越差，这是聚合物互溶性的另一个特点。

2.1.2　聚合物/聚合物二元体系相图

图 2-1 表示了聚合物/聚合物二元体系相图的基本类型。应当指出，聚合物/聚合物的互溶度和相图的类型，还与聚合物相对分子质量及其分布有密切关系。

相图对分析聚合物共混物各相组成和各相体积分数非常有用。知道某一聚合物对的相图和起始组成，即可求出共混物两相组成和体积比。

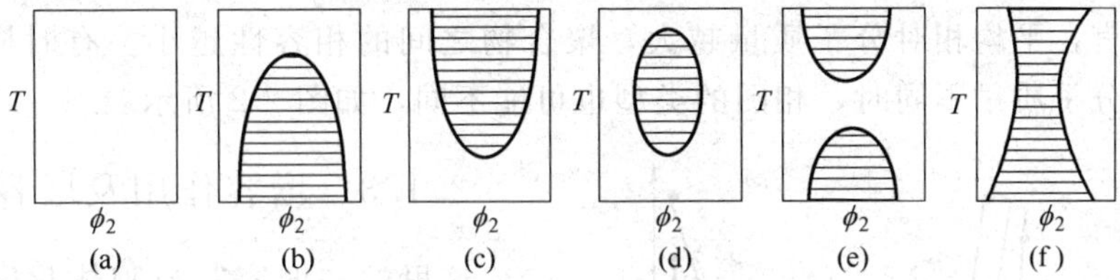

图 2-1　聚合物/聚合物相图的基本类型

(a) 任意比例互溶　(b) 具有最高临界互溶温度（UCST）　(c) 具有最低临界互溶温度（LCST）
(d) 和 (f) 表示具有局部不互溶区域的情况　(e) 同时具有 UCST 和 LCST 阴影部分表示相分离区
ϕ_2—聚合物 2 的体积分数　T—热力学温度

具有最高临界互溶温度的例子有：天然橡胶-丁苯橡胶、聚异丁烯-聚二甲基硅氧烷、聚苯乙烯-聚异戊二烯、聚氧化乙烯-聚氧化丙烯等。

具有最低临界互溶温度的例子有：聚苯乙烯-聚乙烯甲基醚、聚己内酯-苯乙烯-丙烯腈共聚物、聚甲基丙烯酸甲酯-苯乙烯-丙烯腈共聚物等。

同时存在 LCST 及 UCST 的例子有：聚甲基丙烯酸甲酯-氯化聚乙烯以及聚苯乙烯-聚苯醚（PS/PPO）等。

具有 LCST 或同时存在 LCST 及 UCST 的若干聚合物/聚合物体系列于表 2-3 中。应当指出，大部分聚合物共混体系具有最低临界互溶温度，而通常存在于低分子溶液中的最高临界互溶温度，在聚合物-聚合物体系中却是少数。这是聚合物之间相容性的一个重要特点。

表 2-3　若干聚合物共混物的临界互溶温度

聚合物 1		聚合物 2		临界互溶温度/℃	注
名称	M_w/M_n /(kg/mol)	名称	M_w/M_n /(kg/mol)		
PS	237/78	PVME	13.3/7.7	120(LCST)	
SAN	223/88.6	PMMA	92/45.6	150(LCST)	SAN 中含 AN28%
SAN	223/88.6	PCL	35/2.2	90(LCST)	PCL 的 T_g=57℃
PS	160/57	PMMA	126/56	185(LCST)	
PMMA	42/10.4	CPE	190/22	100(LCST)	CPE 含 50%的 Cl

续表

聚合物1		聚合物2		临界互溶温度/℃	注
名称	M_w/M_n /(kg/mol)	名称	M_w/M_n /(kg/mol)		
PMMA	80/36	PVC	55/30	190(LCST)	
PES	工业品	PEO	20～200	80(LCST)	
PS	10/9	PMPS	2.8/1.8	103(UCST)	
BR	390/180	SBR-45	480/160	140(UCST)	
SAN (25%AN)	194/68.4	NBR-40 (40%AN)	297/91.3	140(UCST) 52(LCST)	

一般而言，平均相对分子质量越大，聚合物之间的相容性越小。有时同一聚合物对，当相对分子质量不同时，相图的类型也可能不同，如图 2-2 所示。

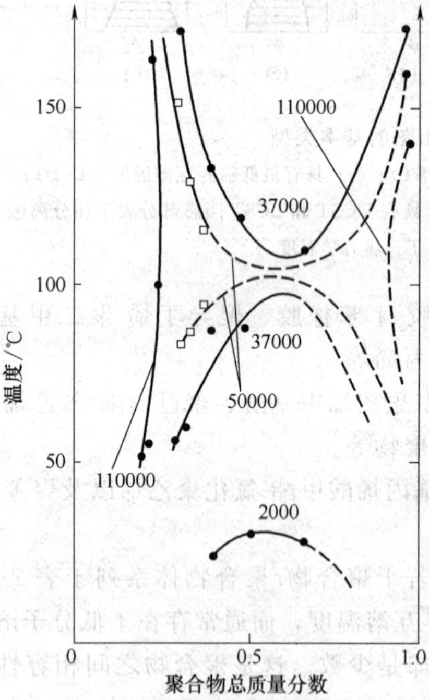

图 2-2　等质量比聚乙烯基甲基醚（PVME）/聚苯乙烯（PS）在三氯甲烷中的浊点温度与聚合物总质量分数的关系

PVME 相对分子质量为 10kg/mol，PS 相对分子质量在图中已标出

2.1.3　增容作用及增容方法

这里的“增容”与胶体化学中的增容概念是一致的。对聚合物而言，具有改善界面黏合力和增加热力学相容性两方面的涵义。

大多数聚合物之间相容性较差，这往往使共混体系难以达到所要求的均匀分散程度。即使借助外界条件，使两种聚合物在共混过程中实现均匀分散，也会在使用过程中出现分层现象，导致共混物性能不稳定和性能下降。解决这一问题的办法可用所谓的“增容”措施。增容作用有两方面涵义：一是使聚合物之间易于相互分散以得到宏观上均匀的共混产物；另一是改善聚合物之间相界面的性能，增加相间的黏合力，从而使共混物具有长期稳定的优良性能。

产生增容作用的方法有：加入相容剂；共混过程中产生或加入大分子相容剂；在聚合物组分之间引入相互作用的基团或离子键，以及形成互穿网络聚合物等。

（1）加入相容剂法　相容剂是指与两种聚合物组分都有较好互溶性的物质，它可降低两组分间界面张力，增加互溶性，其作用与胶体化学中的乳化剂以及高分子复合材料中的偶联剂相当（更多内容参考第 7 章）。

（2）混合过程中化学反应所引起的增容作用　在高剪切混炼机中，橡胶大分子链会发生自由基裂解和重新结合，这是已知的事实。在强烈混炼聚烯烃时，也发生类似的现象，形成少量嵌段或接枝共聚物，从而产生增容作用。为提高这一过程的效率，有时加入少量过氧化物之类的自由基引发剂。

缩聚型聚合物在混合过程中，由于发生链交换反应也可产生明显的增容作用。例如，聚酰胺-66 和聚对苯二甲酸乙二醇酯（PET）在混合过程中，由于催化酯交换反应而产生明显的增容作用。

在混合过程中，使共混物组分发生交联作用也是一种有效的增容方法，交联可分为化学交联和物理交联两种。例如，用辐射的方法使 LDPE/PP 产生化学交联。在此过程中，首先形成具有增容作用的共聚物，在共聚物作用下，形成所希望的微观形态。然后，继续交联使所形成的形态稳定。结晶作用属于物理交联，例如 PET/PP 及 PET/尼龙-66，由于取向纤维组织的结晶，使已形成的共混物微观形态结构稳定，从而产生增容作用。

（3）聚合物组分之间引入相互作用的基团或离子键　聚合物组分中引入离子基团或离子-偶极的相互作用，可实现增容作用。例如，聚苯乙烯中引入大约 5%（摩尔分数）的—SO_3基团，同时将丙烯酸乙酯与约 5%的乙烯基吡啶共聚，然后将二者共混即可制得性能稳定的共混物。

利用电子给予体和电子接受体的络合作用，也可产生增容作用。存在这种特殊相互作用的共混物，常表现 LCST 行为[8]。

（4）共溶剂法和 IPN 法　两种互不相容的聚合物常可在共同溶剂中形成真溶液。将溶剂除去后，相界面非常大，很弱的聚合物-聚合物相互作用就足以使形成的形态结构稳定。

互穿网络聚合物（IPN）技术是产生增容作用的一种较新方法，其原理是将两种聚合物结合成稳定的相互贯穿的网络，从而产生明显的增容作用（详见第 15 章）。

2.2　聚合物/聚合物相容性的热力学分析

2.2.1　一般热力学分析[1,9-10]

在恒定温度和压力下，多元体系热力学平衡的条件是：混合自由焓（自由能）ΔG_m为极小值。这一热力学原则可用以规定二元体系相稳定条件。图 2-3 为一种二元体系混合自由焓 ΔG_m与组分 2 摩尔分数 x_2的关系曲线。设此二元体系的组成为 P，则 $A_1P=x_2$，$\Delta G_m=PQ$。

若此体系分离为组成分别为 P'和 P''的两个相，此两相的量比为 PP''∶PP'，其混合自由焓分别为 $P'Q'$和 $P''Q''$。由简单的几何原理，可以证明：此两相总的混合自由焓为 PQ^+。若在 Q 点 ΔG_m曲线是向上凹的，则 Q^+ 位于点 Q 之上。因此，当发生相分离时，自由焓增大。这就是说，当组成在 P 点及其邻近区域时，均相状态是热力学稳定的。若 ΔG_m曲线在整个组成范围内都是向上凹的，则此二元体系在任意组成时，均相都是热力学的稳定平衡状态，即组分之间可以任意比例互溶。

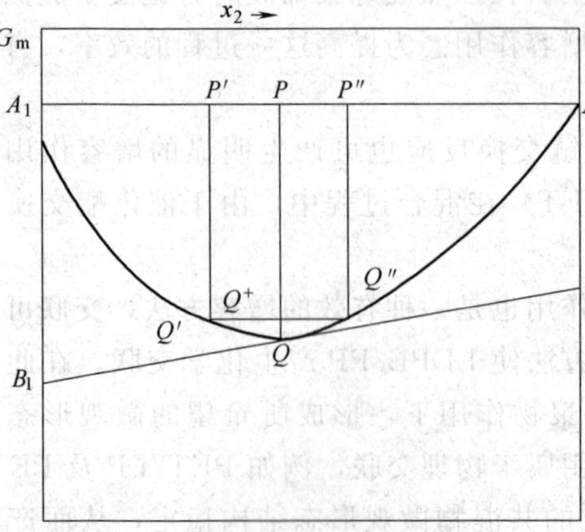

图 2-3　组分间完全相容的二元体系

混合自由焓 ΔG_m 与组成的关系

$PQ=\Delta G_m$　$A_1B_1=\Delta\mu_1$　$A_2B_2=\Delta\mu_2$

设组分 1 及组分 2 的化学位分别为 $\Delta\mu_1$ 及 $\Delta\mu_2$，则根据 Gibbs-Duhm 关系式，有：

$$\Delta G_m = x_1\Delta\mu_1 + x_2\Delta\mu_2 \tag{2-1}$$

$$\left(\frac{\partial\Delta G_m}{\partial x_2}\right)_{T,P} = \Delta\mu_2 - \Delta\mu_1 \tag{2-2}$$

因此，$\Delta\mu_1 = \Delta G_m - x_2\left(\frac{\partial\Delta G_m}{\partial x_2}\right)_{T,P}$

$$\Delta\mu_2 = \Delta G_m - x_1\left(\frac{\partial\Delta G_m}{\partial x_2}\right)_{T,P} \tag{2-3}$$

于是，在 ΔG_m 曲线上任意点作切线，则此切线在 $x_1=1$ 及 $x_2=1$ 处的截距，即分别为 $\Delta\mu_1$ 及 $\Delta\mu_2$。图 2-3 中，对切线 B_1B_2，$\Delta\mu_1 = A_1B_1$，$\Delta\mu_2 = A_2B_2$。

图 2-4 所示的情况则比较复杂。这时，当组成在 A_1P' 或 A_2P'' 范围内，均相是热力学稳定状态。而当组成在 P' 和 P'' 之间时，情况比较复杂。例如在 P 点，ΔG_m 曲线仍是向上凹的。依上所述，这一点对分离为相邻组成的两相来说，是热力学稳定的。但对分离为组成分别是 P' 及 P''（相应于双切线 $Q'Q''$ 上的两个切点）的两相来说，是热力学不稳定的，这种情况称为介稳状态。当组成在 ΔG_m 曲线两个拐点之间时，均相状态是绝对不稳定的，会自发地分离为相互平衡的两个相。

由于 $\Delta\mu_1$ 及 $\Delta\mu_2$ 由切线的截距给出，而对组成分别为 P' 及 P'' 的两个平衡相，必然有：

$$\Delta\mu_1' = \Delta\mu_1'' \text{及} \Delta\mu_2' = \Delta\mu_2'' \tag{2-4}$$

所以，其切线必然是重合的。这就是说，仅当其组成分别相应于双切线两个切点的两个相时，才处于热力学平衡状态。

不稳定区域的范围由 ΔG_m 曲线的拐点所决定。在拐点处，$\frac{\partial^2\Delta G_m}{\partial x_2^2}=0$，由式（2-2）知：

$$\frac{\partial\Delta\mu_1}{\partial\chi_2} = \frac{\partial\Delta\mu_2}{\partial\chi_2} = 0 \tag{2-5}$$

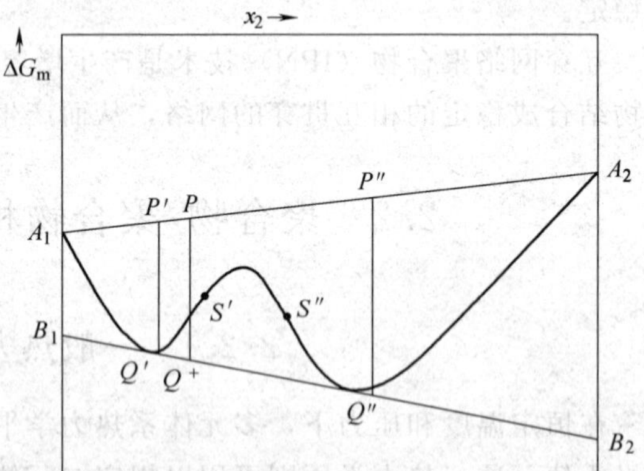

图 2-4　组分间部分相容的二元体系

混合自由焓与组成的关系曲线

S' 及 S'' 为曲线的两个拐点，$A_1B_1=\Delta\mu_1$，$A_2B_2=\Delta\mu_2$

ΔG_m-组成曲线与温度有密切关系。例如，多数低分子混合物，随着温度的提高，双切线的两个切点相互靠近，最后相互重合，转变成图 2-3 类型的曲线。这时，不仅式（2-5）成立，而且式（2-6）亦成立：

$$\frac{\partial^2 \Delta\mu_1}{\partial\chi_2^2}=\frac{\partial^2 \Delta\mu_2}{\partial\chi_2^2}=0 \tag{2-6}$$

相互平衡共存的两相相互重合而形成均相的重合点称为临界点，与临界点相对应的温度称为临界温度，相应的组成称为临界组成。临界点由式（2-5）及式（2-6）所决定。

对二元体系，稳定性的判据可归纳为以下几点：

① 若$\frac{\partial^2 \Delta G_m}{\partial\chi_2^2}>0$，即 ΔG_m-组成曲线向上凹的组成范围内，均相状态是热力学稳定的或介稳的。

② 若$\frac{\partial^2 \Delta G_m}{\partial\chi_2^2}<0$ 即 ΔG_m-组成曲线向上凸的组成范围内，均相状态是热力学不稳定的。

③ 上述两组成范围的边界由式（2-5）决定。

④ 对大多数低分子物二元体系，温度升高时，不稳定区域逐渐消失，在临界点有：

$$\frac{\partial^3 \Delta G_m}{\partial\chi_2^3}=0 \qquad 即 \qquad \frac{\partial^2 \Delta\mu_1}{\partial\chi_2^2}=\frac{\partial^2 \Delta\mu_2}{\partial\chi_2^2}=0 \tag{2-7}$$

如图 2-5 所示的情况。

图 2-5 表示具有最高临界互溶温度（UCST）的部分互溶二元聚合物体系混合自由焓 ΔG_m 与组成的关系。图的上部表示恒温恒压下，ΔG_m与组成的关系，其中 s'及 s''为拐点；下部表示此二元体系的相图。ΔG_m 随 x_2 的平衡变量由实线 $b'b''$表示。

当组成在两拐点 s'和 s''之间时，会自发分离成组成为 b'及 b''的两个相。这种相分离过程是通过反向扩散（即向浓度较大的方向扩散）完成的，称为旋节分离（SD）。因此，拐点 s'及 s''亦称为旋节点。图 2-5 下部的点虚线称为旋节线，旋节相分离倾向于产生两相交错的形态结构，相畴较小，相界面较模糊，常有利于共混物性能的提高。

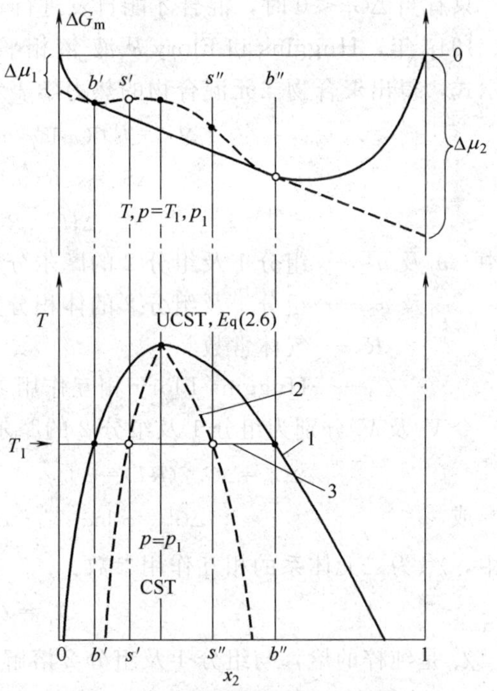

图 2-5　具有最高临界互溶温度（UCST）的部分互溶二元聚合物体系混合自由焓 ΔG_m-组成曲线及二元体系恒压相图

1—双结线　2—旋节线　3—联结线

当组成在 b'和 s'以及 b''和 s''之间时为介稳态，组成的微小波动会使体系自由焓增大，所以，相分离不能自发进行，需要成核作用促使分离。这种相分离过程包括成核和核的增长两个阶段，称为成核-增长相分离过程（NG）。这种相分离过程较慢，所形成的分散相常为较规则的球状颗粒。

对部分互溶的聚合物/聚合物体系，ΔG_m-组成曲线与温度常存在复杂的关系。图2-5表现的是最高临界互溶温度（UCST）的情况。最高临界互溶温度是指超过此温度，体系完全互溶。同样最低临界互溶温度（LCST）是指低于此温度，体系完全互溶。图2-1 表示了聚合物/聚合物相图的基本类型。

根据经典热力学分析，聚合物/聚合物体系表现 UCST 行为是易于理解的，但对 LCST 等情况却常在意料之外。所以，需进一步对聚合物/聚合物体系的相容性作进一步的热力学分析。

2.2.2 聚合物/聚合物相容性热力学理论[1-4,9-10]

根据热力学第二定律，两种液体等温混合时：

$$\Delta G_m = \Delta H_m - T\Delta S_m \tag{2-8}$$

式中 ΔG_m——摩尔混合自由焓

ΔH_m——摩尔混合热

ΔS_m——摩尔混合熵

T——热力学温度

只有当 $\Delta G_m < 0$ 时，混合才能自发进行。

1949 年，Huggins 和 Flory 从液-液相平衡的品格理论出发，导出了 ΔH_m 和 ΔS_m 的表示式，得出聚合物二元混合物的热力学表示式：

$$\Delta G_m = RT(n_1 \ln\varphi_1 + n_2 \ln\varphi_2 + \chi_{12} n_1 \varphi_2) \tag{2-9}$$

即

$$\Delta S_m = -R(n_1 \ln\varphi_1 + n_2 \ln\varphi_2)$$

$$\Delta H_m = RT\chi_{12} n_1 \varphi_2$$

式中 n_1 及 n_2——组分 1 及组分 2 的摩尔分数

φ_1 及 φ_2——组分 1 及组分 2 的体积分数

R——气体常数

χ_{12}——Huggins-Flory 相互作用参数

令 V_1 及 V_2 分别为组分 1 及组分 2 的摩尔体积，则式（2-9）亦可写成如下的形式：

$$\Delta G_m^R = \Delta G_m/(RT) = \varphi_1 \ln\varphi_1/V_1 + \varphi_2 \ln\varphi_2/V_2 + \chi_{12}/(V_1 \varphi_1 \varphi_2) \tag{2-10}$$

或

$$\Delta G_m^R = \varphi_1 \ln\varphi_1/V_1 + \varphi_2 \ln\varphi_2/V_2 + \chi'_{12} \varphi_1 \varphi_2 \tag{2-10a}$$

式中，χ'_{12} 为二元体系的相互作用参数：

$$\chi'_{12} = \chi_{12}/V_1 \tag{2-11}$$

χ'_{12}是纯粹的焓，与组分 1 及组分 2 溶解度参数 δ_1 和 δ_2 之差的平方成正比：

$$\chi'_{12} = (\delta_1 - \delta_2)^2/(RT) \tag{2-12}$$

因此，χ'_{12}或 χ_{12} 是非负的。按 Huggins-Flory 理论，仅由于混合熵的作用才能达到聚合物之间的相互溶解。

χ'_{12}用式（2-12）表示，可以解释聚合物/聚合物体系的 UCST 行为，并且由于聚合物相对分子质量很大，混合熵很小，所以，一般而言，聚合物之间的互溶度是很小的。

但式（2-10）并未直接给出互溶度与聚合物相对分子质量间的关系。

Scott 从一般热力学概念出发，得出聚合物/聚合物二元体系偏摩尔混合自由焓为：

$$\Delta\widetilde{G}_1=RT\left[\ln\varphi_1+\left(1-\frac{m_1}{m_2}\right)\varphi_2+m_1\chi_{12}\varphi_2^2\right] \tag{2-13}$$

$$\Delta\widetilde{G}_2=RT\left[\ln\varphi_2+\left(1-\frac{m_2}{m_1}\right)\varphi_1+m_2\chi_{12}\varphi_1^2\right] \tag{2-14}$$

式中：$\Delta\widetilde{G}_1$ 及 $\Delta\widetilde{G}_2$ 分别为聚合物 1 及聚合物 2 的偏摩尔混合自由焓；φ_1 及 φ_2 分别为聚合物 1 及聚合物 2 的体积分数；χ_{12} 为 Huggins-Flory 相互作用参数，吸热时为正值，放热时为负值；m_1 及 m_2 分别为聚合物 1 及聚合物 2 的聚合度；T 为热力学温度（即绝对温度）；R 为气体常数。

分别求 $\Delta\widetilde{G}_1$ 及 $\Delta\widetilde{G}_2$ 对 φ_1 及 φ_2 一阶和二阶导数，令其为零，得到开始发生相分离时的 χ_{12} 临界值 $(\chi_{12})_c$ 为：

$$(\chi_{12})_c=\frac{1}{2}\left[\left(\frac{1}{m_1}\right)^{\frac{1}{2}}+\left(\frac{1}{m_2}\right)^{\frac{1}{2}}\right] \tag{2-15}$$

两种聚合物互溶的条件是 χ_{12} 小于或等于 $(\chi_{12})_c$。由式（2-15）可知，聚合物相对分子质量越大，则 $(\chi_{12})_c$ 越小，越不易互溶。通常 $(\chi_{12})_c$ 为 0.01 左右，此值很小，两种聚合物之间的 χ_{12} 值多数都大于此值，所以，真正热力学上相互溶解的聚合物对不太多。

按式（2-12）将 χ'_{12} 和 χ_{12} 与溶解参数联系起来，当两种聚合物之间的溶解度参数相差 0.5 以上时，就不会互溶。但是，按照 χ_{12} 一定为非负值，即混合热为非负值的假定是无法解释 LCST 现象的（这是聚合物/聚合物体系的大多数情况）。事实上，只有非极性聚合物才能用溶解度参数衡量聚合物之间的互溶性。对极性聚合物，极性基团间的相互作用常起到关键作用。

为了解释聚合物之间互溶性的复杂情况，近年来提出了一系列的改进：

① 将混合熵 ΔS_m 看作是由两部分组成的。其一是混合构型熵，这是两种聚合物链段或聚合物链段与溶剂分子排列方式增加而产生的；其二是相互作用熵，这是由于大分子结构单元周围环境改变，使大分子柔性改变而引起的熵变化，其值与聚合物的摩尔体积成正比。所以，当聚合物相对分子质量很大时，这种熵的变化是不可忽略的。

② 引入排斥体积效应，并假定 χ_{12} 是焓和熵两种因素的组合。

③ 假定 χ_{12} 是组成 φ_2 的函数，或者是组成与温度的函数，提出如下的经验式：

$$\chi_{12}=(1+a_0\varphi_2)(a_1+a_2/T) \tag{2-16}$$

式中：a_0、a_1 及 a_2 均为调整参数。

经上述一系列改进，仍不能完全消除 Huggins-Flory 理论的固有缺点。为此，近年来相继发展了一系列新的理论，主要有状态方程理论、气体晶格模型理论、强相互作用模型理论和混合热理论等[1]。

状态方程理论是将聚合物-聚合物体系的热力学性质与纯组分状态方程参数相联系的理论。通过纯组分的状态方程参数，来计算聚合物-聚合物体系的热力学性质，预测和解释聚合物之间互溶性的特性和规律。

根据气体晶格模型理论，一种纯液体可视为无规分布的、已占位置和空洞的二元混合物。压力和温度可改变空洞的浓度，但不能改变空洞的大小。因此，二元液体混合物按三元体系处理。一个分子可占用 m 个位置，每单位接触面积都存在相互作用。以此为基本观点，提出聚合物之间的互溶性由以下因素决定：① 各种类型链段的相互作用表面积；② 大分子线团尺寸与温度和组成的函数关系；③相对分子质量分布；④ 自由体积。自由体积决定相分离临界点是 LCST 或 UCST 类型。

强相互作用模型理论主要用于分子间有强相互作用的体系，可计算 χ_{12} 并阐明体系相平衡的特征。根据此理论：

$$\chi_{12}=U_2/k_B T+\ln(1-\lambda)+\ln(1+q^{-1}) \tag{2-17}$$

式中　$\lambda=1/\{1+q\exp[(U_1-U_2)/k_B T]\}$

U_1 及 U_2——吸引能和排斥能

q——简并数

k_B——波尔兹曼常数

根据 U_1 和 U_2 的相对值，$\partial\chi_{12}/\partial T$ 可正可负，因而临界混溶温度可为 LCST 或 UCST。

混合热理论的出发点是，对聚合物共混物，由于混合熵很小，聚合物之间的相容性决定于混合热。混合热是根据聚合物链段之间的吸引-排斥作用来计算的。

上述各种理论都还存在各自的不足，目前均处于发展阶段。

2.2.3　聚合物之间相容性的根据

常需根据一些简单参数来判断聚合物之间的互溶性，最常用的判据是聚合物溶解度参数和 Huggins-Flory 相互作用参数。

1. 溶解度参数

混合焓 ΔH_m 是同一聚合物结构单元之间的作用能与两种聚合物结构单元之间或聚合物结构单元与溶剂分子间作用能的不同而产生的。对于非极性分子体系，根据 Hildebrand[10] 的推导，

$$\Delta H_m=\frac{N_1V_1\cdot N_2V_2}{N_1V_1+N_2V_2}\left[\left(\frac{\Delta E_1}{V_1}\right)^{\frac{1}{2}}-\left(\frac{\Delta E_2}{V_2}\right)^{\frac{1}{2}}\right]^2 \tag{2-18}$$

式中　N_1 及 N_2——组分 1 及组分 2 的摩尔数

V_1 及 V_2——组分 1 及组分 2 的摩尔体积

ΔE_1 及 ΔE_2——组分 1 及组分 2 的内聚能

$\frac{\Delta E_1}{V_1}$ 及 $\frac{\Delta E_2}{V_2}$——组分 1 及组分 2 的内聚能密度

内聚能密度 $\frac{\Delta E}{V}$ 通常简记为 CED，而 $\left(\frac{\Delta E}{V}\right)^{\frac{1}{2}}$ 称为溶解度参数，以符号 δ 表示，即：

$$\delta_1=\left(\frac{\Delta E_1}{V_1}\right)^{\frac{1}{2}}\quad 及\quad \delta_2=\left(\frac{\Delta E_2}{V_2}\right)^{\frac{1}{2}}$$

δ_1、δ_2 分别为组分 1 及 2 的溶解度参数。如式（2-18）所示，当 $\delta_1=\delta_2$ 时，$\Delta H_m=0$；δ_1 与 δ_2 的差别越大，溶解过程吸热越多，越不利于溶解。因此，可根据溶解度参数预测有机化合物之间的互溶性。

(1) 聚合物溶解度参数的测定方法　对于低分子化合物，可根据蒸发热测定溶解度参数。摩尔蒸发热 ΔH 与内聚能 ΔE 之间的关系为：

$$\Delta E=\Delta H-RT \tag{2-19}$$

式中　R——气体常数

T——热力学温度

测得 ΔH 后，即可求得溶解度参数 δ。一些常见液体和增塑剂的溶解度参数分别列于附表 2 和附表 3 中。

聚合物不能蒸发，所以不能通过测定蒸发热来直接测定其溶解度参数。可采用间接的方法测定或用估算法近似地算出聚合物的溶解度参数。

① 估算法。分子的内聚能密度具有加和性。聚合物的相对分子质量对溶解度参数影响不大，因此，可根据聚合物的结构单元来估算聚合物的溶解度参数。溶解度参数 δ 与摩尔吸引常数的关系为：

$$\delta=\frac{\rho\sum G_i}{M} \tag{2-20}$$

式中　ρ——密度

M——相对分子质量

G_i——组成分子的化学基团摩尔吸引常数

对于聚合物，M 为链节相对分子质量，G_i 为组成链节的化学基团摩尔吸引常数。表 2-4 列举了一些化学基团的摩尔吸引常数。

例如聚醋酸乙烯酯的链节为：

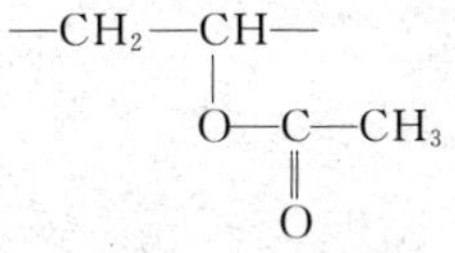

链节相对分子质量为 86，链节中所包含的化学基团有$-CH_3$，$-CH_2-\overset{|}{C}H-$ 及 $-\underset{\|}{C}-O-$（O），聚醋酸乙烯酯相对密度为 1.2。利用表 2-4，可求得聚醋酸乙烯酯的溶解度参数，$\delta=\frac{1.2}{86}$（214＋133＋28＋310）＝9.5＊，与表 2-5 中的实测值 9.43 很接近。

＊：本书中溶解度参数 δ 的单位一律换算为法定计量单位，即 $2.04\times10^{-3}\ J^{1/2}\cdot m^{-3/2}$。

表 2-4　一些化学基团的摩尔吸引常数 G（25℃）

单位：$2.04\times10^{-3}\ J^{1/2}\cdot m^{-3/2}$

基团	G	基团	G
$-CH_3$	214	$-\overset{|}{\underset{|}{C}}-$	−93
$-CH_2-$	133	$-O-$	70
$-\overset{|}{\underset{|}{C}}-H$	28	羰基$-C(=O)-$	275

续表

基团	G	基团	G
酯基 $-\mathrm{C}(=\mathrm{O})\mathrm{O}-$	310	五元环	105～115
		六元环	95～105
		共轭	20～30
		$-\mathrm{Cl}$	270
$-\mathrm{CN}$	410	$-\mathrm{Br}$	340
$=\mathrm{CH_2}$	190	$-\mathrm{I}$	425
$=\mathrm{CH}-$	111	$=\mathrm{CF_2}$	274
		$-\mathrm{S}-$	225
$-\mathrm{C}\equiv\mathrm{CH}$	285	$-\mathrm{SH}$	315
$-\mathrm{C}\equiv\mathrm{C}-$	222	$-\mathrm{ONO_2}$	440
苯基	735	$-\mathrm{NO_2}$	440
苯撑基	685	$-\mathrm{PO_4}$	500
萘基	1146	$-\mathrm{Si}-$	～38

以上估算法的误差一般不超过10%，也有人提出了一系列 G 值新的经验值，可使计算误差小于5%[11]。

② 浊度测定法。将聚合物溶于一种溶剂中，然后选择一种与溶剂互溶的该聚合物的沉淀剂进行滴定，直到出现混浊。该聚合物的溶解度参数 δ_p 按下式计算：

$$\delta_p=\frac{1}{2}(\delta_s+\delta_m) \tag{2-21}$$

式中 δ_s——溶剂的溶解度参数

δ_m——溶剂和沉淀剂混合物的溶解度参数

δ_m 按下式计算：

$$\delta_m=\varphi_s\delta_s+\varphi_g\delta_g \tag{2-22}$$

式中 φ_s——溶剂的体积分数

φ_g——沉淀剂的体积分数

δ_g——沉淀剂的溶解度参数

溶剂的体积分数 φ_s 按下式计算：

$$\varphi_s=1-\varphi_g=\frac{V_0}{V_0+V_1} \tag{2-23}$$

式中 V_0——滴定时所取用的聚合物稀溶液的体积

V_1——滴定时所用沉淀剂的体积

③ 溶胀法。交联聚合物不溶解，可采用溶胀法测定其溶解度参数 δ_p。此法基于如下原理：溶解度参数与聚合物溶解度参数最接近的溶剂，对聚合物有最大的溶胀作用。溶胀程度可用聚合物的体积膨胀率表示。

选取一系列溶剂分别溶胀聚合物样品，再分别测定聚合物样品的体积膨胀率。溶剂不同时，聚合物的体积膨胀率亦不同。将体积膨胀率对相应溶剂的溶解度参数作图，得

图 2-6 所示的曲线。与曲线极大值相对应的溶解度参数值即为该聚合物的溶解度参数 δ_p。一些常见聚合物的溶解度参数见表 2-5。

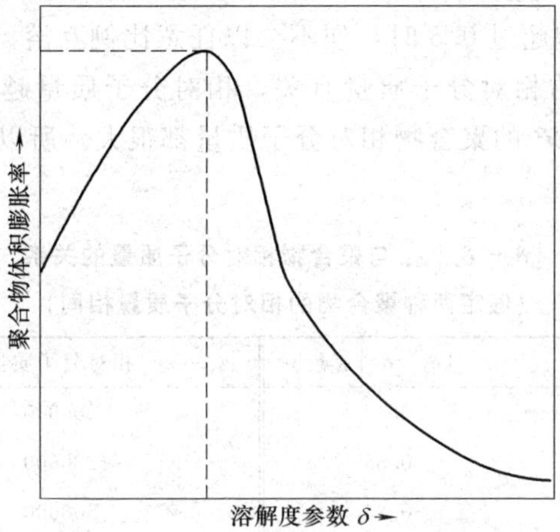

图 2-6　溶胀法测定聚合物溶解度参数

表 2-5　　一些常见聚合物的溶解度参数 δ

单位：$2.04\times10^3 J^{1/2} m^{-3/2}$

聚合物	δ	聚合物	δ
聚四氟乙烯	6.20	丁腈橡胶(75∶25)	8.90
硅橡胶	7.30	乙基纤维素	8.30
天然橡胶	8.15	聚甲基丙烯腈	10.70
聚异丁烯	7.70	聚对苯二甲酸乙二醇酯	10.70
聚苯乙烯	9.11	纤维素二乙酸酯	10.90
聚丁二烯	8.32	环氧树脂	10.90
聚乙烯	7.9①,8.1②	聚偏氯乙烯	12.20
聚氯乙烯	8.88～9.7	尼龙 66	13.60
聚醋酸乙烯酯	9.43	聚丙烯腈	15.40
聚甲基丙烯酸甲酯	9.28～9.50	聚甲醛	11.10
聚氧化丙烯	7.52	聚碳酸酯	9.50
丁苯橡胶	8.10	聚乙烯醇	23.40

注：① 实测值；② 计算值。表中数据除特别指明外皆为实测值。

（2）根据溶解度参数判断相容性　由式（2-12）可知，$|\delta_1-\delta_2|$越小，越有利于互溶。就聚合物与低分子液体的关系而言，当二者的溶解度参数相差不大于 1.5 时，一般都有很好的互溶性。因此，可根据溶解度参数来选择聚合物的溶剂。例如，甲苯的 δ 为 8.9，四氯化碳的 δ 为 8.6，均与天然橡胶的 δ 值 8.15 相近，因而皆为天然橡胶的溶剂。乙醇的 δ 为 12.7，与天然橡胶的相差较大，因而乙醇就不是天然橡胶的溶剂。氯乙烯-醋酸乙烯酯共聚物的 δ 约为 10.4，乙醚及乙腈的 δ 分别为 7.4 及 11.9，两者单独使用均不能溶解上述共聚物。但若将乙醚和乙腈按 33/67 的体积比混合起来，所得混合物的溶解度参数 δ_m 为：

$$\delta_m = \delta_1 \varphi_1 + \delta_2 \varphi_2 = 10.4$$

因而能溶解氯乙烯-醋酸乙烯酯共聚物。

欲使两种聚合物以任意比例相容，对溶解度参数匹配的要求就要苛刻得多。一般而言，当其溶解度参数相差超过 0.5 时，便不会以任意比例互溶。开始发生相分离的临界值$|\delta_1 - \delta_2|_{临界}$与聚合物的相对分子质量有关，相对分子质量越大，此临界值越小，如表 2-6 所示，一般工业生产的聚合物相对分子质量都很大，所以，完全相容的聚合物对是很少的。

表 2-6　$|\delta_1 - \delta_2|_{临界}$与聚合物相对分子质量的关系

（假定两种聚合物的相对分子质量相同）

相对分子质量	$\|\delta_1 - \delta_2\|_{临界}$	相对分子质量	$\|\delta_1 - \delta_2\|_{临界}$
500	0.49	100000	0.11
10000	0.35	200000	0.077
20000	0.25	500000	0.049
50000	0.15		

上述溶解度参数理论仅考虑到分子间的色散力，因而仅适用于非极性分子的情况，这时混合焓为正值或为零。分子间有强烈的极性作用或能形成氢键时，混合焓可能为负值，这时上述原则便不适用。例如，聚氯乙烯的 δ 值为 9.7，可溶于环已酮（δ=9.9）和四氢呋喃（δ=9.5）；聚碳酸酯（δ=9.5）可溶于氯仿（δ=9.4）和二氯甲烷（δ=9.7）。当把上述两种聚合物的溶剂进行互换，从 δ 值看似乎变化不大，应不影响相容性，其实不然。这是由于，聚氯乙烯溶于环已酮和四氢呋喃主要是由于形成了氢键，聚氯乙烯为质子给予体，环已酮及四氢呋喃为质子接受体：

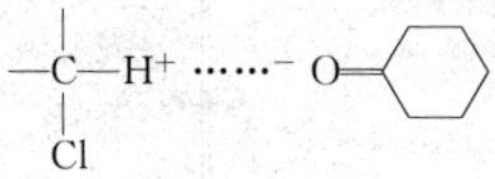

聚氯乙烯　　　　环已酮

聚碳酸酯溶于氯仿和二氯甲烷，也主要是由于形成了氢键。这时聚碳酸酯为质子接受体，氯仿及二氯甲烷为质子给予体：

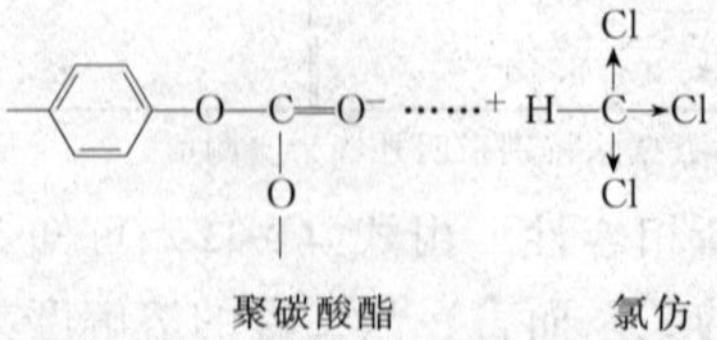

聚碳酸酯　　　　氯仿

当把聚氯乙烯和聚碳酸酯对调时，聚氯乙烯和氯仿及二氯甲烷皆为质子给予体；聚碳酸酯和环已酮及四氢呋喃皆为质子接受体，因而都不能很好地溶解。

鉴于上述情况，应采用三维溶解度参数[12]，这是假定液体的蒸发能为色散力、偶极力和氢键这 3 种力贡献的总和。这 3 种力对蒸发能的贡献分别为 E_d、E_p 及 E_h：

$$E = E_d + E_p + E_h$$

除以摩尔体积 V 得：

$$\frac{E}{V}=\frac{E_d}{V}+\frac{E_p}{V}+\frac{E_h}{V} \tag{2-24}$$

$$\delta^2=\delta_d^2+\delta_p^2+\delta_h^2 \tag{2-25}$$

$$\delta_d=\left(\frac{E_d}{V}\right)^{\frac{1}{2}},\delta_p=\left(\frac{E_p}{V}\right)^{\frac{1}{2}},\delta_h=\left(\frac{E_h}{V}\right)^{\frac{1}{2}} \tag{2-26}$$

δ_d、δ_p 及 δ_h 分别反映这 3 种作用力的大小。仅当两种液体的 δ_d、δ_p 及 δ_h 都分别相近时才能很好地溶解。表 2-7 及表 2-8 分别列出了一些液体和聚合物的三维溶解参数。由表 2-7 及表 2-8 可见，PVC 的 δ 值与氯仿和四氢呋喃的 δ 值都很相近，但 PVC 与氯仿的 δ_p 及 δ_h 相差较大，所以，二者不相溶。PVC 与四氢呋喃二者 δ_d、δ_p 及 δ_h 都相近，因此，能很好互溶。

表 2-7　　一些液体的三维溶解度参数

单位：$2.04\times10^3\ J^{1/2}\cdot m^{-3/2}$

液　体	δ_d	δ_p	δ_h	δ
水	6.00	15.3	16.7	23.5
甲醇	7.42	6.0	10.9	14.28
乙醇	7.73	4.3	9.5	12.92
正丁醇	7.81	2.8	7.7	11.30
乙二醇	8.25	5.4	12.7	16.30
二氧六环	9.30	0.9	3.6	10.00
二硫化碳	9.97	0.0	0.0	9.97
二甲基亚砜	9.00	8.0	5.0	12.96
γ-丁内酯	9.26	8.1	3.6	12.78
丙酮	7.58	5.1	3.4	9.77
丁酮	7.77	4.4	2.5	9.27
四氢呋喃	8.22	2.8	3.9	9.52
乙酸乙酯	7.44	2.6	4.5	9.10
乙腈	7.50	8.8	3.0	11.90
硝基乙烷	7.80	7.6	2.2	11.09
苯胺	9.53	2.5	5.0	11.04
二甲基甲酰胺	8.52	6.7	5.5	12.14
吡啶	9.25	4.3	2.9	10.61
四氯化碳	8.65	0.0	0.0	8.65
氯仿	8.65	1.5	2.8	9.21
三氯乙烷	8.78	1.5	2.6	9.28
苯	8.95	0.5	1.0	9.15
甲苯	8.82	0.7	1.0	8.91
四氢萘	9.35	1.0	1.4	9.50
己烷	7.24	0.0	0.0	7.24
环己烷	8.18	0.0	0.0	8.18

表 2-8　　　　　　　　　　一些聚合物的三维溶解度参数

单位：$2.04\times10^3\ J^{1/2}\cdot m^{-3/2}$

聚　合　物	δ_d	δ_p	δ_h	δ
天然橡胶	8.15	0	0	8.15
聚苯乙烯	8.95	0.5	1.6	9.11
聚丁二烯	8.3	0	0.5	8.32
聚乙烯	8.1	0	0	8.1
聚氯乙烯	8.16	3.5	3.5	9.77
聚醋酸乙烯酯	7.72	4.8	2.5	9.43
聚甲基丙烯酸甲酯	7.69	4.0	3.3	9.28
聚氧化丙烯	7.02	2.5	1.0	7.52

Shaw 指出[13]，对大多数聚合物-聚合物体系仅用 δ_d 和 δ_p 就可足够准确地表达其相容性，这时，式（2-12）中的$(\delta_1-\delta_2)^2$ 应为$(\delta_{d1}-\delta_{d2})^2+(\delta_{p1}-\delta_{p2})^2$。

采用二维或三维溶解度参数判断相容性，无疑其准确性较高。但目前三维和二维的溶解度参数数据很少，其测定也较复杂，所以，尚未普遍使用。

2. Huggins-Flory 作用参数 $\chi_{1,2}$

两种聚合物相容的条件是：$\chi_{1,2}$ 小于或等于$(\chi_{1,2})_c$。由式（2-15）可知，聚合物相对分子质量越大，则$(\chi_{1,2})_c$ 值越小，越不易相容。通常$(\chi_{1,2})_c$ 为 0.01 左右，这是很小的数值，两种聚合物之间的 $\chi_{1,2}$ 值多数大于此值，所以，真正热力学上相容的聚合物对不太多。

事实上对聚合物-聚合物体系，混合熵很小，常可忽略，所以，仅当 $\chi_{1,2}$ 为零或负值时，才可能 $\Delta G_m<0$，产生完全的互溶。$\chi_{1,2}$ 可看作由 3 种分量组成：色散力、自由体积和特殊的相互作用力。这些分量值的相对大小及其与温度的关系见图 2-7（a）及图 2-7（b）。图中 $\chi'_{1,2}$ 与 $\chi_{1,2}$ 的关系见式（2-11）。

由图 2-7 可见，根据 $\chi'_{1,2}$（因而 $\chi_{1,2}$）与温度的不同关系即可解释 *LCST* 及 *UCST* 等行为。

在 Scott 理论基础上，Krause 发展了嵌段共聚物相分离的热力学理论[14]，指出由单体 1 及单体 2 生成的嵌段共聚物，其嵌段的混合自由焓为：

$$\frac{\Delta G}{kT}=-\frac{V}{V_r}\nu_{1\cdot c}\nu_{2\cdot c}\chi_{1,2}\left(1-\frac{2}{Z}\right)-N_c\ln[(\nu_{1\cdot c})^{\nu_{1\cdot c}}(\nu_{2\cdot c})^{\nu_{2\cdot c}}]+2N_c(m-c)\ln\frac{Z-1}{e}-N_c\ln(m-1) \tag{2-27}$$

式中　ΔG——混合自由焓

k——波尔兹曼常数

T——热力学温度

V——体系总体积

V_r——Flory 混合熵晶格理论中的晶格体积，可近似地视作一个链节的体积

$\nu_{1\cdot c}$及 $\nu_{2\cdot c}$——分别为嵌段 1 及嵌段 2 的体积分数

$\chi_{1,2}$——Huggins 和 Flory 相互作用参数

m——嵌段共聚物大分子中的嵌段数

N_c——嵌段共聚物大分子的数目

e——自然对数的底

Z——晶格配位数

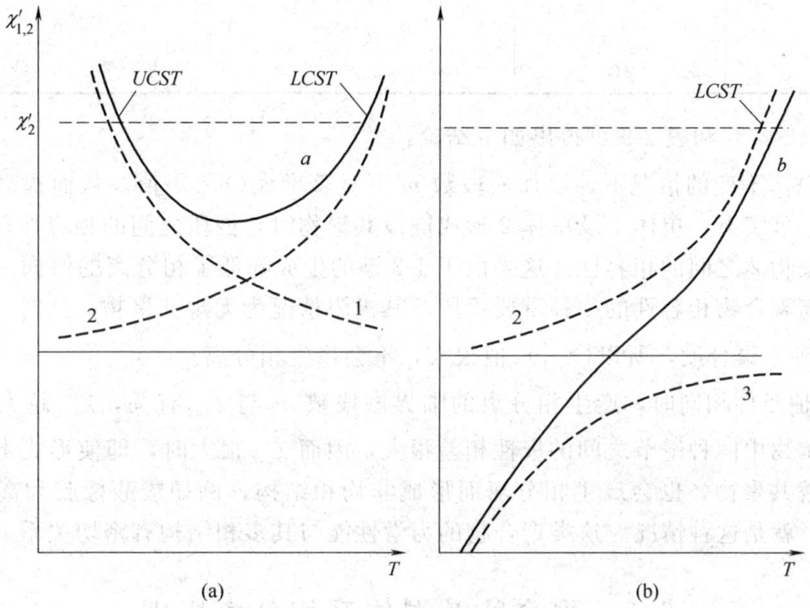

图 2-7　$\chi'_{1,2}$与温度的关系示意图

1—色散力　2—自由体积　3—特殊的相互作用

(a) 大多数低分子溶液及部分聚合物共混物情况　(b) 聚合物共混物仅具有最低临界相容温度 $LCST$ 的情况

上式右端各项的意义如下：第一项与混合焓有关；第二项表示微观相分离时熵的减少；第三项是由于 1-2 键合而引起界面的熵减少；最后一项表示嵌段各种可能的排列方式所产生的影响。

式（2-27）的主要用途是根据聚合度、嵌段数等求 Huggins-Flory 相互作用参数的临界值$(\chi_{1,2})_c$。$(\chi_{1,2})_c$ 越大，各嵌段的混溶性就越好，越不易产生相分离。表 2-9 表示在其他条件相同时，嵌段数 m 对$(\chi_{1,2})_c$ 的影响。

表 2-9　嵌段数 m 对按式（2-27）计算得的（$\chi_{1,2}$）$_c$的影响

E	m	$(\chi_{1,2})_c$	
		当 $\nu_{1,c}=0.25$	当 $\nu_{1,c}=0.50$
6	2	0.052	0.040
	3	0.080	0.060
	4	0.112	0.084
	6	0.181	0.137
	10	0.328	0.246

续表

E	m	$(\chi_{1,2})_c$	
		当 $\nu_{1,c}=0.25$	当 $\nu_{1,c}=0.50$
	2	0.047	0.036
	3	0.071	0.053
	4	0.100	0.075
	6	0.161	0.121
	10	0.292	0.218

据式（2-27）和表 2-9 可得出如下结论：

① 在 $\chi_{1,2}$ 不变的情况下，增加嵌段数 m 可显著增大 $(\chi_{1,2})_c$ 值，从而提高嵌段之间的混溶性。事实上，单体 1 及单体 2 形成嵌段共聚物时，嵌段之间的相容性要大于均聚物 1 及均聚物 2 之间的相容性。这是由于 1-2 键的生成降低了相分离的倾向。可见嵌段共聚是提高聚合物相容性的一种重要手段。其极限情况为无规共聚物，这时可认为嵌段数 m 近似等于聚合度，所以 $(\chi_{1,2})_c$ 值很大，不会产生相分离。

② 其他条件相同时，产生相分离的临界嵌段数 m_c 与 $\chi_{1,2}$ 有关，$\chi_{1,2}$ 越大，m_c 亦越大。当共聚物中两种链节之间的极性相差很大，因而 $\chi_{1,2}$ 很大时，即使形式上是无规共聚物或交替共聚物，也会产生相分离而形成非均相结构，例如羧酸橡胶和离子共聚体（ionomer）就是这种情况。这类聚合物的力学性能与其多相结构有密切关系。

2.3 聚合物共混体系相分离机理

如图 2-5 所示，二元体系有 3 个相分离区域：相容区、亚稳区和不相容区。亚稳区介于双结线和旋节线之间，相分离需要一定形式的活化机理激发。在不相容区，相分离是自发进行的。由于在亚稳区密度的升落，旋节线是一个弥散的边界，当条件由双结线移向旋节线时，对活化作用的需要很快消失。

聚合物-聚合物体系相分离机理是基于冶金学上所发展的平均场理论。平均场理论不适用于低分子有机物体系相分离动力学。由于大分子链尺寸大，扩散很慢，故平均场理论适用于聚合物共混物的相分离[15]。

根据平均场理论，从均相冷却，有两种不同的方式：①从均相直接冷却至亚稳态；②从均相直接冷却至旋节区。例如，根据图 2-5 下边部分的相图，温度下降，由双结线上部降到亚稳区，这相当于第一种冷却方式。这时相分离的开始是由浓度（或密度）的局部升落引起的。相分离的机理是成核和增长机理（NG）。第二种冷却方式是迅速降低温度，从双结线上部越过亚稳区直接降到旋节区（旋节线所围成的区域）。在旋节区，浓度的升落是非定域的，导致大范围的自动相分离，这称为旋节分离机理，简记为 SD。

2.3.1 成核和增长机理（NG）

亚稳区位于 ΔG_m-χ_2 曲线相分离区域的凹部（图 2-5）。

$$\left(\frac{\partial^2 \Delta G_m}{\partial \chi_2^2}\right)_{P,T} > 0 \tag{2-28}$$

或
$$\left(\frac{\partial^2 \Delta G_m}{\partial \chi_2{}^2}\right)_V > V\beta \left(\frac{\partial^2 \Delta G_m}{\partial \chi_2 \partial V}\right)^2_{P,T} \tag{2-29}$$

式（2-29）是由 Sanchez[16] 提出的，式中 V 为混合物的比体积，β 为压缩系数。

在亚稳区发生相分离，首先需沿图 2-5 中的切线上面的连结线“跳跃”，以越过 ΔG_m-χ 曲线上与其相邻的、位置比它高的部分。这种跳跃所需的活化能即成核活化能，此后自发分离成组成为由双结线决定的两个相。

成核是由浓度的局部升落引发的。成核活化能与形成一个核所需的界面能有关，即依赖于界面张力系数 γ 和核的表面积 S。成核之后，因大分子向成核微区的扩散而使珠滴增大，此过程可近似地表示为：

$$\frac{\mathrm{d}V_d}{\mathrm{d}t} \propto \frac{VX_e V_m D_t}{RT} \text{或} d \propto t^{\frac{1}{n_c}} \tag{2-30}$$

式中　$n_c \approx 3$——粗化指数；

d 和 V_d——珠滴的直径和体积；

$X_e = b'$ 或 $X_e = b''$（见图 2-3）为平衡浓度；

V_m——珠滴相的摩尔体积；

D_t——扩散系数。

如图 2-8 所示，在 NG 区，X_e = 常数，与时间无关。珠滴的增长分为扩散和凝聚粗化两个阶段，每一阶段都决定于界面能的平衡。

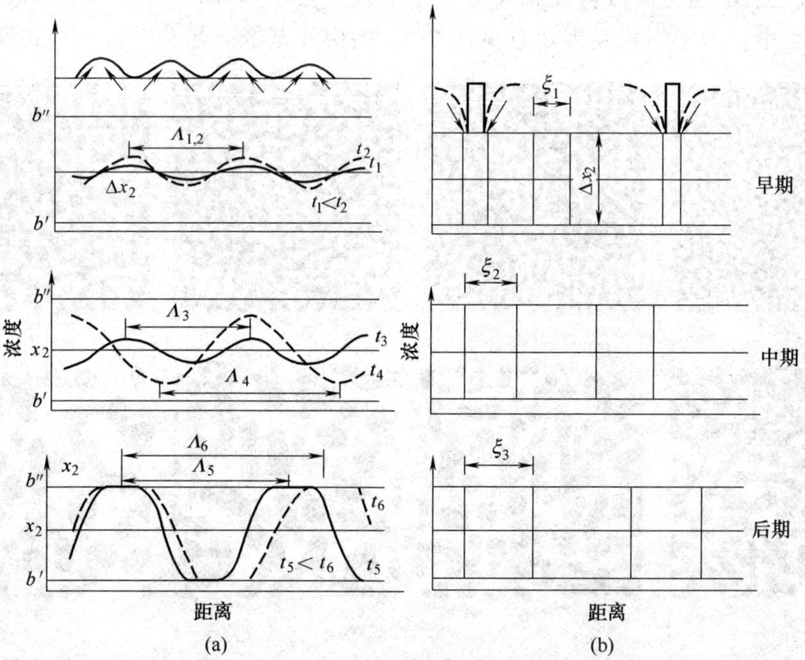

图 2-8　按 SD 机理（a）和 NG 机理（b）进行相分离的不同阶段

在 SD 机理的初始阶段，浓度升落的波长 $\Lambda(t_1)=\Lambda(t_2)$；但在中、后期阶段，$\Lambda(t_3)<\Lambda(t_4)$；

相分离时间：$t_1<t_2 \ll t_3<t_4$（图上部表示了相分离过程不同的扩散机理）

由 NG 机理进行相分离而形成的形态结构主要为珠滴/基体型，即一种相为连续相，另一相以球状颗粒的形式分散其中。

如上所述，成核的原因是浓度的局部升落。这种升落可表示为能量或浓度波。波的幅度依赖于到达临界条件的距离。当接近旋节线时，相分离可依 NG 机理亦可按 SD 机理进行。

2.3.2 旋节分离机理（SD）

如图 2-5 所示，在温度 T_1进行相分离就形成平衡组成 X_e分别为 b'及 b''的两个独立相。起始组成在不稳定区（SD 区）或亚稳区（NG 区）都是这样。但是，在相分离的初期阶段，SD 和 NG 是完全不同的。在 NG 区，相分离微区的组成分别为 $X_e=b'$或 b''，是常数，仅成核珠滴的直径及其分布随时间而改变；而在 SD 区，组成和微区尺寸都依时间而改变（见图 2-8）。SD 过程是靠反向扩散来完成的。

按 SD 机理进行的相分离，相畴（即微区）尺寸的增长可分为 3 个阶段：扩散、液体流动和粗化。在扩散阶段，尺寸的增长遵从式（2-30）。扩散阶段仅限于 $d_0 \leqslant d \leqslant 5d_0$。$d_0$ 为起始直径。d_0 随冷却宽度 $\Delta T = |T - T_C|$ 的增大而减小。例如对 PS/PVME 体系，当 ΔT 分别为 82℃、85℃及 94℃时，d_0 分别为 9nm、3nm 和 2nm。

波动区的范围为 $5d_0 \leqslant d = \dfrac{0.9tv}{\eta} \leqslant 1\mu m \approx d_{最大}$（$t$ 为时间，ν 为界面张力系数，$d_{最大}$为最大直径，η 为分散液体的黏度，d_0 和 $d_{最大}$依赖于分子参数）。

流动区之后的粗化阶段可使相畴进一步增大。

SD 过程中，形态结构发展示意见图 2-9。图中 6 至 8 是粗化阶段产生的形态结构。

图 2-9　聚合物-聚合物体系按 SD 机理进行相分离时微观形态结构的发展过程

一般而言，SD 机理可形成三维共连续的形态结构。这种形态结构赋予聚合物共混物优异的力学性能和化学稳定性，是某些聚合物共混物具有明显协同效应的原因。

很多情况下，当一种聚合物含量较少，例如在 10% 左右时，SD 机理亦形成珠滴/基体型形态结构，但分散的精细结构与 NG 的情况往往不同。

除温度之外，压力、应力等对相平衡也有显著影响，因而也可用以控制相分离过程，从而控制共混物的形态结构和性能。例如，在恒定 T、P 下，改变施加的应力强度也可产生 SD 型或 NG 型的相分离，从而产生相应的微观形态。

相逆转（见第 3 章）也可产生两相共连续的微观形态。但是，相逆转和 SD 相分离之间存在 3 个基本区别。①SD 起始于均相的、相容的体系，经过冷却而进入旋节区，从而产生相分离，相逆转是在不相容共混物体系中微观形态结构的变化。②SD 可发生于任意浓度，而相逆转仅限于较高的浓度范围。③SD 产生的相畴尺寸微细，在最初阶段为纳米级，而相逆转导致较粗大的相畴，尺寸为 0.1～10μm。总之，与相逆转相比，SD 可在更宽的浓度范围内对聚合物共混物性能进行更好的控制，但仅限于相容体系。而相逆转是不相容聚合物共混物的一般现象，通常发生于高浓度范围。

2.3.3　含结晶性聚合物共混物的相分离

上节的讨论仅限于非结晶聚合物的情况，所处理的问题是液-液相分离。

在大产量聚合物中，PE 和 PP 都是具有较高结晶度的聚合物，PVC 虽然一般看作是非晶聚合物，但实际亦具有一定的结晶度（～5%），因此，应对含结晶性聚合物共混体系相分离特点有一定的了解。

分别以 C 和 A 表示结晶性聚合物和非结晶聚合物，则含结晶性聚合物的共混体系有 A/C 及 C/C 两种情况。以下主要讨论两个问题：含结晶性聚合物共混体系中的结晶过程以及液-液相分离对结晶过程和微观形态的影响。

1. 结晶过程

结晶聚合物冷却至其平衡熔点 T_m^o 以下时，即发生结晶。设开始结晶的温度为 T_c，则 $\Delta C = T_m^o - T_c$ 为过冷程度。ΔC 依赖于冷却速度和成核机理。有 3 种成核机理：①过冷熔体的均相成核；②大分子取向诱发的成核；③在外表面的非均相成核。在制备热塑性聚合物共混物时，机理②及③最重要。在剪切应力作用下，聚烯烃甚至可在平衡熔点以上 20～30℃结晶。

结晶过程包括成核、片晶生长、球晶生长和晶体聚集体生长等不同阶段。依成核机理、结晶速度和结晶程度的不同，可形成各种不同的结晶形态：片状单晶、轴晶、树枝状晶体、伸展链晶体、纤维状晶体和外延性晶体等。此外，依压力、组成和应力场的不同，某些聚合物可形成多种晶胞结构。

对不相容的聚合物共混物，可直接应用纯聚合物的结晶理论。但应指出，结晶作用不仅形成有序的晶相结构，也会使非晶相产生一定程度的有序结构。对 A/C 型聚合物共混物，相界面的存在不容忽视，其结构也是一个重要的研究课题。

相容性聚合物共混物的结晶要复杂一些，是一种组分的结晶在双组分的均相熔体中进行，这时体系总的自由焓 ΔG 变化为：

$$\Delta G = \Delta G_m + \Delta G_c \varphi_c \tag{2-31}$$

式中，ΔG_c 为结晶作用引起的自由焓变化，

$$\Delta G_c = -\rho_c \Delta H_f^o \Delta C / T_m^o \tag{2-32}$$

式中　ρ_c——晶相密度

ΔC——过冷程度

ΔH_f^o——晶体的平衡熔化热

T_m^o——晶体的平衡熔点

φ_c——晶相的体积分数

ΔG_m 为按式（2-9）求得的混合自由焓，但因存在结晶，需对组分的体积分数进行校正。

显然，对于相容共混体系，$\Delta G_m < 0$，所以，只要 $\Delta G_c < 0$，结晶就能发生，而产生液-固相分离。

由于两组分是完全互溶的，所以，二者互为稀释剂。对 A/C 体系，非晶聚合物为结晶聚合物的稀释剂，晶体熔点下降。对 C/C 体系，两种聚合物晶体的熔点都会改变。

设组分 1 为非晶聚合物，组分 2 为结晶聚合物，纯粹状态下，组分 2 的熔点为 T_m^o，共混物熔点为 T_m，存在如下的关系：

$$\left(\frac{1}{T_m}\right) - \left(\frac{1}{T_m^o}\right) = -(RV_{2u}/\Delta H_{2u} V_{1u})\left[In\varphi_2/m_2 + \varphi_1(m_2^{-1} - m_1^{-1}) + \chi_{1.2}\varphi_1^2\right] \tag{2-33}$$

式中　下标 u——聚合物结构单元的摩尔值

m——聚合度

V——摩尔体积

$\Delta H = \Delta H_f$ 为熔化热

$\chi_{1.2}$——Huggins-Flory 相互作用参数，表征组分 1 及组分 2 间相互作用的强弱

一般可看作 $m_1 \approx m_2 \rightarrow \infty$，所以，式（2-33）可简化成：

$$\frac{T_m}{T_m^o} = 1 + B(V_{2u}/\Delta H_{2u})\varphi_1^2 \tag{2-34}$$

$$B = \chi_{1.2} RT/V_{1u}, (T = T_m) \tag{2-35}$$

B 正比于界面能 v_e。

式（2-34）和式（2-35）常用于估计结晶聚合物共混物的相容性。

共混物聚甲基丙烯酸甲酯/聚偏氟乙烯（A/C 共混体系）中，聚偏氟乙烯熔点与非晶聚合物 PMMA 体积分数的关系见图 2-10。

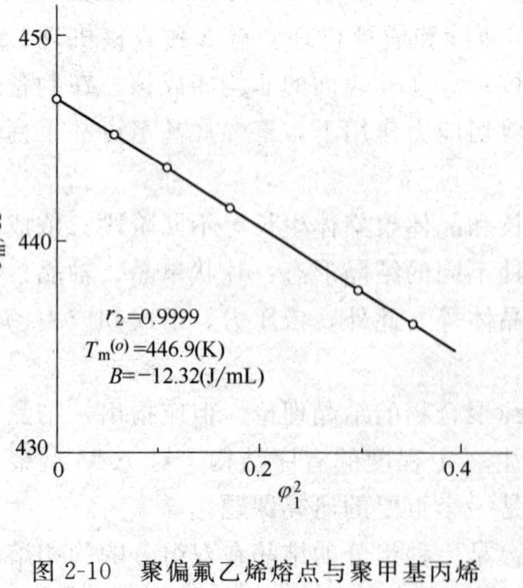

图 2-10　聚偏氟乙烯熔点与聚甲基丙烯酸甲酯体积分数平方 φ_1^2 的关系

$T_m^o = 446.9$（K）

$B = -12.32$（J/mL）　r_2 为相关系数

式（2-34）和式（2-35）适用的条件是：结晶处于平衡状态，熔化在接近平衡的条件下进行；另一组分不发生相转变。同时满足这些条件的情况并不多，所以，这些关系式仅是近似的，实际上

往往有较大的偏差。

HDPE/LDPE 共混物组成对熔点的影响见图 2-11。与式（2-34）的偏差可能是几何的原因，即两组分相互影响的结果使片晶尺寸和晶体缺陷程度发生变化。一种组分对另一组分晶体形态的影响必须加以充分考虑，例如 PP 与热塑性弹性体所组成的共混物，PP 结晶时，形成的晶体结构由纯 PP 的单斜晶体转变成近晶型晶体。所以，这时式（2-34）不再适用。

又如，在聚偏氟乙烯与 PMMA 的共混物中，有时聚偏氟乙烯可形成 3 种不同形态结构的晶体，有 3 个相应的熔点[17]。

对相容性聚合物共混物，一种聚合物可视作另一种聚合物的稀释剂。若稀释剂是可结晶的，那么它对另一组分结晶过程的影响可归纳成以下 5 种情况：①对结晶无明显影响；②延滞结晶速度；③用量较大的阻止结晶；④加速结晶；⑤对另一种聚合物的链段提供促进活动性的环境，使正常情况下不结晶的聚合物结晶。

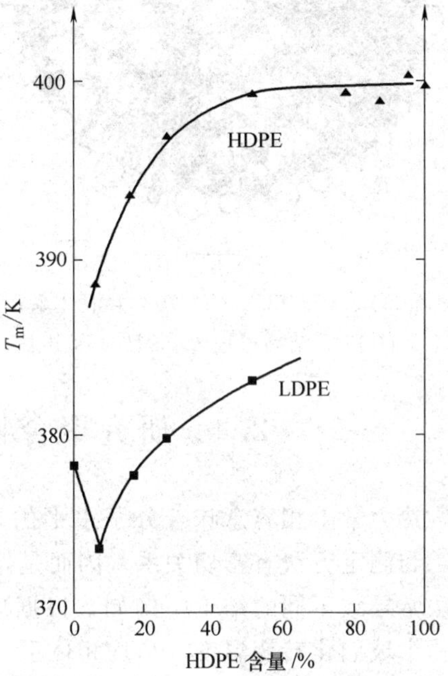

图 2-11　LDPE 与 HDPE 共混物中熔点与组成的关系

少数 C/C 体系，如聚四氟乙烯/聚偏氟乙烯共混物，会发生共晶现象，生成类质同晶体。这种共混物也称类质同晶共混物。这时，无论在熔融状态或是结晶状态，两组分都是互溶的。因此，共混物表现单一的玻璃化转变温度 T_g 和单一的熔点 T_m。但与无规共聚物的情况不同，此熔点和玻璃化转变温度对混合规律常显示很大的正偏差。事实上，对类质同晶共混物，高熔点组分含量直到大约 50%，熔点 T_m 仍保持不变。这是由于最大结晶度一般为 50%左右，在冷却过程中，高熔点组分含量大的类质同晶共混物首先结晶，所以，固化后，晶相和非晶相的组成并不相同。当高熔点组分含量少时，也是高熔点组分首先结晶，然后低熔点组分再结晶。在这两种情况下，都是晶相的组成决定熔点的高低。

2. 液-液相分离对结晶过程和形态结构的影响

对部分互溶的聚合物共混物，尚需考虑液-液相分离对结晶过程和形态结构的影响。为简单计，假定图 2-5 中，T_1 为聚合物 1 的熔点（与组成 X_2 无关），并考虑图的右半部，即 $X_2>0.5$ 的部分。当此共混物的温度由 $T>T_c$ 冷却到 T_1 时，共混物的形态结构将依赖于（$T-T_1$）、组成以及冷却速度。

若共混物的组成 $X_2>b''$，结晶作用发生于均相熔体中；若组成 $S''\leqslant X_2\leqslant b''$，结晶作用发生于 NG 区；若 $X_2<S''$，则结晶作用在 SD 区进行。

以聚己内酯（PCL）与 PS 的共混物为例，当 PCL 浓度大于 50%时，PCL 即由共混物中结晶出来。若结晶前，体系已由 DS 机理发生相分离，则固化后，此液相结构被

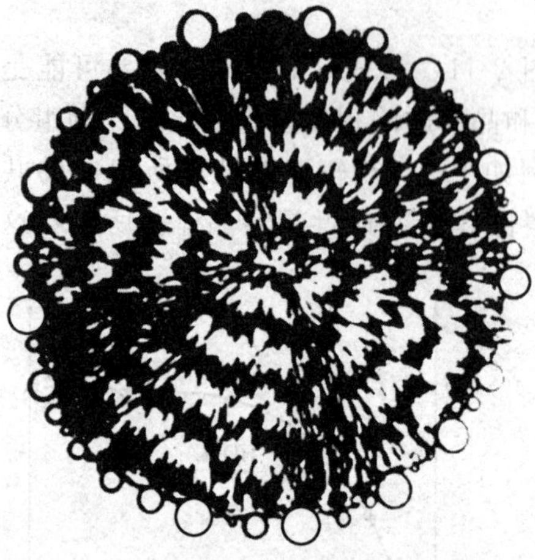

图 2-12　PS/PCL（30/70）共混体系在 50℃ PCL 结晶过程中 PS 被排斥出去

保持下来，结构的周期 Λ 如图 2-8 所示。在 PCL 结晶过程中，PS 从增长的球晶中被排斥出去，形成围绕球晶的皮层，如图 2-12 所示。在聚偏氟乙烯与聚甲基丙烯酸甲酯组成的共混物中，此皮层的厚度为 2～5nm[18]。

若球晶直径 $D_s \leqslant \Lambda$，结晶作用服从组成的共连续线，如图 2-10 所示；若 $D_s > \Lambda$，则旋节结构被埋入球晶中[19]。

在一定相分离条件下，甚至可形成被结晶作用所稳定的更复杂的微观形态结构。聚偏氟乙烯与聚丙烯酸乙酯所组成的共混物，在一定的相分离和结晶条件下，可在相分离的微区内发生次级相分离，形成被结晶所稳定的香肠状结构[20]。

2.4　研究聚合物之间相容性的实验方法

热力学上相容意味着分子水平的均匀。但就实际意义而言，是分散程度的一种量度，与测定方法有密切关系，因而是指在实际测定条件下所表现的均匀性。不同的测定方法常导致不同的结论。例如，根据玻璃化转变温度的测定，共混物 PVC/NBR-40 只有一个玻璃化转变温度，是均相体系。而根据电子显微镜分析，它是相畴很小的复相体系。所以，就实际意义而言，各种实验方法测得的关于聚合物之间相容性的结论具有一定的相对性。这种情况具有一般性，并非聚合物共混物的独特现象。例如，设法将油和水制成分散极细的乳液，它虽非热力学稳定状态，但具有相当的稳定性，成为介稳态。该体系是透明的，用一般光学显微镜看不到液滴存在，在很多方面表现均相性质。但用电子显微镜或用光散射法可观察到其非均相的特征。因此，即使简单的液体相混合，也常常难于断定混合物是均相体系或多相体系[21]。均相和多相只有热力学统计的意义，并非完全绝对的概念。是否均相，这依赖于鉴定的标准——空间尺度和时间尺度。由不同的鉴定方法得出不很相同的结论是不足为奇的。

研究聚合物之间相容性的方法很多。以热力学为基础的溶解度参数（δ）及 Huggins-Flory 相互作用参数 χ_{12} 来判断相容性已在第二节中讲述，以显微镜直接观察形态结构来表征聚合物之间相容性将在第 3 章中阐述。下面介绍几种实用的测定方法。

2.4.1　玻璃化转变法

玻璃化转变法测定聚合物-聚合物的相容性，主要是基于如下的原则：聚合物共混物的玻璃化转变温度与两种聚合物分子级的混合程度有直接关系。若两种聚合物组分相容，共混物为均相体系，就只有一个玻璃化转变温度，此玻璃化转变温度决定于两组分玻璃化转变温度和体积分数（见第 4 章）。若两组分完全不相容，形成界面明显的两相结构，就有两个玻璃化转变温度，分别等同于两组分原先的玻璃化转变温度。部分相容的共混体系介于上述两种极限情况之间。

当构成共混物的两聚合物之间具有一定程度的分子级混合时，相互之间有一定程度的扩散，界面层占有不可忽略的地位。这时虽然仍有两个玻璃化转变温度，但相互靠近了，其靠近的程度决定于分子级混合的程度。分子级混合程度越大，相互就越靠近。在某些情况下，界面层也可能表现出不太明显的第三个玻璃化转变温度。因此，根据共混物的玻璃化转变，不但可推断组分之间的相容性，还可得到有关微观形态方面的信息。

有人还提出，可用共混物玻璃化转变区的宽度（TW）来表征聚合物之间的相容性。对纯聚合物，$TW=6$℃；对完全相容的聚合物共混物，$TW=10$℃左右；对部分相容的共混物，$TW\geqslant 10$℃。某些情况，TW 还与共混物的组成有关。

Lipatov 提出了半经验关系式以表征聚合物共混物的相分离程度（Segregation degree）和两聚合物组分之间的相容程度，如图 2-13 所示。

相分离程度 a 定义为：

$$a=[h_2+h_1-(l_1h_1+l_2h_2+l_mh_m/L)]/(h_1^0+h_2^0) \tag{2-36}$$

式中　l_1 和 l_2——分别表示共混物两纯组分玻璃化转变温度的温度位移

h_1 和 h_2——分别表示共混物与两个 T_g 相应的转变峰（tgδ 峰）的高度

h_1^0 及 h_2^0——与共混物两纯组分相应的两 T_g 转变峰的高度

L——共混物两纯组分 T_g 间的温度差值

下标 m——中间相（界面相），h_m 表示此中间相 T_g 转变峰的高度，而 l_m 表示中间相 T_g 与纯组分 T_g 之间的温度差值。

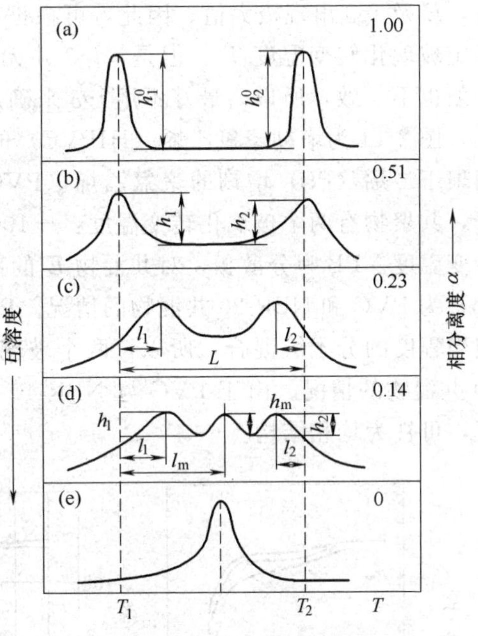

图 2-13　聚合物共混物的互溶度和相分离程度
图中的峰为 tanδ 峰，与峰值对应的温度为相应的 T_g

中间相并非对共混物体系都存在。式（2-17）并不适用于图 2-13 中的情况（e），这时只有一个转变峰，实际上是完全相容的情况。

l_1h_1 及 l_2h_2 是相应 T_g 转变峰下面积的量度。当 $l_1+l_2=L$ 时，开始出现微多相形态，如图 2-13（b）所示，这时式（2-36）简化为：

$$a=(h_1+h_2)/(h_1^0+h_2^0) \tag{2-37}$$

但要指出，聚合物共混物具有单一的玻璃化转变温度未必就是组分间真正热力学上的相容，而是对分散程度的一种描述。同一聚合物共混物由于试样制备方法或测试条件的不同，会得出有关相容性完全不同的结论。例如，将聚苯乙烯和聚甲基丙烯酸甲酯溶于萘中，将萘升华，用DSC法测定 T_g，获得单一的玻璃化转变温度。而将样品退火后，出现两个玻璃化转变温度，这是由于退火后相畴尺寸增大，超过 D_d 的缘故。又如，聚对苯二甲酸己二醇酯与PVC的共混物，用甲苯为溶剂浇铸成膜，测得单一的玻璃化转变温度；而用1,4-二氧六环为溶剂，浇铸成膜时，出现两个玻璃化转变温度[22]。这是由不同的溶剂浇铸成膜时，相畴尺寸出现差异的原因。

测定玻璃化转变温度的方法很多，如体积膨胀法、动态力学法、介电松弛法、热-光分析法、辐射发光光谱法等。体积膨胀法是测定聚合物 T_g 的传统方法，对于聚合物共混物同样适用，这里不再赘述，下面仅介绍最通用和较先进的方法。

1. 动态力学法

可采用适当的仪器来研究聚合物共混物的动态力学性质，如扭辫仪、振动簧等。一般是在一定温度范围内，在较小振幅下测定样品的模量和损耗正切 tgδ 随温度变化的情况。模量包括：恢复模量 E' 和损耗模量 E''。在玻璃化转变温度 T_g 处，E' 的变化发生转折，E'' 及 tgδ 出现极大值。因此，可根据 E'' 及 tgδ 的峰值位置或 E' 发生转折的位置来确定玻璃化转变温度 T_g。但是，tgδ 并无直接的物理意义，其峰值位置与 E'' 峰值位置一般也不一致，所以，最好不用 tgδ 来确定玻璃化转变温度。

图2-14为增韧聚氯乙烯（HIPVC）的 E' 及 E'' 与温度的关系。图2-14中：(a) 为用聚丁二烯（PB）增韧的聚氯乙烯（PVC）。由于PVC与PB之间的相容性很差，所以，共聚物有两个玻璃化转变温度：－100℃和86℃，分别对应于PB和PVC的玻璃化转变温度。PB为分散相，对共混物 E' 的影响较小，所以，E' 仅在86℃有明显的突变。(b) 为PVC和NBR-20共混物的情况。PVC与NBR-20有较好的相容性，两组分间有相当程度的分子级混合，所以，两个玻璃化转变温度相互靠近。(c) 为PVC与NBR-40共混物的情况。由于PVC与NBR-40几乎完全相容，因而只有一个玻璃化转变温度，可视为均相结构。

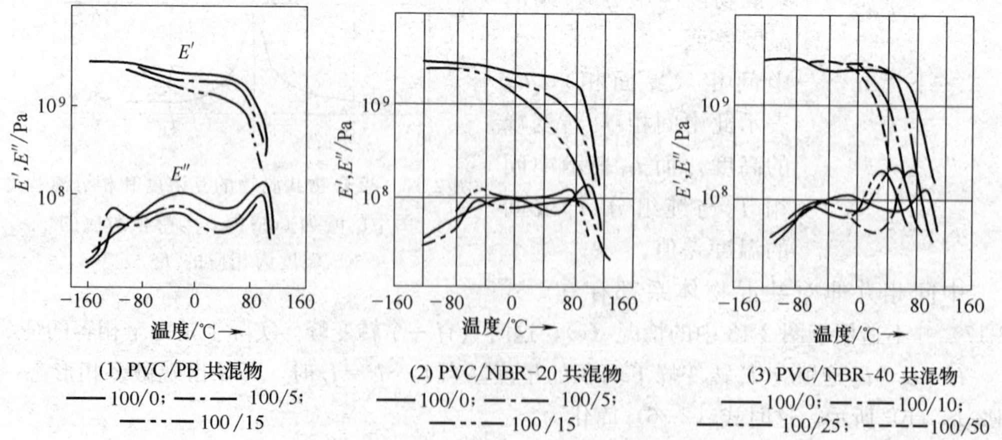

图2-14　增韧聚氯乙烯动态模量与温度的关系

2. 示差扫描量热法（DSC）

DSC法测量样品热焓随温度变化情况。在玻璃化转变温度附近，聚合物比热有急剧的变化，据此测定聚合物的玻璃化转变温度。DSC 法所用试样量很少，测速快，灵敏度较高，应用极为广泛。

图 2-15 为 ABS、HIPVC 及 PVC 的比热与温度的关系。由图 2-15 可见，PVC 只有一个玻璃化转变温度，而 HIPVC 和 ABS 各有两个玻璃化转变温度，分别对应于基体聚合物及橡胶分散相的玻璃化转变温度。

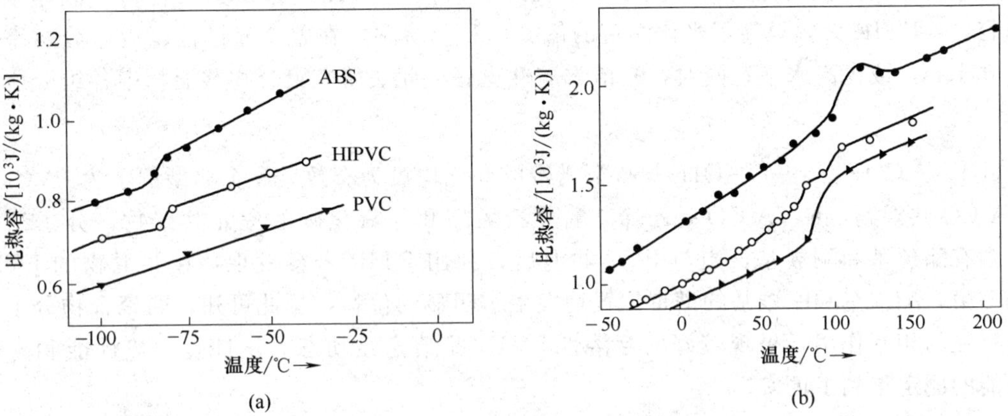

图 2-15　PVC、HIPVC 和 ABS 的差示扫描量热法谱图

（a）在低温区相应于橡胶相 T_g 处比热急剧增加

（b）在高温区相应于树脂相 T_g 处比热急剧增加

在橡胶组分玻璃化转变温度附近，样品比热的增量 ΔC_p 与橡胶的质量分数成正比，据此可测定橡胶在共混物中的含量，这一点与动态力学法不同。在动态力学法中，相应于橡胶相的损耗峰面积决定于橡胶相的体积分数而非橡胶相本身所占的质量分数。所以，这两种方法可相互补充，从而推断出橡胶颗粒树脂包容物的含量。

一般而言，DSC 和动态力学法测量的结果是一致的，但也有不一致的情况。例如，聚丙烯/聚丁烯共混物，按 DSC 方法有两个玻璃化转变温度，是不相容的，而按动态力学法测定时，仅有一个玻璃化转变温度，是相容的。

3. 介电松弛法[23]

聚合物的电性能与力学性能相类似，如介质损耗角正切介电常数 ε' 类似于柔量，介电损耗 ε'' 类似于力学损耗。$\varepsilon''/\varepsilon'$ 可确定聚合物的玻璃化转变温度 T_g，因而与动态力学法相似，可用来研究聚合物之间的相容性。实验时此法的优点是，改变频率较容易，缺点是测定非极性聚合物的玻璃化转变温度比较困难，需进行氧化等改性处理，使其产生足够的极性，以便于分辨出共混物中的次级转变和玻璃化转变。

2.4.2　其他方法

1. 红外光谱法

任一具有特定分子结构的聚合物均有一典型的红外吸收光谱图，谱图中各特征吸收带表征其含有的基团类别。红外光谱法研究聚合物相容性的原理是：对于相容的聚合物共混体系，由于异种聚合物分子之间有强的相互作用，所产生的光谱相对于两聚合物组分的光谱谱带产生较大的偏离（谱带频率移动及峰形的不对称加宽等），由此可表征相容性的大小。对于完全不相容的聚合物共混体系，表征两聚合物组分的特征吸收谱带能够很好地重现而未发生变化。然而，聚合物之间的相容性难以用谱带偏离程度进行定量表征，这是红外光谱法的不足之处。

当前，主要应用先进的傅里叶变换红外光谱仪（FTIR）来研究聚合物共混体系的相容性。FTIR 大幅提高了光谱测定的信噪比和分辨率，在整个光谱范围内，分辨率可达 $0.1cm^{-1}$ 或更高水平；同时，光谱重演性也好。此法研究聚合物共混物中各组分所含—OH、—CO—、$-\overset{\overset{\displaystyle O}{\|}}{C}-OH$ 等特征谱带的变化均极为有效。一个典型例子为 PVC/E-VA-CO 共混物，E-VA-CO 是乙烯、醋酸乙烯酯和一氧化碳的三元共聚物，分子结构中含有酯羰基和酮羰基，当与 PVC 共混后，利用 FTIR 考察发现：在共混物的 FTIR 谱图中，酯羰基和酮羰基的谱带位置均发生了明显的位移，据此可知，两聚合物分子之间有强的相互作用，呈现较好的互溶性[24-25]。此结论经动态力学性能、热性能和介电性能的测定得到了证实。

2. 反气相色谱法（IGC）

传统的气液色谱（GLC）是用已知的固定相测定流动相中未知物的成分和性质，而所谓反气相色谱法（IGC）则是用流动相中的已知挥发性溶质来测定固定相的成分和性质[23]。实际操作是将聚合物共混物溶于共同溶剂并沉淀在惰性载体上，随后装入色谱柱中，实验最终柱温至少比 T_g（对无定型聚合物）或 T_m（对结晶型聚合物）高 50℃，以一种惰性载气在一定流速和预定压力下，连续通过色谱系统，而探针分子以脉冲状引入系统。IGC 测定的基本量是比保留体积（V_g），V_g 为每克固定相洗提探针所需的载气体积（mL），通过探针分子对作为固定相的聚合物进行测定，从所得比保留体积图形就可以判断共混聚合物的微观形态和相容性。

已知，当聚合物共混物是均相体系时，探针分子在等温等压条件下流经色谱柱的比保留体积 V_g 有如下关系[26]：

$$-\Delta G = RT\ln K = RT\ln V_g \tag{2-38}$$

或

$$\lg V_g = \frac{-\Delta H}{2.3RT} + \frac{\Delta S}{2.3R} \tag{2-39a}$$

式中，ΔG、ΔH 和 ΔS 分别为体系自由能的变化，K 为探针分子在流动相和固定相的分配系数，R 为气体常数，T 为热力学温度。

实验时，柱温从低于 T_g 升高到高于 T_g，高分子链从“冻结”到“解冻”，V_g 将发生较显著变化，若以 $\lg V_g$ 与 $1/T$ 作图，可得一呈“Z”形的相关图形（比保留体积图）。

当聚合物共混物为两相形态时，则：

$$\lg V_g = \frac{-(\Delta H_1 + \Delta H_2)}{2.3RT} + \frac{\Delta S_1 + \Delta S_2}{2.3R} \tag{2-39b}$$

若两相 $T_{g1} \neq T_{g2}$，则 $\lg V_g$ 与 $1/T$ 的图形会出现两个“Z”形部位。图 2-16 及图 2-17为均相共混物和非均相共混物比保留体积变化的示意图。

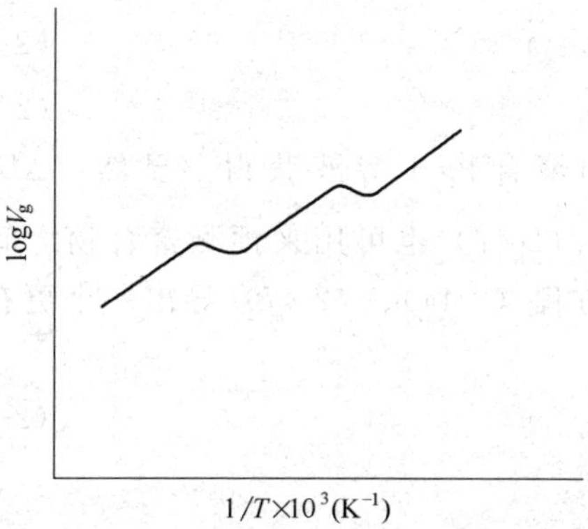

图 2-16　均相共混物的 V_g 图

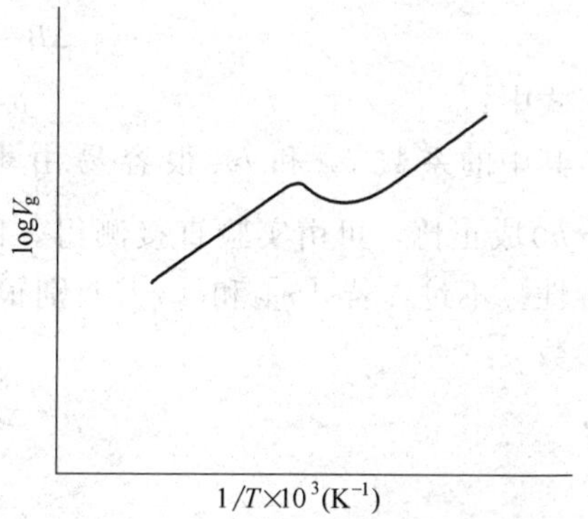

图 2-17　非均相共混物的 V_g 图

另外，聚合物共混物的 V_g 还有如下关系[27]：

$$V_g \leqslant V_{g1} W_1 + V_{g2} W_2 \tag{2-40}$$

式中：V_{g1} 和 V_{g2} 分别为探针分子对聚合物 1 和聚合物 2 的比保留体积，W_1 和 W_2 分别为聚合物 1 和聚合物 2 在共混物中的质量分数。若测定结果符合上式中的等号，则为两相体系；若符合上式中的小于号，则为均相体系。

3. 黏度法

利用聚合物共混物的溶液黏度特性来判断相容性一直是人们关注的问题，但一直未能获得充分利用，直到由 Chee[28] 开发出稀溶液黏度法（DSV）才使此法具有简单、实用和判断正确的特点。

DSV 法的理论依据是经典的 Huggins 方程，即对于单溶质溶液，有：

$$\eta_{sp} = [\eta]C + bC^2 \tag{2-41}$$

式中　η_{sp}——比黏度

$[\eta]$——特性黏度

C——溶液浓度

b——与 Huggins 系数 R_H 相关的系数

$$b = R_H [\eta]^2 \tag{2-42}$$

对于非电解质稀溶液，η_{sp}/C 与 C 为直线关系，其截距为 $[\eta]$，斜率为 b。而对于由溶剂 1、聚合物共混物（两种聚合物分别标为 2 和 3）组成的三元体系，方程(2-39)中：

$$C = C_2 + C_3 \tag{2-43}$$

$$[\eta] = w_2 [\eta]_2 + w_3 [\eta]_3 \tag{2-44}$$

$$b = w_2^2 b_{22} + w_3^2 b_{33} + 2 w_2 w_3 b_{23} \tag{2-45}$$

式中：w 为聚合物的质量分数（即 $w_i = C_i / C$，$i=2$，3），下标为组分的编号。

DSV 法测定分子间相互作用参数的差值：

$$\Delta B = b_{23} - \frac{1}{2}(b_{22} + b_{33}) \tag{2-46}$$

若 $\Delta B \geqslant 0$，表示共混体系相容；若 $\Delta B < 0$，则表示相分离。

此外，将式（2-45）及式（2-46）联解，可得：

$$\Delta B=(b-\bar{b})/(2w_2w_3) \tag{2-47}$$

式中：

$$\bar{b}=w_2b_{22}+w_3b_{33} \tag{2-48}$$

其中的系数 b_{22} 和 b_{33} 很容易由聚合物 2 和聚合物 3 溶液获得。显然，ΔB 与 $(b-\bar{b})$成正比，可由实验直接测得。因此，方程（2-47）也可用来预测聚合物之间的相容性。不过，若 $[\eta]_2$和 $[\eta]_3$差别很大，可由方程（2-44）、（2-47）导出一个更有用的参数 μ：

$$\mu=\Delta B/([\eta]_3-[\eta]_2)^2 \tag{2-49}$$

或

$$\mu=\left\{\frac{b-b_{22}}{[\eta]-[\eta]_2}-\frac{b_{33}-b_{22}}{[\eta]_3-[\eta]_2}\right\}/[2([\eta]_3-[\eta])] \tag{2-50}$$

无因次系数 μ 可应用 DSV 法测定的数据计算求得，并且由方程（2-49）可知，在判断聚合物之间相容性方面，μ 与 ΔB 是等效的，也就是说，$\mu\geqslant0$，共混体系相容；$\mu<0$，共混体系不相容。

DSV 法所用设备是通用的乌氏黏度计，Chee 用此法研究了 PVC/PMMA、PVC/PIBMA（聚甲基丙烯酸异丁酯）、PMMA/PIBMA 等的互溶性，所得结果与其他常用方法（如 DSC 法）一致，可证明此法判断的正确性。

何曼君等[28]在研究 PS（OH）/PBMA（含羟基的苯乙烯共聚物/聚甲基丙烯酸丁酯）等的相容性方面，运用 Chee 实验方法和数据处理方法，也获得了理想的结果。同时还指出，不仅可用 μ 值来判断共混体系的相容性，而且依据 $[\eta]$、b 和 R_H与组成的关系，也可以作为相容性的判据，即对于 b 和 R_H，凡是与组成的加和性产生正偏差的，为相容体系；与组成的加和性产生负偏差的，为不相容体系。而 $[\eta]$ 与组成的关系对相容性影响规律与 b 和 R_H的相反。

参 考 文 献

[1] L. A. Utracki. Polymer Alloys and Blends：Thermodynamics and Rheology [M]. Hanser Publishers，New York，1990.

[2] L. H. Sperling. Polymer Multicomponent Materials，John Wiley & Sons [M]. New York，1997.

[3] U. W. Gedde. Polymer Physics，Chapman & Hall [M]. London. 1995.

[4] L. S. Miles. Multicomponent Polymer Systems [M]. Longman Scientific & Technical，Avon. UK，1992.

[5] Y. S. Lipatov. Phase-Separated Interpenetrating Polymer Network [M]. USCHTU，Dnepra-petrovsk，2001.

[6] 张留成，王家喜. 高分子材料进展 [M]. 北京：化学工业出版社，2014.

[7] S. Krause. Polymer compatibility [J]. J. Macromol. Sci.，1972，7（2）：251-314.

[8] C. Pugh，J. M. Rodriguez-Parada，V. Percec. The influence of molecular weight of the donor polymer on the solid-state behavior ofinterchain EDA complexes [J]. J. Polym. Sci.，Part A：Polym. Chem.，1986，24（4）：747-758.

[9] H. Tompa. Polymer Solutions，Chapter 2 [M]. Butterworths Scientific Publication. London，1956.

[10] J. H. Hildbrand, R. L. Scott. Regular Solutions [M]. Drentica-Hatl, Englewoodeliffs, 1962.

[11] T. Okitsu. The Role of Solubility Parameter (SP) in Solubility Theories Part 1, Method of Estimating Solubility Parameters SP by Means of Molar Attraction Constants [J]. J. Adhes. Soc. Japan, 1993, 29: 204-211.

[12] S. A. Chen. Polymer miscibility in organic solvents and in plasticizers—a two-dimensional approach [J]. J. Appl. Polym. Sci., 1971, 15 (5): 1247-1266.

[13] M. T. Shaw. Studies of polymer-polymer solubility using a two-dimensional solubility parameter approach [J]. J. Appl. Polym. Sci., 1974, 18 (2): 449-472.

[14] S. Krause. Microphase separation in block copolymers. Zeroth approximation including surface free energies [J]. Macromolecules, 1970, 3 (1): 84-86.

[15] T. E. Schichtel, K. Binder. Kinetics of phase separation in polydisperse polymer mixtures [J]. Macromolecules, 1987, 20 (7): 1671-1681.

[16] I. C. Sanchez. Bulk and interface thermodynamics of polymer alloys [J]. Ann. Rev. Mater. Sci., 1983, 13 (1): 387-412.

[17] B. S. Morra, R. S. Stein. Melting studies of poly (vinyl idene fluoride) and its blends with poly (methyl methacrylate) [J]. J. Polym. Sci.: Polym. Phys. Ed., 1982, 20 (12): 2243-2259.

[18] B. R. Hahn, O. Herrmann-Sch6nherr, J. H. Wendorff. Evidence for a crystal-amorphous interphase in PVDF and PVDF/PMMA blends [J]. Polymer, 1987, 28 (2): 201-208.

[19] N. Inaba, K. Sato, S. Suzuki, T. Hashimoto. Morphology control of binary polymer mixtures by spinodal decomposition and cstallization. 1. Principle of method and preliminary results on PP/EPR [J]. Macromolecules, 1986, 19 (6): 1690-1695.

[20] B. Endres, R. W. Garbella, J. H. Wendorff. Studies on phase separation and coarsening in blends of poly (vinylidene-fiuoride) and poly (ethyl-acrylate) [J]. Colloid. Polym. Sci., 1985, 263 (5): 361-371.

[21] S. Glasstone. Textbook of Polysical Chemistry, 2nd ed., Chapter 1, Van Nostrand [M]. New York, 1951.

[22] S. Saeki, J. M. G. Cowie, I. J. McEwen. The efikct of molecular weight and casting solvent on the miscibility of polystyrene-poly (α-methyl styrene) blends [J]. Polymer, 1983, 24 (1): 60-64.

[23] O. Olabisi 等著，项尚田等译. 聚合物：聚合物溶混性 [M]. 北京：化学工业出版社，1987.

[24] M. Iskandar, C. Tran L. M. Robeson, J. E. McGrath. Fourier transform infrared studies of poly (vinyl chloride) blends with ethylene co- and terpolymers [J]. Polym. Eng. Sci., 1983, 23 (12): 682-688.

[25] 张富慎，吴培熙. 新型聚氯乙烯共混物 PVC/ELVALOY [J]. 塑料工业，1987. (4): 13-17.

[26] R. L. Grob. Modern Practice of Gas Chromatography, 2nd Ed. [M]. John Wiley & Sons, New York, 1985.

[27] Z. Chai, D. J. Walsh. Inverse gas chromatography for the study of one phase and two phase polymer mixtures [J]. Eur. Polym. J., 1983, 19 (6): 519-524.

[28] 何曼君等. PS (OH)/PBMA 的相容性研究 [J]. 1991 年全国高分子物理学术论文报告会论文集，1991.

第 3 章　聚合物共混物的微观形态

聚合物共混物的微观形态是决定该共混物性能最重要的因素之一，所以研究开发新的聚合物共混物以及探讨其改性效果，就必须观测其微观形态。

聚合物共混物的微观形态受一系列因素的影响，可归纳成以下 3 种类型：

① 热力学因素。如聚合物之间的相互作用参数、界面张力等。热力学可预期共混物最终的平衡结构是均相还是多相的。相分离可形成组成均匀的层或各种分散结构。

② 动力学因素。相分离动力学决定平衡结构能否达到以及达到的程度。根据相分离动力学的不同，可出现两种类型的形态结构：NG 机理一般形成分散结构；SD 机理一般形成交错层状的共连续结构。具体的形态主要决定于骤冷程度。骤冷程度越大，聚结的起始尺寸越小，可由 100nm 降至 10nm。结构尺寸随时间的延长而趋于平衡热力学所预期的最终值。这种平衡结构一般难于达到。采用增容的方法可将相分离的力学所形成的结构稳定下来，从而提高产品性能的稳定性。这个问题已在第 2 章中阐述过。

③ 在混合加工过程中，流动场诱发的形态结构。这在本质上是由于流动参数的不同而形成各种不同的非平衡结构。

了解以上 3 个方面就可对聚合物共混物微观形态形成的基本机理有一个大概的认识，从而可了解控制共混产物微观形态和性能的基本途径。Manson[1] 以及 Bucknall[2] 的专著在这方面为人们提供了基本的认识。本章从上述观点出发，综合众多文献，概括讨论聚合物共混物微观形态的基本类型、相界面结构、相容性和混合加工方法对共混物微观形态的影响以及微观形态的主要观测方法。

3.1　聚合物共混物微观形态的基本类型

聚合物共混物可由两种或两种以上的聚合物组成，对于热力学互溶的共混体系，有可能形成均相的形态结构；反之，则形成两个或两个以上的相，这种多相形态最为普遍，也最为复杂，下面将重点介绍。为简便起见，这里主要讨论双组分的情况，但涉及的基本原则同样适用于多组分体系。

由两种聚合物构成的两相聚合物共混物，按照相的连续性可分成 3 种基本类型：单相连续形态，即一个相是连续的而另一个相是分散的；两相互锁或交错形态以及相互贯穿的两相连续形态。

3.1.1　单相连续形态

单相连续形态是指构成聚合物共混物的两个相或多个相中只有一个相连续。此连续相可看作分散介质，称为基体；其他的相分散于连续相中，称为分散相。单相连续的形态又因分散相相畴（即微区结构）的形状、大小以及与连续相结合情况的不同而表现为多种形式。在复相聚合物体系中，每一相都以一定的聚集态存在。因为相之间的交错，所以连续性较小的相或不连续的相就被分成很多的微小区域，这种区域称作相畴（Phase domain）或微区。不同的体系，相畴的形状和大小亦不同。

（1）分散相形状不规则

分散相是由形状很不规则、大小极为分散的颗粒所组成。机械共混法制得的产物一般具有这种形态。一般情况下，含量较大的组分构成连续相，含量较小的组分构成分散相。分散相颗粒尺寸通常为 1～10μm。图 3-1 是机械共混法制得的 HIPS 超薄电子显微镜照片。橡胶成分（聚丁二烯）以形状不规则的颗粒分散于聚苯乙烯基体（连续相）中。

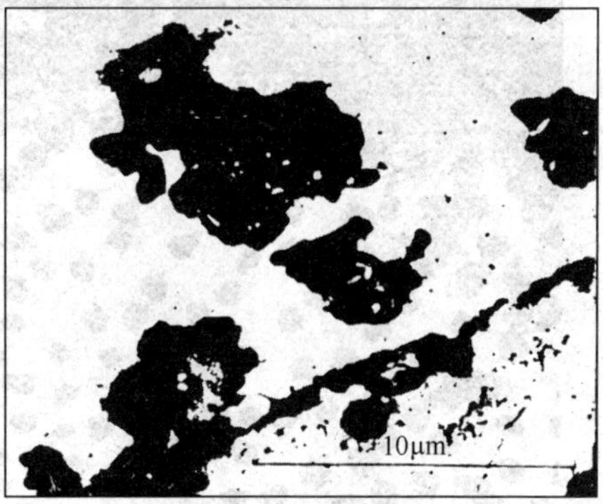

图 3-1　机械共混法 HIPS 电子显微镜照片
黑色不规则颗粒为橡胶分散相

（2）分散相颗粒较规则

分散相颗粒较规则（一般为球形），颗粒内部不包含或只包含极少量的连续相成分。用羧基丁腈橡胶（CTBN）增韧的双酚 A 二缩水甘油醚环氧树脂即为这种形态，其形态结构的电镜照片见图 3-2。在 50～80℃将 CTBN 分散于低相对分子质量环氧树脂中，再加入固化剂，将共混物加热固化。所得产物中，橡胶以规则的球状颗粒分散于环氧树脂基体中，橡胶颗粒直径 1μm 左右。虽然基体中也可能存在分子程度分散的橡胶，橡胶颗粒中亦可能溶有微量环氧树脂，但两相基本上都是单一组分构成。

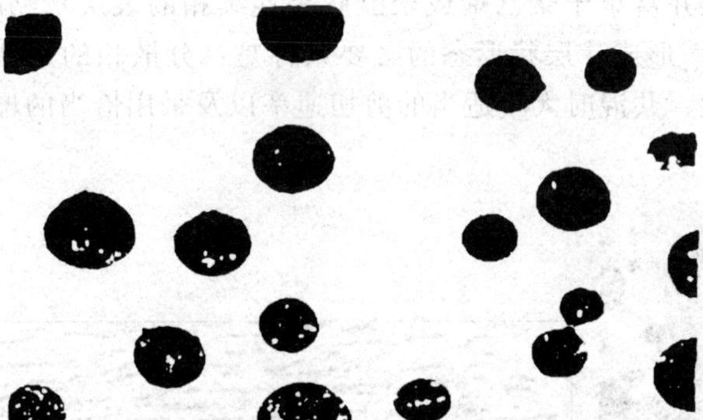

图 3-2　8.7%CTBN 橡胶增韧的环氧树脂形态结构电镜照片
黑色小球为橡胶颗粒

上述形态结构的另一例子是某些三嵌段共聚物，例如苯乙烯-丁二烯-苯乙烯三嵌段共聚物（SBS）。当聚丁二烯嵌段较短因而丁二烯含量较少（一般为 20%）时，则聚丁二烯嵌段以均匀的球状颗粒分散于聚苯乙烯嵌段所构成的连续相基体中。球形颗粒的直径约数十纳米，如图 3-3 所示。当然，丁二烯含量增加时，相应的形态也会发生变化。例如，当丁二烯含量为 40%时，分散相变成圆柱状。随着丁二烯含量继续增加，最后聚丁二烯嵌段转变成连续相，聚苯乙烯嵌段变成分散相。

（3）分散相为胞状结构或香肠状结构[1]

分散相为胞状结构或香肠状结构的形态较前两种复杂，其特点是分散相颗粒内尚包含连续相成分所构成的更小颗粒。因此，在分散相内部又可把连续相成分所构成的更小的包容物当作分散相，而构成颗粒的分散相成分，则成为连续相。这时分散相颗粒的截

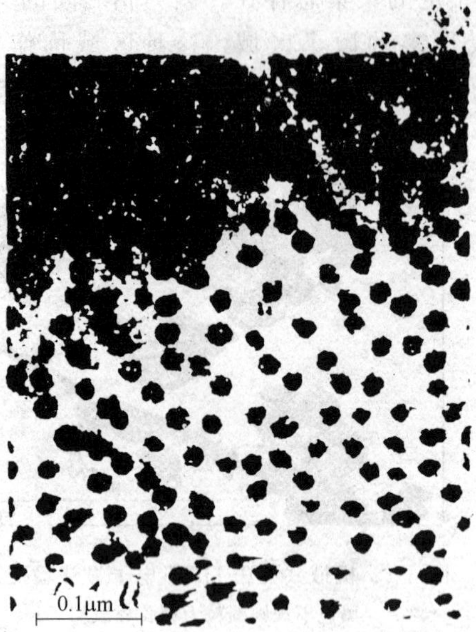

图 3-3　SIS 三嵌段共聚物的
微观形态（丁二烯含量为 20%）

面形似香肠，所以称为香肠结构。也可把分散相颗粒当作胞，胞壁由连续相成分构成，胞本身由分散相成分构成，而胞内又包含连续相成分构成的更小颗粒，所以也称为胞状结构。接枝共聚-共混法制得共混物大多都具有这种类型的微观形态。图 3-4 是用四氧化锇将聚丁二烯链节染色得到的 G 型（乳液接枝共聚法）ABS 共混物电镜照片。黑色部分为橡胶，白色部分为树脂。这种类型的 ABS 是由橡胶颗粒和树脂基体构成的两相共混物，橡胶颗粒粒径为 0.1～0.5μm。反应过程生成的接枝共聚物主要集中于两相界面，起到了相容剂的作用。一般而言，这种接枝共聚物包络在分散颗粒表面，形成蕊壳状结构。

（4）分散相为片层状[3-4]

分散相为片层状的形态是指分散相呈微片状分散于连续相基体中。当分散相浓度较高时，进一步形成了分散相的片层。例如欲获得阻隔性良好的聚合物共混物（将阻隔性卓越的聚酰胺成微片状均匀分散于聚乙烯中），以及获得抗静电性优良的聚合物共混物（将亲水性聚合物成微片状分散并富集于聚乙烯或聚酰胺等连续相的表层）。分散相为片层状形态的电镜照片见图 3-5。形成片层状形态的必要条件是：分散相的熔体黏度大于作为连续相聚合物的熔体黏度、共混时大小适当的剪切速率以及采用恰当的增容技术。

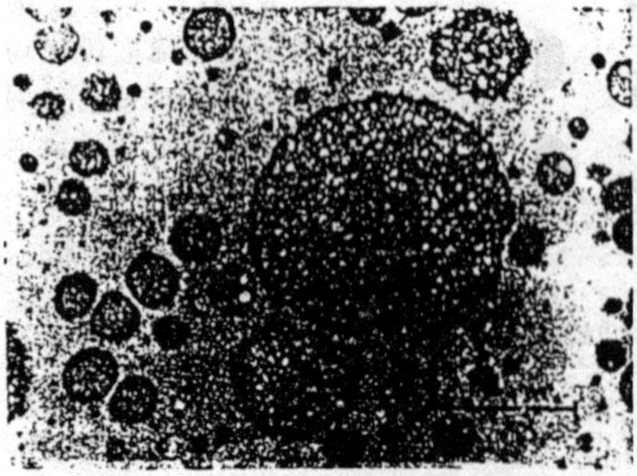

图 3-4　G 型 ABS 形态结构的电镜照片

图 3-5　分散相为片层聚合物共混物的形态结构
1—微片状分散相（PA）均匀分布于连续相（HDPE）中
2—微片状分散相（亲水性聚合物）富集于
连续相（ABS）表层中

3.1.2　两相互锁或交错形态

两相互锁或交错形态有时也称为两相共连续结构，包括层状结构和互锁结构。嵌段共聚物产生两相旋节分离，以及当两嵌段组分含量相近时，常形成这类形态。例如 SBS 三嵌段共聚物，当聚丁二烯含量为 60%左右时，即形成两相交错的层状结构，如图 3-6 所示。以邻苯二甲酸正丁酯为溶剂浇铸的苯乙烯-氧化乙烯嵌段共聚物也是这种类型的层状结构。所以，以嵌段共聚物为主要成分的聚合物共混物也容易形成此类形态，例如苯乙烯和异戊二烯的二嵌段共聚物（PS-*b*-PI）为层状交错，当与 PS 共混，由于 PS 与嵌段共聚物中的 PS 嵌段相溶，层状形态在 PS 量不多时，只是出现某些“膨胀”，还不会变形；只有当 PS 量很大时，才会使层状形态受到破坏[5]。

图 3-6　SBS 微观形态电镜照片
（聚丁二烯含量为 60%）
样品为以甲苯为溶剂的浇铸薄膜，用四氧化钌染色。
黑色部分为聚丁二烯嵌段相，白色部分
为聚苯乙烯嵌段相

嵌段共聚物 A-*b*-B 的微观形态与其组成比密切相关。通常，含量较少的组分构成分散相，含量较多的组分构成连续相。随着分散相含量的逐渐增大，分散相从球状珠滴变成棒状或纤维状，当两个相含量相近时，则形成层状结构，其理想模型如图 3-7 所示。原则上，在 A-*b*-B 嵌段共聚物中加入 A 均聚物相容于 A 相中，其对形态影响的效果等同于增加 A-*b*-B 中 A 嵌段的比例（相对分子质量）。

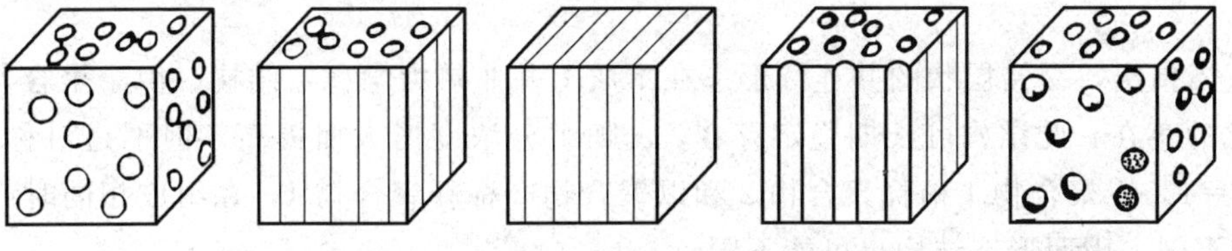

图 3-7　嵌段共聚物及嵌段共聚物/均聚物共混物微观形态结构模型
白色为组分 A，黑色为组分 B

一般而言，增容的非均相聚合物共混物和嵌段共聚物依分散相组成的变化可分别形成：珠滴状（$\varphi<0.15$）、纤维状（$0.15<\varphi<0.38$）或交错的层状结构（两相含量相近时）[6]。但实际含嵌段聚合物的聚合物共混物的微观形态更复杂一些，不像图 3-7 所示模型这样规则，可能出现各种过渡形式或者几种形态结构同时并存。例如，球状颗粒、短棒状以及不规则条、块、纤维状等形态同时存在于同一种聚合物共混物中。图 3-8 为

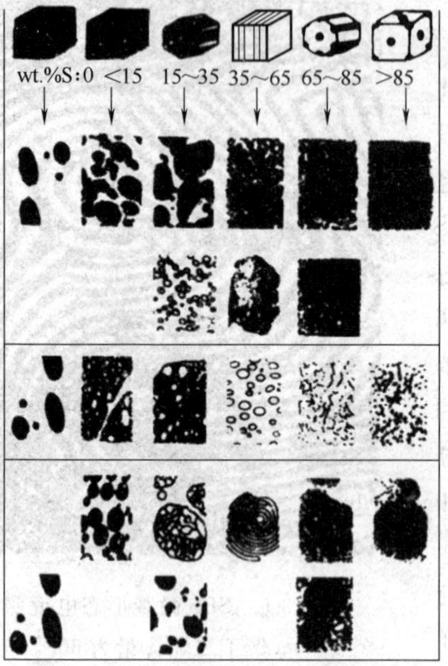

图 3-8　PS/SB（A）、PS/SBS（B）以及 PS/BSB（C）3 种聚合物共混物微观形态的透射电镜照片（RuO_4 染色）

白色部分为聚苯乙烯均聚物及聚苯乙烯嵌段所组成的相

3 种嵌段共聚物与 PS 均聚物共混物的微观形态透射电镜照片。

由图 3-8 可见，聚合物共混物可在一定的组成范围内发生相的逆转，原来是分散相的组分变成连续相，而原来是连续相的组分变成分散相，这与乳液相逆转的情况相似。设发生相逆转时组分 1 及 2 的体积分数分别为 φ_{1i} 和 φ_{2i}，则存在如下的经验关系式[7]：

$$\frac{\varphi_{1i}}{\varphi_{2i}}=\frac{\eta_1}{\eta_2}=\lambda \tag{3-1}$$

式中 η_1 及 η_2 分别为组分 1 及 2 的黏度。

这是一个很好的近似式。例如，共混物 PS/PMMA、PS/HDPE、PS/PB 等的相逆转都与此经验式相吻合。应当注意，因为 λ 值常与剪切应力有关，所以，相逆转时的组成也受混合、加工方法及工艺条件等因素的影响。

还有一些体系，相逆转组成 φ_i 对 λ 值的变化并不敏感，这和水/油乳液的情况相似。水/油乳液的 φ_i 值主要依赖于乳化剂的类型和用量而非 λ 值，这种情况表明界面的不对称性。所谓界面的不对称性，就是把界面视为一层液膜，膜两边的界面张力系数是不相同的。

应当指出，交错层状的共连续形态在本质上并非热力学稳定结构。由于聚合物屈服应力 σ_y 的存在，此结构可长期稳定存在。σ_y 随组分浓度增大而提高，但不是对称函数。即使 $\lambda=1$，以聚合物 1 稀释聚合物 2 和以聚合物 2 稀释聚合物 1，在组成相同时产生的 σ_y 值却不同，因而形态结构也可能不同。

在相逆转的组成范围内，常可形成两相交错、互锁的共连续形态结构，使共混物的力学性能提高，这就为混合及加工条件的选择提供了重要依据。

3.1.3　相互贯穿的两相连续形态

相互贯穿的两相连续形态结构的典型例子是互穿网络聚合物（IPN）。在 IPN 中，两种聚合物网络相互贯穿，使得整个共混物成为交织网络，两个相都是连续的。

IPN 的两相连续性已为电镜分析（图 3-9）和动态力学性能的研究所证实。另外，根据 Davies 方程，两相连续体系的杨氏模量与组成的关系为：

$$E^{\frac{1}{5}}=\varphi_1 E_1^{\frac{1}{5}}+\varphi_2 E_2^{\frac{1}{5}} \tag{3-2}$$

式中　E、E_1 及 E_2——分别为共混物、组分 1 及组分 2 的杨氏模量

φ_1 及 φ_2——分别为组分 1 及组分 2 的体积分数

IPN 基本上符合 Davies 方程，这亦可证明 IPN 为两相连续的形态结构。IPN 中两相的连续程度一般不同。若聚合物 1 构成的相连续性较大，则聚合物 2 构成的相连续性较小，即使聚合物 2 含量较多也是这样。连续性较大的相，对性能影响亦较大。

由图 3-9 可见，聚合物 1，即顺式-聚丁二烯（Cis-PB）构成连续性较大的相。同时可看到，IPN 具有胞状结构，聚合物 1 即 Cis-PB 形成胞壁；聚合物 2 即 PS 构成胞体。胞的尺寸为 0.05～0.1μm（即 500～1000Å）。胞壁及胞的内部尚有尺寸为 100～200 Å 的更精细的结构。两组分的互溶性越大、交联度越大，则 IPN 两相结构的相畴越小。

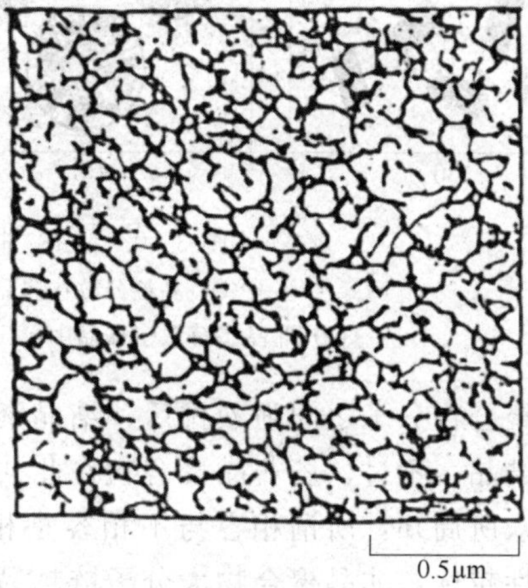

图 3-9　顺式-聚丁二烯/聚苯乙烯 IPN 电镜照片
顺式-聚丁二烯/聚苯乙烯=24/50，
黑色部分为聚丁二烯

3.1.4　含结晶聚合物共混物的形态特征

以上所述都是两种聚合物均为非晶态结构的情况。对两种聚合物都是结晶性的，或其中之一为结晶性的、另一种为非结晶性的情况，上述原则也同样适用。所不同的是，对结晶聚合物的情况尚需考虑共混后结晶形态和结晶度的改变。

聚合物共混物中一种成分为晶态聚合物，另一种为非晶态聚合物的例子有：聚己内酯/聚氯乙烯（PCL/PVC）共混物、全同立构聚苯乙烯（*i*-PS）/无规立构聚苯乙烯（*a*-PS）共混物以及 *i*-PS 与聚苯醚（PPO）的共混物、聚偏氟乙烯（PVDF）/PMMA 共混物等。这类共混物的形态结构早期曾归纳成以下 4 种类型：①晶粒分散在非晶态介质中；②球晶分散于非晶态介质中；③非晶态分散于球晶中；④非晶态形成较大的相畴分布于球晶中。图 3-10 为这 4 种形态结构的示意图[8]。Martuscelli 的研究结果基本支持了上述结论，但给予了更详尽的描述[9]。根据更广泛的研究报道，以上 4 类结晶结构尚不能充分代表晶态/非晶聚合物共混物形态的全貌，至少应增加如下 4 种（按图 3-10 中的编号）：⑤球晶几乎充满整个共混体系（为连续相），非晶聚合物分散于球晶与球晶之间[10-11]；⑥球晶被轻度破坏，成为树枝晶并分散于非晶聚合物间[11]；⑦球晶聚合物未能结晶，形成非晶/非晶共混体系（均相或非均相）[11]；⑧非晶聚合物产生结晶，体系转化为结晶/结晶聚合物共混体系（也可能同时含一种或两种聚合物的非晶区）[12]。

在结晶/非晶聚合物共混体系中，两组分的相容性对体系的形态结构有着重要影响。此外，还受共混组分比例、结晶组分结晶度、结晶动力学因素、共混工艺条件等的制约。

对于不相容体系，主要表现为图 3-10 中（a）、（b）两种形态，非晶聚合物分子与

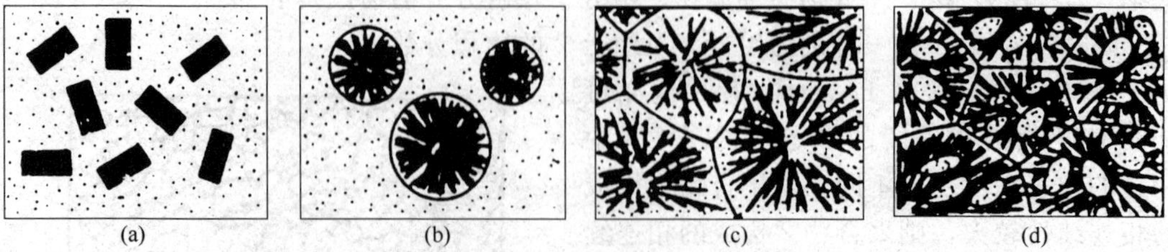

图 3-10　晶态/非晶态共混物形态结构示意图

（a）晶粒分散在非晶区中　（b）球晶分散在非晶区中

（c）非晶态分散于球晶中　（d）非晶态集聚成较大的相畴分散在球晶中

结晶聚合物分子之间强烈排斥，结晶聚合物可以不受干扰地按照单独存在时的结晶特性进行结晶。不过，若非晶聚合物在此共混体系中比例很大，就有可能形成⑦的形态。

众所周知，所谓相容与不相容是相对的，对于相容性结晶/非晶聚合物共混体系，相容性越优，非晶聚合物大分子链越易进入结晶聚合物的结晶结构中。所以，在相容性结晶/非晶聚合物共混体系中，当非晶聚合物组分比例低时，易出现③、④两种形态；而非晶聚合物组分比例很高时，就极易转化为⑦的形态[11]。相容性好，且在一定的结晶动力学条件下，某些这类共混体系中结晶聚合物的结晶特性，例如 Avrami 指数 n、结晶生长周期 L、晶层厚度等尚可能发生变化，但晶胞参数（a、b、c）一般无变化。许多研究表明，结晶/非晶聚合物共混体系即使相容，其相容作用也仅局限于在结晶聚合物的非晶区[13]。以 LDPE/NR 共混体系为例，可用 LDPE/NR 相容模型来表示这种相容的特点，如图 3-11 所示。由此可见，研究相容的结晶/非晶聚合物共混体系形态时，作为第三相存在的界面区是不容忽视的。特别需要注意的是，某些这类共混体系，由于非晶聚合物组分在 T_g 很低的互溶性结晶组分的稀释、增塑作用下，本来单独存在时不结晶的非晶聚合物，反而异常结晶，于是出现⑧的形态。

若以 φ_2 表示非晶组分的分数，以 φ_{2c} 表示其在共混物总组成中的结晶度，其关系如图 3-12 所示[12]。

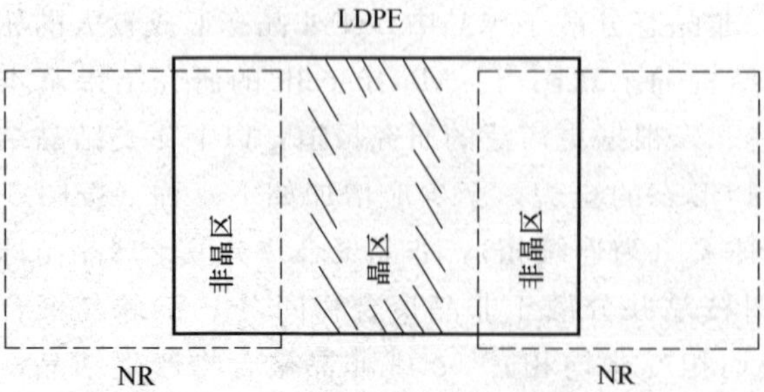

图 3-11　LDPE/NR 相容模型

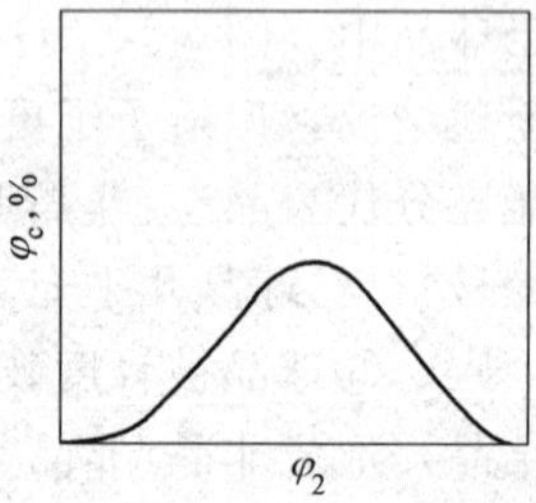

图 3-12　异常结晶的结晶度变化

综上所述，组分比例对结晶/非晶聚合物共混体系形态有着明显影响，故可认为，不论共混体系是否相容，凡非晶聚合物组分的 T_g 大于结晶聚合物组分 T_m 的共混体系，均有一临界结晶度组成（φ_c）可作为该体系中结晶聚合物结晶可能性的判据。例如，对于相容性良好的 PEO/PVC 共混体系，求得 $\varphi_c=0.1$，这表明：PEO 含量>10%时，可结晶；而<10%时，则不能结晶，因而转化为非晶/非晶共混体系，即⑦的形态；而对于不相容的 PEO/PS 共混体系，求得 $\varphi_c=0$，它意味着在任何共混比例下，PEO 均可结晶，而不受 PS 分子的阻碍。

结晶/结晶聚合物共混物的例子主要有：聚对苯二甲酸丁二酯（PBT）/聚对苯二甲酸乙二酯（PET）共混物、PE/PP 共混物、聚酰胺（PA）/PE 共混物等。由于结晶聚合物尚有非晶区，结晶性及晶体结构又受多方面因素的影响，此类共混物的形态就更为复杂，Stein 曾指出有可能呈现如图 3-13 所示的 6 种形态[8]。

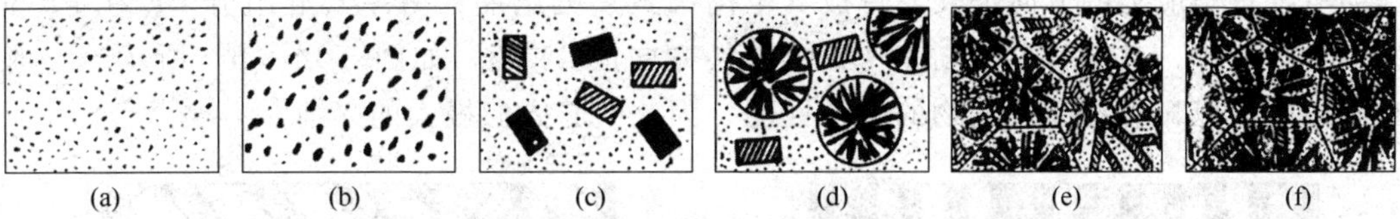

图 3-13　结晶/结晶聚合物共混物可能出现的形态

图 3-13 中（a）、（b）两种情况破坏了两结晶聚合物的结晶性，形成了非晶态的共混体系，其中相容性好时为（a）的形态，而相容性差时为（b）的形态。例如 PBT/PET 熔融共混，因发生酯交换形成了无规嵌段共混物，完全失去了结晶性，其共混物就表现为这类非晶共混体系的形态[8]。

图 3-13（c）、（d）两结晶聚合物分别结晶的形态较为普遍，例如 PP/UHMWPE（超高相对分子质量聚乙烯）和 PPS（聚苯硫醚）/PA 共混物，在一定制备条件下，均可形成两相分离的结晶/结晶形态。图 3-13（c）、（d）所表现的似乎是晶态分散于非晶态中，但当共混体系能充分结晶达到高结晶度时，则成为少量非晶区夹层分布于晶粒和球晶之间的形态，其状况显然有别于图 3-13（c）、（d）。

图 3-13（e）所表现的形态是两结晶聚合物分别形成球晶，但球晶中含有非晶区（或未含非晶区但图中未表现）。

若两结晶聚合物能形成共晶，则有如图 3-13（f）所示的形态，在该形态的共混球晶中，同样也有含非晶区和不含非晶区之分。不含非晶区的情况图中未表现。关于聚合物共混中共晶的存在，已有大量研究证实[14-16]。Vadhar[14] 和 Hu[15] 等对溶液共混法得到的 LLDPE/UHWPE 共混物研究表明，其结晶熔融峰是单一的，且不同于两聚合物原来的熔融峰，借此证实了共晶的形成。对于 HDPE/LDPE 熔融共混物，研究发现[16]，在 HDPE 含量高于 50%时，LDPE 结晶进入 HDPE 晶相中，形成以 HDPE 为主的共晶；但当 HDPE 含量低于 50%时，则大部分 HDPE 进入 LDPE 晶相中，形成以 LDPE 为主的共晶。

除以上所述各种可能的形态外，在结晶/结晶聚合物共混体系中，还发现了如下形态（按图 3-13 中形态类别继续编号）：（g）一结晶聚合物形成晶体，另一结晶聚合物未结晶而转化为非晶态。例如对于 PP/UHMWPE 聚合物熔融共混体系。当在 140℃下高温结晶，就会出现仅 PP 结晶、PE 成为非晶态的形态，并且 PE 可渗透到 PP 球晶或片晶中。（h）单组分晶体与双组分共晶同时存在的形态。在研究 HDPE/LLDPE 的报告中，证实经热处理的试样，LLDPE 中规整性低的部分是单独结晶，规整性高的部分参与 HDPE 的结晶而形成共晶[21]。HDPE/LDPE 共混体系的研究也有类似的结论[17]。

此外，附晶（Epitaxial crystallization）也是结晶/结晶聚合物共混物形态中一种特别值得注意的情况，所谓附晶（又称附生结晶、外延结晶）是一种结晶物质在另一物质（基质）上的取向生长。结晶聚合物间附晶的研究开始于 20 世纪 80 年代中期[18]，此后研究较多的是 iPP/HDPE 及 iPP/PA 等共混体系[19-22]。以 PP/PE 共混物为例，当拉伸此类共混物薄膜时，作为基质的 PP 就会出现如图 3-14（a）所示的形态。在该形态中，黑色为结晶区，标以 A 字的浅色区为非晶区，结晶区中的 PP 分子沿应力方向取向，而结晶沿垂直于应力的方向增长，形成“羊肉串式”的结晶；另一共混组分 PE 在 PP 晶体上附生增长，其增长方向与 PP 晶体生长方向成 45°角，如图 3-14（b）所示[19]。附晶的生成可以显著提高共混物的力学性能，因此引起人们极大的兴趣。

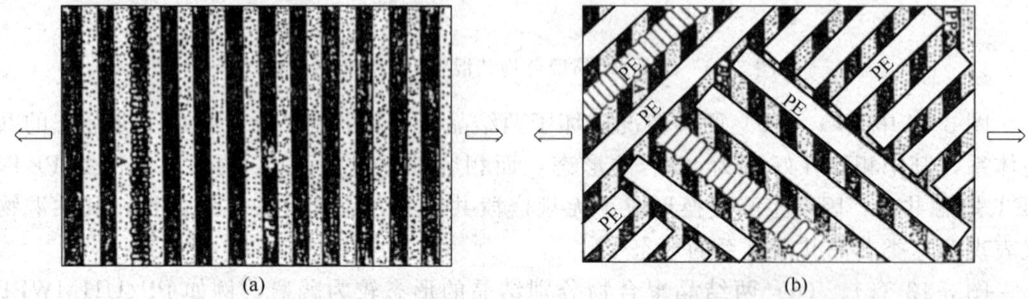

图 3-14　PP/PE 共混物薄膜在拉伸下的附生结晶

（a）基质 PP 在拉伸下的结晶形态　（b）PE 在 PP 晶体上的附生结晶

以上关于形态的讨论是以双组分的聚合物共混物为例进行的。但有时人们用更多组分进行共混以满足对共混体系性能的多样化和均衡化要求，其微观形态就更为复杂。

Hobbs 等[23]利用电子显微技术研究了由 PS、PC、PMMA、SAN 等聚合物分别组成的三元及四元共混物的微观形态，获得了一系列不同于双组分聚合物共混物微观形态的透射电镜照片。中村元一等[24]将 Hobbs 所摄制的三元共混体系微观形态的透射电镜照片总结简化为一般形式，如图 3-15 所示。Hobbs 等从界面张力角度对图 3-15 中几种形态形成的机理进行了探讨，并引入了铺展系数（Spreading Coefficient）λ 的概念。中

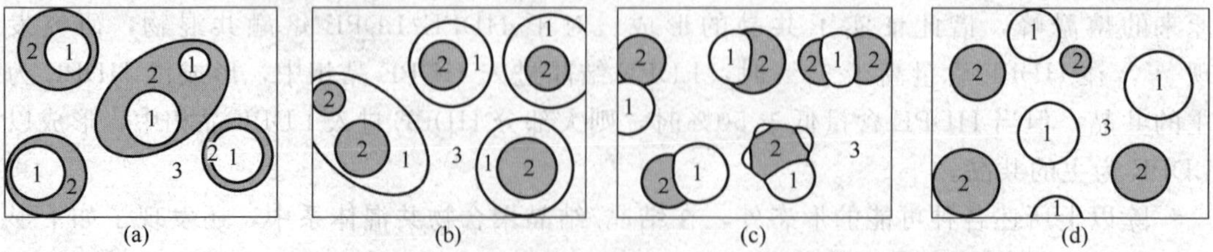

图 3-15　$P_1/P_2/P_3$ 三元熔融共混物形态结构的一般形式

（a）P_3 为连续相，P_2 和 P_1 为颗粒分散相，但 P_2 包含 P_1　（b）P_3 为连续相，P_2 和 P_1 为颗粒分散相，但 P_1 包含 P_2

（c）P_3 为连续相，P_2 和 P_1 为颗粒分散相，但 P_2 与 P_1 相互黏附

（d）P_3 为连续相，P_2 和 P_1 为颗粒分散相，但 P_2 与 P_1 各自独立

村元一等运用 Neumann 三角形的概念加以处理，对上述形态的形成机理有了更贴切的解释。显然，图 3-15 所给出的形态模式是不完全的，与双组分聚合物共混物一样，三元共混物的形态也必然与相容性、各组分比例、组分的结晶性以及流动场等外部条件有关，而且表现得更为复杂，这些均有待进一步研究。

3.2　聚合物共混物的界面层

在两种聚合物的共混体系中，存在三种区域结构：两种聚合物各自独立的相和两相之间的界面层。界面层也称为过渡区，在此区域发生两相的粘合和两种聚合物链段间的相互扩散。界面层的结构，特别是两种聚合物间的粘合强度，对共混物的性质，特别是力学性能有决定性的影响[25]。

3.2.1　界面层的形成

聚合物共混物界面层的形成可分为两个步骤。第一步是两相之间的相互接触，第二步是两种聚合物大分子链段间的相互扩散。

增加两相间的接触面积无疑有利于大分子链段间的相互扩散、提高两相间的粘合力。因此，在共混过程中保证两相间的高度分散、适当减小相畴尺寸是十分重要的。为增加两相间的接触面积，提高分散程度，可采用高效率的共混机械，如双螺杆挤出机和静态混合器；另一种途径是采用 IPN 技术；第三种也是当前最可行的方法是采用相容剂。

当两种聚合物相互接触时，即发生链段间的相互扩散。若两种聚合物大分子具有相近的活动性，则两种大分子的链段就以相近的速度相互扩散；若两种聚合物大分子的活动性相差悬殊，则发生单向扩散。这种扩散的推动力是混合熵即链段的热运动。若混合过程吸热，则熵的增加最终为混合热所抵消。扩散程度主要决定于两种聚合物的热力学相容性。

扩散的结果使得两种聚合物在相界面两边产生明显的浓度梯度[26]。相界面以及相界面两边具有明显浓度梯度的区域构成了两相间的界面层（亦称界面区），如图 3-16 所示。

界面层组成的变化如图 3-17 所示。

3.2.2　界面层厚度

界面层的厚度主要决定于两种聚合物的相容性，此外尚与大分子链段尺寸、组成以及相分离条件有关。基本不相容的聚合物，链段间只有轻微的相互扩散，因而两相间有非常明显和确定的相界面。随着两种聚合物之间相容性增加，扩散程度提高，相界面越来越模糊，界面层厚度 Δl 越来越大，两相之间的粘合力增大。完全相容的两种聚合物最终形成均相，相界面消失。

一般情况下，界面层厚度 Δl 为几个纳米至数十纳米。例如共混物 PS/PMMA 用透射电镜法（TEM）测得的 Δl 为 5.0nm。相畴很小（即高度分散）时，界面层的体积可占相当大的比例。例如当分散相颗粒直径为 100nm 左右时，界面层可达总体积的 20％左右。因此，界面层可视为具有独立特性的第三相。

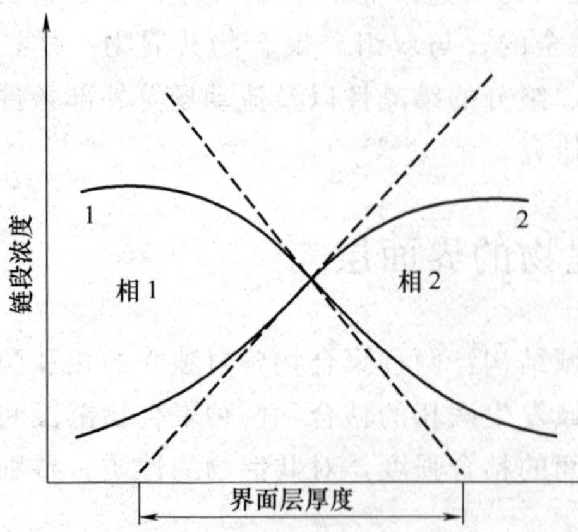

图 3-16　界面层中两种聚合物链段的浓度梯度

1—聚合物 1 链段浓度　2—聚合物 2 链段浓度

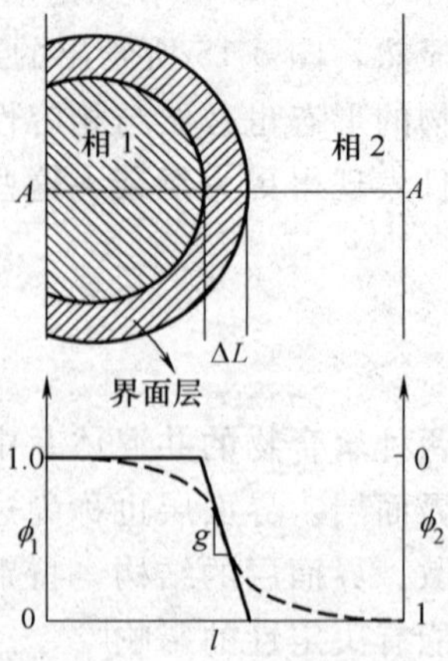

图 3-17　界面层示意图

沿 A-A 线具有浓度梯度，虚线符合式（3-3）

界面层厚度可根据不同的理论进行估算。Ronca 等人[27]提出，界面层厚度 Δl 可表示为：

$$\Delta l^2 = k_1 M T_c Q (T_c - T) \tag{3-3}$$

式中　M——聚合物相对分子质量

T_c——临界相容温度

Q——与 T_c 及 M 有关的常数

T——热力学温度

k_1——比例常数

根据 Helfand 理论，对非极性聚合物，当相对分子质量很大时，界面层厚度为[28]：

$$\Delta l = 2\ (k/\chi_{12})^{\frac{1}{2}} \tag{3-4}$$

式中　k——常数；

χ_{12}——Flory-Huggins 相互作用参数

从热力学观点看，界面层的厚度决定于熵和能两种因素。能量因素是指聚合物 1 和聚合物 2 间的相互作用能，它与两种聚合物溶解度参数 δ_1 与 δ_2 差的平方成正比，而此差的平方又与 χ_{12} 成比例。

当然，以上所述是指非极性聚合物的情况。当聚合物极性较大，或两种组分间存在特殊的相互作用时，上述结论就不再适用。

3.2.3　界面层的性质

（1）两相之间的粘合　就两相之间粘合力而言，界面层有两种基本类型。第一类是两相之间由化学键结合，例如接枝和嵌段共聚物的情况。第二类是两相之间仅靠次价力结合。

关于两种聚合物之间的次价力结合，现在普通接受的是润湿-接触理论和扩散理论。根据润湿-接触理论，粘合强度主要决定于界面张力。界面张力越小，粘合强度越大。附录 4 列出了某些聚合物间的界面张力系数。根据扩散理论，粘合强度主要决定于两种聚合物之间的相容性。相容性越强，粘合强度越高。当然，为使两种聚合物大分子链段能相互扩散，温度必须在 T_g 以上。

事实上这两种理论是内在统一的，只是处理问题的方法不同而已。界面张力与溶解度参数之差的平方成正比，所以，相容性好时，界面张力也必然小。

（2）界面层大分子链的形态　聚合物共混物界面层的大分子链和链端取向如图 3-18 所示。在界面层，大分子尾端的浓度要比本体高，即链端向界面集中。链端倾向垂直于界面取向；而大分子链整体则大致平行于界面取向。

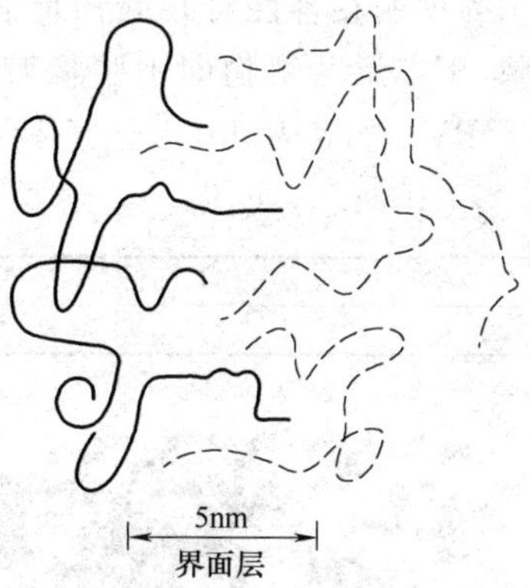

图 3-18　聚合物共混物界面层的大分子链和链端的取向

（3）界面层相对分子质量分级的效应　Reiter 等人的研究结果表明：若聚合物相对分子质量分布较宽，则低相对分子质量部分向界面区集中，产生相对分子质量分级效应。这是由于相对分子质量较低时，聚合物间互溶性大，而分子链熵值损失较小。

（4）密度及扩散系数[29]　界面层聚合物密度可能增大亦可能减小，这取决于两相之间相互作用力的大小。当存在化学键作用和强的相互吸引力时，界面层的密度会比本体的大；若无这种作用，则界面层的密度比本体的小。两相之间只存在次价力的情况，一般界面层的密度要比本体的小。这时，界面层的自由体积分数增大。虽然自由体积分数增加的值不很大，但使扩散系数提高 3 个数量级。

（5）其他添加剂　若在共混体系中还有其他添加剂，那么这些添加剂在两聚合物本体相和界面层中的分配一般不相同。具有表面活性的添加剂、相容剂以及表面活性杂质等，会向界面集中。

如上所述，界面层的力学松弛性能与本体相的不同。界面层及其所占的体积分数对共混物的性能有显著影响，这也是相畴尺寸对共混物性能有明显影响的原因。

Bares 证实[29]，界面层的玻璃化转变温度介于两纯聚合物组分的玻璃化转变温度之间。随着相畴尺寸的减小，界面所占体积分数增大，作为第三相的玻璃化转变也越明显[30]。

总之，无论就组成而言，还是就结构与性能而言，界面层都可视为介于两种聚合物组分单独相之间的第三相。

3.3　相容性对微观形态的影响

在许多情况下，热力学相容性是聚合物之间均匀混合的主要推动力。两种聚合物的相容性越好，就越容易相互扩散而混合均匀，过渡区也就越宽广，相界面越模糊，分散相相畴越小，两相之间的结合力也越大。有两种极端情况，其一是两种聚合物完全不相容，两种聚合物链段间相互扩散的倾向极小，相界面很明显，分散较差，相之间结合力很弱，共混物性能不好。为改进共混物的性能需采取适当的工艺措施，例如采取共聚-共混的方法或加入适当的相容剂。第二种极端情况是两种聚合物完全相容或相容性很好，这时两种聚合物可完全相互溶解而成为均相体系或相畴极小的微分散体系。这两种极端情况都不利于共混改性（尤其指力学性能改性）。一般而言，人们所需要的是两种聚合物有适中的相容性，从而制得相畴大小适宜、相之间具有较强结合力的复相结构的共混产物[31]。

为说明相容性对共混物形态的影响，下面以PVC/NBR共混物为例进行讨论。丙烯腈/丁二烯共聚物即丁腈橡胶（NBR）的溶解度参数δ与丙烯腈（AN）的含量见表3-1。PVC的δ为9.7。

表 3-1　　NBR 的 δ 与 AN 含量的关系

AN%	51	41	33	29	21	0
$\delta/(J/cm^3)^{1/2}$	10.2	9.6	9.4	9.1	8.6	8.2

根据动态黏弹性能的测定和电镜分析，PVC与PB是不相容的，相畴粗大，相界面明显，两相之间结合力弱，共混物的冲击强度小。对PVC-NBR共混体系，当NBR中AN含量为20%时，是部分相容体系，相畴适中，两相结合力较大，冲击强度很高。当NBR中AN含量超过40%时，PVC与NBR二者的δ很接近，基本上完全相容，共混物接近于均相，相畴极小，冲击强度亦低。PVC/NBR共混物的超薄电镜如图3-19所示。图3-19可充分说明相畴大小与相容性的关系。

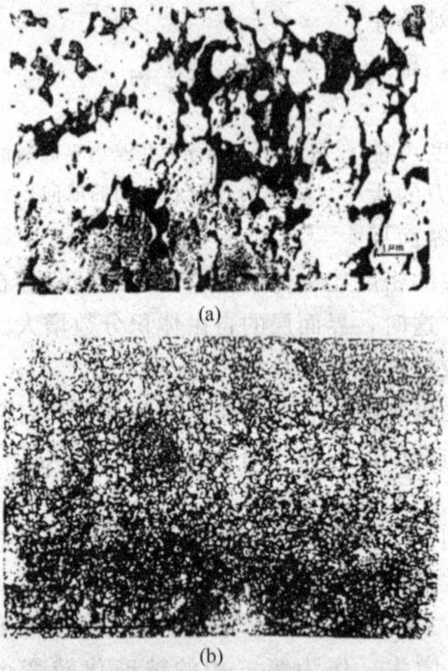

(a) (b) (c)

图 3-19　PVC/NBR共混物的超薄电镜照片

(a) PVC/PB (100/15)，AN=0

(b) PVC/NBR-20 (100/15)

(c) PVC/NBR-40 (100/15)

聚合物相对分子质量分布对共混物界面层及两相之间的结合力亦有影响。前曾述及，聚合物之间相容性与相对分子质量有关。相对分子质量减小时，相容性增加。聚合物相对分子质量分布较宽时，低分子级分倾向于向界面层扩散，在一定程度上起到催化剂的作用，增加两相之间的粘合力。

应当指出，在混合加工过程的流动场中，聚合物之间的相容性可能发生变化。有两种不同的情况[32]：①应力引起不可逆变化，如沉淀、结晶、蛋白质变性等。这时组分之间的相容性降低。②应力引起可逆性变化使相容性增大。应力使相容性增大的现象常称为应力均化。由于分散相珠滴的可形变性，在流动场中表现弹性效应，所储存的黏弹性能是珠滴破碎而产生均化作用的主要原因。聚苯乙烯/聚乙烯甲基醚（PS/PVME）共混物的旋节温度与剪切应力的关系见图 3-20。由图 3-20 可见，其效应相当于使相容温度区间提高 1～7℃。因此，在使用静态下测得的相容性数据来预测聚合物共混物微观形态时，应充分考虑到上述影响因素。

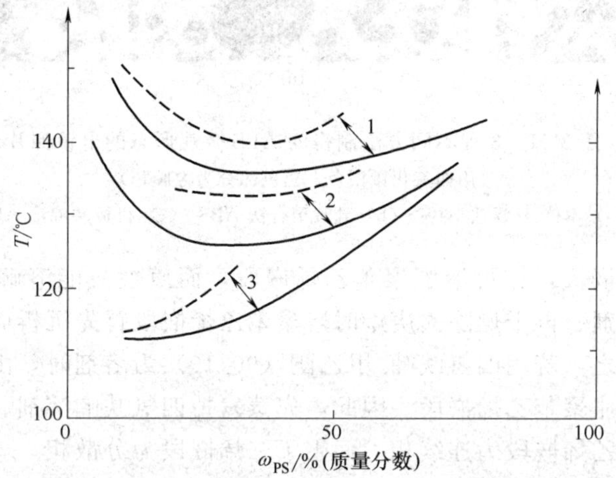

图 3-20　PS/PVME 共混物在平衡条件下（实线）和在动态剪切条件下（虚线）的相图

3.4　制备方法和工艺条件对微观形态的影响[38]

聚合物共混物的微观形态与制备方法及工艺条件有密切关系。同一种聚合物共混物，采用不同的制备方法，产物的微观形态会迥然不同。同一种制备方法，由于具体工艺条件不同，形态结构也会有差异。这里混合加工的工艺条件主要是指聚合物共混物熔体在混合及加工设备中各种不同的流动参数。

3.4.1　制备方法的影响

一般而言，接枝共聚-共混法制得的产物，其分散相为较规则的球状颗粒；熔融共混法制得的共混物其分散相颗粒较不规则，颗粒尺寸亦较大。但有一些例外，如乙丙橡胶与聚丙烯的机械共混物，分散相乙丙橡胶颗粒是规则的球形。这可能由于聚丙烯是结晶的，熔化后黏度较低，界面张力的影响起主导作用的缘故。

用本体法和本体-悬浮法制备高抗冲聚苯乙烯 HIPS 和 ABS 时，丁腈胶颗粒中包含有 80％～90％（体积分数）的树脂（PS）。树脂包容物的产生主要是受相转变过程的影响。用同样的方法制备橡胶增韧的环氧树脂时，无相转变过程，因此，橡胶颗粒中不包含环氧树脂。以乳液聚合法制得的 ABS，橡胶颗粒中约包含 50％（体积分数）的树脂，橡胶颗粒的直径亦较小。不同制备方法制得的 ABS 形态结构见图 3-21。

当用溶液浇铸成膜时，产品的形态结构与所用的溶剂种类有关。例如 SBS 三嵌段共混物浇铸成膜时，可以苯/庚烷（90/10）为溶剂，聚丁二烯嵌段为连续相。这是由于

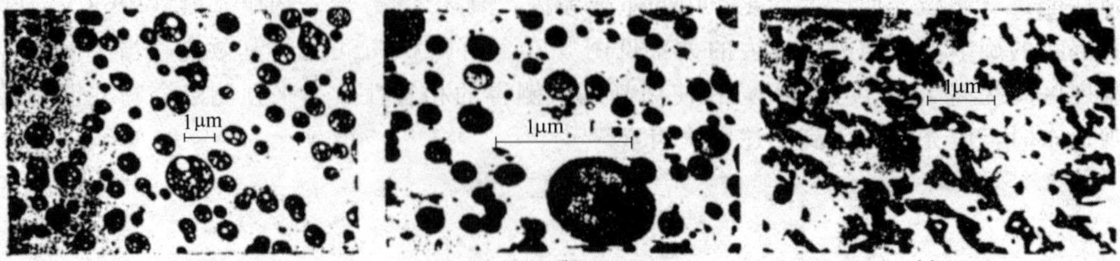

(a) (b) (c)

图 3-21　3 种不同方法制得的 ABS 微观形态的电镜照片

（用四氧化锇染色，黑色部分为橡胶相）

（a）本体-悬浮法 ABS　（b）乳液聚合法 ABS　（c）机械共混法 ABS

苯可溶解聚丁二烯嵌段，亦可溶解聚苯乙烯嵌段，而庚烷只能溶解聚丁二烯嵌段。因此，先蒸发掉苯溶剂、再干燥除去庚烷时，聚苯乙烯嵌段首先沉析而分散于聚丁二烯嵌段的连续相中；反之，若用四氢呋喃/甲乙酮（90/10）为溶剂时，由于四氢呋喃为共同溶剂，甲乙酮只溶胀聚苯乙烯嵌段。因此，先蒸发掉四氢呋喃溶剂、再除去甲乙酮而制得的薄膜中，聚苯乙烯嵌段为连续相，而聚丁二烯嵌段为分散相。

3.4.2　流动参数的影响

很多情况下，两种聚合物的共混是在挤出机或双辊混炼机中以熔融状态进行的。典型的流动是剪切流动。因此，首先讨论在剪切作用下，熔体珠滴变形和破碎过程。

Cox[33-35] 和 Leal[36-37] 研究了在剪切作用下，牛顿液体珠滴的变形和流体力学的稳定性。他们采用稀乳液为模型体系，用如下参数来表征流动情况：

① 悬浮液滴的黏度 η_i 与连续介质黏度 η 之比 λ：

$$\lambda=\frac{\eta_i}{\eta_o} \tag{3-5}$$

② 参数 k：

$$k=\frac{\nu}{\eta_o\dot{\gamma}a} \tag{3-6}$$

或参数 n：

$$n=\frac{\sigma_{12}d}{\nu} \tag{3-7}$$

式中　ν——两相间的界面张力系数

$\dot{\gamma}$——剪切速率

a 及 d——液滴的半径及直径

σ_{12}——剪切应力

在剪切应力作用下，珠滴会变成椭球状，并沿速度梯度的方向取向（图 3-22）。设椭球状液滴的长轴与速度梯度间的夹角为 α，液滴的形态为 D，则当形态不太大时，D 与 λ、k 之间具有如下关系：

$$D=\frac{(d_1-d_2)}{(d_1+d_2)}=\frac{5(19\lambda+16)}{4(\lambda+1)\left[(20\kappa)^2+(19\lambda)^2\right]^{\frac{1}{2}}} \tag{3-8}$$

式中，d_1 及 d_2 分别为椭球状液滴长轴和短轴。

或：
$$D=\frac{(d_1-d_2)}{(d_1+d_2)}=\frac{n\left(\frac{19\lambda}{16+1}\right)}{2(\lambda+1)}=E_T \tag{3-9}$$

及：
$$\alpha=\frac{\pi}{4}+\frac{1}{2}\cot\left(\frac{19\lambda}{20\kappa}\right) \tag{3-10}$$

式中，α 为流动方向与长轴之间的夹角。

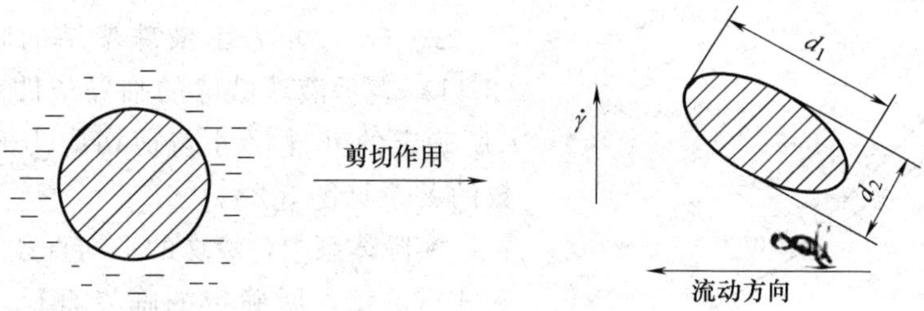

图 3-22　在剪切力作用下液滴的变形

由式（3-8）可见，λ 及 k 越大，形态 D 就越小，液滴就越不易破碎。而 k 值与界面张力系数 ν 成正比（见式 3-6），ν 值又与两种液体的相容性有关。两种液体间的相容性越小，ν 值就越大。由此可见，在其他条件相同时，两种聚合物的相容性越小，所得共混物分散相的颗粒就越大，这和前面已阐述的情况完全一致。

当 η_0 不变时，分散相的黏度越大，则 λ 值越大，液珠就越难变形和破碎。由此可见，聚合物共混时，欲得到分散均匀的产物，两种聚合物熔体黏度的匹配十分重要。

Cox 提出，液珠发生破碎的临界条件为：

$$\frac{\sigma_{12}(19\lambda+16)}{16(\lambda+1)}>\frac{\nu}{d} \tag{3-11}$$

式中　σ_{12}——剪切应力

d——液珠直径

ν——界面张力系数

当其他条件相同时，液珠直径越小，体系就越稳定。因此，要得到高度稳定的共混物，分散相颗粒不能过大。

Vanoene[38] 估算了一般情况下 k 及 λ 的数值范围，指出：对于一般的聚合物熔体，在一般混合加工条件下，剪切应力为 $10^4\sim10^5$ Pa，λ 为 0.2～5.0，这时 k 值主要决定于液珠半径 a。若 $a<1\mu$m，则 $k\gg1$；若 $a\approx1\mu$m，则 $k\approx1$；若 $a>1\mu$m，则 $k\ll1$。这说明：当 $a>1\mu$m 时，液珠是不稳定的，易于变形和破碎。

若界面张力系数 ν 很大，$k\gg\lambda$ 时，由式（3-10）可知，$\alpha\approx45°$，即液珠的长轴与流动方向成 45°夹角。对于这种情况，可以认为界面张力起到了主导作用。反之，若 $\lambda\gg k$，则黏度因素起主导作用，$\alpha\approx90°$，即液珠的长轴基本上与流动方向一致。

上述定量关系式是根据牛顿型液体的稀乳液模型导出的，用于表述聚合物共混物仅是极粗略的近似，对于聚合物共混物还必须考虑浓度和聚合物熔体弹性效应的影响。

若聚合物共混物中一种聚合物组分含量很小，则必须考虑液珠的聚结和屈服应力问题。与液珠破碎相反，聚结过程使分散相颗粒尺寸增大。聚结是动力学过程，其临界参数为临界聚结时间 t_c（开始出现聚结的时间）[39]：

$$t_c = (3n/4\dot{\gamma})\ln\frac{d}{4h_c} \tag{3-12}$$

式中　h_c——临界分离距离

　　　d——液珠直径

$n=\sigma_{12}d/\nu$（见式 3-7）

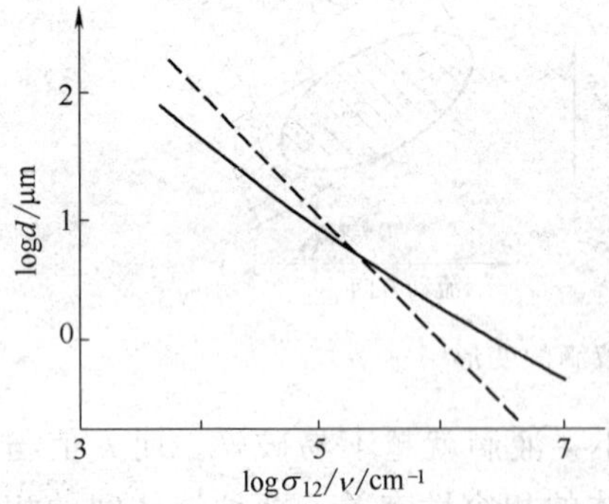

图 3-23　液珠直径 d 与剪切应力和界面张力系数比值（σ_{12}/ν）的关系

虚线表示依式（3-11）的计算值

实线表示依式（3-12）的计算值

式（3-12）表示液珠聚结的临界条件，式（3-11）表示液珠破碎的临界条件。由参数 n 和 t_c所确定的液珠尺寸与剪切应力及界面张力系数的关系见图 3-23。

实际体系中，液珠的平均直径介于式（3-11）和式（3-12）所确定的临界直径之间。一般而言，平均直径正比于分散相体积分数的 2/3 次方，即：

$$\overline{d} \propto \varphi^{2/3}$$

根据式（3-11），对任意的 ν、d 和 λ 都存在一个导致液珠破碎的剪切应力。然而实际情况并非如此。在一定的 λ 值范围，液珠可能不破碎而变成拉长的椭球或微丝状。Rumscheid[40] 和 Grace[41] 提出，在剪切和拉伸流动中，由于熔体的弹性，可存在 4 个液珠变形区：①$\lambda<0.2$ 时，液珠呈 S 状，次级液珠从尖端脱离形成更小的液珠。②当 $0.2<\lambda<0.7$ 时，液珠从器壁迁移向内部。③$0.7<\lambda<3.7$ 时，液珠可被拉成长线状并依毛细不稳定的机理破裂。④$\lambda>3.7$ 时，液珠可形成拉长的椭球而不破裂。在剪切和拉伸流动中直径 $d/d_{最小}$ 与 λ 的关系见图 3-24。

共混物 PE/PS 形态结构与流动参数之间的关系见图 3-25。由图 3-25 可见，此种体系可在大范围内形成纤维状结构，微丝直径为2～5μm。

聚合物熔体一般为非牛顿液体，对聚合物共混物尚需考虑弹性效应的影响。根据 Vaneone[38] 的研究，在剪切作用下，两种聚合物熔体之间的界面张力与在静止状态下是不相等的。因此，对聚合物共混物，应用式（3-11）及式（3-12）时，必须对界面张力进行修正。

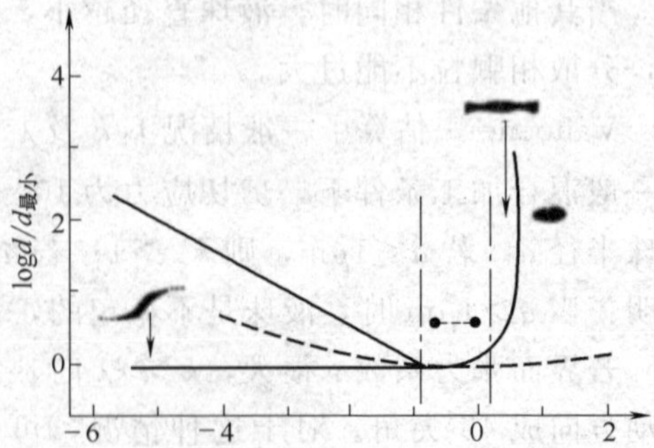

图 3-24　在剪切和拉伸流动中直径 $d/d_{最小}$与 λ 的关系（$d_{最小}$表示最小直径）

——库爱特（Couette）流动　------双曲流动

此外，两种聚合物的共混物，以聚合物 1 为分散相和以聚合物 2 为分散相，界面张力也常不相同。另外，聚合物熔体的黏度与

剪切应力 σ_{12} 有关，在毛细管的径向不同位置，σ_{12} 不同，因此 λ 值常与熔体在流动中所处的位置有关。而流动包封作用和相反转又与 λ 值密切相关，所以聚合物共混物如 PE/PS、PA-6/PC 等，挤出物的形态会依径向位置的不同而改变。

一般而言，聚合物共混物熔体在流动过程中可诱发以下几种形态：

① 流动包埋（flow encapsulation），流动包埋是指在一定条件下，黏度较小的组分（如聚合物 1）迁移到器壁，最后包封组分 2（聚合物 2）而形成包埋型形态结构[42]。

② 形成微丝状或微片状结构。

③ 由于剪切诱发的聚结而形成的层状结构。

因剪切诱发的聚结而形成的层状结构，如共混物 HDPE/PA-6，由于混合、加工方法和条件的不同（即流动参数不同），可形成不同的形态结构[43]，共混物 HDPE/PA-6 的扫描电镜见图 3-26。

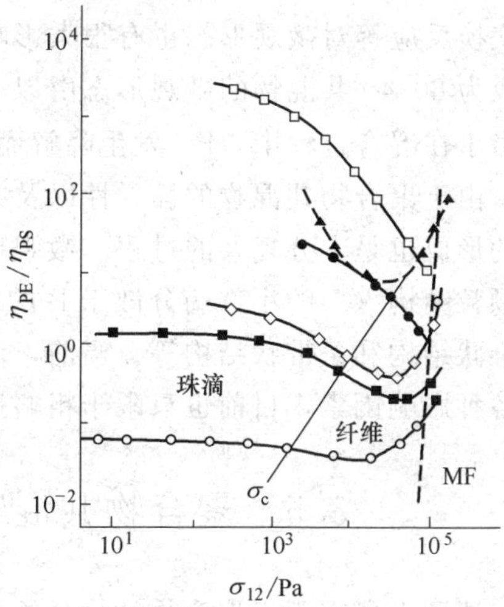

图 3-25　PE/PS 共混物形态结构与流动参数的关系

σ_c——形成纤维状形态结构与珠滴状形态结构之间的临界应力　MF——熔体破裂

$\eta_{PE}/\eta_{PS}=\lambda$　σ_{12}——剪切应力

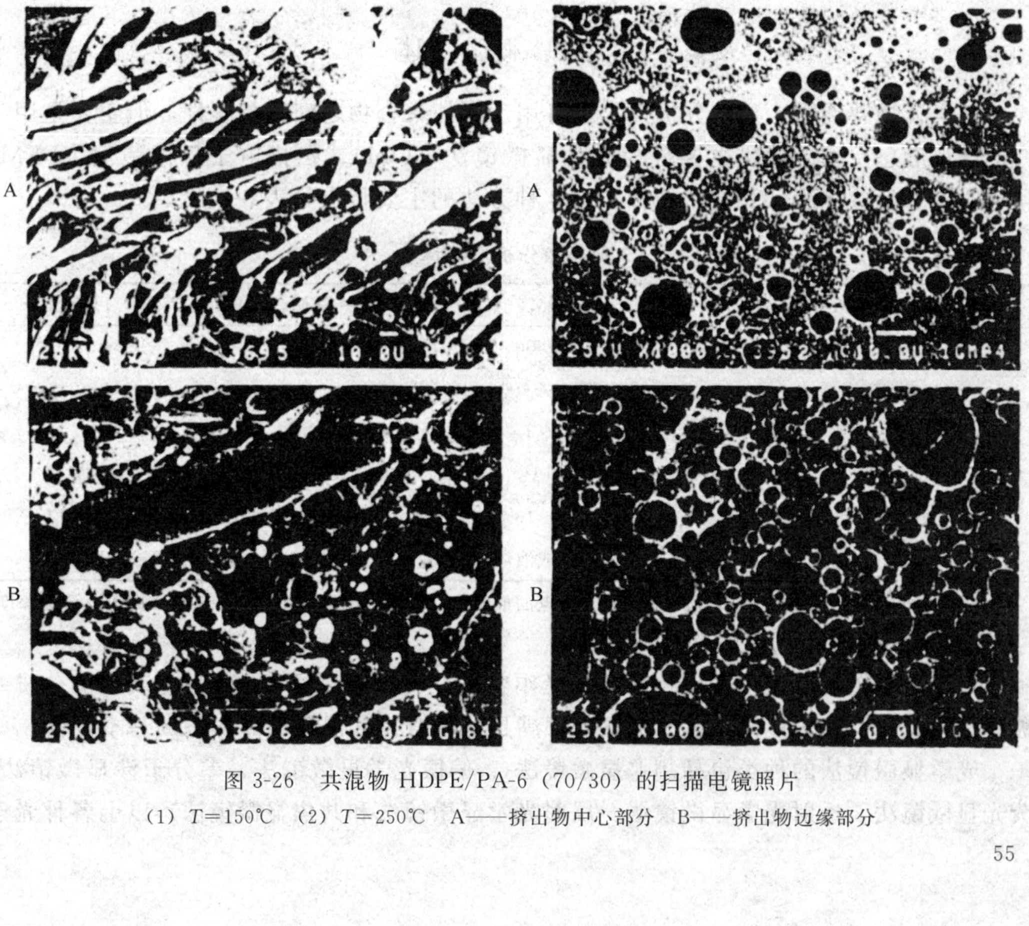

图 3-26　共混物 HDPE/PA-6（70/30）的扫描电镜照片

（1）$T=150℃$　（2）$T=250℃$　A——挤出物中心部分　B——挤出物边缘部分

在混合及加工过程中，除流动参数的影响之外，可能发生的化学反应如剪切氧化、酯交换反应等对微观形态也有很大影响。例如，当 PC/PBT 在 260℃共混 30min，可使组成为 60/40 共混物的微观形态由以 PBT 为连续相转变为以 PC 为连续相[44]。这主要是由于在混合过程中，PC 发生降解而使黏度比 $\lambda=\eta_{PC}/\eta_{PBT}$ 下降的缘故。

由于聚合物共混物的黏弹性以及共混物在混合及加工过程中复杂的流动场，微观形态的形成也是十分复杂的过程。微观形态具有多层次性，会产生各种次级结构，如复杂的颗粒结构（A 的小珠滴分散于 B 的珠滴中，整个珠滴又分散于 A 相的连续基体中）、纤维状结构和条带状结构等。当前，尚不能从理论上准确预测这些复杂的形态结构。关于各种影响因素，目前也只限于粗略地定性估计，尚缺乏严密的定量关系。

3.5 聚合物共混物微观形态测定及表征方法

原则上所有用于聚合物结构分析的方法都可用来测定聚合物共混物的微观形态。聚合物共混物微观形态较常采用的测定方法可归纳成两类。第一类主要是用光学显微镜或电子显微镜等直接观察共混物的微观形态；第二类是测定共混物各种力学松弛性能，特别是玻璃化转变的特性，从而研讨聚合物之间的相容程度并据此推断共混物的微观形态。这两类方法是相互联系并相互补充的。

第二类方法已在第 2 章中阐述过，不再赘述，这里仅对第一类方法作简要介绍。

3.5.1 概　　述

对聚合物共混物，显微分析技术也可用于评估聚合物之间的相容性，但主要是用于测定微观形态。显微镜法主要分为光学显微镜法（OM）、扫描电子显微镜法（SEM）和透射电子显微镜法（TEM）3 种。这 3 种方法的主要特点见表 3-2。

表 3-2　　3 种显微分析法的特点

参数	OM	SEM	TEM
放大倍数	1～500	10～10^5	10^2～5×10^6
分辨率①/nm	500～1000	5～10	0.1～0.2
维数	2～3	3	2
景深②/μm	～1	10～100	～1
观察尺寸范围③/μm	10^3～10^5	1～10^4	0.1～100
样品	固体或液体	固体	固体

注：①分辨率是指显微镜所能分清邻近两个小质点的最短距离；②景深是指在垂直于电场方向可分辨的深度；③观察尺寸范围是指观察范围的对角线尺寸。

光学显微镜法所用仪器比较普及，操作容易，成本低，尽管此法所能获得的分辨率极限是 0.5～1.0μm，但一般情况下也可满足对聚合物共混物微观形态的基本判断。

光学显微镜法的种类包括相差显微镜法、偏振光学显微镜法、差分干涉显微镜法、荧光显微镜法、透射光学显微镜法、反射光学显微镜法和共焦显微镜法。以上各种光学显微镜法的特点及应用评介可详见参考文献［45］，在本章所附参考文献［46］中也有简要介绍。

用电子显微镜法测定共混物的微观形态时，样品的制备是一个很关键的环节，关系到实验的成败。由于电子的穿透能力较弱，大约只有 X 射线穿透能力的万分之一，电子能穿透不超过 100nm 的深度，因此，一般物体都不能直接进行观察，必须制备专用的薄膜样品。薄膜样品的制备可采用稀溶液挥发成膜的方法，也可以使用专门的超薄切片机，直接从固体聚合物共混物上切取。前者适用于观察分子的尺寸和形态，以及薄膜的结构等；后者适用于研究固体试样的内部形态。

对于许多电子不能透过的大块样品，为研究其表面结构，必须采用样品复型的方法，制备出可供观察的间接样品。方法是在原样品的表面上蒸发一层很薄的碳膜，然后将原样品溶解掉，留下一层与原样品表面结构相对应的复型薄膜，即可用电镜观察。为了增加所得物像的清晰度，对表面凹凸不平的样品，一般可做金属定向蒸发处理，来提高物像的反差，即在样品上以较小的角度定向蒸发一层重金属原子，使凹凸不平的表面上落下数量不等的重金属原子。由于重金属原子对电子具有强的散射能力，因此，落有重金属原子的部分在物像中出现阴影，增加物像的明暗对比。同时，从阴影区的大小可确定凸起部分的高度。

关于聚合物共混物试样的制备，很多情况下尚需采用染色、溶胀、破裂、蚀镂等步骤。

3.5.2　光学显微镜法

光学显微镜的概况已如前述，以下介绍试样的制备，有 3 种常用的操作方法：

① 溶剂法。用适当的溶剂将样品溶胀，用透射相衬显微镜或干涉显微镜观察其形态或进行照相。其原理是根据共混物中两组分折射率的不同，从显微镜中观察到光强度的差别。图像中明暗不同的部位显示了形态结构及相畴尺寸。为提高分辨效果，可用适当的染料，如史密斯混合物（甲基蓝和苏丹Ⅲ的混合物）、四氧化锇（OsO_4）[47]等，使其中一种组分染上颜色。例如，研究 HIPS 的形态结构时，可将 HIPS 试样置于显微镜载玻片之间，加一滴甲苯。为增加分辨率，可用偶氮染料将橡胶颗粒染成红色，然后观察其微观形态。

② 切片法。用超薄切片机将样品切成 1～5μm 厚的薄片，用透射相衬显微镜或干涉显微镜观察薄片的微观形态。

③ 蚀镂法。用适当的蚀镂剂浸蚀试样中的某一组分，再用反射的方法观察蚀镂后的试样表面。有很多方法可制得符合要求的试样表面，例如，模塑薄膜、低温破裂以及用抛光法或磨平法来制得平滑的试样表面。例如，对 HIPS 可采用如下的蚀镂剂：100mL H_2SO_4、30mL H_3PO_4、30mL H_2O，再加 5g CrO_3。这种蚀镂剂可有效地蚀镂带有不饱和键的橡胶，而对聚苯乙烯基本上无作用。实验步骤如下：先将 HIPS 试样表面用适当的方法抛平或磨平，于 70℃在蚀镂剂中浸蚀 5min，然后用显微镜观察试样表面的微观形态。

以上 3 种方法的分析结果示例见图 3-27[2]。溶剂法简单易行，但由于溶剂对橡胶颗粒的溶胀作用，橡胶颗粒的形状及空间排列情况会发生变化，因此，所得结果与真实情况可能有出入。切片法的缺点是，有时切片困难以及由于剪切作用使橡胶颗粒的微观形态有可能变化。蚀镂法无上述之弊，其关键是选择适当的蚀镂剂。

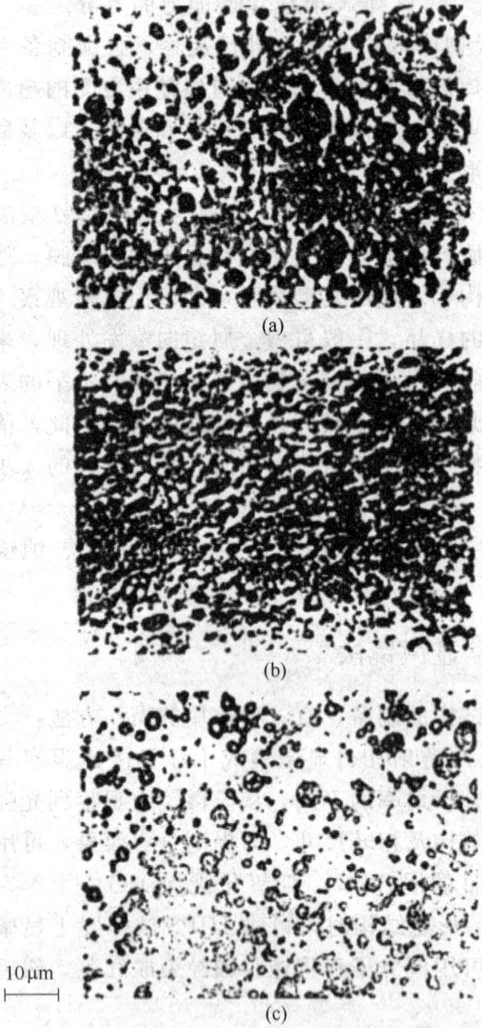

图 3-27　光学显微镜下的 HIPS 微观形态

(a) 溶剂法　(b) 切片法　(c) 蚀镂法

3.5.3　电子显微镜法

电子显微镜可观察到 0.01μm，甚至比 0.01μm 更小的颗粒。电子显微镜法又分透射电镜法（TEM）和扫描电镜法（SEM）两种。

1. 透射电子显微镜法

要使电子束透过，试样薄膜的厚度需在 0.2μm 以下，一般 0.05μm 为宜。制备超薄片的技术当前已比较成熟，不过在某些情况下尚存在一些困难。

制备聚合物共混物超薄试片的方法主要有复制法和超薄切割法（切片法），有时亦可采用溶剂浇铸法。

所谓复制法就是将试样微观形态的特点用适当的方法以超薄膜的形式复制下来，再用电镜分析复制膜的形态，从而了解试样的形态。一般是先选择适当的蚀镂剂将样品表面浸蚀。例如用铬酸蚀镂剂处理 HIPS，则橡胶颗粒被蚀去，在样品表面形成空洞，此空洞的形状和大小与原来的橡胶颗粒相同。然后用适当的方法将这种蚀镂过的表面复制下来，再用电镜进行观察分析。

复制可采用一步法或两步法。一步法是直接将炭粉蒸发到腐蚀过的样品表面上，再用适当方法除去聚合物。两步法则是先用明胶水溶液涂在已腐蚀过的样品表面，干燥，剥下复制物，用涂炭成影，最后用水洗去明胶，剩下的复制膜用电子显微镜进行观察分析。

复制法可直接了解分散相颗粒的大小和形状以及颗粒在空间的配置情况，其特点是难于得知分散相颗粒的内部结构。采用切片法可克服这一缺点。

切片法是用电镜研究聚合物共混物最有成效的方法。对于一般的树脂-树脂型共混物，超薄切割无太大困难。但对橡胶增韧塑料，由于其韧性，超薄切割存在困难。这一困难在 1965 年被 Kato[47] 成功解决。Kato 方法的要点是用四氧化锇（OsO_4）处理样品。样品中含有双键的橡胶组分能与四氧化锇作用变硬，从而便于超薄切割。同时，橡胶组分亦被 OsO_4 染色而便于用电镜进行观察分析。

四氧化锇与橡胶大分子中的双键按如下的方式反应，生成环状的锇酸酯：

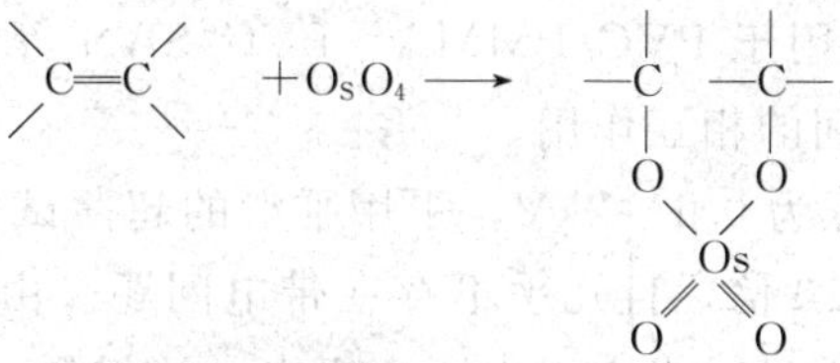

在进行实验时，可将样品置于 OsO_4 蒸汽中数小时，或于室温下用 1% 的 OsO_4 水溶液浸渍两昼夜，取出晾干，切成超薄片进行观察分析。

不含双键的饱和型橡胶不与 OsO_4 发生上述反应。这时也可设法进行超薄切割，但未染色的橡胶颗粒和基体难于在电镜下清楚地区别开来。对此，也提出了一些解决办法。例如，Kato[48] 提出了丙烯酸丁酯橡胶的两步染色法，即先用 NH_2-NH_2 处理，再用四氧化锇进行染色，此后还发展了 Br_2 和四氧化钌（RuO_4）染色法。可有效染色聚苯乙烯。

2. 扫描电子显微镜法

扫描电镜法是近年来应用极多的聚合物共混物形态考察法，具有分析迅速、制样容易等一系列优点[49]。

此法制样不需切片。先将样品表面进行适当处理，如磨平、抛光等，然后再用适当的蚀镂剂浸蚀，用真空法涂上 0.02μm 厚的金属薄层，以防止样品在电子束中带电。用这种方法避免了复制法中常常遇到的技术难题。但是，扫描电镜法不能显示分散相颗粒的内部结构。

图 3-28 为上述 3 种制样方法测得的 HIPS 的形态结构。由图 3-28 可见，只有切片法才能分析出分散相颗粒的内部结构。

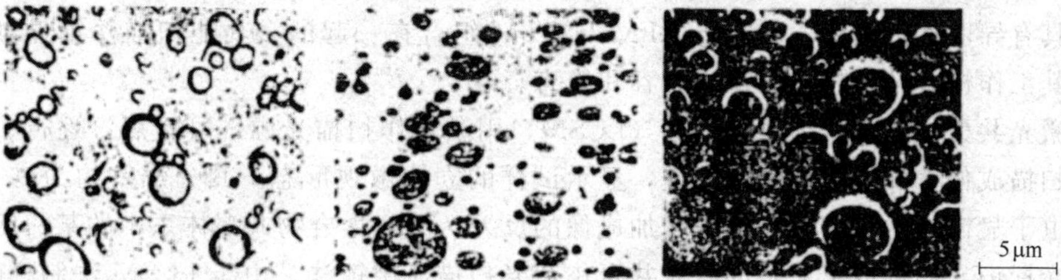

(a)　(b)　(c)

图 3-28　HIPS 的电镜照片

（a）复制法　（b）切片法　（c）扫描法

电子显微镜法用于聚合物共混物微观形态分析还存在一些不足，在某些情况下会造成人为的假象。例如，SEM 法的镀金属、TEM 法中的 OsO_4 染色等，可能引入人为的粒子结构，特别是当其与被分析的结构尺寸相近时，情况更为严重。染色和硬化作用还可能使体系产生某种化学变化，从而引起体系相分离行为的某种变化，使测定结果产生误差。

在成熟的电子显微镜法基础上，又发展了两种较新的、具有很多优点的方法：扫描-透射电镜法（STEM）和低压扫描电镜法（LVSEM）。

STEM 法使用厚度为200nm（0.2μm）的浇铸薄膜，并经硬化和染色。此法具有分辨率高的突出优点[50]，已用于 PVC/PMMA、PVC/SAN 等共混物的微观形态及相容性分析，还可用以分析相间的相互作用。

LVSEM 法的加速电压为0.1～2kV，采用平滑的超薄试样。LVSEM 法与 SEM 法相比，图像对比度可提高10倍，且几乎不存在带电问题。由于次级电子系数值高，微小的组成变化即可在图像中显示出来。由于次级电子能量低，此法亦不需试样的导电涂敷处理。LVSEM 法已用于 PC/PPS、PE/PS 及 PC/ABS 等聚合物共混物形态结构的研究[51,52]。

3.5.4 其他显微镜法[46,53]

近些年来又有几种新的显微镜法被用来观测聚合物共混物的微观形态，主要有原子力显微镜法（AFM）、扫描隧道显微镜法（STM）、激光共聚焦荧光扫描显微镜法（LCSM）等。

原子力显微镜法（AFM）是通过测量试样表面分子或原子与仪器探针之间的相互作用力来研究试样表面形态，探针尖端尺寸接近原子水平，当探针以恒定接触力通过试样表面，就可通过激光束偏差来测量由试样表面轮廓造成的差异，从而表征试样的微观形态。AFM 的突出优点是提供了绝缘型聚合物及共混物表面的成像能力，而且有较高的分辨率。

扫描显微镜法（STM）与上述 AFM 相似，也是采用一个原子尺度的硬又细的探针。仪器使探针与试样表面形成两个电极，在电场作用下，电子就会穿过两个电极之间的势垒，形成隧道电流。当探针在试样表面上方扫描，试样表面即使只有原子尺度的变动，也会通过隧道电流显示出来，从而表征出试样表面的微观形态。此法的局限性是试样应具有导电性。当前，已有将 AFM 与 STM 组合在一起的多功能扫描探针显微镜问世，其工作模式及适用范围得以兼容和扩充。

激光共聚焦荧光扫描显微镜法（LCSM）用激光作扫描光源，可逐点、逐行、逐面快速扫描成像，并通过计算机处理，显示试样的立体微观形态。其分辨率约为0.5μm，低于电子显微镜的分辨率，为了增加成像的反差，可对聚合物共混体系中的某一组分进行荧光标记，即构成了完整的激光共聚焦荧光扫描显微镜法。由于 LCSM 法制样简单，检测试样深度可达100 μm，因此作为一种多层形态表征技术受到了广泛重视。

参考文献

[1] J. A. Manson, L. H. Sperling. Polymer Blends and Composites [M], Chapter 3, Plenum Press, New York, 1976.

[2] C. B. Bucknell; Toughened Plastics [M], Chapter 3, Science Publishers Ltd., London, 1977.

[3] 中條澄. プラスチワス，1992，(9)：18.

[4] 吴培熙. 层状分散形态的聚合物共混物 [J]. 塑料科技，1993，(6)：12-17.

[5] T. Inoue, T. Soen, T. Hashimoto, H. Kawai. Studies on Domain Formation of the AB-Type Block Copolymer from Its Solutions. Ternary Polymer Blend of the Styrene-Isoprene Block Colopymer with Polystyrene and Polyisoprene [J]. Macromolecules, 1970, 3 (1): 87-92.
[6] L. A. Utracki. Polymer Alloys and Blends: Thermodynamics and Rheology [M]. Hanser Publishers, New York, 1990.
[7] D. R. Paul, J. W. Barlow. Polymer blends [J]. J. Macromol. Sci., Rev. Macromol. Chem. C., 1980, 18 (1): 109-168.
[8] R. S. Stein, F. B. Khambatta, F. P. Warner, T. Russell, A. Escala, E. Balizer. X-ray and optical studies of the morphology of polymer blends [J]. J. Polym. Sci., Polym. Symp., 1978, 63 (1): 313-328.
[9] E. Martuscelli. Influence of composition, crystallization conditions and melt phase structure on solid morphology, kinetics of crystallization and thermal behavior of binary polymer/polymer blends [J]. Polym. Eng. Sci., 1984, 24 (8): 563-586.
[10] 曾汉民，杨晨. 聚芳醚砜薄膜的气体透过行为 [J]. 高分子学报，1989，(4)：538-543.
[11] 莫志深，薛小芙. 聚环氧乙烷（PEO）与聚双酚A羟基醚（PBHE）共混体系 [J]. 高分子学报，1991，(1)：1-6.
[12] C. A. Cruz, D. R. Paul, J. W. Barlow. Polyester-Polycarbonate blends. IV. Poly (ε-caprolactone) [J]. J. Appl. Polym. Sci., 1979, 23 (2): 589-600.
[13] 秦川，殷敬华. 天然橡胶/聚乙烯共混体相容性的研究 [J]. 高分子学报，1989，(6)：714-720.
[14] P. Vadhar, T. Kyu. Effects of mixing on morphology, rheology, and mechanical properties of blends of ultra-high molecular weight polyethylene with linear low-density polyethylene [J]. Polym. Eng. Sci., 1987, 27 (3): 202-210.
[15] S. R. Hu, T. Kyu, R. S. Stein. Characterization and properties of polyethylene blends I. Linear low-density polyethylene with high-density polyethylene [J]. J. Polym. Sci., Part B: Polym. Phys., 1987, 25 (1): 71-87.
[16] 于旻，杨连军，莫志深，李三喜，古利新. HDPE/LDPE共混体系的晶性研究 [J]. 应用化学，1992，9 (2)：38-41.
[17] M. P. Farr, I. R. Harrison. Polyethylene--Polyethylene Blends; a Thermal Study [J]. Polym. Prepr., 1990, 31 (1): 257-258.
[18] B. Lotz, J. C. Wittmann. Structural relationships in blends of isotactic polypropylene and polymers with aliphatic sequences [J]. J. Polym. Sci., Part B: Polym. Phys., 1986, 24 (7): 1559-1575.
[19] R. M. Gohil. Synergism in mechanical properties via epitaxial growth in polypropylene-polyethylene blends [J]. J. Polym. Sci.: Polym. Phys. Ed., 1985, 23 (8): 1713-1722.
[20] G. Broza, U. Rieck, A. Kawaguchi, J. Petermann. Epitaxial crystallization of polyethylene and paraffin on oriented polypropylene [J]. J. Polym. Sci.: Polym. Phys. Ed., 1985, 23 (12): 2623-2627.
[21] 张传广，杨德才. 聚丙烯/高密度聚乙烯高取向共混物的附生结晶 [J]. 高分子学报，1991，(3)：378-380.
[22] 申宇，杨德才. HDPE/iPP共混物中的附生结晶 [J]. 中国科学：化学，1990，20 (10)：1022-1026.
[23] S. Y. Hobbs. M. E. J. Dekkers, V. H. Watkins. Effect of interracial forces on polymer blend mor-

phologies [J]. Polymer, 1988, 29 (9): 1598-1602.

[24] 中村元一，井上隆．高分子论文集（日），1990，47（5）：409.

[25] E. P. Plueddema. Interface in Polymer Matrix Composites. Academic Press. New York, 1974.

[26] L. Leibler. Theorg, of phase equilibria in mixtures of copolymers and. homopolymers. 2. Interfaces near the consolute point [J]. Macromolecules, 1982, 15 (5): 1283-1290.

[27] G. Ronca, T. P. Russell. Thermodynamics of phase separation in polymer mixtures [J]. Macromolecules, 1985, 18 (4): 665-670.

[28] 张留成，吴培熙．聚合物共混物的界面层与增混剂 [J]．塑料工业，1982.（2）：24-27.

[29] J. Bares. Glass transition of the polymer microphase [J]. Macromolecules, 1975, 8 (2): 244-246.

[30] D. S. Kaplan. Structure-property relationships in copolymers to composites: Molecular interpretation of the glass transition phenomenon [J]. J. Appl. Polym. Sci., 1976, 20 (10): 2615-2629.

[31] E. Helfand, Y. Tagami. Theory of the interface between immiscible polymers. Ⅱ [J]. J. Chem. Phys., 1972, 56 (7): 3592-3601.

[32] M. Tirrell. Phase behavior of flowing polymer mixtures [J]. Fluid Phase Equilibria, 1986, 30: 367-380.

[33] J. L. White, K. Min. Development of polymer blend phase morphology during processing [J]. Macromol. Symp., 1988, 16 (1): 19-39.

[34] R. G. Cox. The deformation of a drop in a general time-dependent fluid flow [J]. J. Fluid Mech., 1969, 37 (3): 601-623.

[35] R. G. Cox, S. G. Mason. Suspended particles in fluid flow through tubes [J]. Ann. Rev. Fluid Mech., 1971, 3 (1): 291-316.

[36] L. G. Leal. Particle motions in a viscous fluid [J]. Ann. Rev. Fluid Mech., 1980, 12 (1): 435-476.

[37] A. Acrivos, T. S. Lo. Deformation and breakup of a single slender drop in an extensional flow [J]. J. Fluid Mech., 1978, 86 (4): 641-672.

[38] H. Vanoene. Modes of dispersion of viscoelastic fluids in flow [J]. J. Colloid Interface Sci., 1972, 40 (3): 448-467.

[39] J. J. Elmendorp. A study on polymer blending microrheology [J]. Polym. Eng. Sci., 1986, 26 (6): 418-426.

[40] F. D. Rumscheidt, S. G. Mason. Particle motions in sheared suspensions XI. Internal circulation in fluid droplets (experimental) [J]. J. Colloid Interface Sci., 1961 16 (3): 210-237.

[41] H. P. Grace. Dispersion phenomena in high viscosity immiscible fluid systems and application of static mixers as dispersion devices in such systems [J]. Chem. Eng. Commun., 1982, 14 (3-6): 225-277.

[42] C. D. Han. Multiphase Flow in Polymer Processing [M]. Academic Press, New York, 1981.

[43] L. A. Utracki, M. M. Dumoulin, P. Toma. Melt rheology of high density polyethylene/polyamide-6 blends [J]. Polym. Eng. Sci., 1986, 26 (1): 34-44.

[44] D. Delimoy, C. Bailly, J. Devaux, R. Legras. Morphological studies of polycarbonate-poly (butylene terephthalate) blends by transmission electron microscopy [J]. Polym. Eng. Sci., 1988, 28 (2): 104-112.

[45] Hemsley, D., in Comprehensive Ponymer Science, Vol. I: Polymer Characterization, Booth,

C. and Price, C. (Eds) 1989.

[46] Lloyd M. Robeson 著，杨卫民，丁玉梅，刘泽译．聚合物共混物［M］．北京：化学工业出版社，2012.

[47] K. Kato, Osmium tetroxide fixation of rubber lattices［J］. J. Polym. Sci., Polym. Lett., 1966, 4 (1): 35-38.

[48] C. B. Bucknall. Toughened Plastics, Applied Science Publishers Ltd., London, 1977.

[49] J. S. Trent, J. I. Scheinbeim, P. R. Couchman. Electron microscopy of PS/PMMA and rubber-modified polymer blends: Use of ruthenium tetroxide as a new staining agent［J］. J. Polym. Sci.: Polym. Lett. Ed.. 1981, 19 (6): 315-319.

[50] J. R. White, E. L. Thomas. Advances in SEM of polymers［J］. Rubber Chem. Technol., 1984, 57 (3): 457-506.

[51] D. Vesely, D. S. Finch. Microstructure of miscible polymer blends［J］. Macromol. Symp., 1988, 16 (1): 329-340.

[52] V. K. Berry. Characterization of polymer blends by low voltage scanning electron microscopy［J］. Scanning, 1988, 10 (1): 19-27.

[53] 王国全，聚合物共混改性原理与应用［M］．北京：中国轻工业出版社，2013.

第4章 聚合物共混物的力学性能

物质的性能是其内部结构的表现。聚合物共混物的性能不仅与其组分的性能有关，而且与其微观形态密切相关。比起单一聚合物来说，聚合物共混物的微观形态更复杂，定量描述性能与微观形态的关系更为困难。目前，仅限于粗略地定性描述和某些定量的半经验公式。

聚合物是多层次结构的物质。大分子的化学组成、结构单元的连接方式和空间构型称为一次结构；聚合物的分子量、大分子的形状为二次结构；大分子之间堆砌、排列的情况，即聚集结构依所涉及的范围，分为三次结构和高次结构。三次结构是由大分子构成的、范围较高次结构为小的组织单元，包括织态、片晶、胶团等结构形式。从三次结构可进一步构成较为宏观的结构，称为高次结构。三次结构和高次结构有时统称为超分子结构。

每种结构层次都有其相应的运动特性，正是这种结构和运动的多重性决定了聚合物的一系列特性。不同的性能对各结构层次的敏感程度不同。例如，化学性质主要决定于一次结构；玻璃化转变主要决定于一次和二次结构；力学性能则一般与三次结构和高次结构有更直接的关系。同一种聚合物，晶态和非晶态、取向态和非取向态，其力学性能迥然不同。

加工条件的不同会影响产品内部的高次结构，从而改变产品的力学性能。例如，等规聚丙烯有很高的结晶度，在加工过程中，由熔融态到冷却定型，可形成由晶片组成的球晶。球晶的形态、大小及分布对力学性能有很大影响。适当控制加工过程，例如添加适当的成核剂（如苯甲酸），减小球晶尺寸可显著提高产品的性能。

非晶态聚合物也存在各种不同的超分子结构。例如聚碳酸酯具有纤维状的原纤结构，聚苯乙烯具有球状的胶团结构等。最近有人用电子显微镜和光学显微镜研究了高顺式1，4-聚丁二烯橡胶聚集态结构及其对力学性能的影响[1]。在室温下，非晶态顺丁橡胶内部并不是均匀的，而是由具有一定规整度的区域组成。基本单元为链节，大致是由包含170个碳原子的链段构成的直径约2nm的球形结构；再由若干链节组成直径约10～100nm的链球；链球再构成胶团，其大小为几个微米。这些不同层次的结构直接影响顺丁橡胶的力学行为。这些不同组织单元的大小及其相互连接情况决定了材料的力学性能。例如在拉伸过程中，屈服点之前，以组织单元本身的弹性形变为主；超过屈服应力之后，组织单元之间产生错动，形变大幅度增加。随拉伸程度的增加，组织单元被破坏，大分子链沿拉伸方向取向。这表明力学行为的不均一性是由结构的不均匀性造成的。

上述聚合物结构上的复杂性，对于聚合物共混物来说，无疑仍然存在。除此之外，还增加了更复杂的结构因素，这就是共混物的微观形态结构。共混物的性能与其组分性能的关系决定于共混物的微观形态结构，即两相之间结合力的大小、界面层的结构、界面层的厚度、两相的连续性、分散相的相畴尺寸以及分散相颗粒的形状等。

4.1　聚合物共混物性能与其组分性能之间的一般关系

双组分体系的性能与其组分性能之间的关系常可用最简单的关系式表示，这种简单关系称作“混合法则”。最常用的有如下两个关系式：

$$P=P_1\beta_1+P_2\beta_2 \tag{4-1}$$

$$\frac{1}{P}=\frac{\beta_1}{P_1}+\frac{\beta_2}{P_2} \tag{4-2}$$

式中　P——双组分体系某指定性能，如密度、电性能、黏度、热性能、力学性能、玻璃化转变温度、扩散性质等

P_1、P_2——分别为组分 1 和组分 2 的相应性能

β_1、β_2——分别表示组分 1 和组分 2 的浓度，浓度可以是体积分数、质量分数或摩尔分数

在大多数情况下，式（4-1）给出双组分体系性能 P 的上限值；式（4-2）则给出 P 的下限值。双组分体系可以是均相的，也可以是多相的，为简单计，习惯上统称为混合物。上述混合物法则只是很粗略的近似。对于聚合物共混物体系，与上述法则的偏离一般都比较大，很多情况下式（4-1）及式（4-2）完全不同。这种情况与共混物的微观形态密切相关。下面就共混物微观形态的类型与其性能的关系作一些介绍。

4.1.1　均相共混物

若两种聚合物组分完全相容，则构成均相共混物。由于两组分之间的相互作用，对简单的混合物加和法则，常有明显偏差。考虑到这种相互作用引起的偏差，最常用的一般关系式为：

$$P=P_1\beta_1+P_2\beta_2+I\beta_1\beta_2 \tag{4-3}$$

式中　I——表示组分间相互作用的常数，称为作用因子，可正可负。I 为正值时，即表示混合物性能与混合法则有正偏差；I 为负值时，则有负偏差

β——摩尔分数，也可表示组分的体积分数或质量分数

例如，醋酸乙烯酯-氯乙烯共聚物的玻璃化转变温度可近似地表示为：

$$T_g=30.0\overline{w}_1+80.0\overline{w}_2-28\overline{w}_1\overline{w}_2$$

式中　$\overline{w}_1$、$\overline{w}_2$——分别为醋酸乙烯酯和氯乙烯的质量分数

又如，对某些相容的聚合物共混物，其玻璃化转变温度 T_g 可表示为：

$$T_g=\overline{w}_1T_{g1}+\overline{w}_2T_{g2}+K\overline{w}_1\overline{w}_2$$

式中　$\overline{w}_1$ 及 $\overline{w}_2$——组分 1 及组分 2 的质量分数

K——常数

T_{g1} 及 T_{g2}——组分 1 及组分 2 的玻璃化转变温度

对具体体系和具体性能有一系列更具体和更适用的关系式。

4.1.2 单相连续的复相共混物

对于复相结构的共混物，组分之间的相互作用主要发生在界面层。若在界面层两组分之间的相互作用较弱，两相之间的结合力就低；若界面层两组分有较大的相互作用和相互扩散，则两相之间就有较强的粘合力。粘合力的大小对某些性能，例如力学性能有很大影响，而对另外一些性能的影响则可能很小。因此，对同一体系但对不同的性能，其具体关系式会很不一样，甚至完全不同。

对聚合物共混物性能有重大影响的另一结构因素是分散相颗粒的大小和形状。这是由于分散相颗粒的大小和形状不同，至少其堆砌系数就不同，因而就会直接影响共混物的一系列性能。

单相连续的复相共混物性能与其两个聚合物组分性能之间的关系，可用如下一般关系式表示[2]：

$$\frac{P}{P_1}=\frac{1+AB\varphi_2}{1-B\psi\varphi_2} \tag{4-4}$$

式中 P——共混物的性能

P_1——连续相的性能

φ_2——分散相的体积分数

A、B 及 ψ 为系数，分别由以下关系式定义：

$$A=K_E-1 \tag{4-5}$$

$$B=\frac{P_2/P_1-1}{P_2/P_1+1} \tag{4-6}$$

$$\psi=1+\left(\frac{1-\varphi_m}{\varphi_m^2}\right)\varphi_2 \tag{4-7}$$

式中 P_2——分散相的性能

K_E——爱因斯坦系数

φ_m——分散颗粒的最大堆砌系数

K_E与分散颗粒的形状、聚集状态等因素有关。对低浓度、均匀分散的球形颗粒，$K_E=2.50$。各种类型分散颗粒的 K_E值见表 4-1[3]。

表 4-1　爱因斯坦系数（K_E）

分散颗粒的类型	颗粒取向情况	K_E
球形	任意，无滑动	2.50
球形	任意，有滑动	1.0
球形颗粒聚集成球形聚集体	任意	$2.50/\varphi_a$①
立方体	无规	3.1
单轴取向纤维	纤维轴平行于张应力分量	$2L/D$②
单轴取向纤维	纤维轴垂直于张应力分量	1.50
纤维	无规取向，剪切作用	$L/2D$

注：①φ_a 为聚集体中球形颗粒的最大堆砌分数；②L 为纤维长度；D 为纤维直径。

φ_m 定义为：

$$\varphi_m = \frac{颗粒真实体积}{颗粒实际占有体积}$$

φ_m 可由实验测定或根据理论计算。不同形状颗粒的 φ_m 值见表 4-2。

表 4-2　　最大堆砌分数 φ_m

颗粒形状	堆砌类型	φ_m
球形	六方密堆砌	0.741
球形	面心六方密堆砌	0.741
球形	体心六方密堆砌	0.600
球形	简单六方堆砌	0.524
球形	无规密堆砌	0.637
球形	无规松散堆砌	0.601
立方体	无规堆砌	0.700
棒形,$L/D=2$	三维无规堆砌	0.671
棒形,$L/D=2$	三维无规堆砌	0.625
棒形,$L/D=2$	三维无规堆砌	0.480
棒形,$L/D=2$	三维无规堆砌	0.173
棒形,$L/D=2$	三维无规堆砌	0.081
棒形,$L/D=2$	三维无规堆砌	0.065
纤维	单轴六方密堆砌	0.907
纤维	单轴六方密堆砌	0.785

式（4-4）适用于分散相为硬组分的情况，例如，以树脂增强橡胶的共混物。分散相为软组分时，例如以橡胶增韧树脂的共混物，式（4-4）应改为如下的形式：

$$P_1/P = \frac{1+A_t B_t \varphi_2}{1-B_t \psi \varphi_2} \tag{4-8}$$

$$A_t = \frac{1}{A} \tag{4-9}$$

$$B_t = \frac{(P_1/P_2)-1}{(P_1/P_2)+1} \tag{4-10}$$

式中，脚标 1 及 2 分别表示连续相和分散相。

例如，以橡胶增韧聚苯乙烯为例，据电子显微镜观察，橡胶颗粒接近球形。聚苯乙烯的泊松比为 0.35，$A_t=0.86$（当基体泊松比为 0.5 时，A_t 为 1/1.5），$\varphi_m=0.55$（因橡胶颗粒有黏结在一起的趋势，部分颗粒聚集成聚集体）。根据这些数据，按式（4-8）至式（4-10）计算得到的剪切模量与实测值比较一致。

表 4-2 所列出的 K_E 值为力学性能的 K_E 值，与电性能和热性能的 K_E 值不同，但采用力学性能的 K_E 值，一般也不至于产生很大的误差。

式（4-4）～式(4-10）是单相连续共混物性能的一般关系式，对不同的具体性能和不同的体系，有一系列更适用和更具体的关系式，例如 Kerner 方程、Hashin 方程等，将在下节中介绍。这些不同的具体关系式，常常可看作是式（4-4）的特例或改进形式。

应当指出，对于力学强度不能简单搬用上述关系式，材料断裂机理十分复杂，大多数情况下还缺乏定量的关系式。

4.1.3 两相连续的复相共混物

互穿网络聚合物、许多嵌段共聚物、结晶聚合物等都具有两相连续的复相结构。由于两相都连续，所以，组分 1 和组分 2 是对称的，不论哪一相都可用 1 或 2 来注明，这与均相体系的情况相同。

这类共混物的性能与其组分性能的关系常用如下关系式表示[4]：

$$P^n = P_1^n \varphi_1 + p_2{}^n \varphi_2 \tag{4-11}$$

式中 φ_1——组分 1 的体积分数

φ_2——组分 2 的体积分数

n——与具体体系有关的常数

另一个常用的关系式为：

$$\log P = \varphi_1 \log P_1 + \varphi_2 \log P_2 \tag{4-12}$$

在发生相逆转的组成范围内，式（4-12）对预测共混物的弹性模量比较适用。对上述两个关系式的具体应用，举例如下。

① 结晶聚合物由晶相和非晶相组成。这两相都可看作是连续的，其弹性模量 G_0 遵从 n 值为$\frac{1}{5}$的方程（4-11）：

$$G_0{}^{\frac{1}{5}} = \varphi_1 G_1{}^{\frac{1}{5}} + \varphi_2 G_2{}^{\frac{1}{5}} \tag{4-13}$$

式中 G_0——样品的剪切模量

G_1——晶相剪切模量

G_2——非晶相剪切模量

φ_1——晶相体积分数

φ_2——非晶相体积分数

根据对半结晶聚合物（聚乙烯、聚丙烯、尼龙等）的研究，计算值与实测值基本吻合。

② 对各种 IPN，弹性模量亦符合式（4-13）。对于介电常数，有时 $n=\frac{1}{3}$较好。

③ 两种聚合物的共混物、嵌段共聚物等，其形态结构与组成有关。两组分含量相差较大时，一般含量大的组分构成连续相，含量小的构成分散相。随着组成的改变会发生相的逆转，分散相变为连续相，连续相变成分散相。在此区域，式（4-12）比较合适。

上述是几种典型的类型，实际体系常常要复杂得多。例如，连续相的连续程度未必一致（例如存在不同程度的局部不连续性），分散颗粒之间也可能存在一定程度的连通等。所以，上述关系式仅为基本的指导原则，并不能代替各种共混体系和各种特定性能的具体关系式。

4.2　聚合物共混物的玻璃化转变及力学松弛性能

4.2.1　聚合物的玻璃化转变和力学松弛

非晶态线型聚合物存在玻璃态、高弹态和黏流态 3 种力学状态。玻璃化转变源于大分子链段的运动。根据玻璃化转变自由体积理论，在外场作用下，大分子进行构象调整时，链段周围必须有供链段活动的足够大的自由空间即自由体积。

聚合物占有的体积可分为两个部分。一部分是分子或原子所实际占有的体积，称为已占体积；另一部分是分子或原子间隙中的空穴，称为自由体积。自由体积常用它占有总体积的分数 f 表示，称为自由体积分数。温度升高时，分子及原子振幅增加，已有体积也会均匀地膨胀，增加的体积主要是由于自由体积的增加。在玻璃化温度达到 T_g 时，自由体积的膨胀系数发生转折，如图 4-1 所示。

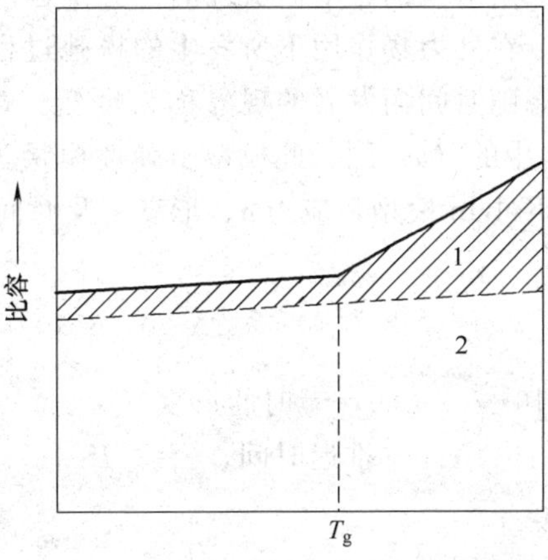

图 4-1　T_g与自由体积的关系

1—自由体积　2—已占体积

根据 Doolittle 提出的玻璃化转变自由体积理论，各种聚合物在各自玻璃化转变温度时，具有相同的自由体积分数 f 和相同的热膨胀系数 α：

$$f=0.025$$

$$\alpha=4.8\times10^{-4}/K$$

这就是说，可把链段的运动当作自由体积的函数来对待。

由于聚合物大分子结构和运动的多重性，在玻璃化转变温度以下还存在各种次级转变现象，分别对应于不同运动单元的不同运动形式，常按转变点温度高低次序以 α、β、γ 等命名。

一般而言，次级转变反映较短的链段、侧基及某些原子基团的运动。非晶态聚苯乙烯多重转变的相关情况见表 4-3。图 4-2 表示了聚合物的多重转变示意图。

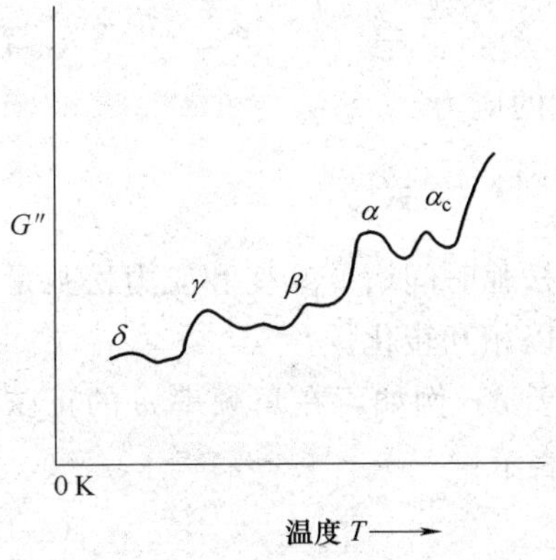

图 4-2　聚合物多重转变示意图

表 4-3　　聚苯乙烯的多重转变

转变名称	温度/K	机理
α(即玻璃化转变)	373	链段运动
β	325	链侧苯基转动
γ	130	链节曲柄转动
δ	38～48	苯基的摇摆或颤动

α 转变原则上即玻璃化转变。若聚合物是部分结晶的，则玻璃化转变分为 α 和 α_c，其中 α 是非晶区链段运动引起的，α_c 是晶区中链段的扭转或层间滑动所引起的。

次级转变对聚合物的韧性颇为重要。无低温次级转变或转变峰太小的聚合物一般较脆；若有远低于室温的、强度较大的次级转变峰，则一般韧性较好。例如，聚碳酸酯等工程塑料的韧性好就是由于其具有强度较大的低温次级转变的缘故。

聚合物性能不仅与温度有关，而且与外场作用的时间有关。外场作用常数称之为“刺激”，在刺激作用下，物体性状的改变称为“响应”。物体性状的改变一般是随时间而发展的，且响应常常滞后于刺激，这种现象称为松弛过程。物体形状的改变是通过分子一定形式的运动而实现的。分子运动是一种速度过程，这就是松弛过程发生的原因。

在外力场作用下所发生的松弛过程称为力学松弛过程。在一定应力作用下，聚合物形态随时间而发展的现象称为蠕变。蠕变为等应力过程，可用 Kelvin 模型表示，见图 4-3 中的（a）图。此模型由弹性模量为 E 的弹簧及黏度为 η 的牛顿黏壶并联而成。根据 Kelvin 模型，应力 σ、形变 ε 及时间 t 的关系为：

$$\sigma=E\cdot\varepsilon+\eta\frac{d\varepsilon}{dt} \tag{4-14}$$

得

$$\varepsilon=\varepsilon_{\infty}(1-e^{\frac{t}{\tau}}) \tag{4-15}$$

式中 ε_{∞}——$t=\infty$时的形变

τ——推迟时间，$\tau=\eta/E$

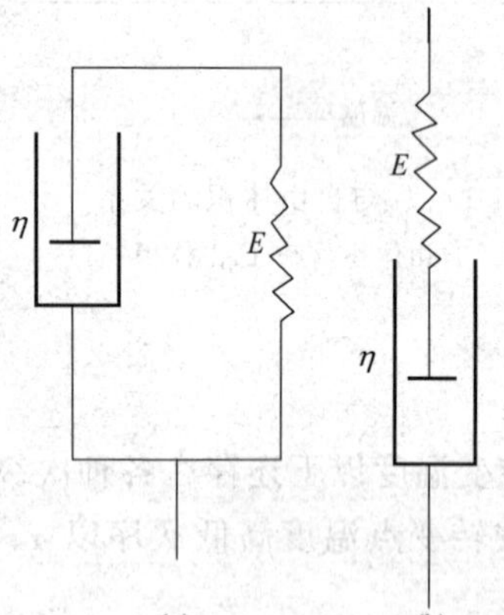

图 4-3 聚合物力学松弛模型

（a）Kelvin 模型 （b）Maxwell 模型

式（4-15）称为蠕变方程。

可以证明 $t=\tau$ 时，$\frac{d\varepsilon}{dt}$为极大值，所以，$t=\tau$ 时，相当于聚合物的玻璃化转变状态。

实际聚合物存在一个推迟时间谱，谱的宽度是聚合物力学性能的一个重要表征。聚合物形变固定，应力随时间延长而衰减的现象称为应力松弛，可用 Maxwell 模型表示，见图 4-3 中的（b）图。根据 Maxwell 模型有：

$$\frac{d\varepsilon}{dt}=\frac{1}{E}\cdot\frac{d\sigma}{dt}+\frac{\sigma}{\eta} \tag{4-16}$$

得

$$\sigma=\sigma_0 e^{\frac{-t}{\tau}} \tag{4-17}$$

式中 σ_0——$t=0$ 时的应力

τ——松弛时间，$\tau=\frac{\eta}{E_0}$

实际聚合物的松弛时间不是单一的，也存在一个松弛时间谱。蠕变和应力松弛是同一事物的两种不同表现形式，推迟时间和松弛时间可以相互转化。

由于松弛过程，聚合物应变与应力之间存在相位差 δ。例如，在角频率 ω 的正弦应力作用下，聚合物的弹性模量 E 应当用复数模量 E^* 表示：

$$E^*_{(\omega)}=E'_{(\omega)}+iE''_{(\omega)} \tag{4-18}$$

式中 $E'_{(\omega)}$——复数模量的实数部分，称为储能模量或恢复模量，表示弹性能的储存

$E''_{(\omega)}$——复数模量的虚数部分，称为损耗模量，表示由于克服分子运动的阻力而将弹性能转变为热能发生的损耗，这种现象称为弹性滞后或内耗

弹性能的损耗，可用内耗 Q^{-1} 表示。Q^{-1} 定义为在外场刺激下，弹性储能转变为热能的百分数：

$$Q^{-1}=\frac{E'_{(\omega)}}{E''_{(\omega)}}\times 100\% \tag{4-19}$$

可以证明，$Q^{-1}=\mathrm{tg}\delta$，δ 为应力与应变之间的相位角。所以，$\mathrm{tg}\delta$ 也称为损耗角正切或损耗内切。在玻璃化转变温度附近，$\mathrm{tg}\delta$ 具有极大值。因此，也可根据 $\mathrm{tg}\delta$ 的变化，测定玻璃化转变温度和次级转变温度，但一般最好是用 $E''_{(\omega)}$ 的峰值表征玻璃化转变温度。

前面已经提到，聚合物的力学性能是温度和时间的函数。提高温度与延长时间具有相同的效果。温度和时间可以相互转化、存在一一对应的关系，这称为时-温变换原理。可通过时-温叠合曲线，实现时间与温度的定量变换。

Leaderman 在 1943 年，最先提出时-温叠合曲线的概念，而后 Tobolsky 和 Ferry 加以发展和具体化。根据聚异丁烯实验数据绘制的时-温叠合曲线见图 4-4。

图中左边的各个曲线为不同温度下的应力松弛曲线。以 298K（25℃）为参照温度，将实验曲线沿时间对数坐标平移，使诸实验曲线叠合成一平滑曲线，即得图中右方所示的时-温叠合曲线。通过叠合曲线将不同温度下的实验数据转化成了不同时间的数据。

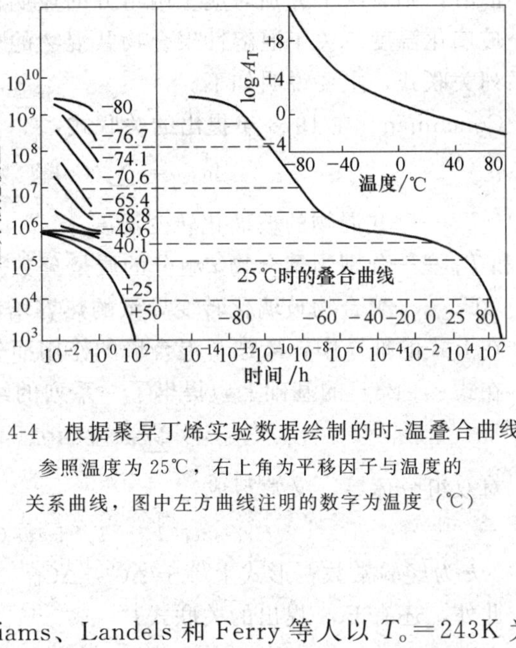

图 4-4　根据聚异丁烯实验数据绘制的时-温叠合曲线

参照温度为 25℃，右上角为平移因子与温度的关系曲线，图中左方曲线注明的数字为温度（℃）

在构成叠合曲线时，每一条实验曲线分别沿时间对数坐标移动的距离于图中右上角。该移动距离为：

$$\log t-\log t_{\mathrm{o}}=\log(t/t_{\mathrm{o}})=\log A_T$$

式中　t_{o}——参照温度所对应的时间，向左移时为正，向右移为负

图 4-4 是以 298K 为参照温度，Williams、Landels 和 Ferry 等人以 $T_{\mathrm{o}}=243\mathrm{K}$ 为参照温度，这时得：

$$\log A_T=\log(t/t_{\mathrm{o}})=\frac{-8.86(T-T_{\mathrm{o}})}{101.6+(T-T_{\mathrm{o}})} \tag{4-20}$$

上式称为 WLF 方程。

若以聚合物的玻璃化温度 T_g 为参照温度，则得 WLF 方程的另一形式：

$$\log A_T=\frac{-17.44(T-T_g)}{51.6+(T-T_g)} \tag{4-21}$$

A_T 称为移动因子或平移因子。A_T 为温度 T 和参照温度（例如 T_g）相对应的松弛时

间之比，而松弛时间和聚合物的黏度成比例，因此有：

$$A_T=\frac{t}{t_0}=\frac{\tau}{\tau_0}\approx\eta/\eta_0 \tag{4-22}$$

式中，τ、τ_0及 η_0分别为温度 T 及参照温度（例如 T_g）时的松弛时间和黏度。

各种非晶态线型聚合物，在力学状态方面具有相似性和对应性，只是其表现的温度高低不同而已。例如，实验证明，各种非晶态线型聚合物在玻璃态的弹性模量大致相同，玻璃化转变的温度范围也大致相同。因此，Tobolsky 提出了如下的定性论述[5]：如果两种非晶态线型聚合物具有相同的链长分布，那么在对应温度下，力学性能是近似等同的。正是由于这种情况，欲大幅度加宽聚合物玻璃化转变温度的范围、提高聚合物的阻尼性能和增加韧性等，采用共混技术和其他类似的方法制得聚合物多相体系就显得不但重要，而且是必要的。

4.2.2 聚合物共混物的玻璃化转变

1. 玻璃化转变温度与组成的一般关系

聚合物共混物玻璃化转变的特性，主要取决于两聚合物组分的混溶性。若两组分完全不混溶，则有两个分别对应于两组分的玻璃化转变温度；若两组分完全混溶，则只有一个玻璃化温度。关于混溶性聚合物共混物的玻璃化转变温度与组成的关系，已提出了一系列关联式，主要说明如下。

Couchman[6] 在 1978 年提出的关联式：

$$\ln T_g = \sum_i (C_{pi}\ln T_{gi})/\sum_i (w_i \Delta C_{pi}) \tag{4-23}$$

式中　T_g——共混物的玻璃化转变温度

w_i和 T_{gi}——分别为聚合物 i 组分的质量分数及玻璃化转变温度

ΔC_{pi}——聚合物玻璃化转变导致的热容增量

在上式的推导中，考虑了混合熵的作用而忽略了混合焓的作用。

在式（4-23）的基础上，提出了一系列的经验式，例如：

$$\sum_i w_i \Delta C_{pi}(T_{gi}-T_g)=0 \tag{4-24}$$

对双组分体系，又常写成：

$$w_1(T_{g1}-T_g)+kw_2(T_{g2}-T_g)=0 \tag{4-25}$$

式中　k 为经验常数，形式上等于 $\Delta C_{p2}/\Delta C_{p1}$

此外，还有 Fox 提出的关联式：

$$\sum_i w_i(1-T_g/T_{gi})=0 \tag{4-26}$$

以及 Utracki 等[7]在 1984 年提出的关联式：

$$(\ln T_g)/T_g=\sum_i (w_i\ln T_{gi})/T_{gi} \tag{4-27}$$

式（4-27）是在假定 $T_{gi}\Delta C_{pi}$为常数的基础上导出的。例如，对大多数线型聚合物，$T_{gi}\Delta C_{pi}=114\pm2$（J/g）。实验证实，式（4-27）适用于一系列互溶性共混物，如 PPS/PS 等以及增塑体系。但对部分互溶的共混物，需引入经验参数加以修正。例如，对二元体系：

$$w_1\ln(T_g/T_{g1})+kw_2\ln(T_g/T_{g2})=0 \tag{4-28}$$

此经验参数 k 对 T_g 与组成关系的影响见图 4-5。k 值表征互溶性的参数，k 值接近 1 时，体系互溶；k 值远小于或远大于 1 时，体系不互溶。

Rodriguez-Parada[8] 根据实验指出，对互溶性共混物，有时由于组分间强烈的相互作用，使自由体积及大分子链段活动性减小，使共混物玻璃化温度高于其任一组分的玻璃化转变温度。例如，共混物聚（甲基丙烯酸 N-烷基-3-羟甲基-咔唑酯）/聚（甲基丙烯酸 β-羟乙基-3，5-二硝基苯甲酰酯）就是这样。对此，Kwei 等人[9] 提出了双参数经验式：

$$T_g=(w_1T_{g1}+kw_2T_{g2})/(w_1+w_2)+qw_1w_2 \tag{4-29}$$

式中，第一项相当于式（4-28）；第二项表示聚合物-聚合物之间的相互作用。参数 k 的值取决于分子结构。

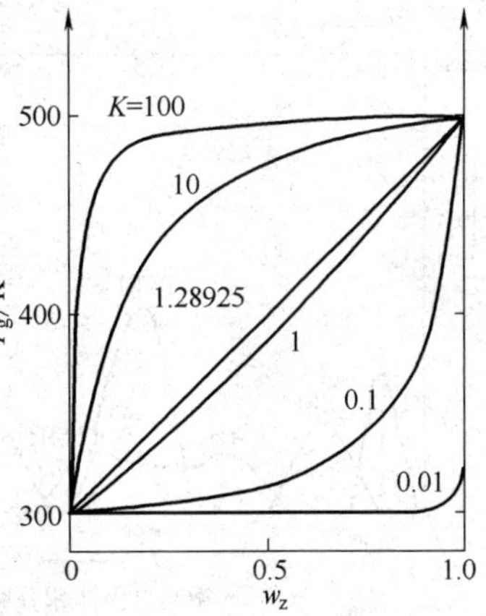

图 4-5　式（4-28）所预测的 T_g 与组成的关系

$T_{g1}=300\text{K}$　$T_{g2}=500\text{K}$

当 $k=1.28925$ 时为线性关系

若 $q=0$，$k=1$，则式（4-29）简化成用于无规共聚物的关系式：

$$T_g=w_1T_{g1}+w_2T_{g2} \tag{4-30}$$

或

$$T_g=\varphi_1T_{g1}+\varphi_2T_{g2} \tag{4-30$'$}$$

式中，φ_1 和 φ_2 分别为组分 1 和 2 的体积分数。

对无规共聚物也常采用如下的关系式：

$$\frac{1}{T_g}=\frac{w_1}{T_{g1}}+\frac{w_2}{T_{g2}} \tag{4-31}$$

一般而言，对完全互溶的聚合物共混物，做近似估算，采用式(4-30）及式(4-31）就足够了。

2. 共混物玻璃化转变的特点

工业上所用的聚合物共混物一般都是不相容或部分相容的复相材料，与均相共混物相比，有两个基本特点：有两个玻璃化转变温度；玻璃化转变区的温度范围有不同程度的加宽。

两组分有部分相容性时，相互之间发生一定程度的相互影响，使两个玻璃化转变温度相互靠拢、玻璃化转变的温度范围加宽。因此，决定聚合物共混物玻璃化转变的主要因素是两种聚合物分子级的混合程度，而非超分子结构，这与其他力学性能的情况有所不同。

Takayanagi 等[10] 根据自由体积公共化的理论，研究了聚合物共混物的玻璃化转变，提出了共混物玻璃化转变的自由体积模型。设想将共混物分成许多微胞，每一个微胞的直径约为几个纳米，足以提供链段运动的空间范围。对完全相容的体系和无规共聚物，自由体积是完全公共化的，因此，两组分所组成的体系，玻璃化转变行为和具有相同自由体积的一种组分所表现的玻璃化转变行为相同。部分相容的体系，自由体积的公共化是局部的、不完全的，因此，共混物中各微胞的自由体积分数 f 是互不相同的。不同相容程度共混体系的自由体积分布函数 $F(f)$ 示意图见图 4-6。曲线 1 和曲线 2 分别表示组分 1 和组分 2 的自由体积分布函数。曲线 S、PM、MH 及 PFM 分别表示完全不相容、部分相容、基本相容和完全相容的体系。两组分的体积分数皆为 0.5。图中虚线表示完全相容体系中，两组分的自由体积分布函数。

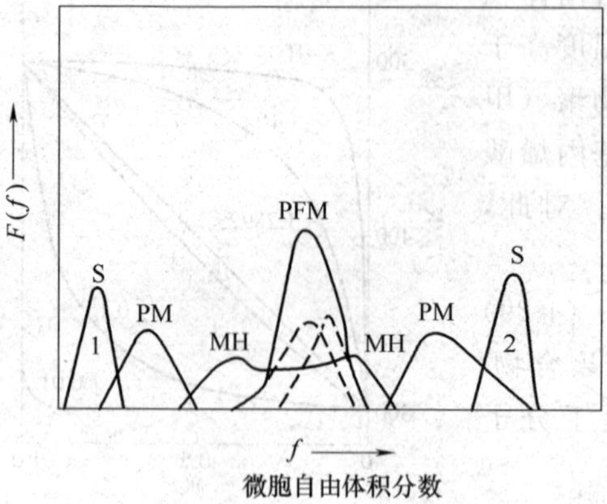

图 4-6　共混体系自由体积分布函数示意图

事实上，自由体积公共化的程度和分子级混合程度完全一致。不过自由体积公共化的概念以及根据这一概念而绘出的图 4-6，使共混物玻璃化转变性能更为直观，这是一个很大的优点。

共混物两个玻璃化转变强度与共混物形态结构有关。可用损耗正切 tanδ 峰的高度表示玻璃化转变强度。一般有以下规律：

① 构成连续相的组分其 tanδ 峰值较大，构成分散相的组分，其 tanδ 峰值较小。

② 在其他条件相同时，分散相 tanδ 峰值随其含量的增加而提高。

③ 分散相的 tanδ 峰值与分散相的形态结构有密切关系。一般而言，起决定作用的是分散相的体积分数。当分散相质量分数不变时，分散相的体积分数越大，其 tanδ 峰值越高。分散相的体积分数也与形态结构密切相关。以 HIPS 为例具体说明如下。

图 4-7 为 HIPS 的动态力学损耗曲线。在 HIPS 中，聚苯乙烯为连续相，其 tanδ 峰值比橡胶相的 tanδ 峰值大得多，图中未表示出，只表示了橡胶相 tanδ 峰值的变化情况。

图 4-7 中曲线 2 表示用机械共混法制得的 HIPS，其微观形态见图 (3-1)，橡胶相聚丁二烯颗粒中不包含聚苯乙烯，所以，虽然橡胶质量分数为 10%，但其 tanδ 峰值反而低于曲线 3。这是由于曲线 3 表示的是用本体聚合法制得的 HIPS，橡胶颗粒具有香肠状结构，颗粒内包含大量聚苯乙烯包容物，所以，质量分数虽仅 5%，体积分数却比机械共混法 HIPS 中橡胶相

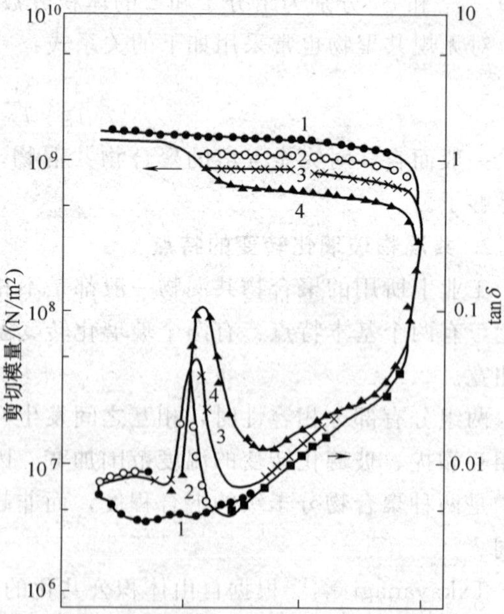

图 4-7　HIPS 动态力学损耗曲线

1—PS　2—机械共混法 HIPS，聚丁二烯质量分数为 10%

3—本体聚合法 HIPS，聚丁二烯质量分数为 5%

4—本体聚合法 HIPS，聚丁二烯质量分数为 10%

体积分数大，故其 tanδ 峰亦较高。

同时，由图 4-7 还可看出，当橡胶颗粒内聚苯乙烯包容量增加时，相当于 tanδ 峰值的温度向高温方向移动。

由上所述，在橡胶增韧塑料中，橡胶质量分数不变时，为更充分发挥橡胶相的效用，应增加橡胶颗粒中树脂包容物的含量，以提高橡胶相的体积分数。但树脂包容物含量不宜过大，以免使橡胶相的玻璃化转变温度提高过多。

某些证据表明，分散相颗粒的大小对共混物的玻璃化转变亦有影响。Wetton 等[11]指出，当颗粒尺寸减小时，由于机械隔离作用增加，分散相的 tanδ 峰值有所下降。1975 年 Bares[12]根据某些实验事实指出，当以 T_g较低的组分为基体，T_g较高的组分为分散相时，虽然两种组分的相容性很小，但当分散相颗粒很小时，分散相的 T_g亦有明显下降，例如 SBS 三嵌段共聚物，聚苯乙烯嵌段相畴为 12nm 时，其 T_g值的下降有 20℃之多。

Razinskaya 等指出，某些共混体系，分散相颗粒的比表面小于 $25\mu m^{-1}$时，有两个 T_g；而当比表面大于 $25\mu m^{-1}$时，只能观察到一个 T_g。

关于分散相颗粒大小对共混物玻璃化转变温度的影响，目前尚处于探索阶段，还缺乏系统的实验和理论分析。

4.2.3　聚合物共混物的弹性模量及力学松弛特性[13]

1. 聚合物共混物的弹性模量

和均相聚合物一样，在低应力、低形变和时间尺度变化不大时，聚合物共混物亦表现为线弹性行为，即应力和形变之间存在线性关系。这时，可用共混物的弹性模量表征其对外力场作用的响应特性。

在外力场作用下，剪切模量 G 只反映物体形状改变的特性，体积模量 K 只反映体积改变的特性；而杨氏模量（拉伸模量）E 和泊松比 ν 同时反映体积和形态变化的特性。玻璃态聚合物的泊松比为 0.35 左右，橡胶态聚合物的泊松比约为 0.5。这些不同参数之间具有如下关系：

$$E=3K(1-\nu)=2(1+\nu)G \tag{4-32}$$

$$\nu=(3K-2G)/(6K+2G) \tag{4-33}$$

在交变应力作用下，需采用复数弹性模量，参见式（4-18）。

共混物的弹性模量可根据混合法则近似估算。可根据式（4-1）及式（4-2）给出共混物弹性模量的上下限。上限值为：

$$M_c=\varphi_1 M_1+\varphi_2 M_2 \tag{4-34}$$

式中　M_c——共混物的弹性模量（可代表 E、G 或 K）

M_1——组分 1 的弹性模量（可代表 E_1、G_1或 K_1）

M_2——组分 2 的弹性模量（可代表 E_2、G_2或 K_2）

φ_1——组分 1 的体积分数

φ_2——组分 2 的体积分数

共混物弹性模量 M_c的下限值，按下式计算：

$$\frac{1}{M_c}=\frac{\varphi_1}{M_1}+\frac{\varphi_2}{M_2} \tag{4-35}$$

上限及下限值分别对应简单的并联及串联力学模量（共混物的力学模型见后）。

一般而言，当模量较大的组分构成连续相、模量较小的组分为分散相时，较符合式(4-34)；模量较小的组分构成连续相、模量较大的组分构成分散相时，符合式（4-35），共混物模量随组成变化的示意图见图 4-8。图中曲线 1 及 3 分别表示共混物模量的下限值及上限值；曲线 2 为共混物模量实测值的示意曲线：AB 区中，模量较小的组分为连续相；CD 区中，模量较大的组分为连续相，BC 区为共混物的反转区。

上述原则已为大量实验事实所证明。事实上，不仅聚合物共混体系，以无机填料增强的橡胶或塑料都符合上述原则。

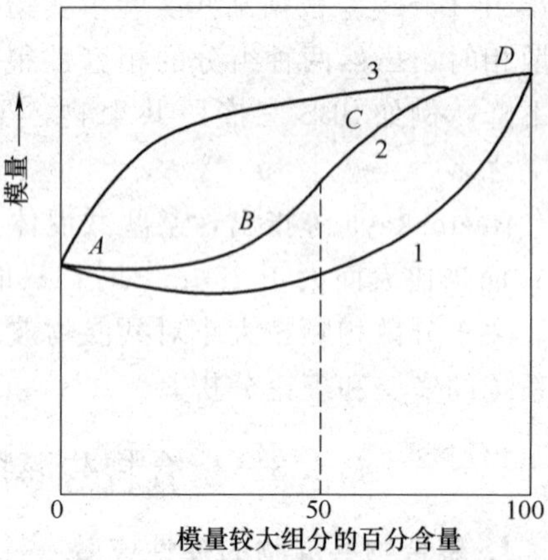

图 4-8　共混物模量随组成变化的示意图

式（4-34）及式（4-35）过于粗糙，Hashin[14] 对此加以改进，提出如下的上、下限近似公式：

$$G_0(\text{上限值})=G_2+\phi_1\left[\frac{1}{G_2-G_1}+\frac{6(K_2+2G_2)\phi_2}{5G_2(3K_2+4G_2)}\right]^{-1} \tag{4-36}$$

$$G_0(\text{下限值})=G_1+\phi_2\left[\frac{1}{G_2-G_1}+\frac{6(K_1+2G_1)\phi_2}{5G_1(3K_1+4G_1)}\right]^{-1} \tag{4-37}$$

式中　G_0——共混物的剪切模量

G_1——组分 1 的剪切模量

G_2——组分 2 的剪切模量

K_1——组分 1 的体积模量

K_2——组分 2 的体积模量

ϕ_1——组分 1 的体积分数

ϕ_2——组分 2 的体积分数

且　$K_2>K_1$，$G_2>G_1$

考虑到共混物微观形态结构对模量的影响，已提出了许多适用于具体体系的近似公式，例如，对两相连续的共混物，Davies 公式更为适用，见式（4-13）。

目前应用最广的还是 Kerner 在 1956 年提出的近似公式[15]：

$$\frac{G_c}{G_p}=\frac{E_c}{E_p}=\frac{G_f\phi_f[(7-5\nu)G_p+(8-10\nu)G_f]+\phi_p/15(1-\nu)}{G_p\phi_f[(7-5\nu)G_p+(8-10\nu)G_f]+\phi_p/15(1-\nu)} \tag{4-38}$$

式中　E、G、ϕ——分别为杨氏模量、剪切模量和体积分数

下标 c、p、f——分别表示共混物、连续相组分和分散相组分

ν——连续相的泊松比

Kerner 公式近似适用于各种复相聚合物体系，包括用无机填料增强的体系。

2. 聚合物共混物的力学松弛性能

共混物力学松弛性能的最大特点是力学松弛时间谱加宽。一般均相聚合物在时-温叠合曲线上，玻璃化转变区的时间范围为 10^9 s 左右，而聚合物共混物的这一时间范围

可达 10^{16} s。

由于力学松弛时间谱的加宽，共混物具有较好的阻尼性能，可在防震和隔音方面有重要应用。

事实上，凡是使聚合物体系结构不均一性增加的因素，一般都会使力学松弛时间谱加宽。例如，聚合物的部分结晶作用、不完全互溶增塑剂的加入以及其他一些造成微观相分离的因素，都会使聚合物体系力学松弛时间谱加宽。这一点对聚合物阻尼材料的设计具有一定的启发作用。新近开发的所谓渐变型互穿网络聚合物（Gradient IPN）就是在这一概念基础上进行的一种分子设计，与一般共混物的不同之处在于其组成随材料部位的不同而逐渐改变，因而造成部位不同，性能亦不同的材料，从而可满足某些特殊需要，特别是在阻尼方面的应用。

聚合物共混物的力学松弛性能可用图 4-9 表示。由图可见，其力学松弛时间谱是大大加宽了。

对均相聚合物，在玻璃化转变区，可用改进的 Rouse 函数来表示其松弛模量 E_ω：

$$E_\omega = \frac{E_1 \tau_m^{1/2}}{\tau_m^{1/2} + t^{1/2}} + E_R \tag{4-39}$$

式中　t——时间

τ_m——聚合物的最小松弛时间

E_R——聚合物在橡胶态的模量，一般为 4×10^6 Pa

E_1——聚合物在玻璃态的模量，一般为 $10^9 \sim 10^{10}$ Pa

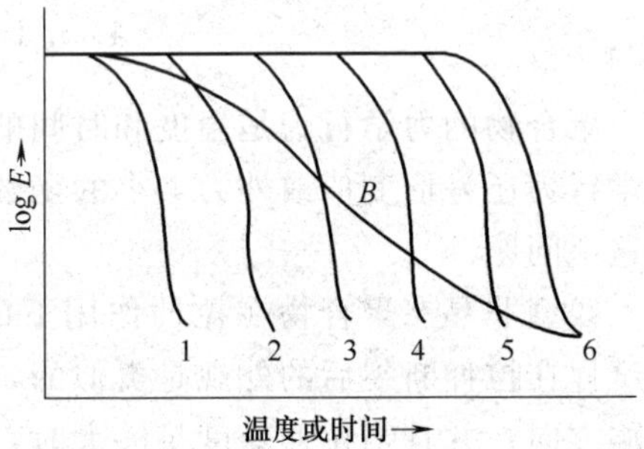

图 4-9　模量-温度（时间）关系示意图

曲线 1～6：组成不同的无规共聚物

曲线 B：由 1～6 种无规共聚物所组成的共混物

对共混物，当两组分有部分相容性时，可看作是一系列组成不同的部分所构成的异相体系，因此，式（4-39）可改进为：

$$E_\omega = E_1 \sum_{i=1}^{N} \frac{w_i \tau_{m,i}^{1/2}}{\tau_{m,i}^{1/2} + t^{1/2}} + E_R \tag{4-40}$$

式中　w_i——组成为 i 部分的质量分数

$\tau_{m,i}$——组成为 i 部分的最小松弛时间

w_i 符合规一化条件：

$$\sum_{i=1}^{N} w_i = 1$$

已知组成为 50/50 的聚丙烯酸乙酯/聚甲基丙烯酸甲酯所构成的 IPN，基本符合式（4-40）。但也有许多共混物不符合该式。

一般而言，时-温变换原理不适用于异相共混物，因为在测定温度下，两种聚合物的移动因子 A_T 不同。但是若在测定温度下，两种聚合物的模量差别很大，则可近似符合时-温变换原理。例如，ABS 树脂，其中橡胶相（聚丁二烯）的 T_g 很低，在测定的温度下处于充分发展的高弹态，对应力松弛的贡献甚微。因此，ABS 的力学松弛行为犹如 AN 和 S 的无规共聚物，基本上符合 WLF 方程。尽管如此，仍然可以看到玻璃化转

变区有明显的加宽。

4.3　聚合物共混物的力学强度

聚合物共混物是一种多相结构的材料，各相之间的相互影响，有明显的协同效应。其力学强度与形态结构密切相关，并不等于各组分力学强度的简单平均值。在大多数情况下，增加韧性是聚合物共混改性的主要目的，所以，本节将重点讨论共混物的冲击性能。

前面我们讨论了聚合物共混物的弹性模量和力学松弛，所涉及的范围是形变值不大、形变和应力之间存在近似的线性关系。当形变值较大时，这种线性关系不复存在，形变与应力之间的关系十分复杂。为了较系统地了解聚合物共混物的力学强度问题，就需要对其大形变时的力学特性有所了解。首先从一般的聚合物谈起。

4.3.1　聚合物的形变

聚合物的力学行为是温度和时间的函数。此外，形变较大或外力较大时，聚合物的力学行为还是形变值或外力大小的函数。以聚合物在拉伸作用下的形变为例，进一步说明这个问题。

线型非晶态聚合物在拉伸作用下的力学行为见图 4-10。由图可见，玻璃态和橡胶态试样在拉伸断裂后的外观是类似的，两者都是弹性破坏，即两者的断裂面均垂直于主拉伸方向；并且当拉伸速度足够大时，在试样内部无明显的残余形变。

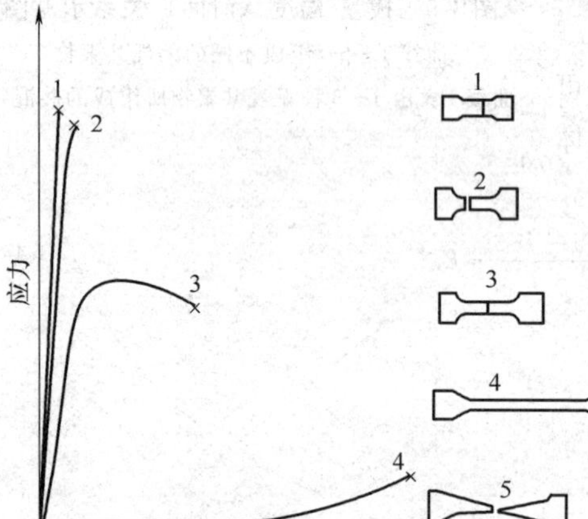

图 4-10　线型非晶态聚合物在不同状态下的应力-应变曲线

1—硬玻璃　2—软玻璃　3—皮革态

4—橡胶态　5—半固态

然而，皮革态和半固态的断裂方式表明，在和主拉伸轴成一定角度的方向上，产生了明显的流动，特别在45°的平面上最为明显。此外，断裂后试样内部有明显的残余形变。

拉伸速度的影响与温度的影响相反，提高拉伸速度相当于降低温度。温度与时间按照前述的时-温变换原理相互转化。

链段的运动和大分子链之间的滑动可大大增加形变值，并加快形变速度。这些形式的运动可通过提高温度来实现，在一定条件下，也可通过增加应力的方式来实现。

借助于熟知的描述化学反应速度的 Arrhenius 公式，Eyring[16] 以相似的概念处理了聚合物的塑性形变、黏性流动和黏弹形变的问题。与化学反应的情况相似，聚合物的形态存在一定的位垒，只有运动单元（链段、链节等）克服这一位垒才能实现其运动。这就是说，聚合物的形态中存在一定的活化能，或更广义地说，存在一定的活化焓变 ΔH^*。在施加应力时，应力使运动单元在形变方向上的运动活化焓下降，而在形变相反方向上的活化焓提高。在此概念的基础上，Eyring 导出如下的形变速率 $\dot{\varepsilon}$ 的表示式：

$$\dot{\varepsilon}=A\exp\left(-\frac{\Delta H^*-\gamma V^*\sigma/4}{kT}\right) \tag{4-41}$$

式中　$\dot{\varepsilon}$——形变速率

A——常数

ΔH^*——活化焓变

V^*——活化体积

γ——应力集中因子

σ——所施加的应力

k——波尔兹曼常数

T——热力学温度

通过简单的数学处理，既得 Eyring 公式：

$$\dot{\varepsilon}=2A\exp\left(-\frac{\Delta H^*}{kT}\right)\sin\left(\frac{\gamma V^*\sigma}{4kT}\right) \tag{4-42}$$

当应力 σ 不太大时，可近似地写成：

$$\dot{\varepsilon}=A\exp\left(-\frac{\Delta H^*}{kT}\right)\exp\left(\frac{\gamma V^*\sigma}{4kT}\right) \tag{4-43}$$

聚合物在较大应力作用下产生大形变时，对于预测形态与温度及应力的关系，Eyring 公式是颇为有用的。例如，剪切带的发展速度和银文的发展速度与温度的关系，都比较符合 Eyring 公式。这个问题后面还要讨论。

聚合物冷拉过程示意图见图 4-11。图 4-11 为玻璃态聚合物一种可能的应力-应变曲线，即冷拉曲线。曲线的第一部分 OA 基本为一直线，这时试样被均匀拉伸，所发生的变化为弹性形变。B 为屈服点。当应力达到屈服点之后，试样开始出现细颈，形变进入第二阶段，细颈逐渐扩大，直到 D 点，试样全部被拉成细颈。然后进入第三阶段，直到在 E 点拉断为止。

并非所有玻璃态聚合物都出现上述类型的冷拉曲线。有些玻璃态聚合物，在屈服点 B 之前即发生脆性破裂。

各种聚合物冷拉伸曲线的具体形状与聚合物的结构、冷拉的条件（如温度及拉伸速度）等有关。

大量实验表明，玻璃态聚合物大形变时的形变机理，包含两种可能的过程。其一为剪切形变过程，其二为银纹化过程。剪切过程包括弥散型的剪切屈服形变和形成局部剪切带两种情况。剪切形变只是物

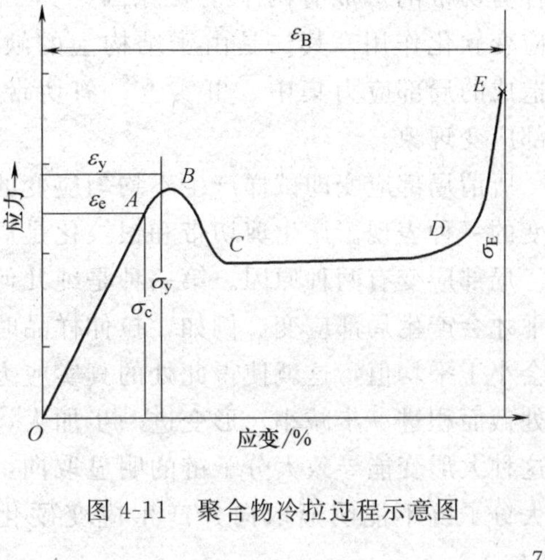

图 4-11　聚合物冷拉过程示意图

体形状的改变，分子间的内聚能和物体的密度基本上不受影响。银纹化过程，则使物体的密度大大下降。这两种机理发生的条件与聚合物结构及实验条件有关。

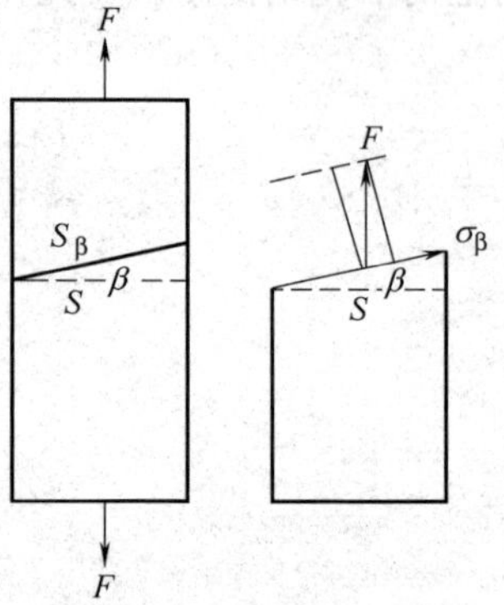

图 4-12　材料受张力后的剪切应力分量

1. 剪切屈服形变[17]

不仅在外加的剪切作用下，物体发生剪切形变，而且在拉伸力的作用下，也会发生剪切形变。这是因为拉伸力可分解出剪切力分量。材料受张力后的剪切应力分量如图 4-12 所示。设试样所受的张力为 F，F 垂直于横截面 S，与 S 成 β 角的平面 S_B 所受到的应力 F_β 为：

$$F_\beta = \frac{F}{S}\cos\beta$$

F_β 在 S_B 面上的剪切应力分量为：

$$\alpha_\beta = F_\beta \sin\beta = \frac{F}{S}\cos\beta \cdot \sin\beta = \frac{1}{2}\frac{F}{S}\sin 2\beta$$

不同平面上的剪切力是夹角 β 的函数，在张力作用下，不同平面上的剪切应力分量与正应力分量如图 4-13 所示。显然，当 $\beta = 45°$ 时，剪切力达到最大值。这就是说，与正应力成 45°的斜面上，剪切应力最大，所以，剪切屈服形变主要发生在这个平面上。

在剪切应力作用下，聚合物与结晶体（如金属晶体）一样，可发生剪切屈服形变，但发生的机理不同。

当外力超过屈服应力时，金属晶体可发生塑性变形，此即所谓金属的范性。这种屈服形变是金属晶格沿滑移面滑动造成的。根据金属范性的位错理论，这种滑动可能是由于存在晶格缺陷。对于非晶相聚合物，这种剪切屈服形变需要很多链段的配合运动。因此，与晶体相比，其剪切屈服形变是较为弥散的。但在一定条件下，聚合物亦可产生明显的局部剪切形变，形成所谓“剪切带”。这种剪切带的形成有两个主要原因：其一是由于聚合物的应变软化作用，其二是由于结构上的缺陷或其他原因所造成的局部应力集中。事实上，剪切带的形成是一种局部应变现象。

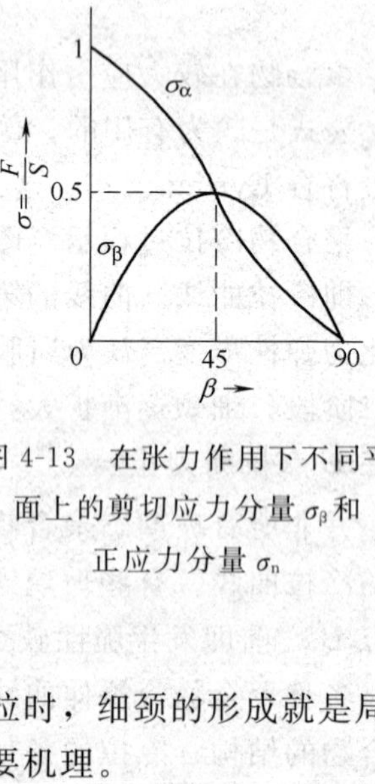

图 4-13　在张力作用下不同平面上的剪切应力分量 σ_β 和正应力分量 σ_n

所谓局部应变即试样产生不均匀应变的现象。聚合物冷拉时，细颈的形成就是局部应变的一种表现。产生剪切带和银纹化是局部应变的两种主要机理。

局部应变有两种原因。第一种是纯几何的原因。这种纯几何的原因仅在一定负荷条件下才会产生局部应变。例如，拉伸样品时，由于样品截面积的某种波动，某处的截面积会小于平均值，这就使得此处的真实应力较大，因而形变值亦较其他处为大。这将使该处截面积进一步减小，形变进一步加大，最后导致细颈的形成。细颈处形变值很大，若这种大形变能导致大分子链的明显取向，造成应变硬化现象，就能形成稳定的细颈。若大分子链不能明显取向并产生应变硬化现象，则试样迅速断裂，不能形成稳定的细颈。

局部应变的第二个原因是应变软化。第一，它必须存在某种结构上的缺陷或结构上的不均一性从而产生应力集中，造成应变的不均匀性；第二，必须存在应变软化现象。

剪切带的产生和剪切带的尖锐程度、温度、形变速率以及样品的热历史有关。例如，温度过低时，屈服应力过高，在产生屈服形变前，样品可能已经破裂。温度过高，则整个样品很容易发生均匀的塑形形变，只能产生弥散型的剪切形变而不会产生剪切带。

剪切带的发展速度 $\dot{\varepsilon}$ 符合式（4-42）或式（4-43），随应力 σ 及温度 T 的增加而提高。根据 Kramer 等人的实验[18]，对聚苯乙烯形成剪切带的活化焓变为 270 J/mol，表观活化体积 γV^* 为 4.6×10^{-21} cm^3。

聚苯乙烯剪切带发展速度与应力 σ 及温度 T 的关系见图 4-14 及图 4-15。

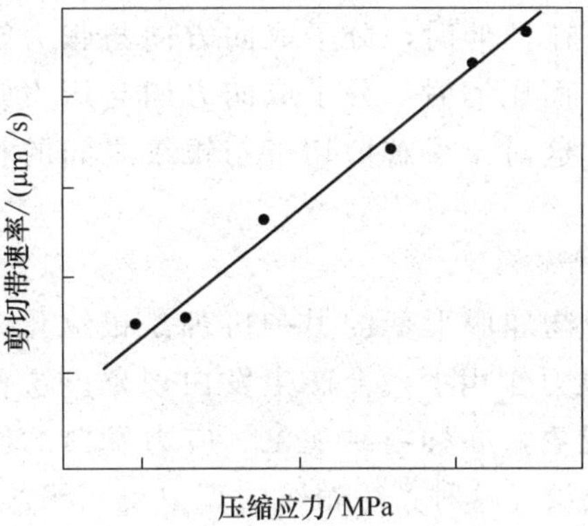

图 4-14　聚苯乙烯剪切带发展速度与单轴压缩应力的关系

温度：26℃

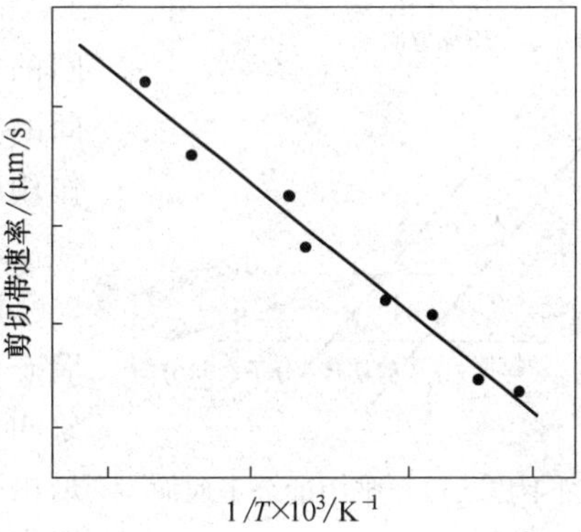

图 4-15　聚苯乙烯剪切带发展速度与温度的关系

单轴压缩应力 σ=90MPa

剪切带具有精细的结构。根据电镜观察，剪切带的厚度约 1μm、宽 5～50μm。剪切带又由大量不规则的线簇构成，每一条线的厚度约 0.1μm。剪切带的构造如图 4-16 所示。

应变软化就是材料对应变的阻力随应变的增加而减小。当然，这种应变软化现象有一定限度。当形变很大时，由于大分子链取向发展到充分的程度，在局部应变部分会由应变软化转变到应变硬化。这种转变是局部应变能稳定发展、材料不致迅速破裂的原因所在。显然，若应变软化不能最终转变成应变硬化，那么一旦样品某处发生应变较大的波动，则此处的应变就会越来越大，并导致样品迅速破裂。

图 4-16　剪切带的构造

在剪切力作用下，不会产生几何不稳因素，那么局部应变只能起源于应变软化。关于应变软化现象，有各种不同的解释。例如，最早提出的热软化理论、应力活化理论等。但最有说服力的是1973年Argon提出的理论[19]。该理论认为，应变软化现象是由于在较大应变时，大分子链各物理交联点发生重新组合，形成有利于形变发展的超分子结构的缘故。

剪切带一般位于最大剪切分力的平面上，与所施加的张力或压力成45°角。例如，聚甲基丙烯酸甲酯，非晶态聚对苯二甲酸乙二醇酯和环氧树脂，其剪切带与拉伸力之间的夹角β都接近45°。但是，由于剪切形变时体积未必毫无变化，并且试样可能出现各向异性，所以β角会与45°有偏差。例如，压缩时聚苯乙烯剪切带与压缩应力的夹角约为50°。对聚氯乙烯，压缩时$\beta=46°$，拉伸时$\beta=55°$。

由于剪切力的影响，在剪切带内分子链有很大程度的取向，这已为剪切带的高度双折射现象所证实。取向的方向为剪切力和拉伸力合力的方向，剪切带中的分子取向如图4-17所示。

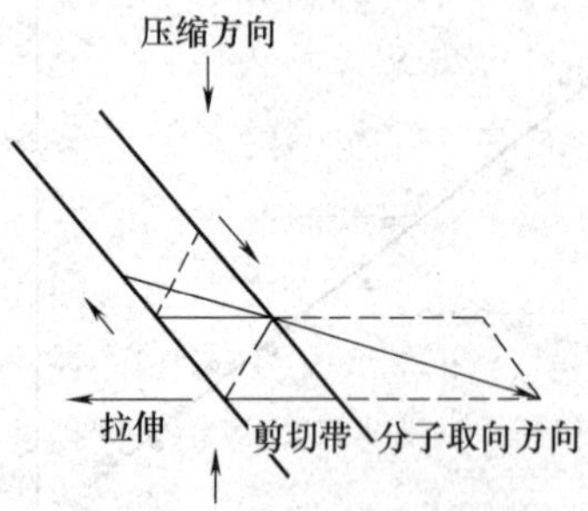

图4-17 剪切带中的分子取向

一般而言，在拉伸时，分子取向方向与张力轴之间的夹角较小；而压缩时，分子取向方向与压力轴之间的夹角较大。这对于了解剪切带与银纹之间的相互作用颇为重要。

2. 银纹化[19-22]

玻璃态聚合物屈服形变的另一机理是银纹化。玻璃态聚合物在应力作用下，会产生发白现象。这种现象叫应力发白现象，亦称银纹现象。应力发白的原因是由于产生了银纹，这种产生银纹的现象也叫银纹化。聚合物产生银纹的部位称为银纹体或简称银纹。银纹化与剪切带一样，也是一种屈服形变过程。银纹化的直接原因也是由于结构的缺陷或结构的不均匀性而造成的应力集中。

银纹可进一步发展成裂纹，所以它是聚合物破裂的开端。但是，形成银纹要消耗大量的能量，因此，若银纹能被适当终止，而不致发展成裂纹，反而可延迟聚合物的破裂，提高聚合物的韧性。

（1）银纹的结构　与剪切带不同，银纹平面垂直于外加应力的方向。

银纹和裂纹不同。所谓裂纹就是小的裂缝，银纹与裂纹的比较示意图如图4-18（1）所示。裂纹常见于应力破损中的硬脆物体，例如玻璃、陶瓷等。裂纹的产生是材料破坏的根本原因。银纹是由聚合物大分子连接起来的空洞所构成的，如图4-18（2）所示。可以设想，将裂纹的“两岸”用聚合物“细丝”连接起来，即成银纹。反之，若银纹中的聚合物“细丝”全部断裂，则成裂纹。银纹中的聚合物细丝断裂而形成裂纹的过程称为银纹的破裂。

银纹是由聚合物细丝和贯穿在其中的空洞所构成，类似软木塞。聚合物细丝的直径为10～40nm，空洞的直径约为10～20nm。根据银纹的可渗性，空洞之间是相互沟通的[23]。

一般而言，银纹的厚度为100～1000nm。银纹可区分成银纹主体和发展尖端两部

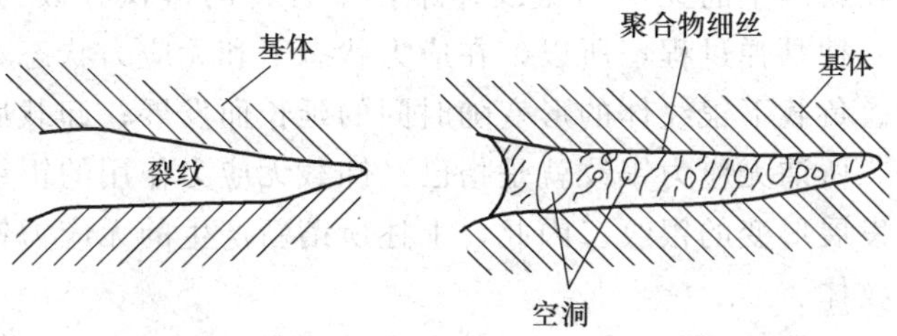

图 4-18　银纹和裂纹比较示意图
（a）裂纹　（b）银纹

分。银纹的长度不定，有时仅为样品的尺寸所限。银纹与未形变的聚合物本体之间有明显的界面，其厚度可达 2nm。

聚苯乙烯浇铸薄膜在张力作用下形成的银纹电镜照片见图 4-19。

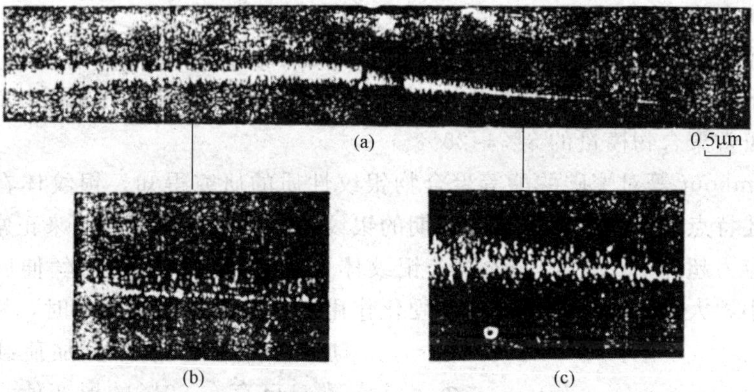

图 4-19　聚苯乙烯浇铸薄膜在张力作用下形成的银纹电镜照片
（a）银纹　（b）银纹主体放大图　（c）银纹尖端放大图

银纹中的聚合物会发生很大程度的塑性形变和黏弹形变。在应力作用下，银纹中的大分子沿应力方向取向，并穿越银纹的两岸，如图 4-20 所示，这赋予银纹一定的力学强度。

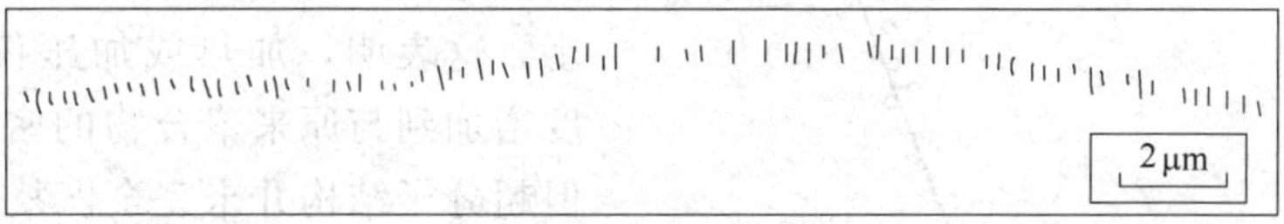

图 4-20　银纹中聚合物大分子的取向

（2）银纹的性能

① 密度、光学性质及渗透性。银纹体中含有大量空洞，因此，银纹体密度比未银纹化的基体密度小，这也是银纹化后试样体积增加的缘故。银纹体密度随银纹体形变值的增加而减少。设未银纹化的聚合物密度为 1，则银纹体密度为 $\frac{1}{1+\varepsilon}$，ε 为银纹体的形

变值。一般而言，在新产生的无应力银纹体中，聚合物的体积分数为40%～60%。银纹的形成和形变是一种黏弹过程，所以，在应力状态下和无应力状态下，银纹体的形变值和密度是不同的。负载下银纹体的形变随时间的延长而发展；卸载后，形变又随时间的延长而逐渐消失。所谓无应力银纹就是指已经卸载无应力作用的银纹；所谓新产生的银纹就是尚未充分发展形变的银纹。因此，上述所谓新产生的无应力银纹体，就是形成后，立即卸载的银纹体。

由于密度小，银纹体的折射率比周围聚合物的折射率小，在银纹体与聚合物界面处会发生光的全反射，测得全反射角就可据此计算银纹的折射率 n_c，继而根据下式可计算银纹体的密度 ρ_c：

$$\rho_c=\frac{n_c^2-1}{n_c^2+2}\cdot\frac{1}{p} \tag{4-44}$$

式中　p——比折射率，可由聚合物折射率和密度求得

银纹体中的空洞是相互沟通的，由于毛细作用，极易渗入各种流体。所以，银纹化可大大增进聚合物的可渗性。

② 银纹体的应力-应变性质。银纹体性似海绵，比正常的聚合物柔软，并具韧性。在应力作用下，银纹体的形变是黏弹性的，其模量与应变过程有关。一般而言，银纹体的模量约为正常聚合物模量的3%～25%。

根据 Kambour 等对聚碳酸酯等聚合物银纹性质的研究得知，银纹体在应力作用下的形变有下述特点。在应力作用下，初期的银纹体相当硬，模量与原来正常的聚合物模量相近。当应力超过 1.38×10^7 Pa 时，银纹体开始屈服，聚合物细丝伸展，荷载的聚合物面积减小，大分子取向，出现应变硬化作用。再进一步增加应力时，模量又开始增加，如图 4-21 所示。加荷载前，银纹体本身已存在60%的形变值，所以，图中银纹形变值再加上60%的形变值才是银纹的真实形变值。

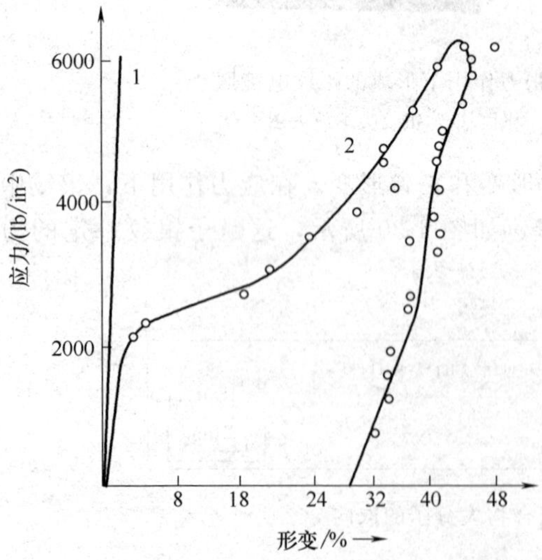

图 4-21　聚碳酸酯银纹的应力-应变曲线

1—正常聚合物　2—银纹

注：$1\text{lb/in}^2=6894.76\text{Pa}$

卸载后，应变会逐渐恢复，提高温度可加速恢复过程。在 T_g 以上，可迅速地全部恢复，并且加热或加压可使银纹消失；但再施加应力，银纹又在原处产生。这表明，加热或加压仅使银纹的密度增加到与原来聚合物的密度大致相同，但超分子结构并未完全恢复。

③ 银纹的强度和生成能。银纹破裂可发展成裂纹，进而导致聚合物的破裂。银纹的强度及其生成能对聚合物材料的强度有决定性影响。

在应力作用下，银纹稳定性即银纹强度与大分子的塑性流动、化学键的破坏及黏弹行为有关。聚合物的相对分子质量越

大，大分子之间的物理交联键就越多，大分子的塑性流动和黏弹松弛过程的阻力就越大，因而银纹就越稳定。同时，相对分子质量越大，大分子超越银纹两岸的几率就越大，要使银纹破裂就需要破坏更多的化学键，而破坏化学键要比分子间的滑动消耗更多的能量。因此，聚合物相对分子质量越大，银纹的强度就越大，破裂的临界宽度就越大。这也说明，相对分子质量较大的聚合物有较高的力学强度。

银纹体形成时，所消耗的能量叫银纹生成能。形成银纹时，要消耗四种形式的能量：生成银纹时的塑性功；在应力作用下银纹扩展的黏弹功；形成空洞的表面功和化学键的断裂能。例如，聚甲基丙烯酸甲酯的银纹生成能约为 $40J/m^2$。根据断裂力学的研究，聚甲基丙烯酸甲酯裂纹形成能约为 $120 \sim 650J/m^2$。这表明，聚甲基丙烯酸甲酯最小破裂能是由一条银纹发展成裂纹并导致破裂所消耗的能量。实际破裂能较此值大，这是由于裂纹的前沿诱发了多重银纹，因而消耗了更多的能量。

(3) 银纹形成动力学　如果银纹的产生并未导致材料破坏，那么银纹必经过引发、增长和终止 3 个阶段。因此，可借助于链式反应动力学的概念来讨论银纹形成动力学。为方便计算先作如下假定，引出动力学模式，然后再分析各种因素的影响。

① 单位体积聚合物中，生成的银纹数目 N 与负荷的时间间隔 t 成正比。

$$N = k_i t \tag{4-45}$$

式中　k_i——引发速率常数

② 银纹仅一维发展。在增长过程中，银纹的横截面面积 a 不变，增长速率亦不变，即银纹长度 r 随时间 t 增长的速率为常数 k_p。

$$\frac{dr}{dt} = k_p \tag{4-46}$$

式中　k_p——银纹增长速率常数

③ 银纹增长一定程度后即终止，银纹的平均长度 $\bar{r}$ 不随时间改变。

根据上述假定，经过一定时间的诱导期后，银纹化即达到稳定状态，引发速率与终止速率相等，成为恒速发展的状态。这与自由基聚合反应的情况一样。

在诱导期只有银纹引发而无银纹终止，所以，在诱导期银纹的平均长度 $\bar{r}$ 是不断增加的。在时间 P 产生的银纹到时间 t 时，银纹体积为：

$$V = ar = ak_p(t-p) \tag{4-47}$$

式中　V——银纹体积

a——银纹横截面面积

r——银纹长度

t——时间，$t \leqslant \tau$，τ 为银纹诱导期

设单位时间引发 n 个银纹，t 时间内引发 nt 个银纹，dp 内则引发 ndp 个。所以，当 $t \leqslant \tau$ 时每个银纹的平均体积 $\overline{V}$ 为：

$$\overline{V} = \int_{p=0}^{t} ak_p(t-p)\frac{dp}{p} = \frac{1}{2}ak_p t \tag{4-48}$$

故总的体积形变 ΔV 为：

$$\Delta V = N\overline{V} = \frac{a}{2}k_i k_p t^2 \tag{4-49}$$

当 $t \geqslant \tau$ 时，银纹化进入稳态发展阶段。这时 $\frac{dV}{dt}=0$，于是：

$$\Delta V = N\overline{V} = k_i \overline{V} t$$

$$\left(\frac{d\Delta V}{dt}\right) = k_i \overline{V} + k_i t \frac{d\overline{V}}{dt} = k_i \overline{V} \tag{4-50}$$

据（4-46）有：

$$\int_0^{\overline{r}} dr = \int_0^{t} k_p dt$$

$$\tau = \overline{r}/k_p$$

体积形变与 $\overline{r}$ 的关系为：

$$\Delta V = k_i a \overline{r}(t-\tau), t > \tau \tag{4-51}$$

且

$$\lim_{t\to\infty} \overline{V} = a\overline{r} \tag{4-52}$$

银纹动力学曲线示意图见图 4-22。

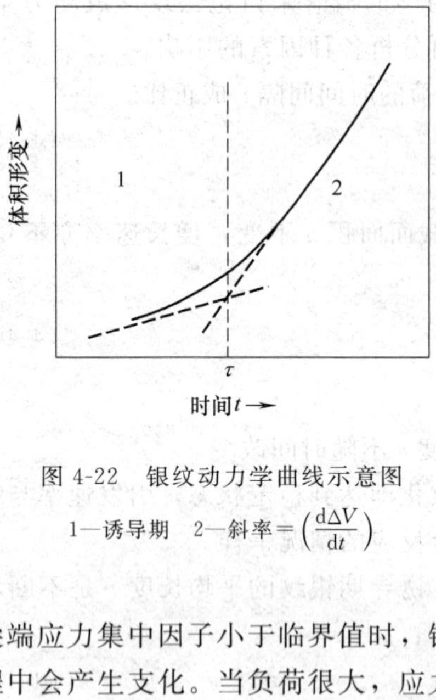

图 4-22　银纹动力学曲线示意图

1—诱导期　2—斜率 $=\left(\frac{d\Delta V}{dt}\right)$

上面所述的关系与实验并不完全吻合，因为引发速率并不严格为常数；银纹的发展也可能有二维或三维的情况。然而，这种简化动力学模式作为分析银纹各种问题的基础，具有重要的实际意义。

银纹的引发是由于存在结构的不均一性，从而产生应力集中，引发银纹。对于均相聚合物，表面缺陷、空洞及其他结构缺陷都是银纹的引发中心。聚合物共混物的两相界面是引发银纹的主要场所。特别典型的例子是橡胶增韧塑料，其中橡胶颗粒构成了引发银纹的中心。

银纹的增长速率取决于内部应力集中情况及银纹尖端材料的性质。有时随着银纹的增长，应力集中因子下降，银纹增长就逐渐下降。当银纹尖端应力集中因子小于临界值时，银纹终止。有时，例如橡胶增韧塑料，银纹在发展过程中会产生支化。当负荷很大，应力集中因子不下降时，银纹可发展成破坏性裂纹。

银纹增长速率与温度及应力的关系近似符合 Erying 公式，见式(4-42) 和式(4-43)。根据 Maxwell 等的分析，银纹化全程速率的表观活化能为 650kJ/mol，活化体积为 5.6×10^{-21} cm^3。

银纹终止有各种原因，例如银纹与剪切带的相互作用，银纹尖端应力集中因子的下降及银纹的支化等。银纹发展如能被及时终，则不致破裂成裂纹。

（4）影响银纹化的因素

① 相对分子质量的影响。相对分子质量的大小对银纹引发速率基本上无影响，但对银纹强度影响甚大。相对分子质量高时，银纹强度大，不易破裂成裂纹。银纹的形态亦受相对分子质量的影响，例如对聚苯乙烯，当相对分子质量小于 80000 时，银纹短而粗，且形态不规则，银纹数目少，易于破裂成裂纹导致聚合物开裂；当相对分子质量很

大时，则形成大量细而长的银纹，银纹强度大，因而材料强度亦大。聚苯乙烯数均相对分子质量对破坏应力及银纹化临界应力的影响如图 4-23 所示。

② 分子取向的影响。分子取向后，在平行于取向方向施加应力时，银纹化受到抑制，而在垂直于取向方向施加应力时，则易产生银纹。引发银纹的应力与取向方向之间的夹角有关。在 0～90°之间，此夹角越大，则引发应力越小。银纹的形态亦与取向有关，平行于取向方向的应力产生大量细而短的银纹，垂直于取向方向的应力产生少量长而粗的银纹。

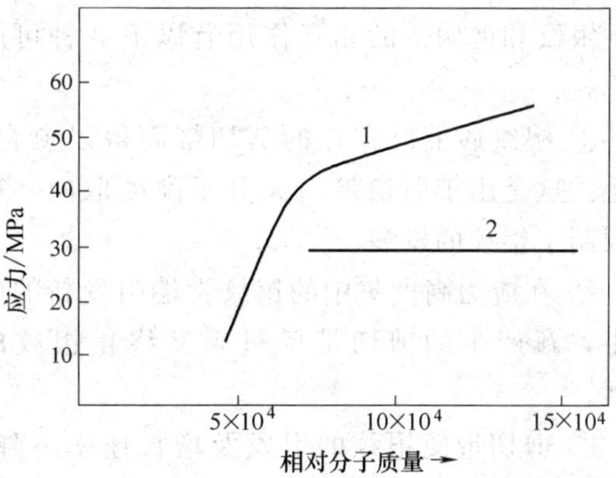

图 4-23　聚苯乙烯数均相对分子质量对破坏应力及银纹化临界应力的影响
1—破坏应力　2—银纹化临界应力

③ 环境的影响。环境对聚合物的破坏有重要影响。某些有机物可大大加速聚合物材料开裂的速度，例如苯可使中等应力的聚苯乙烯立刻开裂破坏。所谓开裂就是由银纹破裂形成裂纹并导致聚合物破裂的现象，氧化剂如臭氧等亦可导致聚合物的开裂破坏，但其中有化学过程并非单纯的物理现象。

某些液体虽不是聚合物的溶剂，但其溶解度参数与聚合物的溶解度参数相似，可使形成银纹的临界形变值及临界应力值大幅度下降，这种现象叫溶剂银纹化。有时在这类液体作用下，内应力就可产生银纹。这类液体还使银纹强度大大下降，因而使聚合物的强度大幅度减小。对上述现象的解释有两种理论，第一种理论认为，液体润湿聚合物表面，降低了表面能，因而易于产生新的表面，有利于银纹的形成。第二种理论则认为上述现象的原因是液体的增塑作用，这些液体溶胀聚合物，使 T_g 下降；减小了聚合物塑性形变所需的应力。

除以上两种理论所涉及的原因外，还有其他一些情况，例如聚碳酸酯的溶剂银纹化是由于溶胀导致结晶作用而产生的内应力所引起的。

某些表面活性物质也是有效的银纹化试剂。例如聚烯烃在醇、肥皂等作用下会产生银纹并导致开裂。所以，聚合物制品不宜长期与表面活性物质接触，特别在受力状态下，表面活性物质能大大加速聚合物材料的破坏过程。

3. 银纹与剪切带之间的相互作用[24]

在许多情况下，应力作用聚合物会同时产生剪切带和银纹，二者相互作用，成为影响聚合物形变及破坏过程的重要因素。

在双轴应力作用下聚甲基丙烯酸甲酯的破裂包络线见图 4-24。

图中第一象限表示双轴向应力都是张力的情况，这时形变主要是银纹化，当应力足够大时，导致脆性破裂。第三象限为双轴向压力的情况，这时仅发生剪切形变，无银纹产生。在第二和第四象限内，剪切和银纹的破裂包络线相互交叉，从而使得剪切和银纹两种机理同时存在，相互作用，使聚合物从脆性破坏转变为韧性破坏。图中还表示了在不同应力条件下，聚合物对应力的四种响应类型：①银纹化；②剪切屈服并银纹化；③剪切屈服；④弹性形变。

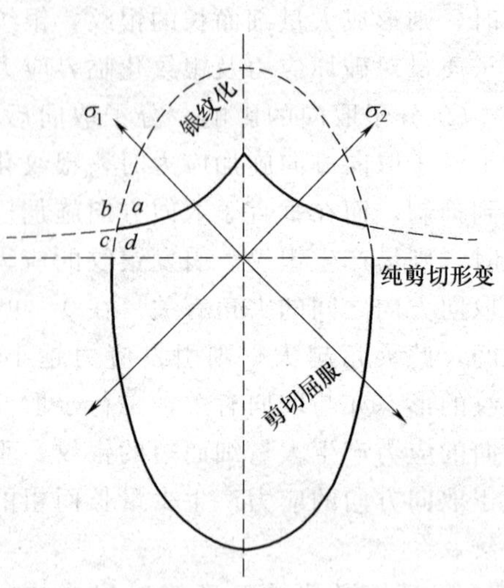

图 4-24　双轴向应力作用下聚甲基丙烯酸甲酯的破裂包络线（室温）

银纹和剪切带的相互作用有以下 3 种可能的方式：

① 银纹遇上已存在的剪切带而得以愈合、终止。这是由于剪切带内大分子高度取向，从而限制了银纹的发展。

② 在应力高度集中的银纹尖端引发新的剪切带，新产生的剪切带反过来又终止银纹的发展。

③ 剪切带使银纹的引发及增长速率下降，并改变银纹动力学的模式。

聚甲基丙烯酸甲酯及聚碳酸酯中银纹与剪切带相互作用的示意图见图 4-25。

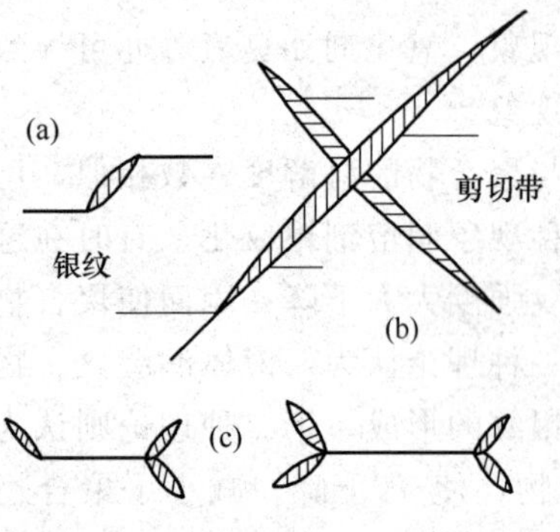

图 4-25　聚甲基丙烯酸甲酯及聚碳酸酯中银纹与剪切带的相互作用示意图
（a）剪切带在银纹尖端之间增长
（b）银纹被剪切带终止
（c）银纹为其自身所产生的剪切带终止

剪切带与银纹的相互作用是促使银纹终止的重要因素。由于这种终止作用，银纹就不易发展成破坏性裂纹，因此，可大大提高材料的强度和韧性，关于这个问题后面会进一步讨论。

4.3.2　聚合物共混物的形变

聚合物共混物的形变机理与一般聚合物基本相同。各种因素如温度、形变速率等的影响也与一般聚合物的情况大致一样。但是，由于聚合物共混物复相结构特征，其形变也存在一系列特点。

由于复相结构，各相对应力的响应特性不同，因此，在相界面处应力集中，产生大量能形成剪切带或银纹的核心；并且由于各相聚合物本质以及结构形态的不同，所形成的剪切带特别是银纹的形态和发展趋势也不同。于是，相应的聚合物共混物就有不同的形变特点和力学强度。下面主要以橡胶增韧塑料为例说明共混物的形变特点。

1. 分散相的应力集中效应

橡胶增韧塑料中，分散相是橡胶颗粒。橡胶模量低，容易沿应力方向伸长变形，负荷主要由树脂连续相承担。在负荷下橡胶颗粒成为应力集中的中心，在橡胶颗粒的赤道上应力集中最大，在此位置形成局部形变的核心。当然，这种应力集中也会引发剪切带的形成，但一般而言主要是引发银纹。在非赤道的其他位置也有银纹产生，这可能是由于橡胶颗粒应力场之间相互作用的结果[25]。

这种两相体系的应力场分布可根据弹性力学理论进行计算。假定橡胶颗粒是球形的，并且各向同性，橡胶颗粒含量不大，相互无干扰，橡胶颗粒与基体之间理想地粘合在一起，外场是单向的张力。根据 Goodies 的计算，应力集中的中心在颗粒赤道上，即 $r=R$，$\theta=90°$，R 为颗粒半径，用球坐标表示颗粒周围应力场的示意图见图 4-26。

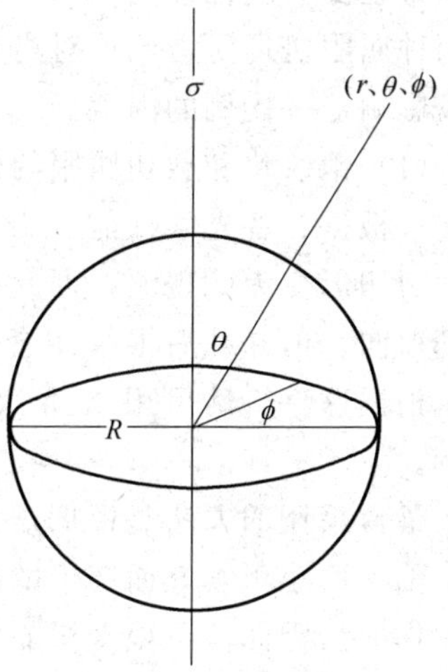

图 4-26　用球坐标表示颗粒周围的应力场

球形颗粒赤道附近的应力集中因子与颗粒的力学模量及距颗粒表面的距离有关。当球形颗粒被气泡所代替，赤道上的应力集中因子为 2.05。当颗粒为橡胶时，赤道上的应力集中因子为 1.92。当橡胶颗粒中含有树脂包容物时，应力集中因子有所下降，大致为 1.54～1.89。

随着距颗粒表面距离的增加，应力集中因子迅速减小。图 4-27 表示了 HIPS 在单向张力作用下，橡胶颗粒赤道面附近的应力集中因子。

对于实际的橡胶增韧塑料，橡胶颗粒应力场之间存在相互作用，所以，上述应力集中因子计算值未必准确。不过，当橡胶颗粒之间的距离小于 0.9R 时，各颗粒应力场之间相互重叠，使颗粒之间的应力集中因子增加，于是在应力集中因子最大的区域优先形成银纹。

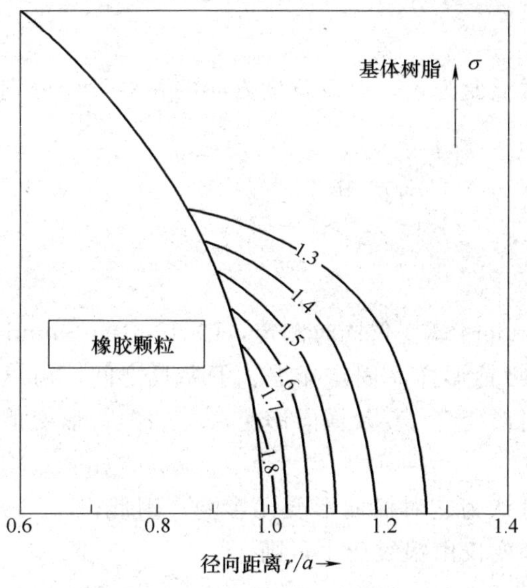

图 4-27　在单向张力作用下 HIPS 中胶粒赤道附近的应力集中因子

此外，由于橡胶的热胀系数比基体树脂大，当橡胶增韧塑料熔体冷却时便在橡胶颗粒及其周围的树脂基体中产生热缩应力。此热缩应力为一种静张力，可降低橡胶及其周围基体树脂的玻璃化温度 T_g，从而有利于在应力作用下的屈服形变。

2. 影响形变的因素

共混物中分散相的应力集中作用会激发大量的银纹或剪切带，从而使材料易于发生屈服，屈服应力下降，断裂伸长增加。银纹和剪切形变这两种屈服机理对材料的影响不同。银纹多孔、模量低，所以形成大量银纹时材料的模量下降；并且由于银纹对液体有较大的可渗性，使银纹容易发展成裂纹而导致材料的损伤和破裂。这种现象叫材料的应变损伤。另外，对于冷成型，要求聚合物材料屈服而不撕裂，去除外力后不立即恢复。银纹产生的屈服形变存在很大的可恢复性，对冷成型不利，剪切形变则不同。剪切带的力学性能接近于未形变的聚合物，它不会增加聚合物的可渗性，应变损伤程度很小。同时剪切带主要为塑性形变，可恢复的成分少，适于冷成型的要求。由此可见，剪切和银纹这两种屈服机理所占比重对材料性能影响很大。下面就讨论怎样分析这两种机理的比例以及影响这一比例的因素。

（1）银纹化和剪切屈服的比例　有许多方法可测定银纹化和剪切屈服形变的比例。例如，根据二者光学性能、力学性能的不同将二者加以区别和鉴定。银纹产生应力发白，剪切形变无此现象，据此可将两者加以区分。在负载下，剪切带内和银纹体内大分子都取向。但卸载后银纹体会很快解取向，而剪切带内大分子的取向大部分都保留下来。根据这一特性可用 X-光大角散射和 X-光小角散射测定银纹化及剪切形变所占的比例。

最常采用的方法是根据这两种屈服机理体积效应的不同来测定二者所占的比例。除由于泊松比小于 0.5 而产生的体积增加外，剪切形变无体积变化，而银纹化产生很大的体积形变。因此，可根据样品的体积形变测定银纹化和剪切屈服形变各自所占的比例。

下面以拉伸力作用下橡胶增韧塑料的蠕变行为为例说明这个问题。前面曾经提到，任何作用于样品上的张应力都可分解为两个分量：静张力和剪切力。静张力会使样品体积增加，即产生瞬时完成的弹性体积形变。银纹也使体积增加，该体积形变 ΔV 是依赖时间 t 的。故有：

$$\Delta V(t)=\Delta V_{(0)}+\Delta V \tag{4-53}$$

式中　$\Delta V(t)$——随时间延长而增加的总体积形变

$\Delta V_{(0)}$——与时间无关的弹性体积形变

ΔV——银纹化而产生的体积形变

对各向同性的样品，设长度方向的相对形变为 e_3，厚及宽度方向的相对形变分别为 e_1 及 e_2，且一般 $e_1=e_2$，故体积形变 ΔV 为：

$$\Delta V=\frac{V-V_0}{V_0}=(1+e_3)(1+e_1)^2-1 \tag{4-54}$$

式中　V——样品的瞬时体积

V_0——样品的起始体积

纵向和横向形变可采用 Darlington-Saunders 蠕变仪同时测定，Darlington-Saunders 蠕变仪如图 4-28 所示。标距约为 40mm 的哑铃形样品固定在上、下夹具之间，由纵向形变测定器和横向形变测定器分别测出纵向形变（e_3）及横向形变（e_1、e_2）；形变值由高精度的线性电容传感器记录下来。

由于银纹平面垂直于拉伸力的方向，可认为它对横向形变无影响。因此，e_1、e_2 可近似地认为是常数，且其值甚小。所以若形变仅由银纹产生，则：

$$\left(\frac{\partial \Delta V}{\partial e_3}\right)_{e_1}=(1+e_1)^2\approx 1 \tag{4-55}$$

这就是说，若形变完全由银纹产生，则 ΔV 与 e_3 为直线关系，即 ΔV-e_3 的图形为一直线，此直线的斜率为 1。若形变完全是剪切形变，那么在恒应力的条件下，

$$\frac{\partial \Delta V}{\partial e_3}=\frac{\partial \Delta V_{(0)}}{\partial e_3}+\frac{\partial \Delta V}{\partial e_3}=0$$

即当无银纹发生时，ΔV 对 e_3 的直线斜率为零。因此，ΔV 对 e_3 的图形为一直线，

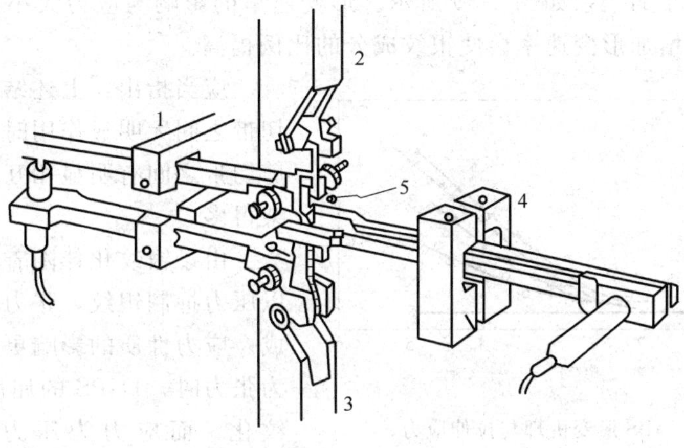

图 4-28　Darlington-Saunders 蠕变仪

1—纵向形变测定器　2—上夹具　3—下夹具　4—横向形变测定器　5—样品

其斜率即为银纹化在总形变中所占的百分数。

当形变较小时，将式（4-54）展开并忽略高次项则得：

$$\Delta V = e_3 + \partial e_1$$

或

$$e_3 = \Delta V - \partial e_1 \tag{4-56}$$

即样品的长度形变 e_3 由两项组成：以 ΔV 表示的银纹化和以 $-\partial e_1$ 表示的剪切形变（负号表示横向是收缩的）。

（2）影响因素

① 基体的性质。聚合物共混物屈服形变时，银纹和剪切形变两种成分的比例在很大程度上取决于连续相基体的性质。一般而言，连续相韧性越大，则剪切成分所占的比例越大。

Bucknall 等[26] 将 HIPS 与 PPO 共混，随着 PPO 含量的增加，基体韧性提高，剪切屈服形变的比例增大，如图 4-29 所示。纯 HIPS 形变基本上完全由银纹产生，故相应的直线斜率为 1。图中还表示了橡胶增韧聚氯乙烯的情况，这时银纹形变成分仅占 8%，所以，相应的直线斜率仅为 0.08。

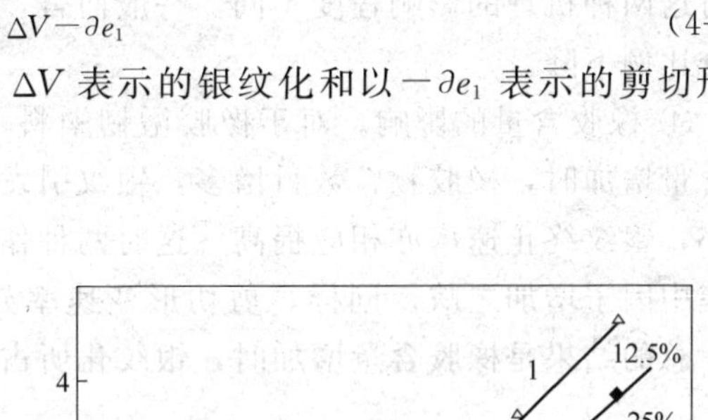

图 4-29　某些共混物体积形变与相对形变共混物的关系

1—HIPS　2—增韧 PVC

图中的百分数表示 PPO 的含量，实验温度 20℃

② 应力的影响。在形变中，银纹成分的比例随应力以及形变速率的增加而增加。例如对 ABS，应力为 26.5MPa 时，剪切成分几乎为 100%；而当应力为 34.5MPa 时，银纹成分增加到 85%，ABS 形变机

理与拉伸应力大小的关系如图 4-30 所示。形变速率的影响与应力大小的影响相似，在大多数情况下，增加形变速率会使银纹成分的比例提高。

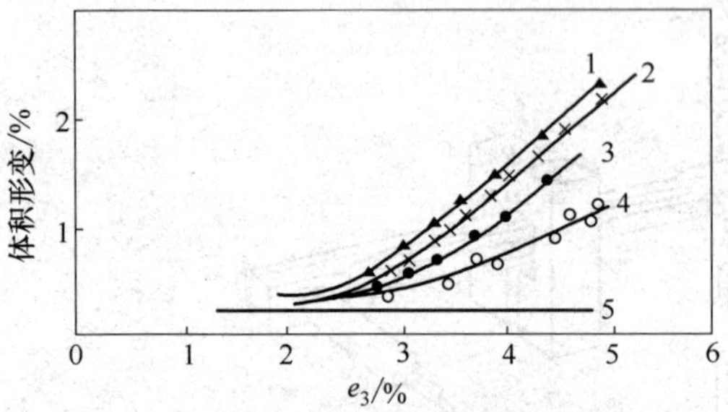

图 4-30　ABS 形变机理与拉伸应力大小的关系（温度 20℃）

应力（MPa）：1—34.5　2—34.0　3—29.7　4—28.0　5—26.5

应当指出，上述结论仅当银纹与剪切带之间无明显作用时才正确。银纹与剪切带之间有明显相互作用时情况要复杂得多。

由于银纹化伴随着体积的增加，所以压力抑制银纹，张力则促进银纹的生成。应力性质的影响更大。例如，应力为张力时，HIPS 的屈服形变主要是银纹化，而应力为压力时则主要为剪切带。

③ 大分子取向的影响。大分子取向常常减小银纹成分的比例。例如橡胶增韧塑料，拉伸时基体大分子取向，橡胶颗粒会变成椭球状，结果应力集中因子减小。根据 Eyring 方程可知，应力集中因子减小，会使银纹和剪切带引发及增长速率下降，但对这两种机理的影响程度不同。一般而言，取向的结果使剪切成分比例增加而银纹化成分比例下降。

④ 橡胶含量的影响。对于橡胶增韧塑料，橡胶含量对其形变机理有重要影响。橡胶含量增加时，橡胶颗粒数目增多，银纹引发中心增加；但是由于橡胶颗粒之间的距离减小，银纹终止速率亦相应提高，这时两种作用基本抵消，银纹化速率的增加主要是应力集中因子增加之故。同样，剪切形变速率亦有提高，但银纹速率增加得更快些，所以，总的结果是橡胶含量增加时，银纹化所占比例提高。

4.3.3　聚合物共混物的力学强度

聚合物及其共混物大多用于结构材料，因此，力学强度是最主要的性能指标。然而聚合物及其共混物的力学强度不仅与品种、组成有关，而且与加工成型的方法、条件有关，甚至试样的大小和结构也有很大的影响。因此，很难定量处理该问题。

聚合物的实际强度总比理论强度小，一般要小两个数量级以上；这种情况也同样存在于其他类型的材料如陶瓷、玻璃、结晶体等。

所谓理论强度是假定材料具有完全规整的结构，由分子的价键力计算得到的强度值。先来计算一下聚乙烯的理论强度。C—C 键的键能为 336～378kJ/mol 即 (5～6)$\times 10^{-19}$ J/键 [(5～6)$\times 10^{-12}$尔格/键]，粗略地讲，这个能量 E 为：

$$E=fd \tag{4-57}$$

式中　E——键能，为 (5～6)$\times 10^{-19}$ J/键

d——键长，约为 0.15nm

f——作用于价键上的力

由此，得 $f\approx 4\times 10^{-9}$ N/键。

根据聚乙烯晶体的晶格常数，一条聚乙烯大分子的横截面面积约为 2nm，即 $20\times10^{-16}\ cm^2$，所以每平方厘米有 5×10^{14} 条大分子链通过。由此可知，一束排列完全规整的聚乙烯大分子所构成的样品，理论拉伸强度为 $(20\sim30)\times10^5\ N/cm^2$，即 $(20\sim30)\times10^6\ kPa$。高度取向和结晶的聚乙烯长丝的实际拉伸强度最大值为 $1.1\times10^6\ kPa$，约为理论强度的 1/20。未取向的聚乙烯，其实际强度不足理论值的 1/100。

据目前所知，产生这一差距的原因是：不可能获得结构完整的理想试样。由于大分子链长度有限，而且材料结构中存在大大小小的各种缺陷，引起应力的局部集中，这就使许多分子间的次价键先行断裂，最后应力集中到少数主价键上使之断裂，产生裂缝，导致试样的破坏。这就是说，结构上的缺陷和不均匀性是一切实际材料破坏的原因。由于结构上存在弱点，造成材料破坏时各个击破的局面，这就是实际强度较理论强度低的原因。

除分子堆砌和排列不完全规整外，材料的结构缺陷还包括存在的裂纹、切口、嵌入的颗粒、空洞等。这些因素都引起应力集中，在应力集中的部位，实际应力会远远超过施加的平均应力。当实际应力超过材料的强度时，就在此部位发生破裂。实际应力 σ 与平均应力 σ_0 之比叫应力集中因子。

为说明应力集中的问题，先考察一个最简单的模型，即一块很大薄板上的圆孔所产生的应力集中。在圆孔边缘的切向应力分量见图 4-31（1），为：

$$\sigma_t=\sigma_0-2\sigma_0\cos2\theta \tag{4-58}$$

式中　σ_t——圆孔边缘的切向应力分量

σ_0——薄板上的平均应力

θ——与外加应力方向之间的夹角

显然，与外加应力平行的方向，即 $\theta=0$ 时，$\sigma_t=-\sigma_0$，为压缩应力；与外加应力垂直的方向（$\theta=\pi/2$），$\sigma_t=3\sigma_0$，为张力，这时应力集中因子为 3。

一般情况下，裂缝可视为一种椭圆型孔隙，如图 4-31（2）所示，这时，当其长轴垂直于外加应力方向时：

$$\sigma_t=\sigma_0+\frac{2a}{b}\sigma_0 \tag{4-59}$$

式中　a——椭圆的长半轴

b——椭圆的短半轴

当长轴平行于应力方向时：

$$\sigma_t=\sigma_0+\frac{2b}{a}\sigma_0 \tag{4-60}$$

对于裂缝，$a\gg b$，当其垂直应力时，应力集中因子可达很高的数值。裂缝尖端的应力集中因子 γ 为：

$$\gamma=\frac{\sigma_m}{\sigma}\approx2\sqrt{\frac{a}{\rho}} \tag{4-61}$$

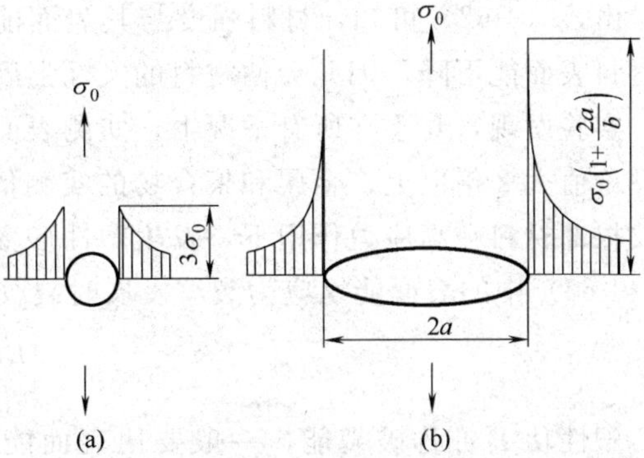

图 4-31　与外力垂直方向上的应力分布

（a）圆孔　（b）椭圆孔 $\left(\frac{a}{b}=\frac{4}{1}\right)$

式中 σ_m——裂缝尖端的实际应力

σ——外加的平均应力

ρ——裂缝尖端的曲率半径

当 $a \gg b$ 时，ρ 值很小，γ 很大，因此裂缝可使材料的强度大大下降。

存在于聚合物材料中的球形颗粒也是一种应力集中剂。假定球形颗粒与基体之间有很好的粘接，如前面已提到的橡胶增韧塑料，那么在垂直于应力方向的球粒赤道面上有最大的应力集中。若球模量远小于基体模量，赤道面上的应力集中因子为 2 左右（见图 4-27）。其极端情况是球粒为气泡。若球粒模量与基体相同，则无应力集中发生。若球粒模量比基体大，则赤道面上的张应力反而减小，甚至转变成压缩力。若为椭球状颗粒，椭球长轴又垂直于应力方向时，赤道上的应力集中因子可达到 3。

以上从应力集中角度分析了材料的实际强度较理论强度低的原因，下面再从能量的角度分析一下这个问题。

聚合物材料强度的能量平衡分析法是基于 Griffith 断裂理论。Griffith 理论基于如下两个基本思路。第一，材料的破裂必然产生新的表面，因而需要消耗能量。当此能量可为释放出的弹性储能所平衡时，材料即可发生破裂。第二，材料变形时弹性储能的分布是不均匀的，在结构缺陷处，特别是裂纹附近，集中了大量的弹性储能，集中程度与结构缺陷性质和形状有关。这与应力集中的情况相似。

据上所述，对于无限薄板上裂纹所产生的破裂，其破裂强度近似为：

$$\sigma_B = \left(\frac{2\gamma E}{\pi a}\right)^{\frac{1}{2}} \tag{4-62}$$

式中 γ——材料单位面积的表面能，取决于材料的内聚能

E——材料的杨氏模量

a——垂直于应力方向的裂纹长度之半

σ_B——破裂强度

由式（4-62）可知，材料强度与其表面能 γ 有关。表面活性物质如肥皂、油脂等，使材料表面能下降，因此会使材料的实际强度减小。

实验发现，几乎在所有情况下，实测表面能都远高于理论值。即使玻璃，实测值也比理论值大 2 倍以上；金属和聚合物的实测值更高。Orowan 和 Irwan 指出，这是由于裂纹根部材料在高应力作用下，发生塑性形变而多消耗能量的原因。对聚合物材料，在式（4-62）中的表面能 γ 应为裂纹发展时裂纹表面层所作的塑性功 P 所取代：

$$\sigma_B = \left(\frac{EP}{a}\right)^{\frac{1}{2}} \tag{4-63}$$

塑性功 P 亦称破裂能，一般要比表面能 γ 大许多倍。显然，倘若能设法增加 P，例如提高屈服应力或增加断裂形变，就可提高材料的断裂强度。

两相结构的特征给聚合物共混物强度带来了新的影响因素。分散相起着应力集中剂的作用，由此会导致裂纹的产生。所以，共混物像其他一些多相体系，如含有不相容增塑剂的聚合物、含有惰性填料的聚合物体系及泡沫塑料，比起基体聚合物，其拉伸强度常常有所下降。

然而，应力集中未必立即引发裂纹，应力集中常常是先产生银纹、银纹发展、破裂才生成裂纹。所以，分散相对基体破裂强度的影响，除了引发银纹外，还要看它能否终止银纹发展以及能否有效地愈合裂纹，这当然与分散相的本性、形态等因素有关。因此，两相结构材料未必一定使拉伸强度下降。例如，已知炭黑等活性填料可大幅提高聚合物材料的拉伸强度；纤维与树脂制成的复合材料具有很高的拉伸强度等。

4.4　橡胶增韧塑料的增韧机理

4.4.1　概　　述

在聚合物共混物改性中，增韧是最重要的领域，这就是常说的橡胶增韧塑料，即将橡胶颗粒与塑料共混以提高塑料的韧性。当前，这是聚合物增韧的主要方法，已有数十年的研究和应用历史，许多橡胶增韧的塑料产品已成为大宗的高分子材料品种，如 HIPS、ABS、MBS 等。橡胶增韧塑料的特点是具有很高的冲击强度，常比基体树脂高 5～10 倍，乃至数十倍。此外，橡胶增韧塑料的冲击强度与制备方法密切相关。因为不同的制备方法，常使界面粘合强度、形态结构、橡胶颗粒大小及分布变化很大。橡胶增韧塑料的破裂过程如图 4-32 所示。

材料的韧性有不同的表示方法，例如，冲击强度、应力-应变曲线下的面积、特征表面破裂能以及破裂韧度等都可用来表示材料韧性大小。这些不同的表示方法之间存在某些对应关系，但由于它们对负荷的种类和速度有不同的敏感性，所以难以定量地转换。

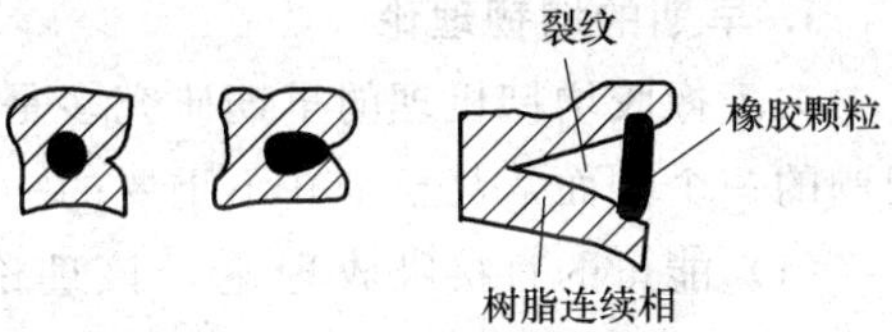

图 4-32　橡胶增韧塑料的破裂过程

一般用冲击强度表示材料的韧性。冲击破坏所消耗的功，理论应等于快速拉伸实验中应力-应变曲线下的面积。此面积越大，破坏能就越高。因此，材料的拉伸强度高，断裂伸长大，冲击强度就高。这就是说，提高冲击强度可从两方面入手。第一，在断裂伸长无大变化的情况下，设法提高材料的拉伸强度，例如用玻璃纤维增强不饱和聚酯而得的增强塑料，拉伸强度从不饱和聚酯的 39000～86000kPa 提高到 2000000～330000kPa，冲击强度（带切口）由原来的 1.05～2.16kJ/m^2，提高到 26～158kJ/m^2。第二是提高材料的断裂伸长。这时拉伸强度往往有所下降，但由于断裂伸长大幅度增加，总的结果仍然是提高了冲击强度。例如，聚苯乙烯的拉伸强度为 29.4～61.7MPa，断裂伸长为 1.0%～2.5%，冲击强度为 1.32～2.17kJ/m^2。加丁苯橡胶共混制得的 HIPS，拉伸强度为 13.8～47.0MPa，断裂伸长 5%～80%，冲击强度达 2.6～58.6kJ/m^2。

然而不能据此作定量的推论。因为在低频率下得到的应力-应变曲线，在冲击实验这样高速的条件下未必适用。再者，冲击实验所用试样的形状、尺寸不同时，所得结果亦不同，且结果不能换算，因为试样的形状和尺寸不同时，破裂能的分配有很大的不同。例如带切口的试样破裂能主要消耗在裂痕上，而不带切口的试样破裂时，破裂能主要消耗在裂痕的产生上。ABS与聚碳酸酯，用不带切口的试样做实验时，聚碳酸酯的冲击强度比ABS的高；而用带切口的试样做实验时，则ABS的冲击强度比聚碳酸酯的高。这说明，冲击强度并非完全由拉伸强度和断裂伸长这两个因素所决定。

总的来说，冲击强度是破坏材料时对所需能量大小的一种表征。因此，分析增韧机理就是分析破裂能提高的原因。

4.4.2 增韧机理

在橡胶增韧塑料中，橡胶含量一般为5%～20%（质量分数），但冲击强度却大幅度提高，可提高几倍乃至几十倍，几种塑料的悬臂梁式冲击强度见表4-4。这表明，由于橡胶相的存在使得材料的破裂能大大提高。研究这种破裂能提高原因的理论称为增韧理论或增韧机理。增韧机理的研究开始于20世纪50年代初，目前已有重大进展，但仍处于定性阶段。

表4-4　几种塑料的悬臂梁式冲击强度

聚合物材料	PS	HIPS	ABS	PVC	增韧PVC
冲击强度/(J/m^2)	13.1～21.0	26.2～210	52.4～419	21～52.4	524～1572

1. 早期的增韧理论

关于橡胶增韧机理的早期研究多是定性地推断，虽然也有一些实验，但常常只触及问题的一个侧面，甚至是并不重要的一个侧面。

（1）能量的直接吸收理论　该理论是1956年Merz[27]等提出的相当直观的想法。Merz等认为，当试样受到冲击时会产生裂纹。这时橡胶颗粒跨跃裂纹两岸，裂纹要发展就必须拉伸橡胶颗粒，因而吸收大量能量，提高了材料的冲击强度，如图4-32所示。

这无疑是韧性增加的一个原因，然而并非主要原因。按Newman和strella[29]的计算，这种机理所吸收的能量不超过冲击能的$\frac{1}{10}$。此外，该理论也不能解释其他一些增韧现象，例如气泡以及小玻璃珠之类的分散颗粒有时也有明显的增韧效应。

（2）次级转变温度理论　这种理论由Nielsen提出用以解释橡胶增韧的原因。Nielsen指出，聚合物的韧性往往与次级转变温度有关。例如，聚碳酸酯、聚甲醛等，都有−40℃以下的低温转变峰，因而都有较高的冲击强度。在橡胶增韧塑料中，橡胶的T_g即相当于一个很强的次级转变峰，韧性的增加与这种次级转变峰有关。

然而，PPO并无明显的低温次级转变峰，冲击强度却较高；某些聚合物，如聚甲基丙烯酸环己酯，虽有明显的低温峰，冲击强度却甚低。所以，作为普遍规律这种理论并不成立。不过这种看法对橡胶增韧塑料的研究仍有一定价值。实际上橡胶增韧效果与其T_g的高低关系极大。

（3）屈服膨胀理论　此理论是Newman和Strella在1965年首先提出的[28]。Newman和Strella注意到，橡胶增韧塑料的高冲击强度主要来源于很大的屈服形变值。例如 HIPS 比 PS 的冲击强度高，这与 HIPS 有较大的断裂形变值有关，PS 和 HIPS 的应力-应变曲线见图 4-33。其他增韧塑料的情况亦然。

Newman 等认为，增韧塑料之所以具有很大的屈服形变值，是由于膨胀活化的缘故。橡胶颗粒在其周围的树脂相中产生了静张力，引起体积膨胀，增加了自由体积，从而使基体的 T_g 下降。这样就使基体能发生很大的塑性形变，提高材料的韧性。橡胶颗粒产生静张应力场的概念无疑是正确的。前面曾提到，橡胶颗粒的应力集中作用以及橡胶颗粒与基体热胀系数的差别，会在材料内部产生静张应力。问题是：这种静张应力不可能使材料产生如此大的屈服形变，静张力虽可对基体的形变产生一定程度的活化作用，但并非增韧的主要机理。比如，硬性颗粒，如二氧化钛（TiO_2）以及气泡等会产生更大的膨胀效应，按此理论应有更大的增韧作用，这显然与事实不符。

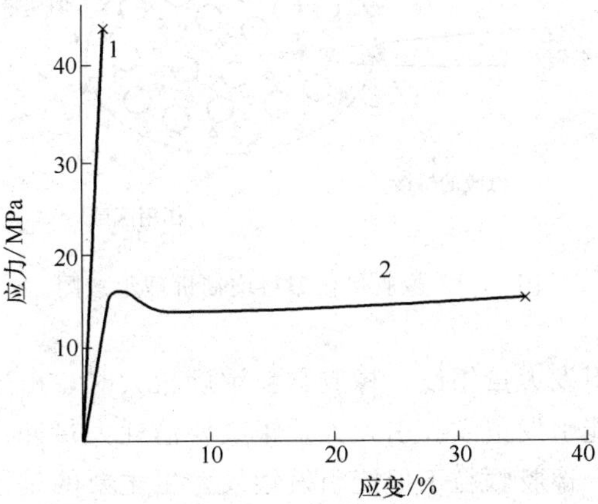

图 4-33　PS 和 HIPS 的应力-应变曲线
1—PS　2—HIPS

(4) 裂纹核心理论　Schmitt 认为[29]，橡胶颗粒充作应力集中点，产生了大量小裂纹而不是少数大裂纹（大裂纹有时亦称为裂缝），扩展大量小裂纹比扩展少数大裂纹需要的能量更多。同时，大量小裂纹的应力场相互干扰，减弱了裂纹发展的前沿应力，从而会终止裂纹的扩展。Schmitt 认为，应力发白现象就是由于形成大量小裂纹的原因。

该理论有 3 个主要缺点：第一，未能将裂纹和银纹加以区别。当然，这里所说的“小裂纹”实际上就是银纹。问题是，该理论未能明确阐述这种“小裂纹”的结构和特性。第二，该理论只强调了橡胶颗粒诱发小裂纹的作用，而未能充分考虑橡胶颗粒终止裂纹的作用。第三，该理论忽视了基体树脂特性的影响。因此，这一理论有很大的片面性。尽管如此，该理论关于应力集中和诱发小裂纹这一思想，对增韧理论的发展有很大地推动和启发作用。在早期增韧理论的基础上，逐步建立了橡胶增韧机理的初步理论体系。当前普遍接受的是银纹-剪切带理论，我们将着重加以讨论。

2. 银纹-剪切带-空穴理论[30-35]

当前普遍接受的是近年来发展起来的银纹-剪切带-空穴理论。该理论认为，橡胶颗粒主要增韧机理包括 3 个方面：① 引发并支化大量银纹并桥接银纹（或裂纹）的两岸；② 引发基体剪切形变（塑料形变），形成剪切带；③ 在橡胶颗粒内及表面产生空穴，伴之以空穴之间聚合物链的伸展和剪切，导致基体的塑性形变。在冲击作用下，橡胶增韧塑料增韧机理示意图见图 4-34。

增韧的主要因素是银纹的引发、支化和基体的塑性形变（剪切形变），这是吸收冲击能的主要机理。基体不同，这两种机理所占的比重亦不同。一般而言，对脆性基体（如 PS、PMMA 等）以银纹引发和支化机理为主；对韧性基体（如 PC、尼龙等工程塑

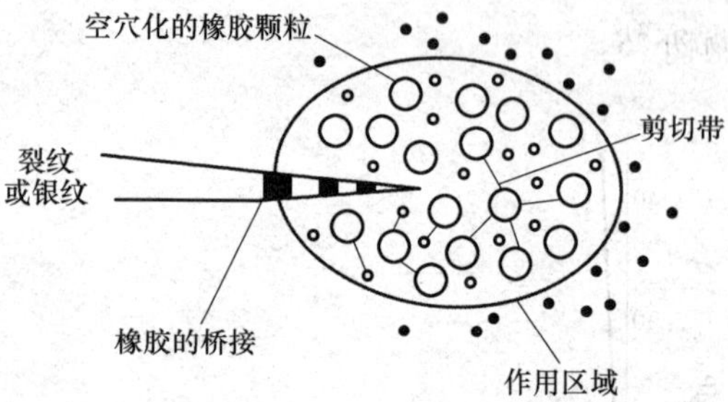

图 4-34　橡胶增韧塑料增韧机理示意图

料）则以基体塑料形变为主。关于基体产生塑性形变的机理，目前有橡胶颗粒空穴化机理和脆-韧转变机理两种，这二者是相互联系的。

（1）银纹的引发和支化[30]　橡胶颗粒的第一个重要作用就是应力集中的中心源（假定橡胶相与基体有良好的粘合），诱发大量银纹，HIPS 在冲击作用下橡胶颗粒诱发银纹的透射电镜照片如图 4-35 所示。橡胶颗粒在赤道面上会引发大量银纹，橡胶颗粒浓度较大时，由于应力场的相互干扰和重叠，在非赤道面上也能引发银纹。引发大量银纹要消耗大量冲击能，因而可提高材料的抗冲击强度。

橡胶颗粒不但能引发银纹，更主要的是还能支化银纹。

根据 Yoff 和 Griffith 裂纹动力学理论，裂纹刚产生后缓慢发展，其长度达到临界值（Griffith 裂纹长度）后，急剧加速，最后达到极限速度（约为所处介质中声速之半）。达到极限速度后，裂纹迅速支化和转向。

临界裂纹长度 C 为：

$$C=\frac{2E\gamma}{\pi T^2} \tag{4-64}$$

式中　T——拉伸强度

E——杨氏模量

γ——单位表面破裂能

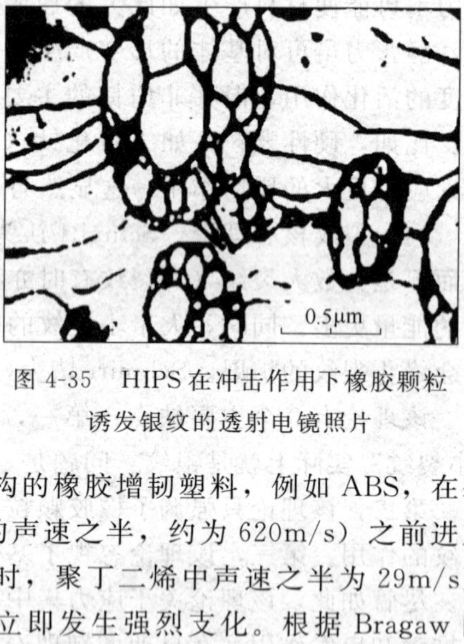

图 4-35　HIPS 在冲击作用下橡胶颗粒诱发银纹的透射电镜照片

Bragaw 将上述理论直接应用于银纹。两相结构的橡胶增韧塑料，例如 ABS，在基体中银纹迅速扩展，在达到最大速度（即树脂中的声速之半，约为 620m/s）之前进入橡胶颗粒，而在橡胶颗粒中声速较小（例如 23℃时，聚丁二烯中声速之半为 29m/s），因而可立即发生强烈支化。根据 Bragaw 的计算，要达到这样的速度，只需在树脂连续相中有 2～5μm 的加速距离，所以，银纹在橡胶颗粒上支化的几率很高。支化的结果，一方面大大增加了银纹的数目，从而增加了能量的吸收；另一方面会降低每条银纹的前沿应力而终止银纹。图 4-36 表示了银纹在塑料相中的运动。

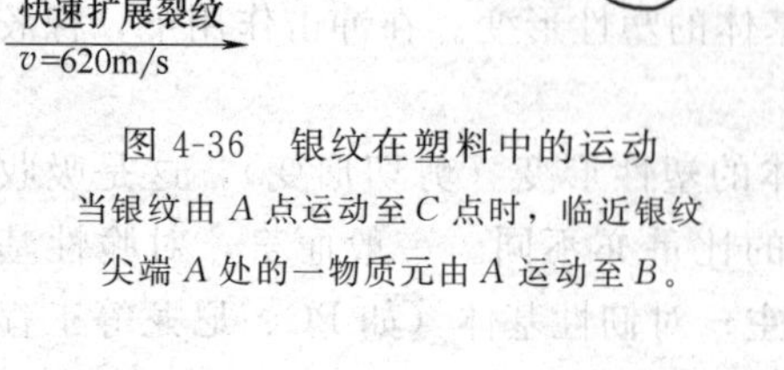

图 4-36　银纹在塑料中的运动

当银纹由 A 点运动至 C 点时，临近银纹尖端 A 处的一物质元由 A 运动至 B。

由于银纹接近橡胶颗粒时的速率大致为 620m/s，一个半径为 100nm 的裂纹或银纹，相当 10^9 Hz 作用频率所产生的影响。根据时-温等效原理，按频率每增加 10 倍，T_g提高 6～7℃估算，这时橡胶相的 T_g提高 60℃左右。所以，橡胶相的 T_g要比室温低 40～60℃才能有显著的增韧效应。一般，橡胶的 T_g在－40℃以下为好，在选择橡胶时，这是必须充分考虑的一点。

另外，橡胶大分子链跨越裂纹或银纹两岸而形成桥接，从而提高其强度，延缓其发展，也是提高抗冲击强度的一个因素。

（2）剪切带　橡胶颗粒另一个重要作用是引发剪切带的形成，如图 4-34 所示。剪切带可使基体剪切屈服，吸收大量形变功。剪切带的厚度一般为 1μm，宽 5～50μm。剪切带又由大量不规则的线簇构成，每条线的厚度约 0.1μm，如图 4-16 所示。

剪切带一般位于最大分剪切应力的平面上，与所施加的张力或压力成约 45°的角。在剪切带内分子链有很大程度的取向，取向方向为剪切力和拉伸力合力的方向（图 4-17）。

剪切带不仅是消耗能量的重要因素，而且还能终止银纹使其不致发展成破坏性的裂纹。此外，剪切带也可使已存在的小裂纹转向或终止。

关于银纹化和剪切屈服所占的比例主要由以下因素决定。

① 基体塑料的韧性越大，剪切成分所占的比例就越大。

② 应力场的性质。一般而言，强应力提高银纹的比例，弱应力提高剪切带的比例（图 4-24）。

（3）空穴作用[37-39]　在冲击应力的作用下，橡胶颗粒发生空穴化作用（cavitation），这种空穴化作用将裂纹或银纹尖端区基体中的三轴应力转变成平面剪切应力，从而引发剪切带，CTBN 橡胶增韧环氧树脂带缺口样品变形机理如图 4-37 所示。剪切屈服吸收大量能量，从而大幅度提高抗冲强度。

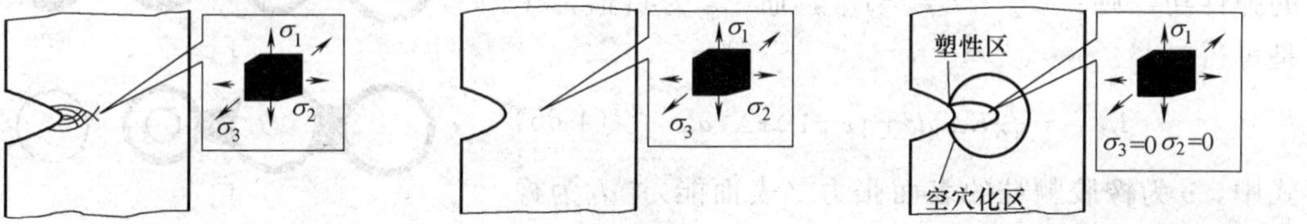

(a) 未增韧的环氧树脂，在缺口前沿产生三轴张应力　(b) CTBN 橡胶增韧的环氧树脂，橡胶颗粒尚未空穴化　(c) CTBN 橡胶增韧的环氧树脂，在橡胶空穴化之后，三轴应力转变为平面应力状态，基体树脂产生屈服形变

图 4-37　CTBN 橡胶增韧环氧树脂带缺口样品变形机理

空穴化即在橡胶颗粒内或其表面产生大量微孔，微孔的直径为纳米级。这些微孔使橡胶颗粒体积增加，并引起橡胶颗粒周围基体的剪切屈服，释放掉颗粒内因分子取向和剪切而产生的静压力及颗粒周围的热应力，使基体中的三轴应力转变为平面应力而使其剪切屈服。形成空穴本身并非能量吸收的主要部分，主要部分是因空穴化发生的塑性屈服。

应当指出，在裂纹或银纹尖端应力发白区产生的空穴并非随机的，而是结构化的，即存在一定的阵列，每个阵列的厚度为 1～4 个空穴化橡胶颗粒，长为 8～34 个颗粒，空穴化橡胶颗粒阵列模型如图 4-38 所示。

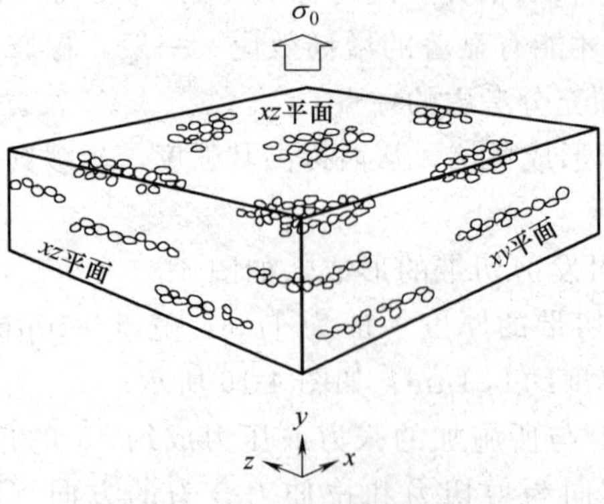

图 4-38　空穴化橡胶颗粒阵列模型

空穴化阵列是由橡胶颗粒链产生和发展而形成的。在这种颗粒链中，颗粒之间的间隔大致为 0.05μm。空穴化改变局部应力状态，使颗粒体积增大，在基体中形成小的塑性区，此过程反复进行，最终产生塑性变形（屈服变形），空穴化颗粒阵列随时间而发展的示意图如图 4-39 所示。

由橡胶颗粒链产生空穴化阵列，这意味着在共混过程中，混合得过分均匀并不一定好，而应保持橡胶颗粒一定的聚集态结构。例如，ABS 增韧 PVC 时，混炼的均匀程度与温度有关，混炼温度越高越均匀。采用 140℃、160℃和 185℃ 3 个混炼温度，共混物的混合均匀程度依次增大，而带缺口 Charpy 抗冲强度却依次下降，分别为 42 kJ/m^2、26 kJ/m^{2}和 8 kJ/m^2。这表明，橡胶颗粒分散的某种不均匀会提高材料的冲击强度。

橡胶颗粒空穴化的原因是在三向应力作用下，橡胶大分子链断裂，形成新表面所引起的。根据断裂的力学判据理论，仅当分子链在应力作用下的弹性储能等于或大于形成新表面所需表面能的情况下，才能发生分子链的断裂。设应力场作用的总能量变化为 $E_{总}$，弹性形变能量为 $E_{弹}$，表面能为 $E_{表}$，在橡胶交联的情况下，可忽略分子间因滑动而产生的弹性功，则：$E_{总}=E_{表}+E_{弹}$，而 $E_{弹}$ 为负值，于是可得：

$$E_{总}=-\frac{\pi}{12}K\Delta^2 d_0^3+(\upsilon+\Gamma)\pi\Delta^{\frac{2}{3}}d_0^2 \qquad (4\text{-}65)$$

式中，υ 为橡胶颗粒的表面张力（表面能）；d_0 为橡胶颗粒粒径；Δ 为体积应变；K 为橡胶本体模量；Γ 为分子链断裂所引起的单位面积能量变化。

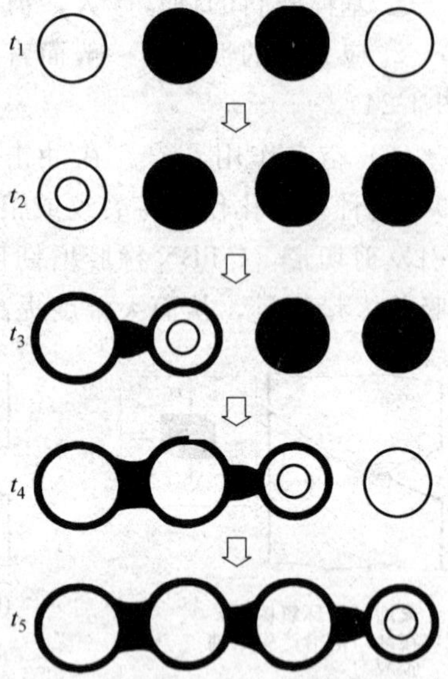

图 4-39　空穴化颗粒阵列随时间而发展的示意图

产生空穴的临界条件为：$|E_{弹}|\geqslant E_{表}$，即式 (4-65) 为零；

$|E_{弹}|=E_{表}$，这就是说，空穴化的临界条件为：

$$(\upsilon+\Gamma)\pi\Delta^{\frac{2}{3}}d_0^2=\frac{\pi}{12}K\Delta^2 d_0^3$$

于是可得发生空穴化的橡胶颗粒的临界直径为：

$$d_{0临}=\frac{12(\upsilon+\Gamma)}{K\Delta^{\frac{4}{3}}} \qquad (4\text{-}66)$$

由橡胶颗粒空穴化引起的体积应变值 Δ、表面张力、本体模量和断裂能即可求出 $d_{0临}$ 值。一般计算得到的 $d_{0临}$ 为 100～200nm，即 0.1～0.2μm。这是橡胶颗粒产生空穴化的下限值。根据 Dompas 等对 MBS 增韧 PVC 的研究，产生空穴的橡胶粒径临界值为

150nm，过小的粒径难以产生空穴。

（4）脆-韧转变　橡胶增韧塑料的主要机理是银纹化和塑性形变，塑性形变（剪切形变）主要是由橡胶颗粒空穴化产生。对脆性较大的基体，如 PS 等增韧主要是由于银纹的引发和支化，HIPS 和 ABS 的增韧主要是由于银纹化。而对韧性较大的基体，如 PC 以及尼龙等工程塑料，增韧的主要机理是空穴化所引起的塑性形变，银纹化所占的比例甚少，甚至完全没有银纹化。根据银纹化理论，为使银纹有效地支化，橡胶颗粒之间的距离大致为 5μm，可据此计算橡胶用量的最低值。但当以剪切形变为主时，如何计算橡胶用量的临界值，这是近几年发展起来的脆-韧转变理论的核心问题。

前面已谈到，压应力和剪切应力都可激发剪切屈服形变（塑性形变）。此外，在一定条件下，厚度小的薄膜比厚度大的薄膜容易产生剪切屈服形变。例如通过共挤出制成 PC 和 SAN 交互组成的多层薄膜，发现[38-39]：当层的厚度在 1.3μm 以下时，剪切带向 SAN 层延伸，开始银纹机理向剪切屈服形变的转变。这对了解使 PC 明显增韧的橡胶颗粒（或其他颗粒）间最大距离很有帮助。这就是说，对橡胶增韧塑料而言，橡胶颗粒之间要接近到一定程度时，才开始引发基体的屈服形变，产生显著的增韧作用，此距离称为临界距离。此临界值当然与基体的性质有关，若能计算出此临界距离并知道橡胶的粒径，就可计算橡胶的临界用量。换句话，橡胶颗粒之间的基体树脂厚度减小到什么程度，才使基体开始由脆性向韧性转变，这就是脆-韧转变理论的实质。

脆-韧转变理论是 Wu 等人首先提出的[40-42]，其中心思想是：对韧性较大的基体，橡胶颗粒之间的基体层厚度 τ（称为基体韧带厚度）减小到一定值 τ_c后，在冲击能作用下，基体开始由脆性向韧性转变，发生屈服形变，表现宏观的韧性行为。

设两个橡胶颗粒球心之间的距离为 L，则韧带厚度 $\tau=L-d$，基本韧带厚度示意图如图 4-40 所示。若橡胶颗粒粒径均一、等距离，则每个颗粒周围都会形成一个厚度为 τ 的等应力球环区，如图 4-41 所示。当 τ 值达到临界值 τ_c，即 $L<S$ 时，等应力区的体积达到逾渗阈值，形成逾渗通道，即脆-韧转变区遍及整个基体。橡胶颗粒受冲击作用发生空穴化，释放裂纹扩展张应力，且使橡胶颗粒体积增加，使三向轴应力转变为切应力，引起基体韧带的屈服形变，吸收大量冲击能，使共混物冲击强度大幅度提高。这就是脆-韧转变逾渗模型理论的基本内容。

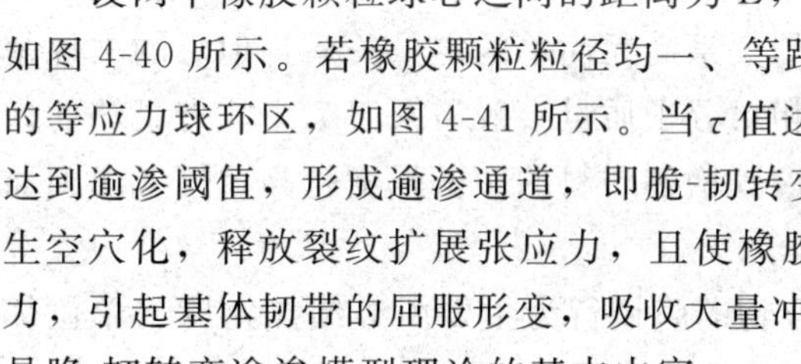

图 4-40　基体韧带厚度示意图

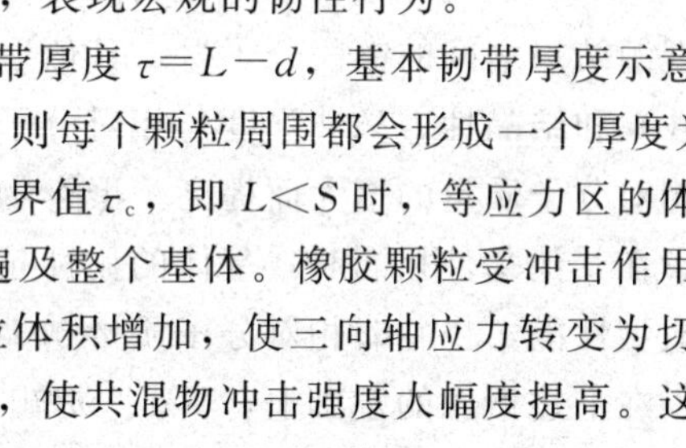

图 4-41　体积应力球模型示意图

设橡胶颗粒与基体有良好的粘合且均匀分布于基体中，并设粒径是均一的（若不均一则用近似的平均粒径），则可计算出橡胶的临界用量。若橡胶体积分数 φ 一定时，则可求出橡胶颗粒的临界直径 d_c，使 $\tau \leqslant \tau_c$ 时的粒径：

$$d_c = \tau_c \left[\left(\frac{\pi}{6\varphi} \right) \frac{1}{3} - 1 \right]^{-1} \tag{4-67}$$

上述理论适用于塑性形变（剪切屈服形变）为主的共混体系，即基体韧性较大（一般为工程塑料）的橡胶增韧体系。应当指出，d_c 是不能任意小的，因为橡胶粒径过小，就不能有效地空穴化。一般而言，是在已知橡胶颗粒粒径的前提下计算橡胶用量的临界值。

4.4.3 影响冲击强度的主要因素

根据橡胶增韧塑料的主要机理，可从基体特性、橡胶相结构和相间结合力 3 方面讨论影响冲击强度的主要因素[32]。

（1）树脂基体的影响　总的来说，橡胶增韧塑料的冲击强度随树脂基体韧性的增大而提高。树脂基体的韧性主要取决于树脂大分子链的化学结构和分子量。化学结构决定了树脂的种类和大分子链的柔顺性。在基体种类确定的情况下，基体的韧性主要与基体分子量有关，分子量越大，分子链之间的物理缠结点越多，韧性越大。事实上，聚合物的力学强度总是随分子量的增大而提高，其原因与大分子链之间的缠结直接相关。例如，聚合物的抗张强度 σ_t 与相对分子质量具有如下关系：

$$\sigma_t = \sigma_\infty \left(1 - \frac{M_0}{\overline{M}_n} \right) \tag{4-68}$$

式中，σ_∞ 为相对分子质量为无限大时的抗张强度，$\overline{M}_n$ 为数均相对分子质量，M_0 为物理缠结点之间的链段分子量，其值取决于聚合物大分子链的化学结构（即分子链的柔顺性）和结晶性。抗冲强度与相对分子质量的关系尚无简单的定量关系，但总的来说是随相对分子质量的增大而提高。聚合物基体相对分子质量一般需大于 $7M_0$ 才有足够的韧性。在其他条件相同时，基体的韧性越大，橡胶增韧塑料的冲击强度越高。但考虑到加工成型性能，也并非相对分子质量越大越好。

在上述概念的基础上，Wu[40] 提出，聚合物的脆韧行为主要由缠结点密度（单位体积内缠结点数量）υ_e 和特征比 C_∞ 决定。C_∞ 定义为：

$$C_\infty = \lim \left[\frac{R_0^2}{n_e l_e^2} \right] \tag{4-69}$$

其中 R_0^2 为大分子链无扰均方末端距，它与大分子链柔性有关；n_e 为大分子链统计单元数（即统计链段数）；l_0^2 为统计链段均方长度。根据 υ_e 和 C_∞ 值可将聚合物分成两类：脆性聚合物和韧性聚合物。当 $\upsilon_e < 0.15\text{mmol/cm}^3$、$C_\infty > 7.5$ 时，属脆性聚合物，如 PS、PMMA 等。这类聚合物具有较低的裂纹引发和增长活化能，断裂机理主要为银纹化过程，缺口和无缺口冲击强度都较低；当 $\upsilon_e > 0.15\text{mmol/cm}^3$、$C_\infty > 7.5$ 时，聚合物为韧性，如聚碳酸酯、尼龙、PET 以及 PVC 等。这类聚合物具有较高的裂纹引发和增长活化能，但裂纹增长活化能较低，即对缺口具有敏感性。韧性聚合物一般都是 υ_e 较大，所以断裂机理以剪切屈服形变为主。有些聚合物或聚合物共混物（如 PPO/PS）处于上述两类聚合物之间，断裂机理为银纹化和剪切屈服共存。

综上所述，不同的橡胶增韧塑料体系，对橡胶相颗粒粒径及其分布有不同的要求。

(2) 橡胶相的影响

① 橡胶含量的影响。一般情况下，橡胶含量增大时，冲击强度提高。但对基体韧性较大的增韧塑料，如 ABS 增韧的 PVC，橡胶含量存在一最佳值，共混物 PVC/MBS 抗冲强度与基体组成的关系如图 4-42 所示。

② 橡胶粒径的影响。粒径的影响与基体树脂的特性有关。前面已提及，脆性基体断裂时，以银纹化为主，较大的粒径对诱发和支化银纹有利，颗粒太小可能被银纹吞没而起不到应有的作用。当然粒径也不宜过大，否则在同样橡胶含量下，橡胶相作用要减小。所以，常常存在最佳粒径范围。例如在 PS 中，银纹厚度为 0.9～2.8μm，HIPS 中橡胶粒径最佳值为 2～3μm。

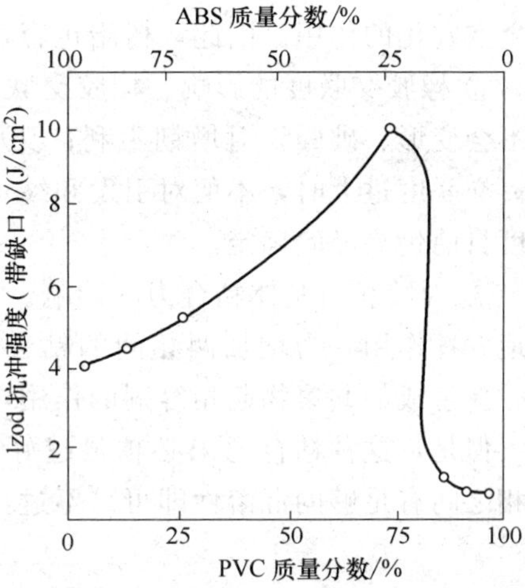

图 4-42　共混物 PVC/MBS 抗冲强度与基体组成的关系

对韧性基体，断裂以剪切屈服形变（即塑性形变）为主，即在橡胶颗粒空穴化影响下，发生脆-韧转变。较小的粒径对空穴化有利，即对引发剪切带有利；但粒径过小时，也影响空穴化有效地进行。所以，存在最佳粒径值，此最佳值要小于脆性基体的情况。例如，ABS 改性 PVC 中，橡胶粒径最佳值为 0.1～0.2μm。

粒径分布亦有影响，有时采用双峰或三峰分布的粒径对增韧作用有协同效应。但目前尚未总结出一般性规律。

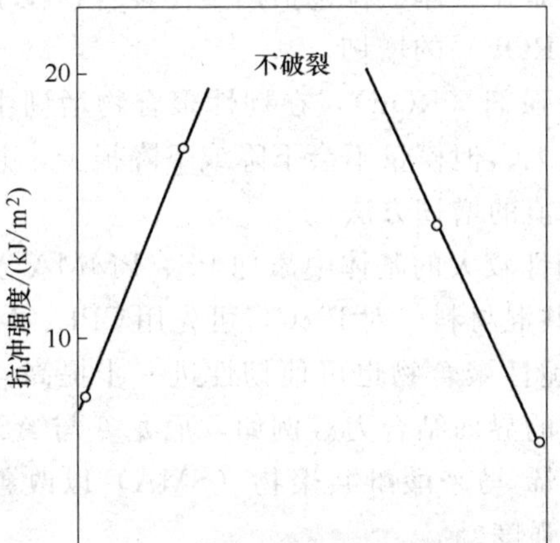

图 4-43　AN 含量对 PVC/NBR 冲击强度的影响（PVC/NBR=100/15）

③ 橡胶相与基体树脂互溶性的影响。橡胶相与基体树脂应有适中的互溶性。互溶性过小，相间粘合力不足，粒径过大，增韧效果差；互溶性过大，橡胶颗粒过小，甚至形成均相体系，亦不利于抗冲强度的提高。例如，用 NBR 增韧 PVC 时，NBR 与 PVC 的互溶性与 AN 的含量有关，AN 含量越大，相容性越好。所以，AN 含量存在一最佳。AN 含量对 PVC/NBR 冲击强度的影响如图 4-43 所示。

④ 橡胶相玻璃化温度的影响。一般而言，橡胶相玻璃化温度 T_g 越低，增韧效果越大。这是由于在高速冲击作用下，橡胶相的 T_g 会显著提高。一般而言，负载速率增大 10 倍，

T_g提高 6～7℃，而冲击实验中，裂纹发展速率相当于 10^9 Hz 作用频率所产生的影响，可使 T_g提高 60℃左右。所以，橡胶相的 T_g应比室温低 40～60℃，才能有明显的增韧效果。

⑤ 橡胶颗粒内树脂包容物含量的影响。橡胶颗粒内树脂包容物使橡胶相的有效体积增大，因而可在相同质量分数下达到较高的冲击强度。但包容物亦不能过多，因为树脂包容物使橡胶颗粒的模量增大，当模量过大时，则减小甚至丧失引发和终止银纹以及产生空穴化的作用。因此，树脂包容物含量亦存在最佳值，例如 HIPS 的情况。

⑥ 橡胶交联度的影响。橡胶交联度亦存在最佳值。交联度过小，加工时在剪切作用下会变形、破碎，对增韧不利；交联度过大，T_g和模量都会提高，会失去橡胶的特性。交联度过大时，不但对引发和终止银纹不利，对橡胶颗粒的空穴化亦不利。最佳交联度目前仍靠经验确定。

⑦ 橡胶相与基体粘合力的影响。只有当两相间有良好的粘合力时，橡胶相才能有效地发挥作用。为增加两相间的粘合力，可采用接枝共聚-共混或嵌段共聚-共混的方法，新生成的共聚物起相容剂的作用，可大大提高冲击强度。

但是，这种粘合力未必越强越好[43]，较好的次价力就足以满足增韧需要。所以，两相之间有足够的混溶性即可。不过，多数情况下，设法增大相间粘合力是有利的。

4.5 非弹性体增韧

4.5.1 概　　述

自 20 世纪 80 年代提出以刚性有机填料（ROF）粒子对韧性塑料基体进行增韧的方法以来，非弹性体增韧塑料的实践和理论研究都取得很大进展。近年来，非弹性体增韧方法已在高分子共混物的制备中获得广泛应用。非弹性体颗粒包括热塑性聚合物粒子和无机物粒子两种。这里仅涉及有机粒子增强剂（ROF）的增韧。

刚性的热塑性聚合物粒子亦称为有机粒子增强剂（ROF），在韧性聚合物增韧中已取得实际应用。虽然增韧幅度不如橡胶粒子那么大，但模量不会下降或下降很少，并且经常能改善加工性。所以这是一种有重要应用价值的增韧方法。

例如，在 PC、PA、PPO 以及环氧树脂等韧性较大的基体中添加 PS、PMMA 以及 AS 等脆性塑料，可制得非弹性体增韧的聚合物共混材料。对 PVC，可先用 CPE、MBS 或 ACR 进行增韧改性，再添加 PS、PMMA 等脆性聚合物也可使韧性进一步提高。与一般聚合物共混一样，重要的是要使两者有良好的界面结合力。例如，尼龙-6 与 AS 之间的界面结合力不好（混溶性差），需添加苯乙烯-马来酸酐共聚物（SMA）以改善界面结合，再与 AS 共混可显著提高尼龙-6 的冲击强度。

在 PVC/CPE、PVC/MBS 共混体系中，添加 PS 所得共混物力学性能如表 4-5 所示。可以看出，PS 不仅可提高 PVC/CPE 及 PVC/MBS 的冲击强度，而且还可使抗拉强度及模量有所提高或保持不变。PS 的最佳用量为 3%左右，超出此最佳用量，冲击强度就急剧下降。

表 4-5　　PVC 共混体系力学性能

项目	PVC	PVC/MBS	PVC/CPE	PVC/MBS/PS	PVC/CPE/PS
冲击强度/(kJ/m^2)	2.5	8.4	16.2	20.6	69.5
拉伸强度/MPa	54.8	47.5	41.0	47.1	43.7
弹性模量/GPa	14.1	9.8	11.0	9.8	12.1

注：CPE、MBS 用量为 10（质量份），PS 用量为 3（质量份）。

总之，非弹性体增韧的对象是有一定韧性的聚合物，如 PC、PA 等；对于脆性基体需先用弹性体增韧，变成有一定韧性的基体后，再用非弹性体进一步增韧才能奏效。脆性聚合物粒子的用量有一个最佳范围，超过此范围，抗冲性能会急剧下降。ROF 增韧的最大优点在于提高冲击强度的同时并不降低材料的刚性，且加工流动性亦有改善。

4.5.2　非弹性体作用机理

Wu 等人[44-45]对 PET/PC 共混物形变及断裂过程的 TEM 及 SEM 研究，提出了非弹性增韧的脱粘-剪切屈服-裂纹跨接理论，即增韧机理包括在冲击作用下，粒子与基体的脱离、剪切屈服形变（塑性形变）和对裂纹的跨接与“钉牢”作用。

这种理论认为，当加载一个裂纹时，在裂纹尖端将发展三轴应力场。在 PET/PC 共混物中，此三轴应力场首先在 PET 相中引发银纹（即微裂纹），这些银纹可被 PC 微区稳定，其发展受到 PC 的限制。应力场达到 PET 与 PC 之间粘接强度时，PET 与 PC 分离（脱粘），并在界面附近产生空穴化，并且三轴应力转变为单轴应力，促使基体产生剪切屈服形变，吸收大量冲击能，从而使冲击强度提高。同时，在冲击能作用下，PC 微区可被拉成纤维状，跨越裂纹两岸，延缓裂纹发展，也是构成增韧的一个因素。

这是一个比较概括的理论。这个理论中 3 种增韧因素，对不同的体系，所占比重不同。此理论的关键是强调了基体及增韧聚合物颗粒的塑性形变。

在两相结合很牢的情况下，界面空穴化可能受到抑制，屈服形变的引发机理可能改变。脆性聚合物粒子对韧性基体增韧机理示意图如图 4-44 所示，当韧性基体受到拉应力时，在垂直拉伸应力的方向上对脆性聚合物粒子将产生压应力，在强大的静压力作用下，脆性粒子会发生塑性形变，消耗大量能量，使冲击强度提高，这就是所谓的冷拉机理。这种机理被 PC/AS 体系所证实。电镜观察表明，对此体系，在冲击作用下 AS 颗粒的应变值可达到 400%。

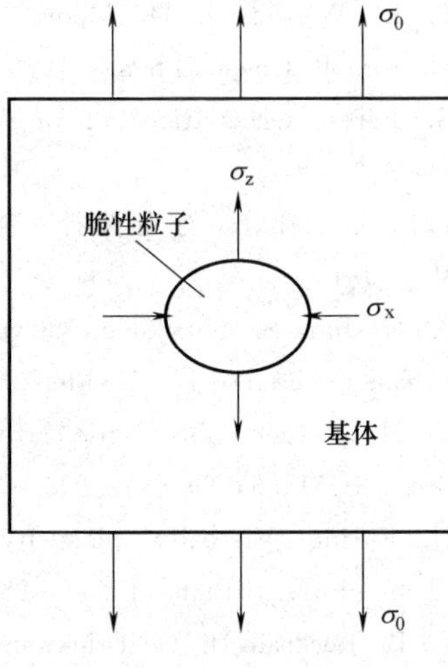

图 4-44　脆性聚合物粒子对韧性基体增韧机理示意图

冷拉机理虽然是当前普遍接受的理论，但要解释某些情况下冲击强度可提高数倍的事实，尚显不充分，很可能这只是增韧机理的一个局部。

参考文献

[1] 周恩乐，徐白玲，贾连达. 丁苯橡胶的分子量［J］. 高分子学报，1980（1）：27-34.

[2] L. E. Nielsen. Generalized equation for the elastic moduli of composite materials［J］. J. Appl. Phys.，1970，41（11）：4626-4627.

[3] L. E. Nielsen. The relation between viscosity and moduli of filled systems［J］. J. Compos. Mater.，1968，2（1）：120-123.

[4] R. W. Gray，N. G. McCrum. Origin of the γ relaxations in polyethylene and polytetrafluoroethylene［J］. J. Polym. Sci.，Part B：Polym. Phys.，1969，7（8）：1329-1355.

[5] A. V. Tobolsky. Properties and Structure of Polymers［M］. John Wiley & Sons，Inc，1960.

[6] P. R. Couchman. Compositional variation of glass-transition temperatures. 2. Application of the thermodynamic theory to compatible polymer blends［J］. Macromolecules，1978，11（6）：1156-1161.

[7] L. A. Utracki，J. A. Jukes. Dielectric studies of poly（vinyl chloride）［J］. J. Vinyl. Technol.，1984，6（2）：85-94.

[8] J. M. Rodriguez-Parada，V. Percec. Interchain electron donor-acceptor complexes：a model to study polymer-polymer miscibility［J］. Macromolecules，1986，19（1）：55-64.

[9] T. K. Kwei，E. M. Pearce，J. R. Pennacchia，M. Charton. Correlation between the glass transition temperatures of polymer mixtures and intermolecular force parameters［J］. Macromolecules，1987，20（5）：1174-1176.

[10] M. Takayanagi，Mem. Fac. Eng. Kyushu wniv，1963，23：11.

[11] R. E. Wetton，J. D. Moore，B. E. Fox. Structure of solution grafted polybutadiene［J］. Macromol. Chem. Phys.，1970，132（1）：135-142.

[12] J. Bares. Glass transition of the polymer microphase［J］. Macromolecules，1975，8（2）：244-246.

[13] L.E. 尼尔生著，丁佳鼎译. 高分子复合材料的力学性能［M］. 北京：中国轻工出版社，1981.

[14] Z. Hashin，S. Shtrikman. A variational approach to the theory of the elastic behaviour of multiphase materials［J］. J. Mech. Phys. Solids，1963，11（2）：127-140.

[15] E. H. Kerner. The elastic and thermo-elastic properties of composite media［J］. Proc. Phys. Soc.，B，1956，69（8）：808.

[16] H. Eyring. Viscosity，plasticity，and diffusion as examples of absolute reaction rates［J］. J. Chem. Phys.，1936，4（4）：283-291.

[17] C. B. Bucknall，I. C. Drinkwater. Rubber-toughening of plastics［J］. J. Mater. Sci.，1973，8（12）：1800-1808.

[18] E. J. Kramer. The growth of shear bands in polystyrene［J］. J. Polym. Sci.：Polym. Phys. Ed.，1975，13（3）：509-525.

[19] A. S. Argon. A theory for the low-temperature plastic deformation of glassy polymers［J］. Phil. Mag.，1973，28（4）：839-865.

[20] A. N. Gent，A. G. Thomas. Effect of molecular weight on the tensile strength of glassy plastics［J］. J. Polym. Sci. Part A-2：Polym. Phys.，1972，10（3）：571-573.

[21] R. P. Kambour. Structure and properties of crazes in polycarbonate and other glassy polymers [J]. Polymer, 1964, 5: 143-155.

[22] R, P. Kambour. Refractive indices and compositions of crazes in several glassy polymers [J]. J. Polym. Sci. Part A: General Papers, 1964, 2 (9): 4159-4163.

[23] R. P. Kambour, A. S. Holik. Electron microscopy of crazes in glassy polymers: Use of reinforcing impregnants during microtomy [J]. J. Polym. Sci. Part A-2: Polym. Phys., 1969, 7 (8): 1393-1403.

[24] R. P. Kambour. A review of crazing and fracture in thermoplastics [J]. J. Polym. Sci.: Macromol. Rev., 1973, 7 (1): 1-154.

[25] M. Matsuo, T. T. Wang, T. K. Kwei. Crazing of polystyrene containing two rubber balls: A model for ABS plastics [J]. J. Polym. Sci. Part A-2: Polym. Phys., 1972, 10 (6): 1085-1095.

[26] C. B. Bucknall, I. C. Drinkwater. Rubber-toughening of plastics [J]. J. Mater. Sci. 1973, 8 (12): 1800-1808.

[27] E. H. Merz, G. C. Claver, M. Baer. Studies on heterogeneous polymeric systems [J]. J. Polym. Sci., 1956, 22 (101): 325-341.

[28] S. Newman, S. Strella. Stress-strain behavior of rubber-reinforced glassy polymers [J]. J. Appl. Polym. Sci., 1965, 9 (6): 2297-2310.

[29] J. A. Schmitt, H. Keskkula. Short-time stress relaxation and toughness of rubber-modified polystyrene [J]. J. Appl. Polym. Sci., 1960, 3 (8): 132-142.

[30] C. G. Bragaw. Multicomponent Polymer Systems [J]. ACS Adv. Chem. Ser, 1971, 99: 86.

[31] R. D. Sudduth. A theoretical development of the relationship between grafting and particle size on impact in two phase plastics [J]. J. Appl. Polym. Sci., 1978, 22 (9): 2427-2434.

[32] J. A. Manson, L. H. Sperling. Polymer Blends and Composites [M]. Plenum Press. New York, 1976.

[33] G. Cigna. Dynamic mechanical properties, structure, and composition of impact potystyrene [J]. J. Appl. Polym. Sci., 1970, 14 (7): 1781-1793.

[34] L. H. Sperling. Polymer Multicomponent Materials [M]. John Wiley & Son, Inc., New York, 1997.

[35] 张留成，瞿雄伟，丁会利. 高分子材料基础 [M]. 北京：化学工业出版社，2013.

[36] A. F. Yee, R. A. Pearson. Toughening mechanisms in elastomer [J]. J. Mater. Sci., 1986, 21 (7): 2462-2474.

[37] E. Crawford, A. J. Lesser. Mechanics of rubber particle cavitation in toughened polyvinylchloride (PVC) [J]. Polymer, 2000, 41 (15): 5865-5870.

[38] G. Pollock, S. Nazarenko, A. Hiltner, E. Baer. Interdiffusion in microlayered polymer composites of polycarbonate and a copolyester [J]. J. Appl. Polym. Sci., 1994, 52 (2): 163-176.

[39] C. Cheng, A. Hiltner, E. Baer, P. R. Soskey, S. G. Mylonakis. Cooperative cavitation in rubber-toughened polycarbonate [J]. J. Mater. Sci., 1995, 30 (3): 587-595.

[40] S. Wu. Phase structure and adhesion in polymer blends: a criterion for rubber toughening [J]. Polymer, 1985, 26 (12): 1855-1863.

[41] S. Wu. A generalized criterion for rubber toughening: the critical matrix ligament thickness [J]. J. Appl. Polym. Sci., 1988, 35 (2): 549-561.

[42] S. Wu, A. Margolina. Reply to comments [J]. Polymer, 1990, 31 (5): 972-974.

[43] D. Dompas, G. Groeninckx. Toughening behaviour of rubber-modified thermoplastic polymers involving very small rubber particles: 1. A criterion for internal rubber cavitation [J]. Polymer, 1994, 35 (122): 4743-4749.

[44] J. Wu, Y. W. Mai, B. Cotterell. Fracture toughness and fracture mechanisms of PBT/PC/IM blend [J]. J. Mater. Sci., 1993, 28 (12): 3373-3384.

[45] T. Kurachi. T Ohta, Energy absorption in blends of polycarbonate with ABS and SAN [J]. J. Mater. Sci, 1984, 19 (5): 1699-1709.

第 5 章　聚合物共混物的流变性能及其他性能

本章简要讨论聚合物共混物的流变性能、透气性、可渗性、热胀系数、光学性能和电性能。

5.1　聚合物共混物熔体的流变性

聚合物熔体的流变性主要有两个特征：一是聚合物熔体为非牛顿液体；二是聚合物熔体流动时，有明显的弹性效应。

聚合物熔体为一种假塑性非牛顿液体，其黏度为剪切应力或剪切速率的函数，可用指数方程表示：

$$\tau = K\dot{\nu}^{n} \quad 或\ \eta = \tau/\dot{\nu} = K\dot{\nu}^{n-1} \tag{5-1}$$

式中　τ——剪切应力

$\dot{\nu}$——剪切速率

n——非牛顿性参数（非牛顿指数）

K——稠度系数

η——聚合物熔体的黏度

聚合物熔体在流动中会发生大分子构象的改变，产生可逆的弹性形变，因而发生弹性效应。这种弹性效应可采用不同的指标来表示。最常采用的指标是出口膨胀比 $B=\frac{d_j}{D}$，d_j 为流出物直径，D 为模口直径。其他常采用的指标有：出口压力 $P_{出}$ 法向应力差，如第一法向应力差 $\tau_{11}-\tau_{22}$（τ_{11} 为流动方向的法向应力，τ_{22} 为速度梯度方向的法向应力）；可恢复性剪切形变 S_R 等。这些不同指标之间具有如下关系[1,2]：

$$S_R = \frac{1}{2} \cdot \frac{\tau_{11}-\tau_{22}}{\tau_w} = \frac{\tau_w}{G} \tag{5-2}$$

$$\tau_{11}-\tau_{22} = 2\tau_w\left[2\left(\frac{d_j}{D}\right)^6 - 2\right]^{\frac{1}{2}} \tag{5-3}$$

$$\tau_{11}-\tau_{22} = P_{出} + \tau_w \cdot dP_{出}/d\tau_w \tag{5-4}$$

式中　τ_w——管壁处剪切应力

G——剪切模量

因此，表征弹性效应的各种指标之间可以互换。

聚合物熔体在流动过程中的弹性效应亦可用法向应力函数表示。流动过程中的应力张量可用三个独立的函数表示[1]：

$$\tau_{1,2} = \eta(\dot{\nu})\dot{\nu}$$

$$\tau_{11}-\tau_{22} = \psi_1(\dot{\nu})\dot{\nu}^2$$

$$\tau_{22}-\tau_{33} = \psi_2(\dot{\nu})\dot{\nu}^2$$

式中　　$\tau_{1,2}$——促使流动的剪切应力

τ_{11}、τ_{22}、τ_{33}——三个相互垂直的法向应力

$\eta(\dot{\gamma})$——依赖于剪切速率$\dot{\gamma}$的黏度

ψ_1 及 ψ_2——分别为第一法向应力函数和第二法向应力函数，一般而言

$$-\psi_2(\dot{\gamma})/\psi_1(\dot{\gamma})=0.2\sim0.6$$

聚合物熔体的流变特性取决于其结构特征。聚合物熔体中的大分子相互缠结，形成超分子结构。这种分子集团的大小、相互缠结的程度以及相互之间的作用，决定了聚合物熔体的流变特性。黏性和弹性是聚合物对外场响应的两种方式。在适合于弹性发展的条件下，聚合物主要表现为弹性；在适合于黏性发展的条件下，则主要表现为黏性。黏性和弹性所占的比重决定于外场的情况及聚合物本身的结构。例如，提高温度、延长外场作用时间、减小分子量等，有利于黏性的发展；反之，降低温度、提高分子量、增加外场频率等，则会使弹性的比重提高。

聚合物共混物熔体的流变特性和一般聚合物熔体的情况相似，也是假塑性非牛顿液体，具有明显的弹性效应。但是，由于聚合物共混物的复相结构及两相之间的相互作用、相互影响，流变性能尚有其自身的特点。研究共混物熔体的流变性对共混物的成型加工及产品性能的改进都有十分重要的意义。讨论的重点是共混物熔体的粘性和弹性。为系统和明确起见，首先从模型体系谈起。

5.1.1　模　　型

聚合物共混物的流动行为十分复杂，受平衡热力学、相分离动力学、形态结构等各种因素的影响。因此，常需用已知体系为模型来比拟、分析聚合物共混物的流变性。

对相容性（均相）聚合物共混物常以低分子液体溶液为模型；对非相容的共混物，则常以悬浮体系、乳液以及嵌段共聚物为模型体系。

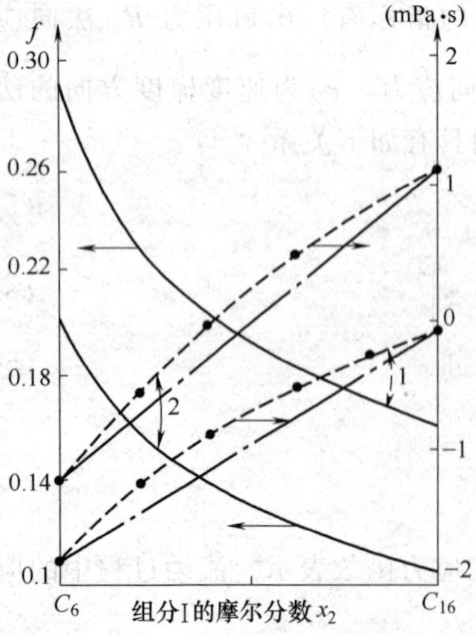

图 5-1　C_6/C_{16}混合物等温等压自由体积分数 f 及零切黏度 η_0与组成的关系
1—100℃　2—25℃

1. 低分子液体溶液

根据溶液的状态方程理论，可从纯组分的分子参数求得溶液的各种性能。对一般非极性液体，自由体积分数 f 对加和性表现负偏差，如图5-1所示。

对组分间相互作用参数 $\chi_{12}\neq0$ 的一般情况，Bondi[3] 提出黏度计算的一般式为：

$$\log(V\eta_0)=\sum_i X_i\log(V_i\eta_{0i})+\log(V\eta)^{E}\quad(5\text{-}5)$$

式中　V 及 V_i——分别为溶液和组分 i 的摩尔体积

X_i——组分 i 的摩尔分数

η，η_{0i}——分别为溶液及组分 i 的零切黏度

$\log(V\eta)^{E}$——偏离对数加和规则的过剩黏度项（上标 E 表示过剩的意思）。

过剩黏度项可表示为：

$$\log(V\eta)^{E} = \prod_{i} \frac{x_i \Delta H_m}{2.45RT} \tag{5-6}$$

式中　ΔH_m——混合焓

式（5-5）及（5-6）表述了 Eyring 镜映规则。对大多数有机液体，$V \approx V_i$，故近似地有：

$$\log\eta_0 = \sum_{i} x_i \log\eta_{0i} + \log\eta^{E} \tag{5-7}$$

上式称为 Arrhenius 混合规则。当 $\eta^{E} \to 0$ 时，式（5-7）即还原为常用的对数加和规则。

式（5-5）至式（5-7）用于聚合物共混物时，x_i 常代之以质量分数 w_i 或体积分数 φ_i。

由式（5-6）可见，$\Delta H_m = 0$ 时，对数加和性成立。当 $\Delta H_m < 0$ 时，有正偏差；$\Delta H_m > 0$ 时，有负偏差。这种镜映性见图 5-2。

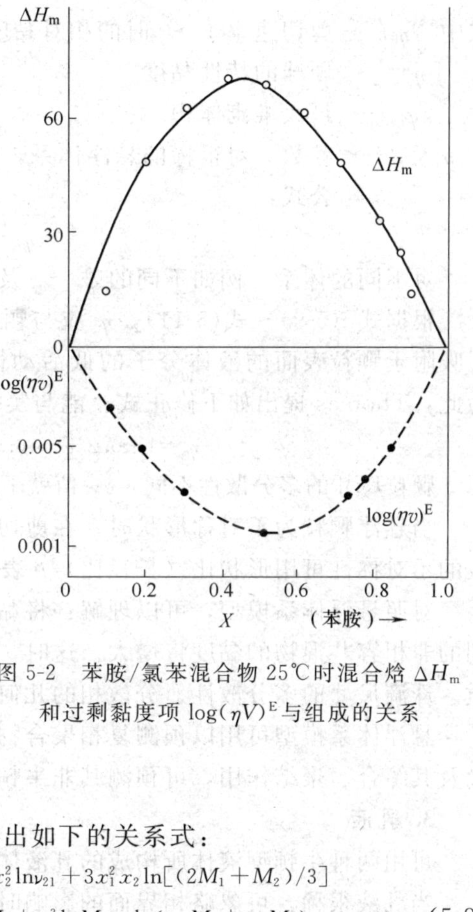

图 5-2　苯胺/氯苯混合物 25℃时混合焓 ΔH_m 和过剩黏度项 $\log(\eta V)^{E}$ 与组成的关系

对相容性聚合物共混物，一般 $\Delta H_m < 0$，所以，可期望在一般情况下，其黏度表现为对对数加和规则的正偏差。事实上，PPE/PS、PP/PB-1 等均相共混物确实是这样。其法向应力函数 ψ_1 及储能模量 G' 均为正偏差。

然而同溶液的情况一样，聚合物共混物熔体黏度在很多情况下，表现出对对数加和规则的负偏差；或者，对某一组成范围为负偏差，而在另一组成范围为正偏差。

对低分子量的均相混合物，Mcallister[4] 导出如下的关系式：

$$\begin{aligned}\ln\nu = {} & x_1^3 \ln\nu_1 + x_2^3 \ln\nu_2 + 3x_1^2 x_2 \ln\nu_{12} + 3x_1 x_2^2 \ln\nu_{21} + 3x_1^2 x_2 \ln[(2M_1 + M_2)/3] \\ & + 3x_1 x_2^2 \ln[(M_1 + 2M_2)/3] + x_1^3 \ln M_1 + x_2^3 \ln M_2 - \ln(x_1 M_1 + x_2 M_2)\end{aligned} \tag{5-8}$$

式中　ν_i——组分 i 动力黏度

M_i——组分 i 的相对分子质量

ν——混合物动力黏度

ν_{12}，ν_{21}——组分间相互作用产生的附加黏度，称为相互作用黏度

依 ν_{12} 及 ν_{21} 值的不同，溶液黏度可表现正偏差（PDB）、负偏差（NDB）或正-负偏差（PNDB）。PNDB 的情况可表现为存在局部的极大值及极小值。

相容性聚合物共混物存在类似的情况。表现正偏差的聚合物共混物的例子有 PPE/

PS、PMMA/苯乙烯-丙烯腈共聚物、PP/PB-1等。表现负偏差的例子有聚氧化乙烯/PMMA等。表征正-负偏差的例子有聚丁二烯/聚异戊二烯、聚氧化乙烯/聚醋酸乙烯酯等。

2. 悬浮体系

对球形硬颗粒悬浮体系，相对黏度η_r（悬浮体系黏度与介质黏度之比）与颗粒体积分数φ的关系，已提出许多关联式，主要有以下两个：

$$\ln\eta_r=[\eta]_s\varphi/\left(1-\frac{\varphi}{\varphi_m}\right) \tag{5-9}$$

$$\eta_r=(1+\alpha\varphi)\beta \tag{5-10}$$

式中 η_r——剪切速率$\dot{\gamma}\rightarrow 0$时的相对黏度

$[\eta]_s$——硬球的特性黏度

φ_m——最大堆砌体积

α及β——参数。对很稀的悬浮体系，爱因斯坦取$\alpha=0.25$，$\beta=1$，于是得爱因斯坦公式：

$$\eta_r=1+0.25\varphi \tag{5-11}$$

对不同的体系，例如不同的φ_m，α及β可取不同的数值。

根据式（5-9）～式(5-11)，η_r应与颗粒直径无关。但当颗粒直径$d\ll 1\mu m$时，由于吸附于颗粒表面的液体分子的低活动性以及颗粒的聚结，η_r实测值要大于计算值。为此，Thomas提出如下修正式，能与实验数据很好地吻合：

$$\eta_r=1+0.25\varphi+10.05\varphi^2+0.0027\exp(16.6\varphi) \tag{5-12}$$

颗粒尺寸的多分散性不同，φ_m值就不同。所以，η_r值也不同。φ_m增大时，η_r减小。

当悬浮颗粒为不对称形状时，在剪切作用下，颗粒发生旋转，产生非牛顿行为。颗粒的不对称性可用形状比（长径比）p表示。不对称性越大，相对黏度亦越大。

对照悬浮体系模型，可以理解：将黏度大的聚合物分散于黏度较小的聚合物中，得到的非相容共混物的黏度将增大。这时，黏度不仅依赖于组成，而且依赖于相界面的性质、珠滴尺寸的多分散性、分散相的几何形状以及珠滴的缔合和聚结作用。

悬浮体系模型可用以预测复相聚合物共混物的正偏差（PDB）行为。对于不对称珠滴及其缔合、聚结作用，可预测其非牛顿流体的流动行为。

3. 乳液

可用两种牛顿型液体所构成的乳液体系来模拟聚合物共混物的流变行为[5,6]。

当乳液很稀，可忽略相界面的影响时，乳液的特性黏度$[\eta]_E$为：

$$[\eta]_E=2.5\left(\eta_p+\frac{2}{5}\eta_m\right)/(\eta_p+\eta_m) \tag{5-13}$$

式中：下标E、p和m分别表示乳液、珠滴和介质。若$\eta_p\gg\eta_m$，则上式简化成爱因斯坦公式（5-11)。

一般而言，还必须考虑相界面的影响。低剪切速率下，稀乳液的流变行为与悬浮体类似。当浓度和应力场增大时，二者的差别变得明显。这时，珠滴会形成绳状的聚集体，产生明显的非牛顿流体行为。

第3章中已提到，稀乳液的流动行为可由$\lambda=\eta_1/\eta_2$及$n=\sigma_{12}d/\nu$两个参数表征（式

3-5 及式 3-7)，由这两个参数可判定珠滴的变形、破碎和聚集。

浓度对乳液的流变行为有决定性影响。一般而言，当 $\varphi<0.3$ 时，其行为接近牛顿液体；当 $0.3\leqslant\varphi\leqslant\varphi_m$ 时，表现假塑性行为，存在（或不存在）屈服应力。$\dot{\gamma}$ 增大时，液滴可被拉长。在此区域，由于剪切聚集作用，可产生分层结构或球形聚集体。当产生球形聚集体簇时，可导致胀塑性行为。当 $\varphi>\varphi_m$ 时，表现为固体性质，具有明显的模量和屈服应力。

随着乳液分散相体积分数的增大，会发生相的逆转。多数情况下，发生相逆转时，η-φ 关系曲线会出现局部的极大值，有时也可能出现局部极小值。

4. 嵌段共聚物[7]

嵌段共聚物（BC）一般为单相连续的复相结构。设连续相的玻璃化转变温度为 T_{gc}，分散相玻璃化转变温度为 T_{gd}，若 $T_{gc}<T<T_{gd}$，其行为类似于具有黏弹特性的交联橡胶。当 $T>T_{gd}$ 时，其黏度远大于按组成和分子量所预测的黏度值，原因是：流动时会使微区形变，并将一种嵌段的微丝越过另一嵌段的微区。BC 组分的混溶性越小，黏度就越大。这类似于浓乳液黏度随界面张力增大而提高的情况。

嵌段共混物常表现屈服应力。Bates[8] 研究了聚（1,2-丁二烯-*b*-1,4-丁二烯）双嵌段共聚物，其最高临界相容温度 $UCST=110℃$。当 $T>UCST$ 时，表现均聚物的性质；$T<UCST$ 时，为相分离的有序熔体，具有特殊的流变行为。低频下，$G''\propto W^{\frac{1}{2}}$，这可能是由于具有特定的缔合/解缔合动力学屈服的原因。而对 SBS，σ_{12} 与 $\dot{\gamma}$ 的关系表明，存在真正的屈服应力 σ_y。σ_y 依赖于 SBS 的总分子量和苯乙烯含量。其原因可能是 φ_m 依赖于 σ_{12}。

嵌段共聚物具有多重流动行为。在不同条件下，可表现出：屈服现象、上限和下限牛顿平台、假塑性以及滞后现象等。这种多重性与熔体结构、浓度以及流变参数有关。例如，对 SBS 而言，当苯乙烯含量小于和大于 31%（体积分数）时，流动活化能分别为 80 及 160kJ/mol。这种差别的原因在于，含量低于 31%时，苯乙烯嵌段为分散相；高于 31%时，为共连续结构。嵌段共聚物的形态结构随组成而规律性的改变，随分散相含量的增加，由球形颗粒到圆柱状再到层状结构（图 3-7）。

嵌段共聚物黏度与温度的关系可表示为：

$$\ln\eta_r=a_0+a_1(T-T_\infty)\tag{5-14}$$

式中　T_∞——$\eta\to\infty$ 时的温度，一般 $T_\infty\approx T_g-50℃$

a_0 及 a_1——调整参数

由式（5-14）可求得依赖于温度的流动活化能：

$$\Delta E_\eta=a_1R\left[T/(T-T_\infty)\right]^2\tag{5-15}$$

根据统计热力学可引入分离温度 T_g 的概念。在 $T=T_g$ 时，$\Delta G_m=0$。由于界面层的体积依赖于形态结构，所以，T_g 也是形态结构的函数。当 $T>T_g$ 时，嵌段共聚物为均相；当 $T<T_g$ 时，存在两个相，为复相结构。但是，在 $T\leqslant T_g$ 时，也存在均化的可能。应力和形变可使组分的互溶性增大，所以，在一定条件下，即使 $T\leqslant T_g$，亦可能表现为均相特性。

上述几种模型并非聚合物共混物流变行为的严格数学模型，而仅仅作为借鉴和启示。目前，聚合物共混物的流变性能主要还是靠实验研究。

对相容性聚合物共混物可以溶液为模型，预测黏度与组成的关系。对复相共混物，当黏度比 $\lambda \gg 1$ 时，可以悬浮体为模型，预测流变函数与温度、分散相考虑尺寸的多分散性以及形态结构的关系，并据以解释假塑性、膨胀性和屈服应力等现象。当 λ 值不太大时，可采用乳液为模型，预测珠滴的变形、破碎、聚集以及黏度与组成的关系。

对良好的相容复相共混物，最好的模型是嵌段共聚物。

部分相容的聚合物共混物，在混合和加工条件下，可能产生相分离。在接近双结线和旋节线的区域，即在接近相分离的区域，黏度-组成关系曲线上可能存在 η 的局部极大值。此极大值常发生在相分离之前，相分离后黏度开始下降。此外，还需要考虑组分分子量多分散性的影响。类似于聚合物溶液的分级，分散相的高分子量级分首先产生相分离，而低分子量级分留在基体中，起增塑作用而使体系黏度下降。这种影响是对称的，相分离时，分散相同样也可被连续相的低分子量级分增塑。在相分离区域，这种影响可能是很大的。

根据上述几种模型，一般而言，聚合物共混物的黏度对对数加和规则，表现正偏差(PDB)；但也有不少共混物表现负偏差（NDB）。对相容性共混物，NDB 行为的唯一解释是混合后体积的膨胀；对不相容性共混物，若混合后体积膨胀，则一定发生于相界面，因为两相之间是相斥的。提高组分的分子量或降低温度常导致 NDB 行为或使已有的负偏差值增大。

对 PNDB 行为，有两种解释：①低浓度范围内具有部分相容性；②在不相容区域，流动机理依赖于浓度；在相容区，符合“镜映”规则：当 ΔH_m 减小时，过剩黏度 η^E 增大；当 ΔH_m 增大时，η^E 减小，甚至变成负值。当组成接近临界点时，黏度骤增。组成超过临界点时，两相的流动由微观形态结构控制。若分散相为硬椭球，η 会进一步增大；对乳液型体系，η 变得稳定，或者由于层状结构导致的层间滑移而使黏度下降。

据统计，约 60％的聚合物共混物表现 PDB 行为；30％表现 NDB 行为；10％表现 PNDB 行为。这种区分与流动机理有关。改变分子量及温度可能改变流动机理，因而会使对数加和规则偏离行为的类型改变。

表 5-1 列举了具有不同偏离行为的聚合物共混物的若干例子。

表 5-1　表现 NDB、PDB 和 PNDB 行为共混物的例子

PDB	NDB	PNDB
PPE/PS	PEO/PMMA	PEO/PVA
PS 不同分子量级分共混物	HDPE/PA-6	PB/PP
聚异丁烯不同分子量级分共混物	PS/PE	LDPE/PP
不同线型低密度聚乙烯共混物	PS/PP	PEO/PPO
PIP/PVE	PS/PMMA	HDPE/PEVA
HDPE/PEVA	POM/PEVA	LDPE/POM
HDPE/LDPE	PETE/PA-6	PMMA/POM
PA-6/PE	PS/POM	PETE/PA-66
PS/PE	PMMA/PA-12	
LLDPE/LDPE	LDPE/PE/POM	
	PS/PC	

5.1.2　聚合物共混物熔体的分散状态

两种不相容的聚合物熔体在剪切作用下，混合时会产生两种类型的分散状态。一种是形成两相交错的互锁结构，分不清分散相和连续相。另一种是一种聚合物形成分散相分散于另一种聚合物所构成的连续相中，这时究竟哪一组分为分散相，哪一组分为连续相，决定于两种聚合物的体积比、浓度比、弹性比以及两种聚合物间的界面张力[9]。此外，还与混合设备的类型有关[1]。在流动状态中，分散相呈带状、柱状或纤维状[10]。

例如，10%的聚乙烯（PE）与90%的聚苯乙烯（PS）所组成的共混物熔体，在流动中呈带状的分层结构（见图 5-3），而 PE/PS＝30/70 的共混物，在流动过程中，聚苯乙烯以珠状-纤维状分散于聚乙烯的连续相中（见图 5-4）。

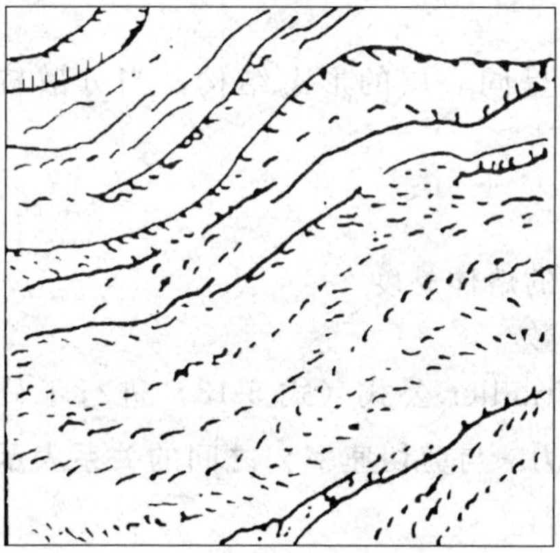

图 5-3　PE/PS（10/90）共混物熔体在流动中呈带状的分层结构图

（分散状态平行于流动方向，黑色为 PE）

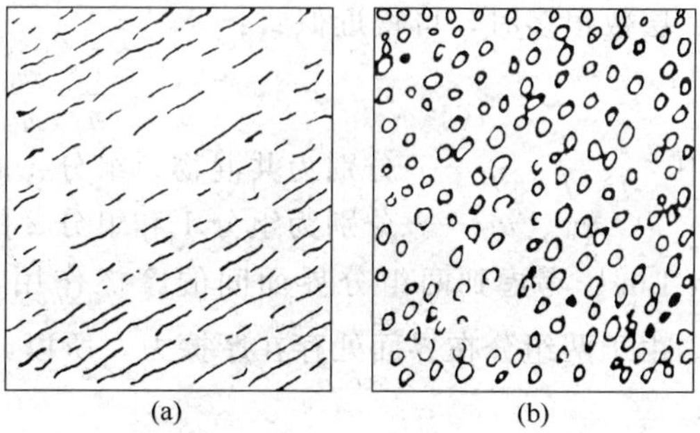

图 5-4　PE/PS（30/70）共混物熔体流动中的分散状态

（a）垂直于流动方向的截面　（b）平行于流动方向的截面

分散相呈珠状分散时，在流动过程中会发生径向迁移作用，分散相向中心轴处集中，导致形成所谓的壳-心状形态结构。其结果会使共混物熔体的黏度下降。

Han[11] 对不同组成的高密度聚乙烯（HDPE）和聚苯乙烯（PS）共混物的分散状态进行了详细研究。当 HDPE/PS＝25/75、温度为 200℃及 220℃时，PS 是珠状分散相，HDPE 为连续相；当温度为 240℃时，PS 成为连续相。但当 HDPE/PS＝50/50 时，在上述 3 种温度下，PS 皆为分散相。

$T=220℃$，$\tau_w=0.687\times10^5$ Pa

值得注意的是：当 HDPE/PS＝75/25 时，在上述 3 种温度下，皆形成交错的互锁状结构（见图 5-5），使得该共混物的熔体黏度出现极大值。

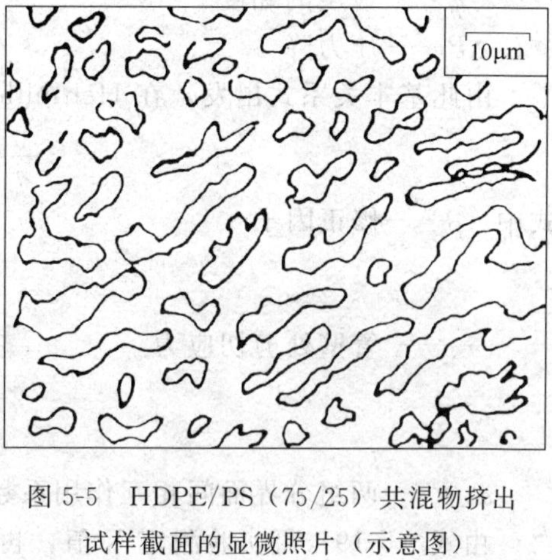

图 5-5　HDPE/PS（75/25）共混物挤出试样截面的显微照片（示意图）

5.1.3 聚合物共混物熔体的黏度

聚合物共混物的熔体黏度可根据混合法则，以及前述的模型体系作近似估算。为简单起见，对非均相的共混物熔体的黏度，可按下式求出其上限值和下限值：

上限值：
$$\eta=\eta_2+\frac{\varphi_1}{\frac{1}{\eta_2-\eta_1}+\frac{1}{2}\times\frac{\varphi_2}{\eta_2}} \tag{5-16}$$

下限值：
$$\eta=\eta_1+\frac{\varphi_2}{\frac{1}{\eta_2-\eta_1}+\frac{1}{2}\times\frac{\varphi_1}{\eta_1}} \tag{5-17}$$

式中 φ_1 和 φ_2——分别为组分 1 和组分 2 的体积分数

η_1 和 η_2——分别为组分 1 和组分 2 的黏度，$\eta_2>\eta_1$

η——共混物的黏度

Heitmiller[12] 假定：聚合物共混物熔体在流动中呈同心层的形态结构，当分散较好、层数很多时，可得近似式：

$$\frac{1}{\eta}=\frac{w_1}{\eta_1}+\frac{w_2}{\eta_2} \tag{5-18}$$

式中 η、η_1、η_2——分别为共混物、组分 1 和组分 2 的熔体黏度

w_1、w_2——分别为组分 1 和组分 2 的质量分数

Lin[13] 考虑到两组分界面间的摩擦作用，对 Heitmiller 公式（式 5-18）进行了修正。由于两组分在界面处存在摩擦力，所以，剪切应力 τ 与剪切速率 $\dot{\gamma}$ 之间的关系表示为：

$$\tau=\eta\dot{\gamma}+X \tag{5-19}$$

X 为共混物组成的函数。

设共混物熔体在长为 L、半径为 R 的毛细管中流动，则在离中心轴为 r 的圆周处，有以下关系式：

$$\tau=-\eta_i\frac{\mathrm{d}v}{\mathrm{d}r}+X=-\frac{\Delta P}{2L}r \tag{5-20}$$

式中 v——流动的线速度

η_i——该层的黏度

ΔP——压力降

由此基本关系式出发，在 Heitmiller 的基础上，Lin 导出了如下关系式：

$$\frac{1}{\eta}=\beta\left(\frac{w_1}{\eta_1}+\frac{w_2}{\eta_2}\right) \tag{5-21}$$

式中 β——修正因子

$$\beta=1-\frac{Z}{\tau_w} \tag{5-22}$$

τ_w——管壁处剪切应力

$$Z=\alpha_{1,2}\sqrt{w_1w_2} \tag{5-23}$$

$$X=rZ/R \tag{5-24}$$

$\alpha_{1,2}$——两组分界面间相互作用系数

由式（5-19）可实验测定 X 值，再由式（5-21）和式（5-23）求得 $\alpha_{1,2}$ 即可求出修

正因子 β。一些共混体系的 $\alpha_{1,2}$ 值列于表 5-2 中。

表 5-2　　一些共混体系的 $\alpha_{1,2}$ 值

共混体系	η_1/Pa·s	η_2/Pa·s	$\alpha_{1,2}$	注
PS/PB	4.4×10^3	4.0×10^3	1.28×10^5	$T=145℃$① $L/R=20$
PVC/ABS	2.5×10^3	5.8×10^3	7.67×10^4	$T=180℃$① $L/R=20$
PP/PS	2.7×10^2	3.1×10^2	4.31×10^4	$T=200℃$② $L/R=40$
PE/PS	4.23×10^2	3.10×10^2	3.65×10^4	$T=200℃$② $L/R=40$

注：① 剪切速率：$60s^{-1}$；② 剪切速率：$200s^{-1}$。

实验表明[13]：当两组分的弹性很小时，例如，共混物 PP/PS 和 PE/PS，式（5-21）比较准确（见图 5-6 和图 5-7）。但当两组分之一有显著弹性时，例如，PS/PB 和 PVC/ABS（见图 5-8 和图 5-9）与实验事实不符。这是必然的，因为式（5-21）的推导中，忽略了聚合物熔体的弹性效应。

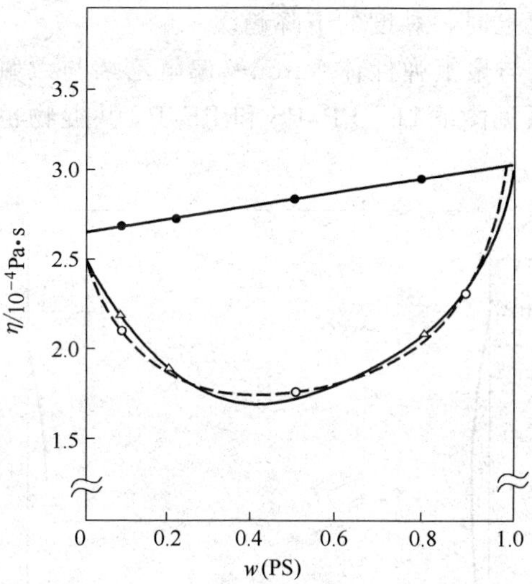

图 5-6　PP/PS 共混物的熔体黏度

•—按式（5-18）　o—按式（5-21）　△—实测值

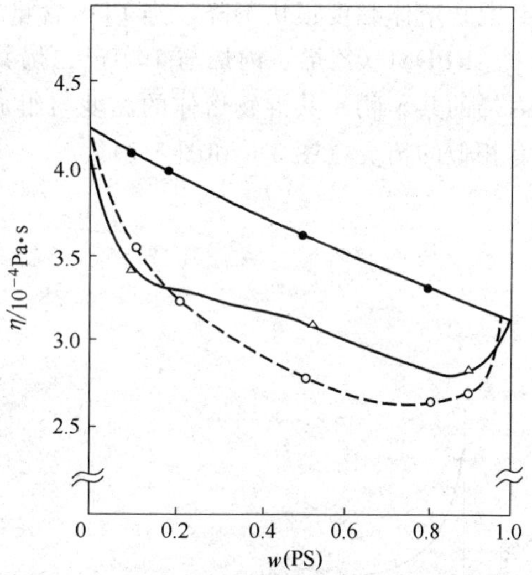

图 5-7　PE/PS 共混物的熔体黏度

•—按式（5-18）　o—按式（5-21）　△—实测值

在很多情况下，聚合物共混物熔体黏度既不受式（5-16）和式（5-17）所规定的范围限制，也不符合式（5-18）和式（5-19），常常出现很多特殊情况，概括起来有以下几点[14]：

① 小比例共混就产生较大的黏度下降，并且往往共混物的黏度比两种纯组分的黏度都要小，这是一种颇为普遍的现象。

例如，聚丙烯与 PDS（苯乙烯与甲基丙烯酸-2,2,6,6-四甲基哌啶酯的共聚物）的共混物是以聚丙烯为连续相，而 PDS 为分散相的两相体系，其熔体黏度与 PDS 含量的关系见图 5-10。由图可见，在较小的 PDS 含量范围内（<1%），随 PDS 含量的增加，

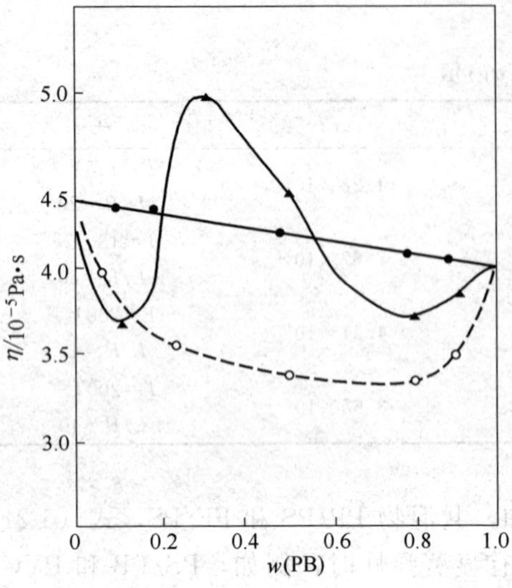

图 5-8　PS/PB 共混物的熔体黏度

•—按式（5-18）　o—按式（5-21）　△—实测值

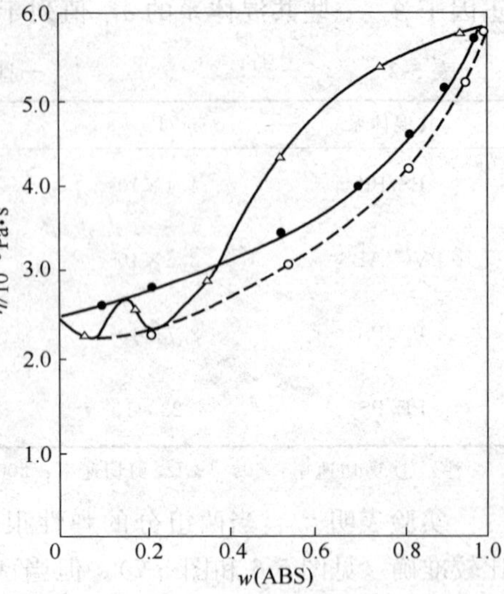

图 5-9　PVC/ABS 共混物的熔体黏度

•—按式（5-18）　o—按式（5-21）　△—实测值

共混物熔体黏度很快下降，当 PDS 含量在 1%以上时，黏度的下降趋缓。

EPDM（乙烯、丙烯与 1,4-己二烯共聚物）与聚氟弹性体 Viton（偏氟乙烯与六氟丙烯的共聚物）共混物熔体的黏度与组成的关系见图 5-11。PP/PS 和 PE/PS 共混物也有相似的情况（图 5-6 和图 5-7）。

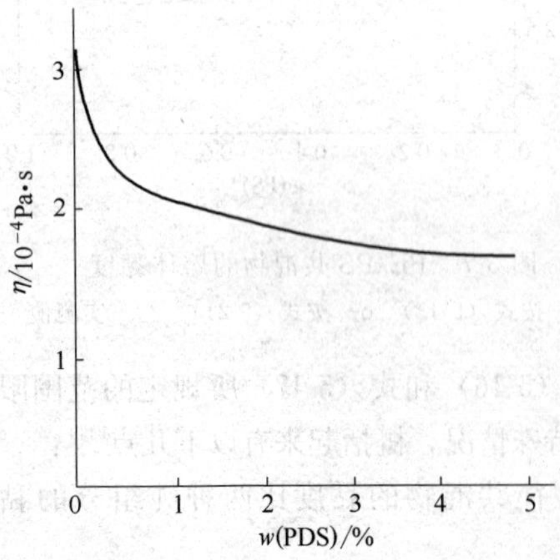

图 5-10　PP/PDS 共混物熔体黏度与 PDS 含量的关系

温度：220℃　剪切速率：$133s^{-1}$

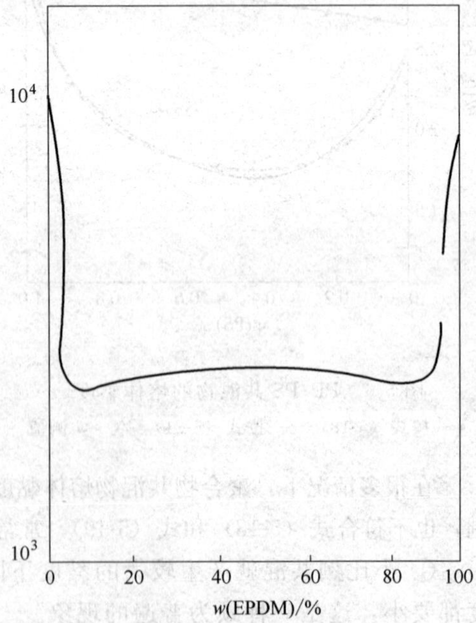

图 5-11　Viton/EPDM 共混物熔体黏度与组成的关系

温度：160℃　剪切速率：$14s^{-1}$

当前，对这种现象的解释尚不一致。Andrianva[15]认为，这种小比例共混就产生较大黏度下降的现象，可从超分子结构来解释。当聚合物熔体中含有少量另一种不相容的聚合物时，可大大改变熔体的超分子结构，使黏度大幅度下降。当第二种聚合物含量继续增加时，熔体的超分子结构不再有明显变化，所以，黏度的变化趋缓。

这种小比例共混黏度就大幅度下降的现象也有可能是由于少量不相容的第二种聚合物沉积于管壁，因而产生了管壁与聚合物熔体之间滑移所致。

② 由于两相的相互影响及相的转变，当共混比改变时，共混物熔体黏度可能出现极大值和极小值。

Han 和 Kim 对 PE/PS 共混物进行了流变学的详细研究，其结果见图 5-12。

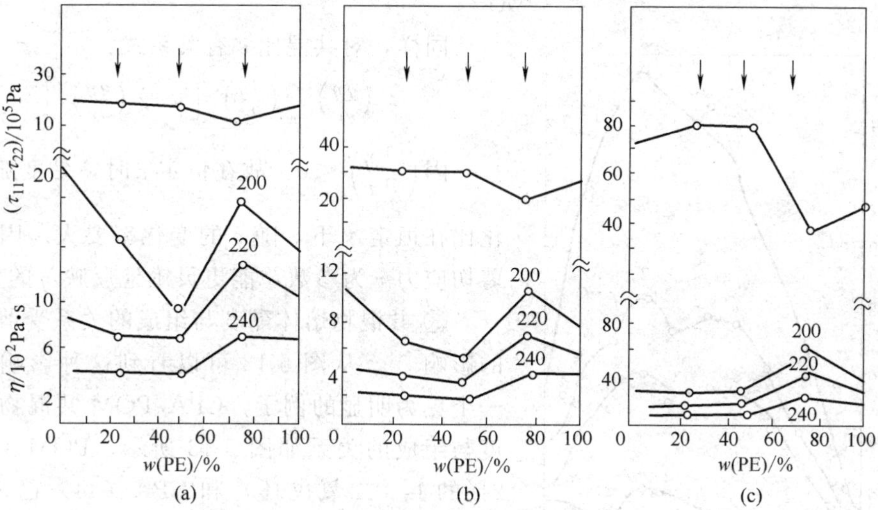

图 5-12　PE/PS 共混物熔体黏度和组成的关系

剪切应力（Pa）：(a) 4×10^4　(b) 6×10^4　(c) 9×10^4

由图可见，当 PE/PS＝25/75 和 50/50 时，熔体黏度出现极小值；组成为 50/50 时，表现得特别明显。当 PE/PS＝75/25 时，黏度出现极大值。当然，出现极值的情况尚与温度和剪切应力大小有关，从图 5-12 可清楚地看到这一点。

共混物熔体的黏度出现极大值和极小值，这与共混物熔体的微观形态结构有关。已知，当 PE/PS 为 25/75 及 50/50 式，共混物熔体为珠状或纤维状分散状态。这种微观形态结构使熔体黏度出现极小值的原因尚不十分清楚，Vanoene 认为，是由于产生了内部涡流的缘故。

当 PE/PS＝75/25 时，共混物熔体为互锁状的交织态结构。黏度出现极大值的原因显然是由于互锁态结构增加了流动阻力，即两相界面之间相互作用的增加，会使熔体黏度反常地增加，因而出现极大值。这种情况也出现在嵌段共混物中。我们知道，嵌段共聚物两相之间有化学键的结合，相间粘合力很大。其熔体黏度随组成变化，在一定的组成比时，出现黏度极大值。例如，嵌段共聚物 S-B-S（苯乙烯-丁二烯-苯乙烯嵌段共聚物）熔体黏度与组成的关系即如此[16]。

图 5-12 是以剪切应力作为参数。对于共混物熔体黏度反常现象的研究，采用剪切应力 τ 代替剪切速率 $\dot{\gamma}$ 作为参数较为合适。这有两个方面的原因，第一，在共混物熔体的流动中，相界面处剪切速率可能是不连续的，而剪切应力一定是连续的；第二，采用剪切应力作为参数时，可更灵敏地反映黏度的反常变化。这一点可解释如下：

根据 Belcher 关系式[17]：

$$\left(\frac{\mathrm{d}\eta}{\mathrm{d}T}\right)_{\dot{\gamma}}=\left(\frac{\partial\eta}{\partial T}\right)_{\tau}\left[1+\left(\frac{\partial\ln\eta}{\partial\ln\dot{\gamma}}\right)T\right]$$

因为在恒定温度 T 时，$\dfrac{\mathrm{dln}\eta}{\mathrm{dln}\dot{\gamma}}<0$，所以，

$$\left(\frac{\mathrm{d}\eta}{\mathrm{d}T}\right)_{\dot{\gamma}}<\left(\frac{\partial\eta}{\partial\tau}\right)_{\tau}$$

同样，对共混比 c 有关系式：

$$\left(\frac{\partial\eta}{\partial c}\right)_{\tau}=\left(\frac{\partial\eta}{\partial c}\right)_{\dot{\gamma}}\left[1-\dot{\gamma}\left(\frac{\partial\eta}{\partial\tau}\right)_{c}\right]$$

因 $\left(\dfrac{\partial\,\eta}{\partial\,\tau}\right)_{c}<0$，故在恒定 τ 时，黏度随 c 的变化比在恒定 $\dot{\gamma}$ 下，随 c 的变化率要大。因此，以剪切应力 τ 为参数，能更灵敏地反映 η 的变化。

③ 共混物熔体黏度与组成的关系受剪切应力的影响[18]。从图 5-12 可以看到这种影响。再举一个更为明显的例子，CPA/POM 共混物熔体黏度与组成的关系如图 5-13 所示。POM（甲醛与 2% 的 1,3-二氧戊环）和 CPA（44% 己内酰胺、37% 己二酸己二醇酯和 19% 癸二酸己二醇酯的共聚物）的共混物熔体黏度的组成的关系对剪切应力十分敏感。在此共混物中，POM 为纤维状结构。当剪切应力增加时，纤维直径减小。

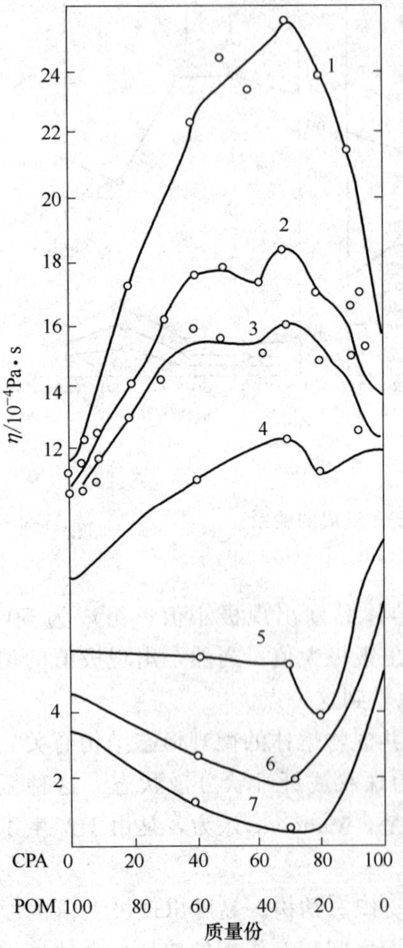

图 5-13 CPA/POM 共混物熔体黏度与组成的关系

剪切应力（10^4 Pa）：1—1.27 2—3.93 3—5.44 4—6.30 5—12.59 6—19.25 7—31.62

聚合物共混物熔体与一般高聚物熔体一样，也是假塑性流体，剪切速率或剪切应力增加时，熔体黏度下降。但是，共混物熔体的 η-$\dot{\gamma}$ 关系并非两种组分 η-$\dot{\gamma}$ 关系的平均值。据笠岛正行等的研究[19]，对于聚碳酸酯/聚甲基丙烯酸甲酯（PC/PMMA）和聚苯乙烯/低密度聚乙烯（PS/LDPE）两种共混物，黏度较小的组分（PMMA 及 LDPE）对共混物熔体的流变曲线 η-$\dot{\gamma}$ 起到的作用也较大；而对 PP/HDPE 共混物，黏度较大的组分（PP）起的作用也较大。共混物熔体 η-$\dot{\gamma}$ 曲线可概括成图 5-14 所示的几种类型。

在图 5-14 中，（1）相当于比较符合混合法则

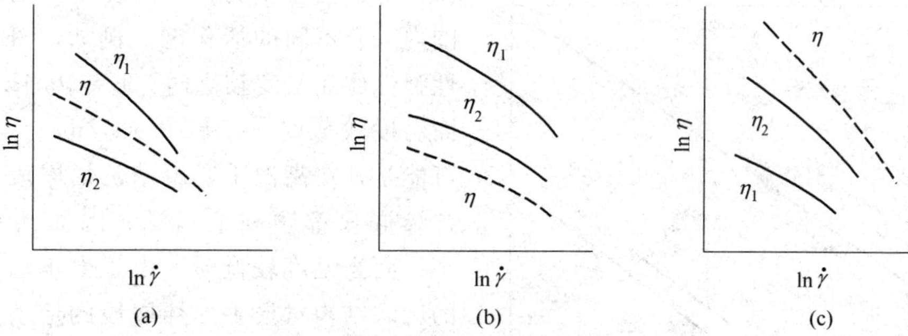

图 5-14　共混物熔体 η-$\dot{\gamma}$ 曲线的基本类型

η、η_1 和 η_2 分别为共混物、组分 1 和组分 2 的黏度

的情况，如 PP/HDPE 及 PC/PMMA；（2）的例子有 PS/LDPE 和 PS/PMMA；（3）则相当于共混物有反常高黏度的情况，例如 PS/PE（25/75）的情况。

图 5-14 所表示的类型不是固定的，而是与共混比及剪切速率的范围有关。各种可能的变化情况见图 5-15。

应当指出，共混物熔体在毛细管中流动时，剪切应力在径向方向是线性变化的，在管壁处剪切应力最大，在管中心位置，剪切应力为零。因为共聚物中两种聚合物的 η-$\dot{\gamma}$ 及 η-τ 曲线不同，因此，剪切应力的径向变化势必使两种聚合物的黏度比受到影响。这末必会影响共混物熔体的形态结构，但对共混物熔体的黏度可能会产生明显影响。

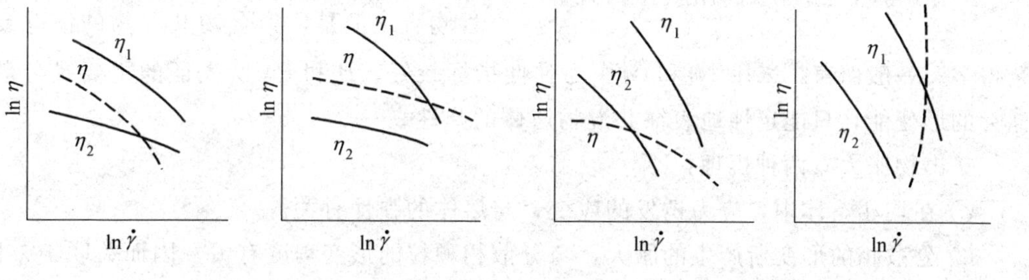

图 5-15　共混物熔体黏度与组分 1 及 2 黏度关系的各种可能情况

④ 在共混物流动温度以下、玻璃化转变温度以上，黏度与温度的关系不遵从 WLF 方程。在流动温度以上，共混物熔体黏度与温度的关系可用类似于阿累尼乌斯公式的指数式表示：

$$\eta = Ae^{E/(RT)} \tag{5-25}$$

式中　E——熔体流动活化能

A——常数

R——气体常数

T——热力学温度

这与一般聚合物的情况一样。HDPE/PS 共混物黏度与温度的关系见图 5-16。

但是，由于两相间的相互影响，特别是当两相之间有化学结合时，$\ln\eta - \frac{1}{T}$ 直线的

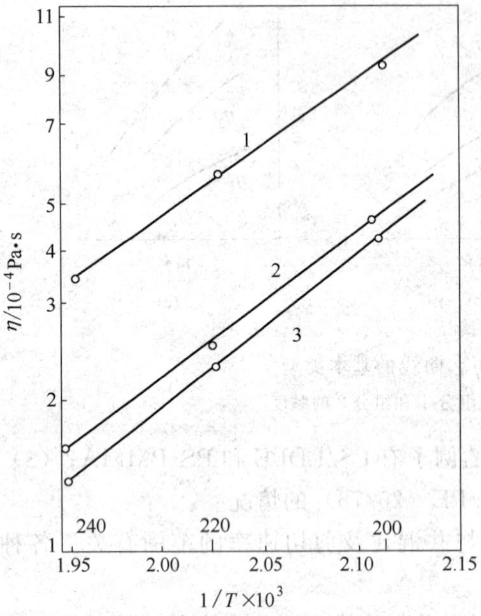

图 5-16　HDPE/PS 共混物熔体黏度与温度的关系

剪切应力：0.7×10^{5} Pa　1—HDPE/PS（75/25）　2—HDPE/PS（25/75）　3—HDPE/PS（50/50）

斜率可能会发生转折，即在不同的温度范围内，有不同的活化能。例如，SBS 热塑性弹性体在温度较高时，$E=10.1$kJ/mol，而温度较低时，$E=28.1$kJ/mol。其原因可能是，在高温下，聚苯乙烯嵌段和聚丁二烯嵌段都顺利地运动，因而活化能较小；而当温度较低时，由于聚苯乙烯嵌段的区域结构对聚丁二烯嵌段的运动有牵制作用，使流动阻力增加，所以，流动活化能较大。

5.1.4　聚合物共混物熔体流动中的弹性效应

聚合物熔体弹性的测定一般有 4 种方法：（1）用稳态剪切时的法向应力差，$N_1=\sigma_{11}-\sigma_{22}$；（2）用动态力学试验测量时的储能模量，$G'$；（3）挤出膨胀比 B 或可恢复性剪切形变 S_R；（4）出口压力降，$P_{出}$。对均相聚合物熔体，这 4 种方法可定性吻合。但是，聚合物共混物的情况要复杂得多。一般而言，采用 N_1 和 G' 作为弹性指标较好，B 和 $P_{出}$ 所表征的主要是分散相储存的形变能，只能定性地表征共混物熔体的弹性。

挤出物胀大有两种机理：

① 在均相熔体中，应力诱发的应变，与熔体的弹性有关。

② 分散相的形变所产生的胀大，与分散相颗粒的形变程度有关，因而关联于 λ 和 n 两个参数（见第 3 章相关内容）。这两种机理是不同的，对均相体系，挤出膨胀比 B 可用来计算可恢复的剪切形变 S_R。对复相体系，界面的存在否定了计算 S_R 的基本理论。此外，屈服应力的存在阻止 B 达到平衡值，而计算 S_R 需要的正是 B 的平衡值。对非均相聚合物共混物，挤出膨胀比与共混物组分的弹性几乎没有关系。在均聚物中，挤出膨胀的分子机理，对聚合物共混物仅起到第二位的作用。据此，可以理解，为何当 $\lambda\gg1$ 时，B 值很小或出现极小值。

对大多数聚合物共混物，B 值表现为对对数加和规则的正偏差（PDB），并且很多情况下，在组成为 50/50 左右时，B 值为极大值[20]。

对均相熔体，$P_{出}$ 与 σ_{12} 的关系与毛细管直径、温度和分子量无关，而对流动参数变化很敏感。对聚合物共混物，$P_{出}$ 与应力、温度、组成、形态却有很大关系，$P_{出}$ 的变化很复杂，对共混物只能作为定性指标。

1. 共混物熔体弹性与组成的关系

共混物熔体流动时的弹性效应随共混比即组成的不同而改变，在某些特殊组成下，会出现极大值或极小值。

据 Han[11] 等人的研究，对于 PE/PS 共混物，在组成 75/25 时，弹性效应出现明显的极小值；而组成为 50/50 时，弹性效应有不太明显的极大值（见图 5-12），并且剪切应力越大，极值越明显。当用出口压力或出口膨胀比来表示弹性效应时，情况也一样。

弹性效应的大小与共混物熔体的形态结构有密切关系。从图 5-12 可以看到，弹性效应的极大值相当于共混物熔体的珠滴状分散状态，即珠滴状的聚苯乙烯分散于聚乙烯连续相中；而弹性效应的极小值相应于共混物熔体的互锁状结构。同时可以看到，当黏度为极小值时，弹性效应为极大值；而当黏度为极大值时，弹性效应为极小值。珠滴状分散时，黏度可达极小值，而弹性效应可达极大值。Han 认为，这是由于共混物熔体在毛细管中流动时，分散相颗粒与管壁接触较少（由于分散相颗粒的迁移作用，这种情况更为突出），而连续相与管壁接触得较多，因此，分散相较连续相的流动阻力小，消耗黏性能少，相应地可储存更多的回弹能。结果是提高了共混物的弹性，而减小了黏性。当黏度随组成的变化达到极大值时，相应地弹性效应也为极大值。

关于互锁结构为何会出现弹性效应的极小值，Vanoene[9] 认为：这可能与一部分弹性形变自由能转变为界面能有关。互锁状结构是具有较大界面积的分散状态，有较多的弹性形变自由能转变为界面能，所以，在停止流动后，可恢复的形变自由能较小。

共混物熔体弹性效应与剪切应力的关系受共混物微观形态结构影响。例如，PE/PS 共混物，当 PE/PS 为 25/75 和 50/50 时，为珠滴分散，弹性效应与剪切应力的关系与聚苯乙烯的情况相似。但当 PE/PS＝75/25 时，为互锁结构，这时共混物弹性效应与剪切应力的关系接近于聚乙烯的情况，恢复性剪切形变 S_R 与剪切应力 τ_w 的关系如图 5-17 所示。

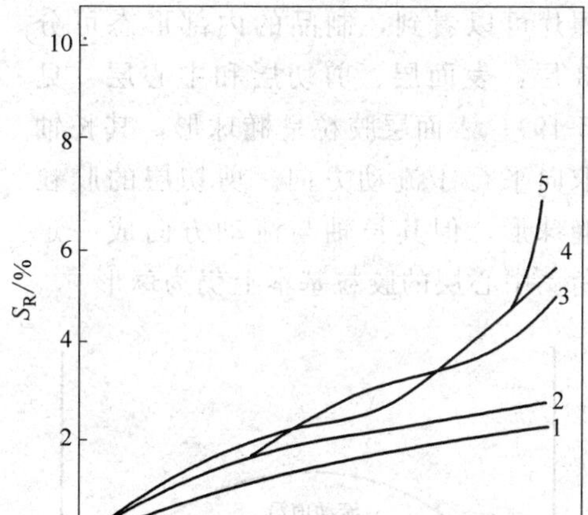

图 5-17　恢复性剪切形变 S_R 与剪切应力 τ_w 的关系
1—75/25PE/PS　2—PE　3—PS
4—50/50PE/PS　5—25/75PE/PS

常见的橡胶增韧塑料，如 HIPS、ABS 等，出口膨胀比 B 都比相应的均聚物小，且 B 值随橡胶含量的增加而减小，SAN 与 SAN 接枝橡胶共混制得的 ABS 的出口膨胀比与剪切应力 τ 的关系如图 5-18 所示。

嵌段共聚类型的共混物 SBS 熔体的弹性效应一般也比相应的聚合物小。值得注意的是，上述 ABS 和 SBS，两相界面之间都有较强的结合力和较大的界面积。这与互锁结构的共混物有一定的相似性。

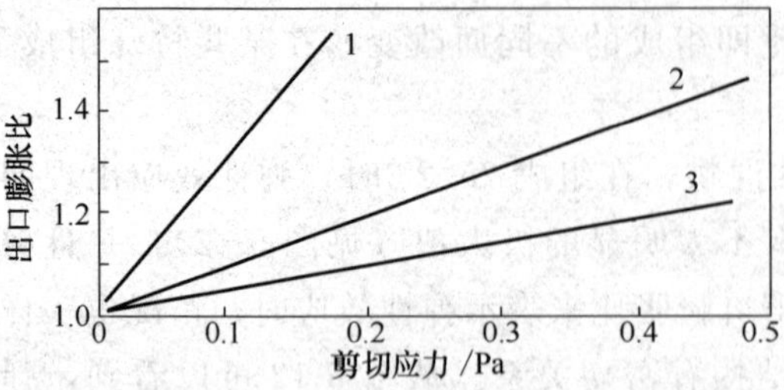

图 5-18　SAN 与 SAN 接枝橡胶共混制得的 ABS 的出口膨胀比与剪切应力 τ 的关系

2. 分散相颗粒的变形、旋转和取向

聚合物共混物常常是含有可变形颗粒的两相体系，可看作可变形颗粒分散于非牛顿型液体中所形成的悬浮体系或乳液。在流动过程中，分散相颗粒的变形、取向和破裂等问题可根据悬浮体系或乳液流变学的一般原理处理[21]。

在剪切应力场中，悬浮颗粒受到切向和法向两种应力的作用，因而会发生旋转、取向和变形。旋转的角度、取向和变形的程度取决于两相的黏度比、弹性比、界面张力、颗粒半径及剪切速率。一般而言，分散颗粒的变形和取向随剪切速率及颗粒半径的增加而增加。

橡胶增韧塑料是一种典型的例子。由于橡胶颗粒弹性模量低，在流动过程中，极易发生变形并顺着流动的方向取向。这种情况在注射成型制品和挤出成型制品中，具有形式虽异而实质相同的表现。

从橡胶增韧塑料注射制品的电子显微照片可以看到，制品的内部形态可分为 3 层：表面层、剪切层和中心层（见图 5-19）。表面层胶粒呈椭球形，其长轴的取向平行于流动方向。剪切层的胶粒呈椭球形，但其长轴与流动方向成一定夹角。中心层的胶粒基本上仍为球形。

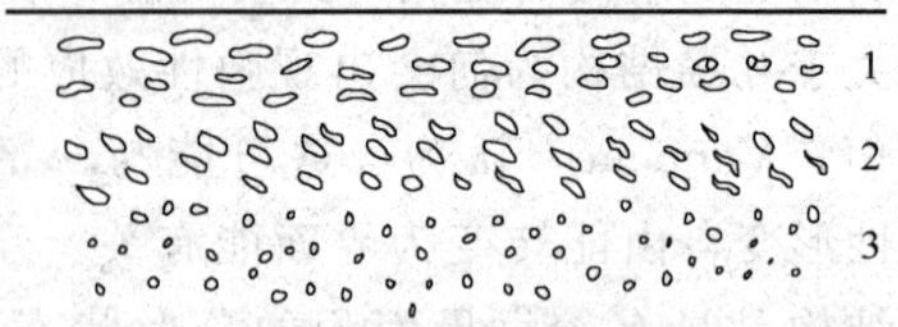

图 5-19　HIPS 注射模制品中橡胶颗粒取向情况
1—表面层　2—剪切层　3—中心层

上述情况产生的原因如下。在注射成型中，物料进入模具后受到了延伸变形，胶粒发生变形和取向。在与冷模壁接触后，熔体被冷却并凝固，取向被冻结，从而形成上述的表面层。

一方面由于越远离模壁剪切应力越小；另一方面，由于越远离模壁，出模后冷却得越慢，因而有较长的时间，使弹性形变松弛、恢复，结果依次形成了剪切层和中心层。橡胶增韧塑料在注射模塑过程中橡胶颗粒变形及取向过程示意图见图 5-20。

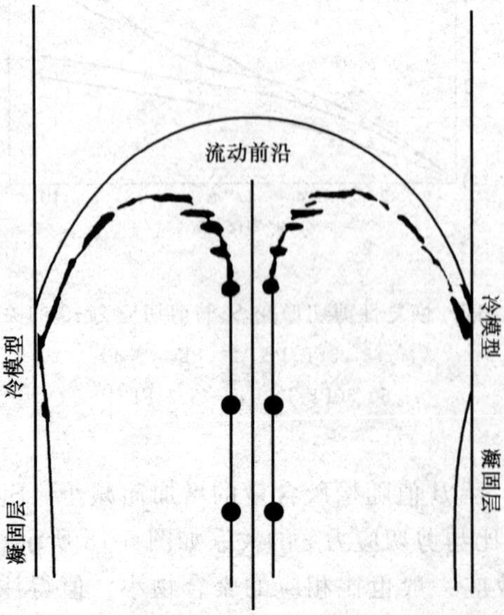

图 5-20　橡胶增韧塑料在注射模塑过程中橡胶颗粒变形及取向过程示意图

挤出成型的情况有所不同。第一，挤出成型中，剪切速率较低；第二，在模口处挤出成型温度较注射成型高，制品离模后，冷却速度较慢，所以制品表面层有可能获得充分的时间，使弹性变形松弛。由于以上两个

原因，产生如下的结果：其一是分散相颗粒的取向和变形较注射成型小；其二是由于表面层分散相颗粒的解取向和回弹作用，使制品表面呈波浪状并丧失光泽，HIPS 挤出制品波浪形表面形成机理如图 5-21 所示。这种表面崎岖化的现象与分散颗粒的大小有关。颗粒越大，此现象越严重。因此，HIPS 挤出制品表面要比相应的 ABS 制品粗糙些。为克服这一缺点，可提高挤出速率，以增加橡胶颗粒的径向迁移作用，减小橡胶颗粒在制品表面的浓度，从而可改进制品表面的光亮性。但这样有降低制品表面韧性之弊。

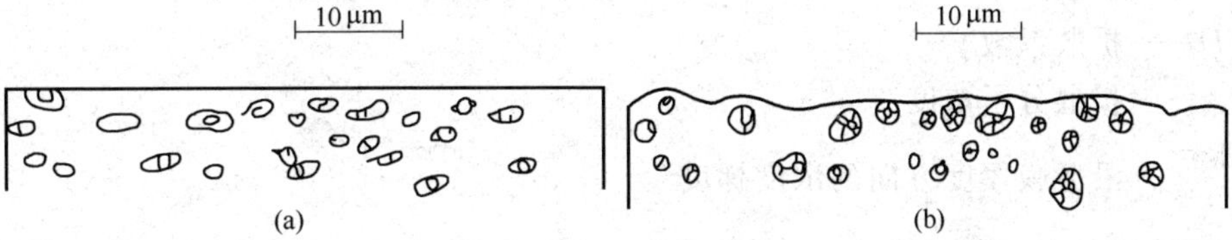

图 5-21　HIPS 挤出制品波浪形表面形成机理

（a）松弛前的表面　（b）松弛后形成波浪形表面

3. 分散颗粒的迁移现象[21]

悬浮体流动时，由于黏性及惯性的影响，悬浮颗粒会产生径向迁移作用。当流动的雷诺数较大时，主要受惯性因素的影响；当雷诺数较小时，则主要受黏性因素的影响。均相聚合物熔体流动时，也有这种迁移现象，低分子量级分向管壁迁移，高分子量级分向中心迁移，发生所谓分级效应。但这种迁移现象远比不上共混物分散相颗粒的迁移现象明显。

聚合物共混物熔体，例如橡胶增韧塑料熔体，在流动中会产生明显的径向迁移作用。在一般成型加工的条件下，雷诺数不大，这种迁移作用主要是粘性因素造成的。在流动过程中，橡胶颗粒的变形和取向对其周围介质的流动产生扰动，与器壁发生作用，结果产生了橡胶颗粒从器壁向中心轴方向的径向迁移作用，造成橡胶颗粒浓度的径向梯度。一般而言，颗粒越大、剪切速率越高，这种迁移现象就越明显。这种迁移作用会导致形成橡胶颗粒的径丝（Necklace），造成制品内部的分层作用，从而影响制品的强度。

其他单相连续的共混熔体在流动过程中，也有这种迁移作用。径向迁移作用有时会使制品表面的外观有所改进，但对制品的力学性能并无好处。

5.2　聚合物共混物的透气性和可渗性

聚合物共混物透气性和可渗性的研究有着重要的理论意义和实际意义。

5.2.1　聚合物的透气性和可渗性[22]

当固体两边的气体压力不同时，气体分子会穿过聚合物从压力较大的一边向压力较小的一边扩散，这叫聚合物的透气性。若薄膜两边是浓度不同的溶液，则分子会穿过薄膜，从高浓度的一边向低浓度的一边扩散。聚合物的这种允许溶液中的分子或液体分子穿过的性质称为聚合物的可渗性。上述两种情况统称为透过聚合物的扩散或透过聚合物的迁移。

气体透过聚合物是一种单分子扩散过程。这一过程包括气体先溶解于固体的聚合物薄膜中，继而在薄膜中向低浓度处扩散，最后在薄膜的另一面蒸发。

根据 Fick 第一定律，有：

$$q=-D\frac{\mathrm{d}c}{\mathrm{d}x} \tag{5-26}$$

式中　q——扩散速率

D——扩散系数

c——扩散分子浓度

$\frac{\mathrm{d}c}{\mathrm{d}x}$——沿薄膜厚度方向的浓度梯度

达到稳定状态后，假定 D 与浓度无关（一般而言，当 c 不太大时，这一假定是正确的），由式（5-26）可得：

$$q=\frac{D(c_1-c_2)}{d} \tag{5-27}$$

式中　d——薄膜的厚度

c_1 和 c_2——薄膜两边的浓度

对气体-聚合物体系，气体压力 P 和溶于聚合物中的气体浓度 c 之间，一般符合 Henry 定律，有：

$$c=SP \tag{5-28}$$

式中　S——气体在聚合物中的溶解度参数

令 $P_g=DS$，则由式（5-27）和（5-28）得：

$$q=P_g\frac{P_1-P_2}{d} \tag{5-29}$$

$$P_g=\frac{qd}{P_1-P_2} \tag{5-30}$$

式中　P_g——气体的渗透系数

对于多层膜，例如 n 层薄膜，设透过速率为 q_0，总厚度为 d_o，则：

$$\frac{d_o}{q_o}=\sum_{i=1}^{n}\frac{d_i}{q_i} \tag{5-31}$$

式中　d_i——第 i 层的厚度

q_i——穿过第 i 层的速率

在达到稳定状态以前，即处于非稳态透过时，透过速率随时间而改变，这是由于气体浓度在膜中逐渐增加之故。对于这两种情况，可用 Fick 第二定律描述：

$$\frac{\mathrm{d}c}{\mathrm{d}t}=\frac{\mathrm{d}}{\mathrm{d}x}\left(D\frac{\mathrm{d}c}{\mathrm{d}x}\right) \tag{5-32}$$

若 D 为常数，则：

$$\frac{\mathrm{d}c}{\mathrm{d}t}=D\frac{\mathrm{d}^2c}{\mathrm{d}x^2} \tag{5-33}$$

根据起始的边界条件：

$$x=0, c=c_1;$$

$$x=\mathrm{d}, c=0;$$
$$t=0, c=0。$$

则当 t 值很大时，解式（5-8），得透过薄膜的气体总量 Q 为：

$$Q=\frac{Dc_1}{d}\cdot t-\frac{c_1 d}{6} \tag{5-34}$$

根据式（5-34），Q 对 t 作图，得一直线（见图 5-22），此直线与 t 轴的交点，即为滞后时间 τ，将其代入式（5-34），得：

$$D=\frac{d^2}{6\tau} \tag{5-35}$$

这样 P_g 和 D 都可由实验求得，并可根据 $P_g=DS$ 的关系，求得 S。

附表 6 为几种重要的气体对一些聚合物的渗透系数。

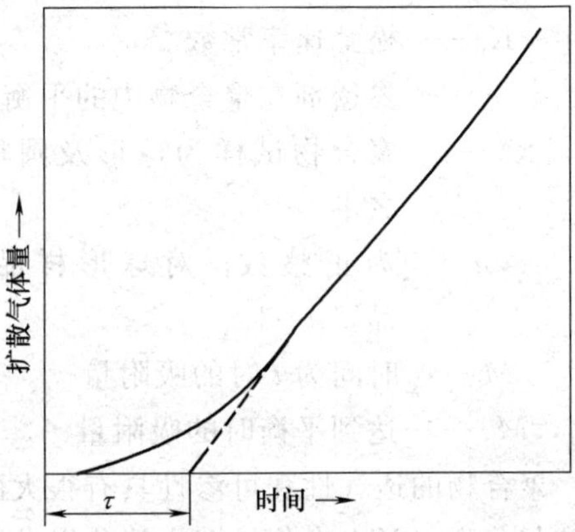

图 5-22　气体穿过聚合物膜时的滞后时间示意图

上述关系是以 Fick 定律为基础引出的，基本上适用于高弹态聚合物。但对玻璃态聚合物，常出现较大偏差。Hopfenberg 指出，玻璃态聚合物即使对惰性气体，也常出现两种类型的吸附作用：上述的 Fick 型吸附和 Langumir 型吸附。并且由于松弛过程的影响，扩散系数常有明显的时间依赖性。此外，在玻璃化转变温度前后，气体的透过机理有明显的变化。

玻璃态聚合物对气体的吸附等温线，可用下式表示：

$$c=SP+C'_{\mathrm{H}}bP/(1+bP) \tag{5-36}$$

式中　c——气体在聚合物中的平衡浓度

S——气体在聚合物中的溶解度参数

P——气体的压力

C'_{H}——孔洞饱和常数

b——孔洞亲和性常数

上式右端第一项表示按 Fick 机理的吸附；第二项表示吸附于聚合物内的微孔或具有吸附活性部位的气体量，这是按 Langmuir 机理进行的。稳态时，渗透常数 P_g 为：

$$P_g=DS[1+FK/(1+bP)] \tag{5-37}$$

式中　F——按 Langmuir 机理吸附的气体分子的活度，当这种气体分子完全没有活动性时，$F=0$；当有完全活动性时，$F=1$

K——决定于 C'_{H}、b 和 S 的常数，$K=\frac{C'_{\mathrm{H}}b}{S}$

蒸汽和液体对聚合物的渗透作用与气体的情况稍有不同。蒸汽和液体渗入聚合物时，常发生明显的溶胀作用，使聚合物中的自由体积大大增加，结果使得渗透系数具有明显的浓度依赖性。

Alfrey 等人指出[23]，某些蒸汽和液体对玻璃态聚合物的渗透作用与扩散吸附动力学完全无关。这时的吸附动力学有如下特征：

① 在已溶胀的外层和尚未溶胀的内层之间，存在明显的界限。此界限以恒定的速率向内层推进。

② 在已溶胀的区域，渗透剂的浓度大致等于它在聚合物中的平衡浓度。

③ 渗透剂向界限区的扩散是较快的，因此，它对过程的全程速率无明显影响。界限区前进的速率决定于渗透压所引起的应力松弛过程。

当聚合物为球状、柱状或板状时，这类过程可表示为如下的公式[24]：

$$1-\frac{M_t}{M_\infty}=\left(1-\frac{K_\circ t}{c_\circ \alpha}\right)^n \tag{5-38}$$

式中　$K_\circ$——松弛速率常数

$c_\circ$——渗透剂在聚合物中的平衡浓度

α——聚合物试样为球形及圆柱形时，它表示半径；为板状时，它表示厚度之半

n——为正整数；对球形样品，$n=3$；对圆柱形样品，$n=2$；对板形样品，$n=1$

M_t——时间为 t 时的吸附量

M_∞——达到平衡时的吸附量

聚合物的透气性和可渗性具有很大的实用意义。例如，在薄膜包装、多组分物质的提纯与分离、污水净化、海水淡化以及医学方面就有很好的实际应用。这往往需要聚合物薄膜具有较好的力学强度、透过作用的高度选择性和较大的透过速度等。单一组分的聚合物一般难以满足多方面的综合要求，采用聚合物共混的方法，可解决这方面的许多问题，制得性能优异的聚合物共混物隔膜。例如，采用三醋酸纤维素与二醋酸纤维素的共混物制成的隔膜，适用于海水淡化，质量浓度为 35g/L 的食盐水，经单程处理，可除去 99.9%的食盐。聚乙烯吡咯烷酮与聚氨酯的共混物制得的渗析膜，其渗析速率要比一般的玻璃纸渗析膜的渗析速率大一倍。将聚电解质和对水、热稳定性大、成膜性好的非离子型聚合物基体共混，制得的离子交换膜兼具良好的综合性能，适用于生物蛋白的浓缩、污水处理和制浆废液的净化。由聚阳离子和聚阴离子共混而制得的络合物，常称为聚盐。这是一类特殊的均相共混物，用这种共混物制得的超滤膜，具有很高的可渗性，并且对水十分稳定。

可见，采用共混的方法，改进聚合物材料的可渗性和透气性，以制得性能优异的隔膜制品是聚合物共混改性的重要应用领域。同时，共混物的可渗性和透气性与共混物的形态结构有密切关系。因此，共混物的可渗性与透气性的研究也是了解共混物形态结构一个重要的手段。

5.2.2　聚合物共混物的透气性

一般常见的聚合物共混物是单相连续的体系。先假定分散相对气体的透过性很小(像无机填料的情况一样)，可以忽略不计，则分散相的存在，使气体分子的穿透途径发

生曲折，增加了途径的长度，如图 5-23 所示，因而使共混物的透气性下降。

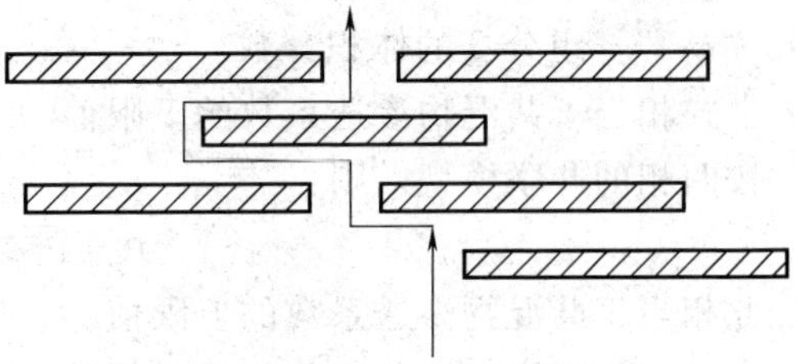

图 5-23　分散相使气体分子的穿透途径发生曲折

气体分子穿透途径曲折的程度与分散相的形态和取向有关，可用曲折因子 τ 来表示。τ 等于实际途径长度与聚合物样品厚度之比。

当分散相为球形颗粒时，

$$\tau \approx 1+\frac{1}{2}\varphi_d \tag{5-39}$$

式中　φ_d——分散相的体积分数

分散相为薄片状时，若薄片平行于样品表面，则：

$$\tau \approx 1+\left(\frac{L}{2W}\right)\varphi_d \tag{5-40$'$}$$

式中　L——薄片长度

W——薄片厚度

若薄片垂直于样品表面，则：

$$\tau \approx 1+\left(\frac{W}{2L}\right)\varphi_d \tag{5-40}$$

Michales[25] 等人提出，共混物的渗透系数可按下式估算：

$$\frac{P_c}{P_m} \approx \frac{\varphi_m}{\tau} \tag{5-41}$$

式中　P_m——聚合物基体的渗透系数

由式（5-40′）及（5-40），得：

$$\frac{P_c}{P_m} \approx \frac{\varphi_m}{1+\left(\frac{L}{2W}\right)\varphi_d} \tag{5-42}$$

此式对应于共混物透气性的下限值。

若 $L \gg W$，则由（5-40）及（5-41）可近似得：

$$P_c \approx P_m \varphi_m \tag{5-43}$$

可视为共混物渗透系数的上限值。

分散相为球形时，则：

$$\frac{P_c}{P_m} \approx \frac{\varphi_m}{1+\varphi_d/2} \tag{5-44}$$

可见，分散相的形状及取向情况对渗透系数的影响很大。

对实际的聚合物共混物，分散相的透气性是不能忽略的，并且，有时会超过连续相的透气性。这时，按两相的串联模型[26]，有：

$$P_c = \frac{P_1 P_2}{(\varphi_1 P_1 + \varphi_2 P_2)} \tag{5-45}$$

式中　P_c——共混物的渗透系数

P_1——组分 1 的渗透系数

P_2——组分 2 的渗透系数

φ_1——组分 1 的体积分数

φ_2——组分 2 的体积分数

上式相当于共混物渗透系数的下限值。

按两相的并联模型，则：

$$P_c = P_1\varphi_1 + P_2\varphi_2 \tag{5-46}$$

此相当于共混物渗透系数的上限值。

分散相为球形时，共混物的渗透系数 P_c 可按下式计算：

$$P_c = P_m\left[\frac{P_d + 2P_m - 2\varphi_d(P_m - P_d)}{P_d + 2P_m + 2\varphi_d(P_m - P_d)}\right] \tag{5-47}$$

式中：脚标 m 和 d 分别表示连续相和分散相。显然，若 $P_d = 0$，则式（5-47）即还原成式（5-44）。

当两种组分构成的两个相都有一定的连续性（例如，组成在发生逆转范围的情况）时，以 x_1 和 x_2 分别表示相 1 和相 2 的连续性分数，$x_1 + x_2 = 1$，则：

$$P_c = x_1 P_1\left[\frac{P_2 + 2P_1 - 2\varphi_2(P_1 - P_2)}{P_2 + 2P_1 + \varphi_2(P_1 - P_2)}\right] + x_2 P_2\left[\frac{P_1 + 2P_2 - 2\varphi_1(P_2 - P_1)}{P_1 + 2P_2 + \varphi_1(P_2 - P_1)}\right] \tag{5-48}$$

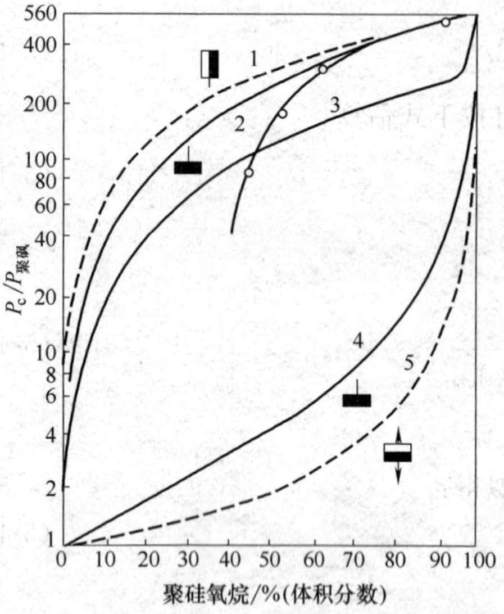

图 5-24 聚砜/聚硅氧烷共混物对氧的渗透系数与共混物组成的关系

1—按并联模型计算值 2—聚硅氧烷为连续相 3—按式（5-23）的计算值，$x_1 = x_2 = 0.5$ 4—聚砜为连续相 5—按串联模型计算值。$P_c/P_{聚砜}$ 表示共混物与纯聚砜渗透系数的比值

一般而言，连续相对共混物的透气性起主导作用。渗透系数较大的组分为连续相时，共混物的渗透系数接近与按式（5-46）的计算值；当渗透系数较小组分为连续相时，共混物的渗透系数接近于按式（5-45）的计算值；在相逆转区，则接近于按式（5-48）的计算值，如图 5-24 所示[26]。

当两种组分完全互溶而组成均相体系时，共混物的渗透系数一般符合如下的关系式：

$$\ln P_c = \varphi_1 \ln P_1 + \varphi_2 \ln P_2 \tag{5-46$'$}$$

上述关系与实验事实基本一致。例如，共混物 PVC/EVA 对氧和氮的渗透系数与两种组分的相容性和共混物的微观形态有密切关系，如图 5-25 所示。在 EVA 中，VA 的含量为 45％时，PVC 与 EVA 不完全相容，共混物为两相结构，EVA 为连续相；EVA 含量为 5％～7％（质量）时，发生相的逆转。EVA 含量在 5％以下时，PVC 为连续相。由图可以看出，这时渗透系数的对数与组成的曲线为 S 形。

在 EVA 中，当 VA 含量为 65％时，EVA 与 PVC 基本上是完全相容的。但混炼条件也有很大的影响，混炼温度为 160℃时，共混物仍为两相结构。混炼温度为 185℃时，共混物基本上为均相，共混物的渗透系数与组成的关系符合式（5-46′），如图 5-25 所示，渗透系数的对数与组成的关系为一直线[27]。PVC/NBR、PVC/CPE 和 PVC/ABS

等共混物具有相似的情况。

特别值得一提的是聚氯乙烯与聚己内酯（PCL）的共混物。PVC/PCL 基本上是均相体系，其渗透系数与组成的关系大体上符合式（5-46′）。但当 PCL 的质量含量为 30％左右时，对氧和氮的渗透系数达极大值；PCL 含量进一步增加时，渗透系数反而线性地下降。Randy 认为，这是由于 PCL 含量为 30％以下时，共混物为均相，而当 PCL 含量超过 30％时，PCL 开始结晶，产生相分离。结晶 PCL 的渗透系数很小，因此，共混物的渗透系数也随 PCL 含量的增加而下降。在 PVC/PCL 共混物中，PCL 的结晶作用已为 X-光衍射实验所证实。

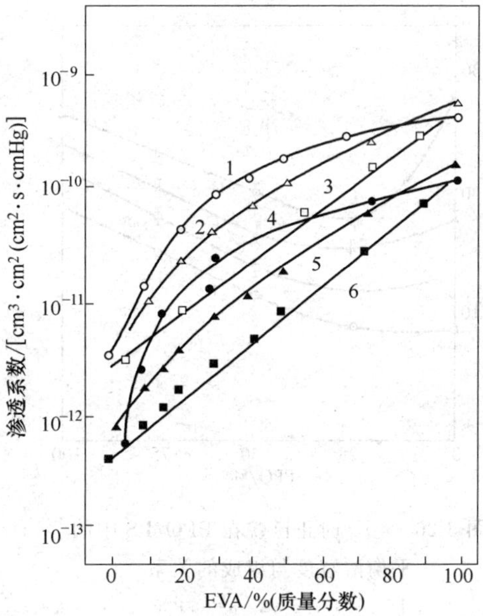

图 5-25　PVC/EVA 渗透系数与组成的关系（25℃）

1，4（○，●）——PVC/EVA-45，混炼温度 160℃

2，5（△，▲）——PVC/EVA-65，混炼温度 160℃；

3，6（□，■）——PVC/EVA，混炼温度 185℃；

上组曲线（1～3）对氧气；下组曲线（4～6）对氮气

5.2.3　聚合物共混物的可渗性

蒸汽和液体对聚合物共混物的渗透作用与气体透过的情况相似。所不同的是，被共混物所吸附的蒸汽或液体，常常发生明显的溶胀作用，显著地改变共混物的松弛性能。因此，共混物对蒸汽或液体的渗透系数常有很大的浓度依赖性。

Jacques[28] 等系统地研究了正己烷对共混物 PPO/PS 的渗透性以及温度和正己烷活度对渗透系数的影响。正己烷在 PPO/PS 共混物中的平衡溶解度与 PPO 的含量及正己烷的活度有关。正己烷的活度 α 定义为正己烷的蒸汽分压 P 与正己烷蒸汽压 P_o 之比，即 $\alpha=P/P_o$。

当 $\alpha=0.775$ 时，平衡溶解度随 PPO 含量的增加而提高。但活度很大时，平衡溶解度出现极小值，如图 5-26 所示。这是由于被吸附的正己烷使共混物的松弛性能发生变化的缘故。这一点可根据吸附等温线加以阐明。PPO、PS 及 PPO/PS（50/50）共混物对正己烷的吸附等温线见图 5-27。正如 Kambowr 所指出的，玻璃态聚合物对渗透剂的平衡溶解度常常是渗透剂活度的线性函数，当此活度很高、足以使聚合物的 T_g 降至测试温度以下时，平衡溶解度迅速提高。如图 5-27 所示，纯 PPO 无此现象，因为 PPO 的 T_g 较高，即使正己烷的活度为 1，也不能使其 T_g 降至测试时的温度。因此，图 5-26 中极小值的出现是由于 PPO 含量增加时，一方面使共混物的 T_g 提高，不利于对正己烷的吸附；另一方面，由于正己烷在 PPO 中的溶解度较大，所以，PPO 含量提高又有利于溶解度的增加。PPO 含量较小时，前一因素起主导作用；PPO 含量较大时，后一因素起主导作用。正己烷活度较小时之所以没有极小值出现，是由于这时共混物的 T_g 不能降至测试温度以下的缘故。

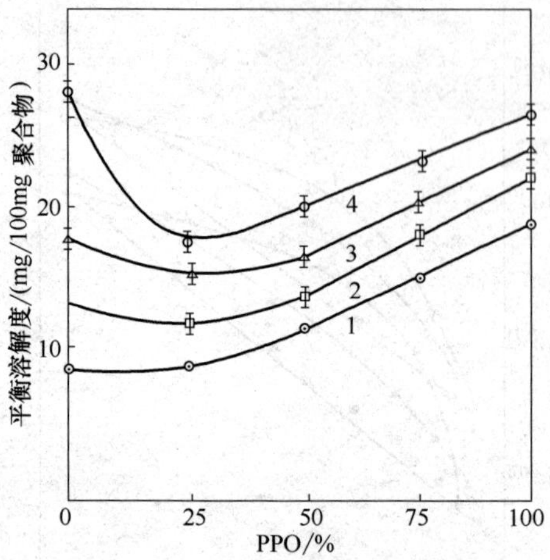

图 5-26　40℃时正己烷在 PPO/PS 中的平衡溶解度与组成的关系

1—α=0.775　2—α=0.925

3—α=0.98　4—α=1（纯正己烷）

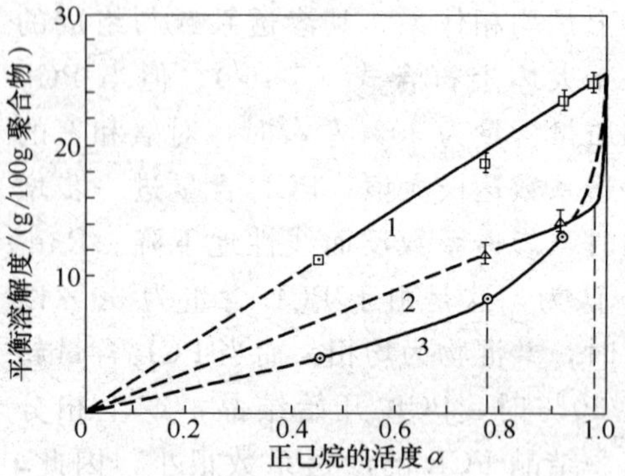

图 5-27　40℃时 PS、PPO 及 PPO/PS（50/50）对正己烷的吸附等温线

1—PPO　2—PPO/PS（50/50）　3—PS

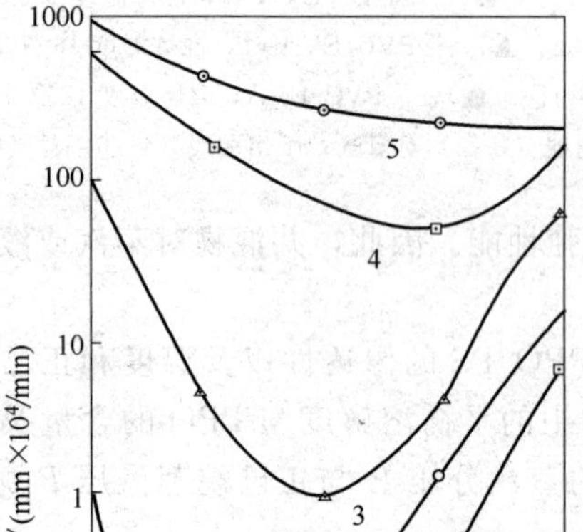

图 5-28　PPO/PS 共混物对正己烷的吸附速率与共混物组成的关系

1—T=30℃，α=0.775　2—T=40℃，α=0.925

3—T=50℃，α=1.0　4—T=75℃，α=1.0

5—T=85℃，α=1.0

吸附速率与共混物组成的关系和平衡溶解度与组成的关系基本相同。这是由于吸附速率的对数与平衡溶解度之间存在线性关系。吸附速率与组成的关系见图 5-28。吸附速率用前沿速率表示。所谓前沿速率就是已溶胀的外层与尚未溶胀的内层之间的分界线（即界限）向前推进的速率。在一定条件下，若不管共混物的组成怎样，样品中已被溶胀的部分恒处于高弹态（T=85℃，α=1）或玻璃态（T=30℃，α=0.775）时，前沿速率与组成为单调关系。但是，当测试条件使得样品中被溶胀部分的状态与组成有关（即 PS 含量较大时，为高弹态；PPO 含量较大时，为玻璃态）时，则出现明显的极小值。

共混物对蒸汽或液体的平衡吸附量与共混物中两组分分子间作用力有关。两组分间的 Huggins-Flory 相互作用参数 χ_{12} 越大，则平衡吸附量越小。因此，对渗透剂的吸附量也可作为探测共混物中组分之间相容性和作用力大小的一种很有前途的方法。

5.3　聚合物共混物的密度以及电学、光学、热性能

5.3.1　聚合物共混物的密度

聚合物共混物的密度，可根据倒数加和法则作粗略地估算：

$$\frac{1}{\rho_o}=\frac{w_1}{\rho_1}+\frac{w_2}{\rho_2} \tag{5-49}$$

式中　ρ_o——共混物的密度

ρ_1——组分 1 的密度

ρ_2——组分 2 的密度

w_1——组分 1 的质量分数

w_2——组分 1 的质量分数

当两组分之间不相容或相容性很小时，实测值与式（5-49）相当吻合。但当两组分之间相容性较好时，例如 PPO/PS、PVC/NBR 等，其密度可超过计算值的 1%～5%。这是由于两组分之间有较大的分子间作用力，使得分子间更加密切堆砌的缘故。PPO/PS 的密度与组成的关系见图 5-29。

某些组分间不相容的共混物，如 PMMA/PVC、PBMA/PVC 等，其密度亦比按式（5-49）计算的值大些。有人认为，这可能是由于两相界面区密度有所增加的原因。

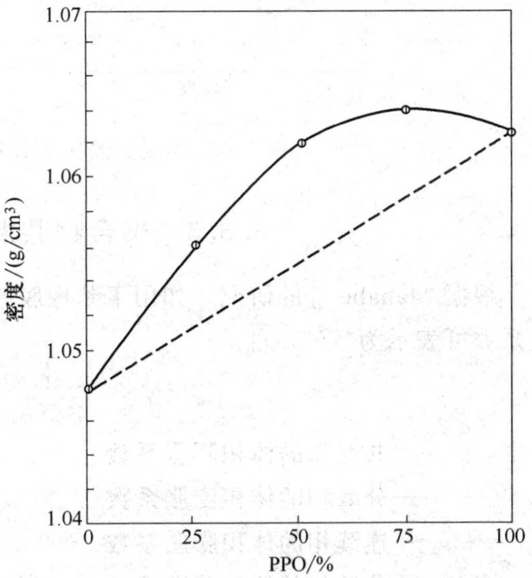

图 5-29　PPO/PS 共混物的密度与组成的关系

5.3.2　聚合物共混物的电性能和光性能

1. 电性能

共混物的电性能主要取决于连续相的电性能，例如聚苯乙烯和聚氧化乙烯的共混物。当聚苯乙烯为连续相时，共混物的电性能接近于聚苯乙烯的电性能；当聚氧化乙烯为连续相时，则与聚氧化乙烯的电性能相近。

2. 光性能

由于两相结构的特点，大多数共混物是不透明或半透明的。这种情况限制了共混物在某些方面，例如包装及装饰方面的应用。减小分散颗粒的尺寸，使其小于可见光的波长，可改进共混物的透明性。但分散相颗粒太小时，常使韧性下降。最好的方法是选择折射率相近的组分。若两组分的折射率相等，则不论微观形态结构如何，共混物总是透明的。例如，MBS 型树脂，是由苯乙烯-丁二烯共聚物与甲基丙烯酸甲酯-苯乙烯-丁二

烯三元共聚物共混而制得的抗冲丙烯酸酯类树脂，就是透明的。

透明 PVC 塑料已为人们所注目。用 MBS 改性的抗冲 PVC 具有很高的冲击强度和很好的透明度。

由于两种组分折光率的温度系数不同，共混物的透明性与温度有关。常常在某一温度范围有最大的透明度，如图 5-30 所示。

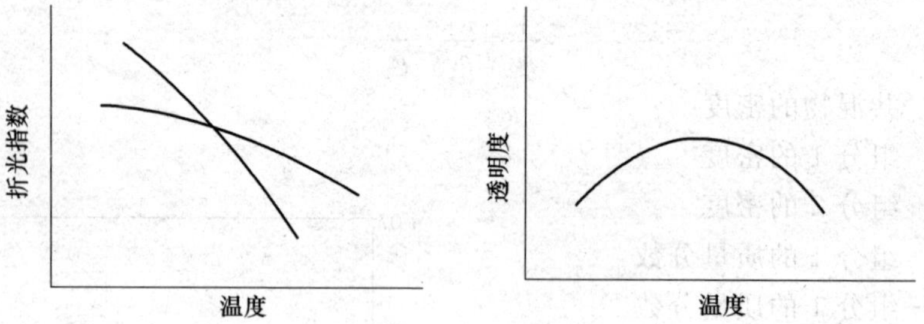

图 5-30　温度对橡胶-树脂两相共混物透明度的影响

5.3.3　聚合物共混物的热膨胀系数

根据 Manabe 等的研究，如用丁苯橡胶改性的聚甲基丙烯酸甲酯等共混物，其热膨胀系数可表示为（5-50）：

$$\alpha_c=\alpha_d\varphi_d+\alpha_p\varphi_p-\frac{4G_d(K_p-K_d)(\alpha_d-\alpha_p)\varphi_d\varphi_p}{4G_d(K_p-K_d)+K_d(3K_p-4G_d)} \quad (5\text{-}50)$$

式中　α_c——共混物的体积膨胀系数

α_d——分散相的体积膨胀系数

α_p——连续相的体积膨胀系数

φ_d——分散相的体积分数

φ_p——连续相的体积分数

K_d——分散相的体积模量

K_p——连续相的体积模量

G_d——分散相的剪切模量

此为简单的加和法则，当两种组分全部为高弹态或全部为玻璃态时，共混物的热膨胀系数常可按式（5-51）进行估算。

当 $K_p=K_d$时，则：

$$\alpha_c=\alpha_d\varphi_d+\alpha_p\varphi_p \quad (5\text{-}51)$$

最后，读者在阅读本章时，还可全面参考所附专著［29］和［30］。

参考文献

［1］ C. D. Han，Rheology in Polymer Processing［M］，Academic Press，New York，1976.

［2］ J. M. Davies，J. F. Hutton，K. Walters. Theory for normal stresses in slits and capillaries［J］. Journal of Physics D：Applied Physics. 1973，6（18）：2259.

[3] A. Bondi, In Rheology: Theory and Application [M]. V. 4, F. R. Eirich ed., Academic Press, New York, 1967.

[4] A. P. Plochocki. Effect of rheological parameters on phase morphology of poly blends: A route to computer aided design and development of industrial polyblends [J]. Polym. Eng. Sci., 1986, 26 (1): 82-91.

[5] C. D. Han. Multiphase Flow in Polymer Processing [M]. Academic Press, New York, 1981.

[6] L. A. Utracki, B. Schlund. Linear low density polyethylenes and their blends: Part 2. Shear flow of LLDPE's[J]. Polym. Eng. Sci., 1987, 27 (5): 367-379.

[7] L. Jorgensen. In Processing, Structure and Properties of Block Copolymers [M]. M. J. Folkes, ed., Elsevier Appl. Sci. publisher, London, 1985.

[8] F. S. Bates. Block copolymers near the microphase separation transition. 2. Linear dynamic mechanical properties [J]. Macromolecules, 1984, 17 (12): 2607-2613.

[9] H. Vanoene. Modes of dispersion of viscoelastic fluids in flow [J]. J. Collid Interface Sci., 1972, 40 (3): 448-467.

[10] D. R. Paul, et al., Polymer Blends, Vol. 1, Chapter 7 [M]. Academic Press, New York, 1978.

[11] C. D. Han, Y. W. Kim. Dispersed Two-Phase Flow of Viscoelastic Polymeric Melts in a Circular Tube [J]. Trans. Soc. Rheol, 1975, 19 (2): 245-269.

[12] R. F. Heitmiller, R. Z. Naar, H. H. Zabusky. Effect of homogeneity on viscosity in capillary extrusion of polyethylene [J]. J. Appl. Polym. Sci., 1964, 8 (2): 873-880.

[13] C. C. Lin. A mathematical model for viscosity in capillary extrusion of two-component polyblends [J]. Polym. J., 1979, 11 (3): 185-192.

[14] Z. Hasin. In Second-order Effects in Elasticity and Fluid Dynamics [M]. Mcmillan, New York, 1964.

[15] G. P. Andvianova, Rheological effects of structure formation in polymer melts [J]. J. Polym. Sci., Polym. Phys. B: Polym. Phys., 1975, 13 (1): 95-112.

[16] J. A. Manson, L. H. Sperling. Polymer Blends and Composites [M]. Plenum Press, New York, 1976.

[17] A. B. Bestul, H. V. Belcher. Temperature Coefficients of Non-Newtonian Viscosity at Fixed Shearing Stress and at Fixed Rate of Shear [J]. J. Appl. Phys., 1953, 24 (6): 696-702.

[18] G. V. Vinogradov, B. V. Yarlykov, M. V. Tsebrenko, A. V. Yudin, T. I. Ablazova. Fibrillation in the flow of polyoxymethylene melts [J]. Polymer, 1975, 16 (8): 609-614.

[19] 笠島正行，菅沼彰，国井大藏，伊藤滕彦. 異種高分子混合溶融体の流動特性 [J]. 高分子論文集，1979，36 (7)：481-488.

[20] C. D. Han, T. C. Yu, K. U. Kim. Rheological properties of molten polymers. I. Homopolymer systems [J]. J. Appl. Polym. Sci., 1971, 15 (5): 1149-1162.

[21] C. B. Bucknall. Toughened Plastics [M]. London. 1977.

[22] A. Lebovits. Permeability of polymers to gases, vapors, and liquids [J]. Modem. Plastics, 1966, 43 (7): 139-213.

[23] T. Alfrey, E. F. Gurnee, W. G. Lloyd. Diffusion in glassy polymers [J]. J. Polym. Sci. Part C: Polym. Symp., 1966, 12 (1): 249-261.

[24] L. E. Nielsen. Models for the permeability of filled polymer systems [J]. J. Macromol. Sci. -Chem., 1967, 1 (5): 929-942.

［25］ A. S. Michaels，H. J. Bixler. Solubility of gases in polyethylene［J］. J. Polym. Sci.，1961，50（154）：393-412.

［26］ D. R. Paul，et al.，Polymer Blends，Vol. 1，Chapter 10［M］. Academic Press，New York，1978.

［27］ B. G. Rånby. Two-component polymer systems：Physical properties as related to compatibility and interaction［C］. J. Polym. Sci.：Polym. Symp.，1975，51（1）：89-104.

［28］ C. H. M. Jacques，H. B. Hopfenberg. Vapor and liquid equilibria in glassy polyblends of polystyrene and poly（2，6-dimethyl-1，4-phenylene oxide）Part I［J］. Polym. Eng. Sci.，1974，14（6）：441-448.

［29］ L. A. Utracki. Polymer Alloys and Blends：Thermodynamics and Rheology［M］. Hanser Publishers，New York，1990.

［30］ L. H. Sperling. Polymer Multicomponent Materials［M］. John Wiley & Sons，New York，1997.

第 6 章　聚合物共混物的制备方法及相关设备

6.1　制备方法概论[1]

第 3 章已谈到制备聚合物共混物的方法主要有：物理共混法和共聚-共混法两类。此外还有 IPN（互穿聚合物网络）法。对各种方法所得聚合物共混物的微观形态及性能亦有所描述，已知各种共混法所得聚合物共混物的理想微观形态大多为稳定的微观多相体系，或者亚微观多相体系。这里的“稳定”体系指聚合物共混物在成型以及其制品在使用过程中不会产生宏观的相分离。某些场合，也能得到均相的共混物。影响聚合物共混物微观形态的最根本因素是共混组分的热力学相容性，但并非相容性好的共混体系就一定能形成理想的微观形态，因为还要受到共混方法及工艺条件的影响。所以，人们必然要研究各种各样的共混方法及相应的设备，以及工艺条件。需要指出的是，工程上对于方法、设备及工艺条件的考虑是多方面的，除了首先要顾及共混产物的微观形态、性能外，还要照顾到工艺过程实施的难易、设备造价、生产效率，甚至操作是否繁杂等问题。正是出于这样的多方面考虑，下面对各种共混方法进行梗概评述。

6.1.1　物理共混法

物理共混法是依靠物理作用实现聚合物共混的方法，工程界常称之为机械共混法，共混过程在不同种类的混合或混炼设备中完成。

大多数聚合物共混物均可用物理共混法制备。在混合及混炼过程中，通常仅有物理变化。有时，由于强烈的机械剪切作用及热效应使一部分聚合物发生降解、产生大分子自由基，继而形成少量接枝或嵌段共聚物。这类化学反应不应成为该过程的主体，否则将不属于物理共混法的范畴。

从物料形态分类，物理共混法包括粉料（干粉）共混、熔体共混、溶液共混及乳液共混 4 类。

1. 粉料（干粉）共混法

将两种或两种以上细粉状聚合物在各种通用的塑料混合设备中加以混合，形成各组分均匀分散的粉状聚合物混合物的方法称为粉料（干粉）共混法。用此种方法进行聚合物共混时，也可同时加入必要的各种塑料助剂（例如增塑剂、稳定剂、润滑剂、着色剂、填充剂等）。

经干粉混合所得聚合物共混物料，在某些情况下可直接用于压制、压延、注射或挤出成型，或经挤出造粒后再用以成型。可见，干粉共混法具有设备简单、操作容易的优点。其缺点为：

① 所用聚合物原料必须呈细粉状。若原料颗粒较大，尚需采用粉碎设备制粉。但

对许多韧性较大的聚合物，例如尼龙、聚碳酸酯等，粉碎相当困难，此类情况就得利用深冷粉碎技术制粉，能耗很大，使成本增高。在实验室小规模制粉，可利用溶剂溶解聚合物，再用非溶剂沉淀的方法实现，由于耗费大量溶剂也难以工业化。

② 干粉混合时，聚合物料温度低于它们的黏流温度（$<T_f$），物料不易流动，故混合分散效果较差。干粉共混聚合物成型后，相畴较粗大，制品的各项物理力学性能指标受到一定程度的影响，严重者还会造成制品各个部位性能的不一致。这种不良影响对于聚合物组分之间相容性欠佳的聚合物共混物尤为明显。

可见，一般情况不宜单独使用干粉共混法。然而，对于某些难溶难熔聚合物的共混仍有实用价值。例如，氟树脂、聚酰亚胺树脂、聚苯醚树脂、聚苯硫醚树脂等共混物的制取。此外，当共混聚合物组分彼此之间相容性较好，且一种组分用量相当少时，也可考虑采用干粉共混法。

干粉共混操作时，应注意下列事项：

① 聚合物粉料的粒度应相当微细，必要的粒度随聚合物种类、所用混合设备及工艺条件以及共混物料的成型方法等有所不同。

② 异种聚合物粉料的粒度和比重应比较相近，如此才易于均匀混合，且不致在运输、加工成型过程引起组分间的分层。

③ 如干粉共混时，还需加入增塑剂、润滑剂、防老剂等配合剂，需注意各聚合物组分对各种配合剂吸收能力有无明显差异。若吸收配合剂的能力区别较大，应按二段加料法进行共混，即首先将配合剂与吸收该配合剂能力弱的聚合物组分混合，操作一段时间后，再加入另一聚合物组分。否则，就会造成配合剂在不同聚合物组分中分配不平衡，影响制品性能。

2. 熔体共混法

熔体共混又称为熔融共混，此法系将共混所用的聚合物组分在它们的黏流温度以上（$>T_f$）用混炼设备制取均匀聚合物共熔体，然后再冷却、粉碎（或造粒）的方法。熔融共混过程示意图见图 6-1。

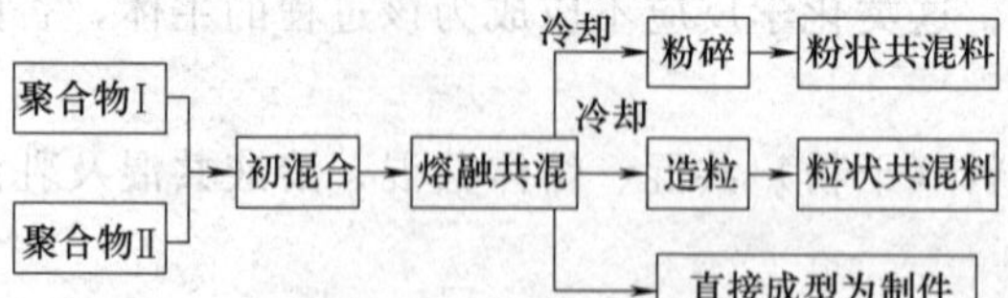

图 6-1 熔融共混过程示意

初混合的设备和操作情况类似于前文提到的干粉共混；但由于熔融共混法中的初混合并非最终的共混操作，所以聚合物原料在粒度上的要求不很严格。某些情况，也可不经初混合，而直接在混炼设备中熔融共混。

熔融共混法具有下述优点：

① 共混的聚合物原料在粒度大小及粒度均一性方面不如干粉共混法那样严格，所以原料准备操作较简单。② 熔融状态下，异种聚合物分子之间扩散和对流激化，加之混炼设备的强剪切分散作用，使得混合效果显著高于干粉共混，共混物料成型后，制品内相畴较小。③ 在混炼设备强剪切力作用下，导致一部分聚合物分子降解，并可形成一定数量的接枝或嵌段共聚物，从而促进了不同聚合物组分之间的相容。

选择熔融法共混时，应注意：

① 各原料聚合物组分均应为易熔聚合物。聚合物熔融温度过高时，会给混炼设备的制造带来较大的困难。

② 一般情况下，各原料聚合物组分的熔融温度和热分解温度应相近，以免在一种聚合物组分的熔融温度下，引起另一种聚合物组分的分解。这一问题对于热敏性聚合物的共混尤其需要注意。

③ 各原料聚合物组分在共同混炼温度下，应具有相近的熔体黏度，否则难以获得均匀的共混体系。

④ 各原料聚合物组分在共同混炼温度下的弹性模量值不应悬殊过大，因为弹性模量的差异会导致各聚合物组分受力不均，混炼设备所施加的剪切力将主要集中在弹性模量高的聚合物组分上，从而影响混合效果，还可能引起一种聚合物组分的过度降解。

⑤ 在其他工艺条件相同情况下，延长物料的被混炼时间或增加混炼操作次数，在一定范围内虽可提高共混物料的均匀性，但应避免聚合物有可能出现的过度降解，以及由此引起聚合物共混物料性能的劣化。

熔融共混法是一种最常用的聚合物共混法，它与初混操作配合一般可取得较满意的混合效果。其中，挤出共混具有操作连续、省劳力、设备结构简单、维修方便、体积小等优点，因而应用最广泛。

3. 溶液共混法

将各原料聚合物组分加入共同溶剂中（或将原料聚合物组分分别溶解、再混合）搅拌溶解混合均匀，然后加热蒸出溶剂或加入非溶剂共沉淀便获得聚合物共混物。

溶液共混法适用于易溶聚合物和某些液态聚合物以及聚合物共混物以溶液状态被应用的情况。此法在实验研究工作中有一定的意义，例如在初步观察聚合物之间的相容性方面，可根据聚合物共混物的溶液是否发生分层现象以及溶液的透明性来判断，若出现分层和浑浊，则认为相容性较差。但因溶液共混法所制之聚合物共混物混合分散性差，且此法消耗大量溶剂，因而工业上意义不大。

4. 乳液共混法

乳液共混法的基本操作是将不同种的聚合物乳液一起搅拌混合均匀后，加入凝聚剂使异种聚合物共沉析以形成聚合物共混体系。

当原料聚合物为聚合物乳液或共混物将以乳液形式被应用时，此法最有利。此法常与后面讲的共聚-共混法联用，还可作为熔融共混的预备性操作。单一地使用乳液共混法尚难获得相畴细微的聚合物共混物。

6.1.2　共聚-共混法

共聚-共混法制取聚合物共混物是一种化学方法，这一点与机械共混法显著不同。共聚-共混法又有接枝共聚-共混与嵌段共聚-共混之分，在制取聚合物共混物方面，接枝共聚-共混法更为重要。

接枝共聚-共混法的典型操作程序是，首先制备一种聚合物（聚合物组分Ⅰ），随后将其溶于另一聚合物（聚合物组分Ⅱ）的单体中，形成均匀溶液后再依靠引发剂或热能的引发使单体与聚合物组分Ⅰ发生接枝共聚，同时单体还会发生均聚作用。上述反应产物为聚合物共混物，它通常包含 3 种主要聚合物组分，即聚合物Ⅰ、聚合物Ⅱ及以聚合物Ⅰ为骨架接枝聚合物Ⅱ的接枝共聚物。接枝共聚组分的存在促进了两种聚合物组分的相容，所以，接枝共聚-共混产物的相畴较机械共混法产物的相畴微细。影响接枝共聚-共混产物性能的因素很多，其中主要有原料聚合物组分Ⅰ和Ⅱ的性质、它们的比例、接枝链的长短和数量等等。

接枝共聚-共混法制得的聚合物共混物，其性能通常优于机械共混法的产物，所以近年来发展很快，应用范围逐渐推广。目前，主要用于生产橡胶增韧塑料。例如抗冲聚苯乙烯及 ABS 树脂在早期虽然曾用机械共混法制取，但现已几乎全被接枝共聚-共混法所取代。另外，橡胶增韧聚氯乙烯等也开始研究用此法生产。

接枝共聚-共混法生产聚合物共混物所使用的设备与一般的聚合设备相同，即间歇式聚合釜或釜式、塔式等连续操作设备。在操作方式上，除上述本体法外，还有本体-悬浮法、乳液法等等。有关接枝共聚-共混法的详细工艺，本书将结合聚苯乙烯的共混改性作进一步的介绍。

6.1.3　IPN 法

IPN 法形成互穿网络聚合物共混物，是一种以化学法制备物理共混物的方法。其典型操作是先制备一交联聚合物网络（聚合物Ⅰ），将其在含有活化剂和交联剂的第二种聚合物（聚合物Ⅱ）单体中溶胀，然后聚合，于是第二步反应所产生的交联聚合物网络与第一种聚合物网络相互贯穿，实现了两种聚合物的共混。在这种共混体系中，两种不同聚合物之间不存在接枝或化学交联，而是通过在两相界面区域不同链段的扩散和纠缠达到两相之间良好的结合，形成一种互穿网络聚合物共混体系，其微观形态为两相连续。

IPN 法虽然开发较晚，但发展很快。以具体操作方式而言，前述之典型操作可称之为分步 IPN 法。该法虽然可得到形态均匀稳定的共混体系，而且可根据交联固化顺序的不同而调整和改变共混物性能，但其产物成型加工成制品却是困难的。同步 IPN 法的开发使方法实施和产物加工都更方便一些，并且可在更宽广范围内改变产物的化学组成。此外，还有胶乳 IPN 法为制造具有核-壳结构的 IPN 类共混物创造了多种途径。有关 IPN 法及 IPN 类共混物的详细情况参见本书第 15 章，就其方法的特点和共混组成的局限性，IPN 法对于聚合物共混物的制备而言，只能是一种特殊的方法。

6.2　物理法共混过程原理[2-3]

由前所述的聚合物共混物制备方法中，物理法共混是主流，尤为重要的是物理法中的粉料和熔体共混法。

所谓共混，从物理过程而言，其实质是一般工程上的混合，是一种为提高混合物均匀性的操作过程。混合过程中，在整个系统的全部体积内，各组分在其基本单元没有本质变化的情况下进行细化和均化分布，也就是说纯粹的物理混合过程包括分布混合作用和分散混合作用两方面。分布混合作用指不同组分相互分散到对方所占据的空间中，使两种或多种组分所占空间的最初分布情况发生变化并达到均化，如图 6-2 所示。分散混合作用则指参与混合的组分发生颗粒尺寸减小的变化，极端情况达到分子程度的分散，如图 6-3 所示。实际的混合过程，分布作用和分散作用大多同时存在，即在混合操作中，通过各种混合机械供给的能量（机械能、热能等）的作用，使被混物料粒子不断减小并相互分散重新分布，最终形成在某种尺度范围内均匀的混合物。

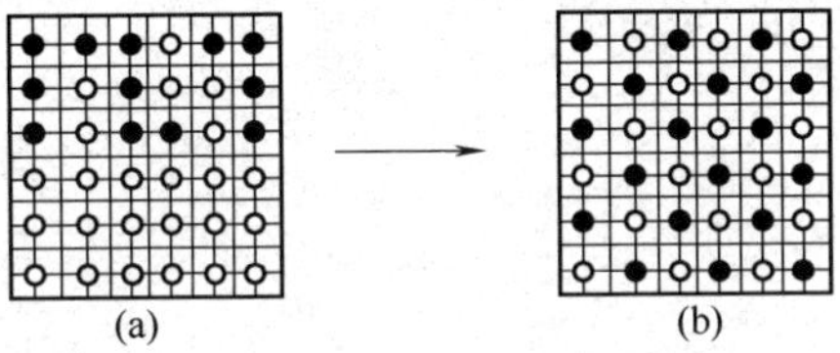

图 6-2　混合过程中分布作用示意图

（a）混合前　（b）混合后

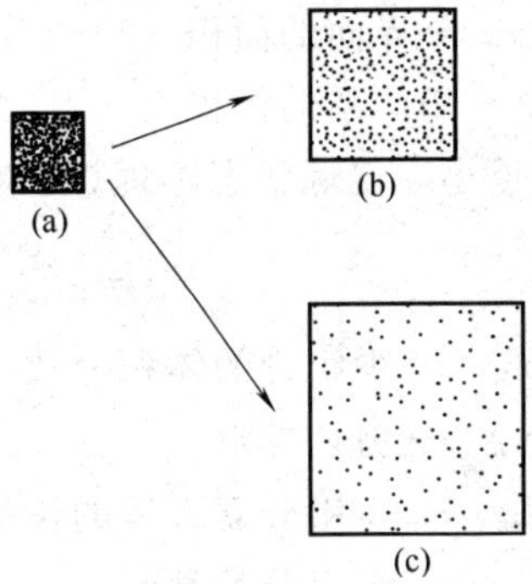

图 6-3　分散作用示意图

（a）分散前　（b）颗粒减小　（c）分子分散

物料的混合过程通常依靠扩散、对流和剪切 3 种作用来完成。参与混合各组分在不同区域的浓度差是扩散作用的推动力，各组分的微粒总是从浓度较高的区域向浓度低的区域迁移。对流作用是各种物料在空间位置上相互变换，机械搅拌是促进对流作用的主要手段。剪切作用是利用剪切力，促使物料颗粒产生变形（偏转与拉长）以致破碎分散。

对于低分子气体和液体物质的混合，其扩散作用是明显的，同时其对流作用也不需强大的推动力就可进行。相反，对于高分子聚合物（不存在气态），即使处于液态（溶液或熔体），由于大分子移动的黏滞性，分子扩散作用在聚合物共混过程中的效应完全可以忽略不计。至于对流作用，若无强大的推动力，也不会有显著的效果。强制对流则是聚合物物理共混过程中的必要措施，对流作用对于物料的分布混合至关重要。聚合物共混过程中的分散作用主要依靠剪切，剪切使物料粒子或凝聚体产生变形，聚合物共混时，作为分散相的聚合物粒子或凝聚体受剪切作用从大到小分散于作为连续相（基体）聚合物的过程见图 6-4。由图可知，粒子或凝聚体的分散与凝聚是处于动态平衡的，只有当剪切作用足够充分，且共混聚合物组分之间有较好的热力学相容性，分散相粒子或凝聚体才可能被破碎并维持在一较小的尺寸水平上。剪切分散效果与剪切力的大小、作用力的距离和作用力的方向有关。剪切力越大、作用力的距离越小时，越有利于混合分散。剪切力对物料的作用方向，最好能不断地作 90°角的变换，即

图 6-4　共混过程中粒子分散作用示意图

希望能使物料连续承受互为90°的剪切力的交替作用，以提高混合效果。

关于聚合物液珠的剪切变形及其流体力学稳定性问题已在本书第3.4.2节中讨论，两相黏度比λ和参数K是两个决定性参数。

Mohr等根据条纹厚度理论对层流剪切进行分析，定义条纹厚度M：

$$M=\frac{2}{S/V} \tag{6-1}$$

式中 S——界面的面积

V——体系的体积

M越小，混炼状态越理想。对于两组分黏度不同的场合，M可表示为：

$$M=\frac{L_2}{\gamma Y_2}\cdot\frac{\mu_2}{\mu_1} \tag{6-2}$$

式中 Y_2——少组分的体积分数

γ——剪切变形

L_2——少组分立方体的长度

μ_1——多组分的黏度

μ_2——少组分的黏度

剪切变形γ越大，M越小，混炼效果越好。少组分的黏度比主要组分黏度大时（聚合物共混混炼大多为此种情况），必须使剪切变形γ较大，才能得到良好的混炼状态。

塑料工程中使用的各种混炼机械，除对物料施以剪切力外，还常辅以挤压力，挤压可以提高物料的密度，增加剪切效率，而且当物料被挤压时，物料内部因流动剪切而变形，促进了混合分散。混炼过程中的拉伸，同样可以使物料变形，起到与剪切相似的破碎分散作用。

对流体进行分流（如后述之静态混合器）也起到分散作用，它和剪切分割可视为作用方式的“对映体”，被分流的流体再次汇集时，必须以新的分布状态重新组合才能实现物料的分散作用。

6.3 混合状态的描述

前已述及，混合包含组分的分布和分散两方面，对于聚合物共混体系，当形成一相连续、一相分散的“海—岛”式形态结构时，作为分散相的粒子，其分布的均一性和分散程度可用以描述混合状态。

用光学显微镜及电子显微镜虽然可以直接观察混合试样的分布及分散状态，但如果不对图像进行统计分析，就不能为人们提供全面和正确的判定。因为每一张显微照片，它所呈现的尺度是极小的，不能完全代表试样的宏观状态。

下面介绍统计学上的混合指标[3]：

（1）平均粒径 为表示分散相的分散程度，引入平均粒径的概念。平均粒径有平均算术直径$\overline{d_n}$和平均表面直径$\overline{d_s}$。

$$\overline{d_n}=\frac{\sum n_i d_i}{\sum n_i} \tag{6-3}$$

$$\overline{d_o}=\frac{\sum n_i d_i^3}{\sum n_i d_1^2} \tag{6-4}$$

式中　d_i——分散相粒子 i 的粒径

n——分散相粒子 i 的数目

之所以引入平均表面直径，是因为直接影响聚合物共混物力学性能的主要因素是粒子的球体表面积而不是直径，而球体表面积与直径成三次方关系。$\overline{d_o}$比$\overline{d_n}$能更好地反映出分散程度与力学性能之间的关系。另外，即使平均粒径一样，其粒径也会因分布不同而有所不同，甚至差别很大，这与聚合物分子量分布的概念一致。所以，在研究混合分散状态时，不仅要知道平均直径，而且还要获取粒径分布的信息。目前已有与电子显微镜配合的图像自动分析仪，帮助人们正确掌握分散相粒子的平均直径及粒径分布状况。

（2）总体均匀度　这也是一种定量度量，它表明了遍及目标系统或所分析系统的少组分分布优度，对于聚合物共混物，一般情况下（不是所有情况）可认为分散相为少组分。

在判定混合状态时，人们常用理想的混合状态来表示希望达到的混合状态，在这种混合状态下，由混合物取出的所有试样中，少组分的浓度都是相同的。但是，从统计学上说，混合过程大多是无规的或假无规的，因而不可能获得理想的混合状态，而是一种二项分布的少组分浓度分布。在这种分布中，最大可能得到的均匀度或混合状态是：在混合物的任何部位，任何组分出现的概率是恒定的，或者说，在这样的混合物中，在任何部位找到一个少组分分散相微粒的概率都是一样的，而且等于少组分分散相在整个混合物中的体积分数。实际上，当测定由混合过程所得混合物的若干试样中少组分的含量时，它们总是不同的。因此，用试样中少组分浓度的方差与二项分布方差作比较，定义为少组分的总体均匀度 M：

$$M=\frac{S^2}{\sigma^2} \tag{6-5}$$

式中　σ^2——二项分布方差

S^2——试样中少组分浓度方差

σ^2用下式表示：

$$\sigma^2=\frac{P(1-P)}{n} \tag{6-6}$$

式中　P——少组分的体积分数

n——取出的试样中共含有的颗粒数，包括多组分和少组分（这里是把多组分假想成许多颗粒，其每一颗粒的体积和少组分每一颗粒的体积相同）

试样少组分浓度方差 S^2 被定义为：

$$S^2=\frac{1}{N-1}\sum_{i=1}^{N}(X_i-\overline{X})^2 \tag{6-7}$$

式中　X_i——试样 i 中少组分的体积分数

$\overline{X}$——试样中少组分的平均体积分数，即：

$$\overline{X}=\frac{1}{N}\sum_{i=1}^{N}X_i \tag{6-8}$$

N——试样数目

显然，对于无规混合，$M=1$，对于一种完全分离系统的未混合状态（这时试样只包含多组分或者只包含少组分），方差为 $\tau_0^2=P(1-P)$，则 $M=n$（n 是试样中颗粒的总数）。

（3）分离尺度　分离尺度是混合物中相同组分区域平均尺寸的度量，即少组分的粒度。对于理想的混合，其分离尺度应当减少到最终粒子的尺度，在最低限，这将是分子大小。在数学上，把分离尺度 S 定义为被距离 r 分开的两点处浓度（体积百分率）间相关系数 $R(\mathrm{r})$ 的积分（其积分限为 $0\sim\zeta$），即

$$S=\int_0^{\zeta}R(r)\mathrm{d}r \tag{6-9}$$

在零处，两点有相同的浓度，它们完全正相关，即 $R(0)=1$；在 ζ 处，两点浓度不相关，即 $R(\S)=0$。分离尺度与 r 有相同的量刚。相关系数 $R(\mathrm{r})$ 由下式定义

$$R(r)=\frac{\sum_{i=1}^{N}(X'_i-\overline{X})(X''_i-\overline{X})}{NS^2} \tag{6-10}$$

式中　X'_i、X''_i——分别是相距为 r 两点处的浓度

$\overline{X}$——平均浓度

N——所取浓度的总对数

S^2——方差，根据所有点的浓度计算

$$S^2=\frac{\sum_{i=1}^{N}(X_i-\overline{X})^2}{2N-1} \tag{6-11}$$

相关系数在 $-1\sim1$ 间变化，1 表示完全正相关，即每对点有相同的浓度；-1 表示完全负相关，即一点是纯粹少组分，另一点是纯粹多组分。

分离尺度可以沿一条直线或遍及一个平面或在一个体积中进行计算，这取决于浓度点如何选取。r 与分离区的尺寸有关，这就是用 $R(\mathrm{r})$ 来定义分离尺度的原因。

（4）分离强度　分离强度是测得的方差除以完全分离系统的方差所得到的比值，定义为

$$I=\frac{S^2}{\sigma_0^2} \tag{6-12}$$

若把浓度取作试样中少组分的体积分数，则对于完全分离的系统来说，浓度或者是 1，或者是零。$I=1$，表示彻底分离，因为这时任意点的浓度或者是纯粹的少组分，或者是纯粹的多组分。当浓度均匀时，因为 $S^2=0$，故 $I=0$。可见分离强度反映了不同区域中浓度对其平均值的偏离，而不是对区域尺寸的偏离。

关于分离尺度和分离强度的区别，可以通过考察将分开的两组分如何混合在一起加以说明。如果两组分被分为更小的体积单元，然后混合，那么分离尺度可减小。另一方面，如果每一组分的一部分逐渐传递到另一组分占据的空间，那么分离强度就减小。这两个过程都会使系统趋向均匀。从概念上说，分离尺度是被分离组分区域的大小，而分离强度是人们所感兴趣的物料特性的相对浓度在两个区域中的差，即两个区域纯洁度之间的差，因为两个不同组分不能等同地占据空间，故在研究一个系统以决定它的分离强

度时，人们实际上是在被分离的组分区域中来观察分离尺度的。Mohr 和 Coworkers 从本质上区分了分离尺度和分离强度，认为前者要靠机械能来完成，而后者只要通过扩散即可完成。分离尺度可用两界面的平均距离来确定，它是同一组分结块间的距离，或者是组分未分布开部分的大小的度量。

在直观描述混合物的混合状态中，有时还会遇到所谓织态（texture）结构的概念。它是指虽然在被研究的若干试样中，少组分的含量相同（即具有相同的总体均匀度），但每个试样中少组分的分布很不一样，如果这种少组分是颜料或带色物质，就会形成甚至用肉眼可辨的斑点、条纹、斑痕等图样，把这样形成的图样称为织态结构。因此，织态结构实质上表示出了少组分分布的不均匀性。织态结构的出现，在聚合物加工中是一种普遍现象，因为层流混合和分布性混合不可避免地会形成织态结构。由于这种织态结构可用肉眼辨识，而混合物的某些性能又与织态结构有关，因此可以根据织态结构来判断混合均匀与否，分析形成织态结构的原因。

应当指出，总体均匀度、分离强度、分离尺度适于不同的研究尺度。总体均匀度用于被研究对象的整体、整个系统、全部试样尺寸或大小，而分离强度和分离尺度则是研究织态结构的。前者不是精确确定的，只表示一个数量级（长度、面积或体积），而表征织态结构的分离强度和分离尺度的研究尺度应比织态结构的“粒度”大，又比整个系统小。

总体均匀度、分离尺度、分离强度在数学、物理概念上都是非常明确而严格的，但实用尚存在困难，实践中常用直接观察和若干间接方法来表征混合状态。聚合物共混物的混合状态要比一般粉粒料的混合状态复杂得多，需要用形态结构的概念来说明。但以上关于混合的基本概念还是有意义的。

6.4　聚合物共混设备简介[2-4]

6.4.1　粉料共混设备

粉料共混设备通常用在熔体共混的初混（预混）步骤，某些情况，也可以作为掺混步骤。粉料共混所用设备几乎全为间歇式，虽然这类设备总共可列举十余种，但目前在聚合物粉料共混过程中得到广泛应用的主要为高速捏合机和 Z 形捏合机两种。

（1）高速捏合机　高速捏合机是当今塑料工业中应用最普遍的混合机，物料在高速捏合机圆筒内的流动方向，是先被高速旋转的桨叶甩向器壁，然后沿壁面向上再从中部落下。折流板断面呈流线形，其高度和角度可调，因而使料流受到扰动，加强了混合效果。搅拌叶的形状、层数、安装高度也可根据物料特性和混合要求而变化。高速捏合机的搅拌速度一般分为二档，起动时用低档（约 500r/min），混合操作主要在高档速度（约 1500r/min）下进行。

高速捏合机有夹套可通蒸汽或依靠电热来加热物料，但由于高速剪切混合作用产生的摩擦热足可使物料达到必要的塑化温度，夹套加热一般仅为备用。温度测量用的热电偶置于折流板空腔内，并与自控仪表连接。

高速捏合机主要优点是生产效率高、混合（主要是分布作用）效果好、物料适应性强（粉料、粒料、短纤维料均可）。操作中特别要注意的是，切勿使物料温度高于软化点，以及不能使用过多的液体助剂，否则造成物料结团，不仅达不到混合目的，还会无法卸料（卸料口在机筒下方，尺寸较小），甚至导致设备损伤。

（2）Z形捏合机　Z形捏合机主要由机箱、Z形桨和驱动装置组成。机箱上部开口成矩形，底部近似W形，箱体外有夹套可通蒸汽加热；Z形桨由驱动装置带动，一支桨为主动，一支桨为从动，两支桨一般为异向旋转，并有一定速比，速比通常为(1.5～2)∶1。物料在Z形捏合机中混合将受到一定的挤压和剪切作用，作用的强度与桨叶形状、两桨叶速度和速比等有关。但总的来说，Z形捏合机的主要作用是分布混合而不是分散混合。Z形捏合机曾经是粉料混合最通用的设备，但因其生产效率较低、劳动强度大、能耗高，近年来已逐渐被高速捏合机所代替。在纯粹的聚合物共混场合虽然没有必要使用Z形捏合机，但当同时进行填充改性（尤其加入非粉状填料时），以及有较多的液体助剂时，Z形捏合机仍有一定的使用价值。因为它比较适合于黏稠的物料。

6.4.2　熔融共混设备[2-6]

（1）开炼机　开炼机的主要工作部件是相向旋转的两个辊筒，辊筒内部可通蒸汽加热以及通冷水冷却，以便控制混炼的温度。两辊转速不等，速比一般为（1.05～1）∶1。两辊之间的辊隙可调，通常开始加料时稍大，物料软化包覆辊筒后即可调小辊隙。

用开炼机进行熔体共混的物料是否要经过粉料预混，要随参与共混的聚合物特性、使用助剂的种类以及共混物应用范围等多方面因素而定，可参见本书后面各种聚合物共混改性的章节。

操作时，将物料堆放于辊筒上方，由于辊筒旋转，依靠摩擦力和黏附作用而被拉入辊隙，在辊隙内物料受到强烈挤压和剪切作用，起到分布和分散混合的作用。物料受热（蒸汽加热及摩擦热）软化，辊压成片，一般使之包覆于温度较高的前辊，操作者应用铜质刀具不断切割翻滚料片，以促进物料充分的混炼（均化）。开炼机操作虽然繁重，安全性及卫生性差，但因操作直观，工艺条件易于调整，对各种物料适应性强，设备结构比较（与密炼机相比）简单，设备规格大小齐全，因此不论在工业上还是实验室，这种设备仍然在聚合物共混以及塑料配料、配色以及复合方面大量使用。

（2）密炼机　为克服前述开炼机的诸多缺点而开发了密炼机。由于密炼机的混炼室是密闭的，因而操作安全、物料损耗少、工作环境得以改善，同时还提高了生产效率。

密炼机的主要部件是一对转子和一个塑炼室。转子的横切面呈梨形，并以螺旋的方式沿着轴向排列。当其转动时，被塑炼物料的移动不仅绕着转子，而且也顺着轴向。转子转动方向是相反的，转速也略有差别，而两个转子的侧面顶尖以及顶尖与塑炼室内壁之间的间距都很小。因此，转子在这些地方扫过时都对物料施有强大的剪切力。塑炼室的顶部设有由压缩空气操纵的活塞，借以压紧物料而使其更有利于塑炼。密炼机的特点是能在较短的时间内给予物料以大量的剪切能，而且是在隔绝空气下进行工作的，所以在劳动条件、塑炼效果和防止物料氧化等方面都比较好。

密炼机塑炼室的外部和转子的内部都开有循环加热或冷却载体的通道，借以加热或冷却物料。由于内摩擦生热的关系，物料除在塑炼最初阶段外，其温度常比塑炼室的内壁高。当物料温度上升时，黏度随即下降，因此，所需剪切力亦减少。如果塑炼中转子是以恒速转动，而且所用电源的电压保持不变，则常可借电路中电流计的指示来控制生产操作。密炼后的物料一般呈团状，为了便于粉碎或粒化，还需用双辊机将它辊成片状物。

（3）单螺杆挤出机　单螺杆挤出机在塑料加工领域应用极为广泛，用单螺杆挤出机熔融共混生产聚合物共混物粒料或者直接生产共混改性制品也是比较适宜的，因为它具有操作连续、密闭、混炼效果较好、对物料适应性强等优点。典型的单螺杆挤出机结构如图 6-5 所示。

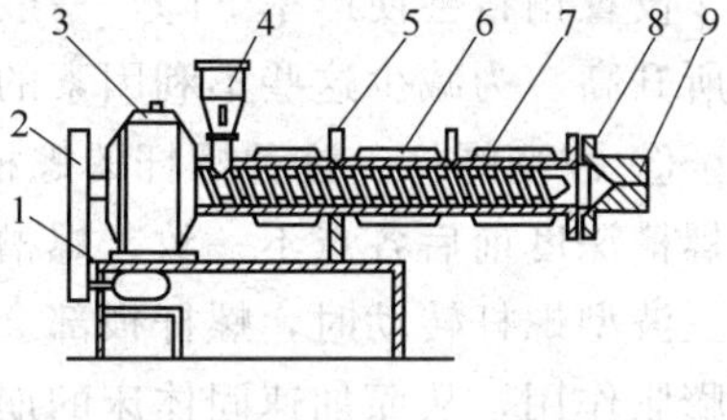

图 6-5　单螺杆挤出机示意图

1—电动机　2—皮带轮　3—变速箱　4—料斗　5—温度计　6—机筒　7—加热元件　8—过滤板　9—机头

用单螺杆挤出机进行共混时，其各组分必须经过初混。经初混合后的共混料（也可包含其他必要的助剂）由料斗加入，随螺杆的旋转，物料向机头方向推进，并经历固体输送、熔融、熔体输送和混合等区段。在固体输送区，只是在开始时固体物料粒子之间有很小的相对位移。一旦形成固体塞，所有粒子就变成一个整体向前输送，不会发生粒子间的混合。随着物料的行进，在外热和摩擦剪切热的作用下出现熔膜，当熔膜厚度超过螺杆与机筒间的间隙时，熔膜被移动的螺棱刮下，汇集到螺棱前面而形成熔池，物料继续向前输送，固体全部转化为熔体并进入熔体输送区。在熔融区的固相内各颗粒之间仍无相对移动，因而不会有混合作用，但在熔膜中混合已经开始，在熔池中形成了环状层流混合。在熔体输送区，混合作用充分，因此又称为熔体均化区。综上所述，在单螺杆挤出机中，只有当物料熔融后，混合才得以显著进行。

单螺杆挤出机的最关键部件是螺杆，螺杆的几何参数，诸如直径、长径比、螺槽深度、螺槽深度或宽度变化（比例）、螺杆各段长度比、螺旋角、螺棱宽度等都不同程度地影响着混炼效果或输送能力。此外，螺杆转速、表面光洁度、料筒的结构特征也都有一定影响。

为了提高普通单螺杆挤出机的混炼效果，人们进行了多方面的改革，重点是采用了各种新型螺杆和混炼元件，它们一般都可同时起到提高塑化质量和混合质量的作用，但侧重点彼此有所不同。应用较广泛的新型螺杆和混炼元件介绍如下。

① 屏障型螺杆。这种螺杆是在普通螺杆熔化段再附加一条螺纹，把原来一条螺纹所形成的螺槽分成二个窄的螺槽，其中一条与加料段螺槽相通，另一条与熔体输送段相通。附加螺纹与机筒壁的间隙 δ 比普通螺杆与机筒壁的间隙稍大，随着物料向前输送，已熔的物料将越过间隙进入液相螺槽，而未熔融的固体粒子不能通过间隙而留在固相螺槽中。附加螺纹把固液相分离，有利于熔融（使固相保持与机筒壁接触）、均化温度（已熔物料不再受过大剪切）和低温挤出。选较小 δ 值，相对来说，可形成较强的剪切，更有利于混合作用的发挥。除上述附加螺纹式的屏障螺杆，还有在螺杆的中部或端部设

置具有屏障性能混炼段型式的屏障型螺杆。

② 销钉型螺杆。销钉型螺杆是在靠近熔化段末端到计量段这一区间设置一组或几组带有销钉的混炼段而得名的。

一般而言，销钉的设置可以促进固体床破碎和熔融，可以增加摩擦剪切、分割料流，起到提高混合效果的作用。但销钉的设置位置、数量、排列方式、几何形状和尺寸的不同会产生不同的影响。如设置销钉主要是为了增加熔融速率，一般应将其置于螺杆的熔融区；如果是为了混合、均化温度和获得低温挤出，则应设在螺杆的计量区。

仅在螺杆上设置销钉，由于没有很窄间隙的高剪切区，其提高剪切应力的作用很有限，所以在机筒内壁相应设置销钉才能更有效地提供分流、剪切等混合作用。

设置销钉会使产率下降，一般每一圈可能减少产率 5%～15%，同时还使物料温度有所升高。为减少这些不利因素的影响，可适当加深螺槽的深度。

③ 波型螺杆。这种螺杆的螺槽根部是偏心的，偏心部位沿轴向按螺旋形移动，由于螺槽深度前后各点不一致，螺槽彼此的连接就呈现波浪的形式。

波型螺杆转动时，螺杆根部会产生周期性的起伏运动，使得固体床受到重复的压缩和膨胀作用，从而加速固体床的崩溃，有利于混合。在波型螺杆的波峰处，由于剪切间隙很小、熔体在此受到高剪切速率下的进一步剪切和均化，如果有固相颗粒，在此就有助于分散混合。在波谷处的物料因螺槽较深，受到的剪切作用弱，压力较低，停留时间也较长，有利于分布性混合和热量的均化。

波型螺杆的流体阻力小，产量高，塑化及混炼效率高，对物料的适应性强，所以不论在一般塑料的配混，还是在聚合物共混方面，都有很好的应用价值。

此外还有 DIS 螺杆，DIS 是 Distributive 的缩写，即分布之意。DIS 螺杆是配备一种特殊 DIS 元件的螺杆。

还有一类配置静态混合器的单螺杆挤出机。前述各类混合、混炼设备均依靠机械运动使物料得以分散、混合。静态混合器则完全不同，它是一类使流体在流动过程中不断被静止的设备构件所分割的渠道式连续混炼设备。这种混合器装于挤出机的挤出部分与口模之间，不能单独使用。

静态混合器最早出现于 1965 年，其主要形式之一是美国 Kenics 公司首先创制的 Kenics 静态混合器。这种静态混合器由一些短的螺旋形元件构成，这些元件有右旋和左旋两种，它们交替排列，互成 90°焊接在一起，将焊接后的螺旋元件系列装于管道中即构成静态混合器。通常，每个螺旋元件的长径比约为 1.5∶1，根据不同的使用条件，螺旋元件的材质可选择碳钢、合金钢，甚至玻璃、陶瓷和增强塑料。

以上所介绍的几种改进型单螺杆以及静态混合器的配置，在改善普通单螺杆的混合效率方面均有一定作用。其中销钉型螺杆、DIS 螺杆的分布混合性能较好，而屏障型螺杆对分散性混合更有效，若将它们恰当组合，形成组合型螺杆，其分布及分散混合效能就会均衡发挥，故而近年来又有所谓组合型螺杆问世。不过，组合型螺杆在设计和制造上都相当复杂，失去了单螺杆挤出机结构简单、制造方便、造价低的优势。在聚合物共混领域的应用，不论是单独改进型还是综合改进型（组合螺杆），都不如下面所介绍的双螺杆挤出机更为普遍和重要。

（4）双螺杆挤出机　双螺杆挤出机在机筒中有两根螺杆，其机筒呈“∞”字形，如图 6-6 所示。由于它具有可以直接加入粉料、混炼塑化效果好、物料在机器中停留时间分布窄、生产能力高等一系列优点，已在塑料混配和成型加工领域获得越来越广泛的应用，尤其在塑料填充、共混改性以及硬 PVC 制品的生产方面更有单螺杆挤出机无法比拟的特长。

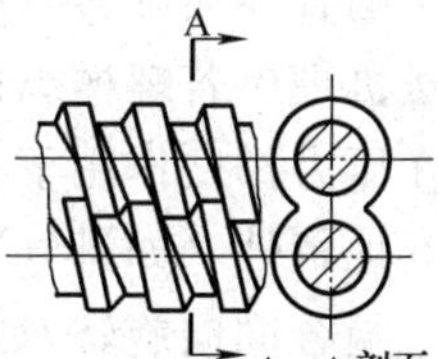
A—A 剖面

图 6-6　双螺杆挤出机示意图

双螺杆挤出机的种类很多，从不同角度可分为平行和锥形双螺杆挤出机、同向旋转和异向旋转双螺杆挤出机、啮合型与非啮合型双螺杆挤出机，还可以按啮合型螺槽是否开放而分类。主要双螺杆结构见表 6-1 及图 6-7。

表 6-1　主要双螺杆挤出机结构分类

螺杆啮合情况		系统	异向旋转	同向旋转
啮合	全啮合	纵向、横向管封闭	1 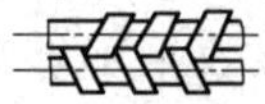	2　理论上不可能
		纵向开放 横向封闭	3　理论上不可能	螺杆　4 
		纵向、横向皆开放	5　理论上可能，但实际上不能实现	捏合盘　6 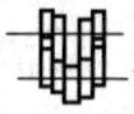
	部分啮合	纵向开放 横向封闭	7 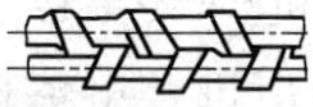	8　理论上不可能
		纵向、横向皆开放	9A 	10A 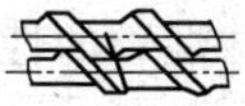
			9B 	10B 
非啮合	非啮合	纵向、横向皆开放	11 	12 

双螺杆挤出机的工作原理与单螺杆挤出机有很大不同。对于单螺杆挤出机，物料由加料段到计量段，在固体输送区是靠物料与螺杆和物料与机筒间摩擦因数之差而形成的摩擦力来输送的，在熔体输送区则是靠物料与螺杆和机筒间的黏性拖曳力输送的。双螺杆挤出机的输送机理要复杂得多，而且因类而异。

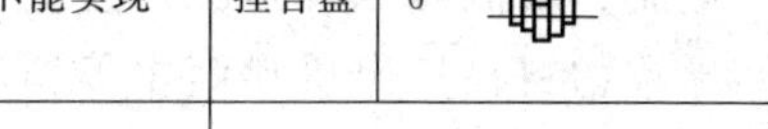

图 6-7　锥形双螺杆示意图

啮合异向旋转双螺杆挤出机，当全啮合且螺槽纵横向完全封闭，遵从完全的正位移输送机理。若螺槽纵向或横向有一定程度的开放，就会丧失一定的正位移输送能力，因为在压力梯度作用下，会产生漏流。不过，正位移输送能力的损失，可以换来混合能力或其他特性（如排气）的提高。

啮合同向旋转双螺杆挤出机的螺槽纵向不可能封闭，否则螺纹啮合不上，会发生干涉，因而正位移输送能力必然有所丧失。至于丧失的多少则决定于纵向开放的程度，程度越大，损失越多。所以这种双螺杆挤出机既有正位移输送，也有摩擦、黏性拖曳输送，各占多大比例，视螺槽开放程度而定。

非啮合型双螺杆挤出机因两根螺杆不能形成封闭或半封闭的腔室，无正位移输送条件，故其输送机理与单螺杆挤出机相同。

锥形双螺杆挤出机的两根螺杆是啮合型异向旋转的，故其输送机理与啮合平行异向旋转双螺杆挤出机相同。如果螺槽纵横向皆封闭，其输送为正位移输送；如螺槽纵横向有一定程度开放，则正位移输送能力下降，混合作用加大。

一般来说，用啮合型双螺杆挤出机进行塑料配混和聚合物共混具有下述优点：

① 混炼效果好。单螺杆挤出机的混炼效果不够理想，其原因是单螺杆挤出机的分散、混合作用仅依靠螺杆的压缩比及螺杆旋转时产生的背压，以及由背压产生的反向流动所引起。双螺杆挤出机的两根互相啮合的螺杆在啮合处产生了强烈的剪切作用，对物料的分散与混合极有利。

② 物料在料筒内停留时间分布窄。人所共知，物料在单螺杆挤出机中的流动有正流、逆流、漏流等四种情况。逆流与漏流的产生是由于机头、过滤板等的反压所引起，它们导致物料在挤出机料筒中停留时间分布较宽。双螺杆挤出机的“正位移输送”使物料在其中的平均停留时间比单螺杆挤出机少50%以上，停留时间分布范围也仅为单螺杆挤出机的20%左右。物料在双螺杆挤出机、单螺杆挤出机中停留时间分布示意图见图6-8。因此，物料各部分在挤出机料筒内所经历的物理、化学变化过程大体相同，因而聚合物共混物的性能更均匀。

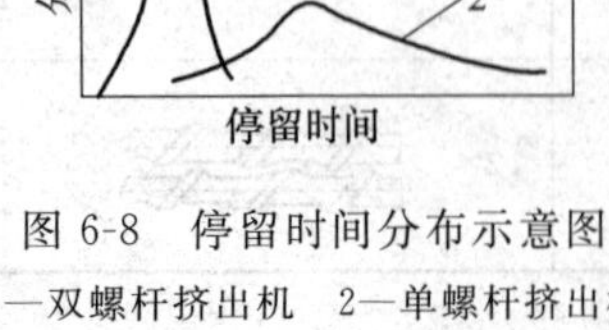

图6-8　停留时间分布示意图

1—双螺杆挤出机　2—单螺杆挤出机

双螺杆挤出机的两根螺杆互相啮合，旋转时，彼此刮拭，从而可以避免物料对螺杆的粘附、缠包。上述效果称为螺杆的自清理作用，这种作用是物料在双螺杆挤出机中停留时间分布窄的另一原因。

显然，停留时间短及停留时间分布窄对于热敏性聚合物的共混尤为重要。

③ 挤出量大，能量消耗少。双螺杆挤出机的螺距小，螺槽深，有效螺槽容积比单螺杆挤出机大，加之有两根螺杆，故当螺杆直径和转速相同时，双螺杆挤出机的实际挤出量可达单螺杆挤出机的3倍。

双螺杆挤出机运转时，机械能可通过螺杆啮合处直接施加到其间的薄层物料上，使物料受到强烈的剪切作用，因而机械能可有效地转换为热能，从而提高了能量转化率。异向旋转双螺杆挤出机可将85%的机械能转化为热能，这对于降低聚合物共混操作的成本极为有利。

锥形双螺杆挤出机与平行啮合异向双螺杆相比，主要有以下优缺点：

① 由加料端到排料端，直径及螺槽容积逐渐变小，故可加入较松散的物料，随物料向前输送而被压缩。

② 由于螺杆直径逐渐缩小，其圆周速度和对物料的剪切作用也相应逐渐降低，这对于避免排料段已熔融物料的过热很重要，因而尤其适用于易热解聚合物的混配和共混。

③ 在止推轴承和机头设计方面虽然较有利（因背压较小），但螺杆、机筒的加工困难，使用中磨损较严重。

由于聚合物共混物料的多样性、共混物形态结构的复杂性，目前国内外都注重开发组合式（又称积木式）双螺杆挤出机以便适应更广泛的要求。

组合式螺杆由若干个起不同作用的螺杆区段（元件）组装而成，一般按作用分为输送元件、压缩元件、混合元件等。使用时可根据具体情况进行调节，由于尚无理论计算可以依据，人们还只能通过不断的实践来确定最佳的组合。

双螺杆挤出机的机筒可以根据需要设置一个以上的加料口。若两种黏度差异较大的树脂进行共混，当低黏度树脂比例很少，可在一个加料口将两种树脂同时加入；若两组分比例相近，则宜在第一加料口加入高黏度物料，在接近其全熔处设置的第二个加料口高速加入低黏度树脂，否则高比例的低黏度树脂犹如润滑剂，会阻止剪切元件把能量有效地传给高黏度树脂，使之不易熔融，最终影响到共混聚合物的形态结构和性能。当树脂与橡胶共混时，一般须在第一加料口加入配方中全部橡胶以及少部分树脂以使橡胶分散，然后在第二加料口加入其余树脂。当共混物中还需加入填料进行复合改性时，纤维状填料通常都是在第二个加料口加入，这是为避免纤维状填料的过分切断。

（5）反应型挤出机　反应挤出共混是直接在挤出机中加入参与共混的聚合物、引发剂和其他助剂，通过加热挤出而制备聚合物共混物的一种新工艺。反应挤出可采用双螺杆挤出机和单螺杆挤出机，但以前者为好[6]。

利用反应挤出共混，一般其中一类聚合物本身应带有反应性官能团，例如 PA、PBT、PET 等，另一类聚合物常是化学惰性且不与另一类聚合物反应，如 PE、PP、PS 等。但后者必须经官能化具有增容功效。官能化聚合物与前一类聚合物间的反应应非常快速，且不可逆，而且反应热少[7]。这些官能化聚合物往往正好充当了反应性相容剂。

为促进在挤出机中的快速反应，配料中须加入高效反应引发剂，引发自由基接枝反应。引发剂在聚合物共混温度下，除具有半衰期短的特点外，还应不分解出小分子气体。交联剂一般为多官能团化合物，它至少与共混聚合物之一发生反应，在两聚合物间起到架桥作用。

反应挤出机的加料方式通常有两种：其一是将须官能化的聚合物和助剂以及另一带官能团的聚合物加入挤出机的第一加料口（离机头远的加料口）；其二是将须官能化的聚合物和助剂加入挤出机的第一加料口，而带官能团的聚合物加入挤出机的第二加料口（离机头近的加料口）。有研究认为[8]，后一种加料方式所制共混物性能更优。

与传统的反应器相比，反应型双螺杆挤出机具有反应动力强、停留时间分布窄、停留时间易控以及传热效果好等优点。

6.5 造 粒 机[2]

聚合物共混物常以粒料形式供应塑料加工厂制造各种塑料制品，造粒机又多与挤出机连用组成粒料生产线，所以，有必要对造粒方法及造粒机给以简介。

从挤出机机头多孔口模挤压出来的熔融料条可经过冷切和热切两种方式造粒，热切又有空气中切粒和水中切粒以及空冷、水冷等区别。

冷切造粒又称为料条造粒，其生产流程及切粒机结构见图 6-9。料条离开挤出机后，经冷却水槽冷却和脱水辊脱水后进入切粒机，最后经振动筛筛分。料条切粒机的关键件是一对加料辊（两辊异向旋转牵引料条行进）和切粒刀具（圆筒式旋转排刀），这种切粒方式是纵切，颗粒形状为圆柱形。料条切粒的优点是对所切料条种类适应性强、颗粒之间无粘连、产量大，但操作稳定性欠佳。

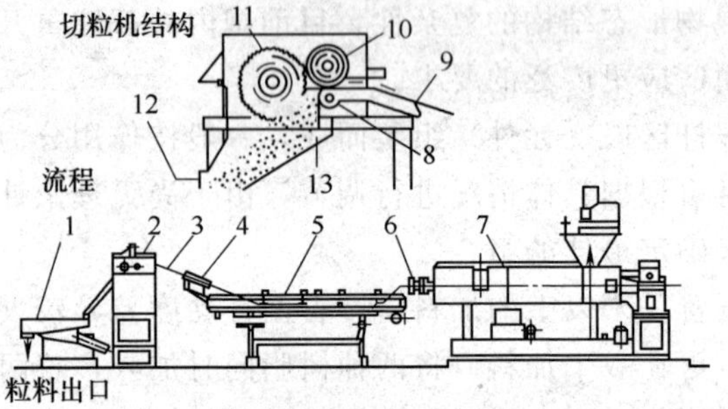

图 6-9　料条造粒流程及料条切粒机

1—振动筛　2—切粒机　3,9—料条　4—脱水辊　5—冷却水槽　6—喷嘴　7—挤出机　8—下加料辊　10—上加料辊　11—切料机　12—出料口　13—固定刀

热切造粒是在挤出机机头出口设置一旋转切刀趁热切粒的方法，又称为模切。在空气中热切而成的粒料，可用一定压力的空气风送至振动筛，在输送过程中同时起到冷却作用。另外，也有热切后，将粒料落入水中冷却的方法。

热切造粒的粒料呈圆片状，由于在热状态下切粒且冷却不及时，粒料之间易于粘连，影响制品质量。为此又有水中热切法的诞生，此法是把料条挤入水中并同时在模面旋转切断，水中切粒机及其流程参见图 6-10。水中切粒，避免了粒料粘连，质量提高。

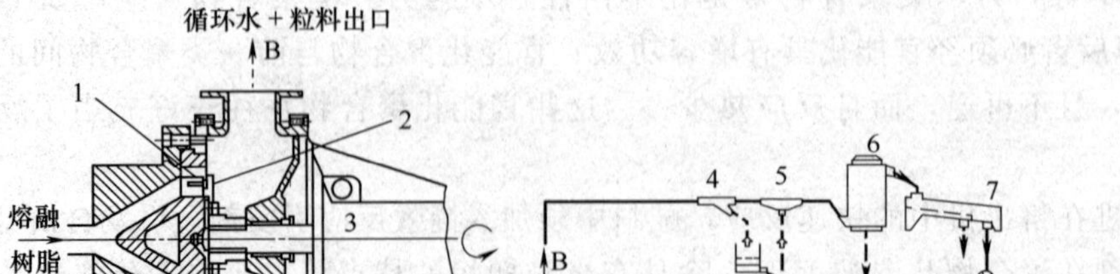

图 6-10　水中切粒流程及水中切粒机

1—孔板　2—旋转刀　3—切粒机轴心　4—分流阀　5—过滤器　6—离心脱水机　7—振动筛　8—鼓风机　9—循环水槽　10—循环水泵

参考文献

[1] J. A. Manson, L. H. Sperling, Polymer Blends and Composites [M]. Chapter 2, Chapter 13, Plenum Press, New York, 1976.

[2] 日本高分子学会编，吴培熙、夏巨敏译. 塑料加工原理及实用技术 [M]. 北京：中国轻工业出版社，1991.

[3] 耿孝正、张沛. 塑料混合及设备 [M]. 北京：中国轻工业出版社，1992.

[4] 成都科技大学主编. 塑料成型工艺学 [M]. 中国轻工业出版社，1983.

[5] S. J. Chen, A. R. Macdonal. Motionless mixers for viscous polymers [J]. Chem. Eng., 1973, 80 (7): 105-110.

[6] 钟明强，刘俊华，益小苏. 反应挤出在聚合物共混改性中的应用与进展 [J]. 高分子材料科学与工程，2001，17 (1)；39-46.

[7] M, Xanthos, S. S. Dagli. Compatibilization of polymer blends by reactive processing [J]. Polym. Eng. Sci., 1991, 31 (13): 929-935.

[8] G. H. Hu, Y. J. Sun, M. Lambla. Devolatilization: A critical sequential operation for in situ compatibilization of immiscible polymer blends by one-step reactive extrusion [J]. Polym. Eng. Sci., 1996, 36 (5): 676-684.

第7章　相容剂及其在聚合物共混物中的应用

7.1　相容剂概述

人们在研究聚合物共混物时，已发现共混物的微观形态对其性能有着至关重要的影响，而其微观形态又首先受参与共混的聚合物组分之间热力学相容性的制约。对于大多数聚合物共混物，各聚合物组分间缺乏热力学相容性，因而从根本上排除了这些聚合物共混物形成分子水平上的均相体系的可能性。不过，从宏观力学等重要实用性能出发，我们并不要求聚合物共混物获得热力学相容的均相微观形态，而更希望得到具有多相微观形态的聚合物共混物，其微观形态中两相相互贯穿，或者一相作为分散相以适当微细的相畴均匀、稳定地分散于另一连续相中，亦即，至少所制造的聚合物共混物应具有工程上的混容性。然而许多在性能上颇有互补特征的聚合物共混组合，却因热力学相容性差，以致尽管强力混炼，也难以实现工程上的混容性，尤其随着共混操作完成后时间的延长，相分离现象越加明显，导致性能的不稳定和劣化。

参与共混的各聚合物组分之间在化学结构、极性、表面张力、分子量（黏度）上的巨大差异是造成聚合物共混物严重相分离的根源，这种情况下，分散相的相畴粗大，两相之间界面作用薄弱，界面清晰。

早在研究填充聚合物体系（高分子复合材料）时，人们就认识到界面作用的重要性，了解到强的相互作用可以获得好的界面粘结和有效的应力传递，从而实现材料性能的优化。所以为了强化各种无机填充材料与有机高分子物之间的界面作用，多种多样的偶联剂竞相发展，目前最通用有硅烷类、钛酸酯类、铝酸酯类等系列偶联剂，它们是一些分子量较大的有机化合物，其分子结构的特征表现为一端亲有机高分子物，另一端亲无机填充材料，即有明显的“两亲性”，因而起到了强化填充材料与高分子物之间界面粘结的效果。偶联剂的开发大大促进了高分子复合材料的蓬勃发展，这是众所周知的事实，不必赘述。

与偶联剂在填充聚合物体系中的应用类似，在热力学不相容的聚合物共混体系中可以借助相容剂增加共混组分之间的相容性、强化聚合物之间的界面粘结。在国内外文献中，相容剂还有一些不同的名称，如增容剂、界面活化剂、乳化剂等，其本质并无区别，一般认为用相容剂一词较为恰当，目前也更普遍。

相容剂的开发与应用，为创制一系列性能卓越的聚合物共混物（它们原本性能低劣）做出了突出的贡献（有关实例将在后面谈到），故而近年来关于相容剂作用原理、相容剂新品种的研制、新的相容共混物的开发等就成了聚合物共混科学与工程领域内最热门的课题之一，本章将对此做全面论述。相容剂的广泛研制与开发，品种已相当繁多，一个较全面的相容剂分类如图7-1所示。

- 相容剂
  - 高分子型
    - 非反应型
      - 无规共聚物
      - 均聚物
      - 接枝共聚物
      - 嵌段共聚物（A-B 型，A-C 型，A-B-C 型，C-D 型等）
    - 反应型（羧酸型、酸酐型、环氧型等）
  - 低分子型（均为反应型）

图 7-1　相容剂的类型

7.2　相容剂的作用原理

非反应型相容剂与反应型相容剂的作用原理不同，下面将分别介绍。

7.2.1　非反应型相容剂的作用原理

应用最早和最普遍的相容剂是一些嵌段共聚物和接枝共聚物，尤以前者更重要。在聚合物 A（P_A）和聚合物 B（P_B）不相容共混体系中，加入 A-b-B（A 与 B 的嵌段共聚物）或 A-g-B（A 与 B 的接枝共聚物）通常可以增加 P_A 与 P_B 的相容性。其增容作用可概括为[1]：①降低两相之间界面能；②在聚合物共混过程中促进相的分散；③阻止分散相的凝聚；④强化相间粘结。

嵌段共聚物和接枝共聚物都属于非反应型相容剂（又称亲和型相容剂），它们是依靠在其大分子结构中同时含有与共混组分 P_A 及 P_B 相同的聚合物链，因而可在 P_A 及 P_B 两相界面处起到“乳化作用”或“偶联作用”，使两者相容性得以改善。

非反应型增容作用模型见图 7-2[1]。

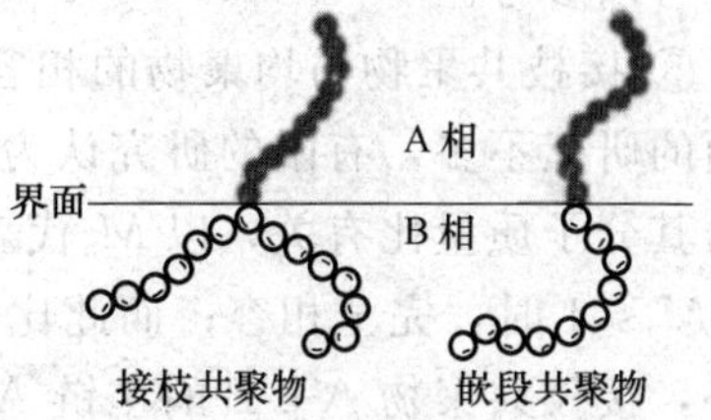

图 7-2　非反应型相容剂作用模型

对于非反应型相容剂，为了起到良好的增容效果，在分子量、结构特征等方面进行了广泛的探讨，主要结论概述如下[1-2]。

① 由图 7-2 可见，相容剂应在两相界面处定位，所以嵌段 A 和 B（或接枝共聚物的主干 A 和支链 B）应分别与 P_A 或 P_B 有良好的相容性，它们不能仅与 P_A 或 P_B 相容，形成溶入任一共混组分而离开两相界面的现象，这样的相容剂，其本身也必然为复相结构。例如 S-I（苯乙烯-异戊二烯）嵌段共聚物，S-MMA 接枝共聚物可分别作为 PS/PI 共混物和 PS/PMMA 的相容剂。

② 一般而言，嵌段共聚物的增容效果优于相同成分的接枝共聚物，即 A-*b*-B 优于 A-*g*-B。这是由于接枝共聚物大多数由较长的主链和较短的支链构成，支链的运动受到主链的妨碍所致。

③ 二嵌段共聚物（A-B）型的增容效果优于相应的三嵌段共聚物（A-B-A 型或 B-A-B 型）[1]，这主要是由于三嵌段共聚物的中间嵌段在大分子链上有两个结点处于界面处，链的构象受到较大的限制，因而影响其与 P_A 或 P_B 的相容性。星形四嵌段共聚物与均聚物的相容性就更差[2]。

④ 嵌段共聚物中各嵌段的分子质量与 P_A 和 P_B 分子量的匹配对其增容效果有显著影响。Riess 等以不同分子质量的聚苯乙烯（PS）、聚异戊二烯（PI）与不同分子质量的苯乙烯-异戊二烯（S-I）二嵌段共聚物组成一系列共混体系，考察分子质量比（均聚物的分子质量/共聚物中相同成分嵌段分子质量）、共混组成及共混体系透明度的关系，并绘制三角形相图，如图 7-3 所示。

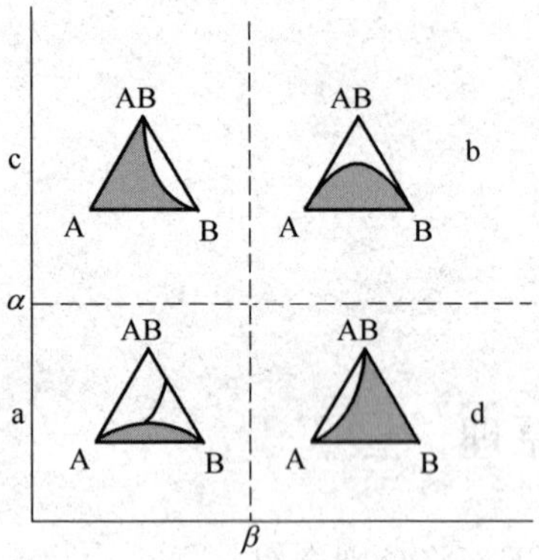

图 7-3　P_A/P_B/A-b-B 共混物薄膜的透明性与 α、β 的关系

图中：

$$\alpha=\frac{\text{PS 分子质量}}{\text{S-I 共聚物中 PS 嵌段分子质量}}$$

$$\beta=\frac{\text{PI 分子质量}}{\text{S-I 共聚物中 PI 嵌段分子质量}}$$

图 7-3 中以阴影部分表示混浊不透明区，白色部分为透明区，这里以透明性表征相容性，透明者为相容，反之为不相容。可见，只有 α、β 均小于 1 的 a 区，即 PS 和 PI 的分子质量均小于共聚物中相应嵌段的分子质量时，相图中所对应的大部分共混体系是相容的（透明的）。而 b 区的情况，α、β 均大于 1，大部分情况表现为不相容（不透明）。关于 c 区和 d 区，则分别是 $\alpha>1$、$\beta<1$ 和 $\alpha<1$、$\beta>1$，这时嵌段共聚物只与分子质量比小于 1 的某种均聚物相容，与分子质量比大于 1 的另一种均聚物则不相容，相图中大部分区域仍为不透明的阴影区。由以上实验结果可知，作为 P_A、P_B 共混体系相容剂使用的 A-B 嵌段共聚物，其 α、β 值应小于 1。此结论基本上是正确的，但也有一些不同的看法，江明[2]对各种各样的实验结果和观点已有详细评述，读者可以参考。

⑤ 接枝共聚物与均聚物的相容性可以将它们用作相容剂时的增容效果来描述。这方面的研究不多，有限的研究认为：接枝共聚物 A-g-B 中的支链 B 与均聚物 P_B 的相容性与其分子质量比有关，以 M_n 代表均聚物分子质量，以 M_g 代表对应支链分子质量，当 $M_n/M_g<1$ 时，完全相容；而此比值越大，相容性越差。这种情况与嵌段共聚物类似。此外，接枝共聚物 A-g-B 的主链 A 与均聚物 P_A 的相容性与支链密度密切相关，对于高支链密度的 A-g-B，两支链结点之间 A 链段极短，由于构象的限制，即使均聚物 P_A 的分子质量远小于两支链结点之间 A 链段的分子质量，也不可能相容[2]。所以，用作相容剂的接枝共聚物，其支链以长且密度不高为宜。

⑥ 从聚合物共混物的性能需求以及生产的经济性考虑，在满足预定增容效果前提下，相容剂的用量应尽可能降低，其最低用量以饱和相界面为准。粗略计算如下[1]：对于 P_A 及 P_B 共混体系，若加入 A-b-B 共聚物作为相容剂，设 P_A 为分散相，其体积分数为 φ_A，成球状颗粒存在，球粒半径为 R，则单位体积共混物中相界面面积为 $3\varphi_A/R$。设 A-b-B 大分子按图 7-1 的方式定位，其大分子截面积设为 α，则 A-b-B 饱和所有界面所

需之质量分数 W 为：

$$W=\frac{3\varphi_A M}{\alpha R N} \tag{7-1}$$

式中　M——增容剂 A-b-B 共聚物的相对分子质量

N——阿佛加德罗常数

通常可设 α 为 50（Å）^{2}，若 $\varphi_A=0.2$，$R=1\mu m$，$M=10^5$，则需质量分数为 20%的相容剂；同样场合，若 $M=10^4$，则仅需质量分数为 2%的相容剂。所以，在保证增容效果及共混物综合性能的前提下，应使用分子质量较低的嵌段共聚物作为相容剂。

⑦ 从 A-*b*-B 及 A-g-B 共聚物可作为 P_A、P_B相容剂概念扩展，显然若聚合物 P_c与 P_A相容或 P_D与 P_B相容，则往往 A-b-B 及 A-g-B 还可作为 P_c/P_B共混物的相容剂以及可作为 P_A/P_D共混物的相容剂。若上述两个条件均成立，A-b-B 及 A-g-B 还有可能作为 P_c/P_D共混物的相容剂[1-3]，例如，PS-PBA（聚丙烯酸丁酯）嵌段共聚物可作为聚碳酸酯（PC）及苯乙烯-甲基丙烯酸（S-MMA）共聚物共混体系的相容剂，以及 SES 嵌段共聚物可作为 PET 及 PE 共混体系的相容剂。此外，S-MMA 嵌段共聚物对 PPO/PS/PVDF 非相容三元共混体系和 PA/PVDF 共混体系，均有良好的增容效果[4]。

⑧ 从聚合物之间相容性与结构的关系出发，相容剂的结构还可以不限于嵌段或接枝共聚物，当 P_c上同时带有 P_A、P_B上所特有的某些基团，则 P_c就有可能成为 P_A、P_B共混物的有效相容剂。或者更广义地说，若 P_c（不论它是何种结构）只要同时具有与 P_A、P_B良好的相容性，则就可能在 P_A、P_B共混时，起到有效的增容作用。例如，氯化聚乙烯（CPE）对 PE、PS 共混体系具有增容作用，EVA 对 PVC、PE 共混体系具有增容作用。总之，非嵌段、接枝共聚物类型的非反应型相容剂的增容作用大多是依靠与共混组分之间形成氢键、离子键（偶极）或质子授受体而实现的。

7.2.2　反应型相容剂的作用原理

反应型相容剂的增容原理与非反应型相容剂有显著不同，这类相容剂与共混的聚合物组分之间形成了新的化学键，所以可称之为化学增容，它属于一种强迫性增容作用。反应型相容剂主要是一些含有可与共混组分起化学反应的官能团的共聚物，它们特别适用于那些相容性很差且带有易反应官能团的聚合物之间共混的增容。反应增容的概念包括外加反应性相容剂与共混聚合物组分反应而增容；也包括使共混聚合物组分官能化，并凭借相互反应而增容。在 PE/PA 共混体系中外加羧化 PE 就属前一种情况，若使 PE 羧化后与 PA 共混就为后一种情况。以下根据官能团及反应类型，举例加以说明[2,5-6]。

① 羧基与氨基的反应类型。例如，为制造对有机溶剂阻隔性好的 PE/PA 共混物，可采用羧化 PE 或乙烯-甲基丙烯酸无规共聚物［P（E-MAA)］作为相容剂：

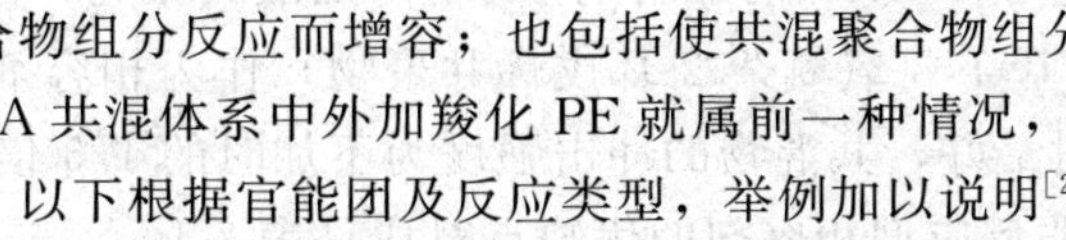

或

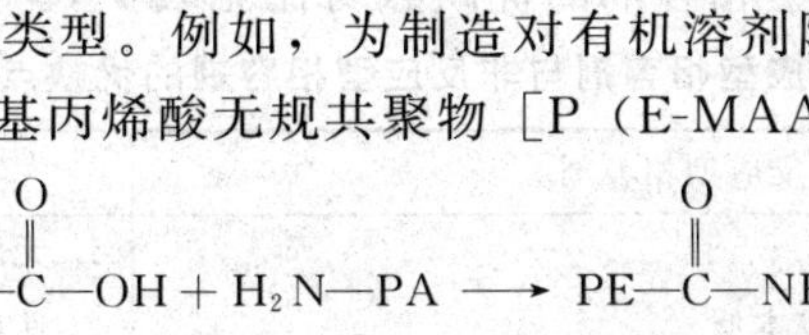

② 酸酐与氨基的反应类型。酸酐比羧基具有更高的反应活性，常利用马来酸酐合成相容剂，用于与 PA 类聚合物共混物的增容。增容反应为：

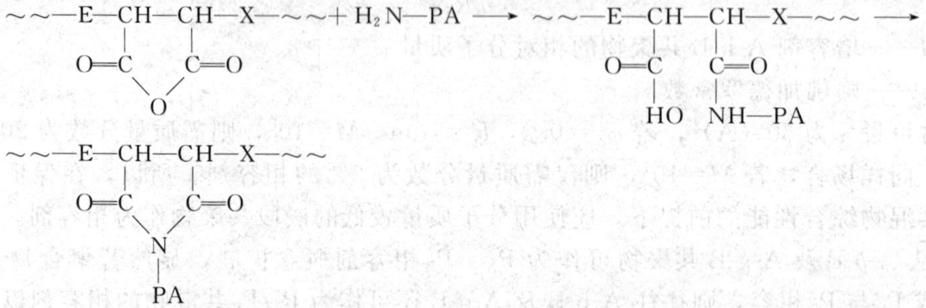

实例中，E 为乙烯，X 可分别为醋酸乙烯、丙烯酸丁酯或丙烯酸乙酯等。

③ 环氧基与氨基或羧基的反应类型。例如日本东亚合成化学株式会社开发的 GP-500 是一种主干为 PS，并含 PS 支链和环氧基的相容剂，将它加入到尼龙 6（PA6）和聚苯醚（PPO）中一起熔融混炼，其环氧基与 PA6 大分子末端的—NH_2或—COOH 均可反应并派生出一种新的大分子相容剂，实质是 GP-500 与 PA6 的接枝物，后者的 PS 支链与 PPO 相容，而其嫁接的 PA6 支链与 PA6 相容，如图 7-4 所示。

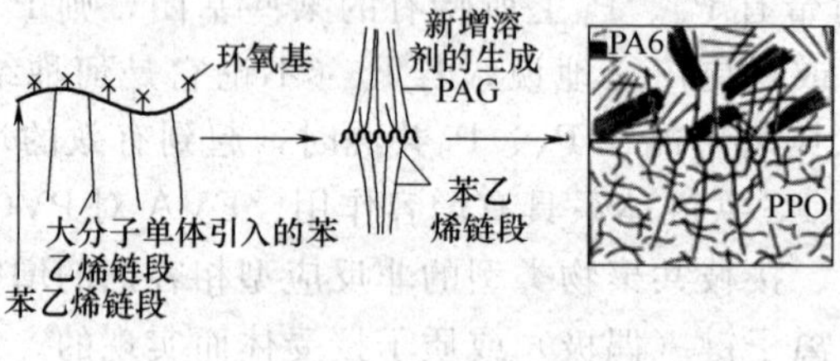

图 7-4　GP-500 对 PA-6/PPO 的增容模型

④ 羧基与 1,3-氧氮杂-2-环戊烯基（噁唑琳基）的反应类型[5-6]。反应式为：

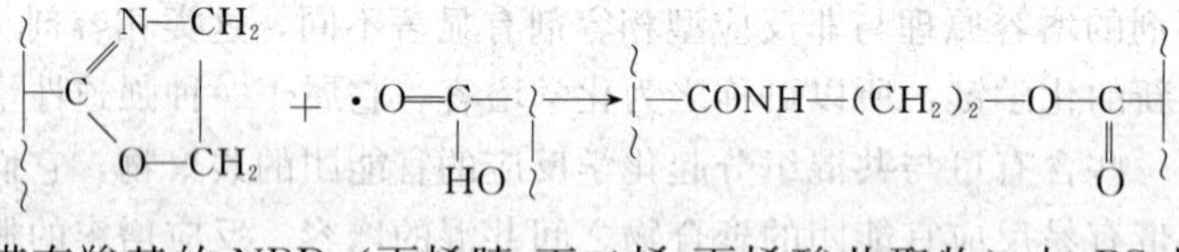

例如：将带有羧基的 NBR（丙烯腈-丁二烯-丙烯酸共聚物）与 PS 共混，加入反应型 PS（苯乙烯与乙烯基-1,3-氧氮杂-2-环戊烯共聚物）作为相容剂就属于此种类型，其增容效果在含量 5%时最好，共混物的冲击强度为不加时的 1.5 倍左右，达到最高值。

反应型相容剂与非反应型相容剂的优缺点对比见表 7-1。

表 7-1　　反应型相容剂与非反应型相容剂的优缺点

相容剂类型	反应型相容剂	非反应型相容剂
优点	1. 用量少，效果好 2. 相容剂价高，但总成本低	1. 无副作用，不引起物性下降 2. 使用方便，混配易
缺点	1. 易因副反应造成物性及加工性下降 2. 增容共混过程中混炼以及成型条件控制严格	1. 用量较多效果较低 2. 用量大，总成本较高

反应型相容剂实例列于表 7-2，表中同时给出其适用的聚合物共混体系。

表 7-2　　反应型相容剂及其应用

相容剂	P_1	P_2
羧化 PE 或 P(E-MAA)	PA	PE
离子聚合物或羧化 PE	PA	PE
MAH 化 PP	PA	PP
离子聚合物	PA	PP
MAH 化 EPR	PA	PP
P(St-MAA)	PA	PS
MAH-St 接枝聚合物	PA	PS
P(St-MAH)	PA	PPO
P(St-AA)或 P(St-AA-MAH)	PA	ABS
P(St-MAH)或 MAH 化 EPR	PA	OH 化丙烯酸类橡胶点 EPR
P(MAH·烯丙基醚)	PA	PC
羧化 PP 或羧化 PE	PET	PP 或 PE
P(St-MMA-MAH)	PC	ABS
磷化 PS	PPO/PS	磺化 EPOM
MAM 化 PP/末端有氨基的 NBR	PP	NBR
MAH 化 SBS 或 MAH 化 SEBS	工程塑料	工程塑料

注：MAH：马来酸酐；MAA：甲基丙烯酸；MMA：丙烯酸与丙烯酸酯共聚物；AA：丙烯酸；SEBS：苯乙烯—乙烯-丁二烯—苯乙烯嵌段共聚物。

近年来，反应型相容剂类型及应用发展很快，可反应性聚合物所带官能团除酸酐、羧酸及羧酸衍生物基团外，还包括氨基、羟基、环氧基、噁唑琳基、异氰酸酯和碳化二亚胺等。反应性增容发生的反应类型主要有酰胺化、酰亚胺化、酯化、开环、胺解、酯交换等反应，甚至发生离子键反应。读者可参看有关综述文献[7-8]，在此略之。

7.3　相容剂的一般制法

7.3.1　非反应型相容剂的一般制法

非反应型相容剂主要是各种嵌段和接枝共聚物，它们可以专门合成，有时也可“就地”产生（在进行聚合物共混时同时生成）。

专门合成时，首先应按所需增容的共混体系，对相应的相容剂进行分子设计，设计的主要依据应是前面所述的增容机理。合成嵌段和接枝共聚物的原理及工程，已不乏论著，这里不再详述。

“就地”产生嵌段和接枝共聚物在某些场合不是有意识进行的，例如两种聚合物在高温熔融混炼过程中，由于强剪切、温度等作用产生大分子自由基，进而形成了含有两聚合物链段的嵌段或接枝共聚物，其客观上就起到了增容效果，因而是一种“就地”产生的相容剂。

当然，为了更有效地“就地”合成所需的相容剂，最好是有目的、有控制地进行，这方面近年来已有了长足进步。主要的控制因素为过氧化物引发剂用量、混炼时剪切作用及温度。过氧化物常用过氧化苯甲酰、过氧化二异丙苯。熔融混炼设备已由开放式双辊筒混炼机向双螺杆挤出机转移。双螺杆挤出机不仅有强化的剪切、混炼效果，而且便于控制稳定的混炼条件。至于混炼温度主要考虑聚合物组分的熔化温度和分解温度，还应兼顾对“就地”产生相容剂结构及数量的影响。

7.3.2 反应型相容剂的一般制法

反应型相容剂也可分为预先专门制备和“就地”产生两种方式得到，但其关键并不在于方式，主要是如何在共混组分中引入预定的可反应增容的官能团。操作可在一般混炼设备（开放式混炼机、双螺杆挤出机等）中完成，但最好采用先进的排气式反应挤出机。

由表 7-2 可见，主要的反应型相容剂是羧化 PE、羧化 PP、羧化 PS 等，它们是为促进非极性的聚烯烃（PE、PP、PS 等）与极性的聚酰胺（PA）的相容而设计的。合成这种含羧酸酐基的反应型增容剂示例如下：

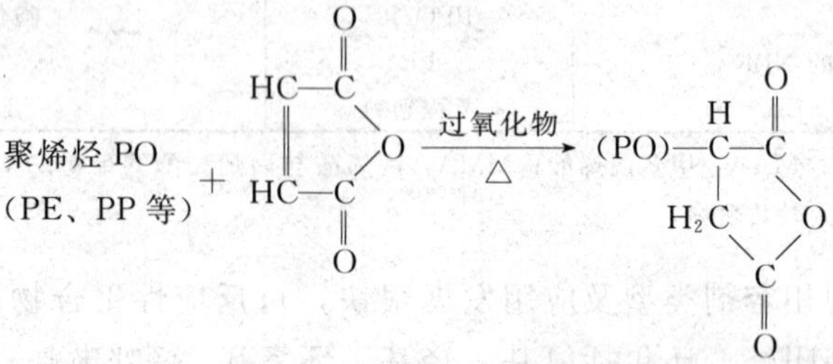

又如

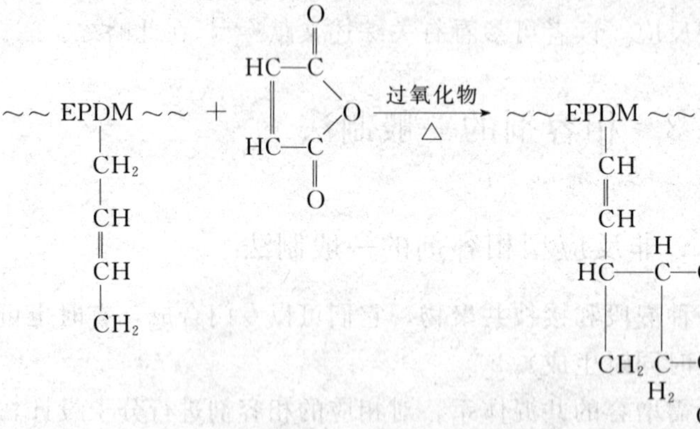

合成含羧基的反应型相容剂则大多采用与丙烯酸类单体共聚的方法获得，如将丙烯腈、丁二烯、丙烯酸进行无规共聚，就得到含羧基的丁腈胶（羧化 NBR）；又如将丙烯酸酯-丙烯酸无规共聚物（MMA）与甲基丙烯酸（MAA）的混合物放在反应器中与丁苯弹性体接枝共聚也得到此种类型相容剂，它们都适用于 PA 共混体系地增容。

一种被称为大分子单体法制造反应型相容剂的技术也得到开发，所谓大分子单体法是用一种具有聚合活性的大分子单体与其他类型低分子单体共聚制成接枝共聚物的方法，若低分子单体含有反应性基团，此反应性基团就进入接枝共聚物的主干，而大分子单体成为该接枝共聚物的支链，如图 7-5 所示。

图 7-4 所示的牌号为 GP-500 的帘状结构接枝共聚物就是一种用大分子单体法生产

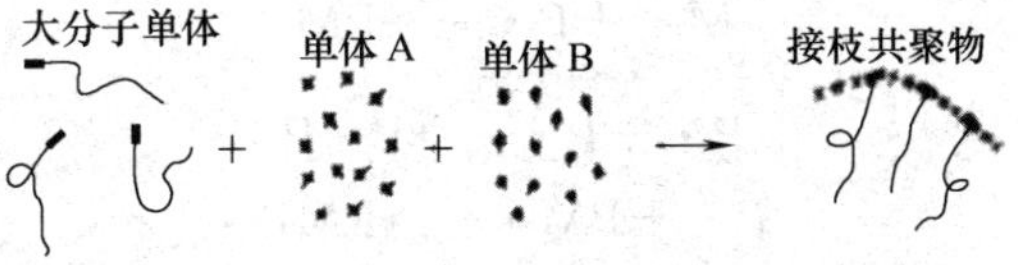

图 7-5　大分子单体法制接枝共聚物示意图

的、主干带有环氧基、支链为 PS 的高分子反应型相容剂。它适用于 PA/PPO、PBT/PPO 共混体系。此外，日本东亚合成化学株式会社还用此法生产的 GP-100 主干含羧基，支链为 PMMA，适用于 PA/ABS、PA/AS 共混体系；GP-300 主干含环氧基，支链为 PMMA，适用于 PA/ABS、PBT/ABS；GP-400 主干含羧基，支链为 PS，适用于 PA/PS 共混体系；GP-700 主干含羧基，支链为聚硅氧烷，适用于 PA 或 PMMA 的表面润滑改性。

制造反应型相容剂的工艺条件对该相容剂的结构和性能有很重要的影响，下面重点介绍目前应用最普遍的马来酸酐接枝聚烯烃（PO）的合成工艺及其影响[10-11]。

PO 熔融接枝的基本操作是将 PO 加热熔融后再加入马来酸酐（MAH）、引发剂及其他添加剂。引发剂常用过氧化二苯甲酰（BPO）、过氧化二异丙苯（DCP）、二叔戊基过氧化物（DtAP）等。添加剂主要是一些含 N、P、S 原子的电子给予体化合物，如二甲基甲酰胺（DMF）、二甲基乙酰胺（DMAC）、二甲基亚砜（DMSO）、亚磷酸三壬基苯酯（TNPP）、硬脂酰胺、己内酰胺等，其作用是扼制伴随 PO 接枝反应发生的交联反应（副反应）。在有这类添加剂存在的情况下进行反应，产品中二甲苯不溶物（交联聚合物）的量大为减少，甚至完全不产生，而且接枝物的流动性较好。

PO 熔融接枝的反应过程机理为：

① 初级自由基的形成

$$I \xrightarrow[\triangle]{K_d} 2R\cdot \tag{1}$$

（I 为引发剂，R・为引发剂自由基）

$$M + R\cdot \xrightarrow{K_{i1}} RM\cdot \tag{2}$$

（M 为单体）

$$P + R\cdot \xrightarrow{K_{i2}} P\cdot + RH \tag{3}$$

（P 为聚合物）

② 接枝与链传递

$$M + P\cdot \xrightarrow{K_{i3}} PM\cdot \tag{4}$$

$$PM\cdot + M \xrightarrow{K_{tm}} M\cdot + PM \tag{5}$$

$$M\cdot + P \xrightarrow{K_{tp}} P\cdot + MH \tag{6}$$

$$PM\cdot + P \xrightarrow{K_{tp}} P\cdot + PM \tag{7}$$

③ 链终止

$$M\cdot + P\cdot \xrightarrow{K_{t1}} PM \tag{8}$$

$$P\cdot + P\cdot \xrightarrow{K_{t2}} P{-}P \tag{9}$$

$$P\cdot + PM\cdot \longrightarrow PMP \tag{10}$$

$$M\cdot + PM\cdot \longrightarrow PMM \tag{11}$$

$$PM\cdot + PM\cdot \longrightarrow PMMP \tag{12}$$

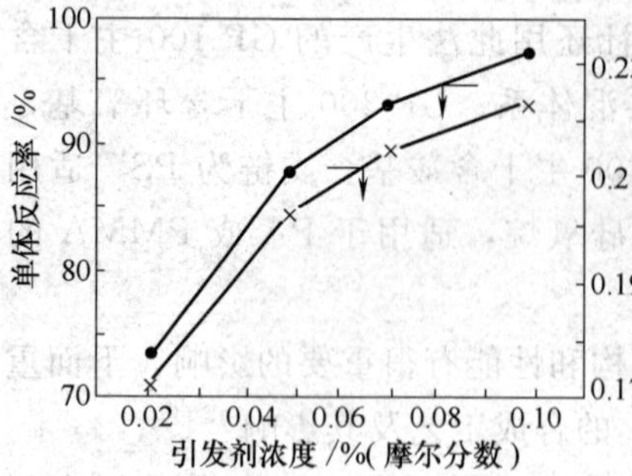

图 7-6　引发剂浓度对 PO 熔体接枝的影响

以上反应中的（9）、（10）、（12）为不希望产生的交联副反应，此外，由于单体浓度低以及单体（MAH）间均聚物几乎不存在，反应（11）实际难以发生。

引发剂浓度增加，单体接枝率相应提高，如图 7-6 所示，但也会导致交联程度、交联副产物含量的上升，所以，引发剂用量一般在 0.1％左右为宜。

单体浓度增加可以提高接枝率，但参加反应的单体百分率基本不变，如图 7-7 所示。单体如过剩而残留于产品中，将会影响增容效果，并引起 PO 制品起霜、变色和力学性能劣化。

接枝反应温度的提高虽可增加单体接枝率和接枝速率，但也有利于 PO 的交联反应，使交联副产物比例加大，故操作温度仅控制在稍高于 PO 熔点范围即可。

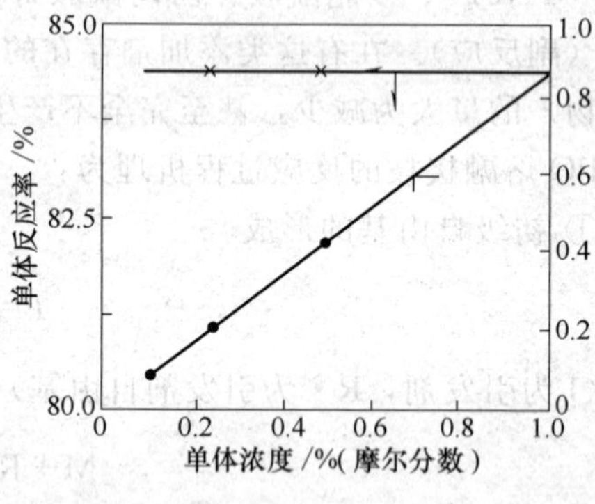

图 7-7　单体浓度对 PO 熔物的影响

实验室中用 Brabender 塑化仪制造 MAH 接枝 HDPE 的具体工艺为：原则配方是 100 份 HDPE 加 MAH5 份，引发剂 0.0625～0.125 份，添加剂 0.5 份。先将大部分 HDPE 加入塑化仪，在氮气保护下加热熔融塑化，然后升温至反应温度（215～250℃），停通氮气并将 MAH、引发剂、添加剂及剩余的少量 HDPE 的混合料分批加入，反应一定时间后排料即得产物。

工业规模生产主要使用双螺杆排气式反应挤出机，双螺杆挤出机与单螺杆挤出机相比，在反应条件（反应温度、物料停留时间及其分布等）的控制方面更容易掌握，可使接枝产物的质量更稳定和均一。一般操作注意事项与用 Barbender 塑化仪制造基本相同。

7.4　相容剂应用效果实例

在不相容聚合物共混体系中加入相容剂（或“就地”产生相容剂）起到了降低两相

界面能、促进相分散、提高相界面的粘结力以及使形态结构稳定化等作用。因此，这一措施为人们研制出更多的新型聚合物共混物以及提高聚合物共混物的性能做出了卓越的贡献。这里以一些典型聚合物共混物为例，说明相容剂的实际应用效果。

7.4.1　相容剂在聚烯烃系列共混物中的应用

PE、PP、PS 等聚烯烃之间，性能具有互补性但缺乏良好的相容性，因此，采取增容措施非常必要。

PP/PE 共混物由于两组分相容性差，界面粘结力不足，其力学性能不理想。当以 EPR（乙烯-丙烯共聚物橡胶）作为相容剂，性能有明显改善，图 7-8 给出 EPR 增容 PP/HDPE 共混物延伸率变化情况[12]，当加入 20%EPR 后，延伸率大为提高并与 PP/HDPE 共混组分比基本符合线性关系，从而间接证明了增容后该共混物形态结构的均化以及相界面粘结的强化。

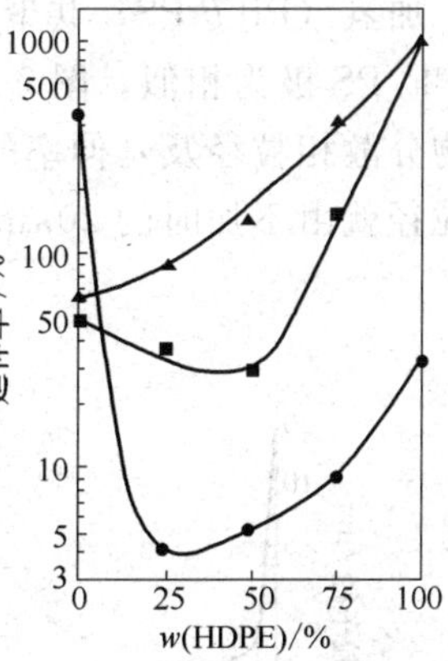

图 7-8　EPR 在 PP/HDPE 共混物中的增容效果

EPR 加入量：▲ 20%　■ 10%　● 0%

PS/LDPE 共混物中加入 PS-LDPE 接枝共聚物作为相容剂对拉伸强度的改善效果可参见图 7-9。随着接枝共聚物添加量的增加，其拉伸强度随之增加。

对相容剂增容效果的评价，除可用上述力学性能测试数据外，还广泛采用电子显微技术实际考察其微观形态，尤其是界面状态的变化。图 7-10 是 PS/LDPE 在不同共混比以及是否添加相容剂情况下的电镜照片。图 7-10 中（a）、（c）为无相容剂的 PS/LDPE 共混物，前者 PS 为基体，LDPE 为分散相；后者 LDPE 是连续相，PS 为分散相。这两种情况下两相界面均光滑清晰。图 7-10 中（b）及（d）是添加有相容剂的 PS/LDPE 共混物，分散相表面有明显的附着物，界面层变厚。

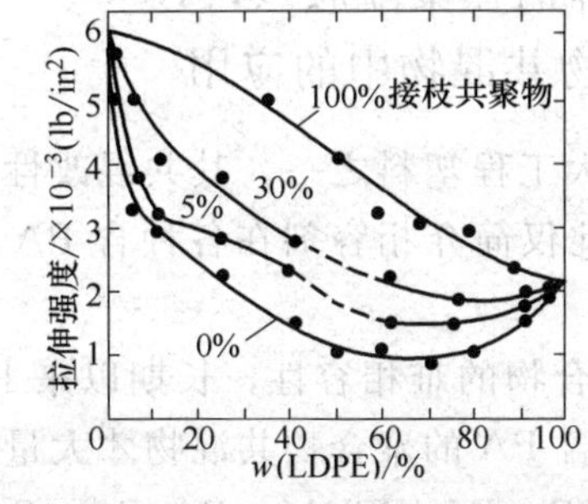

图 7-9　PS/LDPE 共混物中加入 PS-LDPE 接枝共聚物对拉伸强度的影响

注：1 lb/in² = 6.895kPa

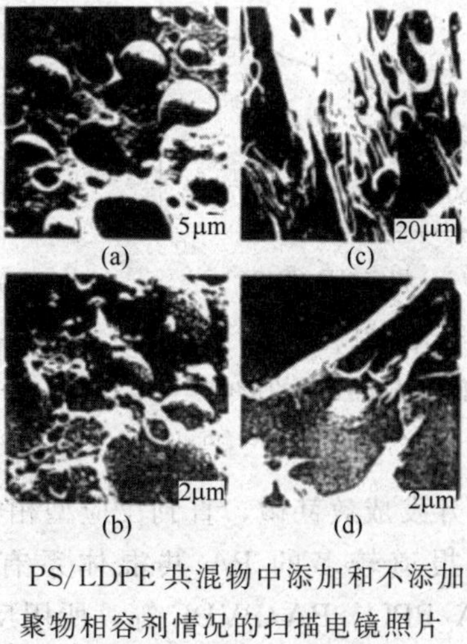

图 7-10　PS/LDPE 共混物中添加和不添加接枝共聚物相容剂情况的扫描电镜照片

(a) PS/LDPE = 75/25　(b) PS/LDPE/G = 75/23.75/1.25

(c) PS/LDPE = 30/70　(d) PS/LDPE/G = 25/67.5/7.5

G 代表接枝共聚物的相容剂

加氢（PB-*b*-PS）共聚物在 PE/PS 共混体系中起到良好的增容效果，因其嵌段结构与 PE/PS 极为相似。图 7-11 及图 7-12 分别给出加氢 PB-*b*-PS 的添加，对 LDPE/PS 共混物分散相粒径及延伸率的影响。由图 7-11 可见，加入量仅为 1%（质量分数），分散相粒径就由不加时的 20μm 降至 1.5μm 左右[13]。

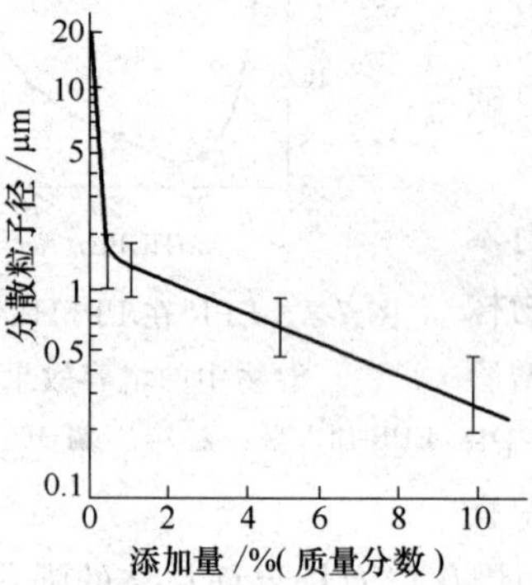

图 7-11　加氢（PB-*b*-PS）对 LDPE/PS（20/80）共混物分散相粒径的影响

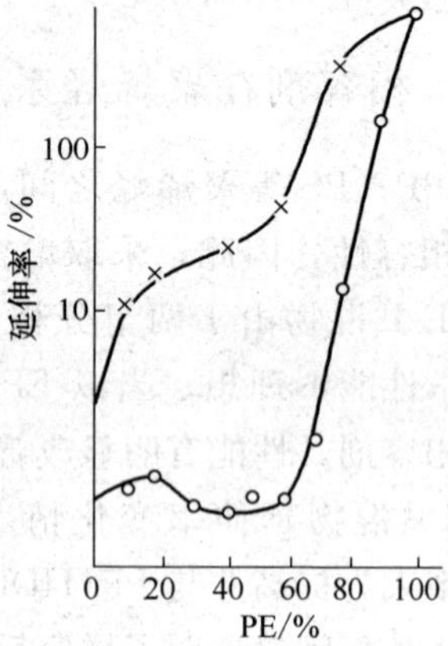

图 7-12　LDPE/PS 共混物的延伸率与组成的关系
○：LDPE/PS　×：加有加氢 PB-*b*-PS 的 LDPE/PS

在 PP/PS（70/30）共混物中加 PP-g-PS 10 份，使单独共混时的明显相分离形态转化为精细的两相形态结构，PS 分散相降至 1μm 以下（电镜照片略）[9]。

将 AS 与 PS 的嵌段共聚物作为 ABS/PS 共混物的相容剂，其增容效果可从图 7-13 有所了解[1]。由图可知，加入 10 份的嵌段共聚物，试样的冲击强度为不加的 3 倍左右。电镜观察到的微观形态结构（电镜照片略）也表明，加入相容剂后，微观形态结构显著精细化，已无宏观相分离。

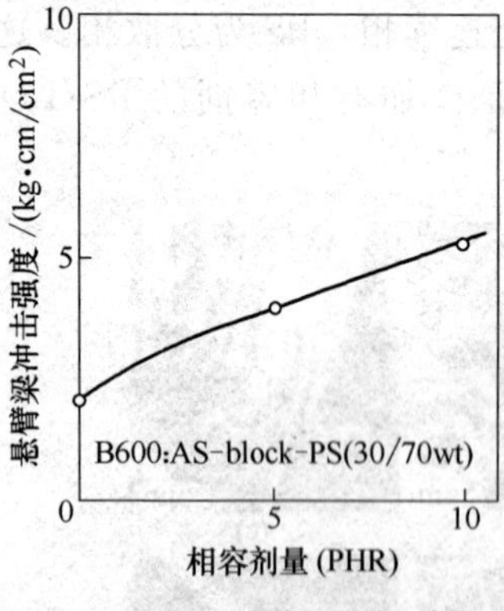

图 7-13　相容剂对 ABS/PS（50/50）共混物冲击强度的影响

注：1kg · cm/cm＝9.8J/m

7.4.2　相容剂在聚酰胺（PA）系列聚合物共混物中的应用

PA 是最重要的五大工程塑料之一，其共混改性将在第 11 章中论述。在此仅简介相容剂在各种含 PA 共混体系中的应用效果。

由于 PA 与其他聚合物的难相容性，长期以来 PA 共混物的开发成效甚微，直到反应型相容剂研制成功，含 PA 的聚合物共混物才大量涌现。目前报道较多的 PA 共混体系有 PA/PE、PA/PP、PA/EPDM、PA/PS、PA/ABS、PA/PPO、PA/PVDF 等，所用反应型相容剂以含羧基和酸酐基的共聚物为主。

将 MAH 接枝的 PP 作为相容剂加入到 PA、PP 混合物中经挤出机熔融混炼得到增容的 PA/PP 共混物（MAH 基与 PA 末端氨基反应），与普通 PA/PP 共混物对比，由于相容性的提高，两者断裂面的电子显微镜照片呈现极大的差异（图 7-14）。未增容的试样，分散相粒子粗大、光滑，界面粘结力弱，而经增容处理的试样分散相粒径极小，界面模糊，几乎成为均相。

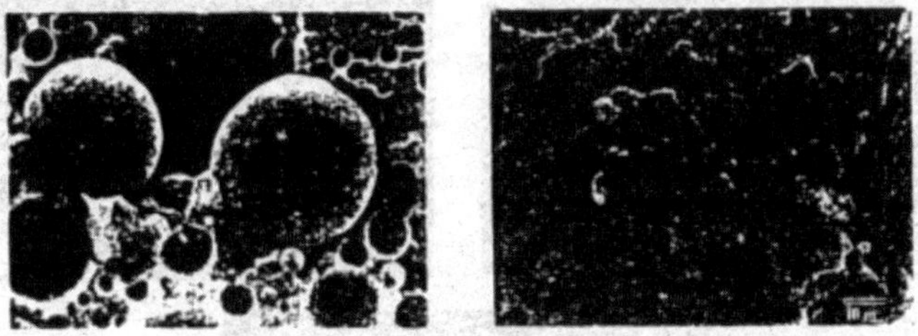

(a) PA66/PP　　(b) PA66/PP/增容剂

图 7-14　PA/PP 与增容 PA/PP 断面的电镜照片

与 PA/PP 共混体系相似，美国杜邦公司开发并工业化生产的 PA/EPDM 共混物，经羧化 EPDM 接枝聚合物的增容，冲击强度获得大幅度提高。如图 7-15 所示，经增容改性的 PA/EPDM 共混物，甚至在−20℃时，仍有很高的冲击强度，可以满足低温使用环境的要求，但普通 PA/EPDM 共混物在 13℃时，已因冲击强度过低失去使用价值[4]。

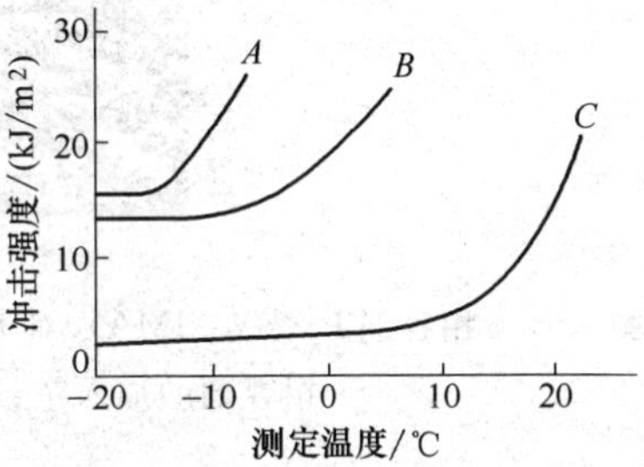

图 7-15　PA/EPDM 与增容 PA/EPDM 的冲击性能
A：PA6/EPDM 接枝聚合物　B：PA6/EPDM/EPDM 接枝共聚物　C：PA6/EPDM

在 PA6/ABS（60/40）共混物中加入 2 份反应相容剂（主干含羧基，支链为 PMMA），经 247℃熔融混炼，产物的延伸率比未增容的共混物高出 6 倍多，冲击强度提高 1 倍。

某些特制的非反应型相容剂也可能在 PA 共混体系中起到良好的增容效果，例如 P(S-*b*-MMA) 加到不相容的 PA6/PVDF 共混体系中，其微观形态结构明显均化，参见图 7-16。

有关相容剂在 PA 共混体系中的应用实例极为丰富，不再一一列举，在第 11 章中还有所介绍。

7.4.3　相容剂在其他聚合物共混物中的应用

为了提高 PBT、PPO（聚苯醚）、PPS（聚苯硫醚）等耐高温树脂与其他聚合物的相容性，改善其综合性能，扩充它们的应用领域，常需借助于相容剂。

据报道[14]，以 MAH 接枝的 EPDM 作为 PBT/EPR 共混物的反应型相容剂，其增容效果卓越，增容机制是相容剂中酸酐基与 PBT 末端所含的—OH 基反应生成了 PBT 与 EPDM 的接枝物，因而促进了两聚合物的相容，从电镜照片（略）可以看到，增容处理后的微观形态结构，其分散粒径由大于 10μm 降至 1μm 左右。

PBT 与 PPO 完全不相容，且成型性极差，使用带有环氧基的 PS 接枝共聚物作为

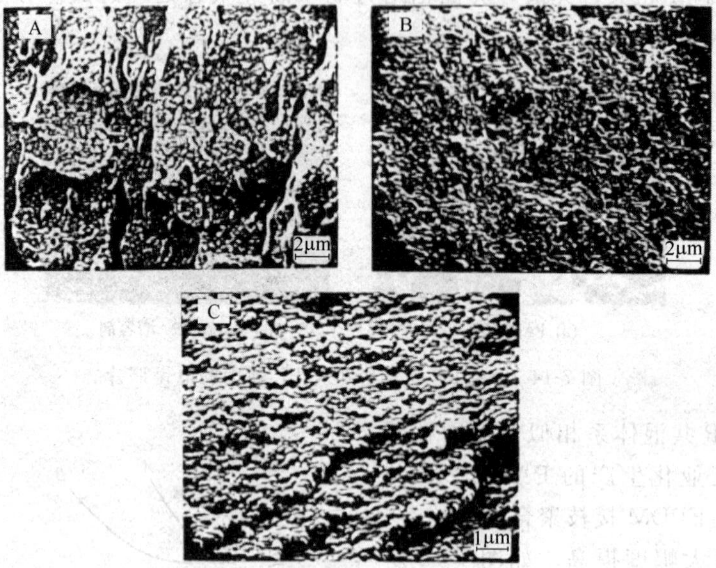

图 7-16　相容剂 P（S-*b*-MMA）对 PA/PVDF（80/20）共聚物微观形态结构的影响
相容剂的加入量：A—未加　B—2%　C—12%

相容剂，相容性得以提高，并使力学性能、加工性能全面改善（参见表 7-3），从而创制出一种新型的聚合物合金，有可能取代 PA/PPO 而占领市场[9]。

PPS 耐高温性能卓越，但价格昂贵，与通用树脂共混虽可降低成本，但损其耐热性，而与其他工程树脂共混则无此弊病。PPS/PPO 共混物由于相容性差只有在加入相容剂情况下才有使用价值，例如使用 5phr 含环氧基的反应型相容剂，PPO（70/30）共混物的拉伸强度提高了约 50%，断裂延伸率增加了 60%左右[10]。

此外，相容剂在制造具有特殊分散形态的聚合物共混物时，具有稳定形态的作用，例如欲制造分散相为层片状的阻隔功能性聚合物就必须借助于相容剂的帮助，否则即使共混物混炼时形成层片状分散，最终还会凝聚成球粒，消除了所需的功能性。相容剂对聚合物共混物还可能在其他一些功能性方面产生影响，例如离子导电性的提高，光学双折射性的消除，抗静电性的赋予等。

表 7-3　　PBT 与 PPO 合金的性能与增容效果

序号	组成/%(质量分数)			挤出成型性	悬臂梁冲击强度/(J/m^2)	延伸率/%	荷重下热变形温度/℃
	PBT	PPO	增容剂				
1	100	0	0	良	67.6	280	56
2	85	18	25	良	73.5	30	64
3	15	85	25	良	14.5	80	140
4	0	100	0	良	120.5	30	154
5	85	15	0	不能成型	—	—	—
6	15	85	0	不能成型	—	—	—

参考文献

[1] D. R. Paul. Interfacial agents ("compatibilizers") for polymer blends [J]. Polymer blends, 1978, 2: 35-62.

[2] 江明. 高分子合金的物理化学 [M]. 成都：四川教育出版社，1988.

[3] T. D. Traugott, J. W. Barlow, D. R. Paul. Mechanical compatibilization of high density polyethylene-poly (ethylene terephthalate) blends [J]. J. Appl. Polym. Sci., 1983, 28 (9): 2947-2959.

[4] T. Ouhadi, R. Fayt, R. Jérôcme, P. Teyssie. Molecular design of multicomponent polymer systems, X. Emulsifying effect of poly (styrene-b-methyl methacrylate) in poly (vinylidene fluoride)/noryl blends [J]. J. Polym, Sci., Part B: Polym, Phys., 1986, 24 (5): 973-981.

[5] W. E. Baker, M. Saleem. Coupling of reactive polystyrene and polyethylene in melts [J]. Polymer, 1987, 28 (12): 2057-2062.

[6] W. E. Baker, M. Saleem. Polystyrene-polyethylene melt blends obtained through reactive mixing process [J]. Polym, Eng. Sci., 1987, 27 (21): 1634-1641.

[7] 杉浦基之，森屋泰夫，山本隆. 相溶化剤の種類と特性（活発化するポリマ＿アロイの実用化展開）[J]. 工業材料，1990，38.

[8] C. Koning, M. Van Duin, C. Pagnoulle, R. Jerome, Strategies for compatibilization of polymer blends [J]. Prog. Polym, Sci., 1998, 23 (4): 707-757.

[9] 章结兵，杨伏生. 高分子合金反应性增容剂 [J]. 塑料工业，2007，35（b06）：301-304.

[10] 张军. 马来酸酐接枝聚乙烯 [J]. 现代塑料加工应用，1993，(2)：49-51.

[11] 马三荣. 聚烯烃熔融接枝改性 [J]. 合成树脂及塑料，1991，(2)：62-67.

[12] D. W, Bartlett, J. W. Barlow, D. R. Paul. Mechanical properties of blends containing HDPE and PP [J]. J. Appl. Polym. Sci., 1982, 27 (7): 2351-2360.

[13] R. Fayt, R. Jerome, P. Teyssié. Molecular design of multicomponent polymer systems, 13. Control of the morphology of polyethylene/polystyrene blends by block copolymers [J]. Macromol. Chem. Phys., 1986, 187 (4): 837-852.

[14] A. Cecere, R. Greco, G. Ragosta, G. Scarinzi, A. Taglialatela. Rubber toughened polybutylene terephthalate: influence of processing on morphology and impact properties [J]. Polymer, 1990, 31 (7): 1239-1244.

第8章 聚烯烃（聚乙烯、聚丙烯）的共混改性

8.1 聚乙烯的共混改性

聚乙烯（PE）是最重要的通用塑料之一，产量居各种塑料之首。聚乙烯可以用多种方法生产，由于生产工艺和条件的不同，所制得聚乙烯的分子结构（支化度）、相对分子质量、密度、结晶度均有所区别，相应的物理性能也表现各异。

高压法生产聚乙烯是以氧为引发剂，在温度200℃、压力150～200MPa下通过自由基聚合反应制得，在此条件下，乙烯聚合易发生链转移反应，导致大分子链支化且相对分子质量较低。由于支化度高，支链较长，高压法聚乙烯密度低，故又称为低密度聚乙烯（LDPE）。

低压法生产聚乙烯是乙烯在常压或稍高于常压下，通过配位阴离子催化剂，于烷烃溶剂中聚合制得，链转移反应少，因而产物分子基本无支链，且相对分子质量较高、密度高，故低压法聚乙烯称为高密度聚乙烯（HDPE）。

20世纪70年代以来新开发的线型低密度聚乙烯（LLDPE）是乙烯与α-烯烃的共聚物，所用的α-烯烃可为丁烯-1、戊烯-1、己烯-1或辛烯-1。线型低密度聚乙烯因含共聚单体α-烯烃，所以分子结构虽基本为线型，却有许多短小而规整的支链，其支链数取决于共聚单体的比例，一般分子链上每1000个碳原子有10～35个短支链，其支链长度由α-烯烃的碳原子数来决定。

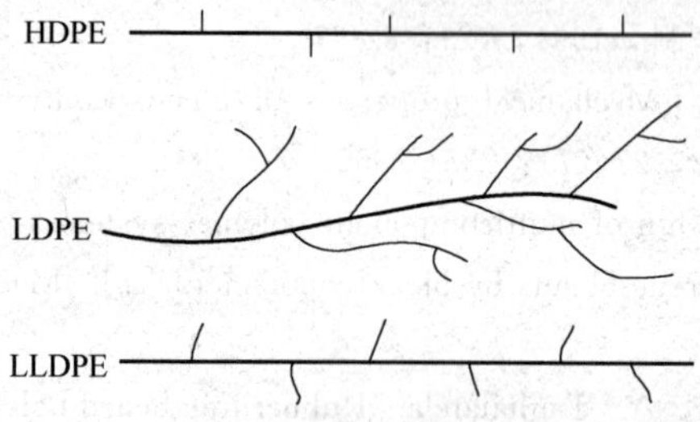

图8-1 HDPE、LDPE和LLDPE分子结构示意图

以上三类聚乙烯的结构示意图见图8-1。密度与结晶度对比见表8-1[1]。

表8-1 各类聚乙烯的密度和结晶度

PE类别	密度/(g/cm^3)	结晶度/%
HDPE	0.940～0.970	85～95
LLDPE	0.915～0.935	55～65
LDPE	0.910～0.940	45～65

另外，还有一类超高相对分子质量聚乙烯（UHMWPE），它可用低压法、淤浆法和气相法生产，其相对分子质量一般为200万～400万，分子结构与HDPE相同，密度略低于HDPE，为0.939左右。

此后，1991年美国埃克森公司正式生产了茂金属催化的聚乙烯，即茂金属聚乙烯

(MPE)，此类聚乙烯比之前的 LLDPE，分子结构更规整，结晶度高，强度、韧性、刚度、透明性、耐应力开裂性等都更优。而另一方面，其热封温度及嗅味又更低，加工性优，所以有极高的应用价值。茂金属聚乙烯近年来发展很快，在 2010 年其产量已占全部 LLDPE 产量的 20%以上。

各类聚乙烯又主要依据熔体指数（MI）来划分牌号，用以适应各种成型方法制造不同塑料制品之需。

总的来看，HDPE 比 LDPE 具有较高的硬度、拉伸强度、软化温度和较优良的耐化学药品性，而断裂伸长率和缺口冲击强度低于 LDPE。LLDPE 的大多数性能介于 HDPE 与 LDPE 之间。由于上述的性能特征，HDPE 适于制作食品容器、油罐等各种容器以及阀门、管道、设备衬挚、小型齿轮、轴承等工业用品；相反，柔软性较好的 LDPE 适宜制包装薄膜、农用薄膜、软板、合成纸、热封材料、泡沫塑料以及电线绝缘包皮。LLDPE 最主要的应用领域是制各种膜，在泡沫塑料、管道、容器、小型工业零件方面也有一定的应用。

PE 综合性能优良，原料来源丰富，成本较低，在众多塑料中独占鳌头。为了进一步拓宽其应用领域，PE 的下述缺点有待改进：

① 软化点低。HDPE 熔点约为 130℃，LDPE 熔点稍高于 100℃，因此聚乙烯的使用温度通常低于 100℃，若承受载荷，使用温度则更低。

② 强度不高。聚乙烯拉伸强度一般小于 30MPa，大大低于尼龙 6、尼龙 66、聚甲醛、聚碳酸酯等工程塑料。

③ 耐大气老化性能差。聚乙烯在日光照射下易为紫外线破坏，影响使用寿命。

④ 烃类溶剂和燃料油阻隔性不足。

⑤ 有些品种，如 LLDPE、UHMWPE 的加工性差。

此外，聚乙烯还有易应力开裂、不易染色等不足之处。

聚乙烯共混改性是克服 PE 上述缺点的主要措施之一，表 8-2 中列举了聚乙烯共混改性所欲达到的目的以及所用的共混组分。

表 8-2　　聚乙烯共混改性概况[2]

共混改性的目的	改性用的聚合物
1. 改善 HDPE 或 LDPE 的综合性能	相互掺混或分别加入 LLDPE 以及共同加入 LLDPE 组成三元共混物
2. 改善 PE 的冲击性能	热塑性弹性体或橡胶类物质
3. 改善 PE 的印刷性	聚丙烯酸酯类、氯化聚乙烯、乙烯-醋酸乙烯共混物
4. 改善 PE 对油类的阻隔性	聚酰胺
5. 改善 PE 的发泡成型性	聚异丁烯，乙烯-醋酸乙烯共聚物
6. 改善 LLDPE 及 UHMWPE 加工成型性	LDPE、HDPE、LLDPE 或低聚物类加工性改进剂

8.1.1　高密度聚乙烯与低密度聚乙烯的共混

LDPE 较柔软，但因强度及气密性较差不适宜制取各种容器和齿轮、轴承等零部件；另一方面 HDPE 硬度大，缺乏柔韧性不宜制取薄膜等软制品。将两种不同密度聚乙烯共混可制得软硬适中的聚乙烯材料，从而扩展了聚乙烯的用途。表 8-3 及表 8-4 给出两种不同密度的聚乙烯共混后的性能与组成的关系。由表 8-3 可知，两种密度不同的聚乙烯按各种比例共混后可得到一系列有中间性能的共混物。这些聚乙烯共混物的性能，如密度、结晶度、硬度、软化点等的变化很有规律，符合根据原料共混比所计算的线性加和值。然而，断裂伸长率及拉伸强度的变化稍显特殊，当在 HDPE 中掺入的比例少于 60/40 时，断裂伸长率基本不变，即使比例为 50/50 时，也增加不多，但此时拉伸强度却出现一极大值[2]。

表 8-3　　HDPE/LDPE 共混物的物理性能

HDPE/LDPE	密度/(g/cm³)	结晶度/%	邵氏硬度/D	熔体指数/(g/10min)	软化点/℃	拉伸强度/MPa	断裂伸长率/%	热变形温度/℃
0/100	0.920	48	49～51	1.86	106.5	0.13	750	43.9
10/90	0.923	50	53～55	3.24	109.2	0.12	400	51.6
20/80	0.926	52	52～55	5.94	109.4	0.13	275	51.6
30/70	0.929	54	53～56	10.58	110	0.14	100	52.7
40/60	0.931	55	56～57	17.06	115	0.15	75	57.7
50/50	0.933	57	55～57	33.0	115.6	0.17	25	56.1
60/40	0.937	59	58～59	60.0	115.6	0.17	10	57.7
70/30	0.934	64	59～61	76	118.3	0.16	10	60
80/20	0.947	63	61～62	144	118.8	0.15	10	61.1
90/10	0.950	69	62～64	255	119.4	0.14	10	65.5
100/0	0.952	70	63～65	467	121.1	0.14	10	65

LDPE 中掺入 HDPE 增加了密度，降低了药品渗透性（表 8-4），也降低了透气性和透汽性。此外，上述共混聚乙烯的刚性较好，刚性对于生产包装薄膜、容器是必须具备的性质。由于刚性和强度的提高，包装薄膜的厚度可减少一半，因而使成本下降。

表 8-4　　LDPE/HDPE 共混物的药品渗透性①

LDPE/HDPE	渗透系数/[×10⁶g·mm/(24h·cm)]	
	80%乙醇	蒸馏水
100/0	12.5	2.75
90/10	9.39	2.28
70/30	6.49	1.83
50/50	5.80	1.95
30/70	4.45	1.68
10/90	2.60	1.13
0/100	3.10	1.13

注：① 药品渗透性的测定是在规格为 25mL，壁厚 0.7～1.2mm，表面积为 51.2cm² 的试瓶中进行的，测定条件为 40℃，相对湿度为 50%。

高、低密度聚乙烯共混薄膜的透光性与共混比例有关外，还与原料组分的分子量分布有关。据资料报道，含 HDPE 的比例越高、原料组分分子量分布越窄的共混聚乙烯薄膜，其透光性越好。但是，共混聚乙烯薄膜中含 HDPE 的比例不能过大，否则会对薄膜的撕裂强度和热封性能造成不利的影响。

不同密度的聚乙烯共混可使熔化区加宽，而当熔融物料冷却时，又可以延缓结晶，这种特性可使发泡过程更易进行，对于聚乙烯泡沫塑料的制取很有价值。控制不同密度聚乙烯的共混比例，就能够获得多种性能的泡沫塑料。当低密度聚乙烯加入量越多，泡沫塑料就越柔软（表 8-5）。

表 8-5　高、低密度聚乙烯共混物泡沫塑料的性能[3]

HDPE/LDPE	100/0	90/10	75/25	50/50	25/75	10/90	0/100
偶氮二甲酰胺/%	3	3	3	3	3	3	3
2,5-二甲基-2,5-二特丁基过氧化己炔/%	0.25	0.4	0.4	0.4	0.4	0.4	0.4
凝胶率/%	51	51	68.6	67	69.4	72.4	74
容重/(g/cm^2)	0.13	0.158	0.154	0.127	0.119	0.123	0.134
挠曲模量/MPa	60	57	43	21	12	9.7	5.2
压缩载荷/MPa							
压缩 5%	7.1	9.3	7	4.4	2.7	2.1	1.7
压缩 10%	7.8	10.2	8.4	5.5	3.6	2.9	2.6
压缩 25%	7.9	10.9	8.7	5.9	3.9	3.2	3
拉伸模量/MPa	60	69	56	28	17	12	4.8
拉伸强度/MPa	2.5	3.2	2.7	1.9	1.5	1.3	1.4
断裂伸长率/%	305	333	277	232	196	183	162

8.1.2　聚乙烯与乙烯-醋酸乙烯共聚物的共混

聚乙烯与乙烯-醋酸乙烯共聚物（EVA）的共混物具有优良的柔韧性、加工性，较好的透气性和印刷性，因而受到了广泛的重视。

了解 EVA 的结构和性能，对于制备 PE/EVA 极为重要。

EVA 是乙烯和醋酸乙烯（VAc）的无规共聚物，目前主要采用高压法，按游离基反应历程进行聚合，其一般工艺条件为 29～39MPa、90℃并以过氧化物或偶氮化合物为引发剂。EVA 结构可表示为：

$$\cdots\cdots-CH_2-CH_2-CH_2-\underset{\displaystyle COOCH_3}{\underset{|}{CH}}-CH_2-CH_2-CH_2-\underset{\displaystyle COOCH_2}{\underset{|}{CH}}-\cdots\cdots$$

由于乙烯和醋酸乙烯的竞聚率很相近，故能按加料摩尔比进行共聚，共聚产物中两种单体的比例可以在宽广的范围内变动，相应得到各种不同性能的 EVA。EVA 中醋酸乙烯含量低时，有一定结晶度。用于共混的 EVA，要求结晶度低，所以，应用 VAc 含量 40%～70%的 EVA。此外，当 EVA 中 VAc 含量在 10%～20%范围为塑性材料，而 VAc 含量超过 30%是弹性材料。EVA 的溶解度参数与其 VAc 含量的关系列于表 8-6中。

表 8-6　EVA 的溶解度参数（δ）

EVA 中 VAc/%	18	19	37	46	57	63	82	85	100
δ	8.0	8.1	8.1	8.2	8.4	8.5	8.8	8.9	9.4

EVA 常与其他聚合物共混，作为后者的改性剂，这是由于 EVA 具有良好的挠曲性、韧性、耐应力开裂性和粘结性能。

PE/EVA 共混物的性能可在宽广的范围内变化，这是由于所用 EVA 中 VAc 的含量、EVA 的分子量、EVA 的掺混量、共混物制备以及加工成型条件等很多因素都影响其性能。

EVA 中 VAc 含量的影响极为显著。图 8-2 为使用不同 VAc 含量的 EVA 对 PE/

EVA共混物结晶度及密度的影响。当EVA中VAc含量较低（6.6%）时，EVA掺入量对结晶度基本无影响（图8-2中曲线1）；EVA掺入量对密度的影响较明显（图8-2中曲线4），即共混物密度随EVA掺入量增加而上升，尤其在EVA含量达25%以后，上升更快。含VAc量多的EVA对PE的改性效果较大（图8-2中曲线2、3、5），不论是结晶度还是密度均出现急剧的变化，提高EVA中VAc含量同样导致PE/EVA共混物伸长率的迅速上升。

PE/EVA中EVA比例增加所产生的改性效果大体与增加VAc的效果类似，这一点也可从图8-3中见到。

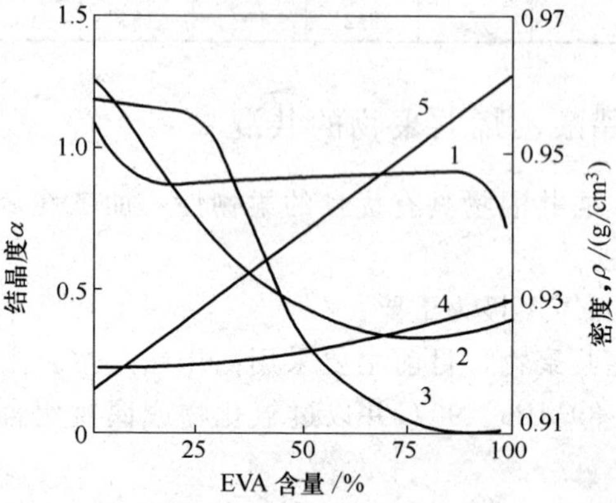

图8-2　EVA中VAc含量对PE/EVA共混物结晶度及密度的影响

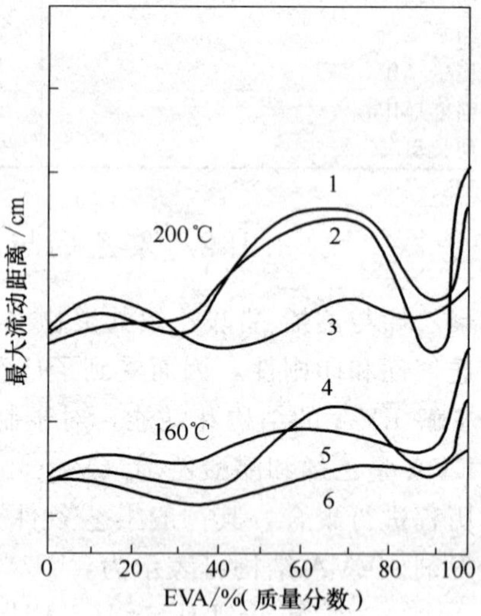

图8-3　EVA含量对PE/EVA共混物流动性的影响

PE/EVA共混物的熔体流动性随EVA含量的变化显示有极大和极小值的特殊现象，据推断这是由于两组分共有的乙烯基间的部分相容以及乙烯基与醋酸乙烯基间的部分分离，因而导致的特殊混合形态所致。例如HDPE/EVA中若EVA占10%和70%（质量），流动性出现极大值；而EVA占30%和90%（质量），流动性出现极小值（图8-3）。所用EVA的熔体指数越高，这种出现极值的倾向越显著，但VAc在EVA中的含量对此现象无显著影响。

于曼等研究认为，HDPE/EVA共混体系结晶度与共混物组成之间的关系呈线性加和并经过坐标原点，故该共混体系是不相容的。HDPE/EVA共混物的晶胞参数（a，b）基本与HDPE相同，表明EVA没有进入HDPE的晶格[4]。对HDPE/EVA共混物力学性能（模量、拉伸强度、断裂伸长率）与共混组成关系的测定结果见图8-4～图8-6。由图可见，各项力学性能与组成的关系均低于加和值。从图8-4可见，HDPE含量为50%时共混物模量为转折点，HDPE含量大于50%后，模量随HDPE含量增加的趋势更显著。图8-5及图8-6则显示，随HDPE含量增加，共混物拉伸强度和断裂伸长率下降；当HDPE为25%时，形成最低点。该研究认为，HDPE少于25%，EVA为连续相，HDPE 为分散相。EVA 吸收能量传递给 HDPE，引起 HDPE 裂纹的敏感性，所以，拉伸强度和断裂伸长率随 HDPE 含量增加而下降。在 HDPE 含量在 25%～50%之间，为连续相变化区，两组分都不为连续相，因此，出现反常。HDPE 含量大于 50%时，HDPE 形成连续相，EVA 为分散相，因 HDPE 的模量、拉伸强度都高于 EVA，而两者的断裂伸长率基本相等，因此模量和拉伸强度随 HDPE 含量增加而迅速增加。上述关于形态结构的分析，文献未提供电镜照片的判据。

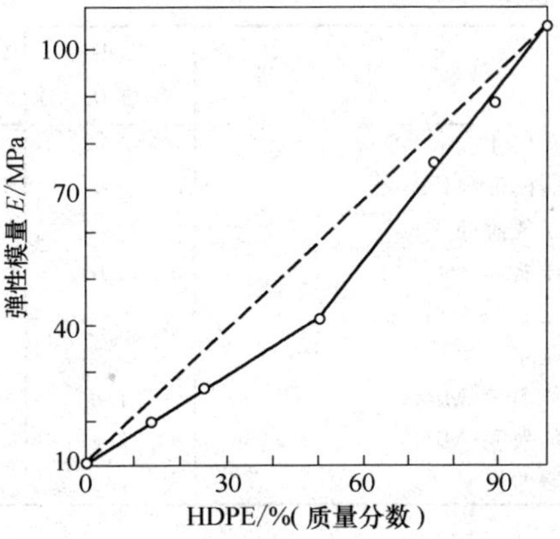

图 8-4　组成对 HDPE/EVA 共混物弹性模量的影响

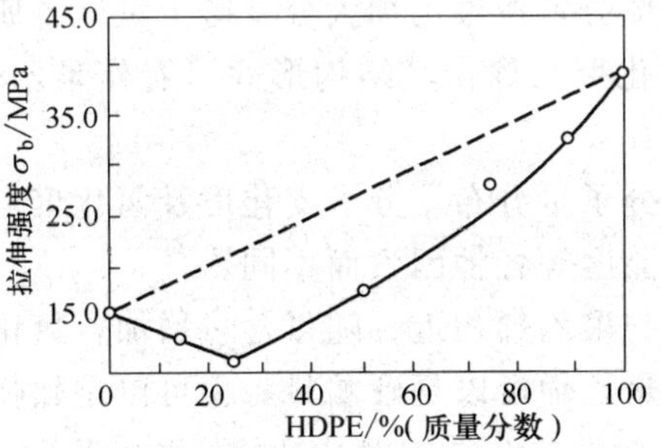

图 8-5　组成对 HDPE/EVA 共混物拉伸强度的影响

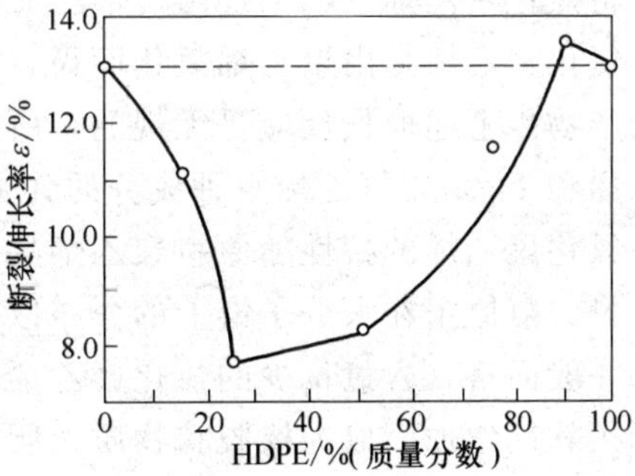

图 8-6　组成对 HDPE/EVA 共混物断裂伸长率的影响

加工条件也可改变 HDPE/EVA 共混物的性能，注射压力大，流动速度快，聚合物取向度增加，弹性系数提高而延伸性能下降；注射温度升高恰与注射压力大的效果相反，其原因在于温度高时，聚合物取向度低。

HDPE 中掺入 EVA 后成为柔性材料，适用于生产泡沫塑料，与 HDPE 泡沫塑料相比，具有模量低、柔软、压缩畸变性能良好的特点。

EVA 改性和未改性的聚乙烯泡沫塑料的性能比较见表 8-7。由于掺入 EVA 对于 PE 的交联反应有阻滞作用，若欲生产同样结构的泡沫塑料，需用较多的交联剂[3]。

表 8-7　　EVA 改性 LDPE 泡沫塑料的性能

项目	LDPE（密度 0.92）	LDPE/EVA(85/15)（EVA 含 VAc30%）			LDPE/EVA(75/25)（EVA 含 VAc30%）
助剂：					
偶氮二甲酰胺/%	3	3	3	6	6
过氧化物/%	0.4	0.6	0.5	0.3	0.3
性能：					
凝胶率/%	74	75	68	5	50
容重/(g/cm³)	0.134	0.13	0.12	0.06	0.06

续表

项　　目	LDPE （密度 0.92）	LDPE/EVA(85/15) （EVA 含 VAc30%）			LDPE/EVA(75/25) （EVA 含 VAc30%）
泡孔尺寸/mm	0.15	0.12	0.14	—	—
弯曲模量/MPa	5.7	4.4	3.9	3.5	4.3
压缩载荷/MPa					
压缩 5%时	0.16	0.13	0.09	0.007	0.006
压缩 10%时	0.25	0.20	0.14	0.10	0.009
压缩 25%时	0.32	0.27	0.18	0.15	0.14
拉伸模量/MPa	4.8	4.4	4.1	3.3	1.9
拉伸强度/MPa	1.4	1.2	1.0	0.05	0.04
断裂伸长率/%	160	140	240	200	200

8.1.3　聚乙烯与氯化聚乙烯的共混

将氯化聚乙烯（CPE）掺入聚乙烯可以改进聚乙烯的印刷性、耐燃性和韧性[2]。

氯化聚乙烯是由聚乙烯氯化而得，即氯原子部分置换聚乙烯大分子链上氢原子所得到的产物。上述取代反应是无规的，所形成的氯化聚乙烯，其结构形式可看作是乙烯、氯乙烯和 1，2-二氯乙烯 3 种成分的共聚体。

氯化聚乙烯的特性随原料聚乙烯的分子量、分子量分布、分子支化度及氯化聚乙烯氯含量、氯原子在大分子链上的分布以及剩余结晶度等各种因素而不同。

一般而言，含氯量少的氯化聚乙烯，其性质与聚乙烯相近。随氯含量增加，氯化聚乙烯柔软性增加而成为橡胶状物质，所以，氯化聚乙烯可以是硬塑料，也可以是软弹性体。通常生产的氯化聚乙烯是氯含量为 30%～40%的非结晶或微结晶的橡胶类物质。

含氯量较多的氯化聚乙烯与聚乙烯共混时，仅添加少量即可明显提高聚乙烯与油墨的粘结力。例如 CPE-55（含氯量 55%的 CPE）与 HDPE 共混，若前者含量 5%，所得共混物与油墨粘结力比 HDPE 约高 3 倍。

HDPE/CPE 共混物的力学性能与两组分共混比例及 CPE 中氯含量等因素有关。当 CPE 中氯含量为 45%、55%时，它与 HDPE 相容性较好，共混物的力学性能基本与 HDPE 相同。HDPE/CPE 的屈服强度与共混比例及 CPE 中氯含量的关系见图 8-7。由图可见，采用 CPE 含氯量较高者作为 HDPE 的改性剂效果较好。

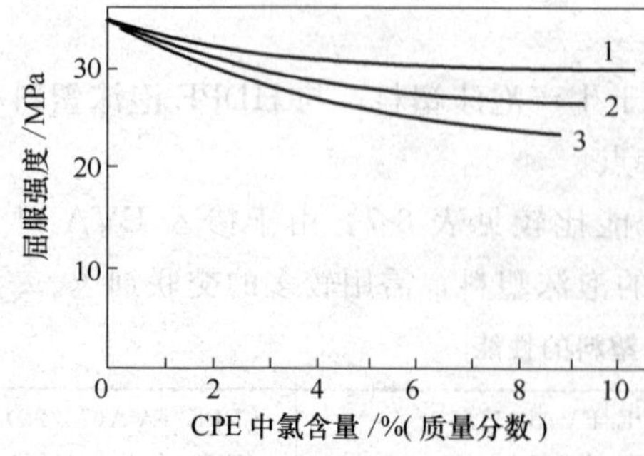

图 8-7　HDPE/CPE 共混物的屈服强度

CPE 具有优良的耐燃性，所以，将其掺入 PE 可提高后者的耐燃性，若同时加入三氧化二锑，则耐燃的效果更显著。

张明善等对 HDPE/CPE 共混体系研究结果还证明该共混体系改善了 HDPE 的耐环境应力开裂性（ESCR）[5]。ESCR 表示材料在某些介质存在下和在低于其极限强度条件下，抵抗开裂和破坏的能力。HDPE 是对环境应力开裂极为敏感的材料，在实际应用中，其制品实际寿命因此大为缩短。考核 ESCR 的指标是以样品 50% 开裂的时间（F_{50}）表示。CPE（氯含量 36%）与 HDPE 共混，对后者 ESCR 性能影响的实验结果如表 8-8 所示。

表 8-8　HDPE/CPE 共混物的 ESCR 性能

CPE 含量/%	0	5	10	15	20	25	30	35	40	45	50
F_{50}/h	24	60	176	384	424	>500	>500	>500	>500	>500	>500

由表可见，纯 HDPE 的 ESCR 性能很差，当加入 5%的 CPE 后即可使 F_{50} 提高 2 倍多，当 CPE 含量达到 25%以后，F_{50} 均可超过 500h。

关于 HDPE 与 CPE 相容性，不同文献[5-6]研究结果是一致的，即含氯量 36% 左右的 CPE 与 PVC 具有部分相容性，这一结论通过热谱图（DSC 分析）及电镜观察均得到证实。HDPE/CPE 共混物的形态呈现两相，CPE 在 HDPE 分散均匀，界面间无空洞。图 8-8 为 HDPE/CPE（80/20）共混物的扫描电镜照片，此共混比下的冲击强度最高，形态结构的特征是 CPE 形成分布适中的网络将 HDPE 包络，起到良好的增韧作用。

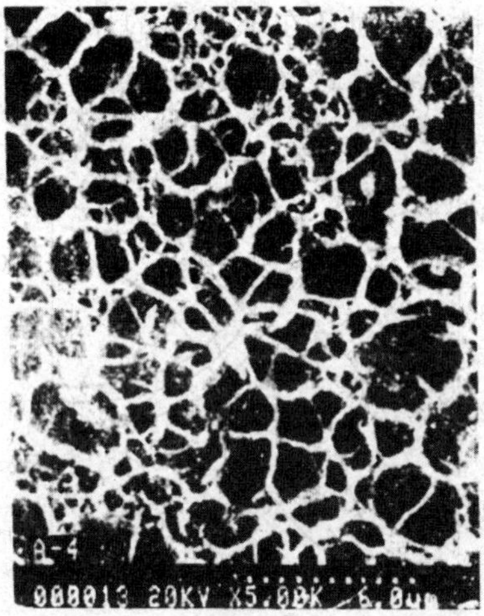

图 8-8　HDPE/CPE（80/20）共混物的 SEM 照片

8.1.4　聚乙烯与橡胶类物质的共混

高密度聚乙烯柔韧性不佳，使之与橡胶类物质（热塑性弹性体、聚异丁烯、天然胶、丁苯胶等）共混可显著提高冲击性能，有些情况下还可改善加工性能。现分别介绍如下。

高密度聚乙烯与热塑性弹性体（TPE）的共混一些年来很引人注目。所谓热塑性弹性体是一种在玻璃化温度以上具有热塑性的不需硫化的橡胶类物质。目前最常用的热塑性弹性体是苯乙烯-丁二烯-苯乙烯嵌段共聚物（SBS），其结构特点是大分子链两端为苯乙烯嵌段，中间为丁二烯嵌段。SBS 根据其所含两种单体的比例和嵌段的长短，软硬程度可以大幅度地变化。一般而言，增加苯乙烯含量，硬度增加，塑性增加，弹性降低。SBS 热塑性弹性体本身即为双相体系，中间嵌段部分为三向弹性体网络，两端的苯乙烯嵌段为分散相，HDPE 中掺入 SBS 形成了三相体系，它具有 HDPE 所无法达到的卓越的柔软性，而且具有很好的冲击性能、拉伸性能，且软化点高于 100℃。此种共混物加工性能优良，可以采用通常的挤出-吹塑法生产薄膜。徐定宇等[7]研究了 HDPE/SBS 共混方式对薄膜形态及性能的影响。结果认为，“两阶共混法”和“母粒稀释法”制得的共混薄膜，其形态为一种相畴大小适中、分布均匀的致密结构，不同于通常的直接掺混法制得的共混薄膜所形成的相畴大小分布不均的粗糙结构。这种形态不仅能有效地提高薄膜 CO_2/O_2 透气比（这一点对水果、蔬菜保鲜很重要），而且有利于薄膜各项力学性能（尤其是冲击性能）的提高。

所谓“两阶共混法”是先按 HDPE/SBS＝1/1 共混制得母粒，然后再加 HDPE 稀释至所需配比再次造粒，用二次造粒物吹膜；母粒稀释法是将上述制得的母粒同样加入 HDPE 稀释至所需配比（但不经再次造粒）直接用于吹膜。SBS 加入到 HDPE 中能有效提高后者膜制品透气、透湿性的原因，不仅在于 SBS 本身具有比 HDPE 更好的透气和透湿性，同时还在于 SBS 的加入，降低了基材 HDPE 的结晶度和取向度，而这些因素均有利于提高透气和透湿性。

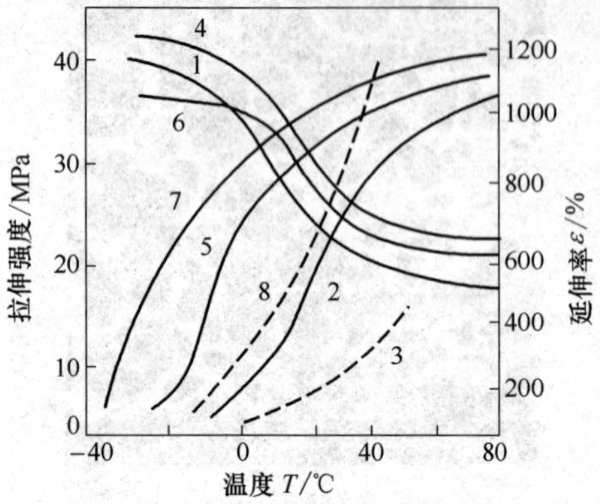

图 8-9　HDPE-SIS 的拉伸性能

实线—纵向　虚线—横向　1～3—HDPE

4，5 —含 5% SIS　6～8 —含 10% SIS

另一种重要的热塑性弹性体是苯乙烯-异戊二烯嵌段共聚物（SIS）。图 8-9 为 HDPE-SIS 共混物的强度、延伸率随温度及组成变化的情况。由图 8-9 可见，此种共混物的拉伸强度略高于 HDPE，其中尤以含 SIS5% 者最佳。此外，掺有 SIS 的 HDPE，延伸率明显提高，当含有 10% 的 SIS 时，即使在 −20℃ 时，仍具有延伸性，而 HDPE 和仅含有 5%SIS 的 HDPE 在此条件下脆化，失去了延伸性。HDPE 与 SIS 共混后，横向延伸性能也有显著改善。含 10%SIS 的 HDPE，其横向延伸率在 −15℃ 时为 50.80%，10℃ 时高达 600%。所以，用此种共混物生产的薄膜，横向延伸率为聚乙烯的 4～5 倍，因而具有各向同性的性能。此种共混物还有熔体流动性优于 HDPE 的优点，当 SIS 含量由 3%变至 10%，其熔体指数比 HDPE 增加 14%～37%。

SIS 也用来与 LDPE 共混，LDPE-SIS 共混物可以在低温模具中注射成型，因而大大缩短了生产周期，提高了生产效率。关于 LDPE-SIS 的拉伸性能及蠕变性能均与 SIS 掺入量有关，并可分别按式 8-1 及式 8-2 求得[2]：

$$\lg t = 1.435 + 0.491c + 0.00205T_m - 0.00218cT_m \tag{8-1}$$

$$e = 35.89 - 0.392c + 0.333c^2 \tag{8-2}$$

式中　t——恒定拉伸应力下[(80±0.5)℃，应力 8MPa] 试样到达断裂的时间

c——共混物中 SIS 的含量

T_m——熔融温度，℃

e——蠕变性能

显然，当 SIS 含量增加，T_m 将下降，而 t 大幅度上升。另外，SIS 掺入量增加，蠕变性也增加，当 SIS 含量达 5%，蠕变性则比 LDPE 高 15%，故不宜过多掺入 SIS。

用 NBR 与 HDPE 共混可产生良好的增韧效果。在 NBR 的选择上，宜采用极性较接近 HDPE 的 NBR-18，而不宜用 NBR-26，NBR 掺混比例在 6%～8%可得到冲击强

度改善的最好效果。融体指数相对较低的 HDPE 用 NBR 共混增韧的效果也优于融体指数相对较高的 HDPE[8]。

徐僖等[9]对 HDPE 与丁基橡胶（IIR）共混物的研究结果，得到了冲击强度较 HDPE 大幅提高的共混物，没有共混前的 HDPE 试样的冲击强度为 331J/m，含 5%IIR 的共混物的冲击强度达到 545J/m。低 IIR 含量的共混物，HDPE 的结晶度基本未变，而对该共混体系萃取试验表明，IIR 不能从共混物中完全抽出。此外，对此共混物熔体流变性和结晶过程的研究知道，HDPE 和 IIR 在熔体时发生分相，溶于 HDPE 熔体中的 IIR 量约为 1%[10]。由此，提出如图 8-10 所示的 HDPE 与 IIR 结合模型。由图 8-10 可见，IIR 链段穿入基本完整的 HDPE 片晶，IIR 分子量很高（$\overline{M_n}=5.20\times10^5$）。只要有很少量 IIR 链段被包住，就可使相当数量 IIR 与 HDPE 牢固结合，这可能就是其产生显著增韧效果的重要原因之一。

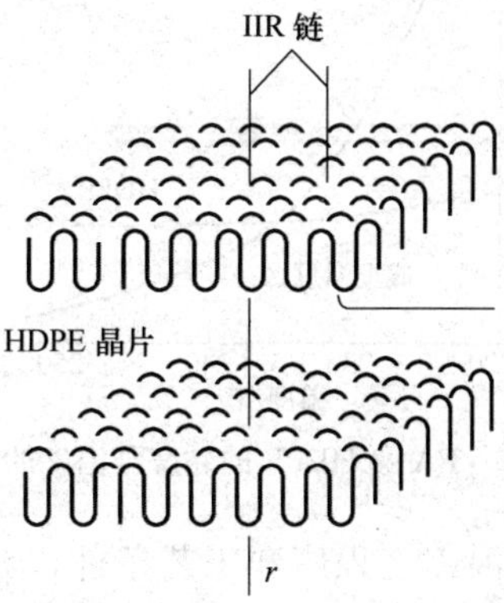

图 8-10　IIR 链段穿入 HDPE 片晶的示意图

以 LDPE、LLDPE 为主要原料，添加 POE（聚乙烯辛烯共聚弹性体）制得的三元共混材料，随着 POE 含量的增加，共混物的硬度、拉伸强度逐渐下降，断裂伸长率和冲击强度呈增长趋势。恰当调整这三元共混物的共混比，可以得到一种适用于制造人造草坪的塑料材料[11]。

方征平等[12]研究了几种极性和非极性弹性体对 HDPE 结晶行为和力学性能的影响。从总体上看，弹性体的加入对 HDPE 结晶有一定干扰（但不大）。与 HDPE 结构上较相近的弹性体如 CPE、BR、NR 对共混物结晶熔点 T_m 和结晶温度 T_c 的影响较大；而带有较多侧基的弹性体如（SBR、IIR、CR、NBR）则对 T_m 和 T_c 的影响较小。HDPE/弹性体（95/5）共混物的力学性能和耐环境应力开裂（ESCR）性均得到明显改善。

8.1.5　聚乙烯与聚酰胺的共混

将聚酰胺（PA，尼龙）掺入聚乙烯可提高后者对氧及烃类溶剂的阻隔性，这种特性是一种功能性，所以，该共混物可归属于功能性聚合物共混物[13]。

HDPE/PA 共混体系要具有良好阻隔性，其 PA 必须以层状分散于 HDPE 基体中，形态结构如图 3-5 所示。另在图 8-11 中表明了 PA 在 HDPE 中的含量及形状对该共混物阻隔性的影响。由图 8-11 可看出，随 PA 含量的增加和 PA 分散相的层化，HDPE/PA 共混物的阻隔性明显提高。

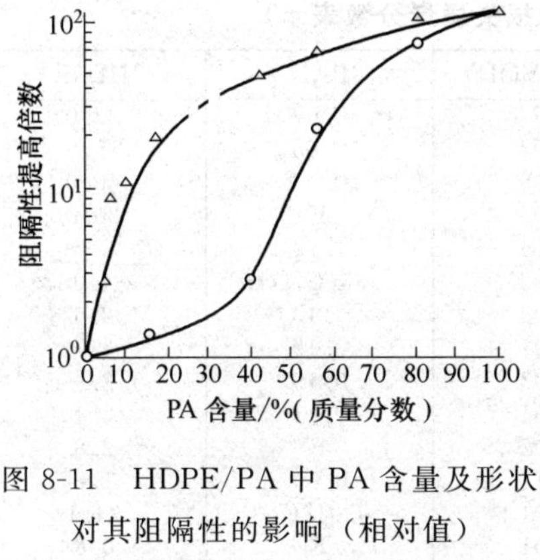

图 8-11　HDPE/PA 中 PA 含量及形状对其阻隔性的影响（相对值）
o—粒状分散体系　△—层状分散体系

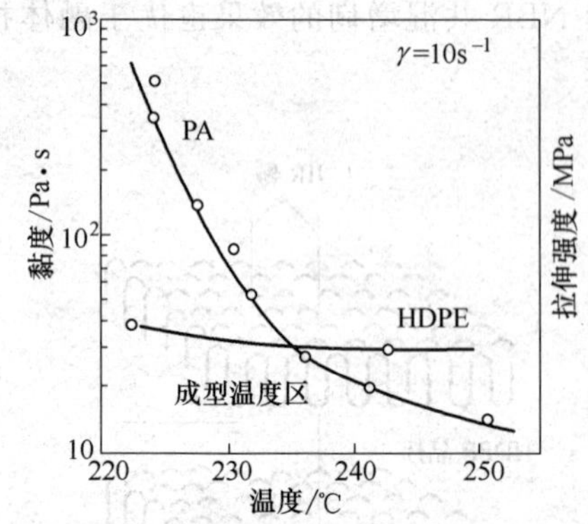

图 8-12 PA 及 HDPE 的黏度与温度的关系

为获得理想阻隔性形态的 HDPE/PA 共混物，必须保证加工温度下 PA 熔体黏度大于 HDPE，图 8-12 给出在一特定剪切速率 $\dot{\gamma}$ 下，两种聚合物组分黏度与温度的关系，根据该图可选择恰当的加工温度。此外，为将 PA 分散相延展成为层片状，挤出成型时，其螺杆的 $\dot{\gamma}$ 应处于 $20\sim50s^{-1}$ 范围内。

国内也已研制了 HDPE/PA 阻隔性共混物，其中 PA 选用 PA-6[14]。为增加两聚合物组分的相容性，使用了增容剂和助增容剂，并研究了不同的共混工艺程序和工艺条件，获得了阻隔性较好的制品。

美国 Du Pont 公司用于与 HDPE 共混生产阻隔性聚合物共混物的 PA 实际上是一类加有特殊相容剂的 PA，其商品名称为 SELAR-RB[15]。根据 HDPE 中添加 SELAR-RB 数量的不同，可以很方便地调节此共混体系的阻隔性，以其中的 SELAR-RB215 为例，一般在 HDPE 中加入 5%～20%（质量分数）即对二甲苯有良好的阻隔性。表 8-9 为 SELAR-RB 的品种和适用范围，在表 8-10 中则给出 HDPE/PA 制的容器与其他塑料制品的容器对溶剂的阻隔性数据。HDPE/SELAR-RB，对氧气的阻隔性也很卓越，详见表 8-11。

表 8-9　SELAR-RB 的品种和适用范围

品种	主要应用领域	阻隔特点	所制容器的尺寸	备注
RB215	工业药品	烃类	5L 以下	阻氧性为 HDPE 的 5 倍，获 FDA 认可
RB223	工业药品	烃类	5L 以下	
RB300	食品	烃类	20L 以下	
RB337	工业药品	氧	20L 以下	阻氧性为 HDPE10 倍
RB421	工业药品、食品	氧、烃类	20L 以下	正申请 FDA 认可
RB901	汽油	烃类	—	普通汽油用
RBM	汽油	烃类	—	含酒精汽油用

表 8-10　各种塑料容器对溶剂的阻隔性（以渗透的损失质量分数表示）

溶剂种类	HDPE/PA(88/12)	PVC	多层(EVOH)	PAN	HDPE
甲苯	0.05	F	0.07	0.07	28.0
二甲苯	0.03	F	0.02	0.06	15.0
己烷	0.06	6.06	0.08	0.93	60.0
邻二氯苯	0.34	F	0.05	F	20.0
三氯甲烷	0.10	F	0.04	1.74	3.0
醋酸乙烯	0.13	○	0.02	5.85(C)(○)	4.0
醋酸异丁烯	0.00	F	0.03	0.13	2.6
醋酸丁烯	0.02	F	0.01	0.19	3.7
醋酸异丙酯	0.01	F	0.03	0.19	2.4
水杨酸甲酯	0.02	F	0.01	0.11	5.1
甲乙酮	0.23	F	0.02	F	2.8
甲基异丁基酮	0.01	F	0.12	0.09	1.8
四氢呋喃	0.11	F	0.01	0.01(C)	24.1
环己烷	0.00	F	0.01	F	0.6

注：试验条件为 50℃，28 天，500mL 瓶；C 表示微裂，○表示发白，F 表示龟裂，实验不能进行。

表 8-11　　**SELAR-RB 掺混 HDPE 的透氧性**

组成	透氧系数/[mL·mm/(m^2·24h·大气压)]	对 HDPE 阻氧性提高的倍数
HDPE	47	—
含 15%RB300	9	5
含 7.5%RB421	1.0	47
含 15%RB421	0.6	80

注：环境条件 23℃，RH50%。

此类功能性聚合物共混物，已用于制造农药、食品、燃料（汽油、煤油）、各种化学品的包装容器，今后在氧气等气体的包装容器以及各种大型容器领域将获得进一步发展。

8.1.6　聚乙烯与其他聚合物的共混

聚乙烯大量用于生产包装、装饰薄膜，但其印刷性不良，设法提高聚乙烯与油墨的粘结力，增进其印刷性对于包装、印刷行业都极为重要。提高聚乙烯印刷性的措施有：

① 用硫酸、铬酸的高浓度水溶液浸渍聚合物表面，由于酸的氧化作用使聚合物表面生成羧基等极性基团。

② 用热空气和火焰加热氧化聚合物表面。

③ 电晕放电处理聚合物表面。

④ 聚合物中加入表面活性剂。

然而这些方法均需特殊处理，使操作复杂化。聚乙烯与印刷性能良好的聚合物共混改进印刷性能的方法效果显著，操作较简单，很有意义。例如用聚丙烯酸酯类树脂改性高密度聚乙烯大大提高了油墨对聚乙烯的粘结力，当其中掺入 5%～20%聚甲基丙烯酸甲酯，上述粘结力提高了 7 倍。

PMMA 及 PEMA 所以能够改善 HDPE 的印刷性，是基于它们与 HDPE 相容性较差，当其在 HDPE 为基体的共混体系中构成分散相并居于薄膜外表层时，显然有利于与油墨的粘结。

聚丙烯酸酯类树脂改性聚乙烯薄膜的缺点为拉伸强度及伸长率有所下降。

聚乙烯（或乙烯-醋酸乙烯共聚物）与具有活性的高分子量二甲基硅油共混时，依靠机械和热的作用，部分聚乙烯裂解产生自由基，然后与硅油中含有的少量不饱和共聚单体（甲基乙烯基硅油）接枝聚合。经电子显微镜研究，此种共混物具有明显的两相结构，硅油分散于聚乙烯连续相中，但随硅油含量的增加，两相界面逐渐变得不清晰。聚硅醚是一类玻璃化温度最低、电性能极优的聚合物，因而掺入聚乙烯中可显著降低拉伸模量、改善电性能。当两组分比例为 1∶1 时，拉伸强度约下降一半。此种共混物的耐环境应力开裂性大大优于聚乙烯，例如含 50%硅油的聚乙烯共混物在沸腾的洗涤剂溶液中处理 54h 后尚无开裂现象，而经聚乙烯处理 7h 已被破坏。各种性能中提高最突出的是抗电晕性，与聚乙烯相比，其抗电晕性增长数百倍。另外，这种共混物具有优良的加工性，可采用挤出、注射、模压等多种成型方法生产电工绝缘材料[15]。

聚乙烯与淀粉共混物是一种具有良好生物降解性的塑料。淀粉为半结晶型的天然高分子物，其分子中含有大量羟基使其分子极性较大，分子内和分子间形成极强的氢键，导致淀粉易吸水、结晶度较高，其与非极性、疏水性强的聚乙烯共混是难相容的。因此必须对淀粉加以改性才便于与聚乙烯进行共混。

李凤红等[16]对淀粉的各种改性技术以及与聚乙烯共混改性的研究进展进行了介绍，其中典型技术有 Gupta 等[17-18]采用马铃薯淀粉和甘油以 70：30（质量比）混合制备热塑性淀粉后，再以 LDPE 的马来酸酐接枝物（LLDPE-g-MAH）为相容剂，通过挤出法制得可生物降解性 LDPE/LDPE-g-MAH/淀粉（共混）塑料薄膜。

张磊等[19]用双醛淀粉改性 HDPE 的研究表明，随着体系中双醛淀粉含量的增加，HDPE、双醛淀粉共混物的疏水性及流动性均有较显著地提高，而冲击强度及硬度有所下降。当双醛淀粉添加量为 10％～15％时，其综合性能最佳。

8.1.7 线型低密度聚乙烯的共混改性

线型低密度聚乙烯（LLDPE）与 LDPE 在分子结构及密度、结晶度等方面的区别已在图 8-1 及表 8-1 中介绍。可见，在相同的平均分子量情况下，LLDPE 有更长的主链，其分子排列较规整，结晶也更完整，因而与 LDPE 相比，LLDPE 有更高的拉伸强度和耐穿刺性，这些特性尤其适宜制造各种膜制品。在达到同样强度条件下，膜的厚度可以降低，从而大大降低了产品按面积计算的价格。

LLDPE 分子量分布窄的特征导致其熔体黏度大，挤出成型时易出现熔体破裂现象，因而单独使用时（未共混改性），必须采用专门设计的塑料加工机械。

LLDPE 与 PE 共混，在性能上得到了极好的互补。实际生产中，并不需要专门的共混设备和安排共混工序：只是将两种粒料按配方比例在料斗中简单搅拌混合，随后经挤出机直接挤出-吹塑成膜即可。此类共混物已在工业中得到广泛应用，产生了良好的社会效益和经济效益，目前已成为 PE 膜的主要类别。

LLDPE/LDPE 共混料吹塑薄膜的主要性能参见表 8-12。

由表 8-12 可见，该共混物的力学性能在 MD、TD 两向皆优于 LDPE，而接近于 LLDPE；MD 与 TD 方向上，线性收缩率相差越大，说明为单轴取向或不平衡双轴取向，由此可见 LLDPE/LDPE（1/1）共混物具有比 LDPE 更不平衡的双轴取向，这是由于 LLDPE 在 MD 方向上强化取向的结果，根本原因是 LLDPE 中非常多的分子链连结所致[20]。

表 8-12　LLDPE/LDPE（1/1）共混物吹塑膜性能

性能	LLDPE/LDPE		LLDPE		LDPE	
	MD	TD	MD	TD	MD	TD
拉伸强度/MPa	34	30	38	35	24	20
屈服强度/MPa	—	13	—	14	—	10
伸长率/％	620	730	625	650	400	580
线性收缩率/％	66	−13	55	60	33	3

注：MD—纵向；TD—横向。

LLDPE 与 LDPE 结构虽相似，但由于两者均为各有特点的结晶聚合物，其相容性的表现是复杂的。有研究[21-22]得出如下结论：

① 由于两者结晶熔点和结晶结构的不同，在共混物熔体缓慢冷却时，共混物有两种各自独立的稳定结晶形成。在快速冷却时，则有一个部分相容的共晶区形成。

② 纯 LDPE 的小角散射图呈“四叶”状结晶，当按 LLDPE/LDPE（30/70）共混时，“四叶”状退化，说明 LLDPE 对 LDPE 结晶有干扰；而以（50/50）共混时，又各自完整结晶，互不干扰。

所以，LLDPE/LDPE 共混物在宽广的比例范围均为不相容的复相体系，某些条件下可部分相容。

改善 LLDPE 的熔体特性是共混的主要目的，研究 LLDPE/LDPE 共混物的流变性是考察改性效果的重要方面。据研究报道[22]：在恒定剪切速率 $\dot{\gamma}$ 下，共混物的剪切黏度随 LDPE 的增加而下降；在恒定应变下，拉伸黏度却随 LDPE 的增加而提高；LLDPE 熔体黏度对 $\dot{\gamma}$ 的敏感性小于 LDPE，而 LLDPE/LDPE 共混物的熔体黏度，在低 $\dot{\gamma}$ 范围敏感性介于 LLDP 与 LDPE 之间，在高 $\dot{\gamma}$ 范围则无明显规律，随共混比及样品情况等多种因素表现出复杂变化。

LLDPE/LDPE 共混物的熔体强度（断裂应力）与共混比的关系参见表 8-13。由表 8-13 可见，随 LLDPE 比例的加大，共混物的熔体强度一般是增加的，特殊性在于其熔体强度既高于 LDPE，又高于 LLDPE。这一特性对加工成型性的改善是有利的。

表 8-13　　　　LLDPE/LDPE 共混物熔体强度

物料种类	断裂应力/×10⁴Pa	熔体断裂伸长率/%
LDPE	5.65	2.33
LLDPE/LDPE(30/70)	11.21	3.84
LLDPE/LDPE(50/50)	14.81	4.39
LLDPE/LDPE(70/30)	16.76	5.87
LLDPE	4.76	6.10

此外，采用 LLDPE/LDPE/HDPE 三元共混可解决 LLDPE/LDPE 共混薄膜易粘连的问题。据报道[23]，比较恰当的共混比为 60/20/20，所制厚度为 0.008mm 膜的拉伸强度：纵向 34.3MPa，横向 28.7MPa；伸长率：纵向 405%，横向 740%；直角撕裂强度：纵向 145kN/m，横向 145.5kN/m。

LLDPE 与热塑性聚酯弹性体（TPEE）共混物中，少量的 TPEE 对 LLDPE 结晶的完善性有一定的影响，结晶度稍有下降，而随着 TPEE 掺混比例的逐步提高，共混物的断裂伸长率和拉伸强度先升高后又降低，当 TPEE 的质量分数在 2%～3.5%时，分别有最大值 851.1%和 18.758MPa[24]。

另外，线型低密度聚乙烯与其他聚合物的共混改性主要集中于改进其加工性能。在 LLDPE 中，添加低分子聚合物作为加工改性剂对改善 LLDPE 加工性能有着卓越的贡献，目前比较成功的低分子聚合物有氟聚合物[25]、有机硅聚合物[26-27]、聚 α-甲基苯乙烯[28-30]、低分子聚烯烃等[8]。

氟聚合物为低表面能物质，它与 LLDPE 不相容，挤出加工时，在剪切应力作用下，氟聚合物转移到挤出物的表面，与机器器壁间形成润滑层，缓解了流动应力，从而避免了熔体破裂的发生。实践证明在 LLDPE 中仅需加入很少量的氟聚合物就可显著提高挤出量，挤出物外观得到改善，通用挤出-吹塑设备不必改造就可用以生产 LLDPE 地膜和农膜。U. S. P. 4863983 提出，将氟聚合物与有机磷酸酯混合后作为加工改进助剂有更好的降粘和防熔体破裂的效果。作为 LLDPE 加工改性剂的氟聚合物，主要是一种六氟丙烯与偏氟乙烯的共聚物，如美国杜邦公司生产的 VFF（Viton Free Flow），它又称为氟弹体。

用于改进 LLDPE 加工性能的有机硅聚合物，最早由美国 UCC 公司开发，商品名称 UCARSIL PA-1，是一种在 20℃下表观密度为 1.018g/cm^3 的浅棕或深棕色液体。该公司以 LLDPE 树脂为载体，加入 5%的 UCARSIL PA-1 以及作为防粘剂用的无机盐粉末制成母粒供用户使用。有机硅聚合物的作用，不仅是在塑料与器壁之间形成一层动态界面润滑层，同时亦使 LLDPE 大分子之间滑移变得容易。PA-1 的用量要多于氟聚合物，一般在 1000ppm 以上。我国研制成功一种称为 QLY 的有机硅树脂，其合成工艺简单，成本低，在 LLDPE 中加入 0.5%时，塑化能耗的节约率为 15%左右，挤出加工能耗节约率约 33%，挤出加工量可提高 108%上下。QLY 亦可方便地以母料形式应用，母料基本组成为 QLY 树脂 10 份，LLDPE8.5 份，防粘剂 5 份，抗氧剂少量。

聚 α-甲基苯乙烯（Pα-MS）作为 LLDPE 加工性能改进剂在国外早已应用，近年来在我国也受到广泛重视业已有工业化产品供应。α-MS 的线状低分子聚合物是相对分子质量 800～1100 的白色粉末，软化点 95～105℃。α-MS 的环二聚体是微黄色晶体，平均相对分子质量 230～275，熔点 51～53℃。在 LLDPE 中掺混入 0.5 份 α-MS 的环二聚体，即可使熔体流动性改善，挤出产量提高 30%以上。超过 1 份以后，改进效率提高变缓，且因 α-MS 环二聚体在加工温度下挥发产生异味，所以，用量不宜过大。

聚乙烯蜡也常掺混入 LLDPE 中作为加工性能改进剂，典型品种有美国帝斯曼公司的 Epolene-N34 和我国上海石化总厂的 WE-2[31]。Epolene-N34 相对分子质量约 2900，相对密度 0.910，软化点 103℃，125℃下的熔融黏度 0.45Pa·s，一般用量为每 100 份 LLDPE 中加 0.25～2 份。

LLDPE/BR（顺丁橡胶）及 LLDPE/EVA/BR 共混体系用于模压发泡制泡沫塑料，可以制得综合性能优于普通 LDPE 所制的泡沫塑料[32]。研究表明，上述两种共混体系泡沫塑料的泡孔细小均匀，改性组分用量为 15～20 份时性能最佳，拉伸强度和断裂伸长率较 LDPE 泡沫塑料高出一倍左右，而且粘合性能良好，适宜作为鞋底材料。

8.1.8 超高相对分子质量聚乙烯的共混改性

超高相对分子质量聚乙烯（UHMWPE）的分子结构与普通的 HDPE 完全相同，不过相对分子质量却高达 10^6，约比 HDPE 相对分子质量高 2 个数量级，因此性能上呈现诸多特点：

①优异的拉伸性能。用通常的试验方法试样均不被破坏。②摩擦性能卓越。具有较低的摩擦因数和高的耐磨耗性。自润滑性能虽然不如 PTFE、PA、POM，然而水润滑和油润滑下，摩擦因数低于 PA66 和 POM 而与 PTFE 相当。③热变形温度高于 HDPE，同时又有极低的脆化温度（＜－80℃）。④熔体黏度极高，熔流指数为零，加

热时实际处于一种凝胶状态，并对剪切不敏感。

由上可见，UHMWPE 的使用性能达到工程塑料的要求，可应用于制造各种机械零部件（齿轮、轴承、蜗杆、汽缸、阀件、泵体、手柄等），但熔体无流动性，加工成型性差又导致推广应用的困难。因此，如不进行必要的改性，UHMWPE 就只能用粉末烧结成型法成型，或者对通用的挤出成型、注射成型机械进行专门的改造和设计才能使之成型。

共混法改善 UHMWPE 的熔体流动性是最有效、最简便和最实用的途径。目前，这方面的技术多见于专利文献，现示例如下[2]：

① 以 UHMWPE 为基体与 HDPE 共混可获得基本保持前者优良性能的共混物，可用挤出成型法成型。② UHMWPE 与相对分子质量低的 LDPE（聚乙烯蜡）共混可使前者成型加工性获得显著改善，尽管力学性能有所下降，但仍可用作耐磨材料，同时加入流动性改进剂 DCPD（一种石油树脂）的 UHMWPE/LDPE/DCPD（100/20/10）的三元共混体系，其成型加工性能和力学性能均较佳。③ 为使 UHMWPE 共混体系的力学性能维持在较高水平，在 UHMWPE/HDPE 共混体中同时加入很少量的成核剂，可以借 PE 结晶度的提高，球晶尺寸的微细均匀化而起到强化作用。一个参考配方为 UHMWPE79.8 份、HDPE19.9 份、硅灰石 0.3 份。

UHMWPE 的化学结构虽然与其他品种的 PE 相近，但在一般的熔混设备和条件下，它们的共混物都难以形成均匀的形态，这可能与组分之间黏度相差悬殊有关。据研究[33]，采用普通单螺杆混炼得到的 UHMWPE/LDPE 共混物，两组分各自结晶，而未形成共晶，UHMWPE 基本上以填料方式被分散于 LDPE 基体中。熔体长时间处理或使用双辊炼塑机混炼，两组分之间作用有所加强，性能亦有进一步的改善，不过仍不能形成共晶的形态。Vadhar[34] 发现，共混方法强烈影响着此类共混的型态，当采用两步操作法，即先在高温下将 UHMWPE 熔融，再降到较低温度下加入 LLDPE 进行共混，则得到形成了共晶的共混物，它显示单一的结晶熔化峰，而一步操作法结果是相反的，共混物显示两个吸热峰，即未形成共晶。此外，Vadhar 用溶液共混法也得了能形成共晶的 UHMWPE/LLDPE 共混物。

UHMWPE 共混改性的研究尚处于初始阶段，关于其共混改性的工艺及如何提高改性效果的工作还有待进一步研究。

8.2　聚丙烯的共混改性

聚丙烯 PP 自 1975 年工业化以来发展极为迅速，是一种应用很广泛的高分子树脂。聚丙烯主要采用溶液聚合法，依靠齐格勒-纳塔催化剂按阴离子配位聚合而得。产品为等规聚丙烯，密度小（0.89～0.91g/cm^3），是树脂中最轻的品种之一。聚丙烯的耐热性优于聚乙烯，其熔点达 164℃，可在 100～0℃间长期使用。聚丙烯还具有优良的耐腐蚀性、电绝缘性，它的力学性能，包括拉伸强度、压缩强度、硬度等均比低压聚乙烯好，而且还有很突出的刚性和耐折叠性。聚丙烯加工成型容易，它大部分用于注射成型，除生活用品外还制造工业用制件，如建筑、机械部件、电工零件等。也可用挤出和吹塑等成型法分别生产薄膜、板材、管材、单丝等。聚丙烯的其他用途包括制取纤维、涂料等。

聚丙烯急待克服的缺点为：成型收缩率较大，低温易脆裂，耐磨性不足，热变形温度不高，耐光性差，不易染色等。通过共混对聚丙烯改性获得显著成效，例如聚丙烯与乙-丙共聚物、聚异丁烯、聚丁二烯等共混均可改善其低温脆裂性，提高冲击强度；与尼龙共混不仅增加韧性而且使耐磨性、耐热性、染色性获得改善；与乙烯-醋酸乙烯共聚物共混在提高冲击强度的同时，改进了加工性、印刷性、耐应力开裂性。

聚丙烯的共混改性普遍采用机械共混法，共混工艺与聚乙烯的情况相似。

8.2.1 聚丙烯与聚乙烯的共混

聚丙烯作为商品出现以来，与聚乙烯的共混就引起了人们的兴趣，采用机械法共混操作方便，共混物组成比易变化，因此共混物性能易调节，故至今被广泛采用。聚丙烯/聚乙烯共混物为多相体系，其性质受组成比例制约。此种共混物的密度与组成的关系符合式 8-3[2]。

$$\rho_m = 0.9029 + 0.0544 W_{PE}\% \tag{8-3}$$

式中　ρ_m——共混物的密度

W_{PE}——聚乙烯的质量

聚丙烯/聚乙烯共混物的拉伸强度一般随聚乙烯含量增加而下降。聚丙烯与聚乙烯共混，韧性有所改善，例如掺入 10%～40%高密度聚乙烯的聚丙烯共混物，在－20℃时落球冲击强度比聚丙烯提高 8 倍以上，且加工流动性增加，因而适于大型容器的注射成型。

也有研究[35]得出结论，大约 HDPE 含量在 20%以内，PP/HDPE 共混物的拉伸强度及冲击强度均随 HDPE 含量的增加而提高，如图 8-13 及图 8-14 所示。

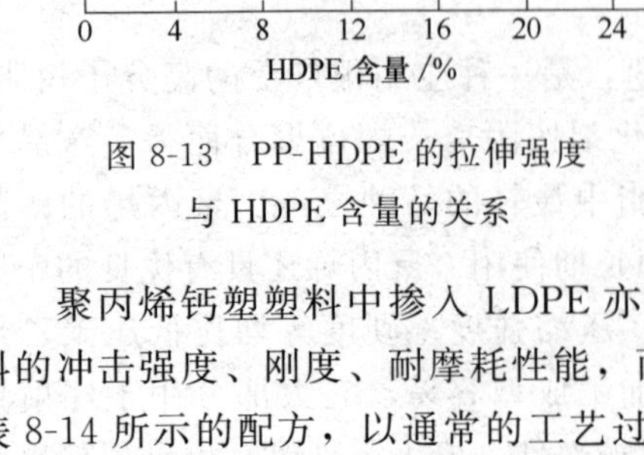

图 8-13　PP-HDPE 的拉伸强度与 HDPE 含量的关系

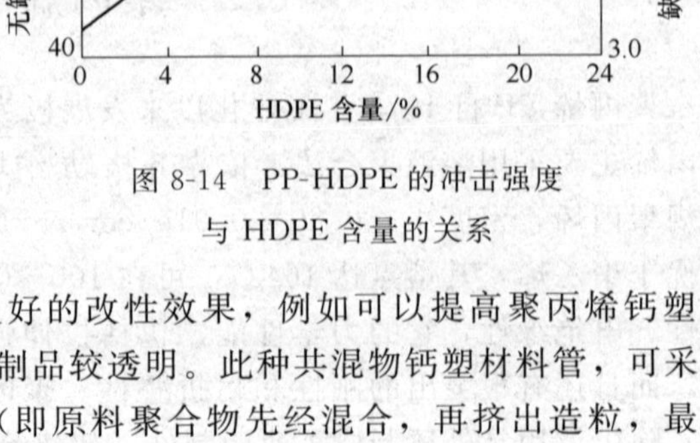

图 8-14　PP-HDPE 的冲击强度与 HDPE 含量的关系

聚丙烯钙塑塑料中掺入 LDPE 亦有良好的改性效果，例如可以提高聚丙烯钙塑塑料的冲击强度、刚度、耐摩耗性能，而且制品较透明。此种共混物钙塑材料管，可采用表 8-14 所示的配方，以通常的工艺过程（即原料聚合物先经混合，再挤出造粒，最后挤出成型）制取。

表 8-14　　PP/LDPE 钙塑管材参考配方

原料名称	配比(质量份)	原料名称	配比(质量份)
聚丙烯	90	重晶石粉	50
低密度聚乙烯	10	硬脂酸钙	1.5

超高分子量聚乙烯（UHMWPE）的特征在 8.1.8 节中已作介绍，将其掺混入 PP 中以提高 PP 的冲击强度，理论上应该是可能的，这方面的工作已有人开始进行[36]。据研究，普通单螺杆挤出共混，得到的是“负增韧”的效果，只有采用具有高效混炼作用的双螺杆或四螺杆挤出机进行共混操作，才能得到增韧的 PP/UHMWPE 共混物。表 8-15 给出不同共混比条件下，两种共混设备所得共混物的力学性能。由表 8-15 可见，从增韧角度考察，四螺杆挤出机稍优于双螺杆挤出机，而不论用何种设备，共混物的冲击强度均随 UHMWPE 份数的增加呈现先上升后下降的趋势。不过，双螺杆共混产物冲击强度的峰值处于 PP/UHMWPE＝100/10 左右，四螺杆共混产物的相应峰值却在 100/15 左右。该研究认为，具有卓越冲击强度的 PP/UHMWPE 共混物的形态结构为两相连续态，在 PP 中掺混较少或过多的 UHMWPE 均会破坏这样的形态（形成海-岛结构），以致影响冲击性能。电镜观察的结果支持了这一结论。此外，少量 EPDM 可以在该共混体系中起到增容作用，使 PP/UHMWPE 共混物冲击强度更大幅度地提高。

表 8-15　　PP/UHMWPE 共混物的力学性能

共混比 PP/UHMWPE	缺口冲击强度/(kJ/m^2)		拉伸强度/MPa	
	双螺杆	四螺杆	双螺杆	四螺杆
100/5	11.8	12.0	22.0	21.4
100/10	14.7	14.1	23.0	22.1
100/15	14.2	16.8	22.1	23.1
100/20	12.4	15.3	21.5	22.2
100/0	7.8		19.5	

PP 与 PE 均为结晶性聚合物，各类型 PE 的结晶度又有所不同，所以，PP/PE 共混物的形态较为复杂，研究也较困难。一般认为，PP/PE 共混物是相容性不良的多相体系，而且共混物中两组分是各自结晶的。童筱芳等[37]研究了不同分子量 HDPE 在不同共混比情况下，PP/HDPE 共混物的结晶形态及对力学性能的影响。研究结果指出，在 HDPE 掺入量少时，PP 与 HDPE 共混时基本是分别结晶。随 HDPE 掺入量的增多，PP 球晶的完整性下降，直至完全被插入的 HDPE 所分割，破坏成碎片。这时增强了 PP 和 HDPE 两相界面间的相互作用，减小了 PP 晶体的尺寸，从而有助于提高 PP/HDPE 共混物的力学性能。PE 分子量越大时，上述的对 PP 球晶插入、分割和破坏作用越强，所以，仅含 10％UHMWPE 的该共混物，其 PP 球晶已有很大变形，PP 球晶不规整，无整齐的边界。对于加入分子量较小的 HDPE（MI 为 0.13 和 MI 为 0.65）的 PP 共混体系，大约在 HDPE 含量达到 40％左右时，才有与含 UHMWPE10％时相同程度的破坏。以 PP/UHMWPE 共混物为例，其结晶形态随共混比例变化的偏光显微照片

见图 8-15。另外，杨其等对 PP/LDPE 共混体系结晶行为的研究认为，该共混体系中，PP 结晶度的变化，实小于 LLDPE 相结晶度的变化[38]。

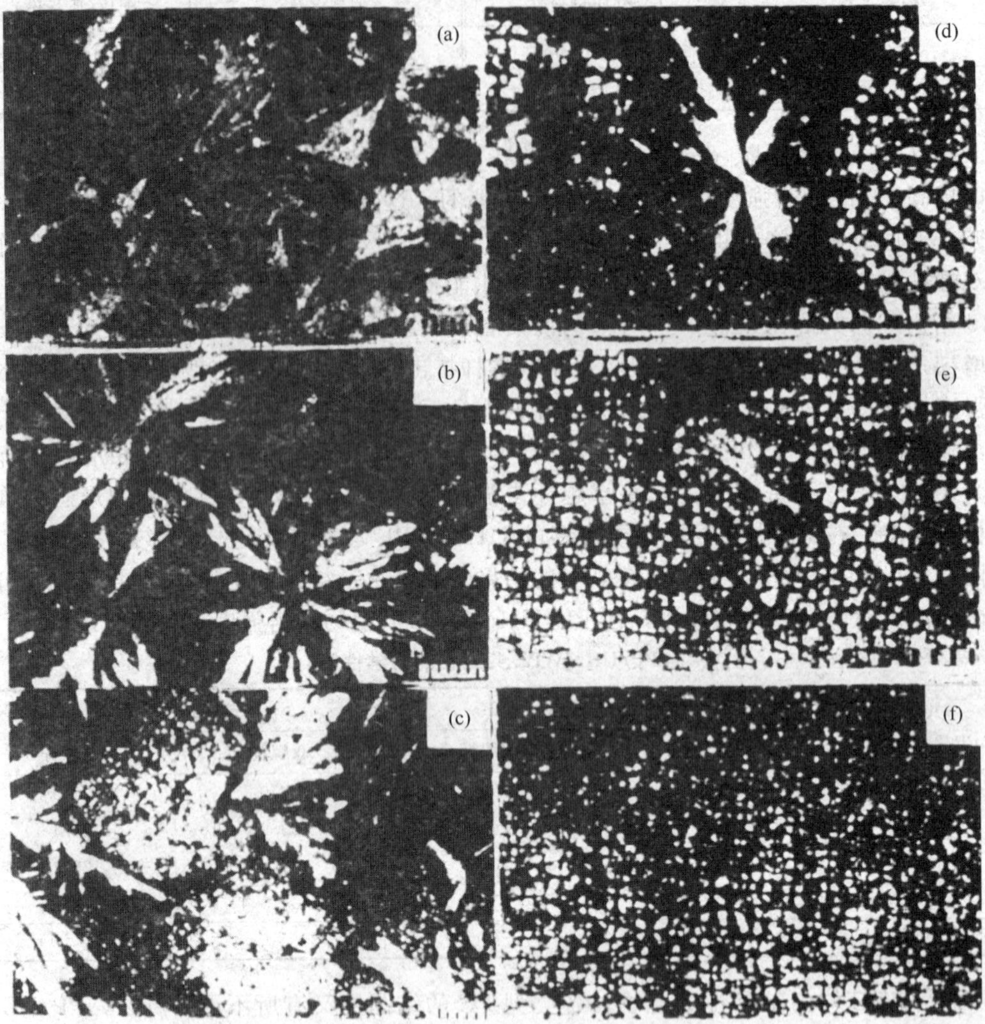

图 8-15　PP/UHMWPE 共混物偏光显微照片

PP-UHMWPE 共混比例：(a) 100/0，×175　(b) 80/20，×175　(c) 70/30，×175　(d) 50/50，×350　(e) 10/90，350　(f) 0/100，×350 标尺每小格为 10μm

8.2.2　聚丙烯与乙-丙共聚物的共混

为改善聚丙烯的冲击性能、低温脆性，可在其中掺入一定量的乙-丙共聚物，即制取 PP/EPR 共混物。但此种共混物的耐热性及耐老化性能有所下降。另一种常用作聚丙烯改性的乙-丙共聚物是含有二烯烃成分的乙-丙-二烯烃三元共聚物（EPDM），PP/EPDM 的耐老化性能超过 PP/EPR 共混物。此外，还发展了一种多元共混体系——PP/PE/EPR。这种共混体系具有较理想的综合性能，通常更受重视。

等规聚丙烯和 EPR 以及 EPDM 一般是不相容的，因此，它们的共混物具有多相的形态结构。在相同的共混工艺条件下，组成比及不同聚合物组分的熔融黏度差决定着此种共混物的形态。当 PP 与 EPR 以及 EPDM 具有相近的熔融黏度时，所制共混物的形态结构较均匀；当各组分熔融黏度不同，若 EPR 黏度低于 PP，则 EPR 可以被很好地分散，相反，若 EPR 黏度高于 PP，则 EPR 的相畴粗大，且基本呈球形。在 PP/EPR 共混比例为 60/40～40/60 范围出现相转变，即在此范围内，两组分均为连续相[39]。

PP/PE/EPR 由 3 种聚合物共混制得，其性能变动范围更加宽广，影响性能的因素也更复杂。图 8-16、图 8-17 及表 8-16 分别指出了各聚合物用量比、EPR 的黏度以及 PP 的熔体指数与此种共混物性能的关系[40]。

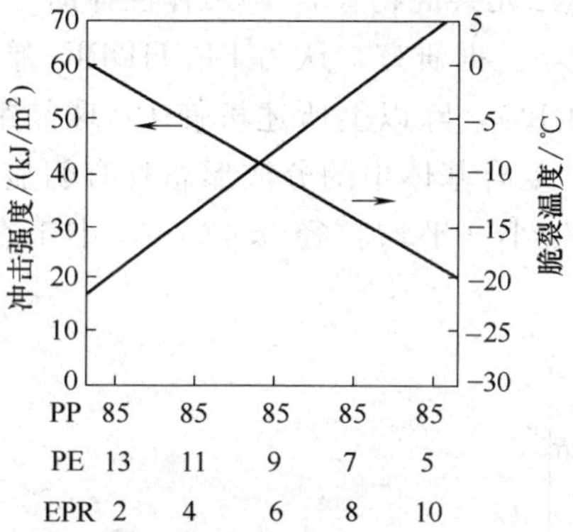

图 8-16　PP/PE/EPR 的冲击强度、脆裂温度与组成的关系

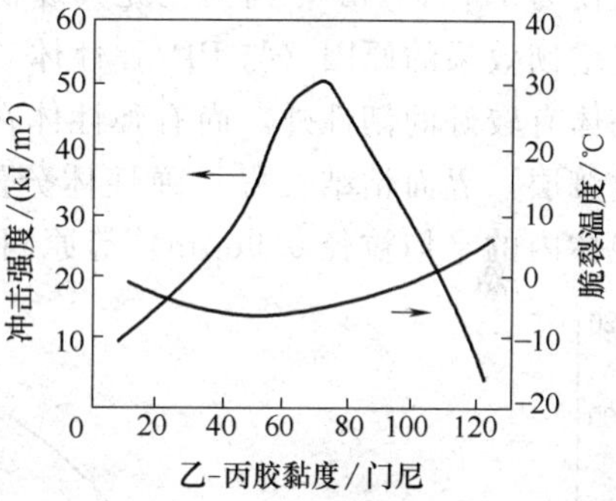

图 8-17　PP/PE/EPR 的冲击强度、脆裂温度与 EPR 黏度的关系

表 8-16　PP/PE/EPR 的性能与 PP 熔体指数的关系

PP 熔体指数	性能				
	脆化温度/℃	冲击强度，缺口/(kJ/m²)	挠曲强度/MPa	透明度/%	软化点/℃
0.3	−10	49	460	42	140
0.5	−7	29	490	43	140
1.0	−3	15	510	45	140
2.0	5	10	539	55	140

PP/EPR 及 PP/PE/EPR 共混物一般均采用机械共混法制备。生产 PP/EPR 的一般工艺为 100 份 PP 中掺入 EPR30 份（质量比），操作首先将 EPR 在混炼机上于 140℃初炼软化，然后升温至 175℃加入 PP 继续混炼成均匀光滑薄片，最后拉片、粉碎造粒。两聚合物混炼后就可挤出造粒。要想获得理想性能的 PP/EPR 共混物，建议最好采用配有静态混合器的挤出机，且静态混合器应具有 10 个混炼元件。

为尽量提高此类共混物的冲击强度，应有效地降低共混物中聚丙烯的结晶度，因此，在注射成型时须采用高温注射，快速冷却。

市场销售的 PP，实际上有均聚物和共聚物的区分。以共聚型 PP 为基材掺混 EPDM 所得共混物，可得到冲击强度更好的制品，因而可用以生产汽车保险杠[41]。为扩展均聚 PP 的应用，国内研究[42]用添加相容剂的方法提高了均聚 PP 与 EPDM 的相容性，从而同样达到大幅度提高冲击强度的目的。当相容剂含量为 10%时，共混体系缺口冲击强度出现极大值，并为不加相容剂时的2倍左右。经增容的PP/EPDM/滑石粉共混复合体系适用于生产汽车保险杆。该体系中，EPDM含量约为25%，滑石粉含量约为15%。

在PP共混增韧改性体系中，PP球晶细化是获得卓越冲击性能的重要前提之一。前已述及，对于PP/HDPE共混体系，HDPE对PP球晶具有插入、分割、细化的作用，张增民等[43]进一步在PP/弹性体共混体系中利用了这一特点，他们以PP/HDPE（1/1）复合基体代替单纯的PP基体与弹性体共混，取得了突出的增韧效果。图8-18和图8-19为用同一弹性体分别掺入PP和PP/HDPE基体所得两种共混物的冲击强度值。可见，PP/HDPE/弹性体三元共混物在含5%弹性体时，冲击强度已明显上升，含10%弹性体时，冲击强度高达60kJ/m²；而PP/弹性体二元共混物在含10%弹性体时，冲击强度仅为12.7kJ/m²，约为三元共混物相应值的1/5。据研究，认为PP/HDPE/弹性体卓越增韧效果的原因（与PP/弹性体二元共混物相比），除以上所述可使PP球晶细化，使基体有较好的韧性外，尚有弹性体在PP/HDPE复合基体中的分散形态具有明显的界面过渡层，界面粘结良好；弹性体分散相的粒径较小（平均粒径0.48μm，小于在PP共混体内的平均粒径0.96μm）等原因。

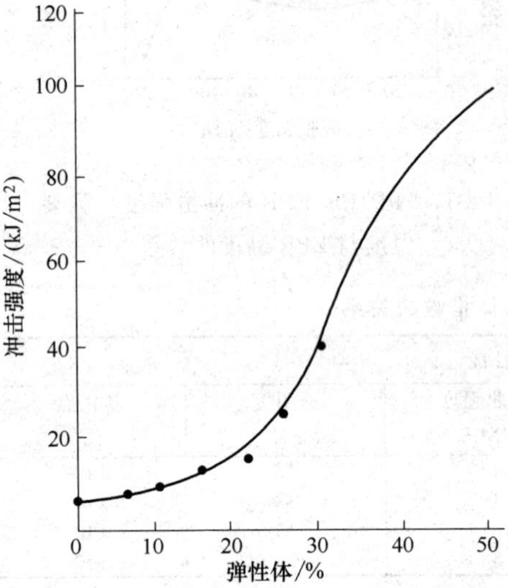

图8-18　PP/弹性体共混物的缺口冲击强度与弹性体含量的关系（23℃）

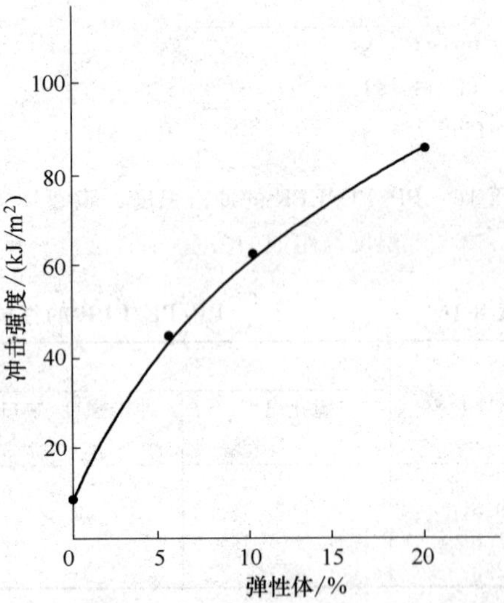

图8-19　PP/HDPE/弹性体三元共混物的缺口冲击强度与弹性体含量的关系（PP/HDPE=1/1）(23℃)

PP/HDPE/弹性体三元共混体系不仅具有优良的常、低温冲击强度，其他力学性能也较均衡，并可很方便地利用PP/HDPE比例的变化加以调节，表8-17列出PP/HDPE/弹性体三元共混物的力学性能与PP/HDPE比例的关系。

表8-17　PP/HDPE/弹性体的力学性能（弹性体10%）

PP/HDPE	1/0	7/2	6/3	5/4	5/5	4/5	3/6	2/7	0/1
缺口冲击强度(23℃)/(kJ/m²)	12.7	18.9	26.2	60.4	66.6	93.8	108.5	102.6	102.5
缺口冲击强度(−20℃)/(kJ/m²)	3.7	3.5	4.8	8.4	9.6	30.6	62.5	93.7	107.1
弯曲强度/MPa	40.3	45.3	38.6	35.2	39.5	35.2	36.4	34.5	26.7
拉伸屈服强度/MPa	29.9	31.2	29.9	27.7	28.6	27.1	28.1	26.8	27.3

有人研究在 PP/EPDM 共混体系以及 PP 与其他弹性体共混体系中加入成核剂，以期 PP 球晶变小，提高增韧效果[44]。研究应用了聚甲醛（POM）、苯甲酸钠、己二酸等几种物质作为 PP/弹性体共混物中结晶的成核剂。实验表明，PP/EPDM 中加入 1 份和 2 份的 POM，使冲击强度分别比不加时提高 0.94 倍和 2.33 倍。但加与不加 POM 的 PP/EPDM 共混物的偏光显微照片业未发现 PP 球晶有何明显不同，所以有关增韧效果提高的机理尚有待进一步研究。

除以上所述机械共混法外，也可采用嵌段共聚-共混法制取 PP/EPR 合金，其工艺过程分两步进行[45]。第一步为典型的聚丙烯生产过程，即将丙烯单体通入装有庚烷的第一反应釜中，然后加入催化剂 $Al(C_2H_5)_2Cl$ 和 $TiCl_3$，于 50℃下搅拌反应 2～3h 可得等规聚丙烯。第二步为嵌段共聚过程，在第二反应釜中同时输入聚丙烯及乙烯、丙烯单体，使之在聚丙烯链段嵌接上乙-丙无规共聚物。嵌段共聚物的结构主要决定于此阶段所加两种单体的比例，若仅加入乙烯单体并尽可能排除来自第一反应釜聚合物料中的残余丙烯，则也可生成纯的聚乙烯嵌段，这时就得到 PP/PE 嵌段共聚-共混物。纯的聚乙烯嵌段形成结晶区，它几乎不起增韧作用，而无规的乙-丙共聚物嵌段阻碍了结晶，增韧效果好，其中乙烯含量约为 57%～60%的乙-丙无规共聚嵌段可使 PP/EPR 共混物的玻璃化温度降至－61℃，增韧效果最佳。

PP/EPR、PP/EPDM 共混体系以及以它们为基体的填充增强体系，由于优异的冲击性能及较理想的综合性能，已使其步入了工程塑料的应用领域。主要应用在汽车保险杆、仪表罩、各种机械零部件制造方面，可承受高、低温下的冲击，且价格低廉。又如用以生产建筑防护制品、安全帽等，即使在严寒、受冲击或跌落的情况下，也不会脆裂。

8.2.3　聚丙烯与其他弹性体的共混

SBS 类热塑性弹性体作为 PP 的增韧改性剂早已被人们所重视，国内外有关 PP/SBS 共混体系的研究也取得了很好的结果[45]。随 SBS 掺入量的增加，PP/SBS 共混物的冲击强度、断裂伸长率逐步提高，拉伸强度、弯曲模量和硬度下降。表 8-18 为 PP/SBS 共混物的部分性能。PP/SBS 共混物可直接采用普通挤出机混炼造粒生产，挤出温度从加料口至机头分段由 150℃升至 210℃左右。该共混物的熔体指数（MI）将因 SBS 比例增大而稍有下降，但在一般 SBS 掺混量（30 份）范围，仍有较好的加工流动性，可以很方便地进行注射成型。

表 8-18　PP/SBS 共混物的性能

性能	PP/SBS 共混比				
		95/5	90/10	80/20	50/50
落球冲击强度/(kJ/m^2)					
22℃下	253	381	571	＞828	＞825
－28℃下	79	79	106	635	＞825
弯曲模量/MPa	130	126	110	88	41
硬度(洛氏)	98	95	87	71	24

聚丙烯与顺丁胶（BR）共混很有意义，顺丁胶起到显著的增韧效果。以国产聚丙烯粉料（熔体指数 0.4～0.8）和国产顺丁胶（门尼值 44）按 100∶15（质量比）共混，所得 PP/BR 共混物的常温悬臂梁冲击强度比聚丙烯高 6 倍以上，脆化温度由聚丙烯的 31℃降低至 8℃。产生如此高的增韧效果，是由于顺丁胶是一种弹性极为卓越的合成胶，其玻璃化温度非常低，为－110℃左右。PP/BR 共混物的挤出膨胀比比 PP 以及 PP/LDPE、PP/EVA、PP/SBS 等共混物的挤出膨胀比都小，这意味着产品加工成型后，尺寸稳定性好，不易发生翘曲变形。聚丙烯与顺丁胶共混可采用最普通的机械共混法，即将聚丙烯粉料与顺丁胶常温初混合后，于 180～190℃下在双辊混炼机上混炼成片，再挤出造粒。

PP/PE/BR 三元共混物在工业上也获得了应用，例如此种共混物已用来生产韧性良好、同时又具有较高拉伸强度和挠曲强度的管材。PP/PE/BR 三元共混物的制备工艺：首先将顺丁胶在 50℃左右挤出造粒，然后与 PP/HDPE 常温捏和 20～30min，随后再于 160～210℃范围挤出共混并造粒。共混物粒料可通过各种通用的聚丙烯加工成型方法生产所需要制品。

有研究报道[46]，以茂金属聚烯烃弹性体（乙烯-辛烯共聚物 POE）对 PP 增韧改性，并与 PP/EPDM 改性效果进行全面比较，得知前者的韧性及加工性更优。对于基体树脂，POE 加入量的 10％为其脆韧转变点，而 EPDM 为 15％，因此要达到相同的增韧效果，POE 的用量可少于 EPDM。

冯芳等[47]对 PP/HDPE/弹性体三元共混改性的研究认为，加入乙烯-辛烯嵌段共聚物（OBC）三元共混物的加工性能较好；加入苯乙烯-乙烯/丁烯-苯乙烯嵌段共聚物（SEBS）三元共混物对 PP 的增韧效果最佳。

PP/SBS/BR 三元共混体系中，SBS 与 BR 并用增韧 PP 呈现显著的协同效应，在弹性体总掺入量相同条件下，上述三元共混体系的缺口及无缺口冲击强度均高于 PP/SBS 或 PP/BR 二元共混体系[48]。

对 PP/SBS/HDPE 共混体系研究结果表明，与 PP/SBS 二元共混物相比，前者中 PP 球晶由于受到 HDPE 的稀释作用，球晶尺寸减小，分散更均匀。适量的 PP/SBS/HDPE 共混比，采用二阶段共混工艺（部分 PP 与 SBS 先混炼得到母料，然后再与 HDPE 及剩余 PP 共混），所得分散相粒径在 0.5μm 以下，共混物冲击强度提高 7.5 倍，该体系成型加工性亦优良[49]。

PP 与 CPE 共混改性研究的报道不多，据研究[50]，含氯量 36.2％的 CPE 与 PP 共混物的性能数据见表 8-19。由表 8-19 可见，共混物的常温缺口冲击强度，在含 CPE10％时提高 1.5 倍，含 25％时提高近 5 倍。即使在－7℃下，共混物也比 PP 有明显优良的韧性。与其他弹性体增韧 PP 相比，PP/CPE 共混物具有拉伸强度、弯曲强度及软化点下降较少的优点，此外还可改善 PP 的阻燃性。每 100 份 PP 中掺入 15 份 CPE，氧指数即可达到 20，且无燃烧熔融滴落现象（显然，作为阻燃材料，氧指数尚不足，还需加入一定量的阻燃剂）。

表 8-19　　　　　　　　　　　PP/CPE 共混物的性能

性能	PP/CPE 共混比						
	100/0	95/5	90/10	85/15	80/20	75/25	70/30
缺口冲击强度/(kJ/m²)							
20℃	2.93	4.07	8.78	10.94	12.07	17.61	—
−7℃	2.04	2.45	3.32	3.92	4.49	5.32	5.88
拉伸强度/MPa	40.0	34.62	30.77	28.0	27.7	26.15	25.23
弯曲强度/MPa	35.65	31.35	29.47	27.07	25.53	—	22.87
维卡软化点/℃	152	150	149	148	146	—	145

一类经动态硫化交联制得的共混型热塑性弹性体（TPV），也被研究用来增韧改性 PP[51]。共混型热塑性弹性体是继嵌段型热塑性弹性体之后发展起来的一种新型弹性体，其制造过程简单，工艺便于调节，可以很方便地生产出多种系列以及具有多样性能的众多品种。动态交联是制造共混型热塑性弹性体的关键技术之一，采用不同的动态交联方法和工艺都明显影响其性能。文献[51]用以改性 PP 的 TPV 是按下述过程制备的：

PP、EPDM、助剂（ZnO、硬脂酸）$\xrightarrow[180\sim195℃]{\text{双辊炼塑}}$熔炼 0～15min $\xrightarrow{\text{加促进剂 TTDM}}$混炼 3min $\xrightarrow{\text{加硫磺}}$混炼 5～10min $\xrightarrow{\text{加抗氧剂}}$混炼 1～2min ⟶ 下片、冷却、破碎 ⟶ TPV

在上述过程中，若以其他弹性体（如 EPR、BR）代替其中 EPD，就可得到其他系列的 TPV。该研究表明，用 PP/EPDM 型 TPV 掺混入 PP，可以获得显著增韧效果，当 EPDM 含量为 24％时，常温冲击强度为 72kJ/m²，−20℃时冲击强度为 16.5kJ/m²。与直接共混法比较，冲击强度提高约 50％，而其他性能变化不大（以 EPDM6％含量相比）。由于 TPV 内的 EPDM 弹性体已被硫化交联，在加工流动中不易变形，所以，PP/TPV 共混物中，分散相呈现单个小颗粒（直径）及小颗粒聚集体（直径 2～3μm）两种形态（电镜照片略）。观察 TPV 增韧 PP 带切口试样拉伸过程切口的变形特征及切口前端区域内裂纹增长情况，发现切口未向前发展，因此表明用 TPV 增韧 PP 后，在外力作用下，其尖锐裂缝不易发展为危险裂缝，这是由于裂缝前端显著的取向强化效果所致。

PP/NBR 共混物是具有卓越耐油性聚合物合金。美国 Monsanto 公司首先开发成功，并以商品名 GEOPLAST 上市。由于 PP 为非极性聚合物，NBR 为极性聚合物，两者共混物为不相容体系，利用各种反应型相容剂，形成 A-B 型接枝共聚物促进了相容。表 8-20 列出各种 A-B 型接枝共聚 PP/NBR 合金及其所用反应型增容剂[52]。

表 8-20　　　　　　　　PP-NBR A-B 型共聚合金的类型

反应性增容剂	A-B 型接枝共聚物
二甲羟基苯酚改性 PP	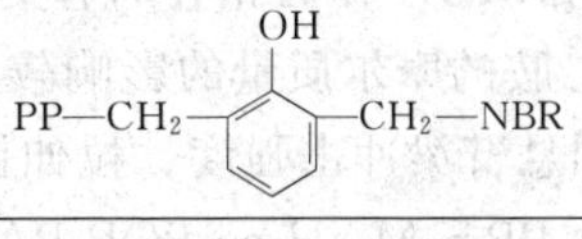
二甲羟基苯酚改性 PP/末端具有胺基酸 NBR	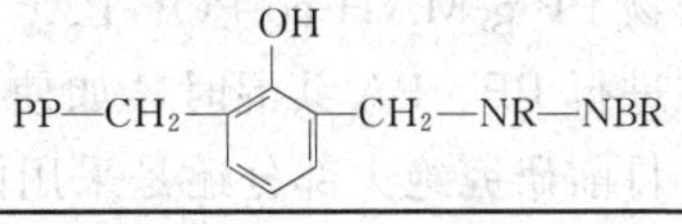

续表

反应性增容剂	A-B 型接枝共聚物
马来酸酐改性 PP/末端具有胺基的 NBR	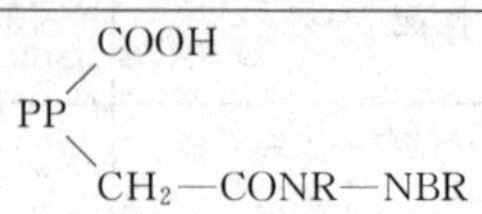
氯化 PP/末端具有胺基的 NBR	$\mathrm{PP{-}\overset{+}{N}RH{-}NBR}$ Cl^-
三乙烯四胺处理过的马来酸酐改性 PP/含羧基的 NBR	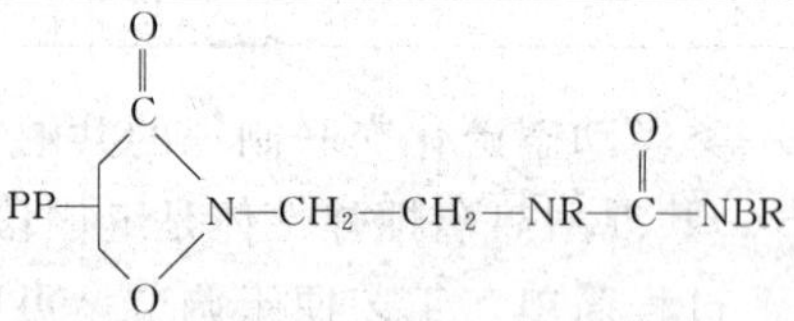

8.2.4　聚丙烯与聚酰胺的共混

聚丙烯与尼龙共混可以提高耐热性、耐磨性和着色性。为了增进 PP 与 PA 的相容性以获得较理想性能的共混物，近年来对多种相容剂进行了广泛的研究，早期常使用少量接枝马来酸酐（MAH）的 PP 作为反应性相容剂，依靠 PP 链上的酸酐与尼龙链端的氨基发生化学反应而增容[53-54]。目前国内外对 PP/PA6 共混物在增容方面的研究主要集中在单一单体接枝相容剂、多单体接枝相容剂、无机粒子相容剂、复合相容剂以及其他相容剂增容。

单一单体接枝相容剂主要是 PP-g-MAH，前已述及。另外，通过聚丙烯接枝马来酸丁二酯（PP-g-DBM）作为 PP/PA6 共混相容剂，依靠 DBM 的酯基与 PA6 的氨基发生反应而实现有效地增容。

在 PP/PA6 共混体系中如加入弹性体接枝马来酸酐化合物作为相容剂，则同时有良好的增韧效果。以马来酸酐接枝乙烯-辛烯共聚物弹性体（POE-g-MAH）增容 PP/PA6 共混物，与不加此相容剂的情况对比，缺口冲击强度提高了 174%，断裂伸长率提高了 300%；与此类似的有以马来酸酐接枝聚乙酸乙烯酯（EVA-g-MAH）、马来酸酐接枝氢化苯乙烯-丁二烯-苯乙烯共聚物（SEBS-g-MAH）、马来酸酐接枝乙丙橡胶（EPR-g-MAH）等。

用 MAH 单一单体制备的接枝物作为 PP、PA6 共混相容剂时，有使 PP 降解的缺点，故此又开发了多种单体接枝这一类相容剂。例如聚氧化丙烯二胺（POP）和 MAH 两种单体接枝 PP（PP-g-MAH-CO-POP）对 PP、PA6 共混物的增容作用，确有比单独使用 PP-g-MAH 作为相容剂有更好的增容效果，其微观形态受共聚物 PP-g-MAH-CO-POP 中二胺的摩尔质量的影响较大，PA6 的分散尺寸随摩尔质量的增加而缩小；其力学性能如悬臂梁冲击强度、拉伸韧性都有了较大地提高，并且相容剂通过原位反应得到的共聚物 PP-g-MAH-co-POP-PA6 和 PP-MAH-co-PA6 更进一步地提升了增容的能力。

在进行 PP、PA 共混时，如使用两种相容剂搭配的复合相容剂也常有更佳的增容效果，目前研究绝大部分还是采用两种 PP 接枝物搭配为主，例如 PP-GMA（聚丙烯接枝甲基丙烯酸缩水甘油酯）和 PP-g-MAH 的复合使用。

国内还研究了 PP/PA1010 共混物及其填充复合体系，发现 PP-*g*-MAH 能明显降低 PA1010 球晶和 PP 球晶尺寸，促使体系分散均匀，界面层加厚，对填充剂的界面粘接也得到加强[55]。若用延展性 PP 可提高 PP/PA66 共混体系的相容性，从而进一步改进该共混物的性能。

8.2.5　聚丙烯与其他聚合物的共混

聚丙烯与许多聚合物共混都可以实现一定的改性效果。

聚丙烯中掺混聚甲醛改性，当聚甲醛含量不大于 10%时，共混物的拉伸性能、冲击性能、弯曲性能均比聚丙烯明显改善。微观形态的研究表明，两聚合物之间虽有相分离，但也有相间的相互作用，故认为两者达到部分相容[56]。

用分子链末端具有羧基的 PC 与具有甲基丙烯酸缩水甘油醚的 PP 进行反应，制成 A-B 接枝共聚型 PP/PC 共混物，具有较 PP 优良的耐热性和尺寸稳定性。

PP/EVA 共混物是一类加工性、印刷性、耐应力开裂性和冲击性优于 PP 的新型材料。王亚鹏系统研究此类共混物后认为，当 EVA 掺混量在 20%时，PP/EVA 共混体系的综合力学性能最好[57]。

聚丙烯与某些改性 PP 共混，可得到热稳定性好、易染色的共混物。这类改性 PP 是由 PP 先经氯化或氧化，然后接上乙烯基吡啶或接上某种丙烯酸酯类化合物的共聚物而得到。由聚丙烯与烯烃基咪唑衍生物（如 N-乙烯基-α-甲基咪唑）的聚合物或共聚物共混可制得耐光性好的 PP 共混物。

PPO 为非晶工程塑料，将其掺混入 PP 可改善 PP 的耐热性和尺寸稳定性。为提高两聚合物组分之间的相容性，需借助反应性增容技术。例如用含氨基的改性 PP 与含马来酸酐基改性 PPO 以及与经马来酸酐改性又缩水甘油醚化的 PPO 反应，最终生成 A-B 型接枝共聚物，获得良好的改性效果。

参 考 文 献

[1]　吴培熙．塑料制品生产技术大全［M］．北京：化学工业出版社，2011.

[2]　吴培熙，张留成．聚合物共混改性（第二版）［M］．北京：中国轻工业出版社，1996.

[3]　上海塑料制品工业研究所．聚乙烯泡沫塑料［M］．北京：轻工业出版社，1978.

[4]　于旻，杨连军，李三喜，古利新．HDPE/EVA 共混体系的研究［J］．高分子材料科学与工程，1993，(6)：89-92.

[5]　张明善，白雪峰．高密度聚乙烯的共混改性［J］．中国塑料，1989，(2)：1-7.

[6]　X. Xi，M. Xiande，C. Keqiang. A study on poly（vinyl chloride）blends with chlorinated polyethylene and polyethylene［J］. Polym. Eng. Sci.，1987，27（6）：391-397.

[7]　徐定宇，常秀贞，鲍续进．HDPE/SBS 共混方式对薄膜形态结构及性能的影响［J］．高分子材料科学与工程，1990，(6)：44-51.

[8]　李爱英，张学东．HDPE 和 NBR 共混改性及其工艺条件的研究［J］．塑料工业，1999，27（1）：12-13.

[9]　徐僖，董孝理，蔡燎原，刘光琳．高密度聚乙烯/丁基橡胶共混体系形态与性能的研究［J］．高

分子学报，1987，(5)：337-341.

[10] Xu Xi，et al.，The Polymer Processing Society，Third Annual Meeting（April 7～10，1987 West Germany)，Abstracts 7/15.

[11] 李洪伟，张秀斌. PE/POE共混改性塑料草坪力学性能分析 [J]. 沈阳化工大学学报，2011，25 (2)：144-147.

[12] 方征平，汤宇烽. 几种弹性体对HDPE共混改性的研究 [J]. 合成橡胶工业，1992，15 (5)：290-293.

[13] 吴培熙. 层状分散形态的聚合物共混物 [J]. 塑料科技，1993，(6)：12-17.

[14] 汪艳华，丁长松，王东民，孙春荣，孟莲. HDPE/PA-6防渗合金的研制及应用 [J]. 合成树脂及塑料，1992，9 (3)：36-39.

[15] J. R. Falender，S. E. Lindsey，J. C. Saam. Silicone-polyethylene blends [J]. Polym. Eng. Sci.，1976，16 (1)：54-58.

[16] 李凤红，李红艺，白晓琳，陈延明，相丽英，陈国税. 聚乙烯和纳米蒙脱土与淀粉共混改性研究进展 [J]. 化工新型材料，2015，43 (1)：24-26.

[17] A. P. Gupta，V. Kumar，M. Sharma，Formulation and characterization of biodegradable packaging film derived from potato starch & LDPE grafted with maleic anhydride—LDPE composition [J]. J. Polym. Environ.，2010，18 (4)：484-491.

[18] A. P. Gupta，M. Sharma. Characterization of biodegradable packaging films derived from potato starch and LDPE grafted with maleic anhydride-LDPE composition，Par-Ⅱ [J]. J. Polym. Environ.，2010. 18 (4)：492-499.

[19] 张磊，武凌辉，朱江. 高密度聚乙烯/双醛淀粉复合材料的制备及性能的研究 [J]. 重庆文理学院学报，2015，34 (2)：5-8.

[20] A. Siegmann，Y. Nir. Structure-property relationships in blends of linear low-and conventional low-density polyethylene as blown films [J]. Polym，Eng. Sci.，1987，27 (15)：1182-1186.

[21] N. K. Datta，A. W. Birley，Polyethylene blends：low-density and linear low-density types [J]. Plas. Rub. Pro. App.，1983，3 (3)：237-242.

[22] A. A. Donatelli. Characterization of multicomponent polyethylene blends by differential scanning calorimetry [J]. J. Appl. Polym. Sci.，1979，23 (10)：3071-3076.

[23] 冯蕾，童兵. HDPE 5000S对共混地膜质量的影响 [J]. 塑料科技，1991，(4)：27-29.

[24] 王强，梁宏斌，张玉宝，斯琴图雅，梁爽. 热塑性聚酯弹性体共混改性线性低密度聚乙烯 [J]. 中国石油和化工标准与质量，2012，32 (1)：39-40.

[25] 骆庆山，邵军，丁长松. 有机氟加工助剂对LLDPE吹膜工艺和性能的影响 [J]. 塑料工业，1989，(4)：21-24.

[26] 林铁年，王传瑜，胡红，遇长禄. LLDPE加工性能改进剂的使用 [J]. 合成树脂及塑料，1988，(3)：21-25.

[27] 李济根，胡玉洁. 聚乙烯加工流变改性剂对LLDPE流变性能的影响 [J]. 塑料工业，1992，(4)：47-50.

[28] 程其时. 高分子材料加工改性剂Pα-MS100树脂 [J]. 阂江学刊，1990，(4)：15-20.

[29] 周起钏. α-甲基苯乙烯环二聚体在聚乙烯塑料中的应用 [J]. 塑料，1992，(2)：28-32.

[30] 周淑英，武冠英. 新型塑料加工助剂-α-甲基苯乙烯环二聚体 [J]. 塑料，1991，(1)：29-31.

[31] 游纪曾. WE型聚乙烯蜡在LLDPE挤出吹塑中的应用 [J]. 塑料工业，1985，(5)：48-50.

[32] 刘德熔，黄锐. 共混改性LLDPE泡沫塑料的研究 [J]. 塑料，1991，(6)：21-27.

［33］ 李东明，漆宗能．UHMWPE/LDPE 共混物的结晶行为与力学性能［J］．高分子材料科学与工程，1991，7（3）：52-55.

［34］ P. Vadhar，T. Kyu. Effects of mixing on morphology，rheology，and mechanical properties of blends of ultra-high molecular weight polyethylene with linear low-density polyethylene［J］. Polym. Eng. Sci.，1987，27（3）：202-210.

［35］ 崔香福，陈文淑，李雅丽．聚丙烯和高密度聚乙烯的共混改性［J］．塑料科技，1988，（1）：13-17.

［36］ 励杭泉，汪晓东．PP/UHMWPE 共混合金的制备与力学性能［J］．中国塑料，1993（2）：8-13.

［37］ 童筱芳，张增民，相志红，吕荣使，李松．聚丙烯-高密度聚乙烯共混体系的结晶形态［J］．塑料，1989，（2）：11-18.

［38］ 杨其，田野春，毛益民，黄亚江，李光贤，曾邦禄．PP/LLDPE 共混体系的相容性及结晶行为［J］．高分子材料科学与工程，2004，20（5）：155-158.

［39］ S. Danesi，R. S. Porter. Blends of isotactic polypropylene and ethylene-propylene rubbers：rheology，morphology and mechanics［J］. Polymer，1978，19（4）：448-457.

［40］ 后藤邦夫．《高分子改质技术》Ⅱ（日文），P．3-6，化学工业社，（1972）.

［41］ 朱静安，包全中．高抗冲高流动改性聚丙烯的力学性能与流变行为［J］．塑料，1990，（4）：3-10.

［42］ 曹福志．高抗冲改性聚丙烯树脂的研究［J］．合成树脂及塑料，1991，（2）：13-18.

［43］ 张增民，刁冰．复合基体在 PP 三元共混体系中的增韧作用［J］．中国塑料，1990，（2）：12-20.

［44］ 钟年超，孙载坚．聚丙烯增韧技术的研究［J］．中国塑料，1990，（2）：21-30.

［45］ 傅命杰．PP/SBS 共混改性［J］．现代塑料加工应用，1989，（2）：11-16.

［46］ 周琦，王勇，邱桂学．PP/POE 及 PP/EPDM 共混改性研究［J］．塑料科技，2007，35（7）：46-49.

［47］ 冯芳，敖玉辉，线欢欢．PP/HDPE/弹性体三元共混改性的研究［J］．塑料工业，2014，42（4）：27-30.

［48］ 方少明，李福刚．SBS 和 BR 对 PP 增韧改性协同作用的研究［J］．郑州轻工业学院学报自然科学版，1992，（1）：39-41.

［49］ 郦华兴，张祥成．SBS 及 HDPE 共混改性聚丙烯粉料的研究［J］．中国塑料，1989，（3）：20-30.

［50］ 汪洋，阮金望．聚丙烯与氯水聚乙烯共混材料的性能与结构［J］．塑料科技，1991，（5）：1-8.

［51］ 张增民，陈晓，李松，吕荣侠，郭宝华．共混型热塑性弹性体增韧聚丙烯的研究［J］．塑料，1991，（6）：15-20.

［52］ 苏德成．聚丙烯系聚合物合金的最新技术及其展望［J］．化学工程师，1992，（1）：30-34.

［53］ 欧玉春，蔡维真，钟宇，刘必前，方晓萍．马来酸酐改性聚乙烯的制备及其与尼龙的共混物［J］．高分子学报，1991，（3）：47-54.

［54］ 钱翼清，李光杰．聚丙烯接枝共聚物增大聚丙烯共混体系相容性的研究［J］．中国塑料，1989，（1）：9-14.

［55］ S. Li，X. Wang. Enhancement of compatibility of polypropylene and nylon-66 by maleated polypropylene［J］. Chin. J. Polym. Sci.，1992，（4）：328-335.

［56］ 黄河，孟永智，李磊，袁炜，罗春桃．聚丙烯/聚甲醛共混研究［J］．石油化工应用，2013，32（12）：110-112.

［57］ 王亚鹏．弹性体改性聚丙烯的研究［J］．辽宁工程技术大学学报，2011，30（s1）：164-166.

第 9 章 聚氯乙烯的共混改性

聚氯乙烯（PVC）是最早工业化的塑料品种之一，也是产量较大的一种通用塑料，目前产量仅次于聚乙烯，居第二位。

聚氯乙烯由氯乙烯（VC）按自由基历程聚合而得，其化学反应式简写为：

$$nCH_2=CHCl \longrightarrow [CH_2-CHCl]_n$$

在工业上，聚氯乙烯可按悬浮聚合、乳液聚合、溶液聚合和本体聚合 4 种方法生产。

聚氯乙烯是无定型的线型结构聚合物，基本无支链，链节排列很规则，主要是“头-尾”连结，其结构式为：

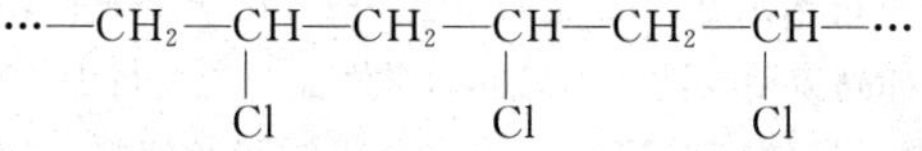

聚氯乙烯大分子中大量的氯原子赋与了这种聚合物较大的极性和刚性。它不溶于石油、矿物油等非极性溶剂，在一些极性溶剂中也仅有有限的溶解度，能耐一般的酸、碱侵蚀。因而可作为化工防腐材料；聚氯乙烯电气性能优良，因而广泛用作绝缘材料；聚氯乙烯加入增塑剂后可得到软聚氯乙烯，软聚氯乙烯的性质柔软，耐折曲，透光性较好，用以大量生产生活日用品以及柔性工、农业制品；聚氯乙烯加工成型容易，可以方便地用挤出、吹塑、压延、注射等方法加工成各种管材、棒材、薄膜。

聚氯乙烯是一种综合性能良好、用途极广的聚合物，但聚氯乙烯尚存在一些严重的缺点，有待通过各种改性措施加以克服。

首先，聚氯乙烯的热稳定性欠佳，它在 100℃ 即开始分解放出氯化氢，高于 150℃ 分解更加迅速。这种分解现象造成下列不良影响：

① 加工性能恶化。聚氯乙烯的玻璃化温度（T_g）约为 87℃，其熔融温度（T_f）约为 210℃。显然，聚氯乙烯的分解温度比熔融温度低，由于大多数加工成型过程均要求温度高于聚合物的熔融温度，因而聚氯乙烯在加工过程中会有一定量的分解。若为尽量减少聚氯乙烯的分解而降低加工温度，则又会给加工操作带来困难。

② 制品性能下降。聚氯乙烯分解放出氯化氢后，使大分子结构上带有不饱和双键：

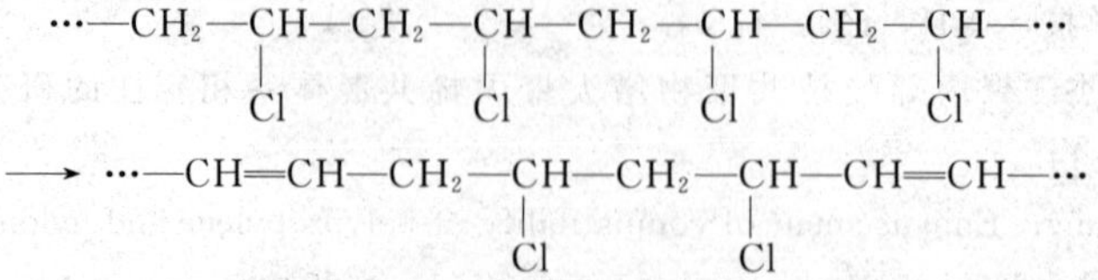

以致引起聚合物变色，根据分解的程度，颜色可由白变黄、变褐，甚至变黑。分解后的聚氯乙烯力学性能下降，此外还会形成大分子之间的交联。大分子交联除造成加工过程中黏度上升外，还使产品中产生不熔颗粒。

③ 使塑料组分复杂。为了减少聚氯乙烯在加工过程的热分解现象，聚氯乙烯塑料

配方中常需加入增塑剂、稳定剂等配合剂。增塑剂的掺入可降低聚氯乙烯的熔融温度，有利于聚氯乙烯的加工；稳定剂起到防止聚氯乙烯分解或抑制分解反应进一步进行的作用。这些组分的加入使塑料组分复杂，加工工序增多。

第二，聚氯乙烯是脆硬性聚合物，其悬臂梁冲击强度（缺口）最低值仅为 2.2kJ/m^2，受冲击时极易脆裂，因而不能用作结构材料。加入 10%～40%增塑剂的软聚氯乙烯，虽然较柔软，然而力学强度大大下降，使之仍然不能制作受力构件。

第三，耐老化性能差。引起聚氯乙烯老化的原因很多。聚氯乙烯在使用过程中，因增塑剂的挥发、抽出和迁移逐渐失去柔软性，是其老化的重要原因之一。此外，使用过程中，聚氯乙烯制品受热、光、氧的作用发生降解、分解和交联等亦是聚氯乙烯老化的原因。

第四，聚氯乙烯耐寒性不理想。硬聚氯乙烯的使用温度下限一般为－15℃，软聚氯乙烯为－30℃。随温度的下降，聚氯乙烯制品会迅速变硬变脆而无法使用。

聚氯乙烯的改性方法很多，主要有改变聚氯乙烯大分子链结构；氯乙烯与其他单体共聚；聚氯乙烯与增强材料及其他配合剂的复合；聚氯乙烯与其他聚合物的共混。

聚氯乙烯与某些聚合物共混具有显著的、多方面的改性作用（表 9-1），其中最引人注目的有如下一些实例：聚氯乙烯与乙烯-醋酸乙烯共聚物共混后，起到长效增塑、提高冲击强度，改善耐寒性、透气性及加工性等多种作用；聚氯乙烯与丁腈胶、氯化聚乙烯、ABS 树脂共混均显著增加韧性；聚氯乙烯与 MBS（甲基丙烯酸甲酯-丁二烯-苯乙烯三元共聚物）共混物不仅冲击强度高，而且透明性、加工性较优；聚氯乙烯与聚乙烯共混可以改善加工性、提高热变形温度、降低成本。因此，近年来聚氯乙烯共混物的研究与生产受到重视，品种日益增多，使用范围不断扩大。

表 9-1　　聚氯乙烯共混改性一览表[1]

改性用聚合物	聚合物特征	主要改性效果
聚酯树脂	相容性低分子量聚合物	增塑、软化
PMMA、AS 树脂、加工改进型 ACR	相容性较好的高分子量树脂	改善一次加工性，并促进凝胶化
NBR、CR	相容性较好的橡胶	增韧
CPE、EVA、E-VA-CO 共聚物、抗冲改进型 ACR	相容性较好的高分子量聚合物	增韧、增柔
ABS、MBS	相容性一般的聚合物	增韧
PE、PP	非极性不相容树脂	改善流动性

关于 PVC 共混改性中的增韧机理的研究多有报道[2]，主要有弹性体增韧机理和有机刚性粒子增韧机理。

在 PVC 的弹性体增韧机理中，有一种为剪切屈服-银纹化机理，可参见本书第四章中所述，由 MBS、ABS、ACR 等增韧 PVC 的机理即属于此类。还有一种为网络增韧理论，认为当弹性粒子掺入到 PVC 基体中，可独立或与 PVC 粒子一起形成网络结构。当此共混材料受到外力作用时，其网络结构在应力作用下可发生变形而吸收大部分能量；若网络结构的变形超过一定程度后，链节上的弹性粒子将发生变形，同时部分 PVC 粒子将在应力作用下破裂，这两个过程都将吸收能量，使韧性提高保护材料不致破坏。由 EVA、NBR、SBS、CPE、PUR 增韧的机理即属于此类。

有机刚性粒子（ROF）增韧 PVC 时，可能存在两种情况。若 ROF 粒子与 PVC 相容性好，其增韧遵从冷拉机理，ROF 粒子与 PVC 基体具有不同的弹性模量和泊松比，当 ROF 均匀地分散在 PVC 连续相中时，会在界面处产生较高的静压力，因而使分散相 ROF 粒子易于屈服而被拉长，发生脆韧转变，从而吸收能量起到增韧效果；若 ROF 粒子与 PVC 基体相容性较差，两相间会存在明显的界面甚至空穴，这样当该材料受到外力冲击时，界面易发生脱离并形成较大的微形空穴，从而吸收部分能量。空穴也可引发银纹而吸收更多能量，共同起到对 PVC 基体的增韧作用。PVC 的有机刚性粒子增韧，主要有 PS、PP、PMMA、AS、HIPS 等粒子增韧体系。

9.1 聚氯乙烯与乙烯-醋酸乙烯共聚物（EVA）的共混

9.1.1 PVC/EVA 共混物的生产

EVA 的一般情况已在讨论 PE-EVA 共混物时作了介绍，作为 PVC 抗冲改性剂的 EVA 有固体颗粒料和粉料两类，一般认为采用化学法或深冷法粉末化的 EVA 改性效果比颗粒料更好。我国已用化学法制得多种牌号的粉末 EVA，包括 EVA 4/5、EVA 30/10、EVA 30/30、EVA 28/100、EVA28/150 等，（所标注的数字中，分子代表 EVA 中 VA 含量，分母代表熔体指数，*MI*）。其中，与 PVC 机械共混改性宜用较高 VA 含量和较低熔体指数的品种（EVA30/10 和 EVA30/30），而与 PVC 接枝共聚-共混改性除可用上述品种外，还可用低 VA 含量的 EVA 14/5。

PVC/EVA 共混物可采用机械共混法（主要为熔融共混）和接枝共聚-共混法生产。

PVC 的商品形式主要是粉状，有利于用机械共混法进行共混操作。机械共混法制取 PVC/EVA 共混物应按二段操作法进行，主要步骤如下[1]：

① 聚氯乙烯粉料与稳定剂、增塑剂等配合剂同时加入捏和机捏和。

② 将上述混合料加到蒸汽加热的双辊混炼机上初步混炼成连续厚片。

③ 加入预定量的 EVA 继续混炼，温度控制在 160～180℃。

④ 当总混炼时间达到 15min 左右即可出料。

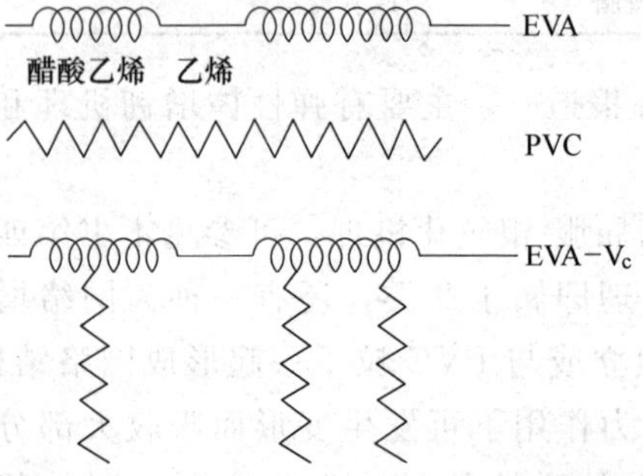

图 9-1 接枝共聚物的结构模型

用接枝共聚-共混法制取 PVC/EVA 共混物可按本体-悬浮聚合过程进行，其配方示例[1]：EVA150 份，氯乙烯 150 份，水 3300 份，聚乙烯醇 5 份，偶氮二异丁腈 3 份。

此法首先将 EVA 溶于氯乙烯中形成均匀溶液，然后加热预聚合，预聚过程中随聚氯乙烯的生成产生相分离，此后转入悬浮聚合，温度控制在 60℃左右，聚合时间 15h。接枝共聚物的结构可用图 9-1 的模型描述。

由此模型可见，EVA-PVC 接枝共聚物的主干为 EVA，而 PVC 为支链，此支链与醋酸乙烯主链相接。一般情况下，上述接枝共聚-共混法的产物是包含 EVA-PVC 接枝共聚物、EVA 无规共聚物和 PVC 均聚物的混合物。若接枝反应进行很完全，则无游离 EVA 存在。

EVA 与 PVC 的接枝共聚-共混同样以选用粉状 EVA 为佳，而 EVA 粉化若采用以 VC 溶胀，在水分散悬浮介质中同时施以强烈搅拌的粉化工艺，则可与接枝共聚-共混物的生产连贯进行[3]。此种粉化工艺的参考工艺条件为：H_2O/(VC＋EVA)：0.8～2.5，分散剂/(VC＋EVA)：0.1%～0.5%。VC/EVA≥6，温度：50～75℃，时间：30～90min；接枝共聚-共混工艺的参考工艺条件为：水油比 2∶1，分散剂 PVA 用量为（VC＋EVA）的 0.05%～0.3%。引发剂 ABIN 用量为（VC＋EVA）的 0.08%～0.4%，防粘釜剂三价以上水溶性金属盐及碘化物用量为（VC＋EVA）的 0.001%～0.02%，EVA 投入量为 6%，VC 投入量为 94%，反应温度 55～62℃。当用 EVA 14/3.5 为原料，按上述工艺生产得到的 EVA-PVC 接枝共聚-共混物（EVA 含量 7%左右），其常温缺口冲击强度达 PVC 的 3 倍以上，改性效果显著，而且稍加改动工艺条件，即可制得分别适用于挤出或注射成型的品种。此外，若并用高、低 VA 含量的 EVA 与 VC 接枝共聚，其增韧效果更优于单一品种的效果，当此并用比为 1∶1 时，冲击强度比单一低 VA 含量 EVA 为原料时的冲击强度高出 1 倍以上[4]。

PVC 与 EVA 仅有中等程度的相容性，所以，用机械共混法制得的 PVC/EVA 共混物相畴粗大；接枝共聚-共混法制取的 PVC/EVA 共混物相畴微细，这是由于 EVA-PVC 接枝共聚物起到相容剂的作用，促进了两种聚合物的相容和分散。图 9-2 及图 9-3 分别为两种制法所得 PVC/EVA 共混物（EVA 含量相同）的微观形态[1]。

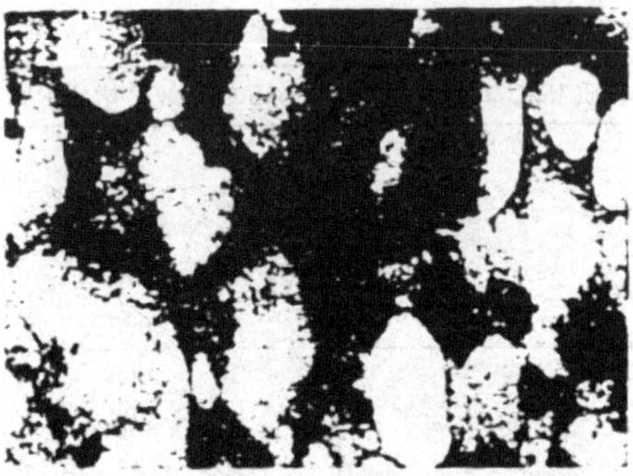

图 9-2　机械共混法 PVC/EVA 共混物的微观形态

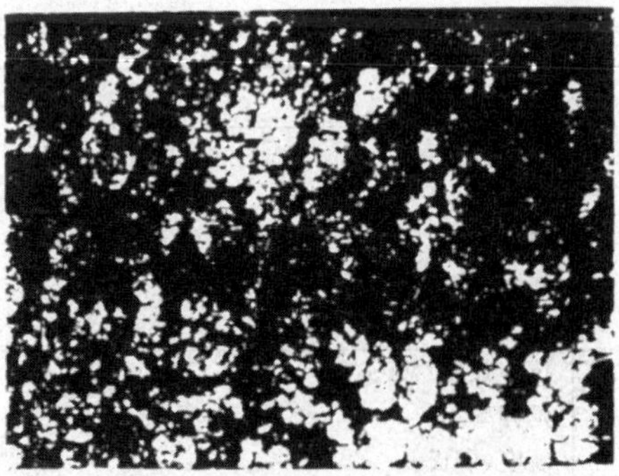

图 9-3　接枝共聚-共混法 PVC/EVA 共混物的微观形态

PVC/EVA 共混物的徽观形态还与两聚合物共混比例有直接关系，在机械共混法 PVC/EVA 中若 EVA（VAc 为 45%）少于 7%～8%，则 PVC 为连续相，PVC 包围着 EVA 粒子，但超过 7%～8%时，EVA 转变为连续相反而包围着 PVC 粒子，所以，EVA 含量 7%～8%是此种共混物的相逆转区。

9.1.2　PVC/EVA 共混物的性能与用途

PVC/EVA 共混物的性能随其微观形态、各组分的分子量、共混物中 EVA 的含量、EVA 中的 VAc 含量、EVA-PVC 接枝共聚物中 PVC 支链的长度、游离 EVA 及游离 PVC 数量等因素而变化。控制这些影响因素就可制取不同性能的 PVC/EVA 共混物以适用于不同的场合。可供选用的 EVA 参见文献[5]。

PVC/EVA 共混物的一个突出优点是柔韧性显著优于 PVC。根据其所含 EVA 的多少，此类共混物也与 PVC 一样分为硬质和软质两种主要类型。

软质 PVC/EVA 共混物的软化度相当于加入 40 份或 60 份增塑剂的软 PVC，但却比后者具有 3 点优点。

① 低温特性好。加入 60 份 DOP（邻苯二甲酸二辛酯）的软 PVC，脆化温度为 －40℃，而相应软化度的 PVC/EVA 共混物，脆化温度降为－70℃。

② 增塑效果稳定。因为 EVA 不会像低分子增塑剂那样因挥发、抽出和迁移而损耗，故具有长效增塑作用。

③ PVC/EVA 共混物具有良好的手感。

表 9-2 为软质 PVC/EVA 共混物的一般物理力学性能。图 9-4、图 9-5 为此种共混物的拉伸强度、延伸率及硬度与组成的关系。

在 PVC/EVA 接枝共聚-共混物中，随 EVA 含量增加，增塑效果也提高，但拉伸强度下降，而且在聚合过程中，对设备的粘附现象也愈加严重，因此，EVA 在 PVC/EVA 接枝共聚-共混物中的含量必须控制在一定范围。

PVC/EVA 接枝共聚-共混物的性能与 EVA 的分子量、EVA-PVC 接枝共聚物的分子量都有密切的关系。一般，EVA 及 EVA-PVC 接枝共聚物的分子量越小，PVC/EVA 接枝共聚-共混物的硬度越低，越柔软。

表 9-2　软质 PVC/EVA 共混物的一般物理力学性能

项目		软质 PVC/EVA	50 份 DOP 增塑 PVC
配方	PVC/EVA	100	—
	PVC	—	100
	DOP	—	50
	稳定剂	～3	～3
	硬脂酸	0.5	0.5
性能	拉伸强度/MPa	21.2	19.6
	延伸率/%	360	300
	硬度(邵氏)	42	42
	柔软温度/℃	－23	－18
	脆化温度/℃	<－75	－33
	热失重(105℃,120h)/%	0.96	8.23
	耐油性(70℃,4h)		
	重量变化/%	＋4.6	－0.23
	剩余拉伸强度/%	37.5	91.5
	剩余延伸率/%	94.4	86.7
	耐候性(大气试验 800h)		
	剩余拉伸强度/%	67	72
	剩余延伸率/%	82	66

PVC 制品的透气性和透光性是两项重要的性能指标，它们对于 PVC/EVA 共混物

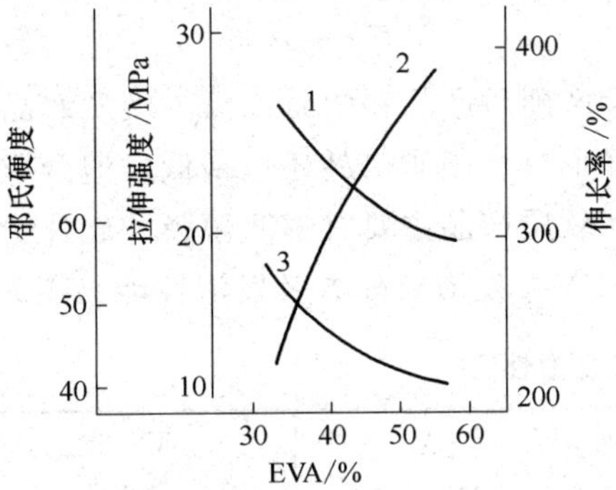

图 9-4　EVA 含量对 EVA-VC 共聚-共混物性能的影响

1—拉伸强度　2—延伸率　3—硬度

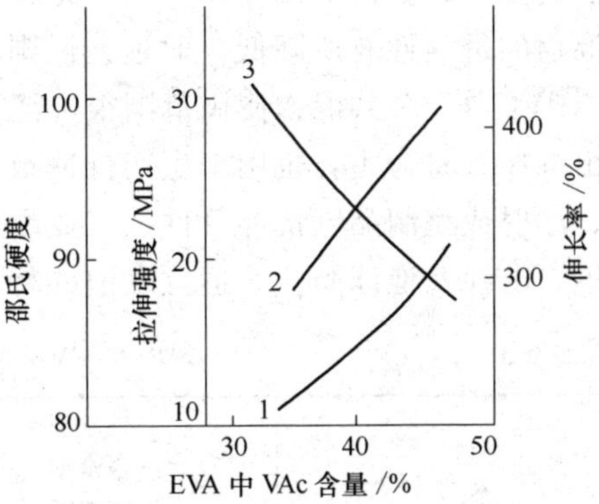

图 9-5　EVA 中 VAc 含量对 EVA-VC 接枝共聚物性能的影响

1—拉伸强度　2—延伸率　3—硬度

也同样重要。EVA 透气性大于 PVC，透光性却不如 PVC，将其掺入 PVC 中必然影响后者的透气性和透光性。据报道，以机械共混法制得的 PVC/EVA 共混物，若 EVA 含量少于 5%，透气性与透光性基本与 PVC 相同，变化很小；当 EVA 含量超过 5%后，则透气性及透光性变化显著，见图 9-6 和图 9-7[11]。由图 9-6 和图 9-7 可见，随 EVA 掺入量增加，透气性上升，透光性下降，而且均在 EVA 含量居于 5%处发生突然变化。这种现象正是由于随 EVA 含量增多，PVC/EVA 共混物中相分离现象明显以及当 EVA 含量大于 7%～8%以后，发生相转变的缘故。

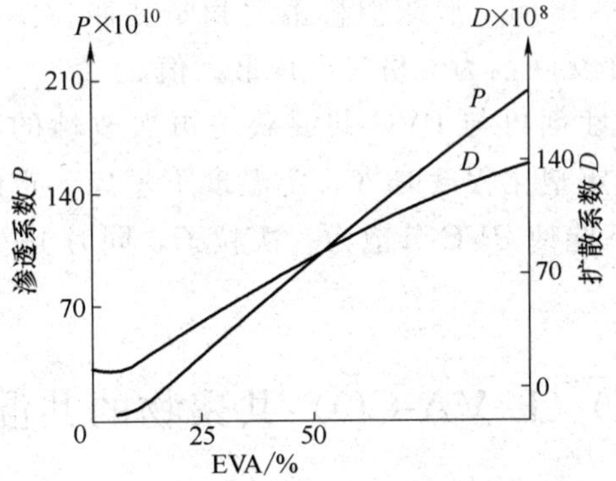

图 9-6　PVC/EVA 中 EVA 含量对透气性的影响

试验气体：CO_2，温度：50℃

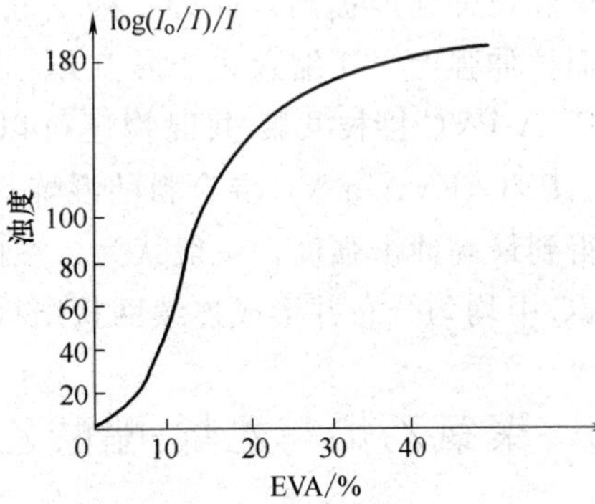

图 9-7　PVC/EVA 中 EVA 含量对透光性的影响

PVC/EVA 共混物的透光性还随 EVA 中 VAc 含量的增加而上升，这是由于含 VAc 比例高的 EVA 与 PVC 具有更好的相容性，因而使两相分散均匀，增加了透光性。

接枝共聚-共混法 PVC/EVA 共混物的透光性比机械共混法产物的透光性好。据测定，含 12.5%EVA 的接枝型 PVC/EVA 共混物，其透光性与含 7.5%EVA 的机械共混型产物相当。

共混工艺条件也会给 PVC/EVA 的性能带来不同结果，例如 PVC 与 EVA 采用机械法共混时，若混炼温度由160℃提高到180℃，PVC就会分散得更微细，PVC/EVA共混物的透气性有所降低，而透光性则相应提高。

PVC/EVA共混物使用范围很广泛，可用来生产硬质产品和软质产品。硬质产品以挤出抗冲管材为主，也用来生产抗冲板材和挤出异形材。硬质产品还包括低发泡合成木材、注射成型制品（抗冲管件、工业零部件）等。软质产品主要有耐寒薄膜、软片、人造革、电缆及泡沫塑料。适宜发泡的特软型PVC/EVA发泡料配方及发泡性能见表9-3。

表9-3　PVC/EVA发泡料配方及发泡性能

配方	特软型	PVC/EVA	100份
	稳定型		约3份
	硬酯酸		0.5份
	发泡剂		2份
发泡性能	200℃	1min	1.5倍
	240℃	1min	3.1倍
	260℃	1min	4.1倍

未交联的PVC/EVA泡沫塑料在回弹性、压缩永久变形性方面并不理想。据报道[6]，在每100份PVC（XS-5型）中，加入12份EVA（VAc含量12%）、3份交联剂、50份增塑剂、5份AC发泡剂、2份促进剂、9份碳酸钙、4份稳定剂以及0.5份润滑剂的改性料，于135～140℃下塑炼后，在185℃左右模压发泡，可获得综合性能良好的微交联型EVA改性的PVC泡沫塑料。自然，配方及工艺条件都将影响产品的性能，其中EVA用量增加，泡沫塑料的密度、断裂伸长率和压缩永久变形性能下降，而其硬度和拉伸强度提高。此外，随交联剂用量的增加，泡沫塑料密度和断裂伸长率下降，而拉伸强度、压缩永久变形上升，回弹性在交联剂为5份时出现最大值。

EVA-PVC接枝共聚-共混物还可以作为改性剂再与PVC共混获得再次改性的产物[7]。PVC/EVA-*g*-VC混合料的混炼只能在一定塑化程度时（一定温度下塑炼一定时间）得到最高冲击强度，一般认为，在此条件下能使PVC分散为一次粒子，同时EVA在PVC中均匀分布并形成连续网状结构。

9.2　聚氯乙烯与乙烯-醋酸乙烯-CO（E-VA-CO）共聚物的共混

9.2.1　E-VA-CO三元共聚物的特点

E-VA-CO三元共聚物的结构可表示为：

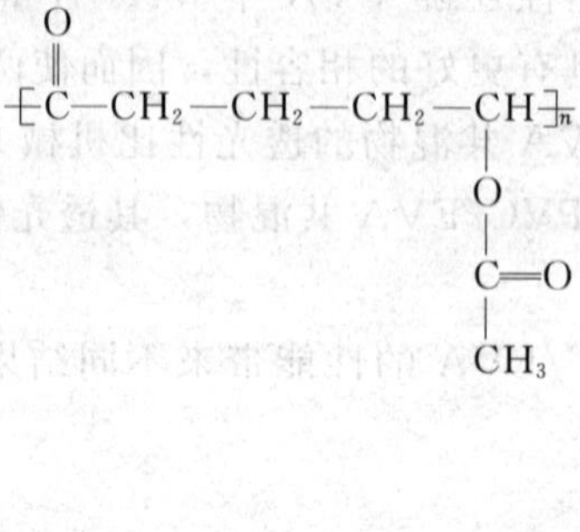

此共聚物是由美国杜邦公司开发的新型 PVC 改性剂，商品名为 ELVALOY[8]。

由上可见，E-VA-CO 三元共聚物与 EVA 相比，由于在分子结构单元中引入了酮羰基 $\overset{\overset{\displaystyle O}{\|}}{-C-}$ ，使极性提高，促进了与 PVC 的相容。这种良好的相容性甚至在此三元共聚物中仅含 5%质量份的酮羰基也可保持。关于乙烯（E）、醋酸乙烯酯（VA）、一氧化碳（CO）三者的结构单元在 ELVALOY 大分子链节中所占比例，据 M. Lskandar 等人的研究论文[9-10]得知，E、VA、CO 质量比为 66∶23∶11。或质量比为 71∶26∶3 的配方。

ELVALOY 主要有 741 和 742 两种，前者为通用级，后者为增塑效率更好的较柔软级。有关 ELVALOY 741 及 742 的典型特性见表 9-4[8]。

表 9-4　　ELVALOY 的典型特性①

项目	ELVALOY 741	ELVALOY 742
相对分子质量②	>250000	>250000
密度/(g/cm³)	1.00	1.02
表观密度/(kg/m³)		
粒料	586	602
粉料	335	359
拉伸强度/MPa	5.9	4.2
断裂伸长率/%	950	1200
弹性模量/MPa	7.9	2.8
定伸模量/MPa(100%)	2.1	1.1
硬度(邵式,10s)	70	55
玻璃化温度/℃	−32	−32
晶体熔点③/℃	66	45
溶解度参数	约 9.2～9.3	约 9.2～9.3

注：① 本表所列特性不代表技术指标，各项性能按 ASTM 法测定；② 在 80℃的 1,2,4-三氯苯中，通过光散射法测定的分子量平均值；③ 不同方法测得的熔点与此值略有不同。

人们从多方面证实了 ELVALOY 与 PVC 有很好的相容性。M. Lskandar 等[19]通过结构分析认为 PVC 可看作质子给予体：

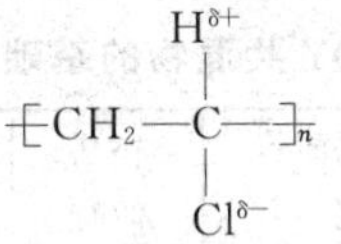

所以，与可看作质子接受体的 E-VA-CO 相容。他们还利用傅立叶变换红外光谱仪对 PVC/E-VA-CO 共混物作了考察，发现当 E-VA-CO 与 PVC 共混后，该共混物中酯羰基及酮羰基的谱带位置均发生了位移，而在 EVA 与 PVC 的共混物中，酯羰基的谱带位置并未发生位移。由此可见，两种羰基之间发生了某种相互作用，可能导致酯羰基的活化，因而使极性提高，促进了与 PVC 的相容。

另外，E-VA-CO 三元共聚物的溶解度参数（δ）为 9.2～9.3，这与 PVC 的溶解度参数 9.4 极相近[1]，这也可作为判断两者相容性优良的一个依据。

用共混玻璃化温度（T_g）的变化情况来判断两种聚合物是否相容是人们常用的一种方法。若共混物只有一个比较明确的、介于两原料聚合物玻璃化温度之间的新的玻璃化温度，则两聚合物相容，否则不相容或不很相容。利用动态力学性能、热性能、介电

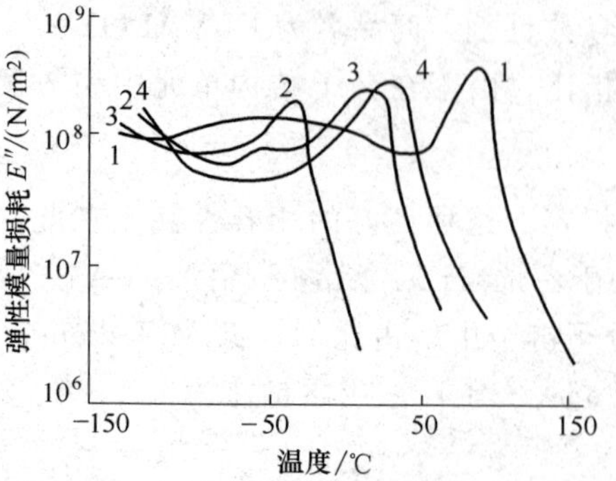

图 9-8　PVC/E-VA-CO 共混物的黏弹性变化

性能等的测定[8-11]，均说明了 PVC/E-VA-CO 在广泛的共混比例范围只具有一个比较明确的显示其玻璃化转变的温度，从而充分证实了 PVC 与 E-VA-CO 可按任意比例良好相容。图 9-8 为 PVC/E-VA-CO 共混物的黏弹性变化图，从图 9-8 可看出，对应于 E″的最大值，PVC 的 T_g 为 85℃，ELVALOY 的 T_g 为 −25℃，而 PVC/ELVALOY（100/40）的 T_g约为 40℃，（100/75）的 T_g为 28℃。

用电子显微镜观察形态结构的结果（照片略）也说明 PVC/ELVALOY 比公认相容性良好的 PVC/NBR（丁腈胶）共混物具有更好的相容性。

E-VA-CO 共聚物的热稳定性不很理想，这在共混成型中需加以注意并采取必要的措施。据研究[22]，其热分解第一步脱醋酸，第二步脱除一氧化碳，两个反应几乎同时发生，但第二步分解的活化能较第一步高。

9.2.2　PVC/E-VA-CO 共混物的生产方法及成型

制造 PVC/ELVALOY 共混料时，配方中一般都要同时含有一定量的低分子增塑剂、润滑剂、稳定剂以及填料等助剂。ELVALOY 与通用的增塑剂，如邻苯二甲酸酯类、脂肪族二元酸酯类、偏苯三酸酯、环氧化大豆油以及聚酯类等均有良好的相容性。作为稳定剂，根据要求可用钡/镉稳定剂、钙/锌稳定剂、环氧化油类以及铅系稳定剂。配方中最好加入 0.5～1.0 份（每 100 份 ELVALOY）的镁、钙氧化物，其目的是中和在 182℃以上进行加工时 ELVALOY 热分解放出的少量醋酸。配方中润滑剂是不可缺少的，以起到更有效的润滑作用[10]。

表 9-5 列出某些 PVC/ELVALOY 共混产物的基础配方以供参考[8]。

表 9-5　PVC/ELVALOY 共混物的基础配方（质量比）

组分	鞋底	矿工鞋面底		轻巧便鞋	胶管	冰箱密封垫	不透性薄膜	电缆料	汽车窗封条
PVC(K=70)	100①	100①	100①	100①	100	100	100	100	100
ELVALOY 741	20	40	45	20	20～40	20～30	—	30～50	20
ELVALOY 742	—	—	—	—	—	—	20～50	—	—
DOP	80	70	60	70	50～80	—	60～80	60～80	70
环氧大豆油	5	5	5	10	—	60	—	—	5
聚酯增塑剂	—	—	—	—	—	20	—	—	—
钡/镉稳定剂	2.5	2.5	2.5	2.5	2.5	3	3	—	3
铅系稳定剂	—	—	—	—	—	—	—	3	—
硬脂酸	0.1	0.5	0.5	0.5	0.3	—	—	—	—
碳酸钙或其他填料	5	—	—	10	20	—	20	10	15
发泡剂(A.C)	—	—	—	2	—	—	—	—	—
亚磷酸盐螯合物	0.5	0.5	0.5	0.5	—	—	—	—	—
液体有机亚磷酸酯	—	—	—	—	—	1	1	1	—
颜料	—	1	1	1	3	—	—	—	1
防老剂	—	—	—	—	—	—	—	0.3	—

注：① K=GB

PVC 与 ELVALOY 及其他助剂的配合最好采用两步法配合工艺，即首先进行干混，然后再熔混。先将 PVC 与除 ELVALOY 以外的各种助剂放于高速或低速混合机中进行混合，温度由室温升到 120℃，以促进 PVC 吸收液体助剂，然后将物料温度降至 60℃（必要时可进行外部冷却）后加入 ELVALOY，保持 60～65℃混合，直至 ELVALOY 相容于 PVC 混合料中。干混后的熔混，如使用双辊混炼机进行，应先加 PVC 及其他助剂，混合料熔融成片后再加 ELVALOY，混炼总时间 5～10min，温度不得超过 193℃。若熔混目的仅为造粒以供注塑成型用，则可用普通单螺杆挤塑机挤出造粒，挤塑温度为 150～160℃，否则最好用可强力混炼的密炼机、高剪切力的双螺杆挤塑机，在 PVC 熔流温度（约 180℃）下进行混炼。密炼操作时，应在最低速下进料，经半分钟运转后再提高至最高转速以使物料温度上升至 170℃左右，在此温度下保持约 2min 即可出料，然后送往切断或造粒设备。

G. H. Hofmann[11] 对 PVC 与 ELVALOY 的熔混进行了详细的研究，他通过对 PVC 与 ELVALOY 熔融共混物形态学及流变性能的研究，认为通常的熔混技术是不适用的。而采取一种新的分步加料熔混方法，并确保必要的剪切作用，才能获得性能卓越的均相 PVC/ELVALOY 合金。原因是 ELVALOY 在干混阶段不可能像低分子增塑剂那样被 PVC 所吸收，而只能得到类似于沾盐状的共混物。在熔混阶段，熔点仅为 66℃的 ELVALOY 首先熔融形成低黏度相，熔点高且黏度大的 PVC 粉粒分散在其中，这样就难以使共混体系获得足够的剪切能以保证 PVC 粉粒的破碎和分散，其结果导致许多 PVC 粉粒经过熔融混炼阶段亦不会破碎，这些未熔化的 PVC 粉粒在 PVC/ELVALOY 共混物中构成“凝胶”，它们类似于杂质，可使挤出制品表面粗糙、性能低劣。当采用分步加 ELVALOY 的工艺，即开始先加入总 ELVALOY 配用量的一部分，这时 ELVALOY 含量少，共混物具有比 ELVALOY 含量多时高得多的初始黏度和熔融转矩，因而可有效地破坏 PVC 的大颗粒，使“凝胶”基本消失，随后再补足应加的另一部分 ELVALOY，经继续熔混即可获得均相的共混物。G. H. Hofmann 经研究还指出，采用疏松型大粒子的 PVC，即使熔混时剪切速率较低也可得到无凝胶的 PVC/ELVALOY 共混物。相反，对于普通紧密型 PVC，则必须保证在高剪切速率下进行熔混。

PVC/ELVALOY 共混物可采取注塑、挤塑、压延、热挤冷压等工艺加工成型。由于共混比例不同，玻璃化温度和熔化温度均不同（参见表 9-6），所以，用各种成型方法成型时，要注意选择恰当的温度。压延温度一般为 150～174℃。挤塑温度为 182～193℃。注塑成型要与熔点吻合，热挤冷压需注意保护热料的温度，模具温度要适当，否则制品易产生裂纹。

表 9-6　PVC/ELVALOY741 的 T_g、T_c、T_m　　单位：℃

ELVALOY741 用量/%	T_g①	T_c①	T_m①	T_m②	T_m③
100	−34	43	77	92,74,66,49	79
80	−29	34	76	79,69,52	78
60	−19	27	73	78,67,52	—
40	−6	15	71	67,62,53	74
20	11	—	—	62,54	74
10	41	—	—	—	73
0	85	—	—	—	—

注：① 由熔体冷却，4℃/min；② 在 60℃退火 20h，然后慢冷至 40℃，最后在 23℃存放数周；③ 溶液中结晶。

9.2.3 PVC/E-VA-CO 共混物的性能

在 PVC/ELVALOY 共混物中，ELVALOY 充当 PVC 的高分子增塑剂；相反，PVC 又可看作是阻碍 ELVALOY 结晶的稀释剂。

在 PVC 中掺入 ELVALOY 后，将使 T_g降低；当 T_g降低到接近 ELVALOY 的结晶温度 T_g时，ELVALOY 在共混物中的结晶作用就会被阻碍或抑制。含 60%或稍大于 60%PVC 的 PVC/ELVALOY 共混物，即属于此种情况，它们基本上是无定形的，当 PVC 含量超过 80%以后，则共混物就完全是无定形的。

PVC/ELVALOY 的热分析提供了此种共混物的 T_g、T_c、T_m与组成关系的重要数据，几种典型增塑剂增塑 PVC 的耐久性对比见表 9-7。

表 9-7　PVC/ELVALOY 与 PVC/DOP、PVC/聚酯耐久性对比[1]

介质	条件	PVC/DOP	PVC/聚酯	PVC/ELVALOY(含 5 份环氧化大豆油)
热风	70℃×7 日	−3.6	−1.4	−1.4
碱类	90℃×1 日	−9.4	−1.5	−0.5
1%肥皂水	室温×1 日	−6	−5	无变化
洗涤剂	30℃×7 日	−3.5	−8.7	无变化
25%NaOH	60℃×8 日	−21	−8.8	−2.2
烃类				
己烷	室温×1 日	−28	−6	无变化
异辛烷	60℃×8 日	−26	−6.5	增重
异辛烷/50%甲苯	60℃×8 日	−28	−25	−7.6
无铅汽油	室温×1 日	−22	−14	无变化
石油				
ASTM No.3	70℃×4 日	−11	增重	无变化
ASTM No.2	70℃×4 日	−13	−3	增重
甲醇	60℃×8 日	−28	−35	−6.4

PVC/ELVALOY 共混物具有卓越的耐久性，这是其他增塑剂增塑的 PVC 无法比拟的特点，表 9-8 对比了几种典型增塑剂增塑 PVC 的力学性能[8]。

表 9-8　PVC/ELVALOY 与 PVC/DOP、PVC/聚酯力学性能的比较①

性能 \ 类别	ELVALOY 80PHR	ELVALOY 70PHR	DOP 45PHR	聚酯② 60PHR	ELVALOY741/DOP,25/25PHR	ELVALOY741/聚酯,33/33PHR
拉伸强度/MPa	18.4	19.0	19.2	20.0	20.7	20.0
定伸模量(100%)/MPa	8.8	8.6	9.3	6.7	8.4	7.1
断裂伸长率/%	320	325	310	440	375	430
硬度(邵氏,10s)	91	89	83	77	92	82
撕裂强度/(kN/m)	67.2	67.9	62.3	65.7	62.5	70.6
冲击脆化温度/℃	−48	−38	−18	−18	−25	−34

注：①柔软程度基本相等；②高分子量液体聚酯。

由表 9-8 数据可知，为获得同等柔软程度的增塑 PVC，ELVALOY 的用量要比 DOP 及聚酯的多，也就是说，ELVALOY 的增塑效率低于 DOP 及聚酯，但 EL-

VALOY 742 高于 741，并更接近于聚酯增塑剂。从耐寒性来看，ELVALOY 共混的 PVC 优良得多。若将 ELVALOY 与 DOP 并用，则不仅增塑效率高，而且各项性能均较突出。

此外，PVC/ELVALOY 共混物还有较好的弹性、抗蠕变性能、耐热性、电气特性和抗紫外线性能。

PVC/ELVALOY/NBR 三元共混物的性能也很引人注目。本书作者及共同工作者研制成功此三元共混交联体系并制成硬质弹性防震材料用于交通器材。方少明[12]研究了增塑的 PVC/ELVALOY/NBR 三元共混热塑性弹性体，认为 ELVALOY 与 NBR 共用时，对 PVC 的改性有协同效应，其拉伸强度高于 PVC/ELVALOY 和 PVC/NBR 二元共混物，实验结果还得出，PVC/ELVALOY/NBR 三元共混的配比以 100∶10∶20 或 100∶15∶15（DOP 为 40 份）为宜，此时材料拉伸强度、断裂伸长率均较高，而永久变形较小。前不久，李熙然[13]、胡文涛[14]等都对 PVC/ELVALOY 共混改性进行了多方面的有意义的探讨。

9.2.4　PVC/E-VA-CO 共混物的应用[1]

1. 建筑材料方面的应用

建筑材料多用于室外，对耐老化性等有关使用寿命方面的性能特别关注。以往的片状化学建材主要是 PVC 系列及橡胶系列，前者由于增塑剂耐久性差，使材料性能很快劣化；后者由于不适于高频热合，而采用胶黏剂来粘接又不够可靠，故使用不便。PVC/ELVALOY 共混物制成的片材使用寿命长、性能稳定，不论热风焊、高频热合还是用溶剂粘接均可，黏合位置的剥离强度可达 50N/cm 以上。此外，老化收缩率低（0℃，老化 22h 的片材收缩率在 0.5%以下），耐腐蚀性能好，撕裂强度大，耐寒性好，抗蠕变性能优良（60℃×7 日，蠕变百分率仅为 DOP 增塑 PVC 的 1/5）。所以，在欧美各国，广泛使用 PVC/ELVALOY 共混物片材建造工业废水池、石油贮槽的防油堤、屋顶防水材、太阳能热水池的防水层等。以在石油贮槽防油堤的应用为例，经过夏天 30℃强热风及零下 21℃严寒的考验，7 年仍完好无损。又如用于太阳能热水池的防水层，接触的是浓度为 30%左右的接近沸点的食盐水，由于其优良的耐热性、耐候性、耐腐蚀等特性，它们至少可使用 10 年。

2. 汽车工业方面的应用

汽车内大量使用 PVC 人造革作为内饰材料。汽车用人造革要求耐热、耐老化，尤其不希望有低分子增塑剂挥发造成汽车窗玻璃的“雾化”现象。以前大量使用 NBR（丁腈胶）改性 PVC 人造革，但已迅速转向 PVC/ELVALOY 人造革，并认为是目前最理想的人造革覆层材料。

另外，由于 PVC/ELVALOY 共混物的真空成型制品厚薄均匀一致，所以，在汽车配件方面也开发了许多用途，如制造垫片、防护罩等。

3. 靴鞋方面的应用

由于 PVC/ELVALOY 共混物具有卓越的耐油性、耐磨性、柔韧性、弹性、耐老化性及恰当的摩擦系数，因而适用于制造工作靴、厨房用鞋及各种轻便鞋。所制鞋使用寿命长，冬天也能保持柔软性，穿着行走抗滑、舒适。此外还具有加工容易、颜色鲜艳、易洗刷、比橡胶鞋便宜等优点。杜邦公司声称，使用这种共混物制鞋是制鞋工业突破性的成就。

4. 其他方面的应用

PVC/ELVALOY 合金还用于制造耐油、耐热、耐燃电缆和电线，各种软管，耐油、防滑地板砖以及文具、杂品等等。

9.3 聚氯乙烯与氯化聚乙烯（CPE）的共混

9.3.1 PVC/CPE 共混物的生产

氯化聚乙烯（CPE）通常为氯含量 30%～40%的非结晶或微晶橡胶类物质。作为 PVC 的改性剂，根据对 PVC/CPE 共混物不同性能的要求，应选用性能有所区别的 CPE。一般情况下，宜采用由低分子量聚乙烯氯化制得的 CPE，因它对于 PVC 有较好的塑化效果，且对改进 PVC 的加工流动性更有利。若要制取透明性较好的 PVC/CPE 共混物制品，应选用氯含量较低的 CPE。为有利于 PVC 与 CPE 相溶，使两组分在共混时容易均匀分散，应使用结晶度低的 CPE。由上可见，很难使用一种规格的 CPE 来满足多种性能方面的要求[1]。

目前，均以机械共混法生产 PVC/CPE 共混物。通常先进行干粉初混，所用设备为 Z 型捏和机或高速捏和机。操作方式既可按一段法也可按二段法，对于配合剂在两相中的分散无显著影响。若按二段法操作，其主要过程为：①将 PVC 粉加入混合设备中，升温至 94℃左右；②边搅拌边加入稳定剂，使稳定剂分散均匀；③加入填料、色料及 CPE 等固态物料，并搅拌分散均匀；④最后加入润滑剂，升温至 122～127℃，充分搅拌混合；⑤把上述共混物粉末转移至冷却用的混合设备中，边搅拌边冷却，尽快冷却至 48℃以下，停止操作，出料。

经初混合后再使用通常的双辊混炼机，密炼机或挤出机以熔融共混法制取 PVC/CPE 共混物，双辊混炼机与挤出机共混效果不同，产物性能亦有差异。表 9-9 列出这两种设备所制 PVC/CPE 共混物的冲击强度，比较表中数据可知，当所用 CPE 熔融黏度越大时，双辊混炼的效果越好；同时也可看到，仅当 CPE 具有适中的熔融黏度（21×10^3 Pa·s）时，PVC/CPE 才有较高的且不受混炼设备限制的高抗冲强度。

表 9-9　PVC/CPE 冲击强度与混炼设备的关系

CPE 规格 (a/b/c)①	CPE 掺入量 (每 100PVC)	PCV/CPE 的冲击强度/(kJ/m²)	
		双辊混炼产物	挤出混炼产物
36/5/1.5	12.5	7.94	92.6
36/5/2.1	12.5	105.8	119.1
36/5/2.4	12.5	111.1	18.5
42/5/2.8	12.5	13.2	3.7

注：① (a/b/c) 中，a 为 CPE 的氯含量，b 为 CPE 的结晶度%，c 为熔融黏度（Pa·s×1000）。

PVC 与 CPE 混炼的温度通常控制在 120～190℃，由于 CPE 具有增塑、润滑的作用，改善了 PVC 的加工性能，所以，这两种聚合物的共混操作较易进行。PVC 与 CPE 共混温度对共混物比重和共混物挤出速度的影响见图 9-9。由图可见，共混时操作最终温度越低，共混物越松散，挤出速度就低，因而也就影响了挤出机产量。

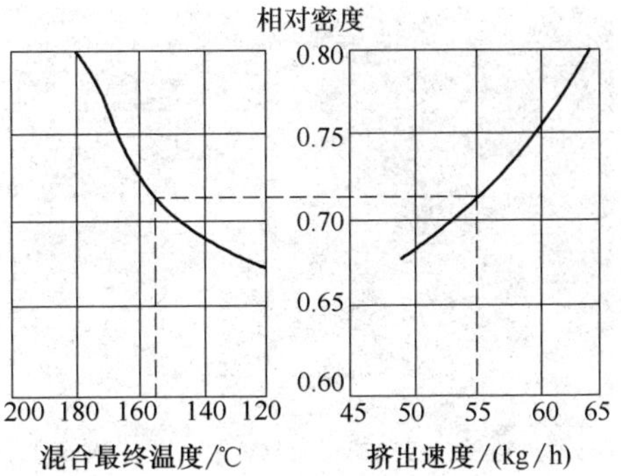

图 9-9　共混温度对 PVC/CPE 共混物相对密度及挤出速度的影响

刘晓明等[15]研究了三种混料方式及其对 PVC/CPE 共混物性能的影响，结果发现，全部物料直接混合和混炼的直接法，产物性能较差，而采用所谓的母料法和预剪切法制得的产物，冲击强度较高。该研究的母料法是先将配方中部分 PVC 及部分助剂与全部 CPE 经高速捏合，随后用双辊开炼机塑炼成片即为母料，再将剩余的 PVC 及助剂加入混炼出片，得到共混物。所谓预剪切法是首先将 PVC 与助剂高速捏合，再低温（130℃）预混炼，然后与 CPE 高速捏合，最后再双辊混炼。混料方式对共混产物性能影响的原因可归结于对其形态结构的影响，详见后述。

9.3.2　PVC/CPE 共混物的性能与用途

PVC/CPE 共混物的性能受原料组分的性能、共混比例、共混方式、共混温度等多方面影响，在这些方面研究报道颇多[16～19]，所讨论的中心却都集中在 PVC/CPE 共混物的形态结构上，认为其形态结构是决定性能的关键。

一般认为，氯含量在 35%上下的 CPE 与 PVC 具有较好的相容性，然而由于 CPE 的分子链节是不均等的，它是由含氯量较高的链段与含氯量较低的链段混杂组成（因为 PE 氯化反应主要发生在其非晶区），所以 CPE 与 PVC 的相容仅发生于 CPE 高氯链段与 PVC 的界面，故而它们的整体相容性受到了限制，使两相结构成为 PVC/CPE 共混物的基本形态。值得特别强调的一点是，PVC 树脂粉粒（主要指悬浮聚合产物）是一种多重粒子，不论单独的 PVC 成型过程，还是 PVC 共混物成型过程，都必须通过塑化操作破坏其多重粒子结构，将其初级粒子（一次粒子）释放出来，才能保证产品的性能，因此，在 PVC/CPE 共混物的生产中，PVC 树脂粉粒的塑化程度也是至关重要的，它在 PVC/CPE 共混物的形态结构及性能上必然有所反映和影响。

Fleischer 等通过模量测定与理论模型计算值的对比认为：在 160℃、CPE 含量＜30%时，PVC 呈分散粒子存在于 CPE 连续相中，相逆转的过渡组成是 CPE 含量为 40%～60%[18]。刘晓明等利用直观的电子显微技术考察了不同组成比 PVC/CPE 共混物的形态结构，得出结论为：经 160℃共混混炼的 PVC/CPE 共混物，当共混比为10∶1 时，CPE 呈连续网结构，包在网内的是 1μm 左右的 PVC 初级粒子（参见图 9-10）。在 CPE 含量为 20%、共混比为 8∶2 时，分散于连续 CPE 相中的是由几个 PVC 初级粒子粘连而成的粒子团（参见图 9-11）。当 CPE 含量达 40%、共混比为 6∶4 时，CPE 与

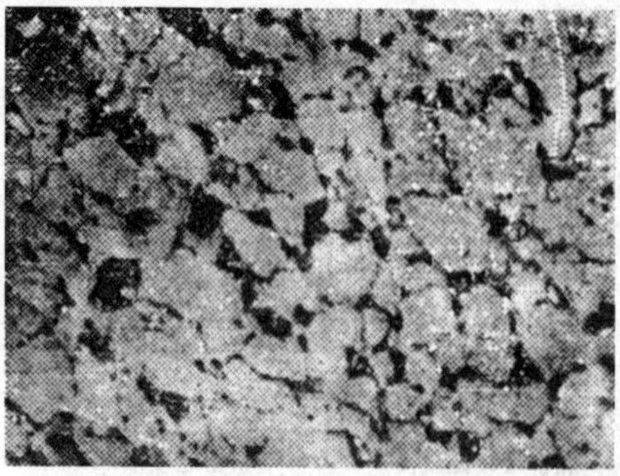

图 9-10　PVC/CPE=10/1，160℃，15min 混炼后的形态（TEM 9200×）

PVC 在空间相互贯穿，为两相交错形态（参见图 9-12）[15]。由上可见，他们的研究结果基本是一致的。随着混炼温度提高到 190℃以及混炼时间的延长，不仅 PVC 初级粒子易于从破碎的多重粒子中释放出来，而且初级粒子也易熔融变形，失去粒子形态，所以高温下或长时间混炼不会呈现 CPE 网包络 PVC 初级粒子的形态。共混时的加料顺序会使各组分受剪切作用的时间和强度产生差异，因此也导致共混物形态结构有所不同，母料法所制的 PVC/CPE 共混物的形态是较理想的形态，产物冲击强度较高。通常，采用氯含量在 35%左右、MI 较高的 CPE 与 PVC 共混，共混比为 PVC：CPE=10：1 左右，混炼温度不过高，混炼时间不过长（双辊混炼在 5～15min 范围），可得到冲击强度最佳的共混产物。

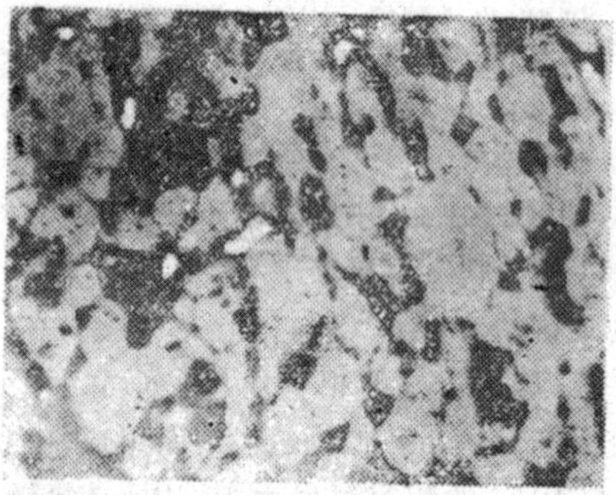

图 9-11　PVC/CPE=8/2，160℃，20min 混炼后的形态（TEM 400×）

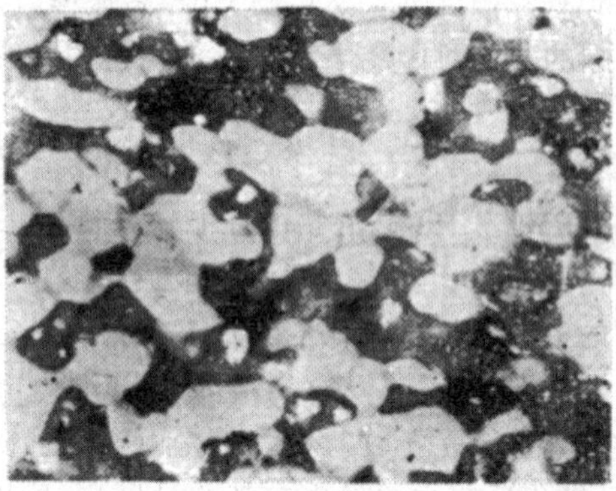

图 9-12　PVC/CPE=6/4，160℃，20min 混炼后的形态（TEM 9200×）

CPE 的热稳定性比 PVC 好，加之 CPE 具有润滑作用，因此 PVC/CPE 共混物的加工性能优于 PVC，且 PVC/CPE 塑料配方中的润滑剂用量可适当减少，一般为 PVC 塑料中润滑剂用量的 50%～90%即可。图 9-13 为 PVC/CPE 共混物的熔融黏度，由图可见，其熔融黏度低于 PVC，这种特性使得此种共混物可采用注射法成型，这一点极有价值，因为硬质 PVC 熔融黏度高，不适宜注射成型，限制了 PVC 的应用范围。

CPE 掺入 PVC 中起到稳定增塑和增韧的作用。由于 CPE 是饱和聚合物，故其增韧的 PVC，耐候性较不饱和橡胶增韧的 PVC 为好。

PVC/CPE 共混物具有良好的耐燃性，这是因为 PVC 与 CPE 大分子结构中均含有较大比例的氯原子。用此种共混物与 ABS 树脂共混，可得耐燃性 ABS 塑料。

此外，PVC/CPE 共混物还有很好的耐化学腐蚀性和耐油性。

PVC/CPE 共混物中两聚合物组分相容性较好，故它们的共混物具有均匀分散的形态结构。CPE 还与许多聚合物有较好的相容性，因此，可把它当作 PVC 与某些聚合物（例如 ABS、EVA、PE、NBR）的增容剂，共同组成三元或多元 PVC 共混物，使综合性能更趋理想。当 PVC/PE/CPE 三元共混时，应使用悬浮法氯化的 CPE 作为增容剂，而不宜用溶液法氯化的 CPE，因 PE 悬浮法氯化时，氯化反应只发生在 PE 的无定形区，它更类似于含有 PE 链段和 PVC 链段的嵌段共聚物，由于这种 CPE 结构的双重性，致使它在 PE 和 PVC 共混物中的两相界面处起到较好的增容作用，强化了两相界面的粘结。而溶液法氯化 PE 时，氯化反应发生在 PE 的任意区域，因而双重结构特性不明显，限制了其增容效果。

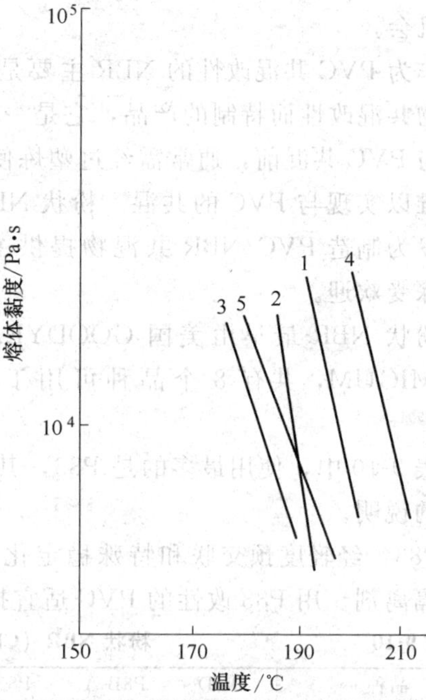

图 9-13　PVC/CPE 的熔融黏度

1—PVC　2—PVC/CPE（95/5）　3—PVC/CPE（90/10）　PVC $\overline{P}$800

4—PVC　5—PVC/CPE（90/10）　PVC $\overline{P}$1050

PVC/CPE 共混物性能上的一项较严重的弱点是其制品透光性及表面光泽不如 PVC 制品。另外，鉴于 CPE 粒料的孔隙率高于 PVC，包夹气体多，加工成型过程中需特别注意排气，因此挤出成型最好使用排气式挤出机。

PVC/CPE 共混物的优良特性使其广泛用于生产抗冲、耐候、耐燃、耐腐蚀的各种塑料制品。例如室外使用的薄膜、管道、建筑材料（板、支架、门框、窗框）、劳动保护（安全帽）用品等。

9.4　聚氯乙烯与丁腈胶（NBR）的共混

9.4.1　PVC/NBR 共混物的生产

PVC/NBR 共混物以其优异的韧性、弹性、耐油性及加工成型性受到人们的青睐，在 PVC 系列共混中占据着极重要的地位，其应用领域也非常广泛，例如各种管、板、垫、工业零部件及鞋类等日常生活用品。

丁腈胶是由丁二烯与丙烯腈共聚得到的一种极性聚合物，其极性随 NBR 中丙烯腈（AN）含量的增多而加强，工业上常按丙烯腈含量来划分 NBR 的品级，如丁腈-20、丁腈-40（均为固体块状胶）随着合成橡胶工业技术的发展，目前国内外市场已可生产和供应多种物理状态和化学结构不同的丁腈胶，如固体块状 NBR、粉状 NBR、液体 NBR、普通 NBR、羧基（端羧基及无规羧基）NBR、羟基（端羟基及无规羟基）NBR

等，为聚合物共混改性提供了更广泛的原料选择余地，也为改性效能的多样化创造了更多的机会。

作为PVC共混改性的NBR主要是固体块状NBR和粉状NBR两类。前者并非为聚合物共混改性而特制的产品，它是一类典型的高分子量、高弹性的耐油类橡胶物质，用其与PVC共混前，通常需经过塑炼使其分子量降低达到降低弹性和增加塑性的目的，否则难以实现与PVC的共混。粉状NBR是专门为聚合物尤其是PVCl共混而生产的，其开发为制造PVC/NBR共混物提供了极大的方便，在改性效果也有许多独到之处，故而深受欢迎。

粉状NBR最早由美国GOODYEAR公司研制成功并投入市场，其商品名称为CHEMIGUM，共有8个品种可用于PVC共混改性，表9-10列出它们的性能及特征[19]。

表9-10中，使用最多的是P83，其次为P8B-A、P612-A、P615-D，现分别给以更详细的说明。

P83：经轻度预交联和特殊稳定化处理的中黏度、冷聚型粉末，粉末表面有PVC作为隔离剂。用P83改性的PVC适宜挤出成型或压延成型制膜、片材、型材等。

表9-10　粉状NBR（CHEMIGUM）性能及特征

品种	P5-D	P8B-A	P83	PFC	P612-A	P615-D	P608-D	P715-CI
丙烯腈/%	39	33	33	33	33	33	33	28
门尼黏度	80～95	72～88	36～50	36～50	20～30	43～57	70～86	39～51
是否交联	未	是	是	是	未	未	未	未
挥发物/%(质量分数)	0.7	0.7	1.2	1.2	0.7	0.7	0.7	0.7
是否食品级	否	否	否	可	否	否	否	否
隔离剂	$CaCO_2$	PVC	PVC	PVC	PVC	$CaCO_2$	$CaCO_2$	硅胶/硬脂酸盐
隔离剂用量,份(±1.5)	9.5	9.5	9.5	9.5	9.5	9.5	9.5	5
粒度	典型粒度为0.5mm,最大为1mm							
相对密度	0.99±0.01							

P8B-A：经预交联处理的高黏度热聚型粉末，隔离剂亦为PVC，用其改性的PVC适合生产电缆护套、软管、软板、衬垫等制品，有熔体热稳定性和弹性记忆性优良的特点。

P612-A：为精细研磨过的低黏度冷聚型粉末，也用PVC作为隔离剂。P612-A有极好的流动性，所改性的PVC可以高填充以及适宜注塑成型。

P615-D：以$CaCO_3$作隔离剂的中黏度冷聚型粉末，适用于低剪切注塑产品以及粘接剂的生产。

此外，加拿大POLYSAR（宝兰山）公司也开发了粉状NBR，其牌号为KRYNAC1122。我国兰化公司已研制成功并批量投入市场。

用块状NBR与PVC共混的操作，必须先将整块NBR切割成薄片（1cm厚度），然后塑炼。塑炼在双辊开炼机上于常温下进行，由于强剪切生热，物料会自然升温，塑炼的终点根据胶料弹性降低、塑性增加的具体情况掌握，一般凭经验确定。塑炼后的NBR最好隔24h后使用，使胶料性能更稳定。混炼（共混）操作通常是采用二步法：首先将PVC与各种助剂在高速捏合机中捏合，再在开炼机上炼塑成片，并在基本塑化状况下加入 NBR 塑炼胶进行混炼，直至形成均匀的料片后出片即得 PVC/NBR 共混料。

粉状 NBR 与 PVC 的共混要简单得多，传统工艺可以完全适用，鉴于 NBR 粉对液体低分子增塑剂的吸收能力强于 PVC 树脂，所以混料应用二步法，即 NBR 粉要在增塑剂已完全被 PVC 树脂吸收后再加入。混料温度切勿过高，以避免物料粘连，卸料温度一般在 60℃。以上干混料可通过挤出熔融共混后造粒备用，亦可直接加工成型。

9.4.2　PVC/NBR 共混物的性能与用途

PVC 与 NBR 有较好的相容性，不过两者相容性极大程度地受 NBR 中丙烯腈含量的影响，NBR 的极性随其中丙烯腈含量的增多而加强，其溶解度参数 δ 也增大，当含量稍超过 40%时，NBR 与 PVC 的溶解度参数极为接近，相容性最佳。用电子显微镜研究此类共混物的形态结构也得到同样的结论，当丙烯腈在 NBR 中的含量为 8%时，NBR 在 PVC/NBR 共混中呈明显的孤立分散形态；当含量为 20%时，NBR 分散相的相畴变小，两相界面不清晰（图 3-19（2））；至丙烯腈含量达 40%后，基本成为完全相容的均相体系（图 3-19（3））。共混物的形态结构制约着其各项性能，表 9-11 列出 NBR 中丙烯腈含量对 PVC/NBR 共混物冲击强度的影响，由表 9-11 可知，当 NBR 中丙烯腈含量为 20%左右，它与 PVC 共混物的冲击强度最高，因为在此种条件下，该共混物具有最适宜起增韧作用的亚微观非均相形态。

表 9-11　AN 在 NBR 中含量对 PVC/NBR（70/30）共混物冲击强度的影响

NBR 中 AN 含量/%	5	10	20.5	27	37
冲击强度(缺口)/(kJ/m²)	10.6	18	92.1	15.4	10.6

PVC/NBR 共混物的拉伸强度与冲击强度的变化规律不相同，它随 NBR 中丙烯腈含量的增加而增加，在丙烯腈含量低于 50%的范围内，两者成线性关系（图 9-14）。

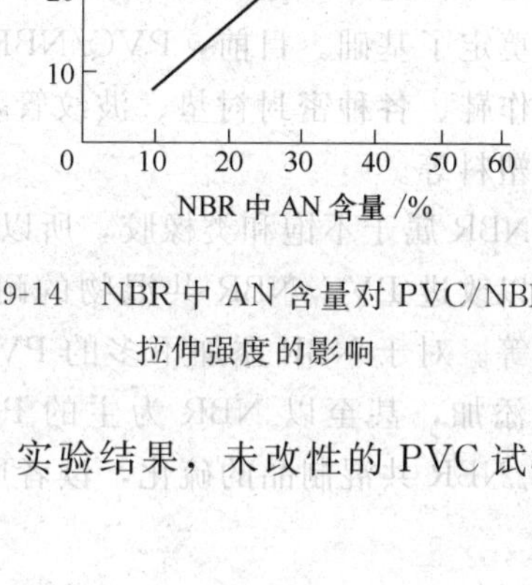

图 9-14　NBR 中 AN 含量对 PVC/NBR 拉伸强度的影响

商品牌号 CHEMIGUM P83 等粉状 NBR 与 PVC 共混产物的性能与用块状 NBR 改性 PVC 的产物有很大的差异，这是因为 P83 等经过特殊处理的微交联粉粒，其 AN 含量为 33%左右，而且粉粒表面还有各种隔离剂，在此综合简介其与 PVC 共混产物的性能特征[20-21]：

① 耐挠曲性。用 Ross 挠曲实验法测试，该法是将试样于室温下反复弯曲 10^6 次观察试样裂纹形成情况，规定耐挠曲性以 Ross 挠曲率 1～10 级表示，1 级为最优，10 级则断裂为最差。实验结果，未改性的 PVC 试样为

10 级，P83 改性的 PVC 为 1 级。PVC/P83 共混物的耐低温挠曲性也显著优于未改性的 PVC，尤其是经热老化以后试样的耐低温挠曲性更为突出，例如未改性的 PVC 试样，经－37℃ 7 天老化实验后完全丧失使用性能，而含 30 份 P83 的 PVC 共混物不仅在常温，即使在－40℃条件下测定挠曲性，仍为合格。

② 增塑剂持久性。增塑剂持久性对保持 PVC 制品在使用期内有优良的柔软性是极为重要的，由于 NBR 粉末与低分子增塑剂良好的相容性，当用其与 PVC 共混，就可提高 PVC 制品的增塑剂持久性。这种持久性表现是多方面的，包括耐溶剂抽出性、耐热挥发性的提高等，限于篇幅，实验数据不再列举。

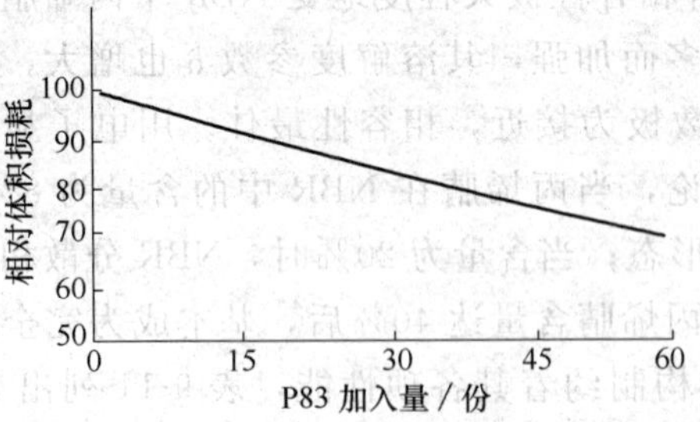

图 9-15　PVC/P83 共混物的耐磨性

③ 力学性能。PVC 与粉状 NBR 共混使拉伸强度有所提高，例如添加 30phrP83 的 PVC 试样比不加 PVC 的试样拉伸强度上升 30%；PVC/P83 共混物的压缩永久变性率较纯 PVC 试样低，这表明弹性的改善；耐磨性优良也是 PVC/P83 共混物的一大优点，若以 PVC 磨耗试验时的相对体积损耗值为 100 作为基准，则随 P83 加入量的增多，共混物试样的相对体积损耗如图 9-15 所示。

④ 加工性能。各品种 NBR 粉对 PVC 加工性能都有一定影响，但表现又不尽相同，以熔体黏度来说，均有上升趋势，但两种冷聚线型 NB（P612-A、P615-D）使物料切变黏度仅稍有增加，而 P83 和 P8B-A 则增幅较大，甚至可比纯 PVC 高 3～7 倍。一般情况下，粉末 NBR 改性的 PVC 具有良好的熔体黏度稳定性，使得此共混物可在 150～190℃温度区间加工成型，在发泡成型时，也容易得到泡孔均匀、密度较低的泡沫塑料制品。从离模膨胀性能考察，P83 和 P8B-A 可降低 PVC 的离模膨胀率，相反，P612-A 和 P615-D 却使之明显增大。所以，从熔体黏度和离模膨胀率两个角度考虑，PVC/P83、PVC/P8B-A 共混料适宜挤出或压延成型，而 PVC/P612-A 和 PVC/P615-D 共混料用于注塑成型更为恰当。

综上所述，PVC/NBR 共混物比起未改性的 PVC，在弹性、拉伸强度、耐磨性、耐油性、耐溶剂性、耐低温性等方面均有明显改善，利用不同品种的 NBR 和不同的掺混比还可在宽广的范围内调整各项性能，因而为 PVC 从典型的塑料转化为橡胶性能的材料奠定了基础。目前，PVC/NBR 共混物广泛用于生产耐油制品、耐腐蚀制品、防滑的工作鞋、各种密封衬垫、波纹管及其他柔性管材、电线包覆材料、电器绝缘零件以及泡沫塑料等。

NBR 属于不饱和类橡胶，所以，由其改性的 PVC 在耐候性方面不很理想，通过硫化可以改进 PVC/NBR 共混物的耐候性，同时也改善某些力学性能，如弹性、硬度、强度等。对于 NBR 添加不多的 PVC 共混体系，硫化与否尚无举足轻重的意义，但对大量添加，甚至以 NBR 为主的 PVC 共混体系，则硫化成为不可缺少的一环，关于 PVC/NBR 共混制品的硫化，读者可参考有关文献[22-24]。

9.5　聚氯乙烯与 ABS 树脂的共混

PVC 与 ABS 共混，意在使 PVC 从通用塑料过渡为工程塑料，并获得一类可在某些应用领域代替 ABS 的较为廉价的新型材料。PVC/ABS 共混物综合了 ABS 抗冲击、耐低温、易于成型加工以及 PVC 阻燃、刚性强、耐腐蚀、价格低等特点，因而在机械零部件、纺织器材、汽车仪表、电器元件、箱包制造等方面显示出强烈的生命力。

ABS 为丙烯腈、丁二烯、苯乙烯的共聚物，其性能首先受三组分比例的影响。ABS 溶解度参数 δ 一般在 9.6～10.0 范围，与 PVC 的溶解度参数 δ＝9.6 比较相近，因而两者有一定相容性，且其相容性随 ABS 中丙烯腈含量的增多而提高，这是由于腈基为极性基团，又可与 PVC 形成质子授受体之故。但由于 PB（聚丁二烯）与 PVC 不相容，所以，PVC/ABS 共混物的形态结构不可能是完全均相的。

作为 PVC 增韧改性剂的 ABS，按其中丁二烯的含量分为标准 ABS 和高丁二烯 ABS。前者组分比例为：丁二烯（30）-丙烯腈（25）-苯乙烯（45）；后者组分比例为：丁二烯（50）-丙烯腈（18）-苯乙烯（32）。由于高丁二烯 ABS 增韧效果优于标准 ABS（图 9-16），故大多数采用高丁二烯 ABS 作为 PVC 的增韧改性剂。由图 9-16 可知，PVC/ABS 共混物的冲击性能与组分的关系有两个特点。其一，此共混物的冲击强度比其任一原料聚合物组分的冲击强度都要高；第二，当 PVC/ABS＝70/30 时，此共混物的冲击强度有一极大值。

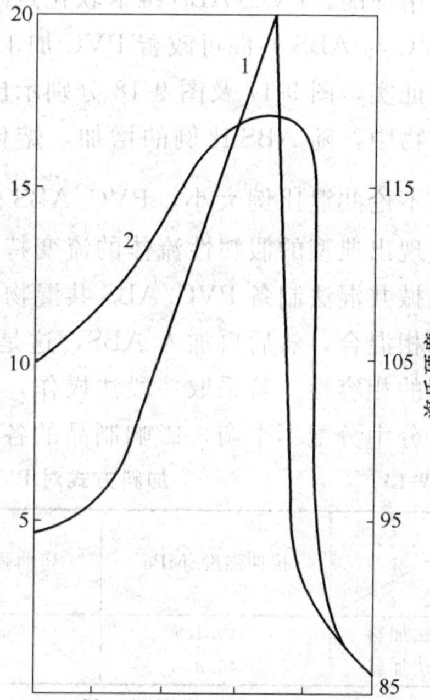

图 9-16　ABS 类型对 PVC/ABS 冲击强度与硬度的影响

1—含标准 ABS　2—含高丁二烯 ABS

注：$1ft \cdot lb/in^2 = 52.4J/m^2$

PVC/ABS 共混物的拉伸强度和硬度随 ABS 比例增加而下降，伸长率加大，透光率稍有降低。以上性能变化规律与所用 PVC 的聚合度无关，虽然具体数值有所不同。表 9-12 列出某些 PVC/ABS 共混物的主要物理力学性能。

表 9-12　PVC/ABS 共混物的性能

PVC $\bar{P}$	100 份 PVC 中加 ABS	相对密度	拉伸强度/MPa	伸长率/%	硬度/R	柔软温度/℃	简支梁冲击强度/(kJ/m²)		透光率/%
							20℃	−20℃	
720	0	1.39	～54	120	120	67.1	～3	～2	88.0
	5	1.37	～49	140	118	67.8	～5	～3	87.8
	10	1.34	～48	165	116	67.0	～13	～6	87.5
	15	1.31	～44	178	114	66.5	～90	～8	85.0

续表

PVC $\overline{P}$	100 份 PVC 中加 ABS	相对密度	拉伸强度/MPa	伸长率/%	硬度/R	柔软温度/℃	简支梁冲击强度/(kJ/m²)		透光率/%
							20℃	－20℃	
850	0	1.40	～59	125	121	67.4	～4	～3	88.0
	5	1.38	～52	143	118	67.7	～7	～4	88.0
	10	1.35	～47	167	116	67.0	～18	～5	86.8
	15	1.32	～42	180	114	66.7	～97	～7	85.4
1040	0	1.40	～57	125	122	67.6	～4	～3	87.8
	5	1.38	～53	147	119	68.1	～8	～4	86.5
	10	1.35	～47	170	117	67.8	～22	～5	83.8
	15	1.33	～42	183	115	66.8	～105	～8	84.0

PVC 的维卡软化点较低，硬质 PVC 一般在 75～85℃范围，而 ABS 的维卡软化点约在 105℃左右，所以，在 PVC 中掺混入 ABS 使其维卡软化点提高，改善了 PVC 的高温使用性能。PVC/ABS 维卡软化点随 ABS 加入量基本成比例地提高[25]。

PVC 与 ABS 共混可改善 PVC 加工特性。通过熔体指数（MI）和表观黏度的测定得到了证实，图 9-17 及图 9-18 分别示出 PVC/ABS 共混物的流变特性，由图可见，在该共混物中，随 ABS 比例的增加，熔体指数呈上升趋势。剪切表观黏度呈下降趋势；另外，不论共混比例大小，PVC/ABS 熔体的表观黏度 η_a 均随剪切速率 γ 的增加而下降，表现出典型的假塑性流体的流变特性[25]。

机械共混法制备 PVC/ABS 共混物必须采用二段法操作，即首先使 PVC 与稳定剂、增塑剂相混合，然后再加入 ABS，这是因为 ABS 与上述配合剂的相容性显著大于 PVC 与它们的相容性。若采取一段法操作，则混合料易结块和产生“鱼眼”，配合剂在两聚合物组分中分配不平衡，影响制品的各种性能，如表 9-13 所示。

表 9-13　　加料方式对 PVC/ABS 共混物性能的影响

加料方式 \ 性能	拉伸强度/MPa	弯曲强度/MPa	缺口冲击强度/(kJ/m²)	热变形温度/℃
一段法加料	40.1	51.2	3.2	70
二段法加料	46.3	65.8	14.8	74

为了使 PVC/ABS 共混物具有优良的综合性质，在配方中添加某些助剂往往是必要的，例如[26-28]：

① 加入相容剂。PVC 与 ABS 具有中等程度的相容性，当以 CPE、SBS、α-SAN 及 PMMA 作为相容剂参与共混，发现使分散相 ABS 的相畴微细化，两相界面趋于模糊，冲击强度进一步提高。

② 加入增塑剂。在 PVC/ABS 共混物中加入少量低分子液体增塑剂（按每 100 份 PVC 加 5～10 份）可以加快物料熔融速率，降低熔体黏度和调整热变形温度，改善加工成塑性。

③ 加入热稳定剂和抗氧剂。PVC 树脂热稳定性差的问题在本章之初已有说明，而 ABS 树脂含有不饱和双键，其热稳定性及抗氧性均不良，所以，PVC/ABS 共混物混配

过程中，最好添加热稳定剂和抗氧剂，例如铅盐类热稳定剂和抗氧剂 1010，都可起到有效保护作用。

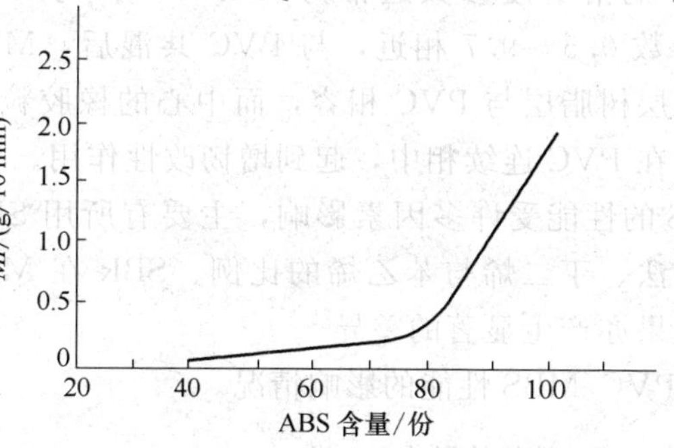

图 9-17　PVC/ABS 共混物 MI 与组成的关系

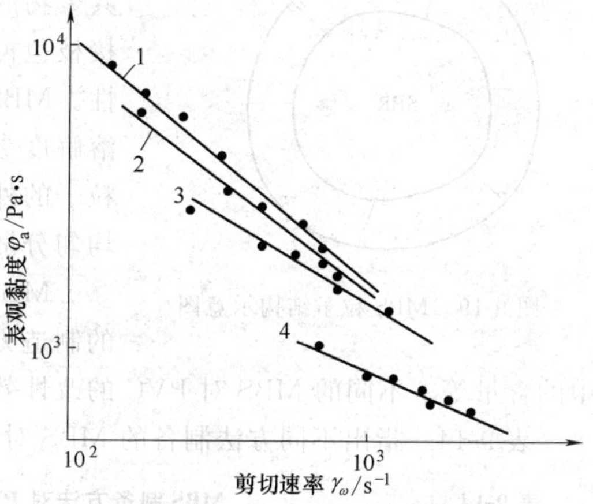

图 9-18　PVC/ABS 共混物的流变性能

1—PVC/ABS（70/30）　2—PVC/ABS（60/40）

3—PVC/ABS（50/50）　4—ABS

④ 加入增韧剂。多数研究都得到 PVC/ABS 共混物的冲击强度与共混组成比的关系有一峰值的结论，其位置处于共混比 70/30～60/40 范围。高价格 ABS 树脂的大量掺入，势必影响到 PVC/ABS 共混物的成本。基于非弹性体增韧理论，在韧性基体中加入刚性的无机填料粒子亦可起到增韧作用，有研究[29]表明在 PVC/ABS 共混体系中添加少量超细碳酸钙可以显著提高其韧性，例如在 PVC/ABS（100/8）共混物中加 15 份超细碳酸钙，可使其缺口冲击强度提高 3 倍（与不加时对比），虽然这方面的研究报道尚不多，但对降低成本和改进性能两方面均有重要意义。

此外，在 PVC 与 ABS 共混料中加入润滑剂也很有必要，它可避免加工成型过程中物料剪切过热以及由此而导致的性能劣化。

PVC/ABS 共混物可用挤出成型生产板、管、异型材，其板材二次加工性较 PVC 优良，在箱包制品中可代替 ABS。此种共混物还可注塑成型制造纺织器材、机器零部件、仪表盘等，因而拓宽了 PVC 的应用领域。

9.6　聚氯乙烯与 MBS 树脂的共混

PVC 与 CPE、ABS、NBR 等共混，在提高冲击强度的同时却使透光率大为降低，而与 MBS 共混为获得兼有韧性和透光性的新型 PVC 材料开创了一条新的途径，所以 MBS 被称为 PVC 的透明性抗冲改性剂。

MBS 是在聚丁二烯（PB）或丁苯胶（NBR）大分子链上接枝甲基丙烯酸甲酯（MMA）和苯乙烯 ST 的接枝共聚物，MMA 的引入使之与 PVC 的相容性提高，苯乙烯形成刚性链段，赋予共聚物一定的刚性和优良的加工性，橡胶主链保持了共聚物卓越的韧性。例如日本吴羽化学工业公司用以改性 PVC 的 MBS，是在 SBR 上接枝 MMA 的产物，此种接枝共聚物的粒子示意图见图 9-19，即在丁苯胶粒外层接枝包覆 MMA 层，从而保证了与 PVC 良好的相容性。MBS 的溶解度参数通常为 9.4～9.5，与 PVC 溶解度参数 9.5～9.7 相近，与 PVC 共混后，MBS 粒子的外层树脂层与 PVC 相容，而中心的橡胶粒子均匀分散在 PVC 连续相中，起到增韧改性作用。

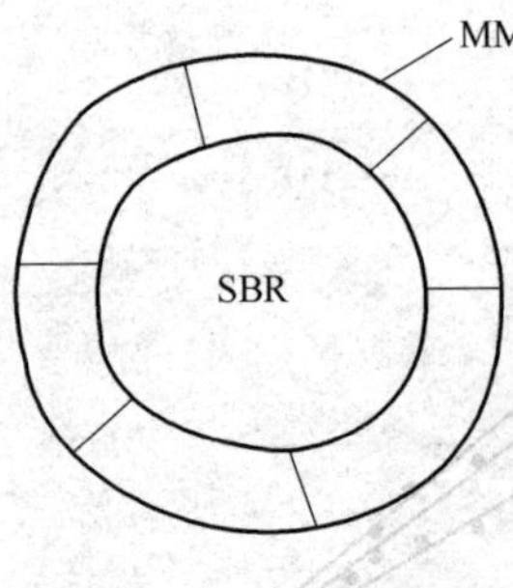

图 9-19　MBS 粒子结构示意图

MBS 的性能受许多因素影响，主要有所用 SBR 的制造方法、丁二烯与苯乙烯的比例、SBR 在 MBS 中的含量等。不同的 MBS 对 PVC 的改性效果亦产生显著的差异[27]。

表 9-14　指出不同方法制备的 MBS 对 PVC/MBS 性能的影响情况。

表 9-14　MBS 制备方法对 PVC/MBS 性能的影响

		A	B	C
	制备方法②	A	B	C
MBS①	所用 SBR 粒径	小	小	大
	平均粒径/nm	70	70	260
	凝聚剂	有	无	无
	接枝后平均粒径/nm	230	90	270
PVC/MBS 性能	悬臂梁冲击强度/(kJ/m²)			
	低温加工③	>60	>60	>60
	高温加工④	>60	7.5	19.2
	拉伸强度/MPa	50	51	40
	瓶半数破裂高度/cm	240	50	190
	透光率/%	83	83	42

注：① MBS 组分比例：SBR (40)-MMA (30)-ST (30)。
② 制备方法中，A 是以小粒径 SBR 为原料，接枝共聚的同时加入凝聚剂，所得 MBS 具有簇状结构，粒径显著增大；B 是以小粒径 SBR 为原料，C 是以大粒径 SBR 为原料。后两种情况都不加凝聚剂。
③ 低温加工条件：160℃混炼，170℃制样。
④ 高温加工条件：180℃混炼，190℃制样。

由表 9-14 可见，A 条件下所制 MBS 组成的 PVC/MBS 共混物韧性最大，透光率最高。具有簇状结构的 MBS 大粒是由 SBR 小胶粒通过支链互相联结而成，由于小粒间是化学结合，因而在与 PVC 进行共混时，即使混炼温度较高，粒径也不会变小，故共混物仍然保持高度的韧性。这种簇状结构 MBS 大粒不妨碍光线的透过，因为 MBS 接枝聚合物的支链部分与 PVC 相容，并具有相同的折光率，光线可绕过 SBR 小胶粒，从小胶粒之间穿透过去。兼有增韧和透光作用的 PVC/MBS 结构模型见图 9-20。

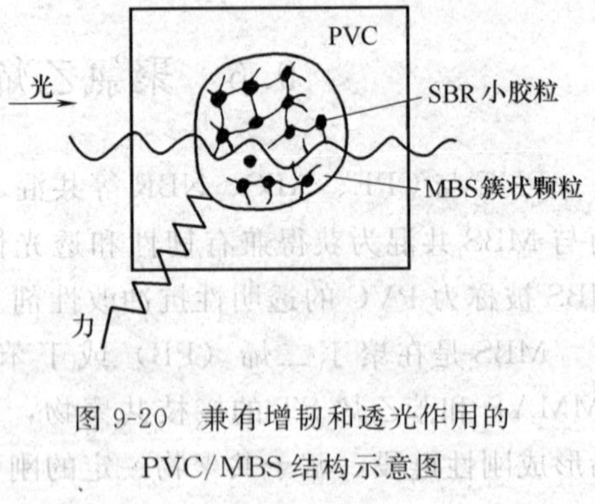

图 9-20　兼有增韧和透光作用的 PVC/MBS 结构示意图

MBS 中 SBR 的含量对 PVC 增韧改性效果的影响颇大。当 MBS 中 SBR 含量由 50%上升到 60%、70%，则 PVC/MBS 共混物的冲击强度逐步提高。此外，在此种共混物中的 MBS 含量少于 8%时，韧性提高不显著；含量在 10%～17%范围内，共混物冲击强度最高；含量再多，增韧改性效果反而下降，这是由于 MBS 含量过高，使其粒子在 PVC 难以分散，甚至以连续相形式存在于 PVC 中（如图 9-21），比较理想的 PVC/MBS 共混物的微观形态应该是，PVC 为连续相，MBS 为分散相，MBS 粒径居于 300～500nm 范围，而粒子之间的相互距离最好为 0.5～1.5μm（图 9-22）。

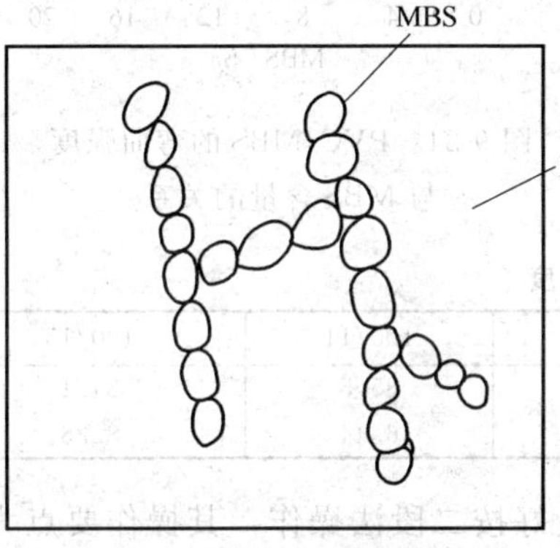

图 9-21 MBS 含量高的 PVC/MBS 共混物的形态结构

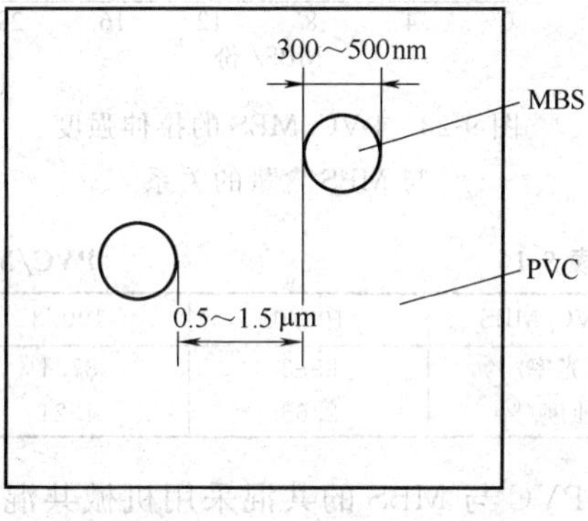

图 9-22 MBS 在 PVC/MBS 共混物中的理想分散形态

PVC/MBS 共混物的性质还与 PVC 的聚合度有关，这可由表 9-15 中看到。表中数据表明，PVC 平均聚合度由 600 提高到 800，以及在 PVC 中掺入 MBS 的份数由零变动到 17.5 时，PVC/MBS 共混物的冲击强度均有所增加。

表 9-15[①] **PVC/MBS 共混物的冲击强度（锡类稳定剂）**

PVC 的 $\overline{P}$	悬臂梁冲击强度/(kJ/m²)								
	MBS 掺入份数(重量)								
	0	2	4	6	8	10	12	15	17.5
600	2.4	—	—	—	—	3.4	10	50	95
800	2.7	—	—	—	—	3.9	20	80	90
1000	3.0	—	—	10.8	14.2	91	101	—	—

注：① 试样制备条件：配方为 PVC100 份；硫醇锡 1 份；马来酸锡 2 份；硬脂酸丁酯 1 份。制备：双辊混炼，107℃，7min；压样，9.8MPa；180℃，7min。

MBS 掺入 PVC 虽然可以提高其冲击强度，但对拉伸强度和变曲强度有不利的影响，参见图 9-23 及图 9-24[30]。

尽管 MBS 是 PVC 的透明抗冲改性剂，但对于 PVC/MBS 共混物，其透光率仍会随 MBS 用量的增加而略有下降，表 9-16 给出 MBS 掺入量对 PVC 透光率及浊度的影响[30]。此外，MBS 增多也使材料应力白化现象有所强化。综上所述，在用 MBS 改性 PVC 时，其用量必须限于较低水平，通常维持在 10%～15%。

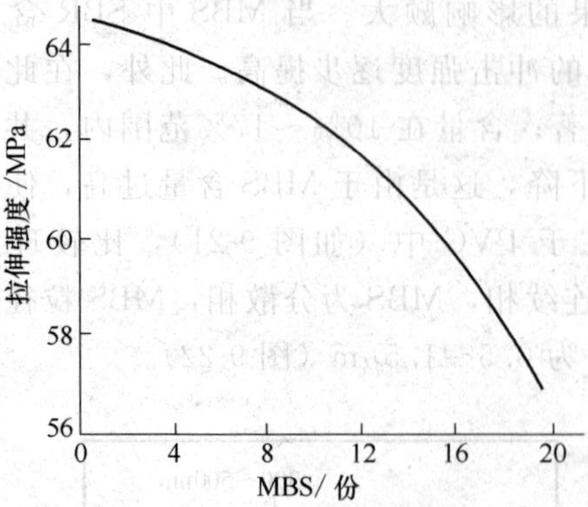

图 9-23　PVC/MBS 的拉伸强度与 MBS 含量的关系

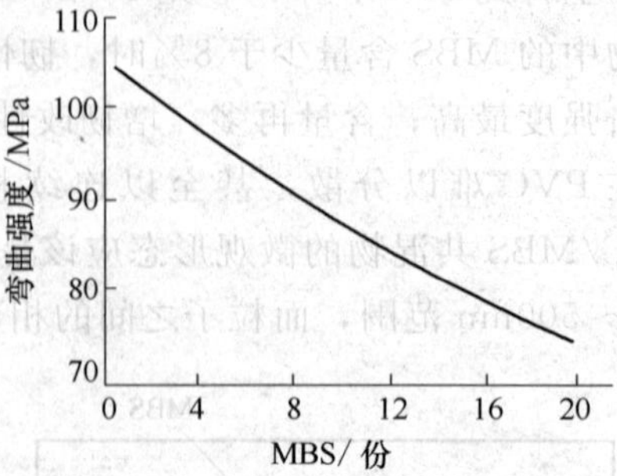

图 9-24　PVC/MBS 的弯曲强度与 MBS 含量的关系

表 9-16　　PVC/MBS 透光率及浊度

PVC/MBS	100/0	100/3	100/7	100/11	100/15
透光率/%	89.3	87.1	86.6	85.5	84.1
浊度/%	2.65	4.21	5.56	6.44	8.36

PVC 与 MBS 的共混采用机械共混法。初混合最好按二段法操作，其操作要点为：

① 由于 MBS 吸湿性强，所以，应在 80℃下预干燥 2～3h，以免成型时起泡。

② PVC 与稳定剂、增塑剂等配合剂在捏和机中混合 5min，然后于 70～80℃下加入 MBS。

③ 继续混合 2min 后，边混合，边升温达 110～120℃即可停止初混操作，然后出料。

用 Brabender 转矩流变仪研究不同配比的 PVC/MBS 共混物，得知 MBS 的加入促进了 PVC 树脂的凝胶化，使其塑化时间明显缩短，有利于加工和防止 PVC 的热分解。随 MBS 用量增多，PVC/MBS 的最大转矩及平衡转矩均有所上升，尤其前者增幅较大，说明物料内摩擦较 PVC 增大[30]。

性能及组成与 PVC/MBS 相近的聚合物共混物还有：①SBR 上接枝 MMA 和 AN 后与 PVC 共混；②SBR 上接枝 MMA、AN、ST 后与 PVC 共混；③ABS 上接枝 MMA 后与 PVC 共混。

这些共混物均具有较卓越的抗冲性能和透光性能。

PVC/MBS 共混物凭借其优良的韧性和透明性几乎占领了所有要求高抗冲和高透明 PVC 制品的应用领域，主要是透明板、膜、管材、仪表壳体等，此外还用于生产透明的软、硬工业用品和生活日用品等。

9.7　聚氯乙烯与丙烯酸酯类共聚物（ACR）的共混

9.7.1　ACR 树脂的类型及特点

作为硬质 PVC 树脂的改性剂，ACR 可分为加工助剂和抗冲改性剂两大类。加工助剂型 ACR 的主要品种是甲基丙烯酸甲酯-丙烯酸乙酯乳液法共聚物，在硬质 PVC 制品配方中加入少量此种 ACR，就可使物料凝胶塑化加快，塑化时间提前以及熔体黏度升高（熔体黏度升高虽有增加设备动力消耗的弊病，但又有便于热成型等二次加工的优点）；抗冲改性型 ACR 的品种发展很快，最典型的品种是以聚丙烯酸丁酯交联弹性体为核，其外层接枝甲基丙烯酸甲酯-丙烯酸乙酯聚合物，形成一种具有核-壳结构的共聚物，其壳层与 PVC 有良好的相容性，强化了两聚合物的界面作用，而其核在共混体中起到卓越的增韧作用。不论哪一种 ACR，其与 PVC 的共混物都表现出良好的透光性，所以，对于硬质 PVC 制品，它是继 MBS 之后开发最成功的一种透明性（加工或抗冲）改性剂。

ACR 是美国 Rohm Hass 公司首先开发的，我国近年来也有不少企业投产，国内外主要生产厂家及商品牌号可参见有关资料[31]。ACR 为白色粉末，密度 1.05～1.20g/cm^3，表观密度 0.25～0.45g/cm^3，其粒度因牌号不同稍有差异，一般粒度是不均匀的，多分散于 20～200 目之间，要求至少 98%通过 30 目筛。

9.7.2　加工助剂型 ACR 与 PVC 共混的改性作用

加工助剂型 ACR 虽然随原料成分不同、配比组合的变化、分子量的差异而有不同的改性效果，但其主要功效都是相同的，现叙述如下：

1. 促进 PVC 树脂塑化和凝胶化[32]

ACR 与 PVC 有良好的相容性，其料粒可以填充并扩散到 PVC 多重粒子的空隙中，在混合或混炼过程中产生较大的内摩擦力，促进 PVC 多重粒子的破碎和熔融，因而缩短了塑化时间。在图 9-25 中以达到最大扭矩的时间表征凝胶化和塑化速度，可见 ACR 仅添加少量，就有显著的效果。

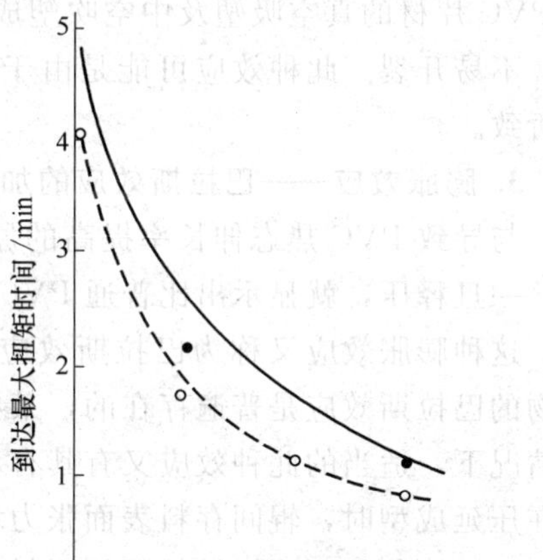

图 9-25　ACR 加入量对 PVC 凝胶化、塑化速度的影响

ACR 的分子量对促凝胶化效果、制品性能有明显影响。分子量较小，对促进 PVC 凝胶化和塑化有利，但影响了 PVC 的冲击强度；分子量过大，又使 ACR 熔融分散困难，对 PVC 凝胶化、塑化的促进能力减弱。所以一般来说，作为加工改性剂的 ACR，其分子量以在 30 万～60 万为宜，这时既有较理想的促凝胶化效果，又不影响 PVC 制品的冲击性能[45]。不同分子量 ACR 对 PVC 塑化效果、冲击强度的影响见图 9-26。

ACR 促进 PVC 凝胶化的结果不仅使塑化时间缩短，提高设备生产能力，同时由于塑化效果好，使制品均匀性改善，“鱼眼”、晶点减少。

2. 提高 PVC 热态伸长率[30]

以双辊混炼片材测试，加有 5 份 ACR（P-501）的 PVC 与未加的 PVC 相比，其

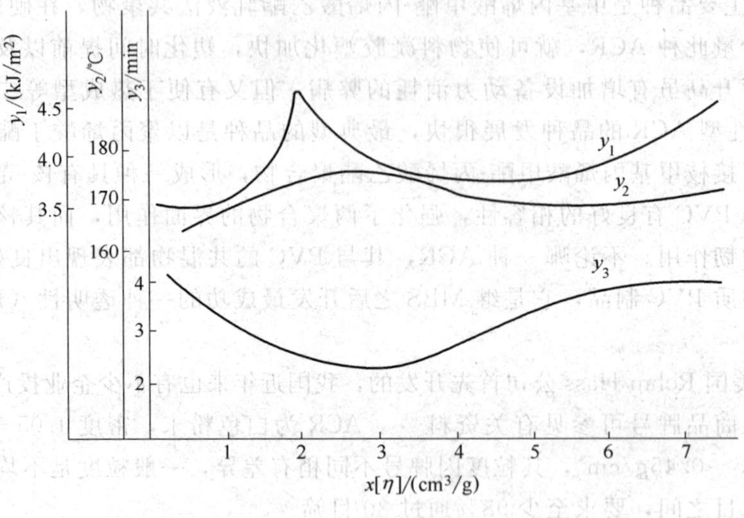

图 9-26 不同相对分子质量（以特性黏度［η］表示）的 ACR 对 PVC 塑化速度及冲击强度的影响
横坐标 x 为特性黏度范围，纵坐标 y_1 表示缺口冲击强度，
y_2 表示熔融料温，y_3 表示小两辊塑化包辊时间

20℃下伸长率持平，80℃下增加 28%，而 120℃竟提高了 62%。热态伸长率的提高使得 PVC 片材的真空吸塑及中空吹塑成型变得更为容易，成型温度区加宽，制品壁厚均匀，不易开裂。此种效应可能是由于 ACR 与 PVC 大分子之间高度缠绕，松弛速度减慢所致。

3. 膨胀效应——巴拉斯效应的加强

与导致 PVC 热态伸长率提高的原因类似，加有 ACR 的 PVC，其熔体在加工过程中，一旦释压，就显示出比普通 PVC 熔体更强烈的回弹现象，例如挤出成型的离模膨胀。这种膨胀效应又称为巴拉斯效应，它随 PVC 中加入 ACR 数量的增加而增大。高聚物的巴拉斯效应是普遍存在的，某些情况下，过大的巴拉斯效应对加工不利，但另一些情况下，适当的此种效应又有其有利之处。PVC 中加入 ACR 后，膨胀效应的加强使其在压延成型时，辊间存料表面张力增大，即辊间存料表面积可缩到最小，使得在压延辊或双辊上都能形成回转的圆筒形料，保证了辊间存料量的正常、平稳，消除了边缘裂口、毛刺及空气斑痕，从而提高了压延制品的质量[32]。此外，在中空吹塑成型时，PVC/ACR 共混料，由于膨胀效应较大，可使从机头出来的型坯直径变粗，提高了型坯克服因自重而引起的垂延性，扩大了成型温度区，即使在较高温及高速下也能得到壁厚均匀、尺寸稳定的制品。PVC 注塑成型制品的质量也可借助 ACR 的掺入而得以改善，通常认为其原因是：一方面，由于巴拉斯效应，使熔体离开注塑浇口发生膨胀，物料呈扇形而不是呈条形平稳地进入模腔，防止了冷热料相叠，减少了冷斑及银纹；另一方面，PVC/ACR 共混料黏度较大，由剪切热引起浇口附近发热明显，反而使熔体黏度下降，物料可以较平稳地充入模腔。

除以上三方面主要改性功效外，还可举出加工助剂型 ACR 改性的许多优点，如在制造 PVC 泡沫塑料配方中加入 ACR，由于具有塑化快速、均匀，增黏效果好及热态强度高等特点，能更有效地捕捉发泡剂分解的气体，使泡孔均匀，发泡倍率增加；又如，在一般用量 5 份以下范围，加工助剂型 ACR 的加入基本不影响 PVC 制品的力学性能和透光率，这对于其他加工助剂来说，往往是难以具备的特性。文献中还提到 ACR 与 MBS、CPE、EVA 等可以方便地组合使用，在增塑的 PVC 体系中同时添加 3 份左右的 ACR，可有效地降低熔体黏度，增加流动性，满足注塑成型的要求[30]。

关于加工助剂型 ACR 与 PVC 共混的操作工艺，不同的文献论述有所差异，一种观点是 ACR 在高温下易聚结成团，必须在 PVC 与其他助剂热混之后、冷混结束前加入[29]。另一种观点是 ACR 分子量高，且化学性能相对稳定，亦不会像 CPE 及 EVA 等改性剂以大于 PVC 的速度吸收液体增塑剂及稳定剂，因此，捏合时可不必分段加料或后加 ACR[29]。以上可能是由于其他工艺条件千差万别，因而造成实验结果有所出入，所以在使用 ACR 时，有必要结合具体实际进一步实验。下面在表 9-17 中提供以国产 ACR-401 作为 PVC 加工改性剂生产各种 PVC 制品的配方，以供参考。

表 9-17　　PVC/(ACR-401) 共混料参考配方[33]　　单位：份

	透明厚片(0.1～1mm)	透明薄膜(0.05～0.1mm)	硬管	板材	高填充管	低发泡硬制品	地板
PVC	100	100	100	100	100	100	100
ACR-401	2～3	1.5～2.5	1.5～2	2～2.9	2.5～3	3～8	8～10
MBS-B31	3～5	—	—	—	—	—	—
有机锡	1.5	1.5	3	3	3	2	3
G-16	1.0	1.0	—	—	—	—	—
G-74	0.6	0.6	—	—	—	—	—
碳酸钙	—	—	2.5	1.1	7.5	4	300
硬脂酸	—	—	0.8	1.5	0.4	1	—
聚乙烯	—	—	0.15	—	0.15	—	—

前已述及，作为加工助剂型的 ACR 多是以乳液聚合法生产。邢胜男及潘明旺等[34]则采用一种新的“清洁生产工艺”，即采用分散聚合的方法制备。该法采用环保型醇、水分散介质，制备出分子量可控的聚丙烯酸酯类加工型改性剂。其制造工艺简捷，聚合物分离容易，分散介质可循环利用，经济环保。所合成的改性剂用于 PVC 的共混改性，不仅能显著改善 PVC 的加工流动性，而且可提高 PVC 的冲击强度。

此外，潘明旺等[35-36]还通过原位共聚的共混改性方法，合成了 PVC、ACR 等一系列 PVC 合金，其中的 PVC、ACR 合金免用传统增塑剂即可用以制造软质 PVC 制品。

9.7.3　抗冲型 ACR 与 PVC 共混的改性作用

前已述及，抗冲型 ACR 是具有核-壳结构的共聚物，其核一般均为丙烯酸酯类弹性体，壳层可以是一层或双层，所以抗冲型 ACR 有双层和三层核-壳结构之分。这类 ACR 的基本制法是先以乳液聚合法制造种子乳胶粒，并在交联剂存在下适度交联，然后滴加其他单体，使其在种子乳胶粒表层进行接枝共聚。双层核-壳结构 ACR 的外层主要是甲基丙烯酸甲酯聚合物或甲基丙烯酸甲酯与丙烯酸酯的共聚物；三层核-壳结构ACR又可分为次外层与最外层，次外层常为苯乙烯聚合物。根据应用的需要，除核层肯定为轻度交联者外，其他层又可分为线型的或交联的。不论双层还是三层核-壳结构ACR，其核层与壳层之间有着聚合物链的互穿，所以ACR实际上又是一类胶乳IPN，根据电子显微镜观察和动态黏弹谱仪的测定，均可证明ACR是多相结构体系。由上所述，可知核-壳结构ACR的性能必将受其层数、各层的成分、每层中各成分的比例（该层如果是多成分共聚）、各层（核层与其他层）的比例、核的大小、层的厚薄、交联程度等极其复杂因素的影响。用不同特性的核-壳结构ACR作为PVC的抗冲改性剂，其改性效果及多方面性能自然可千变万化。限于篇幅，这里不再进一步阐述，读者可参考有关文献[37-39]。

具有核-壳IPN结构的ACR作为PVC改性剂时，其普遍的改性效果有以下几个方面：

1. 提高硬质PVC材料的冲击强度

提高PVC冲击性能是抗冲型ACR的主要改性功能，据AL-Ⅱ型ACR增韧硬质PVC的试验结果[34]，ACR加入量与PVC冲击强度的关系见图9-27。由图9-27可见，随ACR加入量的增加，硬质PVC材料冲击强度逐步上升，而在5～10份范围内，冲击强度变化最快，而在10份时，基本达到最高值，此后再增加ACR添加量已无明显效果，以上变化规律与其他弹性体增韧塑料的规律基本一致，其机理可参见本书第四章。

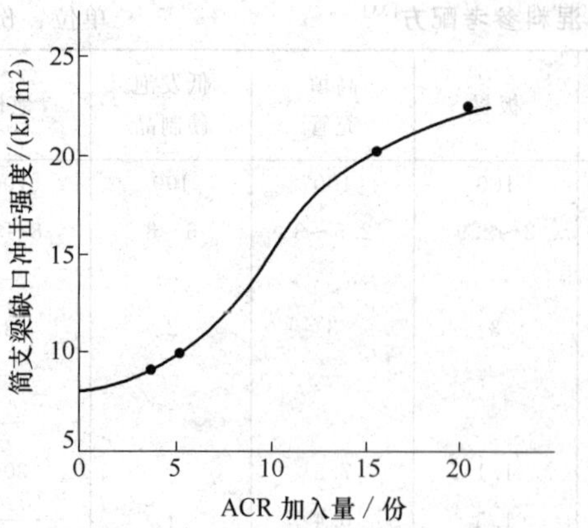

图9-27　ACR加入量与PVC冲击强度的关系

ACR的加入，同时使HPVC的拉伸强度、硬度和维卡耐热性有所下降，在应用中应予以注意。

2. 促进PVC树脂塑化

与加工助剂型ACR相似，抗冲改性型ACR也有促进PVC树脂凝胶化和塑化的功效，表9-18所列为以Brabender转矩流变仪测定的PVC/抗冲ACR共混体系的流动特性数据，可见随ACR在混合料中数量的增多，熔融塑化时间逐步缩短，相应最大转矩与平衡转矩均有所升高[58]。这些特点的利弊，已在讨论加工助剂型ACR的改性功能时做了说明，在此不再重复。

表9-18　　HPVC/抗冲ACR共混物塑化及流动性能

ACR添加量/份	0	3	5	8	10	15	20
熔融塑化时间/min	6.2	4.0	2.3	1.3	1.2	1.1	0.9
最大转矩/N·m	44.0	49.0	53.0	59.0	59.0	59.8	60.2
平衡转矩/N·m	34.0	36.0	37.0	39.0	39.0	42.5	43.0

9.8　聚氯乙烯与以聚氯乙烯为主成分的核壳结构改性剂的共混

近年来潘明旺等[40-42]新开发了一类以聚氯乙烯为壳层主成分的具有核壳结构的高效 PVC 冲击性能改性剂。其结构特点是以聚丙烯酸酯或丁二烯-苯乙烯共聚物弹性体粒子为内核，通过种子乳液聚合法，在纳米弹性体粒子存在下进行（接枝）共聚反应，实现 PVC 或 PVC 共聚物与弹性体粒子的纳米复合（图 9-28），构成了一种与 PVC 相容性更好的新型改性剂，在 PVC 中分散良好（图 9-29），与以往的 ACR 抗冲改性剂相比，不仅抗冲效果好，而且生产成本低。

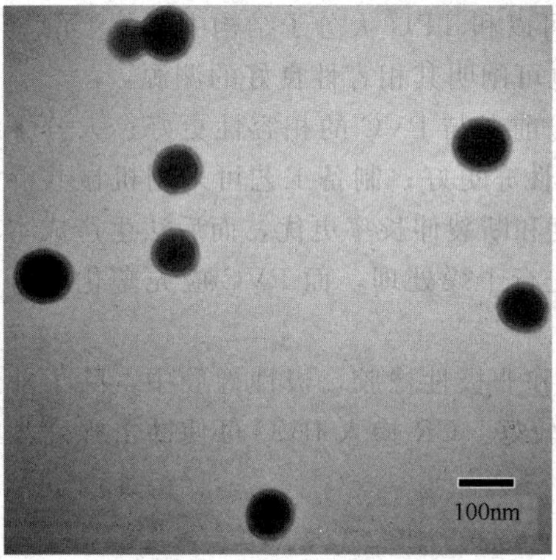

图 9-28　新型抗冲改性剂乳胶粒子 TEM 照片

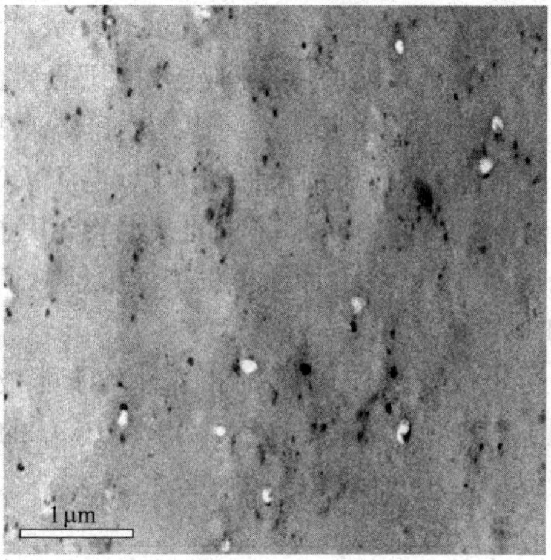

图 9-29　改性剂粒子在 PVC 基体中分散状况的 TEM 照片

9.9　聚氯乙烯与其他聚合物的共混

将 PE 掺混入 PVC 可改进 PVC 的熔体流动性，扩充其加工应用领域，因此引起人们的关注。但是，PVC 与 PE 是两种极性和聚集态结构差异很大的聚合物，其热力学相容性很差，欲获得具有理想分散形态和综合性能良好的 PVC/PE 共混体系相当困难。利用添加增容剂或交联剂等增容措施以改善 PVC 与 PE 的相容性，是研制此类共混物的关键所在。国内外在这方面的研究[43-46]已取得了一定进展，得出 EVA、EVA-g-VC、E-VA-CO 三元共聚物与 CPE、P（E-g-DBM）（聚乙烯-g-顺丁烯二酸二乙酯）等对 PVC 与 PE 的共混呈现不同程度的增容效果，对改善 PVC/PE 共混物的性能有所补益。

PVC 与天然橡胶（NR）、聚丁二烯（PB）、丁苯胶（SBR）、聚异戊二烯胶（IR）、乙烯-丙烯-二烯烃共聚胶（EPDM）等非极性胶共混，原则上虽可提高 PVC 的韧性，然而由于相容性的欠缺，在没有应用增容措施情况下，也难以得到性能优良的共混物。有研究报道，用一种一端含巯基，另一端为烷烃链的巯醇类有机化合物作为增容剂可以大大改善 PVC/EPDM 共混物的性能，其机理是巯基可与 PVC 反应，而烷烃链端与 EPDM 形成物理纠缠，因而导致 PVC 与 EPDM 界面间的强化[47]。

Jeerupun 等[2]采用环氧化天然橡胶（ENR）对 PVC 进行增韧改性，研究了 ENR 的环氧化程度对共混物微观形态及力学性能的影响。结果表明，随着 ENR 环氧化程度的提高，材料的断裂伸长率及冲击强度明显增加，而拉伸强度与拉伸模量几乎无变化。Arayaprance 等[2]采用甲基丙烯酸甲酯和苯乙烯接枝的天然橡胶对 PVC 共混改性，认为两者具有部分相容性，可作为 PVC 的增韧剂，且随接枝度的上升增韧效果更突出。

热塑性聚氨酯（TPU）与 PVC 共混，可改善 PVC 的加工性、柔曲性、耐寒性等[48]。TPU 的溶解度参数为 19.2～21.8 $(J/cm^3)^{1/2}$，PVC 的溶解度参数为 19.2～22.1 $(J/cm^3)^{1/2}$，两者极相近，所以可初步判断它们具有较好的相容性。另外，从分子结构上，PVC 大分子链上的大量极性氯原子可以和 TPU 大分子结构中氨基上的氢原子形成氢键，使两者之间具有很强的结合力，也可阐明其相容性良好的渊源。

另外，选用聚酯型 TPU 优于聚醚型 TPU，前者与 PVC 的相容性更好；大分子结构中硬段/软段比例较低的 TPU 与 PVC 的相容性亦更好；制备工艺可采用机械共混法或反应共混法，不过前法的共混物，其拉伸强度和断裂伸长率更优，而后法生产成本较低；因 TPU 吸水性强，机械共混前，TPU 应先行干燥处理，而 PVC 应先塑化后再与 TPU 共混。

极性橡胶与 PVC 的相容性优于非极性树脂和非极性橡胶。极性橡胶中，除了前述的 NBR 外，氯丁胶（CR）改性 PVC 的效果也较好。CR 掺入 PVC 可使冲击强度大幅度提高，不过刚性有所下降。

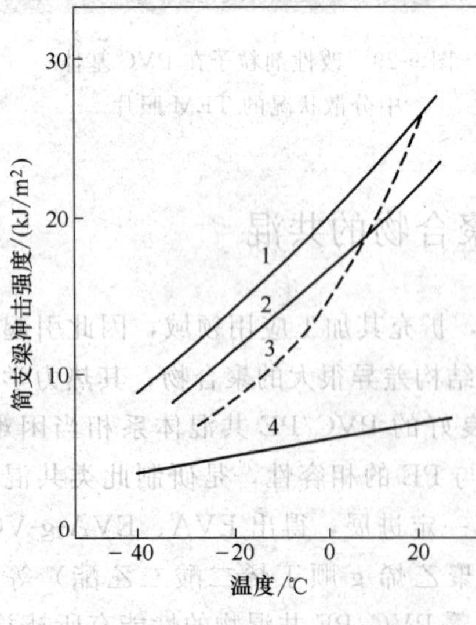

图 9-30　丙烯系橡胶上接枝氯乙烯所制 PVC 共混物的冲击性能

1—PVC 中掺入丙烯系橡胶接枝物 20 份
2—PVC 中掺入丙烯系橡胶接枝物 10 份
3—PVC 中掺入 CPE10 份　4—PVC

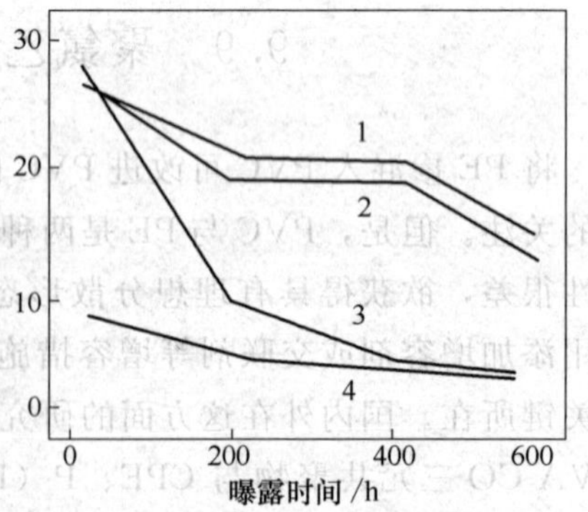

图 9-31　丙烯系橡胶上接枝氯乙烯所制 PVC 共混物的耐候性

1—丙烯系橡胶上接枝氯乙烯所制共混物
2—PVC/CPE　3—PVC/MBS
4—PVC

聚丙烯酸酯类共聚物橡胶由于不含不饱和键，以其改性的 PVC 具有较好的耐候性。

在丙烯酸酯类橡胶上接枝氯乙烯，制得的 PVC 共混物兼具卓越的耐候性、冲击性和加工性，此种共混物适用于硬质产品的制造。丙烯系橡胶上接枝氯乙烯所制 PVC 共混物的冲击性能见图 9-30，耐候性见图 9-31。图中同时绘出 PVC、PVC/MBS、PVC、CPE 等共混物的性能曲线并加以比较。日本将此类共混物分为 4 种类型，表 9-19 给出它们的各项性能。这种共混物表现出很好的力学性能、耐燃性、耐候性和加工性。以真空成型法成型时，其最大延展面积比达到 6～7，这一数值虽然与 ABS 基本相同，但成型时的温度-延展曲线较 ABS 的平缓，故成型制品的厚度更均匀，因此目前大量用于真空成型。另外，也常用于注射成型。这种聚氯乙烯共混物的制品类型很广泛，其中以电气、机械、运输器材方面为主，其他还用来制造家具、建筑构件等。

表 9-19　　掺入丙烯系橡胶上接枝氯乙烯共聚物的各种 PVC 性能

性　　能	普通型	耐候型	耐寒型	工业型
相对密度	1.35	1.35	1.35	1.35
硬度(洛氏 R)	105	103	102	104
吸水率/%	0.07	0.07	0.07	0.07
拉伸强度/MPa	44	39	39	42
伸长率/%	130	130	130	130
挠曲强度/MPa	69	66	64	69
悬臂梁冲击强度/(kJ/m²)	>70	>70	>70	>70
热变形温度/℃	73	70	70	73
线膨胀系数/($\times 10^{-5}$℃·cm)	6.3	6.3	6.3	6.3
燃烧性	自熄 94V-0	自熄 94V-0	自熄 94V-0	自熄 94V-0
击穿电压/(kV/mm)	17.0	17.0	17.0	17.0
介电常数，60Hz	3.86	3.86	3.86	3.86
1000Hz	3.70	3.70	3.70	3.70
1000000Hz	3.44	3.44	3.44	3.44

聚 α-甲基苯乙烯是一类较新的 PVC 共混改性剂，它与聚苯乙烯不同，因其带有甲基侧链，因而与 PVC 相容性提高[49]。美国 AMOCO 公司生产销售的聚 α-甲基苯乙烯树脂称为 18 号树脂（Resin 18），主要品种为 18-210、18-240、18-290，末端三个数字代表软化点（F）（分别相当于 99℃、119℃和 140℃），相对分子质量各为 685、790 及 960。一般在 PVC 中只需添加 1.5%～3%即可以获得满意的改性效果。我国近年来也已合成了聚 α-甲基苯乙烯并有了工业规模的生产。据介绍[49]，在 PVC 中加入聚 α-甲基苯乙烯可取得多方面的改性效果：① 降低熔体黏度和流动阻力，因而提高设备生产能力，减少动力消耗；② 加工温度降低，相应可减少稳定剂用量；③ 可提高填料的添加量；④ 在保证上述特点情况下，仍可使所改性的 PVC 制品具有良好的力学性能、外观；⑤ 无毒、透光率高（可用于食品包装）。

低分子聚酯树脂与 PVC 有良好的相容性，掺混入 PVC 中起到增塑作用并改善耐寒性，加之无低分子增塑剂的易挥发、易迁移等缺点，所以被誉为永久性增塑剂。由于聚酯树脂增塑效率低于邻苯二甲酸酯类等通用增塑剂，一般只能作为辅助增塑剂使用[50]。

以马来酸酐共聚物作为PVC共混改性剂的研究受到普遍重视，其改性效果主要表现为增韧和提高耐热性[51-52]。Monsanto Europe公司以商品名Cadon 300供应，被宣传为PVC改性的一项突破，可促使PVC进入工程塑料领域。

参考文献

[1] 吴培熙，张留成．聚合物共混改性（第二版）[M]．北京：中国轻工业出版社，1996.

[2] 刘云鹏．聚氯乙烯的共混增韧改性研究进展 [J]．中国塑料，2014，28（12）：12-16.

[3] 王雪芬．VC-g-EVA 接枝共聚树脂的研制 [J]．聚氯乙烯，1984，（6）：3-11.

[4] 张玲辉，吴国森．硬质 PVC 改性树脂 VC-g-WVA 加工应用技术探讨 [J]．聚氯乙烯，1984，（6）：12-18.

[5] 周邦荣．国内外醋酸乙烯及其衍生产品的生产技术和供需状况 [J]．维纶通讯，1995，（1）：1-20.

[6] 赵尧森，朱涛．乙烯-醋酸乙烯酯改性聚氯乙烯软质泡沫塑料的研究 [J]．聚氯乙烯，1991，（1）：1-7.

[7] 黄继雅，汪土根，杨公烈．EVA-g-VC 改性 PVC 的加工配方和条件对抗冲强度等性能的影响 [J]．聚氯乙烯，1989，（3）：38-41.

[8] 美国杜邦公司产品说明书，ELVALOY 741 & 742，1986.

[9] L. M. Robeson，J. E. McGrath. Miscibility of poly（vinyl chloride）with ethylene-ethyl acrylate-carbon monoxide terpolyrners [J]. Polym. Eng. Sci.，1977，17（5）：300-304.

[10] M. Iskandar，C. Tran，L. M. Robeson，J. E. McGrath. Fourier transform infrared studies of poly（vinyl chloride）blends with ethylene Co-and terpolymers [J]. Polym. Eng. Sci.，1983，23（12）：682-688.

[11] G. H. Hofmann. Melt Compounding of Pvc With Ethylene Copolymer Resins [J]. Polym. Plast. Technol. Eng.，1983，20（2）：197-208.

[12] 方少明．PVC/Elvalog/NBR 三元共混热塑弹性体的研究 [J]．塑料科技，1991，（5）：27-29.

[13] 李熙然，丁雪佳，何金迎，王林生，苏磊静，雷晓慧．Elvaloy 对 PVC 性能影响研究 [J]．中国塑料，2012，26（12）：25-28.

[14] 胡文涛，李建厂，丁雪佳，刘凤娇，魏永飞．增塑聚氯乙烯的改性研究 [J]．中国塑料，2014，28（7）：60-64.

[15] 刘晓明，赵华山，包起熏．PVC/CPE 体系的形态—加工条件—抗冲击性能之间关系的研究（一）[J]．聚氯乙烯，1984，（4）：8-14.

[16] 赵华山，刘晓明，包起熏．对悬浮法聚氯乙烯粉粒的形态与加工性能关系的研究 [J]．聚氯乙烯，1983，（5）：18-26.

[17] D. Fleischer，E. Fischer & J. Brandrup. Properties of blends of poly（vinyl chloride）and chlorinated polyethylene. I. Optical methods of characterization of PVC multiphase systems [J]. J. Macromol. Sci. Phys，B，1977，14（1）：17-27.

[18] D. Fleischer，F. Kloos，J. Brandrup. Blends aus polyvinylchlorid und chloriertem polyäthylen. Ⅲ. Untersuchungen von dynamischen eigenschaften，schlagzähigkeit，transparenz und flieβverhalten [J]. Macromol. Mater. Eng.，1977，62（1）：69-84.

[19] L. Kiss，G. Sztankai，P. Nagy，J. Karger-Kocsis. Relation between the microstructure and the dynamical mechanical properties of rigid PVC modified by chlorinated polyethylene [J]. J.

Vinyl. Tech.，1984，6 (3)：125-130.
[20] 阎继周. 粉状 NBR 与 PVC 的共混 [J]. 聚氯乙烯，1989，(5)：57-65+56.
[21] 何道纲. 粉末 NBR/PVC 并用制品的开发和应用 [J]. 特种橡胶制品，1988，(3)：14-18.
[22] 赵尧森，黄飞成，许淑贞. 丁腈橡胶改性聚氯乙烯软质泡沫塑料的研究（一）[J]. 聚氯乙烯，1989，(6)：6-11.
[23] 方征平，邵国明，许承威. 橡胶改性聚氯乙烯的研究 [J]. 聚氯乙烯，1992，(2)：1-4.
[24] 罗宁，张隐西. PVC/NBR 共混型热塑性弹性体的形态结构 [J]. 高分子材料科学与工程，1990，(6)：94-99.
[25] 刘敏江，邬素华. PVC 与 ABS 合金性能的研究 [J]. 塑料工程，1990，(1)：16-19.
[26] 陈国斌. PVC/ABS 塑料合金板生产工艺探讨 [J]. 塑料，1990，(4)：17-20.
[27] 文继惠. PVC/ABS 合金纺织纬管的试验研究和生产工艺 [J]. 聚氯乙烯，1991，(2)：25-31.
[28] 杨国文，丁晓明. 在 PVC/ABS 共混体系中添加第三组分配方的研究 [J]. 高分子材料科学与工程，1987，(1)：56-64.
[29] 裘怿明，吴其晔. 碳酸钙对 PVC/ABS 二元体率增韧改性 [J]. 塑料，1993，(4)：24-29.
[30] 谭作勤，陈松茂，钟圣兆，夏成林，沈家瑞. MBS 对 PVC 的改性作用研究 [J]. 塑料工业，1993，(6)：54-56.
[31] 孙虹. 加工助剂在 PVC 塑料加工中的应用 [J]. 聚氯乙烯，1992，(4)：23-25.
[32] 张玲辉. PVC 加工改良剂 ACR 应用技术研究 [J]. 塑料工业，1983，(3)：54-58.
[33] 李明村. ACR-401 的改性机理及应用 [J]. 塑料工业，1989，(5)：35-37.
[34] 邢胜男，潘明旺等. 聚氯乙烯增韧改性剂的合成及其混改性研究 [J]. 高分子材料科学与工程. 2007 (1)：60-63.
[35] 邢胜男，潘明旺等. PUA/PVC 复合乳液树脂的制备与表征 [J]. 中国塑料，2006 (3)：60-63.
[36] M. Pan，S. Xing，J. Yuan，J. Wu，L. Zhang. Synthesis and characterization of poly (butyl acrylate-*co*-ethylhexyl acrylate)/poly (vinyl chloride) [P (BA-EHA)/PVC] novel core-shell modifier and its impact modification for a poly (vinyl choride)-besed blend [J]. Polym. Eng. Sci.，2010，50 (6)：1085-1094.
[37] 张留成，刘玉龙. 互穿网络聚合物 [M]. 北京：烃加工出版社，1990.
[38] 张留成，李秀错，刘天昌. PBA/PS/PMMA 胶乳型互穿网络聚合物反应过程表观动力学的研究 [J]. 河北工业大学学报，1989，(3)：6-17.
[39] 赵雄燕. CS-ACR-Ⅱ型硬质 PVC 冲击改性剂的研制与应用 [J]. 塑料，1993，(3)：26-30.
[40] 潘明旺，杨森等. 分散聚合制备聚氯乙烯改性剂的方法，中国 ZL201010581193. 6. 授权日 2012. 07. 04.
[41] 张晓蕾，潘明旺等. 聚氨酯改性聚氯乙烯复合乳液树脂的研究 [J]. 河北师范大学学报. 2007 (2)：228-232.
[42] 刘栋杰，潘明旺，袁金凤，刘仕沛. 水性聚氨酯合成中的中和方式对 PU/PVC 复合树脂性能的影响 [J]. 塑料工业，2009，37 (3)：36-38.
[43] A. Ghaffar，C. Sadrmohaghegh，G. Scott. Polymer blends-Ⅱ. The use of solid phase dispersants to improve the properties of binary mixtures of incompatible polymers [J]. Eur. Polym. J. 1981，17 (9)：941-946.
[44] 许承威，钟明强. PVC-PE 共混体系的研究进展 [J]. 中国塑料，1988，(4)：80-86.
[45] 钟明强，许承威. PVC/PE 共混体系的研究-P (E-g-DBM) 的合成及其对 PVC/LDPE 共混的

增容作用 [J]. 中国塑料，1990，4 (3)：11-16.
[46] 许承威，鲍诗杰. PVC/PE 共混体系中增容—交联协同效应的研究 [J]. 中国塑料，1991，5 (2)：43-46.
[47] 吴靖，李克斌. PVC/EPDM 共混增韧体系的研究：偶联剂对共混体系的力学性能影响 [J]. 中国塑料，1990，4 (1)：16-23.
[48] 叶成兵，张军. 热塑性聚氨酯与聚氯乙烯共混研究进展 [J]. 中国塑料，2003，17 (10)：1-7.
[49] 程其时. 高分子材料加工改性剂 Pα—MS100 树脂 [J]. 阅江学刊，1990，(4)：15-20.
[50] 吴培熙，《中日高分子助剂研讨会论文集》P. 206，(1986).
[51] 宋谋道，俞红霞. PVC/SBS-g-MMA 共混体系研究 [J]. 南开大学学报：自然科学版，1992，(3)：45-53.
[52] 严海昌. 马来酸酐和苯乙烯的共聚及对聚氯乙烯的改性 [J]. 杭州化工，1988，(3)：22-26.

第10章 聚苯乙烯系列聚合物的共混改性

聚苯乙烯（PS）是以苯乙烯为单体，经悬浮聚合或本体聚合方法生产的，作为通用级的热塑性树脂常称为GPPS（General Purpose，PS）。PS具有出色的电绝缘性、透明性、着色性和加工流动性，良好的耐水性、耐光性、无毒性、耐化学腐蚀性以及较好的刚性和一定的力学强度，已广泛应用于电子电器、仪表、文教用品、食品包装、玩具和家庭用品等领域。发泡PS的开发，进一步拓宽了其应用范围。当前，PS的产量仅次于PE和PVC，在通用塑料品种中占第三位。

GPPS的缺点也和其优点一样突出，如性脆、冲击强度低、耐环境应力开裂性和耐热性差等，这使得GPPS仅能作为普通塑料使用。从20世纪50年代起，人们就开始探索利用各种方法对PS进行改性，已开发了一系列的改性品种，如高分子量PS、等规PS、高冲击强度PS（HIPS）、丙烯腈-苯乙烯共聚物（AS）、丁二烯-苯乙烯共聚物、苯乙烯-甲基丙烯酸甲酯共聚物、苯乙烯-马来酸酐共聚物、增强PS以及丙烯腈-丁二烯-苯乙烯三元共聚物（ABS）等。其中，最富有成效、应用最广泛的方法是共混改性，而且60%以上的共混改性以提高PS冲击强度为目的，其主要品种有HIPS和ABS等。本章即以HIPS和ABS树脂为重点，讨论聚苯乙烯系列聚合物的共混改性技术，以及共混物的结构、性能和应用等有关问题。

另需要提及的是，1985年新型的间规聚苯乙烯（SPS）问世，其结构特点是苯基间隔规整排列于主链两侧，使其许多性能大异于通用的无规结构聚苯乙烯，并得以进入工程塑料行列。

SPS的熔点高达270℃，结晶度约50%，结晶速度快，还具有高弹性模量、低密度、良好的电性能、尺寸稳定性、耐化学药品性等优异性能。此外，其加工性也非常好，并可方便电镀。其主要应用范围为电子电器元件、车辆部件、耐高温生活用品及工业用膜。SPS常与ABS、PP、PPO、GPS及弹性体共混，制备新型聚合物合金[1]。

10.1 聚苯乙烯及苯乙烯共聚物的共混改性

国内外关于PS共混改性的研究十分活跃，主要目标是提高冲击性能、耐燃性、耐环境应力开裂性和阻燃性，同时保持其透明性、耐候性和表面光泽度，在个别应用领域希望赋予抗静电和形状记忆等特殊性能。本节重点讨论PS、AS和K树脂的共混改性。

10.1.1 聚苯乙烯的共混改性

PS与聚苯醚（PPO）的相容性好，可达到热力学相溶的水平，共混物的物理性能具有线性加和性。通过机械共混，PPO改善了PS的耐热性、抗冲性能、耐环境应力开裂性和尺寸稳定性，如图10-1、图10-2所示[2]。在该共混体系中加入适量的硅橡胶和聚丙烯酸酯等增韧剂，还可提高表面光泽度。

PS与聚烯烃（PO）共混，不仅有望改善PS的物理性能，还能解决PS和PO两大废旧塑料源的回收问题，具有重要的社会效益。但由于两者的相容性较差，难于直接共混，开发合理、高效的相容剂已成为近年来研究的重点。例如，在PS/LDPE（80/20）共混体系中，加入少量的氢化苯乙烯-丁二烯嵌段共聚物相容剂，能很好地分布于两相界面，显著提高相间粘附力。此共混物具有香肠状分散相的微观形态，在加工成型过程（如注模）还会形成双连续相结构，可用作耐候性良好的HIPS[3]。作为相容剂，氢化异戊二烯-苯乙烯嵌段共聚物（65∶35）可改善PS/PP共混物的相容性[7]，使其获得良好的抗冲性能、耐候性、柔韧性和加工成型性。

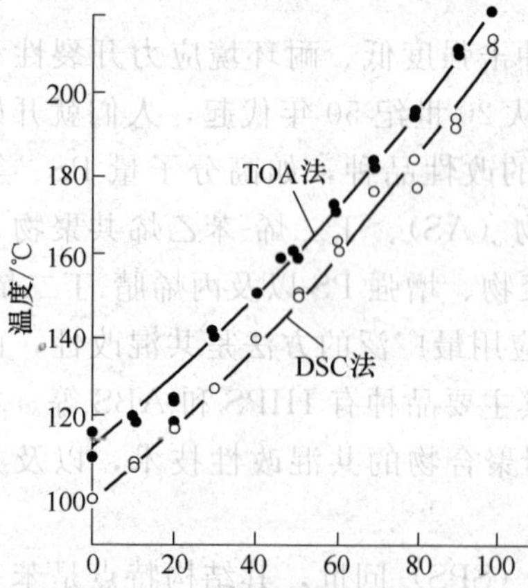

图10-1　PS/PPO共混物组成与T_g的关系

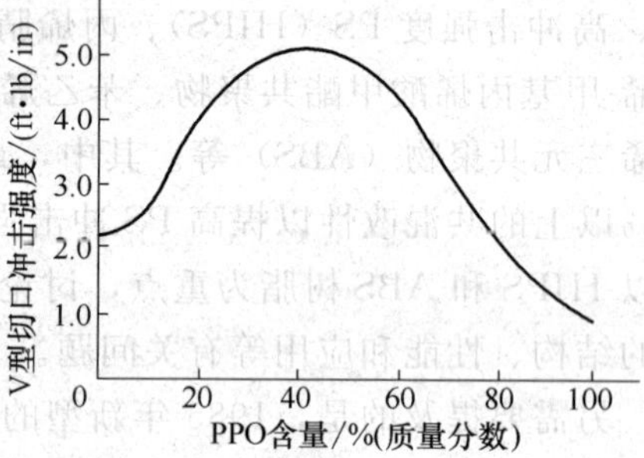

图10-2　PS/PPO共混物组成与Izod冲击强度（带缺口）的关系（$1ft \cdot lb/in^2=53.37J/m^2$）

关于PS与丙烯酸酯类聚合物共混的研究也很受重视。这种共混物一般具有IPN结构，不仅具有良好的综合性能，如透明性、抗冲性能、尺寸稳定性、生物相容性和较低的吸湿性，还可得到较好的形状记忆功能。例如，在PS的甲基丙烯酸丁酯溶液中，加入少量的莰酯和甲基丙烯酸二甲基氨基乙酯，经光聚合即可得到具有形状记忆功能的共混物[2]。该共混物料在95℃的热水中经拉伸后（伸长率为25%）在冰水中冷却定型，当将此变形制品再次浸入95℃水中时，其形状在1min之内即可恢复90%。

PS和ABS树脂同属聚苯乙烯系列聚合物，相容性较好，它们的共混物可充分体现ABS树脂的优良性能。例如，PS、ABS和PMMA在230℃下混炼后（共混比60∶40∶18），共混物注塑制品的冲击强度高达$1.1kJ/m^2$，洛氏硬度110，光泽度为80%[2]。在63℃下，该共混物经日光型老化仪处理300h后，色泽变化仅3.7%，在70℃下对各种有机溶剂、表面活性剂和油类物质等又表现出良好的耐油性。

此外，PS与尼龙等亲水性聚合物共混，可赋予PS抗静电性能，但相容性有待提高[1]。

10.1.2 AS树脂的共混改性

AS树脂是由丙烯腈和苯乙烯单体经乳液、悬浮或本体聚合方法制备的共聚物，也称SAN或PSAN。与PS相比，由于引入了丙烯腈，它具有更高的抗冲性能、耐热性、刚性和耐环境应力开裂性，但加工流动性和加工热稳定性比PS稍低。

与马来酰亚胺共聚物共混，是目前改善AS树脂耐热性的重要方法。与N-环己基马来酰亚胺-MMA共聚物共混后，AS的T_g高达148℃，可制成耐热的透明片材。

AES类树脂多用作AS树脂的耐候改善剂。与含亚乙基降冰片烯的AES共混，AS树脂不仅具有满意的耐候性，还获得很高的表面光泽度（>90%）；若在AES中引入羧基、羟基、氨基或环氧基团，则得到低光泽的耐候性共混物。

普通的AS树脂与丙烯酸酯类共聚物共混，可提高AS的抗冲性能和光泽度。

与CPE（35%～40%cl）橡胶共混，能有效改善AS树脂的耐寒性和耐热性[4]。当CPE含量为8%～15%（质量）时，共混物的缺口冲击强度为6.9～33.4kJ/m^2，比AS树脂高3～14倍，−38℃时为2.94kJ/m^2。此外，AS树脂与卤代醇-环氧乙烷共聚物、PMMA共混，能得到抗静电共混物[2]。

10.1.3 K树脂的共混改性

K树脂是由丁二烯、苯乙烯单体经阴离子溶液聚合得到的嵌段共聚物，苯乙烯含量一般在75%左右。该共聚物的透明度和冲击强度高，铰接效果好，主要用作食品包装、容器、文具、医疗器械和玩具等制品的生产，但其表面硬度和拉伸强度较低。

K树脂/AS树脂共混物的注射成型制品具有良好的透明性、刚性、耐热性和表面光泽度，参见表10-1[2]。当AS含量低于20%时，共混物既保持了K树脂的抗冲性能和伸长率，又能充分利用AS树脂的刚性和表面硬度。当共混比接近1∶1时，制品的透明度变差，但不影响制品着色。AS树脂的丙烯腈含量在22%以下时，有助于改善共混物的透明性。

表10-1 K树脂/AS树脂共混物的物理性能

物理性能	K树脂含量/%					
	100	90	80	70	50	0
拉伸强度/MPa	26.4	29.5	31.5	35.3	47.1	65.4
伸长率/%	100	44	28	12	5	4
弯曲模量/MPa	1687.2	1848.9	1982.5	2145.2	2446.4	3374.4
悬臂梁冲击强度/(J/m^2)						
带缺口	22	16.3	17.4	21.2	18	7.6
无缺口	未破坏	未破坏	425	228	187	158
热变形温度(0.46MPa)/℃	83	91	90	92	94	104
(0.186MPa)/℃	79	80	78	79	84	94
光透过率/%	91	89	88	88	87	87
维卡软化点/℃	91	92	96	96	100	104

K树脂与PP的化学结构差别较大，相容性不好，一般不宜简单共混。但该共混物的注射成型制品在刚性、表面光泽度、表面硬度和铰接寿命等性能方面较好。

10.2　高抗冲聚苯乙烯及其共混改性

与各种橡胶类物质共混，可改善PS的抗冲性能。乳液共混或溶液共混方法难于得到性能理想的共混物，且存在污染环境和成本高等缺点，没有工业应用价值。在工业生产中，应用较多的是机械共混方法和接枝共聚-共混方法。

10.2.1　机械共混法生产HIPS

机械共混方法生产HIPS，是将PS与增韧橡胶按一定比例进行熔融共混，最简单和最常用的混炼设备是挤出机和双辊筒混炼机。大批量生产时，也可使用密炼机和双螺杆挤出机以及带有静态混合器的单螺杆挤出机。

天然橡胶和顺丁橡胶（PBR）与PS的相容性较差，共混物性能不理想。因此，常采用丁苯橡胶（SBR）为增韧剂。SBR与PS的相容性好，共混物相界面的粘附力较强。随SBR中苯乙烯含量的增加，界面黏附力逐渐提高，相容性也有所改善，有助于提高共混物的冲击强度。将SBR/PS（15/85）通过双辊筒混炼机（150℃左右，约20min）或密炼机（为防止氧化可充入氮气）共混，抗冲击PS的冲击强度大于25kJ/m^2，挠曲强度高于60MPa，维卡软化温度超过80℃。

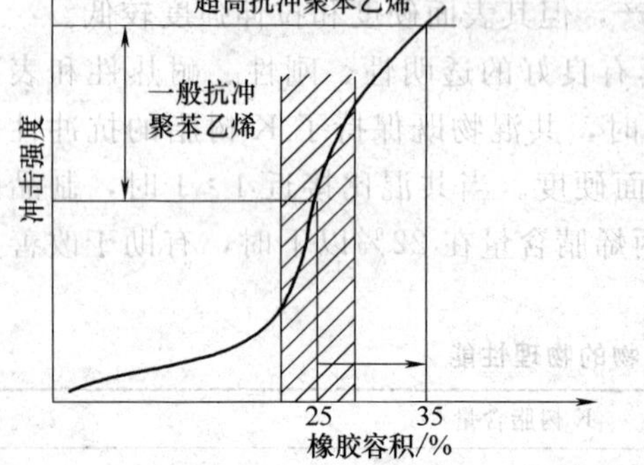

图10-3　HIPS冲击强度与橡胶体积分数的关系

与PS共混时，SBR等橡胶的用量一般控制在10%～15%，此时冲击强度可提高两倍以上。若要进一步改善PS的韧性，则需使用超过容积含量25%的橡胶，但共混物的综合性能下降，如图10-3所示。

将增韧改性PS与中等分子量的SBS热塑性弹性体进行第二次共混，可得到超抗冲PS，例如，将落锤冲击强度为675kJ/m^{2}的HIPS与SBS以10∶1的比例共混，冲击强度高达975kJ/m^2，但挠曲强度由2390MPa降至2100MPa，洛氏硬度也从94.5降为69。在这种体系中，若加入适量的PS，不仅可获得更高的冲击强度，软化点和硬度也会提高，共混物制品还具有较好的表面光泽。

10.2.2　接枝共聚-共混法生产HIPS

机械共混HIPS中的橡胶粒子较粗大，增韧效率较低，取而代之的接枝共聚-共混法不仅可以促进橡胶粒子在基体树脂中充分分散，改善共混体的相容性，提高增韧效率，而且增加了HIPS的可生产品种，满足不同的应用要求，现已成为HIPS的主要生产方法。SBR的T_g较高，不利于改善PS的低温抗冲性能，常使用顺丁橡胶、聚异戊二烯橡胶、天然橡胶或EPDM等作为增韧改性剂。生产工艺有乳液-悬浮法、本体-悬浮法和连续本体法等[5]。乳液-悬浮法由于性能/经济指标较差，早已淘汰。

1. 接枝共聚-共混的机理和动力学

接枝共聚-共混法是以增韧橡胶为接枝骨架，将苯乙烯单体接枝的方法。在共聚体系中，除生成接枝共聚物外，也含有一定数量的本体 PS。聚合体系将经历从均相接枝共聚-共混、相分离和相反转到异相接枝共聚-共混的状态变化。因此，HIPS 的生成过程复杂，接枝机理和动力学研究比较困难。与此同时，HIPS 的商业价值也为这些理论问题披上神秘的色彩。从文献看，动力学研究大多仅局限于相分离之前的本体聚合阶段。

R. S. Skipper 发现[6]，在比较低的温度下，聚合反应初期的聚合速率常数与温度的关系遵循 Arrhenius 方程，反应的总活化能约 82.05kJ/mol。在 100℃ 以上，Arrhenius 方程出现负偏差，说明存在热引发聚合。

G. Riess 等研究了聚丁二烯橡胶的结构等因素对聚合动力学的影响[7]。1,2-乙烯结构的聚合反应活性为反式-1,4 结构的 2 倍，为顺式-1,4 结构的 4 倍；引发剂（AIBN 或 BPO）在橡胶溶液中的浓度高于 PS 溶液的浓度。因此，随橡胶 1,2-乙烯结构含量的增加，聚合总速率、接枝度和接枝效率均有明显提高。接枝 PS（PS_g）和游离 PS（PS_f或 PS）的分子量随 1,2-乙烯结构的增加均有所下降，但二者之比基本不变。

由于橡胶溶液为 PS_g 的不良溶剂，随橡胶分子量、橡胶用量或 1,2-乙烯结构的增加，PS_g 的稳定性提高，笼蔽效应也降低了其活动范围，宏观上表现为聚合速率降低，PS_g 与 PS_f 的 $\overline{M_n}$ 之比下降。

以苯或甲苯为溶剂，在顺丁橡胶（顺式-1,4 结构 96.1%）浓度较低的体系中，P. Manaresi 提出了可能的聚合机理[8]：

（1）$I \xrightarrow{Kd} 21^*$　　引发剂分解

（2）$I^* + M \xrightarrow{Kil} Mi$　　引发

（3）$2M \xrightarrow{Kth} 2Mi$　　热引发

（4）$I^* + RH \xrightarrow{Ki2} IH + R$　　与橡胶结合

（5）$R^* + M \xrightarrow{Ki3} RMi$　　二次引发

（6）$\left.\begin{array}{l} Mi + M \xrightarrow{Kp} M\dot{2} \\ M\dot{n} + M \xrightarrow{Kp} M\dot{n}+1 \end{array}\right\}$ 均聚合链增长

（7）$\left.\begin{array}{l} RMi + M \xrightarrow{Kp} KM_2^* \\ RM\dot{n} + M \xrightarrow{Kp} RM\dot{n}+1 \end{array}\right\}$ 接枝聚合链增长

（8）$\left.\begin{array}{l} M\dot{n} + M \xrightarrow{KtM} Mn + Mi \\ RM\dot{n} + M \xrightarrow{KtM} RMn + Mi \end{array}\right\}$ 向单体发生链转移

（9）$\left.\begin{array}{l} M\dot{n} + RH \xrightarrow{KtR} MnH + R^* \\ RM\dot{n} + RH \xrightarrow{KtR} RMnH + R^* \end{array}\right\}$ 向橡胶发生链转移

$$(10)\ M\dot{n}+M\dot{m}\xrightarrow{Kt1}Mn+m$$
$$RM\dot{n}+RM\dot{m}\xrightarrow{Kt1}RMn+mR$$
$$RM\dot{n}+M\dot{m}\xrightarrow{Kt1}RMn+m$$
终止反应

$$(11)\ R^{*}+R^{*}\xrightarrow{Kt3}RR$$ 橡胶自由基之间终止

$$(12)\ R^{*}+RM\dot{n}\xrightarrow{Kt2}RMnR$$
$$R^{*}+M\dot{n}\xrightarrow{Kt2}RMn$$
交叉终止

其中，I 为引发剂，M 为单体苯乙烯，RH 为顺丁橡胶，RM·为接枝苯乙烯自由基，R·为顺丁橡胶的烯丙自由基。

以上述机理为依据，经严格的数学推导，得到了稳定状态下的方程：

$$\overline{x}_{n,f}=\lambda\cdot\left[1+\frac{1}{1+\varepsilon\dfrac{[M]}{[M^{\cdot}]}+\gamma\dfrac{[RH]}{[M^{\cdot}]}}\right]$$

$$\overline{x}_{n,g}=\lambda\left[1+\frac{1}{1+\dfrac{\varepsilon[M]}{[M_{tot}]+[M^{*}]}+\dfrac{\gamma[RH]}{[M^{*}_{tot}]+[M^{*}]}+\dfrac{K_{t2}[R^{*}][M^{*}_{tot}]}{K_{t1}([M^{*}_{tot}]^{2}-[M^{*}]^{2})}}\right]$$

$$E=100\left[1-\frac{[M^{*}]}{[M^{*}_{tot}]}+\frac{\lambda[M^{*}]}{\dfrac{K_{P}}{K_{t1}}[M][M^{*}_{tot}]}\left(\frac{K_{t2}}{K_{t1}}[R^{*}]+2[M^{*}_{tot}]-2[M^{*}]\right)\right]$$

式中　$\overline{x}_{n,f}$——游离 PS 的数均分子量

$\overline{x}_{n,g}$——接枝 PS 的数均分子量

E——接枝效率

常数 $\varepsilon=\dfrac{K_{tm}}{K_{t1}}$

常数 $\gamma=\dfrac{K_{tR}}{K_{t1}}$

$[M_{tot}]=[RM]+[M^{*}]$。

动力学链长：$\lambda=\dfrac{K_{p}[M]}{K_{t1}\left(2[M^{*}_{tot}]+\dfrac{K_{t2}}{K_{t1}}[R^{*}]+\varepsilon[M]+\gamma[RH]\right)}$

在橡胶浓度较低的情况下（2%～9%），上述各式的计算结果与实验数据非常吻合。但当橡胶浓度较高时，相分离出现较早，各反应物在两相中的存在浓度以及各相的黏度都有差别，动力学常数发生变化并强烈依赖于单体转化率，但上述机理仍适于各相的具体聚合情况。

2. 本体-悬浮接枝共聚-共混法

本体-悬浮接枝共聚-共混工艺一般包括 4 步，即将未经硫化的橡胶溶于苯乙烯单体中，得到橡胶溶液；在橡胶溶液中加入抗氧剂、增塑剂和引发剂等反应助剂进行本体预聚合，完成相反转，一般将单体转化率控制在 33%～35%；在预聚釜中加入或将预聚物溶液转移至含有引发剂、分散剂和悬浮剂的水溶液中，80～130℃下完成后聚合，即悬浮聚合，历时约 10～16h，单体转化率高于 99%；将聚合物颗粒经水洗、离心分离、

干燥和造粒等后处理，最后得到成品 HIPS。

本体-悬浮 HIPS 的性能与橡胶粒子的大小、结构（接枝率）等因素有关，聚合反应的配方和聚合条件是工艺控制的重要方面。

在预聚阶段，刚刚形成的接枝共聚物具有良好的乳化作用，并形成初级封闭粒子，整个体系为组成均一的橡胶溶液。随反应的进行，PS 因在橡胶溶液中的溶解度下降而逐渐分离出来，并形成分散相，整个体系为油/油型乳液，此时苯乙烯单体的转化率约 2%。单体转化率的进一步提高，PS 溶液相和橡胶溶液相体积比逐渐增大，体系发生相反转（或称相转变），即 PS 溶液相由分散相转变为连续相，橡胶溶液相由连续相变为分散相，此时单体转化率约 15%，如图 10-4 所示[9]。相转变之后，橡胶粒子的大小和结构由搅拌速率、各相黏度比和接枝共聚物的浓度决定，当单体转化率高于 40%时，橡胶相的形态不再变化。将高黏度的本体聚合体系转入悬浮体系，使用油溶性高温引发剂，经逐步升温可使单体基本完全聚合。悬浮聚合的温度和单体转化率影响橡胶相的交联程度。

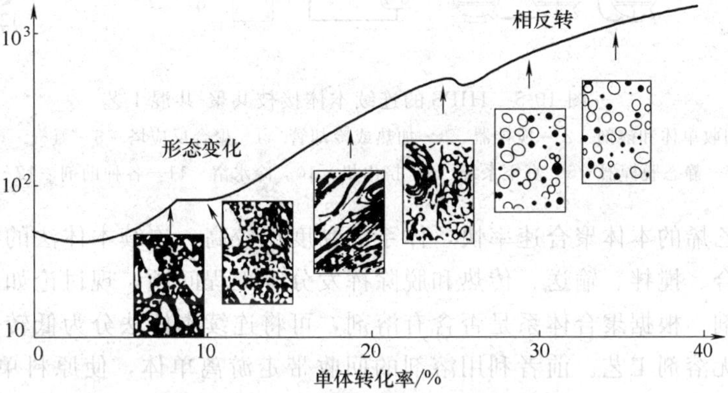

图 10-4　单体转化率与体系黏度和相结构的变化

相反转的条件是影响产物性能的关键因素，充分的混合、均匀的温度分布和足够的搅拌速率是完成相反转的必要条件。一般情况下，剪切速率必须高于最低临界剪切速率，聚合体系的橡胶含量越低，最低临界剪切速率就越高。如果剪切速率太高，橡胶粒径降低，橡胶内包藏的树脂量（内包藏量）减少，不利于提高产物的抗冲性能。如果剪切速率太低或混合不充分，相反转不完全或造成“死角”，橡胶形成的海绵状物质与 PS 构成双连续相，产物的冲击强度和加工流动性不佳。因此，搅拌器的形式、转速和散热方式都非常重要。

此工艺的主要特点是，操作条件容易改变，可生产多种性能的产品，但设备的利用率低，工艺流程长，能耗大，生产成本比较高。在 1975 年以前，大多数厂家采用本工艺生产 HIPS，但近十几年来，新投产的厂家则多采用下述的连续本体法，此工艺已趋淘汰。

3. 连续本体接枝共聚-共混法

将溶于苯乙烯单体的橡胶溶液和反应助剂混合后，通过热引发或引发剂引发本体聚合，当苯乙烯转化率达70%～90%时，脱除挥发分，得到HIPS，其连续本体接枝共聚-共混工艺如图10-5所示[9]。

与本体-悬浮法相比，本工艺具有能耗低、排污量小、流程短、公用工程消耗少和产品质量高等优点，已被许多厂家采用，如美国的Dow、Cosden、Monsanto和Gulf Oil，德国的BASF，英国的Shell和法国的ATO等。

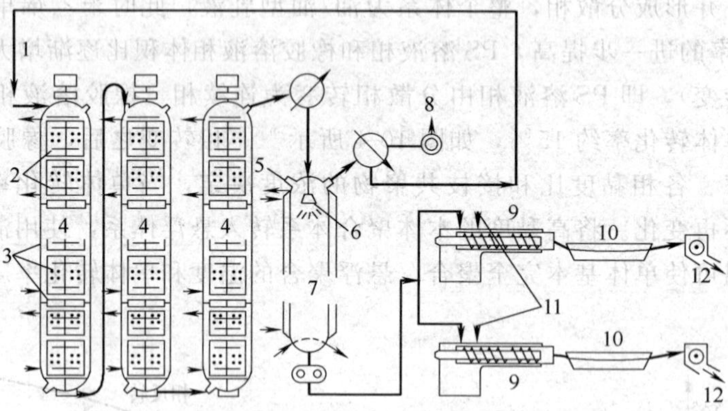

图10-5　HIPS的连续本体接枝共聚-共混工艺

1—回收单体和溶剂　2—搅拌器　3—加热或冷却管　4—聚合反应塔　5—氮气　6—多孔板

7—静态脱挥器　8—真空系统　9—挤出机　10—冷水浴　11—各种助剂　12—造粒

由于苯乙烯的本体聚合速率快，体系的黏度比较高，连续本体法的技术关键是高黏性物料的混合、搅拌、输送、传热和脱除挥发分等工程问题，现讨论如下[9-10]。

（1）溶剂　根据聚合体系是否含有溶剂，可将连续本体法分为低转化率有溶剂工艺和高转化率无溶剂工艺。前者利用溶剂的回收带走游离单体，使原料单耗接近理论值，产品纯净，质量高。而且可降低体系的黏度，保证物料混合均匀，有利于提高传热能力，有效防止凝胶的生成。近年来，低转化率有溶剂工艺的应用不断增多，已呈现取代高转化率无溶剂工艺的趋势。常用的溶剂为沸点低于苯乙烯单体的惰性溶剂，如纯苯、甲苯、乙苯或它们的混合物。溶剂在聚合体系中浓度一般为4%～15%。

（2）聚合装置　HIPS的连续本体接枝共聚-共混过程包括预聚合和后聚合两阶段。预聚阶段主要完成相反转，通常在单个连续操作搅拌式反应器（CSTR）中进行，聚合温度为80～120℃，单体转化率在30%以下。相反转的影响因素和基本要求与本体-悬浮工艺基本相同。实际生产中，釜内各局部物料受到的平均剪切速率要高于最低临界剪切速率、配制橡胶溶液时减少抗氧剂用量、在主线或副线加料时增加苯乙烯的配比以及提高单体转化率等是保证顺利完成相反转的有效措施。

后聚合的温度一般为110～185℃，物料停留时间约4～8h。为了避免因物料黏度的增大而形成滞流区，减少动力消耗和提高传热效率，需选用多个单个注塞流反应器（PFR）串联装置。例如，Shell公司的倒锥形反应器、三井东压公司的螺杆加导流筒反应器、Monsanto公司的卧式反应器、TEC—MTC联合开发的新型搅拌反应塔（由若干蝶状搅拌釜叠加，中间插入列管冷凝器）以及三菱重工的卧式双轴多圆板表面更新型反应器等。另外，日本成套设备公司和东京农工大学联合开发了独特的环状反应器，十分适合高黏度的反应物料。

（3）脱除挥发分　脱挥后 HIPS 的单体残留量一般控制在 20%以内，树脂进料口温度为 130～170℃，加热夹套的温度为 200～260℃，减压操作压力为 0.67～26.7kPa。

脱挥发分的条件是根据被处理物料的黏度、单体残余量、橡胶粒子交联度、处理指标要求和节能状况等因素决定的，物料在脱挥装置中的停留时间不宜过长，防止分子量分布加宽。因此，需选择高效、低能耗的脱挥装置。Dow、三井东压和 Polysar 公司采用一级闪蒸，Monsanto、Cosden 和 Guef Oil 公司为二级闪蒸。其中，Guef oil 公司的设备对真空度要求最低，脱挥效果最好，一、二级脱挥的压力分别为 13.33～26.67kPa 和 1.33～2.67kPa，HIPS 中单体残留量少于 0.03%，而 Monsanto 工艺为 0.08%，Cosden 工艺为 0.1%。

10.2.3　HIPS 的性能与应用

影响 HIPS 抗冲性能的因素比较多，一般包括橡胶的种类、用量、橡胶粒径的大小及其分布、基体树脂分子量、橡胶交联密度和相体积比等[9]。以 SBR 为增韧剂可生产中抗冲级 HIPS，使用等规聚丁二烯橡胶和 SBR 可得到高抗冲级 HIPS[10]。由于橡胶在苯乙烯单体中的溶解度比较低，HIPS 的橡胶含量一般在 10%以下，但橡胶粒子中有内包藏树脂时，橡胶相的体积分数可超过 20%，能提高增韧效果。橡胶粒径一般控制在 1～5μm 范围内，最好是 1～2μm。有人认为，粒径分布均匀较好，也有的学者主张粒径分散度较大为好，因为小粒径能诱发切变带，而大颗粒可诱发银纹，二者相互补充[11]。提高基体树脂 PS 的分子量有助于改善抗冲性能，但熔融流动性下降，调节引发剂用量可平衡二者关系。上述结构因素对 HIPS 其他性能的影响参见表 10-2[7]。

表 10-2　　HIPS 的结构对性能的影响

结构因素＼性能	模量	冲击强度	热变形温度	耐溶剂开裂性	黏流特性	光泽与透明性
橡胶体积分数	↘	↗	↘	↗	↘	↘
粒径及其分布	↘	↗↘	—	↗	↗	↘
交联度	↗	↗↘	—↗	—↘	↗	↗
基体树脂分子量	—	↗	—	↗	↘	—
润滑剂用量	↘	↗	↘	↘	↗	↗

HIPS 除具有卓越的韧性外，还基本保持了 GPPS 的刚性、加工性能和着色性，但拉伸强度和透明度有所下降。工业上曾以橡胶含量的变化分别生产出中抗冲级 HIPS、高抗冲级 HIPS 和超抗冲级 HIPS。

HIPS通过注射成型可生产各种仪器外壳、纺织用器材（如纱管）、电器零部件和生活用品等制品，或通过挤出成型方法加工成管材、片材以及由板材二次加工生产容器、杯盘等。另外，HIPS也适于真空成型、压缩成型或中空成型等加工方法。

10.2.4 新型 HIPS 及 HIPS 的共混改性

通过优化工艺条件、调整生产配方或将 HIPS 与其他聚合物共混，提高 HIPS 的综合性能，增加 HIPS 品种，进而取代价格昂贵的 ABS 树脂是多年来国内外研究的重要课题。其主要内容包括，在保持 HIPS 抗冲性能基础上，提高光泽、刚性、耐化学药品性、耐环境应力开裂性和透明性，改善耐热性和抗静电性能等。现将主要品种介绍如下。

1. 高光泽高抗冲 HIPS

同 ABS 相比，HIPS 制品的光泽度较差。但为提高光泽度而降低橡胶粒径，HIPS 的抗冲性能下降，反之亦然。

日本的 TEC 和 MTC 联合开发了一种特殊聚合釜，如图 10-6 所示[2]。当螺旋桨转数 N（r/min）与该桨叶直径 D（m）满足 $0.15<b(N^2 \cdot D<20$ 时，它可适当控制橡胶粒径大小和分布，能将 HIPS 的抗冲性能和表面光泽度有机地统一起来。Monsanto 公司使用双粒径分布的橡胶制备了 HIPS（0.2～1μm，2.0～5.0μm），其光泽度为 97%，悬臂梁冲击强度为 $90J/m^2$。

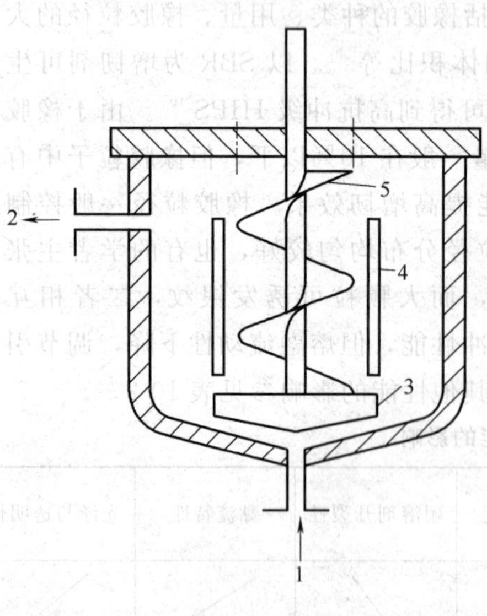

图 10-6 可控制 HIPS 橡胶粒径的聚合釜

1—进料口 2—出料口 3—辅助搅拌桨 4—挡板 5—螺旋型搅拌桨

除橡胶粒径外，橡胶粒子的圆周常数和松弛时间一级连续本体聚合过程中，聚合釜的搅拌速率和脱挥温度也都影响 HIPS 的表面光泽度和冲击强度。

2. 耐环境应力开裂 HIPS

HIPS 取代 ABS 的主要难题之一就是其耐环境应力开裂性能低，特别是 HIPS 用作冰箱内胆和含油食品包装时，卤代烃与不饱和油脂均能使之迅速开裂，失去强度。目前，将 HIPS 与 PP、PPO 等聚合物共混是提高其耐环境应力开裂性能的主要措施。

例如，以苯乙烯-丁二烯嵌段共聚物为相容剂，将 HIPS（含 7.9% 聚丁二烯）与 PP 以 45：55 的比例共混后，得到了适于食品包装的共混物。其拉伸强度为 7.9MPa，伸长率为 18.6%，切口冲击强度为 $15.5kJ/m^2$，湿气透过率（相对湿度 85%）为 $3.0g/(m^2 \cdot d)$。在氟氯烃和油中保持 50min 后，断裂伸长率分别为 75% 和 58%。

3. 透明 HIPS

在充分保持 GPPS 透明性的基础上，提高 HIPS 综合性能是 HIPS 改性的一个重要方向。日本的 DIC 公司以“静态混合连续本体聚合工艺”为基础，开发了具有良好热稳定性、高硬度的透明 HIPS，其透明性与 GPPS 基本相同，冲击强度为 ABS 树脂的 2 倍。

生产透明 HIPS 所用的增韧剂有丙烯酸橡胶和苯乙烯-丁二烯星形共聚物等[22]。

此外，氢化丁二烯-苯乙烯嵌段共聚物与普通 HIPS 共混，可制备高抗冲高刚性 HIPS，适应制品薄型化趋势。以 EPDM 为增韧剂，经本体聚合可生产耐候型 HIPS。含丁二烯-异戊二烯橡胶或适度氢化聚丁二烯橡胶的 HIPS 与 PPO 共混，热变形温度达到 120℃。

4. HIPS 与聚烯烃的共混物

与聚烯烃共混可以提高 HIPS 的韧性、耐环境应力开裂性，但两者不相容，所以必须依靠相容剂才能取得良好的共混改性效果。共混物加入过氧化异丙苯（DCP）和 SBS，对 HIPS/LLDPE 共混体系具有较好的协同作用。当 HIPS/LLDPE/SBS 共混比为 70/30/10，DCP 用量为 HIPS 与 LLDPE 总量的 0.05％时，可得到综合性能较好的共混物。其对 HIPS/HDPE 共混改性的研究中，也得到与上相类似的结果[12-13]。

HIPS 与 PP 共混也难以相容，同样在 DCP 存在下，两聚合物之间可产生反应接枝，因而促进两者得以相容[14]。

5. HIPS 与弹性体的共混

采用各种弹性体增韧 HIPS 是人们设想的改性方案，例如曾有研究 HIPS/SBS、HIPS/SBR 及 HIPS/BR 等共混物的报道，但结果一般认为只有 HIPS/SBS 的综合性能比较理想[15-17]。

陈英楠等[18]研究了 HIPS、PPO、PS 三元共混物，其以聚丁二烯（PB）乳胶粒子上接枝苯乙烯（PS）制备的核壳结构的 PB-g-PS 作为协同增韧改性剂，在各组分适当共混比例下，取得了理想的改性效果。

以聚丙烯酸丁酯/聚甲基丙烯酸乙酯的核壳结构弹性体粒子与 HIPS 共混可起到一定的增韧效果，其增韧机理是当共混物受到冲击，该粒子能够在 HIPS 中产生银纹的同时，引发基体层的剪切屈服，抑制基体层的脆性断裂。研究者认为这比以往弹性体增韧 HIPS 的增韧机理有所发展[19]。

6. HIPS 的其他共混物

张秀斌等[20]研究了 HIPS 与 PVC 的共混，若采用 HIPS 接枝聚甲基丙烯酸甲酯（HIPS-g-PMMA）作为相容剂，所得共混物的拉伸强度、屈服强度、断裂伸长率都有明显增大。

HIPS 与聚苯醚（PPO）共混具有很好的相容性，但它们的共混物多以 PPO 为主要成分，本书将在 PPO 共混改性一节中加以介绍。

10.3　ABS 树脂及其共混改性

ABS 树脂是目前产量最大、应用最广泛的聚合物共混物。它将 PS、PBR 和 PAN 的各种性能有机地统一起来，不仅具有韧、硬、刚相均衡的优良力学性能，而且具有较好的耐化学药品性、尺寸稳定性、表面光泽度、耐低温特性、着色性能和加工流动性等优点。作为最重要的工程塑料，ABS树脂自20世纪50年代实现工业化以来，发展极其迅速。

ABS虽然通常被认为是丙烯腈、丁二烯和苯乙烯的三元共聚物，并经常以下列结构式表示：

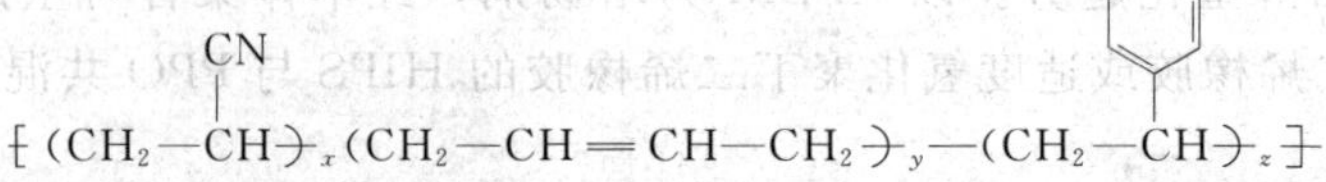

但实际上ABS是一类复杂的聚合物共混体系，它由接枝共聚物（以聚丁二烯为主链，以苯乙烯、丙烯腈共聚物为支链）、苯乙烯与丙烯腈的无规共聚物（AS树脂）以及未接枝的游离聚丁二烯3种主要成分构成。而且随着ABS生产技术的发展，由于所用原料的种类、比例、工艺条件、生产方法的多样化，ABS树脂的实际组成千差万别，变动极大。

ABS的发展是从机械共混方法开始的，后来又研究成功了接枝共聚-共混技术，并逐渐取代了前者。通过改变ABS的某一成分或其用量，已开发了一系列具有不同特性的新型ABS树脂。与其他聚合物共混，还可改善ABS树脂的综合性能。高等级、高性能、多品种ABS树脂的研究与开发，进一步拓宽了其应用领域。

10.3.1 ABS生产方法概述

ABS早期使用的机械法共混物，在国外简称为B型ABS，其生产过程主要包括3个步骤，即丁腈胶乳的制备、AS树脂乳液的制备以及上述两组分的共混。

机械法共混ABS的劳动强度大，工作环境恶劣，而且难以得到综合性能优良的产品。随后开发了接枝共聚-共混法，它是以顺丁橡胶为接枝骨架，经过复杂的共聚合反应和步骤，将苯乙烯、丙烯腈接枝的方法，这种树脂在国外被称作G型ABS。目前该方法已取代机械共混法，成为ABS树脂的主要生产方法。接枝共聚-共混法又细分为：

1. 乳液接枝共聚-共混法

乳液接枝共聚-共混方法一般包括橡胶胶乳的制备，与苯乙烯、丙烯腈单体接枝共聚以及后处理等步骤。

2. 乳液接枝共聚-乳液共混法

作为上述方法的改进，本方法是先将部分苯乙烯、丙烯腈单体与橡胶胶乳进行乳液接枝共聚，而剩余单体混合物单独进行乳液共聚，然后将两者均匀混合，经共同凝聚、分离、洗涤、干燥和造粒等一系列后处理，最后得到ABS树脂。

3. 乳液接枝共聚-树脂共混法

乳液接枝共聚-树脂共混法是一种比较新颖的生产技术，首先将部分苯乙烯、丙烯腈单体与接枝橡胶进行乳液接枝共聚，经凝聚、分离和干燥等处理后，得到ABS的凝聚体颗粒料（母体ABS树脂），橡胶含量一般为35%左右。然后与几乎等量的AS树脂共混。共混用AS树脂可通过悬浮或本体共聚法生产。

本法产品质量稳定，可生产树脂品种多，工艺条件容易控制。ABS凝聚体颗粒与

AS 树脂共混，特别是使用本体法 AS 时，产物的杂质含量低，ABS 树脂的产品质量和色泽得到改善。目前，本方法最具实用性，应用比较广泛。

由于生产工艺需要两套不同的设备，装置比较复杂，仍不能避免乳液方法的后处理过程，本方法仍待改进。

4. 乳液-悬浮接枝共聚-共混法

乳液-悬浮接枝共聚-共混法是，先把乳液接枝共聚的单体转化率控制在某一范围内，凝聚处理后将乳液聚合转变为悬浮聚合。乳液聚合的条件容易控制，橡胶含量不受限制，而悬浮聚合又克服了乳液法后处理复杂、产品纯度低的缺点，具有一定的先进性。本方法的工艺复杂，存在污水排放问题，可生产的 ABS 品种也比较单一。也可将乳液聚合体系经部分凝聚后稳定地转入悬浮聚合体系，可减少釜壁结垢量，提高产品质量和稳定性。

5. 乳液-本体接枝共聚-共混法

此法以本体聚合取代了 AS 树脂的制备及其与母体 ABS 的共混过程：先将少量的接枝单体与橡胶胶乳进行乳液接枝共聚，向橡胶含量较高的该乳液体系中加入剩余单体，经盐析和除去水分后，再加入引发剂进行本体聚合。由于大幅度降低了能耗和生产成本，产品纯度高，经济技术指标比较理想，故有一定意义，但生产品种比较少，难于满足市场的多样化需求，加之工艺复杂、流程长和环境污染等问题，仍需进一步完善。

6. 本体-悬浮接枝共聚-共混法

与上述几个方法一样，本方法亦将共聚-共混过程分为两步完成：首先将顺丁橡胶或线型嵌段共聚物 SBS 溶于接枝单体混合物中进行本体预聚合，完成相反转后（单体转化率一般控制在 15%～30%），加入水、悬浮剂、引发剂和链转移剂等进行悬浮聚合。

苯乙烯/丙烯腈的用料比一般为 75/25～70/30，橡胶含量为 4%～15%，橡胶粒径介于 0.5～5μm。

本体-悬浮法 ABS 的外观好，纯度高，工艺简单，生产成本比较低。但对生产设备和工艺条件的要求高，橡胶含量比较低，橡胶颗粒粒度大，产品的光泽比乳液法差，生产品种单一，仍需逐步完善。

7. 连续本体接枝共聚-共混法

连续本体接枝共聚-共混方法是将橡胶直接溶于接枝单体混合物中，经多阶段本体共聚合生产 ABS 树脂的一种较新技术。经过多年的改进与完善，已实现工业化生产，产品的性能和种类可与传统的乳液方法相媲美。20 世纪 90 年代，ABS 树脂的生产技术已向连续本体法倾斜。目前采用该技术的公司有 Dow、Monsanto、BASF、Tory 和 MTC 等。

MTC 公司开发的连续本体生产工艺目前在世界上处于领先地位，除聚合釜的结构外，其生产过程和工艺基本与连续本体 HIPS 相同，既能生产 ABS 树脂，又适于生产 HIPS。ABS 树脂的连续本体生产工艺如图 10-7 所示[2]，该工艺具有如下特点。

（1）预聚合　与 HIPS 的连续本体工艺相似，ABS 的预聚阶段主要完成相反转，生成内包藏 AS 树脂和共聚单体的微凝胶体。该工艺极短的时间内即完成相反转，单体

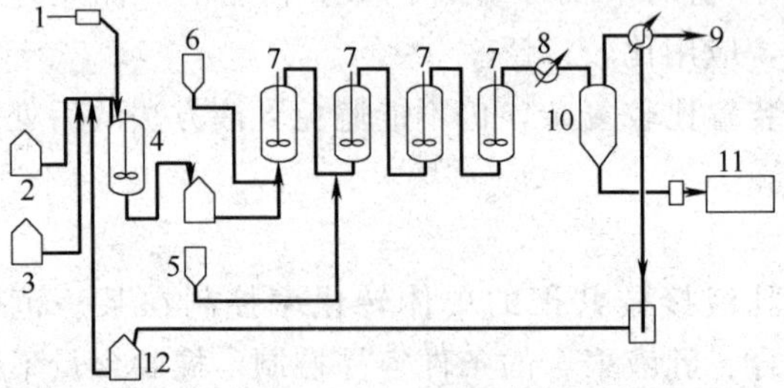

图 10-7 ABS 树脂的连续本体生产工艺
1—橡胶（经粉碎） 2—丙烯腈单体 3—苯乙烯单体
4—橡胶溶解槽 5—链转移剂 6—引发剂
7—聚合反应釜 8—预热器 9—真空系统
10—脱挥槽 11—成品 ABS 树脂 12—回收溶剂

转化率为 10%～40%。

（2）后聚合 在此过程中，橡胶颗粒发生交联，体系的黏度增大，传热系数降低，需使用乙苯、丁酮等稀释剂。该聚合釜附有蛇形管，可及时除去聚合热，控温能力强。分子量可用链转移剂加以调节。

（3）脱挥发分 此工艺采用发泡型真空脱挥发系统。

连续本体法工艺简单，容易操作且灵活性大，由于不使用乳化剂等反应助剂，产品质量高，环境污染少。橡胶粒子在基体树脂中的分散性好，但为防止聚合体系的黏度过高，一般将橡胶用量控制在 10%～15%，故通常只能生产中抗冲 ABS 树脂。因此，研究橡胶粒径和用量的控制技术，提高抗冲性能，增加生产品种依然是研究的重要课题。

采用连续本体工艺也可以生产以 AS 树脂为主链，橡胶成分为支链的 ABS 树脂[2]：在混合釜中，将本体法或悬浮法 AS 树脂的惰性溶剂（如乙苯）溶液与丁二烯单体混合，使丁二烯单体均匀分散于基体树脂中；将此混合溶液连续打入聚合釜中进行本体聚合，生成的橡胶状材料分散于 AS 树脂中；聚合反应结束后脱除易挥发分。此工艺简单，便于操作，接枝率高，橡胶粒径容易控制，产品性能稳定，且生产成本低。

10.3.2 ABS 树脂的性能与应用

ABS 树脂具有复杂的两相结构，由橡胶相（分散相）、树脂相（连续相）以及两相的过渡层所构成。ABS 的制法不同，形态结构即有差异，而形态结构又与性质有着密切关系。由于影响共混物形态结构的因素极多（参见本书第 3 章），所以，与 ABS 树脂性质相关的因素也异常复杂，可概括如下：① 橡胶相。ABS 中橡胶相的组成、分子量、交联度、含量、粒度、粒度分布、胶粒的几何形态、胶粒的分散状态、胶粒内包藏树脂的量等；② 树脂相。ABS 中 AS 树脂的组成、组成排列方式、分子量、分子量分布等；③ 接枝共聚物。接枝共聚物主链和支链的组成及排列方式、接枝率、接枝层厚度等。

为了得到加工流动性和抗冲性能均衡的 ABS 树脂，增韧橡胶需保持一定的交联度。经常采用的有顺丁橡胶（耐寒性好）和丁苯橡胶（有助于改善树脂的流动性），较少使用丁腈橡胶（耐低温效果差）。橡胶含量的增加有助于改善抗冲性能，但为兼顾其他性能，一般将 ABS 的橡胶含量控制在 10%～30%。橡胶粒径太小，或与树脂相完全相容，会降低乃至失去增韧作用；若粒径太大，则分布相对集中，也不能很好地吸收冲击能量。由于 ABS 树脂基体的极性比 HIPS 大，材料在较低的破坏速度下发生剪切屈服，而在较高速度时主要发生银纹化，其橡胶相的最佳粒径比 HIPS 小。为兼顾韧性、刚性和表面光泽，最佳粒径为 0.3～0.5μm。将 0.3～1μm 的大颗粒橡胶与 0.1～0.3μm 的小颗粒橡胶配合使用，可大幅度提高冲击强度。此时，大颗粒吸收能量诱发银纹，小颗粒控制银纹增长速度，抑制银纹发展[21]。接枝率的提高增加了橡胶内包藏树脂量，有利于提高抗冲性能。

当两相中苯乙烯/丙烯腈比接近时，体系的相容性较好，ABS 的冲击强度最高；接枝 AS 和共混 AS 的分子量匹配，可改善体系的相容性[22]。在橡胶相含量不变时，丙烯腈含量增加，ABS 的拉伸强度提高，但加工流动性下降。

上述因素对 ABS 树脂其他性能的影响见表 10-3[23]。

表 10-3　　ABS 树脂的组成与性能的关系

	B/SA	S/BA	A/BS	B/S(A 一定)	B/A(S 一定)	S/A(B 一定)	S/B(A 一定)	A/S(B 一定)	A/B(S 一定)
	↑	↑	↑	↑	↑	↑	↑	↑	↑
冲击强度	↑	↓	↓	↑	↑	↓	↓	↑	↓
伸长率	↑	↓	↓	↑	↑	↓	↓	↑	↓
拉伸强度	↓	↑	↑	↓	↓	↓	↑	↑	↑
弯曲强度	↓	↑	↑	↓	↓	↓	↑	↑	↑
弯曲弹性模量	↓	↑	↑	↓	↓	↓	↑	↑	↑
弯曲疲劳强度	↑	↓	↓	↑	↑	↓	↓	↑	↓
硬度	↓	↑	↑	↓	↓	↓	↑	↑	↑
热变形温度	↓	→	↑	↓	↓	↓	↑	↑	↑
蠕变性	↑	↓	↓	↑	↑	↑	↓	↓	↓
耐药品性	↓	↓	↑	↓	↓	↓	↑→	↑	↑
相对密度	↓	↑	↑	↓	↓	↓	↑	↑	↑
耐磨耗性	↓	↑	↑	↓	↓	↓	↑	↑	↑
尺寸稳定性	↑	↓	↓	↑	↑	↓	↓	↑	↓
流动性	↓	↑	→	↓	↓	↑	↑	↓	↑

注：↑—提高，↓—下降，→—无变化。

也有人将这些影响表达为下列经验公式[24]：

$$拉伸强度/MPa=(58.650+7.158x_2-1.279x_1x_5+4.869x_2x_4+1.108x_3x_5)\times 0.1 \quad (10\text{-}1)$$

$$悬梁冲击强度/(kJ/m^2)=-51.278+4.476x_1-0.064x_1^2+1.396x_2x_4+0.144x_2x_6-0.388x_6^2 \quad (10\text{-}2)$$

$$硬度(洛氏)=97.678+0.858x_2-0.029x_1^2 \quad (10\text{-}3)$$

$$热变形温度(℃)=73.662+0.013x_1x_2+0.018x_2x_3+0.637x_2x_4-0.050x_2x_5+0.078x_6^2 \quad (10\text{-}4)$$

式中　x_1——ABS 中聚丁二烯的质量，%

x_2——ABS 中游离 AS 树脂所含丙烯腈的质量，%

x_3——ABS 中接枝 AS 树脂的质量，%

x_4——ABS 中游离 AS 树脂的特性黏度，[η]

x_5——ABS 中可萃取物质量，%

x_6——ABS 中灰分质量，%

根据式（10-1）～式（10-4）所含的各个项，可以分析判断各基本因素对某项性能产生的影响是正还是负，以及其影响的大小。上述各式的计算结果，除热变形温度一项外，其他均与实测值非常接近。需要提出的是，上述各式对特定 ABS 树脂虽然比较适用，但未必能适用于各种类型 ABS 树脂（不同制法、不同形态结构等），因为它们所包含的因素是不完全的。

ABS 树脂具有卓越的综合性能，主要类别及特性见表 10-4。

表 10-4　各种品级 ABS 的性能

性能	超抗冲型	高抗冲型	低温抗冲型	耐热型
相对密度	1.05	1.07	1.02	1.06～1.08
吸水率(24h)/%	0.3	0.3	0.2	0.2
热变形温度				
(0.46MPa)/℃	96	98	98	104～116
(1.86MPa)/℃	87	89	78～85	96～110
线膨胀系数/10^{-6}℃	10.0	7.0	8.6～9.9	6.8～8.2
燃烧性/(mm/s)	—	—	0.55	0.55
拉伸强度(极限)/MPa	35	63	21～28	53～56
(屈服)	—	—	21～28	53～56
杨氏模量/$\times 10^5$MPa	1.8	2.9	0.7～1.8	2.5
挠曲强度/MPa	62	97	25～46	84
挠曲弹性模量/$\times 10^3$MPa	1.8	3.0	1.2～2.0	2.5～2.6
压缩强度/MPa	—	—	18～39	70
硬度(洛氏 R)	100	121	62～88	108～116
冲击强度				
(缺口,23℃)/(kJ/m²)	53	6.0	27～49	16～32
(缺口,0℃)/(kJ/m²)	—	—	21～32	11～13
(缺口,－40℃)/(kJ/m²)	—	—	8.1～18.9	1.6～5.4
介电强度/(kV/mm)	—	—	15.1～15.7	14.2～15.7
体积电阻/Ω·cm	10^4	10^4	10^{13}	10^{13}
介电系数/(60Hz)	2.4～5.0	2.4～5.0	3.7	2.7～3.5
介电损耗	0.003～0.008	0.003～0.008	0.011～0.073	0.034
耐电弧性/s	50～85	50～85	70～80	70～80

ABS 树脂广泛用以制造机电制品，用 ABS 树脂制造的制品强度大，质量轻，可以节约大量金属材料，且成本较低；ABS 树脂的低温抗冲性能较好，无毒，因而常用以制造冷藏库和冰箱的内衬，冰箱中的食品盘等耐寒制品；用 ABS 树脂生产各种规格、各种用途的管材也是 ABS 的重要应用领域。ABS 管道加工容易且具有较好的韧性、硬度、耐腐蚀性、不渗透性。ABS 树脂很容易进行电镀以获得具有金属光泽的表面，同时增加了 ABS 制品表面的耐磨性和耐腐蚀性。

10.3.3　新型 ABS 树脂

尽管 ABS 树脂的综合性能良好，但也存在着透明度差、耐候性不足、难耐高温和不阻燃等缺点。为此，以分子设计原理为依据，通过调整原料的组成与比例，改善生产工艺条件或优化形态结构等措施，已开发了一系列与 ABS 相似的共混物。尽管它们已不再是或者不完全是丙烯腈、丁二烯和苯乙烯三者的传统组合，但习惯上仍称之为新型 ABS 树脂，下面分别介绍。

1. 高抗冲 ABS 树脂

增韧橡胶的形态结构、分布状况及其物理化学特性是影响 ABS 树脂抗冲性能的重要因素。在乳液接枝共聚-树脂共混过程中，向顺丁橡胶种子胶乳中分步加入苯乙烯和丙烯腈，制备一种无新种子生成的具有核壳结构的母体 ABS；将不同粒径的胶乳按一定比例混合，或以聚丙烯酸丁酯（或它的共聚物）部分代替顺丁橡胶制备的母体 ABS，与 AS 树脂共混后均可得到高抗冲 ABS 树脂。

将不同粒径和不同接枝率的 ABS 乳液共混，如小粒径高接枝度的 ABS 乳液与大粒径低接枝率的 ABS 乳液共混，可改善 ABS 树脂的低温抗冲性能、表面光泽和加工流动性。以单分散顺丁橡胶为种子（粒径为 0.1～0.3μm），PMMA 为壳的共聚物，可用作抗冲改性剂。即使少量加入，也可使大粒径本体法 ABS 的缺口冲击强度提高 5 倍，低温下的改善效果更为显著[2]。

2. 透明 ABS 树脂

在树脂相中引入 MMA，降低 ABS 的折光率，使之与橡胶相接近，即可得到透明 ABS 树脂。共聚物的折光率可由每种组成的质量百分数计算，而每种组成的折光率与均聚物等值，共聚物组与折光率的关系如图 10-8 所示[2]。由该图知，对具有一定折光率的分散相而言，只有组成在图中直线上或直线附近的三元共聚物才是透明的。主要的透明 ABS 品种有 MBS、MABS 和 MCS 等。

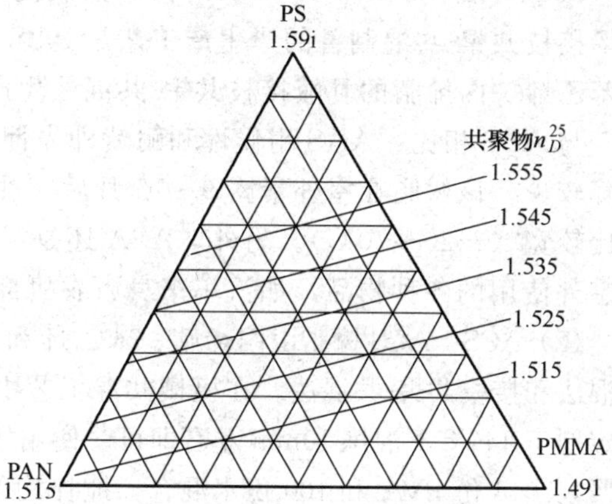

图 10-8　共聚物组成与折光率的关系

（1）MBS　甲基丙烯酸甲酯、丁二烯、苯乙烯的接枝共聚-共混物称为 MBS 树脂。其制造方法与 ABS 基本相同，即主要用乳液接枝共聚-共混法：聚丁二烯胶乳、甲基丙烯酸甲酯、苯乙烯和水加乳化剂后搅拌乳化，再加引发剂在 65℃聚合约 6h 完成反应。随后再进行凝聚、分离、洗涤和干燥。

MBS 透光率 90％，比 ABS 耐紫外线，其洛氏硬度为 87，悬梁冲击强度为 15.66kJ/m²，热变形温度为 75℃。可用以制取电讯设备、收音机和电视机外壳、汽车零部件、仪表罩、家具、玩具等。

（2）MABS　MABS 是由甲基丙烯酸甲酯、苯乙烯和丙烯腈的共聚物与聚丁二烯接枝橡胶机械混炼而得。树脂共聚物以乳液聚合法制备，原料配比为甲基丙烯酸甲酯 67～72 份，苯乙烯 18～22 份，丙烯腈 8～12 份。聚丁二烯接枝橡胶是用 100 份聚丁二烯加 67～80 份甲基丙烯酸甲酯，17～21 份苯乙烯和 1～13 份丙烯腈以乳液聚合法制得。共聚树脂与接枝橡胶在排气式挤出机中混炼，最终共混物中聚丁二烯含量为 5％～30％。

此种共混物透光率达 85％，其他性能与 ABS 相近，可用以生产各种透明容器、电视机前屏板、仪表壳体、家庭装饰品以及汽车部件等。

（3）MCS　MCS 是甲基丙烯酸甲酯和苯乙烯在 CPE 上接枝共聚而成的橡胶增韧热塑性塑料，是以 CPE 为分散相，甲基丙烯酸甲酯-苯乙烯共聚物为连续相的两相体系[25]。由于 PMMA 的折光率较低，只要调节 MMA-ST 配比，将 MMA 含量限制在恒比点（47mol％）和恒比点以上 20mol％的范围内，使共聚物的折光率与 CPE 匹配，就能得到稳定、最佳的透明性。

MCS 树脂不但透明性好，而且具有优良的抗冲性能、耐候性、阻燃性和抗静电性能，已作为工程材料应用于电子电器和汽车制造行业。也可用作 PVC 的透明抗冲改性剂。

MCS 树脂的制备经常采用悬浮接枝共聚-共混法。

3. 耐候 ABS 树脂

ABS 树脂的丁二烯橡胶组分含有残留的不饱和双键，在光、氧作用下容易老化。

若采用不含双键或少含双键的橡胶代替顺丁橡胶，即可制得耐候性 ABS 树脂，如 AAS、ACS 和 AES 等。

（1）AAS　AAS（或 ASA）树脂是以丙烯酸酯类橡胶为接枝骨架，将丙烯腈、苯乙烯接枝共聚-共混制备的，生产工艺与 ABS 树脂基本相同。我国主要采取丙烯酸丁酯与苯乙烯、丙烯腈的乳液接枝共聚-共混法生产。

与 ABS 相比，AAS 耐候性和耐紫外光性能都有很大提高（约 10 倍），而抗冲性能下降较少。该树脂在室外暴露 9～15 月后，冲击强度和伸长率几乎没有变化，使用温度也比较宽（－20～70℃）。另外，ASA 还是一种抗静电材料，表面不积灰尘，可用于生产室外使用的各种物品，如汽车车身、农机部件和交通路标等。

（2）ACS　ACS 树脂由丙烯腈、苯乙烯和 CPE 橡胶 3 种组分构成，制备方法有机械共混法和接枝共聚-共混法。在机械共混工艺中，将 5 份 CPE、15 份 AS 树脂和一定量的稳定剂于 140℃下混炼 10min 左右即可。使用接枝共聚-共混法时，首先将 1 份 CPE（含氯 30%）、0.4 份 PVA 和 100 份水混合，搅拌均匀后加入 18 份丙烯腈、54 份苯乙烯和适量过氧化物引发剂。105℃悬浮聚合 4h，145℃熟化 2h 后，即完成全部反应[2]。

ACS 树脂的耐候性优于 ABS 树脂，且因含有 CPE 而呈现难燃性，加工成型收缩率低，耐酸碱腐蚀性略优于 ABS，主要用途是代替木材制造室外用物品。

（3）AES　AES 树脂亦称 EPSAN、EPAS 或 OSA（Olefin-modified Styrene-Acrylonitrile），含有乙烯、丙烯、苯乙烯和丙烯腈 4 种组分，可通过溶液聚合、悬浮聚合或乳液聚合等方法生产[2]。

AES 树脂的耐候性比 ABS 高 4～8 倍，热稳定性优于 ABS，热变形温度为 89℃，力学强度与 ABS 相当，吸水率仅有 0.2%左右。AES 抗氧性能好，是一种非常重要的耐候树脂[62]。

日本有公司采用两种不同 T_g 的 EPDM 混合物（二者均为乙烯、丙烯与非共轭二烯烃的共聚物）为接枝骨架，将苯乙烯、丙烯腈接枝共聚后，得打了耐候性、耐热性、抗冲性能和表面俱佳的 AES 树脂[2]。

4. 耐热 ABS 树脂

除了与耐热树脂共混或添加无机填料外，提高 ABS 树脂耐热性的主要手段就是在 ABS 的主链中引入刚性分子；提高主链的刚性和内聚能密度；降低主链的对称性或增加侧链的位阻。

以 α-甲基苯乙烯部分或完全代替苯乙烯制备 ABS 树脂，热变形温度可提高 10～15℃。这是目前应用最广泛的耐热 ABS 树脂。但此种耐热 ABS 树脂加工性比较差。此外，若引入 MMA、甲基丙烯酸、甲基丙烯腈、苯乙烯/马来酸共聚物或酰胺类化合物，均可提高耐热性，但都存在一些不利因素[2]。

含 N-苯基马来酸酐缩亚胺（PMI）的耐热 ABS 的优点是，在不降低其他性能的情况下，可显著提高 ABS 的耐热温度。例如，在 ABS 中每添加 1%PMI，热变形温度便提高 2～3℃，当添加量为 5%～10%时，热变形温度可达 125～130℃，可制成超耐热 ABS 树脂，甚至可与改性 PPO 竞争[2]。

这种耐热 ABS 的生产方式有两种，一是将马来酸酐与伯胺反应生成马来酸酐缩亚胺单体，然后与苯乙烯、丙烯腈通过乳液法、本体法或本体悬浮法接枝；另一种是先将无水马来酸酐与接枝单体共聚，再与伯胺反应生成马来酸酐缩亚胺树脂。在乳液接枝共聚-树脂共混工艺中，常将马来酸酐缩亚胺单体与接枝单体共聚，然后与母体 ABS 树脂共混[2]。

5. 低光泽 ABS 树脂

低光泽 ABS 也称消光型 ABS，其消光功能主要是利用制品表面橡胶颗粒的微收缩作用，造成表面糙化，使光线的反射和折射减小至最低限。在乳液接枝共聚-共混工艺中，首先将苯乙烯、丙烯腈与丙烯酸酯类单体共聚，然后将这种特殊 AS 树脂与母体 ABS 共混。

低光泽 ABS 制品具有防眩作用，使视觉产生舒适和柔和感，已广泛用于机动车辆内部装饰和有关部件的制造，也可生产计算机、电器、仪表和音响设备的外壳。

10.3.4　ABS 树脂的共混改性

由于 ABS 树脂含有侧苯基、氰基和不饱和双键，它与许多聚合物都有比较好的相容性，这为 ABS 的共混改性创造了有利条件。通过共混，可提高 ABS 的冲击强度、耐热性、耐化学腐蚀性，赋予阻燃性和抗静电性，或降低成本。

1. ABS 与 PVC 的共混

由于 ABS 树脂的阻燃性能较差，在电器绝缘材料方面受到一定的限制。如今世界各国对家用电器材料的阻燃要求日益严格，改善 ABS 的阻燃性能已成为更加迫切的课题。实验证明，ABS/PVC 共混物不仅阻燃性能和抗冲性能优异，而且拉伸性能、弯曲性能和铰接性能、耐化学腐蚀和抗撕裂性能也比 ABS 的有所提高，其性能/成本指标是其他树脂无法比拟的。作为 ABS 系列最主要的共混物品种，其注射成型及挤出成型制品已广泛应用于建筑、汽车、电子电器和医疗器械等领域。在耐热要求不很高的场合，可代替 Noryl（改性 PPO）制作工业零部件。日本电气化学工业公司 ABS/PVC 共混物的物理性能见表 10-5[2]。

表 10-5　　ABS/PVC 共混物的物理性能

性能	类型		
	透明、易流动型	高抗冲、易流动型	耐热型
相对密度	1.210	1.18	1.18
成型收缩率/%	0.2～0.4	0.2～0.4	0.2～0.4
线膨胀系数/[×10^{-6}cm/(cm·℃)]	7.0	—	—
吸水率/%	0.6	0.6	0.6
表面光泽/%	—	97	97
浊度/%	9	—	—
全光线透过率/%	84	—	—
热变形温度/℃	65	70	76
维卡软化点/℃	73	79	85
熔体指数(200℃)/(5kg·g/10min)	15.1	11.3	8.0
拉伸强度/MPa	48	38	40
伸长率/%	80	20	50
弯曲强度/MPa	85	69	70
弯曲模量/MPa	2900	2280	2200
悬臂梁冲击强度/(kJ/m^2)	0.17	0.4	0.15
洛氏硬度	110	109	110
燃烧性(1/8s 或 1/16s)	V-0	V-0	V-0

ABS/PVC共混物属部分相容体系，但相界面的表面张力低，存在较强的粘附力，因而具有理想的工程相容性。一般认为，PVC与AS树脂形成连续相，而ABS中的橡胶粒子构成分散相，共混物具有海岛结构[26-27]，在共混过程中ABS的橡胶粒径基本没有变化。当材料受到外力冲击时，橡胶粒子成为应力集中点，使材料诱发银纹。与此同时，橡胶粒子又可终止、歧化银纹，或诱发新的银纹，从而提高材料的抗冲性能。Y. N. Sharma发现，随ABS用量的增加，共混物的抗冲性能不断提高，说明共混物具有海岛结构。但在共混比为50∶50时，共混物的冲击强度出现最大值，如图10-9所示[27]，据此推测ABS与PVC形成IPN结构。A. Pavan应用力-形变曲线法的研究发现，当接枝共聚物/AS树脂质量比较低时，PVC含量在15%～30%范围内，共混物冲击强度出现极大值；共聚物/AS质量比较高时，极大值出现在PVC含量为70%处，如图10-10所示[26]。若将ABS树脂用作PVC的抗冲改性剂，其用量一般为5%～25%。

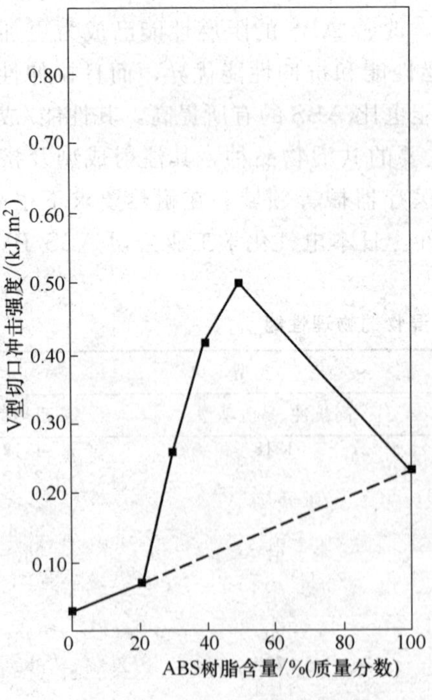

图10-9　ABS/PVC共混物组成与V形切口冲击强度的关系（1kg·cm/cm≈0.01kJ/m）

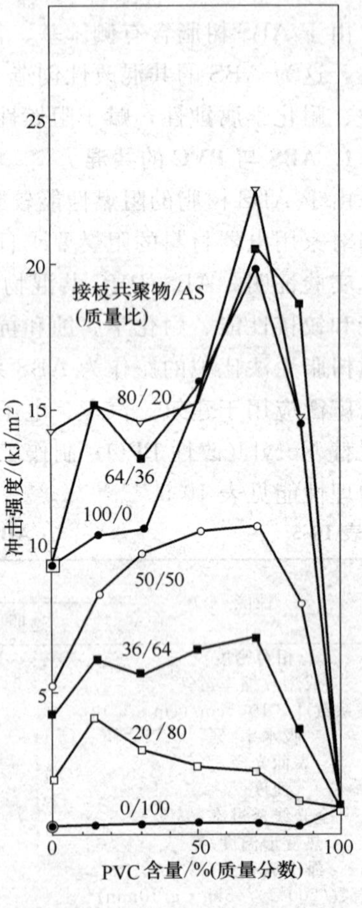

图10-10　ABS/PVC共混物的组成与V形切口冲击强度的关系

ABS/PVC共混物的阻燃性能优良，但不存在协同效应，如图10-11所示[2]。在共混过程中，为防止大量加入的PVC受热分解，常加入少量的Sb_2O_3，并相应地降低

PVC 用量。

随 PVC 用量的增加，共混物的拉伸性能、弯曲性能和伸长率也逐步提高，基本符合线性加和关系。但在 50∶50 共混比左右，上述性能指标却高于线性加和值，这从另一方面说明了共混形成 IPN 结构的可能性。

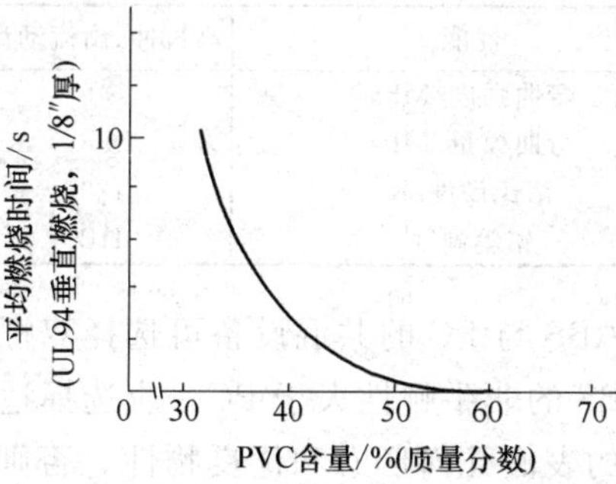

图 10-11　ABS/PVC 共混物的组成与平均燃烧时间的关系

ABS/PVC 共混物通常采用机械共混方法生产。由于共混体系的流动性比 ABS 差，加之 PVC 热稳定性较低，它在受热和剪切力作用下容易发生降解和交联，故在共混体系中应加入必要的热稳定剂、加工助剂、增塑剂和润滑剂等。另一方面，ABS 树脂与各种助剂的相容性优于 PVC，需先将 PVC 与上述助剂预混合，然后加入 ABS。即共混工艺包括预混合和熔融共混两个阶段。PVC 树脂多采用低分子量的疏松型树脂，如 XS-4、XS-5 等。常用的热稳定剂多为复合型稳定剂。共混体系中加入氢化丁腈橡胶、苯乙烯/丙烯酸酯共聚物、或 α-甲基苯乙烯共聚物（一般用量为 1～5 份），不仅提高了共混物的耐热性，还可改善加工成型性，有效地防止 PVC 分解和老化。ABS、PVC 与 MBS 的共混物，冲击强度高，加工成型性好，综合性能优良。在共混体系中加入 α-甲基苯乙烯/丙烯腈共聚物，可提高共混物的耐热性和刚性，降低生产成本。

2. ABS 与 PC 的共混

PC 与 AS 树脂的溶度参数之差（$\Delta\delta$）为 0.84 $(J/cm^3)^{1/2}$，PC 与顺丁橡胶的 $\Delta\delta$ 约为 7.45 $(J/cm^3)^{1/2}$。可以推测，PC 与 AS 树脂的相容性比较好，而与橡胶的相容性较差。研究也表明[28]，ABS/PC 各原料组分的 T_g 有一定程度的下降，且两者有相互靠近的趋势，选择适当的 ABS 共混，共混物可能只有一个 T_g[29]。因此，ABS/PC 共混物为两相体系，一个是相容的 PC/AS 相，另一个为橡胶相。由于两相间的粘附力强，共混体系具有比较好的工程相容性。另外，ABS 与 PC 的成型收缩率非常接近，共混物在加工成型过程中不会因膨胀不均而增加材料的内应力。所以，共混物可有效地吸取 ABS 和 PC 的优点，表现出良好的冲击强度、挠曲性、刚性、耐热性和较宽的加工温度范围，尤其能明显改善 ABS 的耐化学品性和低温韧性[2]。日本电气化学公司生产的 ABS/PC 共混物的物理性能列于表 10-6[2]，由于综合性能优越，ABS/PC 共混物适于制造汽车、卫生及船用设备的零部件、电器连接件、防护用品和泵的叶轮等。其产量在 ABS 系列共混物中占第二位。

表 10-6　ABS/PC 共混物的物理性能

性能	高抗冲、高流动型	超抗冲、高流动型	高抗冲、超耐热型	高刚性、超耐热型
悬臂梁冲击强度/(kJ/m^2)	0.65	1.20	0.53	0.17
拉伸强度/MPa	57	52	60	102
熔体指数(250℃)/(5kg/10min)	9.2	12.0	3.7	10.5
热变形温度/℃	105	108	129	115

续表

性能	高抗冲、高流动型	超抗冲、高流动型	高抗冲、超耐热型	高刚性、超耐热型
弯曲强度/MPa	90	82	95	134
弯曲模量/MPa	2600	2300	2700	5870
洛氏硬度/R	120	118	121	121
铅笔硬度	HB	HB	HB	HB

ABS与PC的共混设备可选择双螺杆挤出机或附有静态混合器的单螺杆挤出机。由于ABS的非牛顿性大于PC，应选择适当的共混温度和剪切速率来控制黏度比，保证所需要的表面几何形态和优良物性。否则，会发生相反转。在共混方式上，二阶共混的混炼效果好，但部分物料要经受两次高温挤出，能耗高，易使物料降解。共混比例直接影响共混物的形态结构。在注射制品中，ABS与PC的共混比为75∶25时，PC在ABS连续相中呈粒状分布，粒子沿注射方向拉长；共混比为25∶75时，ABS在PC连续相中呈纤维状和不连续层状；在50∶50的比例下，二者均为不连续层状结构，并沿注射方向排列，其微观结构在注射样条的厚度方向有明显差异。水分含量超过0.03%，或受热温度高于150℃时，PC极易降解，共混前应严格干燥。此外，在混炼或成型加工时，不应混入硬脂酸类润滑剂，以免影响产品性能。

原料的性质、配比和共混条件等因素对共混物冲击强度有重要影响，如图10-12、图10-13所示。研究表明，橡胶含量较低的ABS（如18%）与PC用连续捏合式挤出机混炼时，在比较宽的共混比例范围内均可获得协同效应，且在50/50时具有最大值；而使用Brabender塑化仪共混时，50/50的共混物形成双连续相，Izod冲击强度出现极小

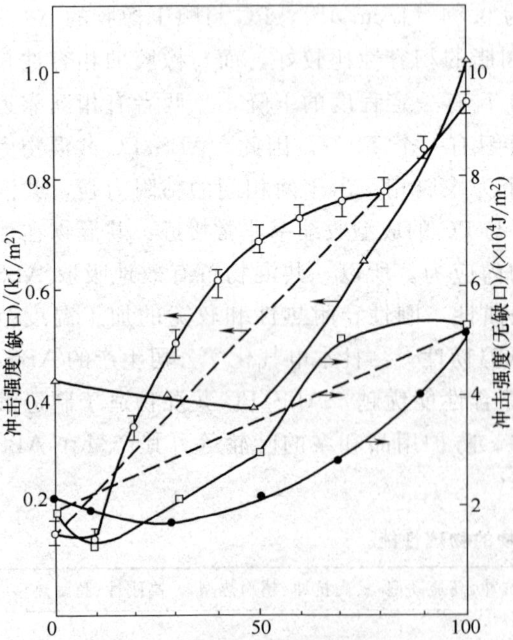

图10-12　ABS/PC共混物组成与冲击强度的关系

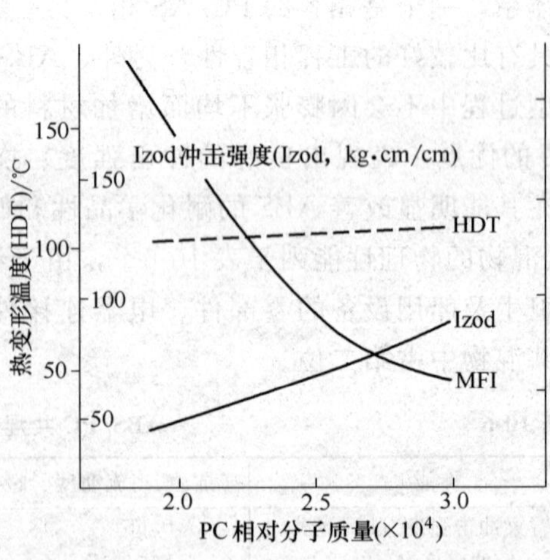

图10-13　ABS/PC共混物的性能与PC分子量的关系

值[60]。增加 ABS 的橡胶含量，体系的相容性下降，需加入适当的增容剂。值得指出的是，室温下没有协同效应的共混物，在较低的试验温度下（如－10℃）会出现协同效应[28-29]。

ABS/PC 共混物的热变形温度（杨氏模量、硬度、伸长率和拉伸强度等性能介于 PC 和 ABS 之间，基本符合线性加和规律[65]。提高 ABS 分子量或丙烯腈含量，降低橡胶含量，有助于改善共混物的耐热性；加入苯并噻唑等化合物，也可改善耐热性和热稳定性。使用橡胶含量较低的 ABS，共混物的弯曲强度出现协同增强效应，硬度和拉伸性能也有所提高。另外，共混物的介电常数和介电耗散常数都比较低，在 50/50 的配比下出现极小值[2]。

与 ABS 相比，ABS/PC 共混物的加工流动性下降，PC 含量越高，流动性越低。因此，在混炼或加工过程中常加入环氧乙烷/环氧丙烷嵌段共聚物、MMA/St 共聚物或烯烃/丙烯酸酯共聚物等加工改性剂。

ABS/PC 共混物的发展方向是，提高加工流动性，实现吹塑成型，改善制品刚性和开发低光泽品种等。

3. ABS 与热塑性聚氨酯（TPU）的共混

TPU 是多嵌段共聚物，硬段由二异氰酸酯与扩链剂反应生成，可提供有效的交联功能；软段由二异氰酸酯与聚乙二醇反应生成，提供可拉伸性和低温柔韧性。因此，TPU 具有硫化橡胶的理想性质。ABS 与 TPU 的相容性非常好，其共混物具有双连续相。在 10～30/50 的共混比范围内，抗开裂性大大提高。对 ABS 来说，少量的 TPU 作为韧性组分，可提高 ABS 的耐磨耗性、抗冲性、加工成型性和低温柔韧性。TPU 对低聚合度、低抗冲性能 ABS 树脂的增韧效果尤其明显。TPU 含量对共混物流动性的影响见图 10-14[2]。

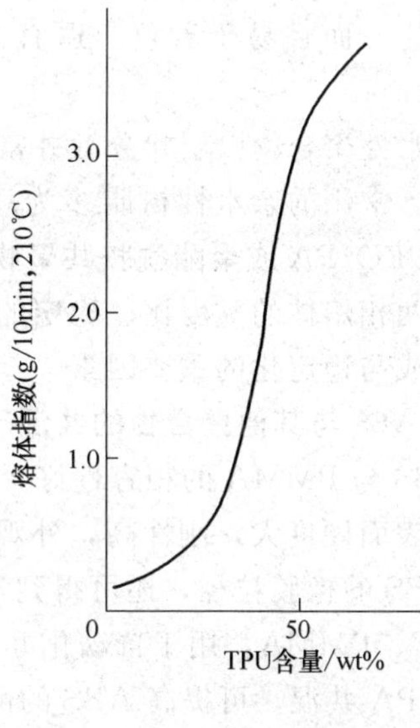

图 10-14　TPU 用量对 ABS/TPU 共混物流动性的影响

ABS 树脂橡胶含量增加（0～20%），共混物的拉伸强度和伸长率逐步上升，拉伸模量和挠曲模量下降[30]。日本一公司生产的 ABS/TPU 共混物有 710 和 730 两个牌号，其中 710 流动性好，可制形状复杂的薄壁大型制品及汽车部件、皮带轮、低载荷齿轮和垫圈等，参见表 10-7。

表 10-7　ABS/TPU 共混物的性能

性能	"サイエロイ" 710	"サイエロイ" 730
相对密度	1.04	1.07
硬度(洛氏)	82	70
拉伸强度(23℃)/MPa	33	23

续表

性能	"サイエロイ" 710	"サイエロイ" 730
挠曲强度/MPa	47	35
悬臂梁冲击强度(23℃)/(kJ/m²)	37	48
压缩强度(−40℃)/MPa	1.3	0.9
(23℃)/MPa	33	25
断裂伸长率(23℃)/%	40	100
热变形温度(1.86MPa)/℃	92	87
吸水率/%	0.35	0.41
燃烧性/(cm/min)	3.05	4.83
成型收缩率/%	0.80	0.66
热膨胀系数/[cm/(cm·℃)]	1.16×10^{-4}	1.21×10^{-4}

4. ABS与亲水性聚合物的共混

ABS树脂与亲水性聚合物或亲水性聚合物母料的共混物，不仅具有永久的良好抗静电性能，而且易于着色。适宜制成集成电路片装盒、IC支座、复印机和传真机外壳等。

亲水性聚合物以层状分散并富集于共混物制品的表层，是实现永久抗静电性能的重要条件。常用的亲水性树脂多为环氧乙烷（PEO）或PEO共聚物，如PEO/MMA共聚物，PEO/PA或聚酯酰胺共聚物、PEO/环氧氯丙烷共聚物以及PEO/环氧丙烷共聚物等。两相熔体的黏度比、稳定的共混剪切速率以及增容剂的选用等都是影响层状分散结构形成与稳定化的重要因素[31]。

5. ABS与其他聚合物的共混

ABS与PMMA的相容性好，如适当调节ABS的丙烯腈含量，相容性更佳。该共混物的表面硬度大，刚性高，外观好，加工性能优良，耐划痕性和抗冲性能理想，适当调整ABS的橡胶粒径，还可得到透明材料。由于该共混物的生产费用低于PMMA，可代替PC、PMMA，用于自动化办公设备和汽车用品。但其耐热性有待提高。

与PA共混，可提高ABS的耐药品性、流动性、耐热性和抗冲性能，但吸水性增大，弹性模量下降。由于两相的相容性差，需在ABS中引入含羧基或酰胺基的乙烯类单体，或在共混体系中加入PA/PS接枝共聚物等增容剂[32]。

ABS与PVDF共混，可提高ABS的耐药品性、耐磨耗性、耐污染性和超耐候性。与SBS共混可改善ABS的流动性和耐低温性，当SBS用量为10%时，共混物脆点为−35℃，其他性能变化很小，其注塑制品符合冰上体育器材的要求。与PSO或CPE共混，ABS的耐热性和阻燃性均可得到改善。

另外，ABS树脂也可作为改性剂与其他聚合物共混，提高后者的韧性或加工流动性，这种情况在有关章节中介绍。

参 考 文 献

[1] 王进，林尚安. 间规聚苯乙烯合金 [J]. 高分子通报，2003，(2)：23-28.
[2] 吴培熙，张留成. 聚合物共混改性（第二版）[M]. 北京：中国轻工业出版社，1996.

[3] R. Wycisk, W. M. Trochimczuk, J. Matys. Polyethylene-polystyrene blends [J]. Eur. Polym. J., 1990, 26 (5): 535-539.
[4] 陈再春. 耐热性 α-AS 共聚物的研制 [J]. 塑料工业, 1988 (1): 12-16+4.
[5] Pohlemann H. G., Echte A., in Stahe G. A. ed., Polymer Science Overview, Washington, ACS, 1981, 265.
[6] R. S. Skipper. Studies of the radical polymerization of styrene in the presence of polybutadiene [J]. Eur. Polym. J., 1979, 15 (8): 717-720.
[7] Riess G., Beslin C., et al., in D. Klempner ed., Polymer Alloys: Blends, Blocks, Grafts, and Interpenetrating Networks, New York, Plenum, 1977, 337.
[8] P. Manaresi, V. Passalacqua, F. Pilati. Kinetics of graft polymerization of styrene on cis-1, 4-polybutadiene [J]. Polymer, 1975, 16 (7): 520-526.
[9] Echte A., in Riew C. K. ed., Rubber-Toughened Plastics, Washington, ACS, 1989. 15
[10] 任孟萍. GPPS 和 HIPS 本体聚合工艺评述 [J]. 化工设计, 1992, (6): 20-23.
[11] Y. Okamoto, H. Miyagi, M. Kakugo, K. Takahashi. Impact improvement mechanism of HIPS with bimodal distribution of rubber particle size [J]. Macromolecules, 1991, 24 (20): 5639-5644.
[12] 徐建平. HIPS/LLDPE 中 DCP 与 SBS 的协同作用及其共混物性能 [J]. 工程塑料应用, 2002, 30 (3): 6-8.
[13] 徐建平, 刘春林, 承民联. HIPS/HDPE 制备工艺对共混物机械性能的影响 [J]. 常州大学学报 (自然科学版), 2005, 17 (2): 16-19.
[14] 刘万军, 杨军, 刘景江. HIPS/PP 反应共混物的热性能研究 [J]. 高分子材料科学与工程, 1999, 15 (2): 90-93.
[15] 杨军, 刘景江. 用 SBS 或 SBR 或 BR 改进 HIPS 的冲击性能 [J]. 合成橡胶工业, 1995, 18 (4): 226-228.
[16] 丁圣宏, 潘正云. HIPS/SBS 共混改性的研究 [J]. 塑料科技, 1995, (6): 9-11.
[17] 杨军, 刘景江. 弹性体改性高抗冲聚苯乙烯的力学行为 I. 拉伸和动态力学性能 [J]. 高分子材料科学与工程, 1995, 11 (2): 71-75.
[18] 陈英楠, 宋立新, 刘明明, 任亮, 张明耀, 张会轩. HIPS/PPO/PS/PB-g-PS 共混物的力学性能与形态结构 [J]. 高分子材料科学与工程, 2014, 30 (3): 68-71.
[19] 张会轩, 杨海东, 罗靖. 聚苯乙烯增韧新机理的研究 [J]. 长春工业大学学报, 1994, (3): 45-49.
[20] 张秀斌, 姚慧. HIPS-g-PMMA 的合成及其在 HIPS/PVC 共混体系中的增容作用 [J]. 塑料工业, 2004, 32 (8): 8-10.
[21] H. Keskkula, D. R. Paul, K. M. McCreedy, D. E. Henton. Methyl methacrylate grafted rubbers as impact modifiers for styrenic polymers [J]. Polymer, 1987, 28 (12): 2063-2069.
[22] H. Kim, H. Keskkula, D. R. Paul. Toughening of SAN copolymers by an SAN emulsion grafted rubber [J]. Polymer, 1990, 31 (5): 89-876.
[23] 刘祥, 于在璋, 潘祖仁. ABS 树脂合成路线、结构、性能和新品种 [J]. 高分子通报, 1993, (1): 43-48.
[24] Catoni M., Pizzigohi G., et al., in Platzer N. A. J., ed., Copolymers, Polyblends, and Composites, Washington, ACS, 1975. 192.
[25] 连青, 翁志学, 黄志明, 楼剑锋, 潘祖仁. MCS 树脂综述 [J]. 化工新型材料, 1993, (7):

6-10.
［26］ A. Pavan, T. Ricco, M. Rink. High performance polymer blends I: The impact behaviour of blends of polyvinylchloride and acrylonitrile-butadiene-styrene terpolymers as a function of the composition of the (Styrene-Acrylonitrile) copolymer-butadiene rubber-polyvinylchloride system ［J］. Mater. Sci. Eng., 1980, 45 (3): 201-209.
［27］ Y. N. Sharma, J. S. Anand, A. K. Kulshreshtha, S. F. Xavier, S. Chakrapani. Development and characterization of PVC/ABS polyblends ［J］. Int. J. Polymer, Mater., 1988, 12 (2): 165-183.
［28］ J. H. Chun, K. S. Maeng, K. S. Suh. Miscibility and synergistic effect of impact strength in polycarbonate/ABS blends ［J］. J. Mater. Sci., 1991, 26 (19): 5347-5352.
［29］ W. Y. Chiang, D. S. Hwung. Properties of polycarbonate/acrylonitrile-butadiene-styrene blends ［J］. Polym. Eng. Sci., 1987, 27 (9): 632-639.
［30］ A. T. Chen, D. E. Henton, F. M. Plaver, A. McLaughlin, D. M. Naeger, TPU elastomer/ABS blends have good properties at reasonable cost ［J］. Elastomerics, 1990, 122 (9): 19-22.
［31］ 张福强. 聚合物合金设计 ［J］. 合成树脂及塑料，1993，(3)：56-62.
［32］ V. J. Triacca, S. Ziaee, J. W. Barlow, H. Keskkula, D. R. Paul. Reactive compatibilization of blends of nylon 6 and ABS meterials ［J］. Polymer, 1991, 32 (8): 1401-1413.

第 11 章　聚酰胺的共混改性

聚酰胺（PA）通常又称为尼龙，是目前应用最广泛的一类工程塑料。工业化生产的品种主要有尼龙 6、尼龙 66、尼龙 610 以及尼龙 1010 等。

聚酰胺大分子结构中含有大量酰胺基，大分子末端为氨基或羧基，所以是一种强极性、分子间能形成氢键且具有一定反应活性的结晶性聚合物，其性能特点为：优良的力学强度、耐磨性、自润滑性、耐腐蚀性和较好的成型加工性。然而，正因为其强极性的特点，使得吸水率大，影响尺寸稳定性和电性能，此外，聚酰胺的耐热性和低温冲击强度亦有待提高。

共混改性是改善聚酰胺性能缺点的有效方法，多年来人们一直在进行这方面的探讨，但由于聚酰胺与许多重要的聚合物（例如 PE、PP 等）相容性差，得不到理想性能的产物，所以聚酰胺合金的发展较慢。最近，反应性增容技术的研究成功，为聚酰胺合金的迅速发展打下了基础。当今在聚合物合金领域中，聚酰胺（尼龙）合金已占据了重要的地位，主要的品种有 PA/PP、PA/PE、PA/ABS、PA/PPO、PA/弹性体等，更新型的品种有 PA/聚芳酯、PA/硅树脂、PA/PPS 以及非晶尼龙合金等。尽管，聚酰胺合金品种繁多，不过归纳起来大致可以分为 3 类，一类是通过与聚烯烃、烯烃共聚物、弹性体等共混，以提高 PA 在低温、干态下的冲击强度和降低吸湿性，主要应用于汽车、机器（纺机）零部件和电子、电气、运动器械等领域；第二类是掺混高性能工程塑料，如 PPO、聚芳酯等，主要是提高 PA 的耐热性并改善综合性能，这类共混物多用于汽车外壳、内装制品的生产；另外一类为各种尼龙之间的共混物，它可以平衡各种尼龙的特性，扩展其应用领域。以下分别介绍主要的尼龙合金。

11.1　聚酰胺与聚乙烯、聚丙烯的共混

聚乙烯、聚丙烯为非极性聚合物，它们与强极性的聚酰胺不具有热力学相容性。为获得满意的共混改性效果，当前最成功的方法是在 PE、PP 分子链上接枝马来酸酐（MAH），以引入酸酐基团或羧基。当与 PA 熔融共混时，这些活性基团可同 PA 分子末端的氨基反应实现反应增容，借以强化两类聚合物的界面粘接，共混物性能得以明显改善[1-2]。

图 11-1 及图 11-2 分别给出了 LDPE-g-MAH（马来酸酐接枝 LDPE）及未接枝 LDPE 与 PA6（尼龙 6）共混物的干态和低温冲击强度。由图可见，不论是干态还是低温冲击强度，未接枝 PE 共混体系相对于单纯 PA 来说都无明显改善，而接枝 PE 共混体系的干态和低温冲击强度得到了成倍地提高。当 LDPE-g-MAH 在与 PA6 共混物中含量达 40%时，干态和低温冲击强度提高了 7～8 倍。

用未接枝 HDPE 和 HDPE-g-MAH 分别与 PA6 共混，也取得了类似于上面的实验

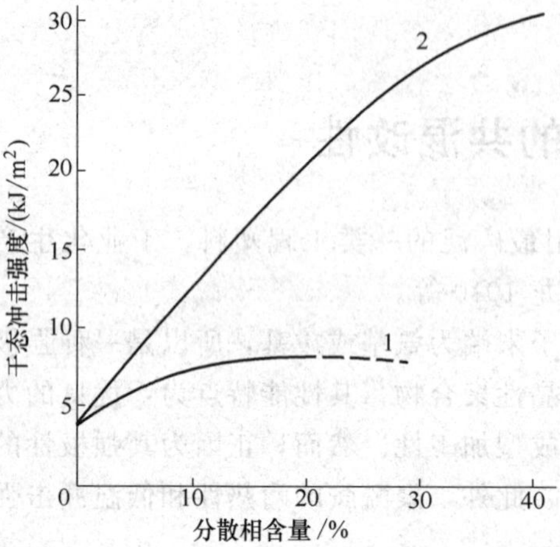

图 11-1　PAG/LDPE-g-MAH 共混体系干态冲击强度与共混比的关系

1—PA6/*g*-LDPE　2—PA6/*g*-HDPE

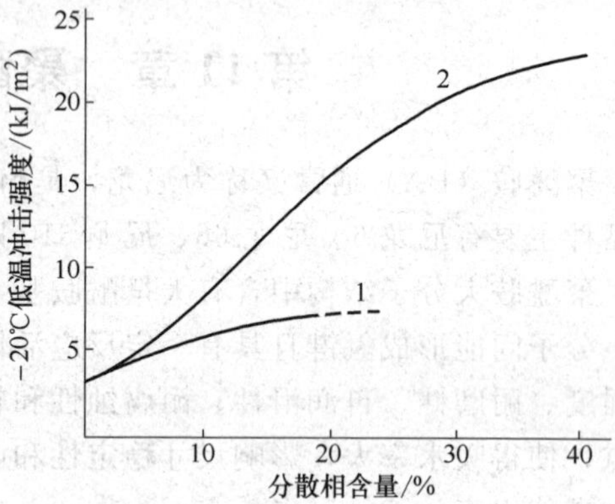

图 11-2　PA6/LDPE-g-MAH 共混体系低温冲击强度与共混比的关系

1—PA6/LDPE　2—PA6/LDPE-*g*-MAH

结果。然而，由于作为分散相的 HDPE 与 LDPE 在力学性能上有所差异，因此对 PA6 的改性效果也稍有不同。总的来看，接枝 HDPE 除了在改善 PA6 干态冲击强度方面稍逊于接枝 LDPE 外，其他性能均表现出更令人满意的改性效果。

此外，用疏水性的 MAH 接枝 PE 掺混入亲水性的 PA，使 PA 吸水性得到明显降低，当 PE-g-MAH 含量为 30%时，PA/(PE-g-MAH) 共混物吸水率仅是单纯 PA6 吸水率的 1/2 左右。

PE-g-MAH 对 PA6 的改性效果大大超过未改性的 PE，是由于相容性的改善。关于相容性的改善，林明德等已通过对该共混体系的密度值、溶解状态以及形态结构的研究得到了证实[1-2]。由于异种大分子之间的亲和性优劣会在共混物的密度值上有所反映，实验结果表明，PA6 与接枝或未接枝 PE 共混物的密度实测值均低于按加和性计算所得数值，PA6/（PE-g-MAH）共混物的这种密度差值相对较小，而 PAS/PE 共混物的密度差值则相对较大，因而可知前者两共混组分之间的相容性优于后者。溶解实验即 Molau 实验，是利用 PA 溶于甲酸形成清澈溶液而 PE 不溶于甲酸的特性来进行的。同时用甲酸溶解 PA6/(PE-g-MAH) 和 PA6/PE 两种共混物，发现后者基本可明显地分为上下两层，上层为 PE 悬浮液，下层为透明清澄的 PA 溶液；前者则不分层，整个试样呈现为乳白色胶体状溶液，一般认为，这种现象可以表征两共混组分之间有较好的相容性。图 11-3 是两种共混试样的扫描电镜照片，其中

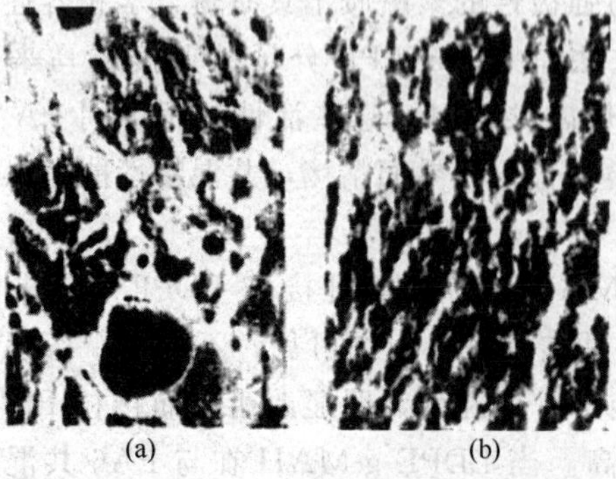

图 11-3　PA6/PE 共混物的形态结构（SEM 照片）

(a) PA6/LDPE　(b) PA6/(LDPE-g-MAH)

(a) 为 PA6/LDPE 共混物的，(b) 为 PA6/(LDPE-g-MAH) 共混物的。由图 11-3 (a) 看到，作为分散相的 PE 颗粒在 PA 基体中呈现不均一分布，大的粒径达到 20～30um，而且两相界面的轮廓清晰可辨，说明两组分相容性很差：由图 11-3 (b) 看到的分散相颗粒均匀微细，仅约 1μm 左右，表现为较好的相容状态。

与 PE 相同，PP 与 PA 的相容性也很差。性能良好的 PA/PP 共混物实际上也是采用改性的 PP 与 PA 共混的产物。

据研究报道[3]，用 PP-g-MAH（马来酸酐接枝聚丙烯）与 PA6 共混得到了性能优良的共混物，与 PA6 相比，该共混物的吸水率明显降低，冲击强度（干态及湿态）均优于 PA6。日本东芝株式会社试生产了 PA66/PP 合金、具有吸湿性低、尺寸稳定性好、刚性高等特性，其各项性能与未共混改性的普通 PA66 对比见表 11-1[4]。由表可见，此合金与 PA66 相比，吸湿性下降 2/3，干态冲击强度有较大提高，但拉伸强度和弯曲强度有所下降。据称，使用某种改性 PP 也是生产此种合金的技术关键，否则得不到均匀分散的理想形态结构，自然也不可能有好的改性效果。

表 11-1　　PA66/PP 共混物的性能

性能	单位	PA66		PA66/PP	
		干态	湿态	干态	湿态
拉伸强度	MPa	76	37	46	35
伸长率	%	50	>200	40	100
弯曲强度	MPa	106	44	73	47
弯曲模量	MPa	2773	755	1813	1078
悬臂梁冲击强度,带缺口	J/m^2	59	216	98	196
热变形温度,1.82MPa	℃	80		63	
吸水率	%		3.6		1.2
吸水后尺寸变化率	%		0.27		0.18

一种 PA66/PP/(PP-g-MAH)/MAH 多组分共混合的制备工艺分为 3 个步骤[4]：

① 首先制备含有游离酸酐的聚烯烃接枝共聚物。按质量比将 100 份聚丙烯与 4 份顺丁烯二酸酐和 1 份过氧化异丙苯于螺旋挤出式反应器中，保持 270℃进行接枝聚合反应 1.5min 左右，即得到一种混合物，它由聚丙烯-顺丁烯二酸酐接枝共聚物与游离顺丁烯二酸酐组成。

② 制备聚丙烯/聚丙烯接枝共聚物/酸酐共混物。在螺旋挤出机中，于 200℃下，将聚丙烯粒料与前述之含游离酸酐的聚丙烯接枝共聚物进行熔融共混，后者用量通常为聚丙烯质量的 5%。

③ 制备尼龙 66/聚丙烯/聚丙烯接枝共聚物/酸酐共混物。将尼龙 66 与聚丙烯/聚丙烯接枝共聚物/酸酐共混物按所要求的比例在挤出机中熔混，操作温度为 285℃，在挤出机中停留时间约为 3mim。

表 11-2 列出此种共混物的主要性能。为了对比，表中同时给出不加入聚丙烯接枝共聚物和酸酐以及仅加入聚丙烯接枝共聚物的情况。由表 11-2 可见，同时含有接枝共聚物和游离酸酐的多组分共混物，其缺口冲击强度最高。

表 11-2　　PA66/PP/(PP-*g*-MAH)/MAH 共混物的性能

PA/PP（质量比）	PP-*g*-MAH 与 MAH 的加入量/%	弯曲模量/MPa	拉伸强度/MPa	伸长率/%	冲击强度 缺口/(kJ/m²)
90/10	0.5	1.64×10^3	5.0×10^3	70	2.94
90/10	1.0	1.66×10^3	5.0×10^3	58	3.18
75/25	2.5	1.52×10^3	4.5×10^3	42	4.02
100/0	无	1.88×10^3	5.7×10^3	75	2.23
90/10	无	1.63×10^3	4.8×10^3	20	1.70
75/25	无	1.57×10^3	3.9×10^3	8	1.53
90/10	0.5（仅加接枝共聚物）	1.59×10^3	5.1×10^3	—	2.23
90/10	1.0（仅加接枝共聚物）	1.62×10^3	5.1×10^3	40	2.23
95/25	2.5（仅加接枝共聚物）	1.46×10^3	4.3×10^3	28	2.49

上述技术一般也适用于 PA6、PA610 等其他尼龙的共混改性，而选用的聚烯烃，除了 PP 外，亦可为 PE、聚丁烯-1、聚 4-甲基戊烯等。

除了将 PE 或 PP 等直接接枝改性后进行共混，以提高它们与 PA 的相容性外，还可利用相容剂作为第三组分来参加共混，达到同样的增容目的。

Wang 等[5]研究了马来酸酐接枝氢化苯乙烯/丁二烯/苯乙烯嵌段共聚物（SEBS-g-HAH）对 PA66/PP 共混的增容作用，并得出在特定条件下，共混体系的微观形态形成了在 PA66 基体中，PP 圆形颗粒被 SEBS 弹性体包裹而呈现核-壳微观形态。这种核-壳结构促成了材料基体的增韧。

提高 PA 与聚烯烃共混的相容性的增容技术，不限于利用接枝共聚物（虽然这是主要的），还有用烯烃单体共聚物、聚烯烃辐射引入极性基团、聚烯烃磺化为离聚体等的研究报道[6]。

11.2　聚酰胺与 ABS 树脂的共混[7-8]

PA/ABS 合金最早由美国的 Borg-Warner Chemicals 公司和 Monsanto 公司推出，前者的商品名为“Elemid”，后者的商品名“Triax”。热变形温度远高于 PA，以及较高的维卡软化点是此类合金的突出特点，加之良好的加工流动性为制造外观质量高的大型制品提供了保证，因此 PA/ABS 成为制造汽车车身壳板等汽车部件的理想材料。此外，由于其抗冲性、刚性、耐化学药品性等综合性能卓越，在一般机械、日用杂品方面也获得广泛应用。

PA 与 ABS 共混是一类结晶/非晶共混体系。两组分具有一定的相容性，形态结构呈现较精细的相分离状态，当 PA 为连续相基体时，形态结构如图 11-4 所示：若 ABS 的 AS 成为连续相基体时，则形态结构如图 11-5 所示[4]。不同的形态可分别适应不同的性能要求，而影响 PA/ABS 共混物形态结构的因素很多，主要有两组分共混比、黏度比和共混时的工艺条件（剪切速率、温度等）。PA6/ABS 合金的性能与共混比的关

图 11-4　PA/ABS 合金的形态结构

PA 为连续相（TEM 照片）

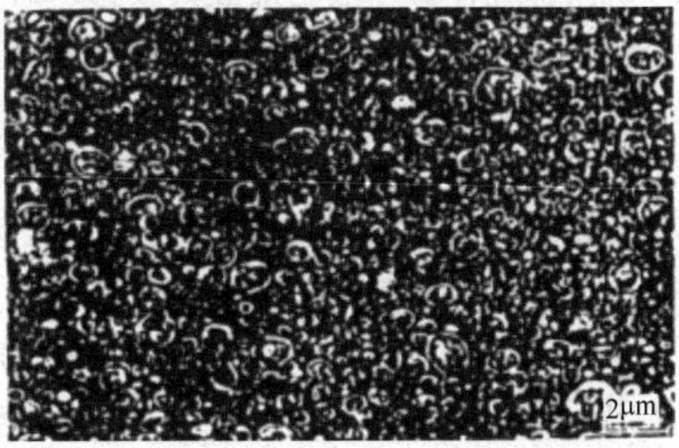

图 11-5　PA/ABS 合金的形态结构

ABS 的 AS 为连续相（TEM 照片）

系见表 11-3。

表 11-3　PA6/ABS 合金性能

试样		PA6	PA6/ABS 合金				ABS
			1	2	3	4	
共混比	PA6	100	5	10	30	50	0
	ABS	0	95	90	70	50	100
性能	拉伸强度/MPa	63	33	34	36	46	36
	伸长率/%	250	35	35	160	205	25
	悬臂梁冲击强度(缺口)/(J/m²)						
	23℃	13	34	37	13	11	46
	−40℃	40	90	80	80	70	140
	热变形温度，1.82MPa/℃	50	83	82	77	72	89
	洛氏硬度	104	89	89	95	82	87

11.3　聚酰胺与弹性体的共混

聚酰胺与弹性体（E）共混的目的主要是增加韧性。美国 DuPont 公司著名的 PA 合金——“Zytel ST801”以及日本东レ株式会社以 UTN 商品名销售的同类型产品是其典型代表[4]。国内研制也获得了较好的结果[9]。表 11-4 列出 ST801、UTN 及国内初期试制的 PA/E 合金的主要性能。

表 11-4　PA/E 合金的主要性能①

	UTN	ST801	国产②	PA66
拉伸强度/MPa	48	48	54	78
断裂伸长率/%	40	34	189	100
弯曲强度/MPa	69	84	88	118
弯曲弹性模量/MPa	1833	1881	1950	2822
热变形温度/℃	—	—	165	80
悬臂梁冲击强度/(J/m²)(带缺口)				
23℃	690	—	—	50
0℃	610	—	—	40
−20℃	260	—	—	30
−40℃	120	—	—	20
简支梁冲击强度(带缺口)/(kJ/m²)	—	44	39	—

注：① 表中三个国家的产品虽同为 PA/E 合金，但具体成分及共混比的异同尚不详。

② 国内产品指复旦大学试制品，已知为 PA6 的合金。

所用弹性体，一般是烯烃共聚物，而且为了增加与PA的相容性，必须经过羧酸或酸酐接枝改性，目前主要为马来酸酐改性，即E-g-MAH。

杜强国等[9]研究了组成对PA6/(E-g-MAH)和PAG/E/(E-g-MAH)两类共混体系力学性能的影响情况，分别见图11-6及图11-7。由图11-6可知，对于PA6/(E-g-MAH)二元共混物，其冲击强度随着E-g-MAH含量的增加而上升，当含量达到20%时，共混物的冲击强度达最高值～42MPa，是单纯PA6冲击强度的7倍左右，若再增加E-g-MAH的含量，反而会使共混物冲击强度下降。由图11-7可知，E-g-MAH含量对于PA6/E/(E-g-MAH)三元共混物冲击强度的影响规律与上述二元共混物是一致的，而且最高冲击强度值也相当，因此两种组合方式的产物，其增韧效果没有明显区别。接枝弹性体改性PA的冲击强度和温度的关系见图11-8。从图11-8可以看到，在各个温度下，此种PA合金的干态冲击强度比PA6有大幅度提高。对上述共混物形态结构研究表明，用弹性体接枝共聚物改性的PA6，其分散相尺寸较小且分布均匀，粒径在0.2～1.5μm，试样断裂面的SEM照片（略）呈现粗糙不平，突起部分不能被弹性体的溶剂所蚀刻，说明断裂面在PA6的连续相，不在两相界面，断裂处尼龙被延展伸长，成韧性断裂。相反，用未接枝的弹性体改性的PA6，其分散相粗大且粒径分布广，断裂处光滑，呈脆性断裂。研究认为，E-g-MAH和PA6在熔融共混时，发生了化学反应，形成了类似于E-g-PA6的共聚物，因而促进了E与PA的相容，提高了E对PA的增韧效果。

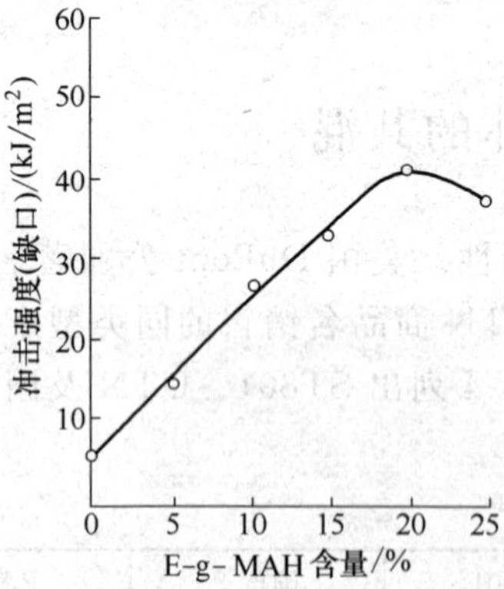

图11-6　PA6/(E-g-MAH)共混物冲击强度与E-g-MAH含量的关系

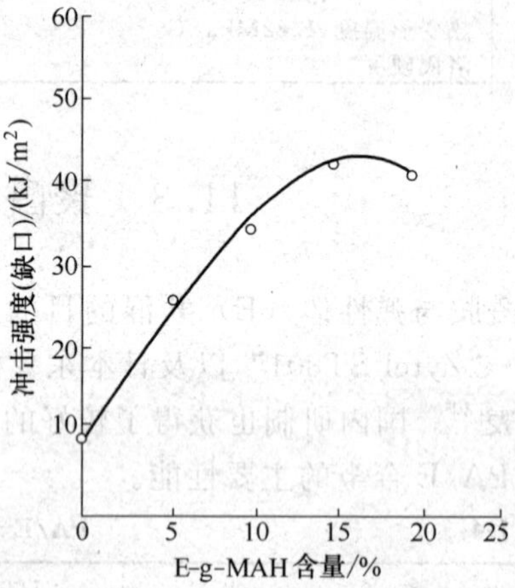

图11-7　PA6/E/(E-g-MAH)共混物冲击强度与E-g-MAH含量的关系

关于PA/弹性体共混体系的增韧机理，S. Wu进行了较多的研究[10-11]。该研究所用的PA为PA66，弹性体为聚烯烃类橡胶，共混比一律为85/15。S. Wu的研究结论主要为：共混试样受冲击时，应力发白区为其能量耗散区，基体的银纹化大约耗散20%左右的能量，另75%左右能量是依靠基体屈服效应导致温升而耗散。此外，还提出PA66/橡胶共混体系增韧的脆-韧转化的临界（橡胶）粒径d_c的概念。

$$d_c = T_c\left\{\left(\frac{\pi}{6\psi_\tau}\right)^{1/3} - 1\right\}^{-1}$$

式中　T_c——橡胶颗粒的临界距离。T_c决定于基体性质，与橡胶体积分数和粒径无关

　　ψ_τ——共混体系中橡胶的体积分数

增韧的条件是，共混体系中分散相的实际距离必须小于临界值，这时范德华力提供了充分的界面粘接，而并不需要更强的界面化学粘接。如果分散相的实际距离大于临界值，即使有界面化学粘接，共混体系仍然不是韧性的。

Mehrabzadeh 等[12]着重研究了 PA11/NBR 共混体系，结果表明，弹性体颗粒尺寸以及尺寸分布对于控制此共混物的性能具有重要影响。增韧机理是由小弹性体分散颗粒引起的多重裂纹和伴随着基体树脂塑性形变的剪切带而消散冲击能量。

与以苯乙烯-马来酸酐共聚物相似，Chiang 等[13]采用聚苯乙烯接枝马来酸酐（PS-*g*-MAH）为 PA6/PPO 共混的相容剂，也取得很好的增容效果，共混物的冲击强度得到大幅提高。

Chiou 等[14]研究了 PA6/PPO 与弹性体的三元共混，仍以 PS-*g*-MAH 为相容剂，比较两种不同弹性体的改性效果，认为一种商品名为 G1651 的弹性体增韧的 PA6/PPO 具有更高的冲击强度和热变形温度，G1651 是 SEBS 和 29%PS 的混合物。

11.4　聚酰胺与苯乙烯-马来酸酐共聚物的共混

苯乙烯-马来酸酐共聚物添加到 PA 中，由于其酸酐与 PA 分子末端氨基反应可形成接枝共聚物，所以这种共混物具有稳定的均匀细分散形态结构，与 PA 相比有一定改性效果，其悬臂梁冲击强度（无缺口）达到 392J/m²。但热变形温度为 112℃，拉伸强度 71MPa，均不突出。

日本电气化学工业株式会社以苯乙烯-N 苯基马来酰亚胺共聚物（简称为 IP 树脂）与 PA 共混得到一种新型 PA 合金，其典型牌号为 N1000。

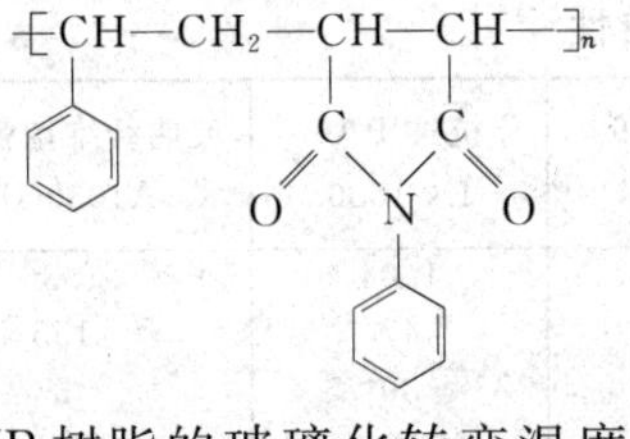

IP 树脂

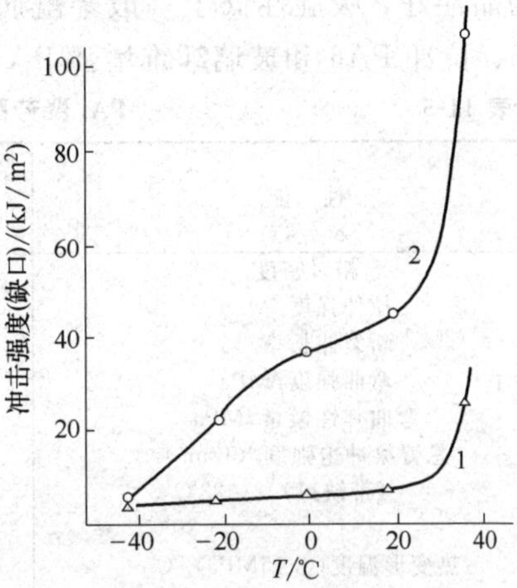

图 11-8　接枝弹性体改性 PA 的冲击强度和温度的关系

1—PA6　2—改性 PA6

IP 树脂的玻璃化转变温度高达 200℃，分解温度在 350℃以上，是一种耐热性非常好的聚合物。PA/IP 合金则是超耐热、高抗冲的优良工程材料[4]。

N1000 的形态结构表明它是一种相容性良好的共混体系，从图 11-9 电镜照片中看到，IP 树脂作为分散相，不仅分散非常均匀，而且基

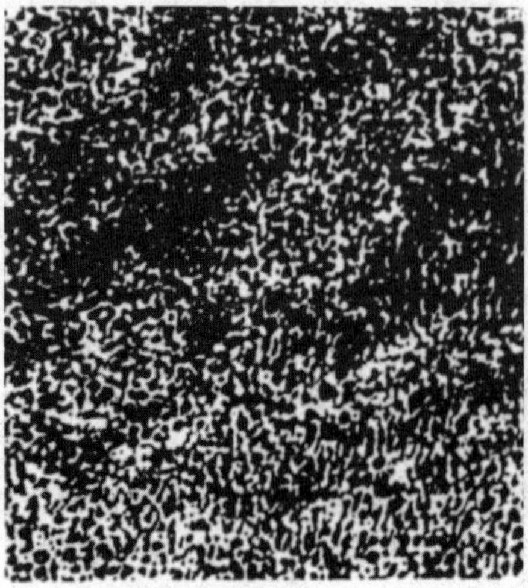

图 11-9　PA/IP 树脂共混物（N1000）的形态结构（×20000）

本呈现一种网络状态，这种形态使得改性效果非常突出。其主要物理性能为：相对密度 1.09，吸水率（23℃，24h）0.51%，拉伸强度 45MPa，断裂伸长率 50%，弯曲强度 79MPa，弯曲模量 2156MPa，悬臂梁冲击强度（1/4″缺口）23℃时 $94J/m^2$，−30℃时 $69J/m^2$，热变形温度（1.82MPa，未退火）110℃，熔体指数（MI）13g/10min，成型收缩率（9～13）$\times10^{-3}$cm/cm。

由以上数据可知，此种 PA 合金冲击强度非常高，改善了 PA 缺口冲击强度低的固有缺点。此外，冲击强度还会因吸水而上升，这是由于水起到了增塑软化作用。

PA/IP 树脂共混物具有非常好的耐化学药品性，这一点充分发挥了 PA 和 IP 的特长；其优良的耐热性，使其制品在 180℃处理 2h 尚未变形；其耐候性、耐磨耗性、装饰性、成型加工性等均比较良好。所以，这种合金自 1989 年开发以来，用途不断得到扩展，并有了系列化产品，如超高抗冲型、高刚性和高耐热型、高比重型、增强型等品种。

11.5　聚酰胺与芳香族聚酯的共混

以聚酰胺为基体，以具有高玻璃化转变温度 T_g 的芳香族聚酯（聚芳酯）作为分散相的共混物，是一类在特定反应条件制得的高抗冲型聚合物合金，如日本的商品 x-9[4]。其主要特长为：耐热性卓越，在宽广的温度范围内均有优良的抗冲性能，耐溶剂和耐化学药品性好，吸湿性低于一般聚酰胺。表 11-15 列出此种共混物的典型性能指标并与 PA6、抗冲 PA6 和玻璃纤维增强 PA 进行了对比。

表 11-5　PA/聚芳酯合金（x-9）的典型特性

性能	(x-9)	普通 PA6 A1030JR	抗冲 PA6 Ex-1020	玻璃纤维增强尼龙 A1030GFL
相对密度	1.16	1.14	1.04	1.36
拉伸强度/MPa	56.84	81	47	155
断裂伸长率/%	50	100	30	5
弯曲强度/MPa	88	108	69	231
弯曲弹性模量/MPa	2156	2940	1666	7350
悬臂梁冲击强度/(J/m^2)				
(带缺口)　23℃	392	49	490	108
−30℃	206	39	147	69
热变形温度(0.45MPa)/℃	164	168	165	213
(1.82MPa)/℃	150	70	59	205
吸水率(23℃水中,24h)/%	0.4	1.8	1.4	1.3
(23℃,50RH%平衡)/%	1.1	2.8	2.2	2.0

注：各种材料均为日本产品。

处理高分子合金还具有良好的成型加工性：流动性一般介于 PA6 及 PA66 之间，熔体指数 MI 在 265℃时为 3.2g/10min；275℃时为 4.2g/10min；成型收缩率较低，制品不易翘曲变形；由于热稳定性好，在多次受热情况下，其结构及共混物形态极少变化，重复加工性优良，并且适宜注塑成型。此外，由于熔体黏度高于 PA6，用于大型制品的吹塑成型也较为有利。

凭借上述优良性能，此种合金在汽车壳体，汽车外装零部件，电子、电气工业制品等要求耐热、抗冲性能优良的领域获得了实际的应用。

聚酰胺与热致液晶聚酯类聚合物的共混改性在近年来被广泛研究，虽然此类共混物在性能指标的提升上尚不够突出，但其在理论研究方面的价值却很有意义，而且在实用性上亦有很大的扩展空间。

液晶聚合物（LCP）是一类大分子主链比较刚硬、分子间堆砌紧密的新型高分子物，分子排列虽然不像固体晶态那样三维有序，但也不像液体那样无序，而是具有一定一维或二维的有序性，其在熔融状态下一般呈现液晶性。LCP 材料通常具有一系列优异性能，如高强度、高模量、高耐热性、极小的线膨胀系数、优良的耐燃性、电绝缘性、耐化学腐蚀性、耐气候性、优异的成型加工性和能透微波等。

热致液晶聚合物（TLCP）是液晶聚合物中的主流，它们因温度变化而呈液晶态，其成型产品具有皮芯结构和成纤性，故与 PA 共混可起到纤维增强作用以及在诸多上述性能方面对 PA 有改性提高。

目前合成的 TLCP 主要是一些共聚酯类树脂，如商品名为 HTH 及 Vectra 等的品种。

HTH 是一类含端酰氯基团的热致液晶共聚酯，HTH-10 分子链上含有柔性基团，其与 PA 共混提高了 PA 的冲击强度和弹性模量。王尚尔等[15]采用溶液共混法制得 PA1010 与 HTH-10 共混物，该共混物的结晶度随 HTH-10 掺混比例的增加而先增加后下降；结晶度却随 HTH-10 加入量的增加而单调下降。这些现象都很有研究意义。

Boo Young Shin 等[16]对 PA66 与 HTH-10 共混体系的研究得出的结果是，PA66 的微观形态可产生许多变化。如在拉伸流动过程中，HTH-10 会在 PA66 中形成微纤，但在剪切流动中，却形成球形或椭圆形粒子。

Vectra 液晶共聚酯是由具有曲轴式链段的 6-羟基-2-萘甲酸（HNA）与过氧化苯甲酰（TPA）共聚而得，由于其分子链刚性较强，故熔点高，与 PA 共混时也需要较高加工温度，共混物的优点是高强度和高模量[17]。

Wang 等[18]研究了 Vectra A950 与 PA 的共混体，认为前者能在 PA66 中成纤，从而增强 PA66。Tjong 等[19-20]对一系列 PA/Vectro A950 共混体系研究时，还分别加入 RSMA 和一种半柔性 TLCP，促使两相界面结合力增强，可使皮芯结构消失，延缓微裂纹的出现时间，增加诱发微裂纹的能量，使材料抗冲击和拉伸性能得到提高。Kurokawa 等[21]在 PA6 与 Vectra A950 共混体系中加入一种环氧树脂，使纤化程度和微纤取向度明显升高，促使拉伸模量提高 20%。

TLCP 能够增强热塑性塑料，关键是 TLCP 能在共混物的热塑性塑料基体中形成微纤以起到增强作用，而 TLCP 与热塑性塑料共混的相容性是影响成纤性的关键。如两者完全相容，TLCP 高度分散于基体中，就不能形成微纤；相反，如两者相容性很差，即使在适当加工工艺下形成了微纤，但是由于两相界面粘结性差，也难以将所受载荷有效地从基体传递给 TLCP 微纤以起到增强作用。而多数热塑性塑料与 TLCP 是热力学不相容的，为改善它们的相容性，人们对其相容剂进行了广泛的研究，目前用于此共混体系的相容剂主要为含液晶聚合物链段与热塑性塑料链段的嵌段及接枝聚合物、环氧类低聚物及离聚物[21]。

PA 与 TLCP 共混的研究报道极为丰富，读者可参见有关综述[21]。

11.6 聚酰胺与聚苯醚以及非晶聚酰胺与橡胶的共混

PA 与聚苯醚（PPO）的共混物自 70 年代开发以来，逐步受到人们重视，主要商品有美国 GE 公司的 Noryl GTX 系列和日本东芝株式会社的 PPA 系列。这类合金的主要特点是：冲击强度高，即使在－30～－20℃下也不呈现脆性破坏；刚性随温度变化无明显降低，抗蠕变性优良；吸湿性低，尺寸稳定性优良，耐热性突出。

未增容的 PA/PPO 机械共混物是两相明显分离的非均相体系。具有高实用价值的商品是以苯乙烯-马来酸酐共聚物为相容剂，首先与 PA 反应生成接枝共聚物再与 PPO 共混的产物，其微观形态结构实现了微观相分离的均匀分散。由于 PPO 的熔融黏度高于 PA，所以通常这类共混物是以 PA 为连续相，PPO 为分散相，商品 PPA 的 PPO 分散相中还含有橡胶相（参见图 11-10）。影响其微观形态结构的因素，主要有两共混聚合物组分的共混比、熔体黏度比、相容剂的类型以及共混工艺条件等。PA 与 PPO 黏度相近，虽有利于分散相分散的微细均匀化，但亦将导致流动性的劣化[4]。

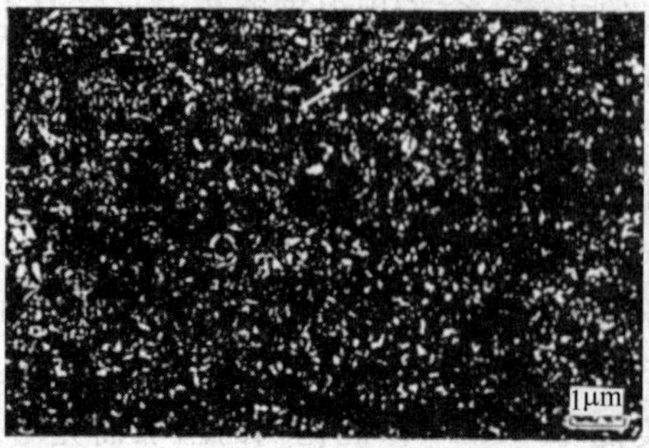

图 11-10　PPA 的微观形态（TEM 照片）

与 PA/PPO 合金有类似特性但又独具特色的是一种非晶 PA/橡胶共混物，其商品有美国 DuPont 公司的 Bexloy C803 和日本东芝株式会社的 HTNA01[4]。非晶 PA/橡胶共混物与 PA/PPO 共混物的性能（分别以东芝公司生产的 HTN 和 PPA 为代表）对比，可参见表 11-6。

表 11-6　PPA 与 HTN 的性能

性　能		PPA	HTN
拉伸强度/MPa		55	56
断裂伸长率/%		50	20
弯曲强度/MPa		90	75
弯曲模量/MPa		2205	1754
悬臂梁冲击强度/(J/m²)			
（带缺口）	23℃	216	216
	－30℃	118	98

续表

性　能	PPA	HTN
热变形温度/℃		
1.82MPa	155	145
0.45MPa	195	165
热垂性(160℃,1h)/mm	0	2
线膨胀系数/[cm/(cm·℃)]	9×10^{-5}	7×10^{-5}
成型收缩率/%		
流动方向	2.0	0.8
与流动方向垂直方向	1.8	0.9

在所有力学性能和耐热性方面，HTN 均稍逊于 PPA，但仍有较高的水平。此外，HTN 表现出如下卓越特性：线膨胀系数小，吸湿性低，因而制品尺寸稳定性好；力学性能受温度变化的影响小；成型收缩率不仅低，而且不同方向基本一致，制品不易翘曲变形。其他的优点还有，熔体黏度受温度和剪切速率影响不大，而熔体弹性大，容易用中空成型法制得大型制品；长期耐热性优良，加工时性能稳定；加工温度范围广，再生容易。

HTN 的形态结构如图 11-11 所示，图中白色颗粒为橡胶相，深色部分为非晶 PA 构成的连续相。显然，分散相的粒径一般均在 1μm 以下，分布较均匀，但与连续相的界面比较明显，若使用恰当的增容剂，或许会改善其界面粘接，更进一步提高其力学性能。值得一提的是，作为非晶 PA 与非晶橡胶共混物的 HTN，因不具有结晶聚合物所特有的明确熔点和结晶温度，所以物理状态和熔体流动性都不会发生突变，这对于适应多种成型方法以及填充增强都是极为有利的。HTN 的应用领域基本与 PPA 相同，不再复述。

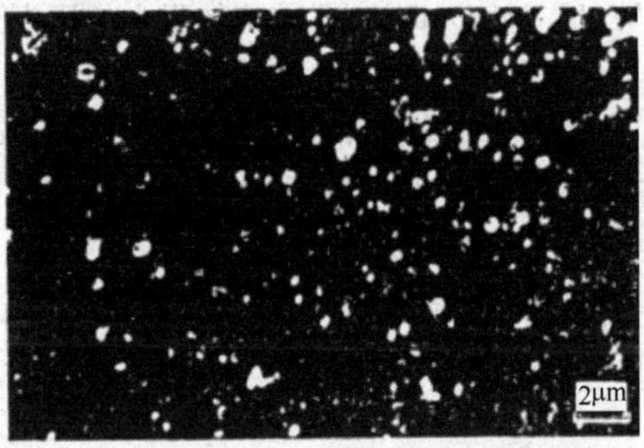

图 11-11　HTN 的微观形态（TEM 照片）

11.7　聚酰胺与其他聚合物的共混

这里概略介绍其他几种较重要的以及新型的 PA 共混物，包括 PA/PSU、PA/PPS、PA/EVA 热熔胶合金、PA/PPTA 高强分子复合物、无可塑性 PA/丙烯酸酯橡胶高阻氟性合金以及聚硅氧烷 IPN。

聚砜（PSU）是典型的无定形多芳聚醚，具有热变形温度高、尺寸稳定性良、力学性能优的优点，将其与 PA 共混，在加入适宜的相容剂情况下，能制成韧性优良的共混物。

Jeel Lbuki 等[22] 对 PA6 和 PSU 反应性共混进行了研究报道，其中 PSU 分别接枝了三种官能团的，马来酸酐接枝的（PSU-g-MAH）、羧酸接枝的（PSU-g-COOH）、酞酐接枝的（PSU-g-Phah）。与非反应性的该共混物相比，这 3 种反应性共混体系中的 PSU 粒子的粒径更细小。尤其上述第 3 类中，PSU 的粒径最小。而且在该共混体系中，PSU 分散相粒径越小，该共混物的断裂伸长率越大，韧性亦越高[23]。

陈兆彬等[24]研究了 PA 与聚苯硫醚（PPS）共混物的摩擦学性能，与单独 PA 和 PPS 在与对偶钢环摩擦时形成转移膜的能力进行了对比，其结论是单独的 PA66 可形成不均匀、不连续的牢固的转移膜；PPS 则不能形成转移膜。但制得的 PA66/PPS 共混物，其中的 PA66 相的存在增强了 PPS 向对偶面上的转移能力，而且“摩擦热控制模型”适用于 PA66/PPS 共混物体系，材料的磨损由其在对偶面上形成转移膜的能力及转移膜的性质控制。在 PA66/PPS 一系列共混组成下，还得知 80%（PA66）/20%（PPS）共混物材料的摩擦学性能最理想。

聚酰胺与乙烯-醋酸乙烯共聚物的共混物很有实用价值。例如在 60～90 质量份聚酰胺中掺入 10～40 质量份乙烯-醋酸乙烯共聚物可制成粘接金属材料的热熔胶。所用聚酰胺最好是熔点低于 150℃的共缩聚聚酰胺，最常用的是由等质量比的 12 内酰胺、己内酰胺、66 盐制得的聚酰胺，而乙烯-醋酸乙烯共聚物中含醋酸乙烯以 5%～20%为宜。此种多组分聚合物体系热熔胶的粘结力强、耐久性好，而且粘接的操作温度较低（120～180℃），周期较短（0.5～30min），只需施加很小的压力（0.5～1MPa）即可粘牢。

聚酰胺的接枝共聚共混物往往具有更优良的性能，例如将含有 18%醋酸乙烯的乙烯-醋酸乙烯共聚物加入到己内酰胺中在 255℃下反应，就可得到如下结构的接枝共聚共混物，其冲击强度比起同类型的机械共混物要高 20 倍以上，而且断裂延伸率要大 4 倍多。

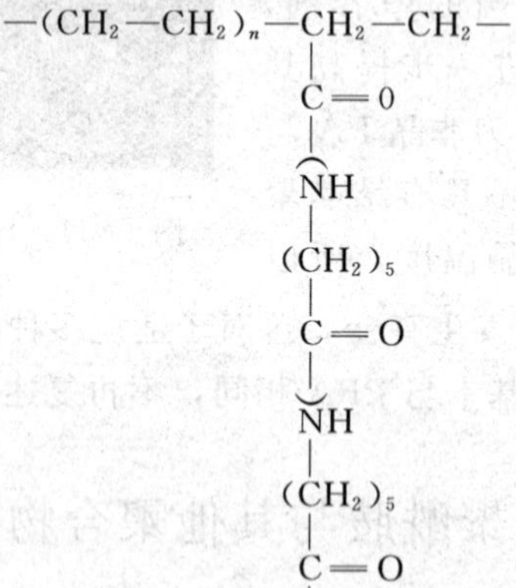

聚合物合金近年来开发了一种称之为分子复合物的新类型，即在柔曲性链状分子中掺混入刚性棒状分子作为分散相形成的合金，其特点是，仅少量的分散组分就可使基体的强度和模量发生突变。分子复合物的典型品种是由 PA6（柔性分子）和 PPTA（聚对苯二甲酸对苯二胺，刚性分子）组成的共混体系，其中 PPTA 形成的原纤（微丝）的直径约 15～30nm，长度 600nm 左右。据文献报道，在 PA6 中加入仅约 5%的 PPTA，就将 PA6 的模量显著提高，其应力-应变曲线如图 11-12 所示[4]。目前制造分子复合物的方法有共溶剂法、熔混法，前者作为研究手段虽方便，但工业化较困难，熔混法尚不

成熟，有待进一步研究。

美国 DuPont 公司推出[4]一种商品名为（ZYTEL）FN 的 PA 合金体系，是以柔软且无可塑性的 PA 为连续相，丙烯酸酯类橡胶为分散相的新型共混物，其特性见表 11-7。从表中数据可知，（ZYTEL）FN 属于稍硬的热塑性弹性体。此种共混物不仅具有卓越的力学性能，而且尤其引人注目的性能是对氟利昂的阻隔性，与现在常用作输送氟利昂管道材料的丙烯腈类橡胶或可塑性尼龙相比，其氟利昂透过率仅是这些材料的 1/50～1/5。此外，（ZYTEL）FN 还具有卓越的热稳定性、耐化学药品性及加工成型性。

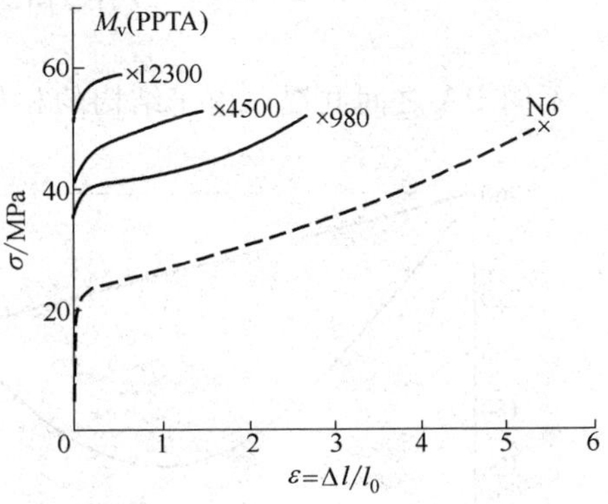

图 11-12　PA6/PPTA（95/5）分子复合物的应力-应变曲线

表 11-7　　（ZYTEL）FN 的特性

性　　能	牌号			
	714	716	718	726
熔点/℃	262	262	262	225
密度/(g/cm³)	1.02	1.03	1.04	1.01
弯曲模量(50%RH)/MPa	290	365	448	269
拉伸强度/MPa	28	30	38	32
断裂伸长率/%	260	250	260	300
邵氏硬度(D)	55	59	64	58
悬臂梁冲击强度/(J/m²)(带缺口,−29℃)	不断	不断	不断	不断
氟利昂透过性/[mL・cm/(cm²・s・cmHg)]				
氟利昂 12	—	—	—	0.26
氟利昂 134α	—	—	—	0.35

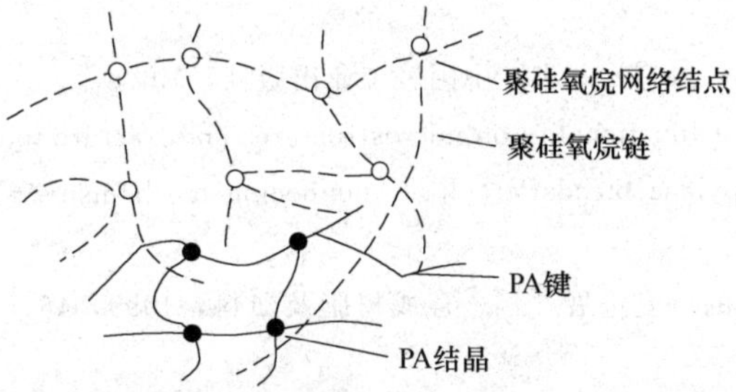

图 11-13　PI/聚硅氧烷 IPN（RIMPLAST）的结构示意图

随着 IPN（互穿聚合物网络）技术的发展，越来越多的新型 IPN 品种相继问世，其中以商品名 RIMPLAST 的 PA 类 IPN 由 Petrarch System 和 LNP 公司开发。这类 IPN 是由 PA 结晶网络和聚硅氧烷交联网络互穿构成，如图 11-13 所示。RIMPLAST IPN 非常好的综合了聚硅氧烷优异的耐高温性、耐低温性、电绝缘性、表面活性、憎水性和生理惰性和 PA 卓越的强度性能、柔韧性和阻隔性，因而在医用高分子制品（如输血、取血器等）领域有着广阔的前途。

11.8 不同品种聚酰胺之间的共混

不同 PA 之间共混，由于结构的相似，比较容易相容，并形成性能上互补性强的聚合物共混体系，故而历来受到重视。有明显改性效果的实例如下。

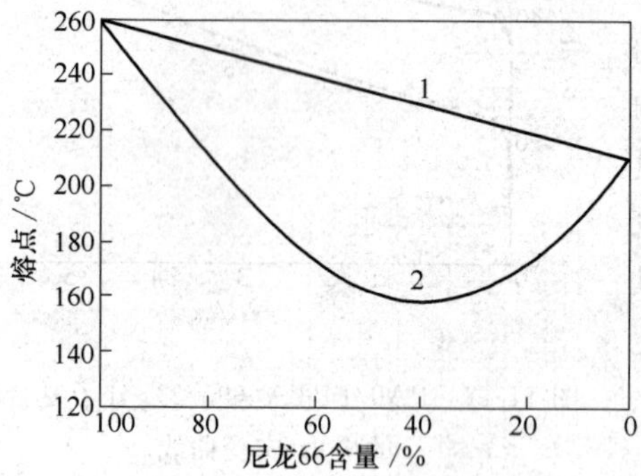

图 11-14 尼龙 6/尼龙 66 熔融共混时产生的共缩聚化作用

1—直接混合 2—280℃下加热 8h

① PA6 及 PA66 与高碳数 PA 共混[4]或与芳香族 PA 共混[4]，可改善它们在接触氯化物水溶液时的应力开裂性。

② PA6 与 PA66 粉末共混，后者起到结晶核的作用，使共混物具有较好的强度，并改善了热收缩性和挠曲性，共混物适用于注塑成型[25]。

③ 结晶性 PA 与非晶 PA 共混可增加柔韧性，还可能提高湿态下的刚性，改善成型制品的翘曲变形性等性能[4]。

不过，由于不同 PA 在熔融温度下共混，可能发生分子间酰胺交换反应并最终形成无规共缩聚物（见图 11-14），所以制备此类共混物以及将其加工成型时，要严格控制加热温度和受热熔融的时间[35]。

参考文献

[1] 俞强，张海洋，姚自力，林明德. 尼龙 6/马来酸酐接枝聚乙烯共混物力学性能的研究 [J]. 塑料工业，1993，(5)：42-46.

[2] 林明德，俞强，龚方红，江海红，王继永. 尼龙-6 与羧基化改性 LDPE 共混体系的结构研究 [J]. 高分子材料科学与工程，1992，8 (6)：38-43.

[3] 俞强，刘春林，卢耀南，林明德. 尼龙 6/马来酸酐接枝聚丙烯合金力学性能和流变行为的研究 [J]. 中国塑料，1993，7 (2)：14-20.

[4] 吴培熙，张留成. 聚合物共混改性（第二版）[M]. 北京：中国轻工业出版社，1996.

[5] S. C. Wong, Y. W. Mai. Effect of rubber functionality on microstructures and fracture toughness of impact-modified nylon 6，6/polypropylene blendsPart Ⅱ. Toughening mechanisms [J]. Polymer，2000，41 (14)：5471-5483.

[6] 喻发全，刘艳萍，姚树人. 聚酰胺共混改性的研究进展 [J]. 合成树脂及塑料，1999，16 (1)：55-58.

[7] Borg Warner 技术资料.

[8] Monsanto 技术资料.

[9] 杜强国，王荣海，陈文杰，王立惠. 增韧尼龙 6 的力学性质和形态 [J]. 高分子材料科学与工程，1991，7 (1)：53-56.

[10] S. Wu. Impact fracture mechanisms in polymer blends：Rubber-toughened nylon [J]. J.

Polym. Sci.: Polym. Phys. Ed., 1983, 21 (5): 699-716.

[11] S. Wu. Phase structure and adhesion in polymer blends: a criterion for rubber toughening [J]. Polymer, 1985, 26 (12): 1855-1863.

[12] M. Mehrabzadeh, R. P. Burford. Impact modification of polyamid 11 [J]. J. Appl. Polym, Sci., 1996, 61 (13): 2305-2314.

[13] C. R. Chiang, F. C. Chang. Polymer blends of polyamide-6 (PA6) and poly (phenylene oxide) (PPO) compatibilized by styrene-maleic anhydride (SMA) copolymer [J]. Polymer, 1997, 38 (19), 4807-4817.

[14] K. C. Chiou, S. C. Wu, H. D. Wu, F. C. Chang. Compatibilization and elastomer toughening of polyamide-6 (PA6)/poly (phenylene ether)(PPE) blends [J]. J. Appl. Polym. Sci., 1999, 74 (1): 23-32.

[15] 王尚尔，牟忠诚. 热致液晶共聚酯/Nylon—1010 共混物的研究 [J]. 高分子学报，1995，(3)：302-307.

[16] B. Y. Shin, I. J. Chung. Speculation on interfacial adhesion and mechanical properties of blends of PET and thermotropic polyester with flexible spacer groups [J]. Polym. Eng. Sci., 1990. 30 (1): 13-21.

[17] 汪菊英，陈超丽，黄春曼. 热致液晶聚合物共混改性聚酰胺的研究进展 [J]. 上海塑料，2008，(4)：12-17.

[18] H. Wang. K. W. Lee, T. Chung. Rheological behavior and prediction for blending conditions of a thermotropic liquid crystalline polyester with nylon [J]. Polym. Adv. Technol., 2000, 11 (4): 153-158.

[19] S. C. Tjong. Y. Z. Meng. Impact-modified blends of compatibilized polyamide-6 with liquid crystalline copolyester [J]. J. Appl. Polym. Sci., 1998, 70 (8): 1611-1619.

[20] S. C. Tjong, R. K. Y. Li, X. L. Xie. Compatibilizing effect of styrene-maleic anhydride copolymer on the properties of polyamide-6/liquid crystalline copolyester composites [J]. J. Appl. Polym. Sci., 2000. 77 (99): 1964-1974.

[21] M. Kurokawa. S. Nagai. Reinforcement of polyamide 6 with thermotropic liquid crystalline polymer [J]. Polym. Eng Sci., 1999, 39 (5): 872-880.

[22] J. Ibuki, P. Charoensirisomboon, T. Chiba, T. Ougizawa, T. Inoue, M. Weber, E. Koch. Reactive blending of polysulfone with polyamide: a potential for solvent-free freparation of the block copolymer [J]. Polymer, 1999, 40 (3): 647-653.

[23] P. Charoensirisomboon, T. Chiba, K. Torikai, H. Saito, T. Ougizawa, T. Inoue, M. Weber. Morphology-interface-toughness relationship in polyamide/polysulfone blends by reactive processing [J]. Polymer, 1999, 40 (25): 6965-6975.

[24] 陈兆彬，李同生，杨玉良，张瑜. 聚酰胺/聚苯硫醚共混物摩擦学性能研究——(Ⅰ)干摩擦 [J]. 高分子材料科学与工程，2003，19 (6)：104-107.

[25] E. S. Ong, Y. Kim, H. L. Williams. Dynamic mechanical properties of some nylons and their blends [J]. J. Appl. Polym. Sci., 1986, 31 (2): 367-383.

第 12 章　聚酯树脂的共混改性

本章讨论一系列聚酯树脂的共混改性，包括聚碳酸酯（PC）、聚对苯二甲酸丁二醇酯（PBT）、对苯二甲酸乙二醇酯（PET）以及聚（邻苯二甲酸一二酚基丙烷）酯（U-树脂），这些聚酯树脂常被列入工程塑料的范畴，尤其 PBT 是最重要的一种新型工程塑料，其聚合物合金亦为典型共混改性产物。

聚酯树脂共混改性在组合方面有一个重要特点，即不同种聚酯树脂之间的共混占有相当突出的地位。不同种聚酯树脂之间共混，易发生酯交换反应，导致化学结构的变化，因此防止酯交换反应的产生，是一个关键课题。

聚酯树脂共混前后，结晶度的变化也是一个有趣的现象，有其典型意义。

下面对各类聚酯树脂的共混改性分别加以介绍，从中可了解其开发的突出意义。

12.1　聚碳酸酯的共混改性

碳酸是一种极弱的二元无机酸，与其相应的聚酯总称为聚碳酸酯（PC）。产量最大、用途最广的聚碳酸酯是双酚 A 型聚碳酸酯，其结构可表示为 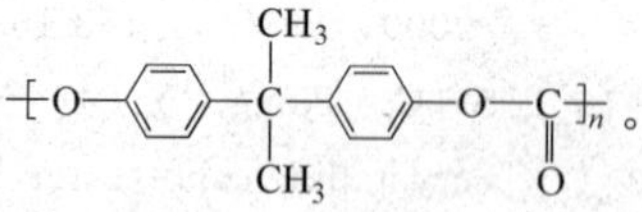。近年来已研究成功多种化学结构不同且性能各异的聚碳酸酯，在此仅以双酚 A 型聚碳酸酯的共混改性为主进行讨论。

双酚 A 型聚碳酸酯具有突出的冲击韧性，优良的电绝缘性，宽广的使用温度范围，制品尺寸稳定，是一种综合性能较好的工程塑料。聚碳酸酯在机械工业方面主要用以制作传递中小负荷的零部件，如齿轮、齿条、蜗轮、蜗杆、凸轮等；在电工方面属 E 级绝缘材料，可制作绝缘接插件、线圈框架、端子板等；还制造各种灯罩、防护玻璃、安全帽以及耐腐蚀容器、管道等等。

虽然聚碳酸酯综合性能较好，但是它的某些缺陷如易于应力开裂、对缺口敏感、耐磨性欠佳、加工流动性较差等很有必要改进。聚碳酸酯通过共混改性已收到显著的成效。

目前，已研究成功的聚碳酸酯共混物种类繁多，它们可以分为两类。第一类是不同聚碳酸酯之间的共混，例如高分子量聚碳酸酯与低分子量聚碳酸酯共混以改善加工流动性；双酚 A 型聚碳酸酯与双酚 A-4-溴代双酚 A 共缩聚聚碳酸酯共混以改善成型性与耐燃性。第二类是聚碳酸酯与其他聚合物的共混，例如分别与聚乙烯、聚丙烯、聚异丁烯、乙-丙共聚物、丁腈胶、聚苯乙烯、ABS、AS、聚对苯二甲酸乙二酯、聚氨酯、丙烯酸树脂、聚四氟乙烯、聚苯醚、聚苯硫醚、氯化聚醚、聚砜等共混。此外还有多元聚碳酸酯共混改性的报道。

第二类 PC 的共混物是下面介绍的重点，这一类中，若按与 PC 共混的聚合物的特点与改性效果来分，又可分为[2]：

① 无定形通用塑料共混（如 PC/ABS），以提高 PC 的韧性。

② 结晶性通用塑料共混（如 PC/PE），增加弹性模量，降低成本和耐沸水性。

③ PBT 结晶性工程塑料共混，既可保持其耐热性，又可提高流动性、耐磨性和耐溶剂性。

④ 某些弹性体共混可增加 PC 的弹性和耐化学品性。

鉴于 PC 与大多数聚合物缺乏相容性，所以在开发 PC 共混体系的同时，相应相容剂的研制与利用也受到普遍重视，表 12-1 列出了适用于 PC 共混体系的相容剂。

表 12-1　用于 PC 共混体系的相容剂[1]

与 PC 共混的聚合物	相容剂	改性效果
ABS	Cumylphenol(异丙基苯酚)	提高热变形温度和冲击强度
PBT	聚(环氧丙基甲基丙烯酸酯) 接枝苯乙烯共聚物	改善滑动性,抗冲击性
PA	苯乙烯-g-马来酸酐 聚马来酸酐-芳酯 聚丙烯酰亚胺	提高拉伸强度,增加韧性 提高热变形温度
SMA	Cumylphenol	提高熔接强度,抗冲击性能
SAN	聚己内酯-聚苯乙烯嵌段	增加韧性
PO	聚丙烯酰亚胺	抗湿,提高耐化学品性,改善涂敷性
PVC	聚己内酯-聚苯乙烯嵌段	改善热性能,加工特性
PS	PBT-g-PS 反应性接枝共聚物	

12.1.1　不同种类聚碳酸酯之间的共混

4-溴代双酚 A（TBBPA）或 4-氯代双酚 A（TCBPA）的均聚聚碳酸酯熔融温度很高，在通常的聚碳酸酯加工温度下难以熔融，因而常将 TBBPA 或 TCBPA 与双酚 A（BPA）一起反应，生产共缩聚聚碳酸酯。此种共缩聚聚碳酸酯具有良好的耐燃性，所以使之与双酚 A 聚碳酸酯共混，可提高后者的耐燃性。

共缩聚聚碳酸酯中 TBBPA：BPA＝(40～30)：(60～70)，上述共混物中共缩聚物的含量一般以 30%～10%为宜。当超过 30%后，共混聚碳酸酯冲击强度低，不能作为工程塑料应用。表 12-2 和表 12-3 分别列出两种共缩聚聚碳酸酯渗入到双酚 A 均聚聚碳酸酯中的比例对共混物耐燃性和抗冲击性能的影响。由表可知，TBBPA 共聚物对改善双酚 A 均聚聚碳酸酯的耐燃性较 TCBPA 共缩聚物更显著，对冲击性能下降的影响较小。

表 12-2　TBBPA-BPA 共缩聚聚碳酸酯/BPA 聚碳酸酯共混物的耐燃性和抗冲性能①

组成		燃烧秒数 /s	冲击强度(缺口) /(kJ/m²)
BPA 聚碳酸酯	TBBPA-BPA 共缩聚物		
100	0	＞20	90
85	15	2.6	89
75	25	1.1	85
70	30	1.4	68
40	60	＜1.0	15

表 12-3　TCBPA-BPA 共缩聚聚碳酸酯/BPA 聚碳酸酯共混物的耐燃性和冲击性能①

组成		燃烧秒数 /s	冲击强度(缺口) /(kJ/m²)
BPA 聚碳酸酯	TCBPA-BPA 共缩聚物		
100	0	＞20	90
85	15	10	66
70	30	5	13
55	45	3	11

注：① 共缩聚聚碳酸酯中 TBBPA（或 TCBPA）：BPA＝35：65。

双酚 A 均聚聚碳酸酯或上述两种共缩聚聚碳酸酯分别与具有如下重复结构单元的聚碳酸酯共混，其性能均有显著改善：

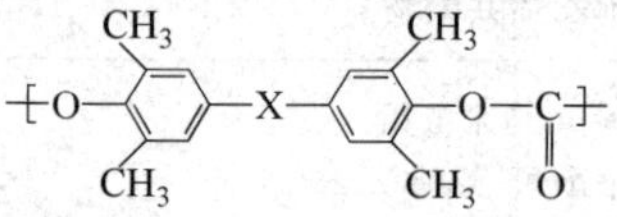

结构式中，X 可为：$-CH_2-$，

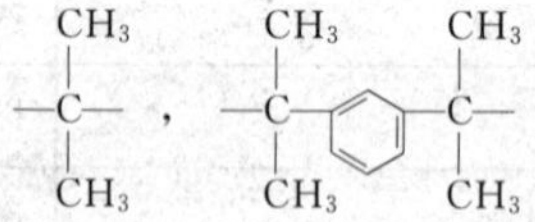

此种共混物可制作模压件、薄膜、纤维，还可用作涂料。它们除可应用于双酚 A 均聚聚碳酸酯所适用的范围外，还特别适用于要求耐皂化作用、高玻璃转化温度、高抗电弧径迹性以及优良熔体黏度并兼具阻燃性的场合。所以常用来生产输送热酸和热碱溶液的管道、高质量垫片、耐过热蒸汽的制件、耐皂化的涂层、高抗电弧径迹性的电绝缘制品等。

12.1.2　聚碳酸酯与聚乙烯的共混

聚碳酸酯与聚乙烯共混有显著的改性效果，此种共混物与聚碳酸酯比较，主要优点为如下[2]：

① 在广泛的使用条件下只呈塑性破坏，在常温下冲击强度为聚碳酸酯的 3～4 倍。

② 耐沸水性优，经 100℃、240h 处理后，拉伸强度和挠曲强度几乎不变，拉伸强度为经同一条件处理的聚碳酸酯的 3 倍以上。

③ 耐热老化性能好，经 120℃、140h 处理后，其冲击强度仍为聚碳酸酯的 2 倍以上。

④ 耐候性优良，室外暴露两年，拉伸强度和挠曲强度几乎不变，冲击强度为聚碳酸酯的 4 倍以上。

⑤ 熔融黏度降低 1/3，所以成型温度可以较低，成型容易，残余应力减少，制品颜色也较好。另处，共混物的熔融黏度随成型压力升高、下降较明显，也改善了成型性。

聚碳酸酯与聚乙烯共混也使某些性能，如拉伸强度、伸长率和热变形温度有所下降。

聚碳酸酯与聚乙烯的共混是采用机械共混法实现的。两聚合物的共混比例是决定该共混物性能的主要因素，表 12-4 给出聚碳酸酯/聚乙烯共混物的性能随组分比例不同的变化情况。

表 12-4　　聚碳酸酯/聚乙烯共混物的性能

PC/PE	100/0	97/3	95/5	90/10	70/30	0/100
拉伸强度/MPa	67.4	77.6	72.0	59.8	41.9	23.5
伸长率/%	92	88	120	72	70	150
热变形温度/℃ (1.82MPa 下)	128	127.5	127	120	94	43
冲击强度/(kJ/m^2)	11.5	46.3	44.4	36.6	28.4	2.6
沸水处理 200h 后的冲击强度/(kJ/m^2)	5.0	11.1	37.7	25	9.8	—
CCl_4 中挠曲强度/MPa	13.2	17.3	20.1	22.5	28.2	21.6

聚碳酸酯与聚乙烯相容性差，它们共混时若熔融混炼作用不充分，极易导致明显的分层。为得到两组分分散良好且不会发生聚集分层的稳定的聚碳酸酯/聚乙烯共混物，有人认为，恰当的原料规格应该是使用熔融黏度为 800Pa・s 左右的聚碳酸酯与熔融黏度为 700Pa・s 或 850Pa・s 的聚乙烯，而在挤出机中进行共混时的温度应为 293℃左右，挤出机计量段剪切速率最好为 $1000s^{-1}$[2]。

一般情况，每 100 份聚碳酸酯中加入聚乙烯少于 5 份时，共混物性能较好。当聚乙烯少于 30%时，聚乙烯分散在聚碳酸酯连续相中；聚乙烯超过 30%时，聚乙烯形成了连续相。

我国多年前就对 PC/PE 共混物开展了较多的研究[3-4]，改性效果基本与上述情况一致。在所用 PE 方面，有研究认为 LDPE 的增韧作用优于 HDPE，PC/PE/EPDM 三元共混不仅有更好的增韧效果，而且可减缓 PC/PE 共混时 PC 分子量的降低趋势[3]。PC/PE 共混，在未增容情况下制得的材料，受外力作用呈现典型的脆性断裂，而李忠明等[5]研究采用二烯丙基双酚基醚（DBAE）接枝 PE（DBAE-g-PE）作为该共混体系的相容剂，发现增容后的此类合金，在 PC 为 15 份时，呈现超常的增韧现象，PC 出现明显的塑性变形，形成了纤维化，并用纤维化增韧机制进行了说明。另外的研究认为 EVA 对 PC/PE 共混体系具有增容作用[4]。在 PC 与 PE 共混工艺方面，可采用 PC/PE 分步共混工艺：第一步在挤出机熔融共混制取高 PE 含量的 PC/PE 共混物粒料，第二步将上述共混粒料再与等量 PC 在螺杆式注塑机中进一步共混并同时注塑成制品。与一步直接共混法相比，分步法所得制品的冲击强度、耐沸水性能更优良。

聚碳酸酯/聚乙烯共混物适宜制作机械零件、电工零件、板、管以及安全帽等防护用品，也可用以生产容器、餐具等日用品。

12.1.3　聚碳酸酯与 ABS 树脂的共混[2,6-8]

聚碳酸酯/ABS 共混物是最早工业化生产的一种聚碳酸酯改性产品。通过对两原料组分熔融共混（密炼机）产物性能的研究，发现冲击强度、弯曲强度、拉伸强度、热变形温度等均随共混比而变化（图 12-1～图 12-4），尤其冲击强度呈现极明显的非直线关系。由图 12-1 可见，冲击强度在共混比为（25～30）/(75～70）和（75～70）/(25～30）区域变化最大，这可能是发生了相转变。

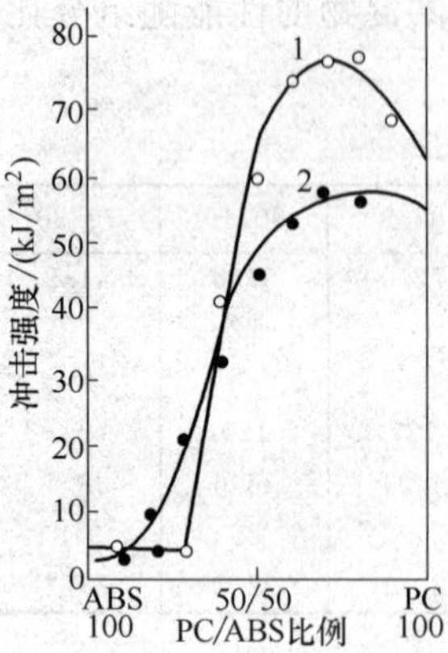

图 12-1　PC/ABS 的冲击强度与共混比的关系

1—压塑成型　2—注射成型

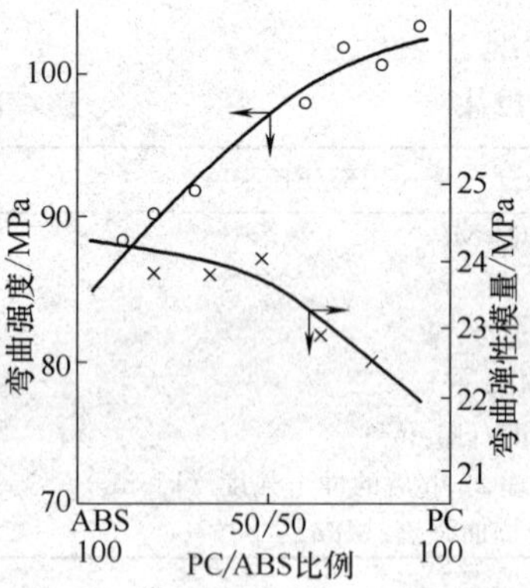

图 12-2　PC/ABS 的弯曲强度与共混比的关系

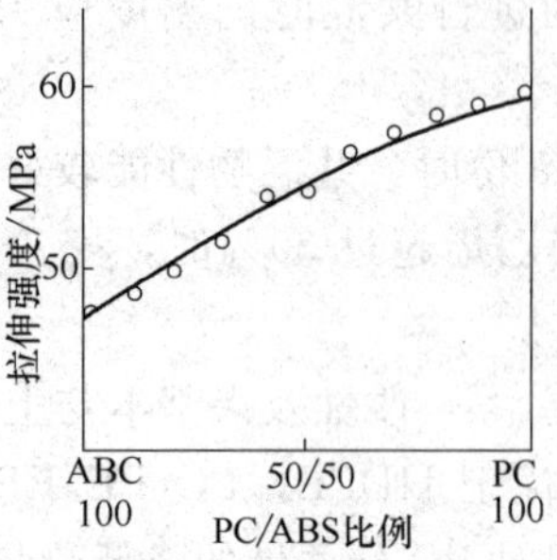

图 12-3　PC/ABS 的拉伸强度与共混比的关系

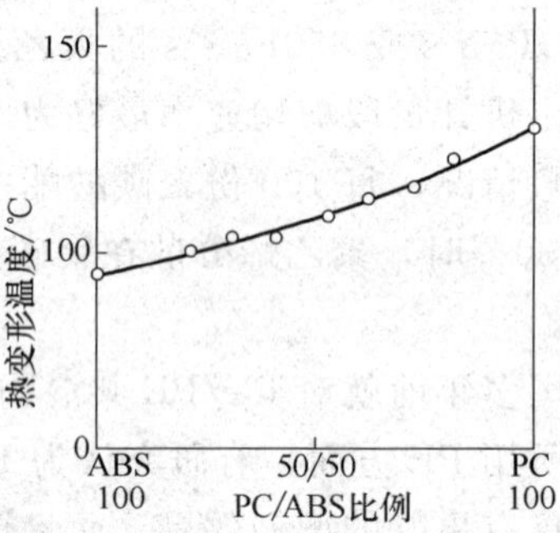

图 12-4　PC/ABS 的热变形温度与共混比的关系

聚碳酸酯与 ABS 相容性不佳，欲得到性能良好的聚碳酸酯/ABS 共混物，其形态结构极为重要。据报道，当此种共混物中 ABS 组分掺入量多于 50%时，ABS 就构成连续相，聚碳酸酯则成为分散相。成型条件对聚碳酸酯/ABS 共混物的形态结构影响很大，因而不同的成型条件对此种共混物制品的性能亦将产生直接影响。例如，压塑成型的试样能较好地保持此种共混物混炼时所形成的亚微观非均相分散状态，而注射成型时，在高剪切速率下，分散状态发生变化达到了过度的均匀分解，所以两种试样的冲击强度有较大差别，且压塑成型试样的冲击强度较高（图 12-1）。

PC/ABS 注射成型制品的形态结构又随两组分共混比呈现复杂的变化，例如 PC/ABS 为 25/75 时，PC 在 ABS 连续相中呈粒状分散，粒子沿注射方向拉长；当 PC/ABS 为 75/25 时，ABS 在 PC 中呈纤维状和不连续层状，并沿注射方向取向；当 PC/ABS 为 50/50 时，ABS 与 PC 都主要为不连续层状结构且沿注射方向排列；PC/ABS 为 90/10～70/30 或者 30/70～10/90 时，分散相 ABS 或 PC 在注射样条边缘注射方向上呈珠-线结构或拉长的粉粒，中心处为粒状。

由于 ABS 组成的多变性，它与 PC 的相容性自然也受其结构的影响。PC/SAN 的溶解度参数差（$\Delta\delta = 0.84\ (J/cm^3)^{1/2}$，而 PC/PB 的 $\Delta\delta$ 为 $7.45\ (J/cm^3)^{1/2}$，所以使用高丁二烯含量的 ABS，PC/ABS 共混物的相分离严重，反之则得到分散较均匀的共混物。在微观结构上，PC/ABS 共混物有可能形成如图 12-5 所示的三层结构，即在高 PC 含量时，PC 包围着 SAN，SAN 又包围着接枝橡胶 PB，也就是说 SAN 形成一层中间相。

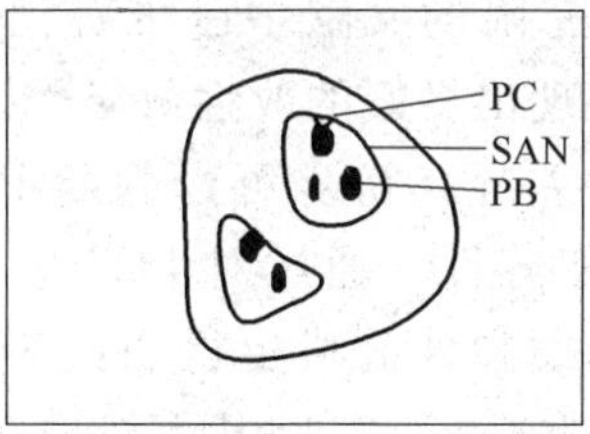

图 12-5　PC 为连续相时 PC/ABS 共混物的形态示意图

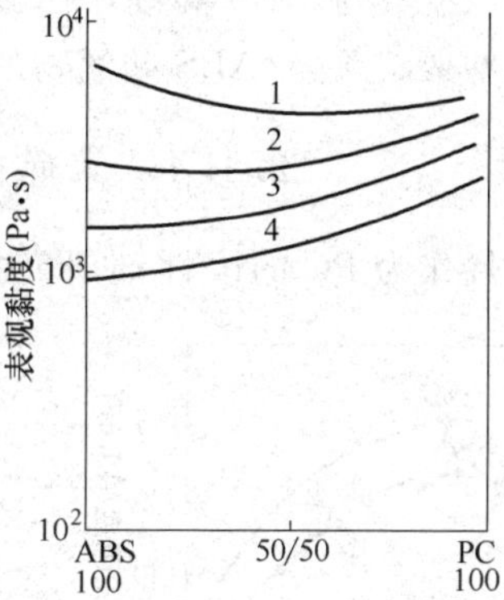

图 12-6　高化式流动实验黏度

1—80kg 荷载　2—60kg 荷载　3—90kg 荷载　4—120kg 荷载

以高化式流变仪测定的聚碳酸酯/ABS 共混物的黏度值见图 12-6，由该图可见黏度与共混比不成直线关系，而且在某一组成下，黏度有一最小值，最小黏度对应的组分比例还随剪切速率不同而改变。这可能是由于此种共混物是相容性不良的体系，不同种聚合物之间对应力的传递不充分，以致在界面处阻力减小之故。另一方面，在高剪切速率下测定时，极小点不明显，可见该特性与剪切速率有关。

司丽等[7]应用二次通用旋转回归设计的方法，建立了 PC/ABS 共混合金组成与性能之间的相互关联的数学模型，可提供探讨此类合金性能的参考。

ABS 本身组分的变动，对 PC/ABS 合金性能的影响是必然的，人们应认识和重视 ABS 组分变动的重要性。另外，研究适用于此类共混物的相容剂也很有意义，例如以马来酸酐接枝聚丙烯就可促进 PC 与 ABS 的相容，使性能得到提高；也有直接应用马来酸酐接枝 ABS 改性 PC 作为相容剂的研究报道[8]。

需要强调的一个问题是，聚碳酸酯在有水存在以及高温下（含水量大于 0.03%，温度高于 150℃）极易降解，使分子量下降，造成性能劣化，所以不论是混炼还是成型过程，保持物料的干燥和恰当的温度均极重要。此外，还应避免硬脂酸类润滑剂的混入，以免影响制品性能。

美国销售的一种牌号为 Cycoloy800 的聚碳酸酯/ABS 共混物，综合了聚碳酸酯和 ABS 的优点，具有较好的冲击性能、挠曲性能、刚性、耐热性，广泛用于注射成型制作机械零件、电器部件、盔帽以及挤出成型后再二次真空成型生产汽车车身等要求同时兼有优良冲击性和刚性的制品。

PC/ABS 共混物是汽车最适用的内装材料，特别是用作仪表板支架、盖板、通风口、喇叭格栅、防冻板、托架和转向柱护套的原材料。这些制品原先大都以 ABS 制作，现由于 PC/ABS 共混物具有更好的耐热性以及韧性，而被后者取代。PC/ABS 制成的仪表板等汽车部件的表面无需预处理就可直接涂饰，这种表面良好的涂饰性和覆盖性是其另一特点。人们还开发了一种耐燃抗冲聚碳酸酯/ABS 共混物，所用聚碳酸酯是 BPA 与 TBBPA 的共缩聚聚碳酸酯。此种共缩聚聚碳酸酯单独使用虽然耐燃，但当其中 TBBPA 摩尔比超过 2%时，则冲击强度低、发脆，且因高温下熔融流动性仍不足而限制了发展。但将其与 ABS 共混，达到了耐燃、冲击强度高的双重效果。据资料介绍，此种耐燃抗冲聚碳酸酯/ABS 共混物的冲击强度很高，甚至高于 ABS。

12.1.4 聚碳酸酯与其他聚合物的共混

聚苯乙烯作为 PC 的改性剂研究报道虽然不多，但在有限的文献中已可看到少量 PS 与多量 PC 共混表现出良好的改性效果[9-11]。

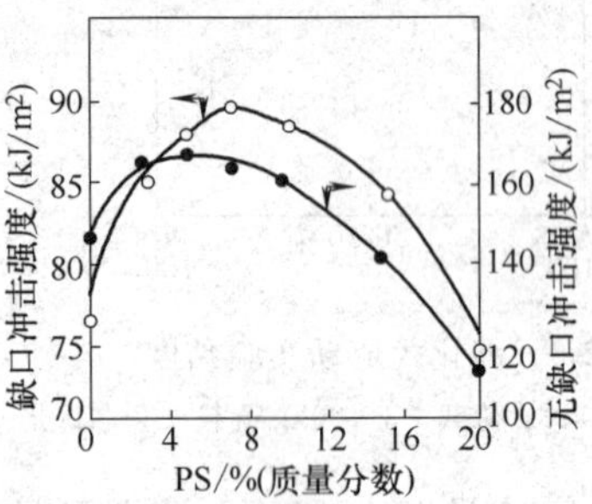

图 12-7 共混物冲击强度与 PS 含量的关系

从大分子结构的差异，初步可以判断 PC 与 PS 不会有非常好的相容性。通过对 PC/PS 熔融共混物的差热分析和黏弹性分析也得知：各种比例的 PC/PS 共混物都有两个分别基本对应于 PC 与 PS 相的玻璃化转变温度（T_g），不过两个特征有所靠近，尤其在组分比接近 1 的情况，内移最明显。以上现象说明 PC 与 PS 有部分相容性。扫描电镜观察的结果（照片略）也支持了这样的结论，这为共混改性提供了一定的基础。

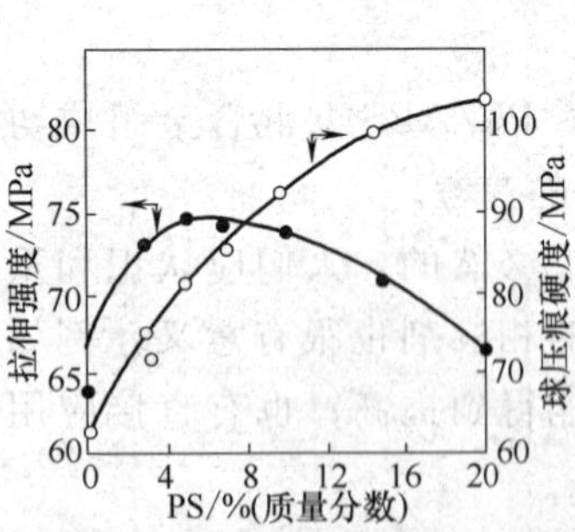

图 12-8 共混物拉伸强度和球压痕硬度与 PS 含量的关系

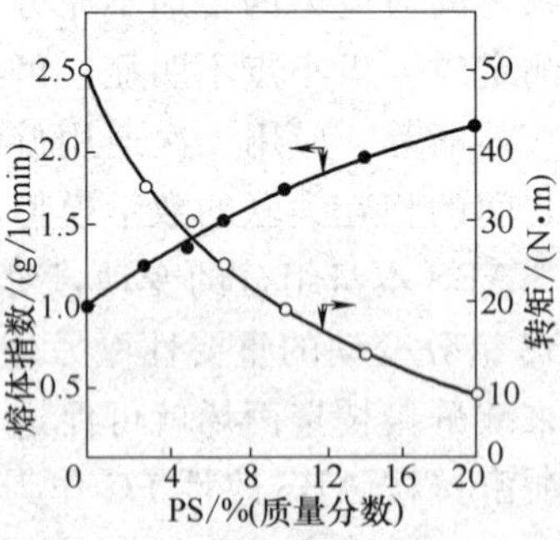

图 12-9 共混物 MI 值和转矩与 PS 含量的关系

图 12-7 至图 12-9 分别为 PC/PS 共混物的冲击强度、拉伸强度、硬度及流变性能与共混比例的关系。由图可见强度与组分比的关系出现峰值；熔体黏度和流动性则随 PS 加入量的增多而逐步下降（接近直线关系）。改善 PC 的缺口敏感性和降低熔体黏度是对 PC 进行共混改性的主要目的，看来，PC 中含 6%～8%质量分数 PS 的共混物综合改性效果最理想。这样比例的 PC/PS 共混物，虽然热变形温度有所下降（约下降 4～5℃），但一般不影响使用。

由于 PS 价格大大低于 PC，PC/PS 共混起到改性和降低成本兼得的效果，颇有进一步研究的必要。Chua 等[12]探讨了共混过程中 PC/PS 合金的微观形态发展，应用 SEM 考察了九种组分的 PC/PS 合金。对 3 种工业混合方法实施下微观形态变化的研究结果表明，理想双连续形态的形成，强烈依赖于混合组分和熔混方式。

聚碳酸酯与聚酯（PET、PBT）的共混物早已工业化生产。PC 为非晶聚合物，而 PET 和 PBT 为结晶聚合物，因此它们的组合是典型的非晶/结晶聚合物共混体系。对于结晶聚合物，加入玻璃纤维可大幅提高热变形温度，所以 PC 与 PET、PBT 共混物用玻璃纤维增强也获得热变形温度提高的效果。这类共混物的耐化学药品性较 PC 有所改善，这对于用于涂料很重要，PC/聚酯涂料的流淌性优良亦为一重要特征。生产 PC/聚酯共混物的困难有：①由于 PET、PBT 的结晶，使界面粘接不良，冲击强度低，为此常需加入第三种组分以改善：②PC 与 PET 及 PBT 都是聚酯类聚合物，共混时必须把原料充分干燥且避免温度过高以及在受热状态下停留时间过长，否则将因发生酯交换反应导致性能劣化。另外的对策是加入各种稳定剂以阻止酯交换反应的发生。PC/PET 及 PC/PBT 这两种聚合物共混物的各项性能对比见图 12-10[2]，总的来说，前者的耐热

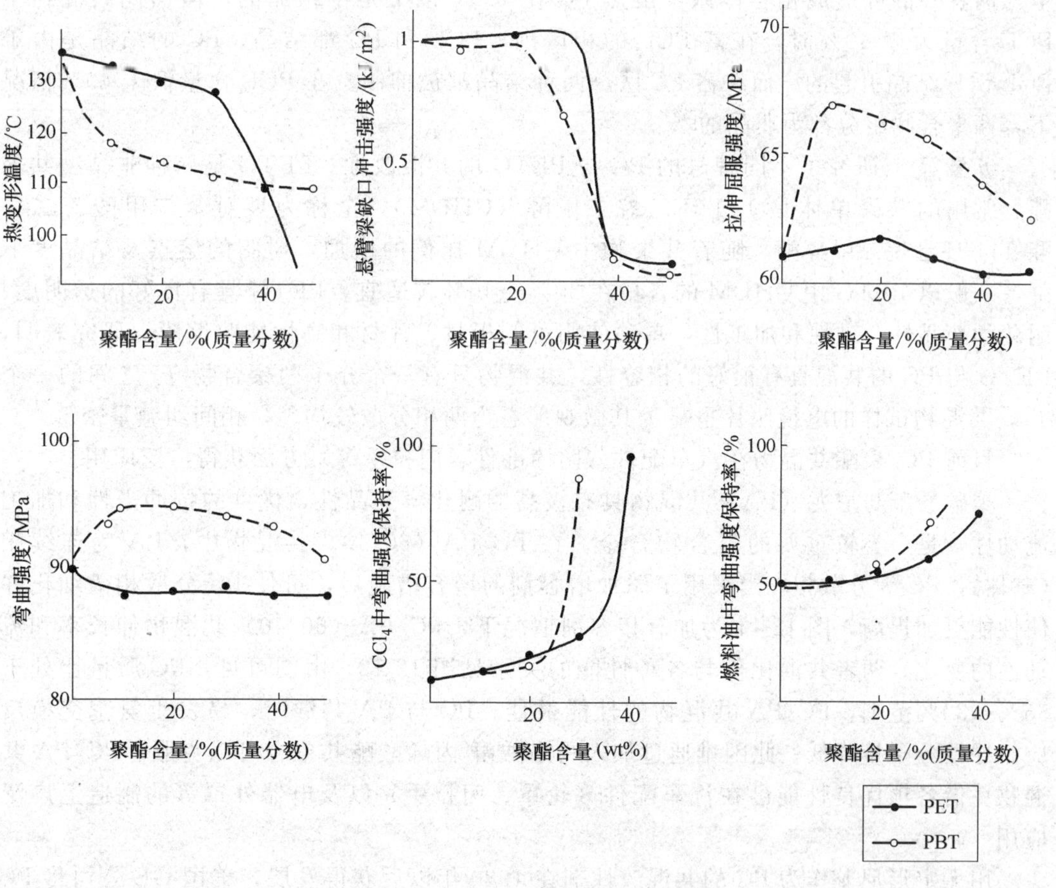

图 12-10　PC/聚酯共混物的性能

性优于后者，而后者的耐化学药品性和流动性优于前者，在材料应用上须加以注意。

若故意强化 PC 与 PBT 之间发生酯交换反应以提高两者的相容性。也可特意加用酯交换催化剂，从而制得只有一个玻璃化转变温度 T_g 的综合性能良好的共混合金，其透光率高达 89.8%。

另有报道[13]，在 PC 与 PBT 共混时，可加入 EVA 作为相容剂；添加某种离聚体，可提高该共混物的冲击强度[14]。

张军等[15]研究了 PET 共混改性 PC 体系的结构、形态和性能以及使用催化剂的效果。当 PC/PET=25/75 时，在介电损耗角正切-温度曲线上，两个内移的玻璃化转变峰之间出现了第三个峰，因而表明两组分之间有一定的相容性。而催化剂会促使酯交换反应发生，这种情况下，两个玻璃化转变峰就归化为一个峰了。另有报道[16]，镧系催化剂与传统催化剂（如钛系）相比，有更高的催化活性，而且无副反应。同时还发现共混体系的酯交换反应主要发生于两相界面处。

PC 与 PET 酯交换反应的结果所生成的 PC/PET 共混物，可以作为相容剂与 PC、PET 组成三元共混物，当该共混物的含量达到 60%时，体系是完全相容的[17]。

聚己内酯（PCL）共混改性 PC 的特别之处在于其微观形态的多变性。一般情况下，两者共混可形成相容体系，虽然 PC 在 150℃以下是不结晶的，但当此共混物中 PCL 含量大于 40%时，在富 PCL 的相区内，PCL 和 PC 都结晶。PC 的结晶是由于 PCL 诱导结晶引起的。而在富 PC 区，两种结晶都被抑制。在 PCL 含量低于 40%情况下，两聚合物组分都为非晶的[18]。

苏昱等[19]研究了不同牌号的 PC 与 PETG 的共混改性。PETG 是一种非晶型共聚酯，常用的共聚单体是 1,4-环己烷二甲醇（CHDM），全称为聚对苯二甲酸乙二醇酯-1,4-环己烷二甲醇酯。随着共聚物中 CHDM 比例的增加，树脂的熔点及结晶度下降，一般以 PETG 中 CHDM 的含量在 30%～40%较适宜。PETG 具有良好的透明度、耐化学药品性、黏性和加工性，单独使用可制板材、片材和高性能收缩膜。研究表明，PETG 与 PC 的共混具有很好的相容性，共混物只有一个介于两聚合物 T_g 之间的一个 T_g，共混物试样的电镜照片也显示其微观形态为两相分散较均匀，相间纠缠紧密。

目前 PC/聚酯共混物在汽车配件（防撞部件、门拉手等）方面获得广泛应用。

聚碳酸酯与尼龙（PA）共混物具有极高的耐化学药品性，优良的抗冲击性和加工流动性，是一类较重要的聚合物合金。在 PC/PA（60/40）共混物中，PA 为连续相（基体），PC 为分散相，当采用了添加增容剂的增容措施后，可使 PC 分散相微细化并使性能更加提高，图 12-11 为加有相容剂情况下，PC/PA（60/40）共混物伸长率和流动性的变化。两者共混比例与各种性能的关系见图 12-12，由图可见，PC 质量比处于 55%～80%范围，PC/PA 共混物的性能最佳。PC 与 PA 共混时，易发生氨基交换反应，导致分子量降低，此困难通过加入马来酸酐-丙烯酸酯共聚合可以克服。PC/PA 共混物凭借各项优良性能已在汽车配件（轮罩、门拉手）以及电器外罩等的制造上广泛应用[2]。

用无定形尼龙作为 PC 的共混改性剂在 1980 年以后获得发展，美国 GE 公司将 PC 与无定形尼龙混炼，制得了抗冲、耐热、耐溶剂、熔体黏度稳定性均优良的 PC/PA 制

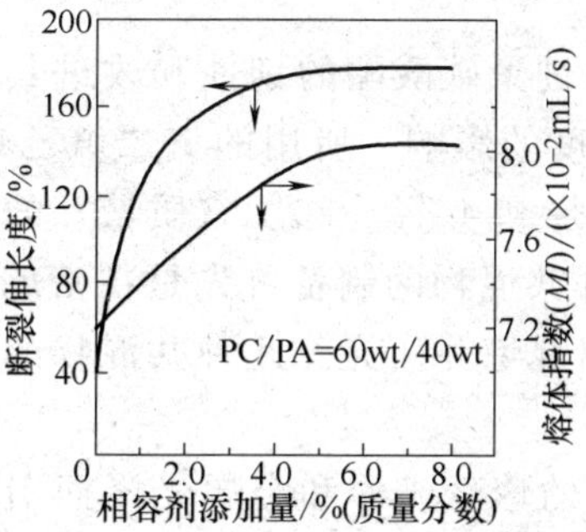

图 12-11　PC/PA 共混物中添加增容剂对伸长率及流动性的影响

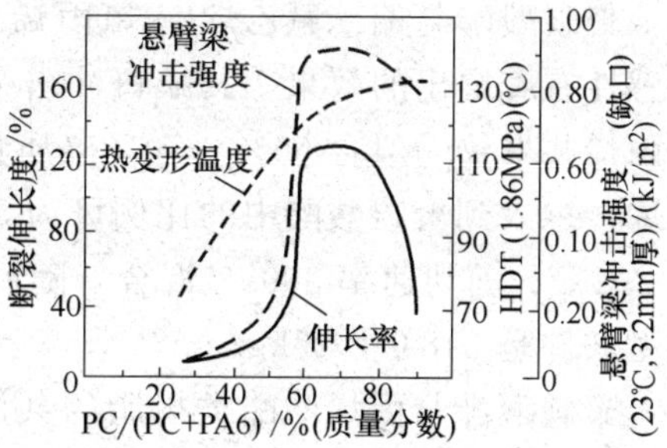

图 12-12　混比对 PC/PA 各项性能的影响

品，其高的透光性更为其独特优点[20]。典型的无定形尼龙是由己二胺和间苯二酸（或其酯）缩聚的产物，称为尼龙 6I，数均分子量 $M_n=3000$，重均分子量 $M_w=30000\sim35000$。密度 1.185g/cm³，玻璃化温度（T_g）120～130℃，熔点 180～210℃，折射率 1.59。几种不同牌号尼龙 6I 改性 PC 的性能见表 12-5，力学性能及耐热性均很卓越，加之优良的耐溶剂性、透光性，此种共混物特别适宜制作眼镜片、光学透镜、高级仪表罩等制品。

表 12-5　　PC/尼龙 6I 共混物的性能

性能	PC/PA6(3)T (75/25)	PC/PA6I,T (75/25)	PC/PA6I (80/20)	PC/PA6I (75/25)
拉伸强度/MPa	58.6	53.1	54.5	55.2
屈服伸长率/%	6.0	6.4	5.7	5.8
断裂伸长率/%	43.2	46.8	30.6	49.5
冲击强度/(J/m²)	42.7	83.8	52.8	54.4
热变形温度 0.46MPa/℃	131.4	136.2	255.2	255.5

20 世纪 90 年代以来，以热致液晶聚合物（TLCP）共混改性 PC 有了快速发展，将 TLCP 与 PC 共混，该共混物在成型加工过程中，由于 TLCP 可沿流动方向取向，并在原位形成微纤而起到增强纤维的作用，从而达到改善 PC 力学性能的效果；同时也由于 TLCP 突出的剪切变稀特点，因而也改善了 PC 的加工性能，降低了加工能耗[21]。采用适当的相容剂是促进 TLCP 在其与 PC 的共混物中流动成纤的充分条件之一，只有两组分的界面具有适当而又较强的粘接性，才能促进 TLCP 的成纤并起到增强改性的效果。

聚碳酸酯与氟树脂共混既保持了聚碳酸酯优良的耐热性、尺寸稳定性以及注射成型性，又改善了其耐磨性。氟树脂起到内润滑作用，提高了聚碳酸酯的 PV 值并降低了其摩擦系数，如加入微细的聚四氟乙烯粉末可使聚碳酸酯耐磨性提高五倍。

聚碳酸酯与氟树脂的共混物由于耐磨性优良并有较好的综合性能，故适宜生产机械、车辆、电器等设备用的齿轮、凸轮、轴、轴承等制品。此种共混物若用玻璃纤维增强，各项性能指标更进一步提高，例如 PV 值可提高到 30000。增强时，氟树脂含量约为 15%（质量），玻璃纤维用量约为 30%（质量）[34]。

聚碳酸酯与偏二氟乙烯-六氟丙烯共聚物共混对增进聚碳酸酯的韧性和改进其缺口敏感性有着突出的效果，其缺口冲击强度不受试样厚度的影响。所用的偏二氟乙烯-六氟丙烯共聚物一般含 60%～70%（质量）的偏二氟乙烯和 40%～30%（质量）的六氟丙烯，掺入到聚碳酸酯中的比例可为 5%～15%。此种共混物的制备首先是在密炼机中于 204℃、剪切速率 $300s^{-1}$混合，随后再在 218℃高温混炼并压光。此种共混物的模压成型条件是 218℃，$25kg/cm^2$[2]。

聚碳酸酯与丙烯酸酯类树脂的共混物以具有美丽的珍珠光泽和金属光泽而引人注目，用此种共混物生产的珠光塑料制品不像加入珠光颜料（磷酸铅、碱式碳酸铅、磷酸亚铅、硫酸铅等）的塑料制品那样具有毒性，所以特别适宜制造食品和化妆品的容器，而且可以制造人造珍珠作为装饰品[2]。此种共混物的耐热老化性、耐沸水性及耐应力开裂性均比单纯聚碳酸酯有所提高。与聚碳酸酯共混的丙烯酸酯类可以是甲基丙烯酸酯类，也可以是丙烯酸酯类以及其共聚物。以丙烯酸酯均聚物或共聚物作为接枝骨架，接枝上苯乙烯和丙烯腈的共聚物称为 ASA，它们与聚碳酸酯有无限相容性，可与聚碳酸酯按任意比例共混。所用聚丙烯酸酯主要为丙烯酸丁酯均聚物和丙烯酸酯与丙烯腈、苯乙烯、烯基醚等的共聚物，少量交联剂如二烯基苯等也可作为共聚用单体。此种共混物的最大优点是消除了聚碳酸酯的临界厚度问题。聚碳酸酯的临界厚度为 5.76mm，ASA 的临界厚度为 6.6mm，而聚碳酸酯/ASA 共混物却直到 9mm 厚，仍没发现有临界厚度，甚至经 100℃下回火处理 100h，也没有显示临界厚度。以上事实说明，两种热塑性树脂，它们单独对缺口冲击强度都有一明显的临界厚度[2]。

PC 与具有核壳结构的增韧剂共混是有意义的发现，王丽琴等[22]采用多阶段种子乳液聚合制备了以交联的聚丙烯酸丁酯（PBA）为核，以聚甲基丙烯酸甲酯（PMMA）为壳的核-壳结构粒子，并以其与 PC 共混，取得了良好的相容和增韧改性效果。

ASA 树脂的种类很多，除前述外，尚有一种能与聚碳酸酯共混、在消除聚碳酸酯临界厚度问题上取得显著效果的新型 ASA 树脂，是在丙烯酸丁酯与甲基丙烯酰胺羟甲基醚共聚物骨架上接枝苯乙烯-丙烯腈的接枝共聚物。

聚碳酸酯在临界厚度以下具有较高的缺口冲击强度，当超过临界厚度，其缺口冲击强度迅速下降为临界值的 1/5。在临界厚度，塑性破坏转变为脆性破坏。此外，聚碳酸酯的临界厚度还随颜料（TiO_2）量增加及热处理而下降。

聚碳酸酯与丁腈胶的共混也很有意义，此种共混物的一个突出优点也在于克服了聚碳酸酯的缺口敏感性，据报道聚碳酸酯/丁腈胶的缺口冲击强度基本不受试样厚度的影响。此外，其缺口冲击强度还高于聚碳酸酯，当此种共混物中含丁腈胶 15%时，带缺口的悬臂梁冲击强度增长最多，达到聚碳酸酯的 6 倍左右。所以它们适用于挤出板材及其他型材，并制造室外用的各种制品。

用一种粉末橡胶对聚碳酸酯进行共混改性也获得了很好的综合改性效果[23]。研究认为，对这种弹性体（以 M 代表）不增韧的 PC 体系，随着 M 含量增加，PC/M 共混体系的强度性能指标下降，而在冲击下该体系的塑性性能指标——缺口处产生的形变量却明显增加，存在着毫米数量级的过渡区。所以，在最佳的 M 含量下，PC/M 共混体系的强度和塑性达到最佳配合，冲击强度出现峰值。至于冲击强度峰值的位置及大小（或增长比例）则与 PC 基体的分子量以及临界分子量以下的低分子部分的含量有关，因为它们影响着 PC 的韧性。所研究的四种牌号 PC，它们与 M 共混后，冲击强度峰值一般处于 M 含量在 3%～7%范围，与 PC 相比，PC/M 共混物缺口冲击强度最高的试样可提高 1 倍左右。但这种共混物的拉伸强度、弯曲强度和耐热性稍有下降。通过电镜观察 PC/M 共混物的形态结构（电镜照片略），得知存在微观相分离，M 含量较少时，PC 为连续相，M 呈颗粒聚集体形式（尺寸 0.3～0.5um）分散于 PC 中，随 M 含量增加，逐步向网络结构转化（这时冲击强度最高），这里“网络”结构的定义是：分散相自身的尺寸与分散相之间的平均距离相当。研究者认为 PC/M 的增韧机理与 A. F. Yee 提出的关于 PC/PE 增韧机理类似，即弹性体 M 起到如下两方面作用：一是使 PC 的玻璃化温度降低，增强了 PC 链段的活动能力，使得在冲击条件下弹性体 M 周围的基体完成了由平面应变状态到平面应力状态的转变，造成 PC 局部容易产生屈服形变。另一方面，由于 PC 与 M 界面作用远低于 PC 自身的作用，因此在受外力作用时，界面裂纹即两相界面脱离的产生几率远远大于基体内部产生裂纹的几率，因而界面裂纹的产生阻止了基体内裂纹的产生。同时，界面脱离也会使 PC 基体易于发生局部屈服形态。此种共混体系已成功应用于制造工业制品，例如煤电钻外壳、角向磨光机外壳及道路灯壳等。

聚碳酸酯与苯乙烯-顺丁烯二酸酐共聚物共混获得一种新的热塑性模塑材料，此种共混物的加工流动性随苯乙烯-顺丁烯二酸酐共聚物含量的增加而提高，所以其流动性总是优于聚碳酸酯。在聚碳酸酯中掺入苯乙烯-顺丁烯二酸酐共聚物后，使韧性更加优良，在宽广的共混比例下，共混物的缺口冲击强度可提高 4 倍左右。此种共混物还具有优良的耐热性，其热变形温度通常高于聚碳酸酯 10～20℃。通常采用溶液共混法或熔融共混法来生产此种共混物。溶液共混时，适用的溶剂有二氯甲烷、三氯甲烷、三氯乙烷、氯苯等，而沉淀剂常用甲醇、乙醇、异丙醇等醇类化合物；熔融共混时，主要利用挤出机进行混炼。这种新的共混材料适宜做薄膜和绳索[2]。

聚碳酸酯与聚甲醛可在任意比例下均匀混合，聚甲醛加入量 25%（质量）以下时，对聚碳酸酯的优异性能基本无损，而耐有机溶剂能力显著提高，并改善了耐应力开裂性。此种共混物适宜制作垫圈、垫片、管子、包装薄膜以及机械零件。聚甲醛与聚碳酸酯熔融共混时，需要特别注意的是应尽可能减少聚甲醛的热分解，该聚合物的分解会引起聚碳酸酯的分解[2]。

也曾有人研究了聚碳酸酯与聚二甲基硅氧烷的共混，发现此种共混物加工困难，且产物热稳定性不良。但是在此种共混物中同时填充细分散的二氧化硅，则获得了易加工、热稳定性好、具有高透光率和高扩散率的新型聚合物共混材料。制备此种共混物的聚二甲基硅氧烷的相对分子质量最好为 200000～3000000，且可以含有少量苯基和乙烯基。所用二氧化硅应具有高的比表面，最好为 185～225cm^2/g。可先用硅烷、硅氧烷等预处理，以减少二氧化硅的亲水性、提高与聚二甲基硅氧烷的相容性。二氧化硅和聚二甲基硅氧烷的比例不严格，每 100 份硅氧烷可用 30～120 份二氧化硅，制备此种材料通常是先将上述两种物料在具有高剪切作用的混合机中混合形成均匀粒子后，再与聚碳酸酯初混，最后挤出（265℃）造粒。混合物粒子的比例一般为聚碳酸酯的 0.01%～5.0%，即可产生很好的协同效应，得到半透明、热稳定性好的共混物材料[2]。

在聚碳酸酯中掺入一定量的氯化聚醚，所得共混物冲击性能很好，可达到聚碳酸酯冲击强度的 1 倍以上。

12.2 聚对苯二甲酸丁二醇酯的共混改性

聚对苯二甲酸丁二醇酯（PBT）是美国在 20 世纪 70 年代首先开发和工业化生产的一类较新的工程塑料，近年来在电子电气及各工业领域中需求量越来越大，其性能特点有：结晶速度快，可高速成型；耐候性、电性能、耐化学药品性、摩擦磨耗特性优良；吸水性低，尺寸稳定性好；填充玻璃纤维可大幅度提高其物理力学性能。由上可见，PBT 的综合性能卓越，但亦有下列不足之处有待改善，即缺口冲击强度低，高载荷下热变形温度低，高温下刚性差等等。

鉴于 PBT 与许多树脂均有良好的相容性，因此共混就成为 PBT 改性的主要措施之一，并已有若干 PBT 合金问世。图 12-13 给出各种 PBT 共混物及其主要特点。

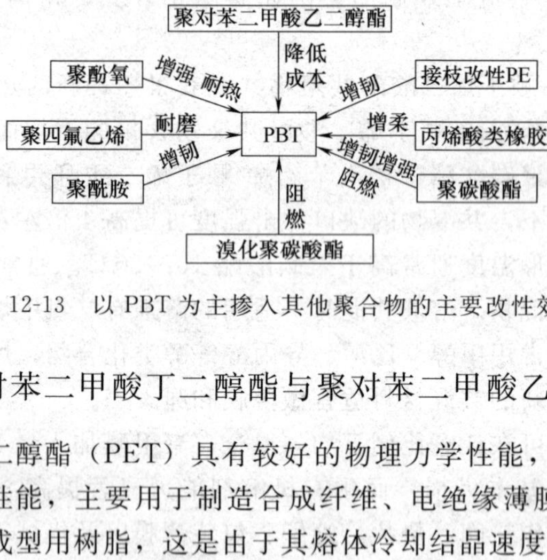

图 12-13　以 PBT 为主掺入其他聚合物的主要改性效果

12.2.1 聚对苯二甲酸丁二醇酯与聚对苯二甲酸乙二醇酯的共混

聚对苯二甲酸乙二醇酯（PET）具有较好的物理力学性能，如具有较好的耐热性、电性能和耐化学腐蚀性能，主要用于制造合成纤维、电绝缘薄膜和容器。PET 至今仍未能作为模压和挤出成型用树脂，这是由于其熔体冷却结晶速度太慢，以致所成型的制件在通常的成型时间内是脆的。

PBT 一般物理力学性能均优于 PET，其长期使用温度比 PET 高 30℃，达到了 150℃，并具有良好的韧性、电性能和耐化学药品性。PBT 熔体结晶速度远远大于 PET，所以可以用模压法成型，生产各种制品。由于受原料成本的影响，目前 PBT 的价格尚高于 PET，这是有待解决的课题。

PBT 与 PET 共混可以降低成本，对于 PET 而言，则解决了结晶速度慢、不易成型的问题。此种共混物成型温度低、成型周期短，这都是 PBT 高速结晶特性所产生的效果。PBT/PET 共混物还具有优良的化学稳定性、热稳定性、强度、刚度和耐磨耗性，其制品有良好的光泽。

PBT 与 PET 化学结构相似，相容性很好，其共混物的玻璃化转变温度只出现一个[24]。此共混物在某些共混比例下可分别得到对应于两相的两个熔点，因而又有观点认为，这是一种特殊形态的共混物，其晶相是不相容的，而非晶相是相容的。表 12-6 为 PBT/PET 共混物的结晶熔点。

表 12-6　　PET/PBT 共混物的结晶熔点

组成	PBT	100	90	80	70	60	50	20	0
	PET	0	10	20	30	40	50	80	100
熔点/℃	1	225	223	224	220	216	213	233	无
	2	无	无	无	234	238	245	248	258

注：熔点 1 为富 PBT 相，熔点 2 为富 PET 相。

然而，PBT、PET 两者共混时极易发生酯交换反应，初期生成嵌段共聚物，后期则可成为无规共聚物，这样两聚合物的特长在共混物中消失，所以防止酯交换反应是 PBT 与 PET 共混的一个关键。除了注意避免熔融共混温度过高、熔混时间过长外，事先清除原料聚合物中残存催化剂（缩聚催化剂）以及外加胺类化合物都是防止酯交换反应的有效措施。PBT、PET 共混的一般工艺条件是，首先在 232℃预混合，然后通过挤出机混炼和造粒。PBT/PET 共混物的物理性能见表 12-7[2]。

表 12-7　　PBT/PET 共混物的物理性能

组成	PBT	90	80	70	60	50	20
	PET	10	20	30	40	50	80
性质	热变形温度/℃	62	65	63	61	66	69
	弯曲强度/MPa	6400	4860	5560	6950	7450	7150
	拉伸强度/MPa	4230	3150	3960	4040	4400	4000
	冲击强度(缺口)/kJ/m^2	1.95	1.29	1.95	2.76	3.1	3.24
	伸长率/%	4.6	3.3	4.2	4.3	5.5	5.2

PBT/PET 共混物价格低，光泽好，故常用以制造各种家用电器的把手以及车灯罩等制品，玻璃纤维增强的此种共混物用途更加广泛。

12.2.2　聚对苯二甲酸丁二醇酯与乙烯共聚物的共混

PBT 为含有酯基的极性聚合物，它与非极性的聚乙烯共混不能得到微观相分离形态的共混物，两相界面粘结不良，不能实现增韧改性。为此，人们着眼于用各种改性的乙烯共聚物与 PBT 共混，目的在于增加共混组分的相容性。表 12-8 列出主要的 PBT/乙烯共聚物共混体系的性能。从缺口冲击强度来看，各共混物一般比 PBT 冲击强度提高 1～2 倍（添加量 20%时）。国内对 PBT/LLDPE 共混体系做研究[25]，也得到与上述情况类似的结果，以马来酸酐接枝 LLDPE（MA-*g*-LLDPE）与 PBT 共混要比未改性的 LLDPE 有好得多的改性效果，并认为在所研究的条件下接枝率越高，PBT/LLDPE 的冲击强度越高（见图 12-14）。电镜观察结果证实了接枝改性的 LLDPE 与 PBT 共混可以使分散相（MA-*g*-LLDPE）的相畴变小，且两相界面黏度状况有所改善（电镜照片略）。

表 12-8　　**主要的 PBT/乙烯共聚物共混物的性能**

添加共聚物的组成及添加量		悬臂梁冲击强度，带缺口/(J/m^2)	弯曲模量/MPa	弯曲强度/MPa	伸长率/%
乙烯共聚物类型	添加量/%(质量分数)				
马来酸酐接枝的乙烯-丁烯-1共聚物	20	131	1735	69.6	6.5
	40	196	980	44.1	6.9
马来酸酐接枝的PE	20	88	1764	69.6	6.5
马来酸酐接枝的乙烯-丙烯共聚物	20	88	1715	68.6	6.5
马来酸酰亚胺接枝的乙烯-丁烯-1共聚物	20	88	1666	66.6	7.3
	40	176	931	112.7	6.7
未加任何共聚物	0	40	2842	115.6	6.7

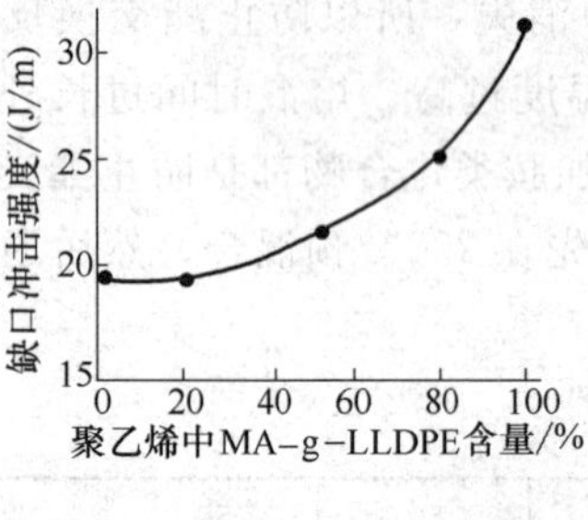

图 12-14　接枝物含量对冲击强度的影响（PBT/LLDPE=75/25）

以环氧化三元乙丙橡胶作为 PBT/LLDPE 共混相容剂的研究表明，增容和提高共混物性能都是有效的[26-28]。

乙烯-酯酸乙烯共聚物（EVA）极性比 PE 大，基本为非晶性聚合物，它与 PBT 共混应该有比 PE 好一些的相容性。据研究[28]，除 PBT/EVA=60/40 共混物出现两个玻璃化温度外，其他共混比例的 PBT/EVA 共混比情况下，T_g 均发生内移，因而可认为两者确有较好的相容性。PBT/EVA 共混物的形态结构，在所实验的广泛共混比例下都呈“海-岛”结构形式，但用双螺杆挤出机共混时，其分散状态明显优于用单螺杆挤出机共混的产物。共混比例对其形态结构也有一定影响，PBT 含量多的，两相界面有一定厚度的过渡层，而 EVA 含量多时则无明显过渡层。PBT/EVA 共混体系结晶度大体遵从组分含量的变化，即结晶度随组分含量的增大而提高，反之则减少，而且在高于 EVA 熔点以上高温结晶，有 EVA 反常结晶现象发生。

邵凤姣等[29]研究报道，PBT 与 PP 共混时，以 EVA-g-MAH 作为相容剂效果很好，其最佳配比是 PBT/PP/EVA-g-MAH 为 70/30/3（质量比）。

12.2.3　聚对苯二甲酸丁二醇酯与弹性体的共混

为提高 PBT 的冲击性能，可与丁基橡胶、乙烯-丙烯-二烯烃共聚橡胶、丁腈橡胶、聚异丁烯橡胶等共混，但增韧效果较突出的是与一种具有特种结构和组分比例的三元接枝共聚物的共混，即 AN-St-*g*-PB（丙烯腈-苯乙烯-接枝聚丁二烯，组分比为 14∶41∶45），图 12-15 表明 PBT/AN-St-*g*-PB 共混物的优良性能，冲击强度有极大幅度的提高。

一种聚醚酯嵌段聚合物（聚醚酯弹性体）由于其大分子结构中含有与 PBT 同样的链段，所以与 PBT 相容性好，与 PBT 共混有优良的增韧效果，图 12-16 为此种共混物各项性能与共混组成的关系，所用聚醚酯嵌段共聚物中 PBT 链段含量占 65%。由图 12-16 可见，此种共混物在提高冲击强度的同时，热变形温度仅有少许下降，这是其他橡胶增韧 PBT 难以获得的优良性能。这样的改性效果即使在填充玻璃纤维的场合，也能充分体现[2]。

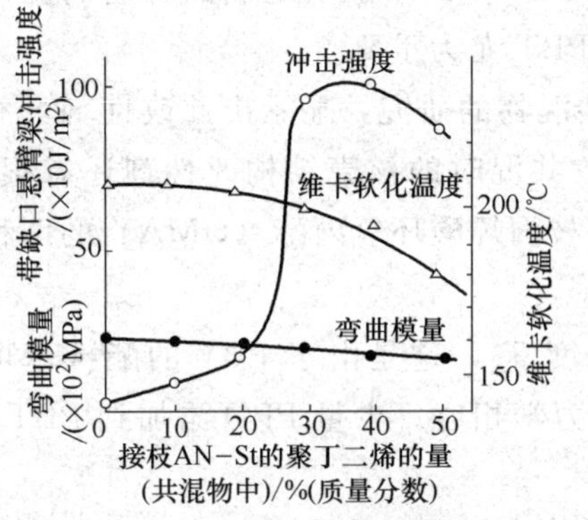

图 12-15　PBT 与 AN-*g*-PB（14/41/45）共混物的性能

注：1kg/cm² = 0.098MPa，1kg・cm/cm = 9.8J/m。

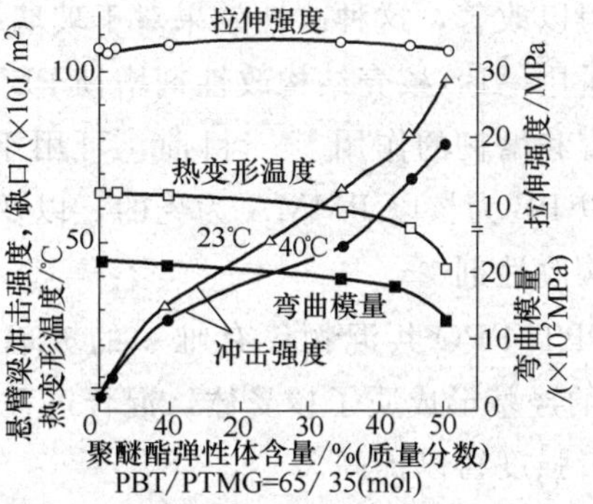

图 12-16　PBT 与聚醚酯弹性体共混物的性能

注：1kg/cm² = 0.098MPa，1kg・cm/cm = 9.8J/m。

甲基丙烯酸缩水甘油酯接枝乙烯-辛烯共聚物（POE-g-GMA）用于增韧改性 PBT 时，随前者接枝率的提高，该共混体系中的橡胶相粒径变小且分散更均匀。当接枝率过 1%时，可使共混体系中橡胶相粒子间距小于临界粒子间距，材料实现脆韧转变，缺口冲击强度达到 490J/m²[30]。另外，也有将 GMA 同时接枝到 POE 和 LLDPE 上，并一起用于与 PBT 共混进行共混改性的研究报道[31]。

12.2.4　聚对苯二甲酸丁二醇酯的其他共混物

PBT 与 PC 的共混物已在本章第一节中有所讨论，那里介绍的是以 PC 为主要组分的情况，而以 PBT 为主要组分的 PBT/PC 共混体系又有其独特的使用性能。PBT 与 PC 熔融共混易发生酯交换反应的问题，以及如何防止的问题已如前述。关于两者的相容性如下：当 PC 量很少时，是部分相容，PC 量占 30%～40%时，则完全相容；若 PC 含量比较多而又少于 30%时，PBT/PC 共混体系成为 PBT、PC、PBT/PC 相容物的混合体系，此一结论是根据 tanδ 与此共混物组成及温度的关系曲线得出的。PBT/PC 共混物的典型商品是美国 GE 公司生产的（XENOY），其主要物理性能见表 12-9[2]。

表 12-9　　PBT/PC 共混物（XENOY）的特性

性能	(XENOY)		PC	PBT
	1100	CX-3500		
相对密度	1.22	—	—	—
悬臂梁冲击强度，带缺口/(J/m²)				
23℃	784	1068	853	39
−40℃	157	—	—	—
拉伸强度/MPa	56	57	63	55
伸长率/%	145	125	110	80
热变形温度，1.86MPa/℃	95	99	132	71
0.46MPa/℃	115	107	138	163
透光率/%	—	87～88	87～88	—
浊度/%	—	4～5	1～2	—

在 PBT 中仅掺入 PC，对冲击强度的提高尚不突出，若同时加入橡胶类物质，则增韧效果更好。PC 的加入，使 PBT 结晶度下降，对 PBT 因结晶引起制品易翘曲变形的缺点得以改善，这种改性效果对于玻璃纤维增强 PBT 尤为重要[2]。

采用 ABS 核壳结构改性剂增韧 PBT 与 PC 共混物的研究，显示出此改性剂具有一定增容和增韧的作用[32]。目前，可用于 PBT/PC 共混时的核壳结构改性剂还有很多，例如以 PB 为核以 PMMA 为壳的，以及在壳上接枝丙烯酸环氧丙酯（GMA）的两种核壳结构改性剂[33]。

PBT/PPO 共混物仅有唯一的玻璃化转变温度 T_g，这是由于 PBT 的酯羰基可与 PPO 的羟基形成质子授受体，混合过程实现了热力学相容。少量 PPO 添加到 PBT 中，使后者强度得以提高。

PBT/PA6 共混物为非相容体系，但将此共混物进行固相聚合，得到了力学性能很好的产物，表 12-10 列出 PBT/PA6 共混物经固相聚合后的性能[2]。

表 12-10　　PBT/PA6 共混物（固相聚合后）的性能

PBT/PA6 共混比	20/80		50/50		80/20	
试样编号：①固相聚合，②未熔融共混物薄片中的分散相粒径/μm	①	②	①	②	①	②
	约 10		约 10		约 10	
固相聚合：温度/℃	190	—	190	—	190	—
时间/h	21	—	21	—	21	—
熔体黏度/Pa·s	1800	8200	3200	5900	3200	5800
拉伸模量/MPa	15.6	13.6	14.3	14.5	14.0	13.8
拉伸屈服强度/MPa	67.9	56.8	61.5	脆性断裂	55.9	脆性断裂
拉伸屈服伸长率/%	6	6	5	脆性断裂	8	脆性断裂
拉伸断裂强度/MPa	59.7	67.5	67.7	53.6	49	51.9
拉伸断裂伸长率/%	150	20	270	7	250	7
拉伸冲击强度/(kJ/m²)	166	78	274	19.6	37.2	29.4

12.3　聚对苯二甲酸乙二醇酯的共混改性

聚对苯二甲酸乙二醇酯（PET）树脂是合成纤维的主要原料之一，PET 纤维俗称为涤纶。PET 作为塑料应用的困难是其结晶速度过慢，不能适应通用的塑料加工成型技术，此外冲击强度亦有待提高。通过与其他聚合物共混，往往可以改变 PET 的结晶特性以及起到增韧的效果。但至今，尽管有关 PET 合金的专利很多，但并没有达到前述 PBT 合金那样的工业规模生产，性能尚须进一步改善。由于 PET 价格低、来源广，继续这一领域的探讨具有深远意义。下面对较重要的 PET 共混物给以梗概介绍。

12.3.1　聚对苯二甲酸乙二醇酯与聚乙烯的共混

与 PBT 的情况相似，PET 与 PE 由于化学结构上明显的差异，它们不具有相容性，只有对 PE 进行引入极性基团的接枝改性才能用于与 PET 的共混，最常用的办法是接枝马来酸酐（MAH），例如在 100 份 PET 中掺混入 3 份接枝率为 0.3%的 LDPE-g-MAH，使－20℃下冲击强度由原来的 2940J/m^2 提高到 4410J/m^2，结晶速度 $t_{1/2}$ 也由原来的 140s 缩短至 120s。PET/PE/(PE-g-MAH) 三元共混物在 230℃以及真空条件下进行固相聚合制得，据称 PE-g-MAH 与 PET 产生反应，产物有着良好的相容性，冲击强度、耐热性均有所改善[60]。近年来，随着线型低密度聚乙烯（LLDPE）生产量的扩大，与普通 LDPE 和 HDPE 相比，占有价格上的优势，因此用 LLDPE 改性 PET 也就应运而生。PET/LLDPE/LCP（液晶聚酯）三元共混物突出地改善了 PET 的低温冲击性能，提高了结晶速度，性能对比见表 12-11[2]。

表 12-11　PET/LLDPE/LCP 共混物性能

PET		LLDPE（质量份）	LCP（质量份）	冲击强度/(J/m^2)		$T_m^{①}$ (s)
黏度(η)	质量份			23℃	－30℃	
0.61	96.8	3	0.2	196	137	5
0.8	96.8	3	0.2	235	167	10
1.0	96.8	3	0.2	245	176	10
0.61	100	—	—	167	78	120
0.8	100	—	—	186	98	130
1.0	100	—	—	196	108	135

注：① T20 为结晶度达到 20%的时间。

12.3.2　聚对苯二甲酸乙二醇酯与弹性体的共混

使用弹性体增韧 PET，必要的条件是采用各种增容技术以提高两组分的相容性。谭志勇等[34]合成了不同官能化程度的甲基丙烯酸环氧丙酯（GMA）接枝聚烯烃弹性体（POE-g-GMA)，作为 PET 的增韧改性剂，取得了较好的改性效果。

日本三井公司申报了一系列用乙丙胶（EPR）增韧改性 PET 的专利[2]。为了改善共混体系的相容性，也应用了 MAH 接枝物。不论直接用 EPR-g-MAH（接枝率 0.8%）与 PET 共混或者用少量的 PE-g-MAH 与 PET、EPR 一起共混都获得了良好的增韧效果。这里 PE-g-MAH 起增容剂的作用。使用 MAH 接枝物的共混体系，其冲击强度比未使用 MAH 接枝物的高出约 10～15 倍。另外，PET/(EPR-g-MAH-St)（EPR 接枝马来酸酐、苯乙烯）共混物的冲击强度也比改性前大幅度提高。

用马来酸酐接枝的氢化三嵌段苯乙烯-丁二烯-苯乙烯共聚物（SEBS）来改性 PET 颇引人关注。日本旭化成公司以甲基丙烯酸缩水甘油酯（GMA）接枝的 SEBS 与 PET 共混，得到了冲击强度大为提高的产物[2]。

用丙烯酸丁酯（BA)-甲基丙烯酸甲酯（MMA）芯壳结构共聚物增韧 PET，制得了冲击强度良好的共混物，当同时加入少量乙烯-甲基丙烯酸共聚物（E-MMA）或以其中和的锌盐，则冲击强度产生飞跃，如表 12-12 所示[2]。

表 12-12　　PET/芯壳结构丙烯酸酯共聚物共混体系的性能

PET	芯壳 PBA-MMA	E-MMA	E-MMA 锌盐（含 Zn8%）	缺口冲击强度 /(J/m²)
100	—	—	—	28
75	25	—	—	162
70	30	—	—	162
75	20	5	—	870
75	20	—	5	1231

12.3.3　聚对苯二甲酸乙二醇酯与其他聚酯的共混

PET 与 PBT 以及与 PC 的共混，在前面讨论 PBT 和 PC 共混体系中已有介绍，当时 PET 是作为少组分改性剂，这里谈到的是以 PET 为基体的共混物。总的来看，PET/PBT 及 PET/PC 二元共混物在工业应用价值上没有获得重大突破，但当进行多元共混或同时加入填充剂、成核剂时，改性效果变得明显。例如 PET/PBT/PC/E 四元共混物[2]有很高的冲击强度；PET/PBT/滑石粉共混一填充体系是一种成型收缩率低、耐热性及冲击强度等性能较为平衡的优良材料[2]。PET/PC 共混物只有在含有少量 PE-g-MAH 情况下，才能获得理想的改性效果，参见表 12-13[2]。

PET 共混改性品类还有很多，可参见有关综述[35]。

表 12-13　　PET/PC 共混物的性能

PET /份	PC /份	PE-MAH /份	缺口冲击强度 /(J/m²)	拉伸强度 /MPa	弯曲强度 /MPa
100	—	—	22	55	112
80	20	—	23	53	109
60	40	—	26	54	110
100	—	5	45	50	96
80	20	2.5	49	50	99
80	20	5	60	51	96
80	20	10	82	43	80
60	40	5	121	45	87

聚萘二甲酸乙二醇酯（PEN）用于共混改性 PET，近年来受到关注，吴唯等[36]报道了此共混物的结晶与冷结晶特性及其机理，并认为此共混体系是部分相容结构，而且呈现多相结晶的不完整结晶形态。使用各种成核剂以提高该共混体系的结晶度是必要的，例如使用苯甲酸钠和乙烯-甲基丙烯酸离子键聚合物[37]和苯甲酸钠、碳酸钙[38]以及 PET-PEN 共聚酯[39]。

12.4　聚（对苯二甲酸-二酚基丙烷）酯的共混改性[2]

聚（对苯二甲酸-二酚基丙烷）酯的商品名为 U-树脂，其分子结构为：

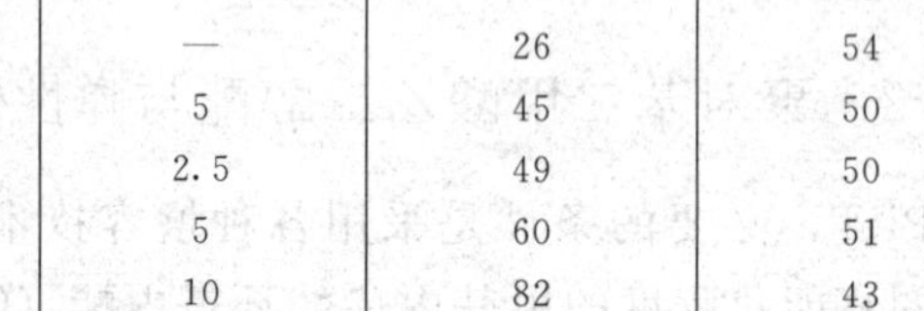

U-树脂为非晶性透明聚合物，其玻璃化转变温度 T_g 高达 193℃，耐热性优良（高负荷下的热变形温度为 175℃），冲击强度高，抗蠕变性、耐候性、紫外线阻隔性、尺寸稳定性均佳，故其作为一种耐热性热塑性工程树脂引起人们的重视而得以发展。然而，U-树脂与许多非晶性聚合物相似，在耐化学药品性方面较差，有必要通过共混方式进行改性。

U-树脂共混改性体系基本分为相容与不相容两大类。相容性 U-树脂共混物主要有与 PET、PBT、PC 等化学结构相似的聚酯形成共混物；非相容性 U-树脂共混物则以与氟树脂、尼龙树脂的共混体系为代表。

12.4.1　U-树脂与 PET 的共混

U-树脂/PET 共混物是相容性体系，商品名为 U-8000，已有系列产品。该共混物是在特殊工艺条件下熔融混炼制得，共混物具有单一的玻璃化转变温度 T_g，而且透明，这些特征均表明其为相容性共混体系。由于是相容性共混体系，各项性能与组成的关系基本呈现连续的线性变化，因此也就很容易利用共混比的改变来调节性能，以获得所需要的 U-树脂合金。图 12-17 至图 12-22 分别描绘了 U-树脂/PET 共混物的 T_g、T_m（熔点）、热变形温度、冲击强度、水蒸气透过率、对 CO_2 的阻隔性、对 O_2 的阻隔性以及对紫外线的阻隔性与共混物组成的关系。商品 U-8000 系列合金的典型特性范围为：相对密度 1.26～1.33，拉伸强度 65～78MPa，冲击强度 3～12kJ/m²（悬臂梁，带缺口），透光率 88%～91%（3mm 厚），热变形温度 75～110℃。

U-8000 系列合金成型加工性非常优良，可用注塑、挤出、压延、吹塑等几乎所有通用的塑料成型方法成型，因此其制品类型也极广泛。

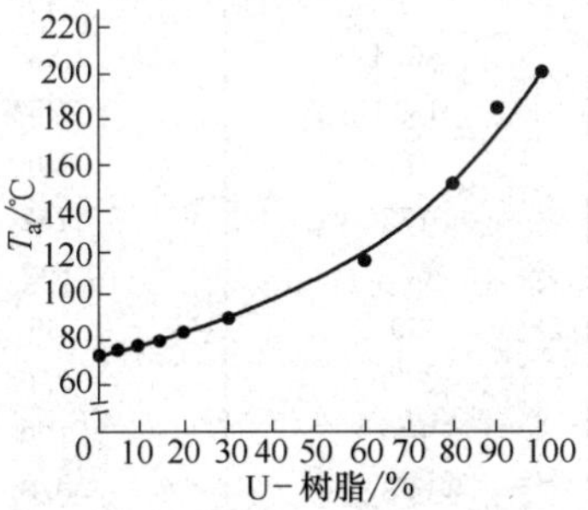

图 12-17　U-树脂/PET 共混物的 T_g

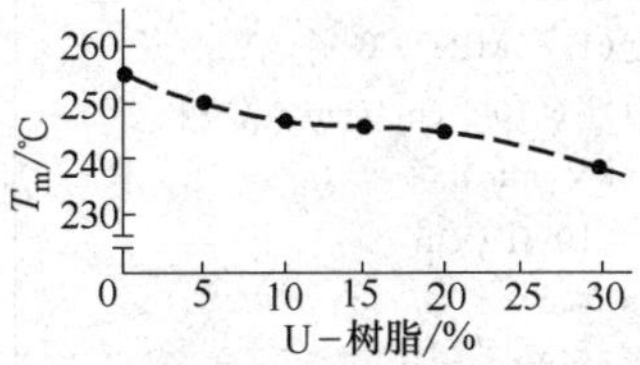

图 12-18　U-树脂/PET 共混物的熔点（T_m）

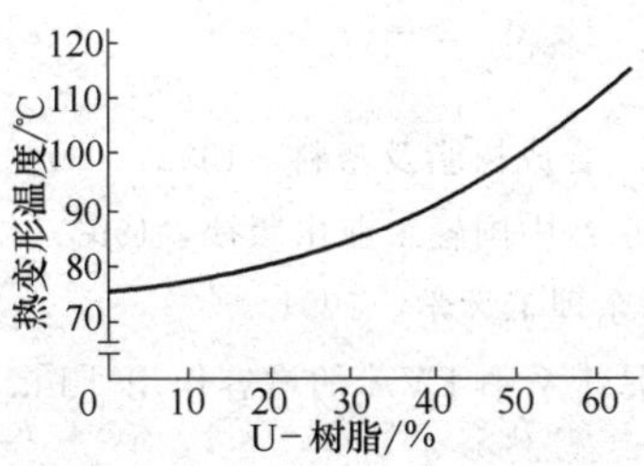

图 12-19　U-树脂/PET 共混物的耐热性

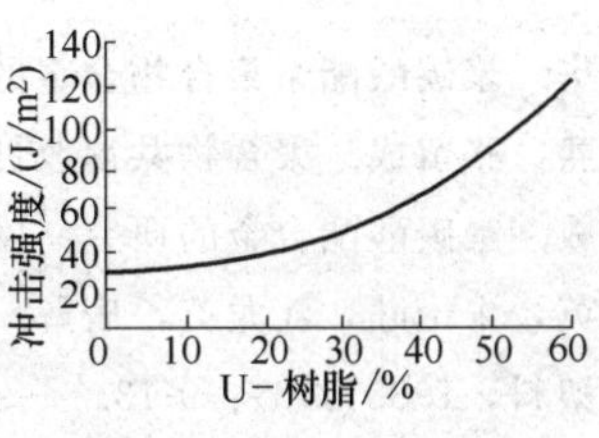

图 12-20　U-树脂/PET 共混物的冲击强度

注：1kg・cm/cm＝9.8J/m

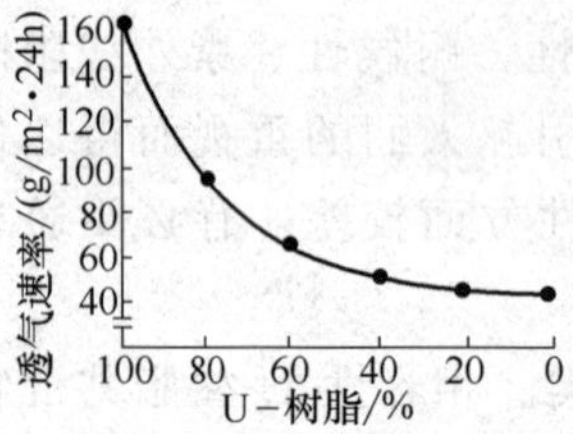

图 12-21 U-树脂/PET 共混物的水蒸气透过率

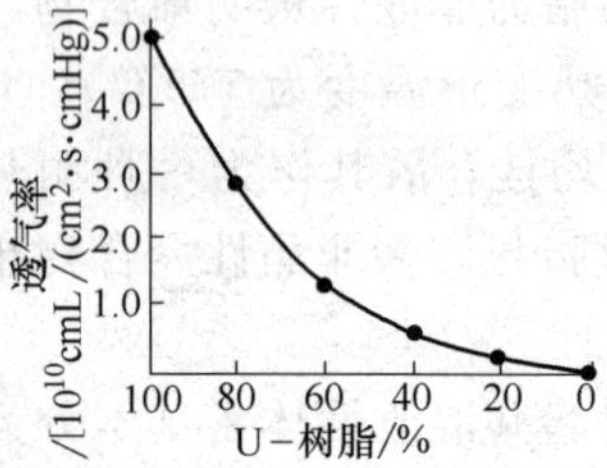

图 12-22 U-树脂/PET 共混物的 CO_2 阻隔性

12.4.2 U-树脂与氟树脂的共混

如前所述的 U-树脂的各项优良特性，对于制造滑动摩擦制品非常有意义。然而 U-树脂自身并不具有类似聚甲醛或尼龙那样的自润滑性，若作为滑动摩擦材料，其摩擦系数和耐磨性又不能满足要求。U-树脂通过与氟树脂共混使滑动摩擦性能大大改善。U-树脂/氟树脂合金的商品名为 L-1003 和 L-4003，它们是用 U-100 牌号的 U-树脂共混的产物。表 12-14 列出它们的各项性能。L-100S 的动摩擦系数为 0.14～0.62，受温度影响小，即使在高温下也很稳定。其平均临界 PV 值比聚甲醛、聚碳酸酯、尼龙都大得多，而且不论与对偶材料连续或断续摩擦，比磨耗量都较小。

表 12-14　　L-系列 U-树脂/氟树脂合金的特性

性能	U-100	L-1003	L-4003
相对密度	1.21	1.23	1.25
吸水率(1/8s,24h)/%	0.26	0.26	0.20
拉伸强度/MPa	70	70.6	73.5
伸长率/%	60	40	60
弯曲强度/MPa	78.4	80.4	88
弯曲模量/MPa	1842	1911	2254
悬臂梁冲击强度(1/8″,带缺口)/(J/m^2)	196	196	196
热变形温度(1.86MPa)/℃	175	175	132
线膨胀系数/[$\times10^{-3}$cm/(cm·℃)]	6.1	6.1	6.2
击穿电压/(kV/mm)	39	39	35
体积电阻/$\times10^{8}\Omega\cdot$cm	2.0	2.0	2.0
耐电弧性/s	130	130	120
成型收缩率/%	0.8	0.8	0.8

参 考 文 献

[1] 刘寿华. 聚碳酸酯系聚合物合金的开发和应用进展 [J]. 合成树脂及塑料，1992，(3)：66-74.
[2] 吴培熙，张留成. 聚合物共混改性（第二版）[M]. 北京：中国轻工业出版社，1996.
[3] 崔海威. 聚碳酸酯合金的研究 [D]. 华东化工学院，华东理工大学，1991.
[4] 蔡琼英，朱士旺，江龙英，唐辉. 聚碳酸酯/聚乙烯共混体系中 EVA 的增容作用 [J]. 合成树脂及塑料，1988，(3)：9-13.
[5] 李忠明，杨鸣波，冯建民，黄锐. 二烯丙基双酚 A 醚接枝聚乙烯增容聚碳酸酯/聚乙烯合金中的纤维化增韧现象 [J]. 高分子学报，2001，(1)：32-36.

[6]　徐学林，李素云．PC/ABS 共混物的结构和性能［J］．合成树脂及塑料，1993，(4)：62-66.
[7]　司丽，赖逸云．PC/ABS 共混改性的研究［J］．工程塑料应用，2003，31 (11)：8-10.
[8]　王云芳．聚碳酸酯共混体系的研究进展［J］．应用化工，2005，34 (12)：726-730.
[9]　T. Kunori，P. H. Geil. Morphology-property relationships in polycarbonate-based blends. I. Modulus［J］. J. Macromol. Sci.，Part B：Phys.，1980，18 (1)：93-134.
[10]　揣成智，池大平．PC-PS 的相容性与共混物性能的研究［J］．现代塑料加工应用，1993，5 (2)：24-27.
[11]　蔡琼英，朱士旺．聚碳酸酯/聚苯乙烯共混物的相容性与性能［J］．高分子材料科学与工程，1990，6 (3)：71-75.
[12]　C. Z. Chuai，K. Almdal，I. Johannsen，J. Lyngaae-Jorgensen. Miscibility evolution of polycarbonate/polystyrene blends during compounding［J］. Polymer，2001，42 (19)：8217-8223.
[13]　胡剑平，唐施华．高堆积密度超高分子量聚乙烯的制备［J］．塑料工业，1997，25 (6)：59-62.
[14]　刘佑习，黄政道，张有勇，李玮．离聚体对 PBT/PC 共混体系结构与性能的影响［J］．高分子材料科学与工程，1998，4 (2)：67-70.
[15]　张军，马荣堂，马嵩，汤心颐．PC/PET 共混体系的形态，结构和性能及催化剂对它们的影响［J］．高分子材料科学与工程，1990，6 (4)：25-29.
[16]　M. Fiorini，F. Pilati，C. Berti，M. Toselli，V. Ignatov. Reactive blending of poly (ethylene terephthalate) and bisphenol-A polycarbonate：effect of various catalysts and mixing time on the extent of exchange reactions［J］. Polymer，1997，38 (2)：413-419.
[17]　D. Ma，G. Zhang，Y. He，J. Ma，X. Luo. Compatibilizing effect of transesterification product between components in bisphenol-A polycarbonate/poly (ethylene terephthalate) blend［J］. J. Polym. Sci.，Part B：Polym. Phys. 1999，37 (21)：2960-2972.
[18]　Y. W. Cheung，R. S. Stein. Critical Analysis of the Phase-Behavior of Poly (Epsilon-Caprolactone) (PCl) /Polycarbonate (PC) Blends［J］. Macromolecules，1994，27 (9)：2512-2519.
[19]　苏昱，丁雪佳，刘凤娇，王艺霏，王国胜，范义峰．不同牌号的 PC 与 PETG 共混改性研究［J］．塑料工业，2013，41 (9)：105-109.
[20]　王韵秋．新型材料—尼龙 6I［J］．合成树脂及塑料，1991，(2)：68-73.
[21]　汪菊英，陈福林，曹有名．热致液晶聚合物共混改性 PC 的研究进展［J］．塑料工业，2005，33 (2)：4-7.
[22]　王丽琴，张会轩，何大勇．PBA-PMMA 核-壳增韧剂改性聚碳酸酯的研究［J］．高分子材料科学与工程，1998，14 (1)：98-100.
[23]　冯继云，李松．PC/弹性体体系的性能　结构及应用［J］．中国塑料，1992，6 (2)：25-33.
[24]　刘决康，罗绍继．PBT/PET 共混体中的熔点下降行为［J］．高分子材料科学与工程，1991，7 (1)：119-121.
[25]　杜强国，王荣海，李跃龙，陈慕国，章振东．PBT/LLDPE 共混改性的初步研究［J］．合成树脂及塑料，1991，(2)：36-40.
[26]　卞军，蔺海兰，何飞雄，王刚，周强，李丝丝，胡文梅，鲁云．环氧化 EPDM 对 PBT/LLDPE 共混体系的结晶及热学性能影响研究［J］．塑料工业，2014，42 (12)：64-67.
[27]　卞军，何飞雄，蔺海兰，王刚，周强，杨峰．环氧化 EPDM 对 PBT/LLDPE 共混体系的徽观形态及力学性能的影响研究［J］．塑料工业，2014，42 (8)：31-36.
[28]　杨宏，金日光．PBT/EVA 共混体系相容性、相态及结晶形态的考察［J］．北京化工大学学报

自然科学版，1989，(1)：13-20.

[29] 邵凤姣，赖昂，贾清秀，孙荣华，张玉芳. 增容剂对 PBT/PP 共混物结构性能的影响 [J]. 塑料，2016，45 (1)：12-15.

[30] 李昌鸿，史鹏伟，汤俊杰，田治. POE-g-GMA 接枝率对 PBT/POE-g-GMA 共混材料性能及形态的影响 [J]. 工程塑料应用，2016，44 (2)：29-34.

[31] 王翔，宋立新，曲水，任亮，张明耀，张会轩. PBT/(POE/LLDPE)-g-GMA 共混物的力学性能与形态结构 [J]. 高分子材料科学与工程，2014，30 (11)：49-53.

[32] 孙树林，童艳玲，邹德音，赵中谣，马俊杰. 核壳结构改性剂对 PBT/PC 共混物的增韧作用 [J]. 高分子材料科学与工程，2011，27 (12)：52-55.

[33] 张芳芳，孙树林，曹春雷，张丽霞，张会轩. 核壳结构改性剂对 PBT/PC 共混物冲击强度的影响 [J]. 中国塑料，2007，21 (10)：31-35.

[34] 谭志勇，刘世纯，崔秀丽. PET/POE-g-GMA 共混物形态及力学性能的优化 [J]. 塑料工业，2013，41 (11)：95-99.

[35] 胡一丁，吴美琰. PET 塑料增韧改进的进展 [J]. 中国塑料，1991，5 (1)：4-11.

[36] 吴唯，毕丽颖，陈玉，刘明昌. PET/PEN 共混物的结晶与冷结晶性能及其机理 [J]. 高分子材料科学与工程，2013，29 (1)：67-70.

[37] 吴仁，吴唯，陈玉，蔺兴清，姜晨晨. 成核剂对 PET/PEN 共混物性能影响及其机理研究 [J]. 中国塑料，2014，28 (1)：28-33.

[38] 刘锐，徐晓多，李桂娟. 成核剂对 PE/PEN 共混体系非等温结晶的影响 [J]. 塑料工业，2014，42 (8)：73-76.

[39] 吴唯，王涛，钟宇华，姜卉. PET-PEN 共聚酯对 PET/PEN 共混物的增容作用及其机理 [J]. 工程塑料应用，2012，40 (8)：10-14.

第 13 章　环氧树脂的共混改性

环氧树脂是至少带有两个环氧基团 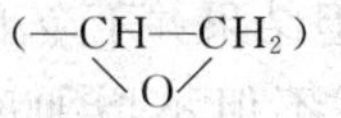 的树脂，未固化前分子结构为线型，依靠与环氧基团起反应的胺类、酸酐类、聚酰胺类物质交联固化形成网状大分子结构，所以环氧树脂是热固性树脂。

环氧树脂自 20 世纪 40 年代以来，逐渐发展成为包含有许多类型且应用广泛的重要品种。其中最重要的环氧树脂是由双酚 A 同环氧氯丙烷（ECH）反应制得的双酚 A 二缩水甘油醚（DGEBA）。其结构如下所示：

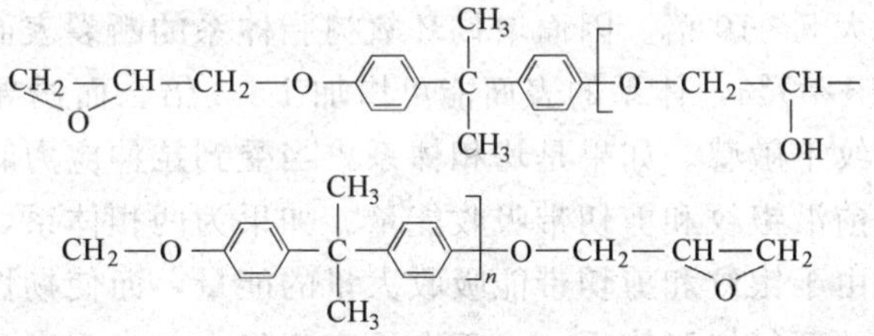

环氧树脂随分子量大小，可以从液态到固态。液态树脂用于制涂料、层压材料和黏合剂以及浇铸成型，固态树脂用作粉末涂料。

环氧树脂具有良好的电性能、化学稳定性、粘接性、加工性，使其在机械、电气、电子、航空航天等领域有着重要的应用。但环氧树脂最大的弱点是固化后质脆、耐冲击性较差、易开裂，即韧性不足。为了解决这些问题，最初是加入一些增塑剂、柔韧剂（增柔剂）的方法来提高韧性，但同时却降低了材料的耐热性、硬度、模量、电性能。为此，从 20 世纪 60 年代中期开始，国外开展了用反应性液态聚合物（RLP）增韧环氧树脂的研究工作，在热性能、模量、电性能下降不太大的情况下提高环氧树脂的韧性。国内也较早地开展了这方面的研究。环氧树脂增韧后不仅可以提高与树脂基体直接有关的各项性能，而且将改善材料的总体性能。近年来，除了用橡胶类弹性体（如端羧基丁腈橡胶、端羟基丁腈橡胶、聚硫橡胶、硅橡胶等）增韧外，最近由于高分子相容性理论的发展和增容技术的进步，使环氧树脂与热塑性树脂（如聚砜类、聚酯类、聚酰亚胺等）的合金化增韧改性也获得长足发展。下面将对各类增韧剂的增韧机理、形态结构、力学性能及其他性能、应用范围等作一阐述。

13.1　橡胶改性环氧树脂

用于增韧环氧树脂的橡胶，必须具备两个基本条件。首先，所用的橡胶应能与环氧树脂在未固化前相容，即应溶解在树脂中，并且分散良好。这就要求橡胶分子量不能太大；而当环氧树脂固化时，橡胶能顺利析出，呈两相结构，因此橡胶两反应点（交联点）之间分子量又不能太小。其次，橡胶应能与树脂的环氧基相互作用，这就要求橡胶至少要有两个端基官能团（或侧基官能团），才能产生牢固的化学交联点。所以，增韧用的橡胶一般都是RLP型的，分子量在10^3～10^4，且两端或侧基带有能与环氧树脂反应的官能团。

由于两相结构是环氧树脂增韧的必要条件，以往的研究主要从橡胶颗粒的大小、分布和界面状态来探讨增韧机理，但结果并不令人满意，而且对诸如同是两相体系，有的体系韧性增加幅度大，有的体系不但不增加反而降低韧性的现象难以解释。Yee和Pearson[2]有研究表明，橡胶颗粒的大小对环氧树脂的增韧效果影响并不很大，实验结果证明了决定增韧效果的主要因素是连续相，即连续相的延展性[1]。连续相延展性越大，橡胶相增韧作用就越显著。当连续相很脆时，橡胶相增韧作用小，甚至会作为杂质削弱材料的抗破断能力，即连续相的性质是决定增韧效果的控制因素。而橡胶相的作用主要有二，一是补偿作用；二是诱导作用。补偿作用是指橡胶相的断裂表面能远大于环氧树脂基体相，一般大5～10倍。因而增韧环氧树脂体系的断裂表面能得以提高，若橡胶相体积分数为20%～30%，体系的表面能可增加1～3倍。而诱导作用是指当连续相延展性较大时，对裂纹不敏感。如果是均相体系，当受到拉伸应力时，在整个受力段只有一条主裂纹，裂纹前沿银纹和剪切带吸收能量。如果为两相体系，橡胶颗粒可引发大量的银纹和剪切带，由于银纹和剪切带能吸收大量的能量，而使韧性较显著地提高。但是，对于高交联密度的环氧树脂体系，由于在研究工作中并未观察到典型纤维状的银纹结构，因此对于橡胶弹性体增韧环氧树脂机理，由Bascom、Hunston等人提出，后经Kinloch等人[2]发展建立的孔洞剪切屈服理论，是目前影响较大的学说[3]。该理论要点是，裂纹前端的三向应力场与颗粒相固化残余应力的叠加作用使得颗粒内部或颗粒/基体界面破裂而产生孔洞。这些微孔洞一方面产生体膨胀，另一方面又由于颗粒赤道上的应力集中而诱发相邻颗粒间基体的局部剪切屈服。此外，这种屈服过程还会导致裂纹尖端的钝化，从而进一步达到减少应力集中和阻止断裂的目的。总之，橡胶弹性体增韧环氧树脂的增韧效果决定于分散相（橡胶相）结构、连续相（基体）结构及相界面键合等因素。橡胶颗粒的诱发是增韧的必要条件，但橡胶颗粒能诱发何种耗能过程？各自的增韧幅度有多大？它们各占多少比例？这又和基体本身结构密切相关。鉴于高分子结构的复杂性，橡胶增韧热固性树脂的机制绝不是单一的，而是随着基体结构、橡胶相结构、相界面键合等参数范围的变动而变化的。

13.1.1 液体端羧基丁腈橡胶（CTBN）改性环氧树脂

在众多的增韧剂中，研究最早、最多的为端羧基丁腈橡胶（CTBN）。增韧用CTBN为低分子量带有端羧基的液体丁二烯-丙烯腈共聚物。此种共聚物加入到环氧树脂中，因两者溶解度参数相近，在反应前能完全溶解，经加热则随着两种聚合物聚合和交联反应的进展产生相分离，所以最终产物为两相结构。分散相（橡胶）通常呈球形颗粒分散于连续相（基体树脂）中（图13-1），根据增韧反应条件的不同其平均粒径在几十纳米至几百微米范围内变动。较大的分散相颗粒内有时还包藏树脂相，但是大多数分散相颗粒，尤其小颗粒实际是均一的。这是由于环氧树脂能与带有端羧基的液体丁腈相互反应使得 CTBN 达到高度分散（或许是分子规格）的结果。

运用断裂力学方法研究表明[4]：CTBN 颗粒脱胶或断裂后所形成孔洞的塑性体膨胀和颗粒或孔洞所诱发的剪切屈服变形是 CTBN 增韧环氧树脂体系中存在的两种主要增韧机理（见图 13-1）。该图为 CTBN 改性环氧树脂试件断口应力发白区的电镜照片。

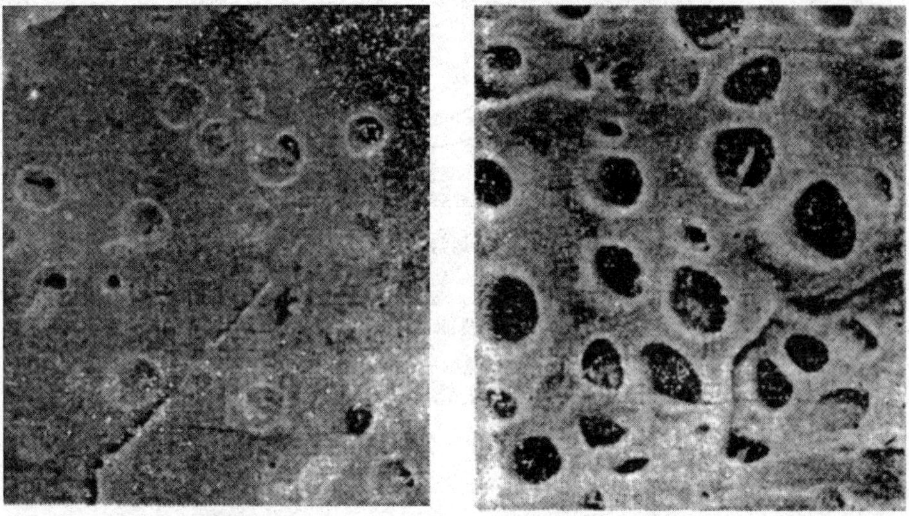

(a)　　(b)

图 13-1　试件断口应力发白区电镜照片

（a）单向拉伸试件（×10000）（b）断裂试件（×10000）

从图中可见橡胶颗粒脱胶或断裂后所形成的孔洞；橡胶颗粒附近出现明显的塑性体膨胀；颗粒周围基质中也观察到屈服变形。上述现象是纯环氧树脂中所没有的。发白现象正是由这些孔洞以及基质产生的微裂纹等缺陷对光线的散射造成的。

研究 CTBN 增韧机理可知，其增韧效果主要决定于 CTBN 和环氧树脂间的化学键合、橡胶相是否形成、橡胶相的组成、橡胶相颗粒的大小分布以及环氧树脂基体分子结构及其分子中的环氧官能团数量等，而这些结构形态又受下列因素影响。

1. CTBN 中丙烯腈含量

对于选定的环氧树脂体系，溶解度参数之差主要决定于 CTBN 的化学组成，而最主要的是丙烯腈含量。

图 13-2 是用分子量基本相同但丙烯腈含量不同的 CTBN 增韧环氧树脂体系的断裂能[5]。当丙烯腈含量为 24％左右时，断裂能出现最低值。而在丙烯腈含量 16％和 29％左右，断裂能均较高。

图 13-3 是上述增韧树脂的冲击强度与丙烯腈含量的关系[5]。在丙烯腈含量 18％～24％范围冲击强度也出现最低值，而丙烯腈含量在 16％和 29％左右冲击强度都较高，但冲击强度随丙烯腈含量的变化不像断裂能那么显著。

电子显微镜观察表明[5]，随着 CTBN 中丙烯腈含量的增加，分散相粒子的平均直径略有减少，而粒子浓度出现最低值，此最低值正好与断裂能和冲击强度的最低值相对

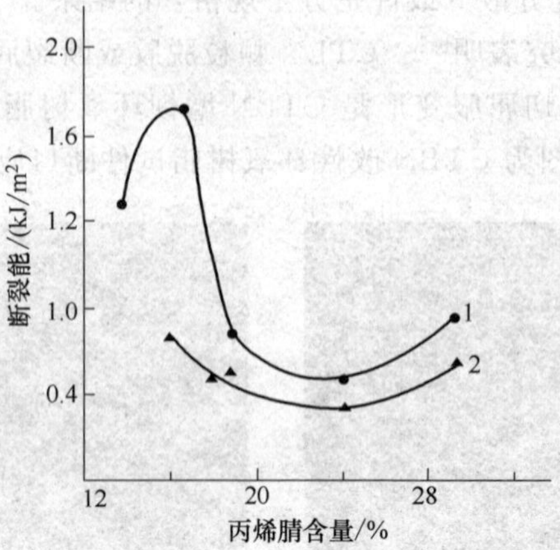

图 13-2　增韧环氧树脂的断裂能与 CTBN 丙烯腈含量的关系

1—配方：618 环氧树脂 100，CTBN10，三乙醇移 15，120℃8h+140℃2h

2—配方：618 环氧树脂 100，CTBN10，三乙醇移 10，100℃16h+120℃3h

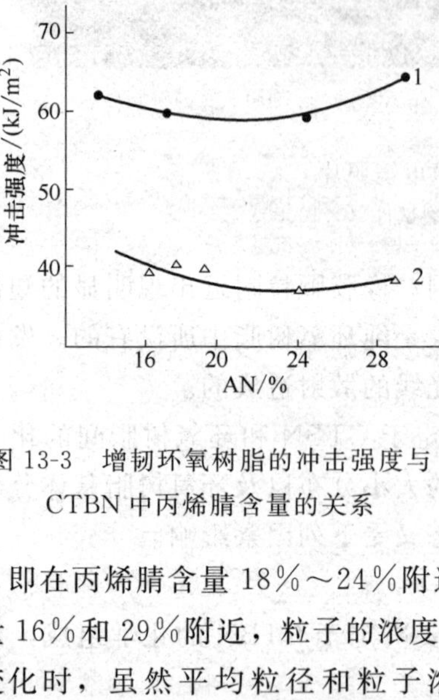

图 13-3　增韧环氧树脂的冲击强度与 CTBN 中丙烯腈含量的关系

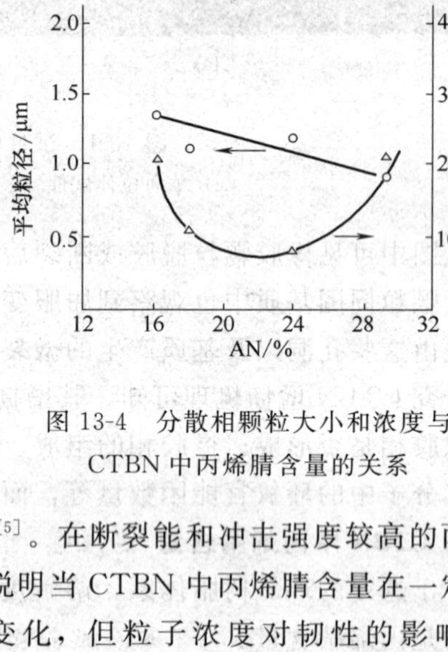

图 13-4　分散相颗粒大小和浓度与 CTBN 中丙烯腈含量的关系

应，即在丙烯腈含量 18％～24％附近（图 13-4）[5]。在断裂能和冲击强度较高的丙烯腈含量 16％和 29％附近，粒子的浓度也较高。这说明当 CTBN 中丙烯腈含量在一定范围内变化时，虽然平均粒径和粒子浓度都发生变化，但粒子浓度对韧性的影响是主要的。

2. CTBN 的相对分子质量

橡胶的相对分子质量对体系的两相结构影响颇大。随着橡胶的相对分子质量增大，橡胶颗粒的平均粒径增大。但相对分子质量太高，则橡胶在树脂中难以溶解。若相对分子质量太低，不易分相，结果只能形成增塑树脂[6]。实验结果表明[7]：当橡胶相对分子质量为 3700 左右时，具有好的改性效果（表 13-1），表 13-1 充分说明了即使在丙烯腈含量相同的情况下，由于 CTBN 的相对分子质量不同，增韧环氧树脂的性能亦有差别。

表 13-1　　CTBN 相对分子质量对增韧环氧体系性能的影响

丙烯腈含量/%	30			12	
性能 \ 相对分子质量	3710	2950	2400	3020	2400
冲击强度/(kJ/m²)	36.1	29.2	25.3	29.8	24.2
剪切强度/MPa	31.25	27.38	21.80	22.80	17.68
剥离强度/(N/cm)	30.4	31.5	16.9	31	15
拉伸强度/MPa	75.8	70.4	71.3	65.1	73.15
马丁耐热/℃	83	81	76	—	—

3. CTBN 的添加量

CTBN 的添加量对增韧效果有直接影响[8]。

CTBN 添加量对增韧环氧树脂粘接性能的影响见图 13-5[1]。由图 13-5 可以看出，CTBN 添加量为 15～20 份时（环氧树脂为 100 份）增韧效果比较好，剪切强度可达 30MPa 以上，拉伸强度可达 40MPa 以上。而 CTBN 添加量低于或高于这个量时，粘接强度均下降。这是由于 CTBN 用量偏低时，固化物中橡胶颗粒较少，固化物较脆；CTBN 添加量偏高时，橡胶相增多，固化物本身强度下降，致使粘接强度下降。

图 13-6 为 CTBN 添加量对增韧环氧体系冲击性能的影响[8]。它表明在图示范围内冲击性能随 CTBN 添加量增加而提高，当 CTBN 量在 30～40 份时，冲击强度上升最显著。

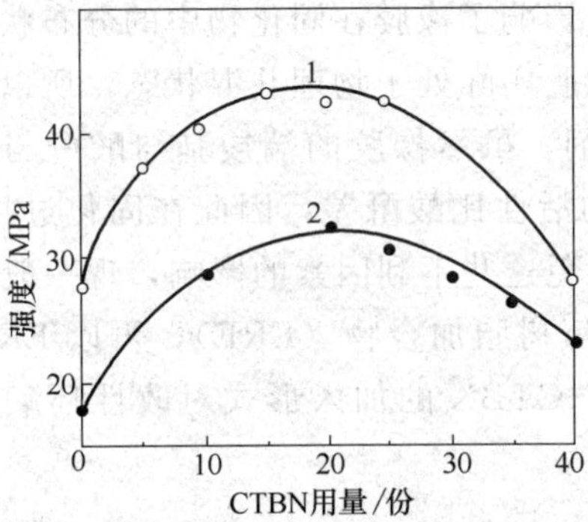

图 13-5　CTBN 用量对粘接性能的影响
1—拉伸强度　2—剪切强度

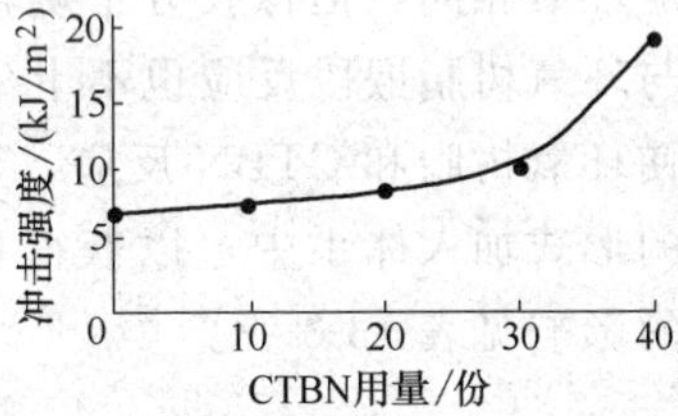

图 13-6　CTBN 用量对冲击性能的影响

4. 固化剂

CTBN 增韧环氧树脂在固化过程中有两种主要反应发生：(a) 橡胶与树脂的嵌段反应；(b) 环氧树脂在固化剂作用下的开环反应。这两种反应的相对速度影响着固化物的基本结构以及橡胶相在固化物中的分布情况。由于固化剂对这两种反应的相对速度有着决定性作用，因此，固化剂对 CTBN 改性环氧树脂性能的影响非常显著。固化剂对 CTBN 改性环氧树脂力学性能的影响见表 13-2[9]。

表 13-2 固化剂对 CTBN 改性环氧树脂力学性能的影响

固化剂	测试项目	橡胶用量					
		0	10	20	30	40	50
2-乙基-4-甲基-咪唑(EMI-2,4)	冲击强度/(kJ/m²)	70	12.4	23	16.7	15.3	15.3
	剪切强度/MPa	12.6	17.5	21.8	27.4	—	—
	不均匀扯离强度/(N/cm)	74	120	240	330	—	—
六氢苯二甲酸酐(HHPA)	冲击强度/(kJ/m²)	9.9	13	21	23	15	15
	剪切强度/MPa	11.9	12.6	12.0	11.6	—	—
	不均匀扯离强度/(N/cm)	90	150	150	110	—	—
间苯二胺(MPDA)	冲击强度/(kJ/m²)	21.6	19	17	10.4	10.8	8.2
	剪切强度/MPa	10.4	6.6	6.1	6.0	—	—
	不均匀扯离强度/(N/cm)	100	16	13	8	—	—

注：(1) 配方为：E-51 环氧树脂 100 份，EMI-2，4 5 份，MPDA 14 份，HHPA 80 份，橡胶用量如表所示。
(2) 固化条件为 80℃/1h+150℃/4h。

从表 13-2 可以看出 3 种固化剂对改性环氧体系力学性能的影响各不相同。这是因为 2-乙基-4-甲基-咪唑（EMI-2，4）属于叔胺类固化剂，它能催化橡胶的端羧基与环氧基反应（即反应（a））[9]。因此，在固化过程中，反应（a）及（b）的速度基本上得到协调，能够生成橡胶嵌段环氧树脂中间物，并在凝胶过程中橡胶以球状粒子沉析在环氧树脂连续相中[8]。故 CTBN 增韧效果显著。而间苯二胺（MPDA）属伯胺类固化剂，不能催化橡胶的端羧基与环氧基的反应。在固化过程中，反应（b）的速度比反应（a）大得多。橡胶的端羧基大部分不能与环氧基反应，影响了橡胶在固化物中的分布状况以及橡胶与环氧基体的键合，即环氧基体与大部分橡胶实际处于物理共混状态，所以改性效果较差。以六氢苯二甲酸酐（HHPA）为固化剂，虽然橡胶的端羧基与酸酐与环氧基反应性质相同，但橡胶分子量较大，其端羧基的活性比酸酐差，因此在固化过程中，橡胶与环氧树脂嵌段反应也不十分完全[9]。为了避免这些不利因素的影响，现一般采用预先使环氧树脂和 CTBN 反应，形成 CTBN 与环氧树脂加合物（ERE），再以 ERE 加合物的形式加入体系中，以获得良好的增韧效果。CTBN 的加入形式对改性环氧树脂性能的影响见表 13-3[10]。

表 13-3 CTBN 的加入形式对改性环氧树脂性能的影响

CTBN 用量/份	CTBN 加入形式	断裂韧性/(J/m²)	冲击强度/(kJ/m²)	拉伸强度/MPa	热变形温度/℃
10	ERE 加合物	781.8	10.02	63.73	127
10	直接加入	131.7	10.90	65.93	127

注：(1) 配方：环氧树脂 618 100phr，CTBN 100phr，固化剂 HHPA 78，5phr N-N-二甲基苄胺（BDMA）1phr；
(2) 固化条件：100℃ 2h+140℃ 6h。

增韧环氧树脂的断裂能随所用固化剂不同，提高的程度也不同[5]。用 2,4,6-三（二甲氨甲基）酚（DMP-30）和 2-乙基-4-甲基咪唑固化时，断裂能提高较少，而用哌啶和三乙醇胺固化时，断裂能提高幅度较大，增韧效果显著。这是由于增韧效果与凝胶时间长短是一致的，即凝胶时间长的固化剂如哌啶、三乙醇胺所得增韧环氧树脂体系中分散相粒子浓度大，平均粒径也大，其断裂能亦大；而凝胶时间短的固化剂如 DMP-30、2，4-咪唑，所得增韧树脂中分散相的平均粒径小，其断裂能亦小。

5. 固化温度

前已述及，CTBN 增韧环氧树脂在固化过程中主要发生两种反应，即环氧树脂在固化剂作用下的开环固化反应和环氧树脂与 CTBN 的嵌段反应。随着固化反应的进行，CTBN 和环氧树脂发生相分离，沉淀出橡胶粒子。环氧树脂与 CTBN 的反应是否和环氧树脂本身的反应相协同，对增韧环氧树脂的性能有很大影响。而影响两个反应的因素很多，例如对一特定的催化体系，固化温度最为重要。因为固化温度不同，二类反应的相对速度不同，其协同作用亦不同，最终导致固化产物性能的差异。

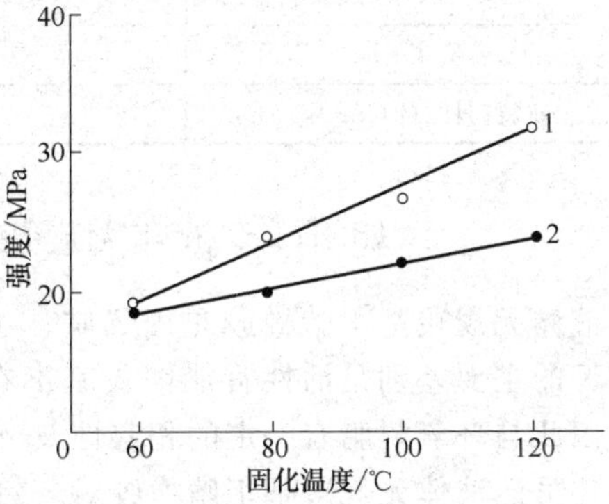

图 13-7　固化温度对粘接性能的影响
1—拉伸强度　2—剪切强度 DMP-30、三乙醇胺催化体系

图 13-7[8] 为固化温度对增韧环氧树脂粘接性能的影响。由图可看出，在图示范围内增韧环氧树脂的粘接强度随固化温度的提高而增加，而且近似于线性关系。

6. 环氧基体平均网链长度及官能团数目

与传统观点不同，一些研究者认为环氧树脂的交联点间平均长度对橡胶增韧作用有重要影响。这种影响远远超过橡胶含量、颗粒大小分布等诸因素的影响[11]。陶德辉等人研究认为外加双酚 A 能大幅度提高 CTBN 增韧效果，其本质是由于双酚 A 优先和环氧树脂反应，使环氧树脂分子量增大，致使固化物交联密度下降，有利于基体发生塑性形变等吸收能量的过程[12]。这和以往认为的双酚 A 使橡胶颗粒粒径出现双峰分布并通过银纹剪切带相互作用而增韧的观点完全不同。后者恰恰忽视了环氧基体对增韧效果的影响。

N. N. Hemi 发现，CTBN 在二官能团、四官能团体系中的相容性较好，能形成核壳结构，平均粒径较大，具有双重粒径分布，而在三官能团体系中的相容性较差。由此可以认为，橡胶与环氧树脂的相容性受环氧树脂结构影响较大[13]，亦即影响着 CTBN 增韧环氧体系的增韧效果。

CTBN 改性双酚 A 环氧树脂的力学性能见表 13-4，由表 13-4 可见，CTBN 增韧环氧树脂体系不但在力学性能方面有显著改善[14]，而且还具有较好的耐油性能、电绝缘性能，因此其应用范围越来越广。在结构胶粘剂方面，已从飞机制造业的胶粘剂应用发展到汽车、电子和建筑行业；在防腐工程方面，CTBN 改性环氧树脂可作为衬里、灌封、喷涂和地面涂料等材料；在电子工业方面，CTBN 改性环氧粉末涂料在美国等国家已工业化；在复合材料方面，采用改性后的高韧性基体，可改善复合材料基体和纤维的界面状态，从而赋予复合材料更加优异的性能。

表 13-4　　CTBN（15phr）改性双酚 A 环氧树脂的力学性能

性　能	未改性	改　性
拉伸强度/MPa	73.1	95.8
断裂伸长率/%	4.8	9.0
模量/GPa	2.8	2.7
断裂韧性/(kJ/m^2)	0.18	5.3～8.8

13.1.2　液体无规羧基丁腈橡胶改性环氧树脂

液体无规羧基丁腈橡胶是丙烯腈、丁二烯、丙烯酸的三元共聚物。其分子结构与 CTBN 的主要差别是活性官能团羧基不在链端。但由于该橡胶分子链中具有氰基和羧基，因此与环氧树脂有一定的相容性及反应性，具备了作为环氧树脂增韧剂的两个基本条件。虽然液体无规羧基丁腈橡胶对环氧树脂增韧效果低于 CTBN，但因其价格远低于 CTBN，颇具实用价值。

从无规羧基丁腈胶/618 环氧树脂/2-乙基-4-甲基咪唑体系的电镜照片（照片略）[15]可清楚地观察到该复合物是两相结构，交联的环氧树脂为连续相，橡胶为球粒状分散相，其粒径在 200～600nm 范围内，粒径分布比较窄。从照片中还可看到球状的橡胶颗粒突出在磨削抛光的平面上。这说明橡胶相与基体界面结合力较强，磨削及抛光均不能将橡胶颗粒从基体中剥落。所以该体系是一个稳定的两相体系，橡胶颗粒能起到增韧效果。

影响液体无规羧基丁腈橡胶增韧效果的因素基本上类似于 CTBN 增韧体系，但有几点需注意。

1. 橡胶含量及固化剂体系对增韧效果的影响

固化物各种性能随橡胶含量及固化剂体系的变化可归纳如下几点[16]：

① 冲击强度随橡胶含量增加而逐步提高，至橡胶含量为 15 份时，有最大值。此时与没有加无规羧基丁腈改性的环氧体系相比较，三乙醇胺固化体系冲击强度增加了 3 倍；2-甲基咪唑-环氧丙烷丁基醚加成物（简称 704）固化体系冲击强度增加了 1 倍。

② 断裂表面能也随橡胶含量增加而逐步提高。和没有加橡胶改性的环氧体系相比，三乙醇胺固化体系在橡胶含量为 20 份时断裂表面能增加可达 8 倍多（在橡胶含量为 15 份时提高亦很显著）；而 704 固化体系在橡胶含量为 15 份时仅增加了 1 倍。

③ 破断功随橡胶含量增加在橡胶含量为 5 份附近有最大值。三乙醇胺体系破断功增加的幅度较 704 固化剂体系大。

④ 拉伸弹性模量和热变形温度都随橡胶含量的增加而下降。三乙醇胺固化剂体系下降幅度较 704 固化剂体系小。

上述 4 点不仅反映了橡胶含量对改性体系性能的影响，也反应了固化剂活性差别引起的性能变化，即固化剂活性越弱，韧性增加的幅度越大。

从增韧效果和其他性能综合考虑，橡胶含量以 5～10 份为最佳。

2. 固化温度的影响

增韧效果取决于共混物的形态结构，而形态结构受固化温度的影响极大。图 13-8

为不同温度固化时增韧环氧树脂断面的扫描电镜照片[17]，增韧体系中的橡胶含量均为20 份。从照片可以看出，固化温度为 100℃时，橡胶粒子尺寸最大，固化温度为 80℃和 120℃时，橡胶粒子尺寸都较小。固化温度对橡胶增韧环氧树脂形态结构的影响可解释如下：固化温度过高，橡胶进行相分离的时间很短，相分离不充分，故橡胶分散相的体积分数及粒子尺寸均较小；若固化温度过低，尽管橡胶可以进行相分离的时间长，但由于橡胶分子的扩散速率低，仍不能充分产生相分离，也使得橡胶分散相的体积分数及粒子尺寸较小。所以，只有在适当的固化温度下，使之有一定的相分离时间，又保证橡胶分子有一定的扩散速度，橡胶才能充分与树脂相分离，形成一定数量的橡胶分散相，并有一部分橡胶溶于环氧树脂的连续相中。

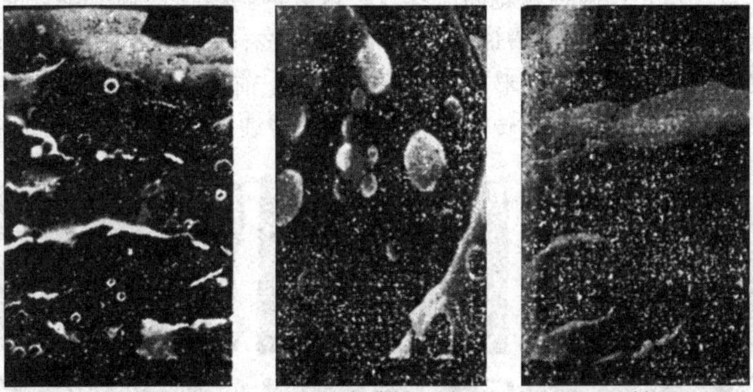

(a)　(b)　(c)

图 13-8　增韧环氧树脂不同温度下的 SEM 照片

（a）固化温度 80℃　（b）固化温度 100℃　（c）固化温度 120℃

综上所述，用少量的无规羧基丁腈橡胶改性环氧树脂即可获得较好的韧化效果。由于液体无规羧基丁腈在我国已实现工业化生产，因此用该种橡胶代替价格昂贵的 CTBN 改性环氧树脂可有效降低生产成本，其应用亦会越来越广泛。

13.1.3　液体端羟基丁腈橡胶（HTBN）改性环氧树脂

虽然 CTBN 改性环氧树脂具有优良的性能，但由于 CTBN 价格昂贵，人们试图用廉价的液体橡胶来增韧环氧树脂，端羟基丁二烯-丙烯腈共聚物（HTBN）就是其中一种。由于 HTBN 中羟基的反应活性较低，因此当用胺类作固化剂时，主要发生环氧树脂本身的交联反应，HTBN 的羟基不易参加反应，因此 HTBN 很难结合到环氧树脂网络中，其改性结果只能起到增塑作用[18-19]。根据橡胶增韧环氧树脂机理可知，如能使 HTBN 与环氧树脂成键联接，则增韧效果能显著提高。酸酐类固化剂则具有此作用。用其作固化剂，在 HTBN 改性环氧树脂体系中，一方面 HTBN 的羟基可以和酸酐（如六氢邻苯二甲酸酐）反应，产生羧基，羧基进一步和环氧基反应；另一方面，酸酐也可以直接和环氧基反应使环氧树脂固化，这样便形成了在交联点之间存在着两种聚合物链段的聚合物，即“交联嵌段共聚物”，其示意图如图 13-9 所示。图中折线代表丁腈橡胶软段，小矩形代表环氧树脂。在环氧树脂网络中存在这种丁腈橡胶软段，形成两相体

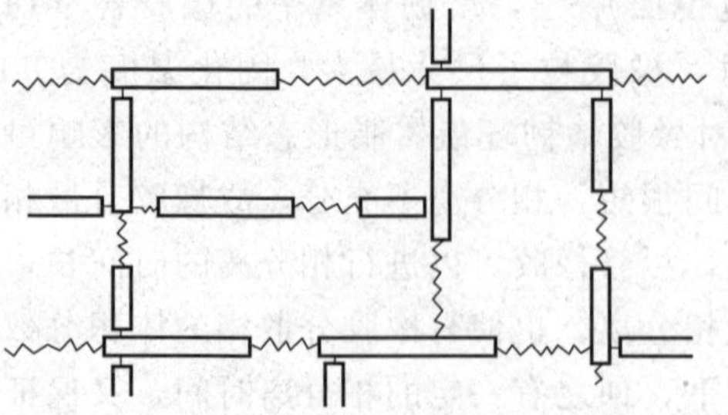

图 13-9　交联嵌段共聚物示意图

系，使环氧树脂的韧性增加。

图 13-10 为 HTBN 增韧环氧树脂在室温下断裂面的扫描电镜照片[18]。从照片中可以看出明显的两相结构。在 HTBN 用量为 10～30份时，随 HTBN 用量增加，分散相橡胶颗粒直径变大。但无论在哪种情况下，分散相都是由大小不等的两种球形颗粒组成，大颗粒直径 5～10μm，小颗粒直径 0.5～1μm。小颗粒主要对剪切形变起作用，大颗粒能阻止裂纹增长，两种颗粒同时存在，可以得到最佳增韧效果，因此 HTBN 的最佳用量应为 10～30 份。继续增加 HTBN 用量，仍有球形颗粒存在，但大颗粒逐渐消失。在 HTBN 用量为 60 份时，形态结构明显不同于前面的样品。这是因为 HTBN 含量提高到一定值后，发生了相逆转，橡胶相变成了连续相，因此失去了增韧效果。

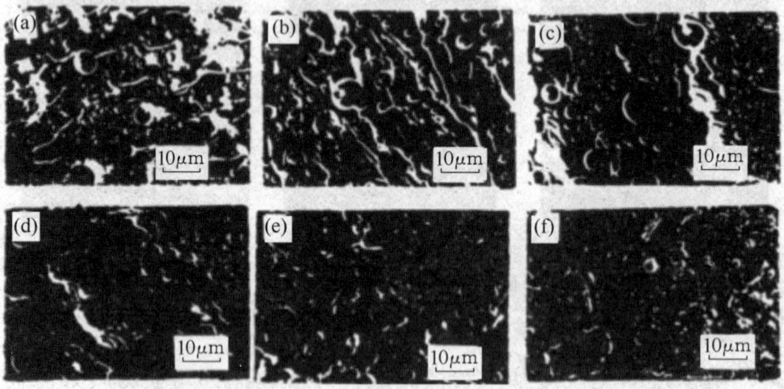

图 13-10　HTBN 增韧环氧树脂的扫描电镜图

HTBN 添加量：(a)为10份　(b)为20份　(c)为30份　(d)为40份　(e)为50份　(f)为 60 份

HTBN 添加量对环氧树脂改性体系的性能影响较大[18]。加入 HTBN 使剪切强度和冲击强度都有所提高。HTBN 添加量在 20～50 份范围内，剪切强度提高 6MPa，冲击强度提高 1 倍以上。过量添加 HTBN，反而使性能下降。HTBN 用量对环氧树脂拉伸强度和延伸率的影响是，加入 10～20 份的 HTBN，拉伸强度和延伸率均大幅度提高。再增加 HTBN，性能有下降趋势，但直到 60 份时，性能仍比不加 HTBN 时为好。这充分显示了 HTBN 增韧环氧树脂的优越性。

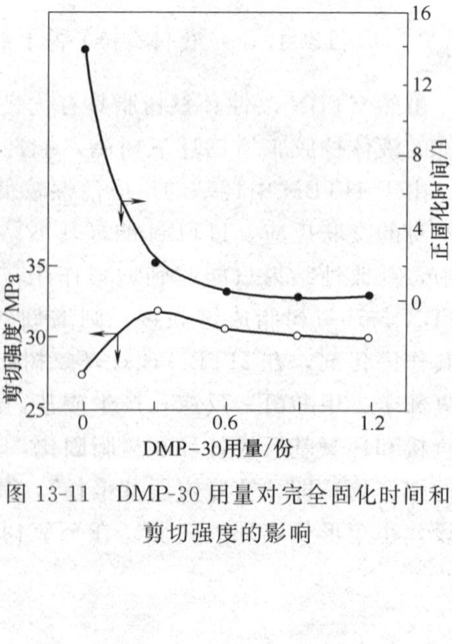

图 13-11　DMP-30 用量对完全固化时间和剪切强度的影响

固化剂的用量对 HTBN 增韧环氧的剪切强度亦有微弱的影响[18]。值得注意的是虽然酸酐类固化剂可以使改性体系成为交联嵌段共聚物，但单独使用酸酐时，固化反应很慢。为此可在体系中加入少量的叔胺类催化剂（例如 0.3 份的 DMP-30），能使固化速度大大提高，且固化物性能也比不加催化剂得高。DMP-30 用量对完全固化时间和剪切强度的影响如图 13-11 所示[18]。

固化温度对固化物剪切强度、玻璃化温度（T_g）等影响不大。只要使体系在高于 100℃时固化，就能得到很好的增韧效果。

总之，用酸酐作固化剂，叔胺作催化剂的 HTBN 增韧环氧树脂体系，其各方面性能均得到了较大改善。因此它是增韧环氧树脂的一条可行途径。HTBN 改性环氧树脂固化物的性能如表 13-5 所示[18]。

表 13-5　HTBN 改性环氧树脂固化物的性能

HTBN 用量(PHR) \ 性能	剪切强度/MPa	冲击强度/(J/cm²)	拉伸强度/MPa	延伸率/%	T_g/℃
0	24	3.4×10^{-2}	30	5	124
10～20	30	9.0×10^{-2}	61	10	115

13.1.4 丁腈羟-异氰酸酯预聚体改性环氧树脂

用 HTBN 改性环氧树脂，要获得较好的增韧效果，除了用酸酐作固化剂外，用 HTBN 和甲苯二异氰酸酯反应生成端异氰酸酯基预聚物，再加到环氧树脂中，用伯胺类固化剂固化，利用氨基活泼氢既可和环氧基反应，又可和异氰酸酯基反应的特点，亦能得到性能良好的增韧树脂。

丁腈羟预聚物添加量为 10 份时，橡胶相形成分散的微区；预聚物添加量增加到 20 份时，环氧树脂仍为连续相；当预聚物添加量增加到 30 份时，发生了明显的相逆转，丁腈羟预聚物与环氧树脂形成的嵌段聚合物成为连续相，而多余的环氧树脂自聚形成微区；预聚物添加量为 40 份时，环氧树脂基本上仍为分散相，但成为连续相的比例加大。

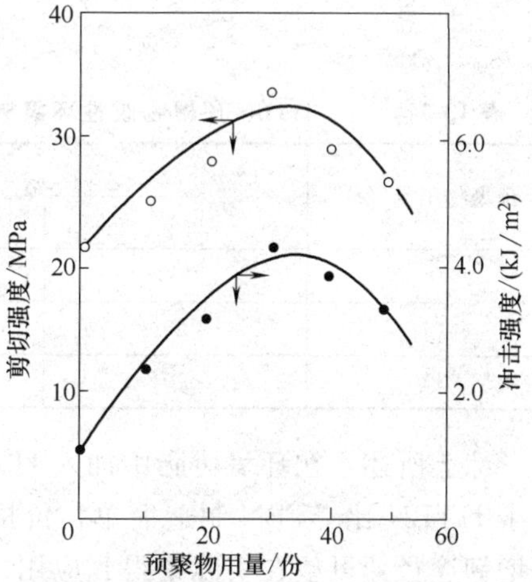

图 13-12　预聚物用量对剪切强度、冲击强度的影响

丁腈羟-异氰酸酯预聚体增韧环氧树脂的性能主要受预聚物用量和固化剂用量的影响。图 13-12[19] 表示预聚物用量对剪切强度和冲击强度的影响，由图可看出，预聚物用量为 20～40 份时，环氧树脂的剪切强度和冲击强度提高最多。图 13-13[20] 表明了固化剂的用量不论预聚物用量如何均以 8 份左右较好。这是因为预聚物中异氰酸酯基含量对环氧基含量而言很低，因此主要反应是固化剂的氨基和环氧基的反应[19]。

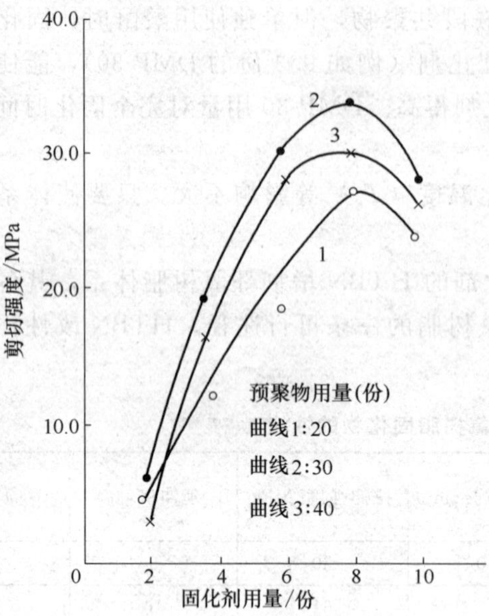

图 13-13　固化剂用量对粘接强度的影响

由图 13-12 还可发现，丁腈羟预聚物用量为 50 份时，剪切强度仍能保持较高值。这和一般羧基丁腈增韧环氧树脂不同。后者加入量为 50 份时，剪切强度大幅度下降[8]。这种不同结果正是由于前述丁腈羟预聚物用量大于 30 份时增韧环氧树脂体系形成的特殊形态所导致的。

改性后的环氧树脂体系不但具有良好的高低温粘接性能，而且其耐热性也有一定提高（见表 13-6 和表 13-7）[20]。氰基极性基团的引入，不仅没有破坏改性环氧固化物的电性能，而且使其耐油性有所增加[20]。

表 13-6　　HTBN 预聚物改性环氧树脂高低温性能

预聚物用量/份	剪切强度/MPa				
	−50℃	−20℃	20℃	50℃	90℃
0	20.2	21.1	21.0	23.0	21.2
30	33.2	29.4	32.8	29.8	27.1

表 13-7　　HTBN 预聚物改性环氧树脂的耐热老化性——剪切强度保持率　　单位：%

预聚物用量/份	老化时间/d			
	2	4	10	15
0	100	91	93	90
10	96	88	94	99
30	90	95	93	100

综上所述，在环氧树脂中加入 HTBN-异氰酸酯预聚物，能使其性能得到较大提高。由于 HTBN 比 CTBN 制造简单，价格便宜，因此，这种方法为环氧树脂开辟了一条新的增韧途径，可望在实际中得到应用。

13.1.5　端羟基聚丁二烯改性环氧树脂

端羟基聚丁二烯（HTPB）的分子结构可表示为 HO—[CH_2—CH ═ CH—CH_2]—，是分子两端带有羟基的双烯烃聚合物。HTPB 具有两大特点。第一，T_g 在 −80℃左右，比许多橡胶的都低，因而具有良好的低温性能。第二，其长主链为非极性

（端羟基所占比例极小）结构，具有很好的电性能。加之其生产工艺简单，成本低，因而用它作为环氧树脂的增韧剂引起了人们的兴趣。液态 HTPB 与环氧树脂混溶性较好。固化前 HTPB 溶解于树脂中并且分散均匀；在树脂固化时能顺利地析出而产生相分离，形成两相结构。图 13-14 为环氧树脂/HTPB（100/35）的电镜照片[21]。由图 13-14 可见，橡胶粒子以球形均匀地分布在树脂相，相畴较小，这说明分相过程比较理想。

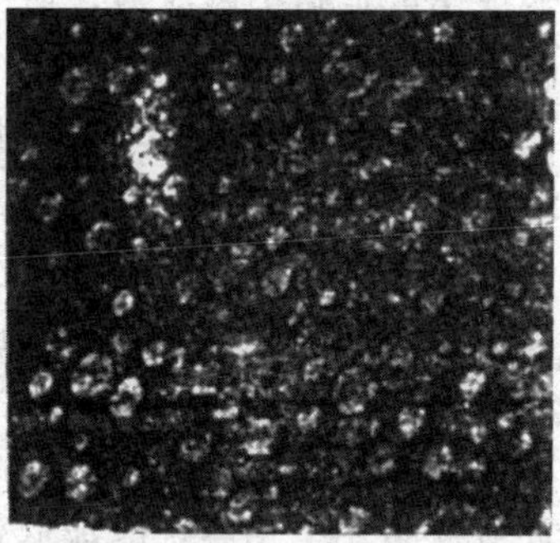

图 13-14　环氧树脂/HTPB（100/35）透射电镜图（×1000）

表 13-8 列出环氧树脂/HTPB 共混物的力学性能[21]。可见 HTPB 对环氧树脂有较好的增韧效果。

表 13-8　　环氧树脂/HTPB 共混体系的性能

环氧树脂/HTPB	100/0	100/20	100/35	100/50
冲击强度/(kJ/m²)	8.00	19.69	22.41	28.22
拉伸强度/MPa	29.01	28.92	24.24	23.79

从表 13-8 中还可知，随着橡胶含量的增加，材料的拉伸强度稍有下降趋势，而冲击强度随着橡胶含量增加而提高，当环氧树脂与 HTPB 之比为 2∶1 时，冲击强度可提高 3.5 倍。对于环氧树脂的抗低温开裂性能而言，主要是低温下发生的松弛转变有着重要意义。

图 13-15 为 HTPB 增韧环氧树脂体系的动态力学谱[21]。由图 13-15 可见，在低温－80℃左右有一个转变峰，该峰归属于 HTPB 的主转变，即玻璃化转变；而在－40℃附近出现的峰则为环氧树脂的次级转变 β 峰。正是由于环氧树脂/HTPB 共混体系在－80℃附近发生的橡胶的主转变和环氧树脂在 40℃次级转变，使其具有良好的抗低压开裂性能。

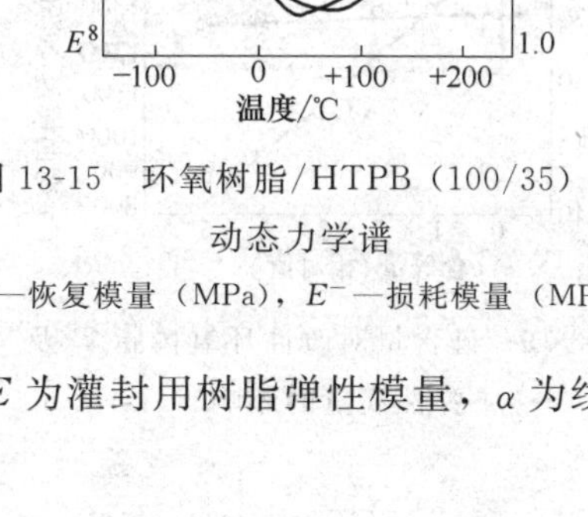

图 13-15　环氧树脂/HTPB（100/35）的动态力学谱

E—恢复模量（MPa），E⁻—损耗模量（MPa）

HTPB 改性的环氧树脂具有优良的抗低温开裂性，在电子元件的包封中得到了体现和应用[28]，成功解决了－55℃低温时的开裂问题。

13.1.6　硅橡胶改性环氧树脂

环氧树脂作为电子电气元件灌封材料应具有低热应力性，以避免灌封过程中由于树脂与金属件热收缩之悬殊而产生过大的内应力和灌封元件的开裂。

内应力 $\delta = K \cdot E \cdot \alpha \cdot dt$。式中 K 为常数，E 为灌封用树脂弹性模量，α 为线膨胀系数，dt 为温度差。由此可见，降低灌封用树脂弹性模量是缩小内应力、避免元件开裂最实际和可行的措施。

前述 CTBN 等橡胶改性的环氧树脂虽然增加了韧性，降低了模量，但遗憾的是耐热性不足。用硅橡胶改性环氧树脂是理想的灌封材料，它同时具有韧性、耐热性、低热应力性等必备性能。日本信越株式会社开发了一系列硅橡胶改性环氧树脂，商品名为 KMC。硅橡胶与环氧树脂缺乏热力学相容性（两者溶解度参数相差较大），为此必须借助增容技术以提高两者相容性。例如将苯基引入硅橡胶，添加含氨基或环氧基的硅橡胶与环氧树脂（或酚醛树脂）反应生成嵌段共聚物，添加聚醚改性硅橡胶等。图 13-16 为添加增容效果不同的两种硅嵌段共聚体 A、B 以及未改性环氧树脂的黏弹谱图。共聚体 A 与环氧树脂完全相容，故玻璃化温度 T_g 向低温一侧移动。而共聚物 B 与环氧树脂不相容，产生相分离，其 T_g 与未改性的环氧树脂相同，但在 −12.0℃附近显示硅相的 T_g。用电子显微镜观察上述各种增容改性环氧树脂固化物的断面（图略），得知在环氧树脂基体中的硅相尺寸基本处于 0.1～1μm，而最恰当的硅相尺寸应在略低于 0.1μm 范围，可使此改性树脂的线膨胀系数达到最低值，而 T_g 与环氧树脂相同（图 13-17），且耐开裂性最佳（图 13-18）。此项技术是在没有使环氧树脂 T_g 下降的情况下降低了弹性模量。图 13-19 所示实验数据证明了此结果[22]。

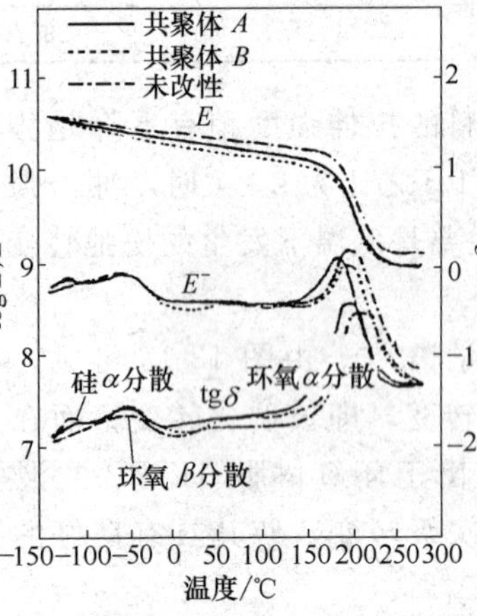

图 13-16　共聚物 A 及共聚物 B 改性环氧树脂及未改性环氧树脂体系的黏弹谱图

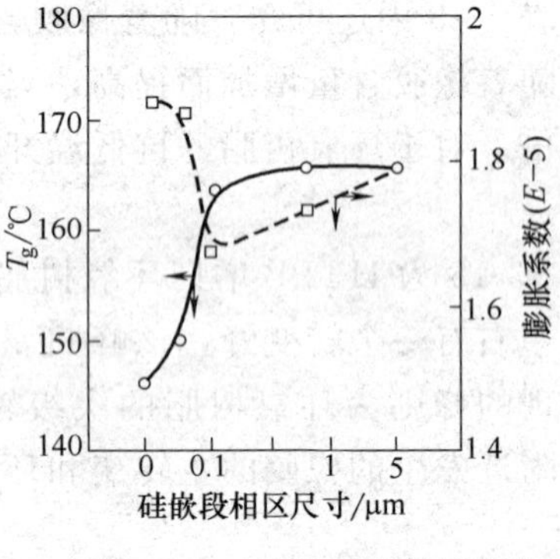

图 13-17　硅相尺寸对改性树脂的线膨胀系数及 T_g 的影响

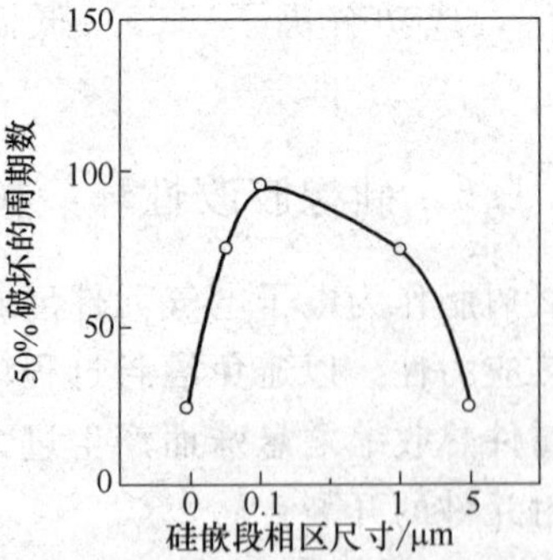

图 13-18　硅相尺寸对改性树脂耐开裂性能的影响

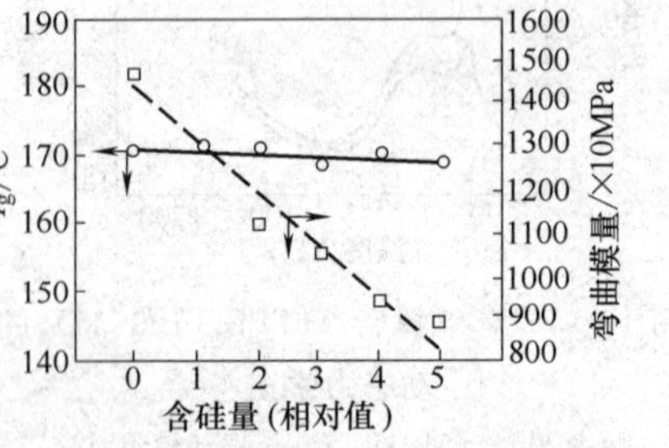

图 13-19　硅含量对改性环氧树脂 T_g 及弹性模量的影响

对于硅橡胶改性环氧树脂研究较多的是液体端羟基硅橡胶，并已取得一定进展[23]。

液体端羟基硅橡胶改性环氧树脂的典型生产工艺是：在 100 份环氧树脂中加入 20 份硅橡胶于 150℃下强力搅拌混合，再加入 1.2 份 N，N′-二甲基苯胺，反应至体系不分相，即制得环氧树脂-硅橡胶加成物。将该加成物与 70.5 份液体酸酐于 70℃下搅拌混匀后脱泡，然后倒入预热的模具中，在烘箱中 100℃固化 3h，120℃固化 8h 即得改性环氧树脂制品。此共混改性树脂无论是力学强度还是耐热性都比纯环氧树脂有一定提高（表 13-9），可用于电子元器件的封装和其他构件的表面涂饰。

表 13-9　　硅橡胶改性环氧树脂的力学性能及热性能

试样＼性能	冲击强度/(kJ/m²)	剪切强度/MPa	马丁耐热/℃
改性前	0.87	12.8	110
改性后	1.16	16.8	130～150

13.1.7　液态聚硫橡胶改性环氧树脂

液态聚硫橡胶为硫醇端基乙撑缩甲醛二硫聚合物，结构为 $HS—[C_2H_4OCH_2OC_2H_4SS]—C_2H_4O—CH_2—O—C_2H_4SH$，是环氧树脂的优良增韧改性剂。其改性原理为：液态聚硫橡胶末端的硫醇基（—SH）与环氧树脂的环氧基（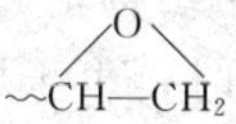）发生化学反应，形成含柔性链段的嵌段物，该柔性嵌段物参加到固化环氧树脂结构中，赋予交联固化环氧树脂柔韧性质[23]。但此反应在室温下进行的极缓慢，缺乏实用性。在实际应用中，环氧树脂和液态聚硫橡胶必须与胺类固化剂一起应用，才能得到所希望的固化速度和固化产物。

液态聚硫橡胶改性环氧树脂体系在固化过程中会产生相分离，形成两相结构。通过观察试样的扫描电镜照片（图略）可知：橡胶是分散相，环氧树脂为连续相，橡胶颗粒分散在环氧树脂基体中。这种两相结构的形成有利于提高其韧性。

作为增韧改性剂，低分子量液态聚硫橡胶如 LP-3、LP-33、LP-8 等和环氧树脂反应，具有较快的固化速度，可得到较好物理力学性能的产物（见表 13-10）[24]，其固化物的韧性可依据聚硫橡胶的用量、固化剂种类和用量进行较大幅度调节；而高分子量的液态聚硫橡胶如 LP-2、LP-32 等和环氧树脂反应较慢，只得到硬度较低的产物。

表 13-10　　聚硫橡胶改性环氧树脂固化物物理力学性能

性能＼LP-3/环氧树脂（质量比）	0∶1	1∶2	1∶1
拉伸强度/MPa	25.0	49.4	19.7
相对伸长率/%	10	10	30
硬度(D)	80	78	69
冲击强度/(kJ/m²)	0.0273	0.152	3.90

注：固化配方为 EP-828 100 份；LP-3 变量，DMP-30 10 份。

液态聚硫橡胶改性环氧树脂体系具有良好的粘接性能、电性能、耐介质腐蚀性能及低的气体和水蒸气渗透率，可广泛用作各种材料的粘接剂、保护性涂料以及电器灌铸料等。由于液态聚硫橡胶具有较低的 T_g（−55～−53℃），因此随着橡胶含量的增加，改性体系的次级转变温度降低[25]，低温韧性提高，使得这一改性体系在克服环氧树脂包封的低温开裂现象方面具有显著效果，满足了电器灌封的技术要求。

聚硫橡胶改性环氧树脂具有许多优良性能，但聚硫橡胶有一股令人不快的气味，在实际使用中是一大缺陷。

13.1.8 聚醚弹性体改性环氧树脂

聚醚作为环氧树脂改性剂，研究较多的是端羧基聚氧化丙烯醚（CTPE）及端羧基四氢呋喃-环氧丙烷共聚醚（CTCPE）。两种聚醚改性环氧体系在固化过程中均能发生相分离，形成环氧树脂为连续相、聚醚为分散相的两相结构，而聚醚分子量及添加量对分散相颗粒大小、分布及改性体系的性能均有明显影响。CTPE 改性环氧树脂的力学性能和微观形态见表 13-11，CTPE 改性环氧树脂的热性能及力学性能见表 13-12[26-27]。

由表 13-11 可知：分子量低的 CTPE-700 改性环氧树脂体系没有明显的相分离，故增韧作用差。分子量较高的 CTPE-1300 及 CTPE-3500 改性环氧体系均有不同程度的相分离，形成两相结构，起到了较好的增韧效果。值得注意的是，对于 CTPE-3500，当其用量为 20 份时，由于聚醚相过度聚集，形成较大的不规则分散体，使得改性体系的拉伸强度大幅度下降。综合考虑各方面性能，CTPE 的加入量一般以 10～20 份为宜。

表 13-11　　CTPE 改性胺类固化环氧树脂的力学性能和微观形态

CTPE 种类	CTPE 用量（性能及微观形貌）	断裂韧性 /(J/m²)	拉伸强度 /MPa	断裂伸长率 /%	缺口冲击韧性/(J/m²)	热变形温度/℃	微观形貌
纯环氧	0	137	50.9	2.1	1510	137	无颗粒
CTPE-700	10	158	49.5	1.9	1637	106	分相不明显
	20	131	43.4	1.3	1313	89	分相不明显
CTPE-1300	10	442	70.2	2.6	1333	118	均为较规整的分相结构
	20	1077	61.3	3.2	1617	113	
	30	1126	30.2	2.6	1284	105	
CTPE-3500	10	637	59.7	2.0	1725	129	较规整的分相结构
	20	—	8.6	1.7	1029	128	橡胶相为较大的不规则分散体

注：胺类固化剂体系。

由表 13-11 还可看出，无论所用聚醚分子量大小，用其改性的环氧树脂的热变形温度均随添加量的增加而下降。当聚醚添加量相同时，分子量大的聚醚改性体系的热变形温度下降值小。这是由于 CTPE 用量相同时，分子量大的聚醚析出的橡胶相颗粒量多且大，因此，溶解于环氧基体中起增韧作用的部分所占比例小，使热变形温度较高。

表 13-12 是 CTCPE 改性环氧树脂的性能表。由该表可知：(a) CTCPE 改性环氧树

脂固化物的 T_g 随聚醚分子量的增加而下降，但当加入量超过 10 份后，则变化很慢。在聚醚添加量相同的情况下，分子量高的改性体系比分子量低的改性体系 T_g 高，即分子量高的 CTCPE 改性体系表现出更高的耐热性。这一点与 CTPE 改性体系相似。(b) CTCPE 改性环氧体系的弯曲强度和弹性模量随聚醚添加量增加而下降，但添加量 10～20 份范围内变化不明显；而冲击强度、断裂挠度却因聚醚引入较纯环氧树脂获得较明显改善。(c) CTCPE 的引入能大幅改进环氧体系的粘接性能（剪切强度、剥离强度），使其成倍提高。从综合性能考虑，CTCPE 添加量以 10～30 份为宜。

表 13-12　　**CTCPE 改性环氧树脂的热性能及力学性能**

CTCPE 分子量	CTCPE-1380					CTCPE-1900				
性能 \ CTCPE 加入量/份	0	10	20	30	40	0	10	20	30	40
T_g/℃	133.5	115	115	112	105	133.5	120	119	124	119
弯曲强度/MPa	126	108	103	65.0	55.7	126	105	92.5	67	53
弯曲弹性模量/MPa×10^2	2.02	1.46	1.56	1.10	0.83	2.02	1.73	1.67	1.00	0.82
冲击强度/(kJ/m^2)	11.9	15.9	14.6	16.5	13.8	11.9	15.7	14.6	17.6	14.6
断裂挠度/mm	4.8	4.6	5.3	不断	不断	4.8	4.9	5.3	6.1	7.3
剪切强度/MPa	12.7	17.3	18.7	21.5	14.6	12.7	18.7	24.5	27.0	28.1
剥离最大值/(N/25mm)	20.9	39.7	44.5	70.5	52.2	20.9	27.8	32.3	45.0	55.8

注:2-乙基-4-甲基咪唑固化体系。

利用透射电子显微镜对 CTCPE 改性环氧体系进行观察（图略）[27]，可以清晰地发现 CTCPE-1380 改性体系（添加量 20 份）两相结构的存在，聚醚相以粒径 160～280nm 的球形颗粒分散在环氧树脂连续相内。而 CTCPE-1900 改性体系观察到的是均匀密集的微孔结构，分散相平均粒径约 800nm，微孔孔径尺寸 40～160nm，1cm^3 中有 15×10^4 个小孔。这种多孔凝胶结构内耗高，多孔区起着应力集中点的作用，材料受冲击时吸收能量大，抗冲击能力亦大，很可能是一条获得高韧性材料的重要途径。

总之，端羧基聚醚作为环氧树脂的增韧剂，能像 CTBN 一样显著改善环氧固化物的脆性。聚醚改性剂较之 CTBN 制备工艺简单，造价低廉，资源广泛，在经济上有其独特的优势。聚醚的另一特点是作为改性体系的分散相，其 T_g 比 CTBN 改性体系的分散相（CTBN）的 T_g 低得多，故改性产物低温性能优越，而对环氧树脂耐热性的影响却比 CTBN 改性体系小。此外，聚醚黏度小，无毒无味，与树脂相容性好，操作性能优良，可望在浇铸、粘接、涂料、复合材料等领域获得广泛应用。

除上述品类橡胶改性环氧树脂外，近年来还有一些新的研究成果，比较有实效的如：Chikhi 等[28]用端氨基丁腈橡胶（AYBN）改善 EP 树脂的韧性，可使冲击强度提高 3 倍左右；赵祺等[29]以聚硫橡胶增韧 EP 树脂，当掺混量为 20％时，共混物的拉伸弹性模量、拉伸强度、断裂伸长率、断裂能和冲击强度分别比基体树脂增加了 27％、34％、22％、48％和 330％；齐鑫等[30]以环氧化 SBS 嵌段共聚物与环氧树脂共混，也取得了明显的增韧效果。

13.2　热塑性树脂改性环氧树脂

用橡胶弹性体改性环氧树脂固然能实现相当大的增韧幅度，但由于用以改性的橡胶仍有小部分溶解于基体中，因而引起体系弹性模量与玻璃化温度有所下降，不宜用于对形变与温度要求高的场合。像丁腈胶这样一些分子链中有不饱和双键存在的橡胶，受热易被氧化或发生交联，致使其改性效果受到很大影响。为了克服橡胶改性体系的不足，近来人们开始研究用耐热性高、本身又具有一定延展性的热塑性树脂来改性环氧树脂。通过这一方法，有可能在不降低力学性能的前提下实现增韧。

孙以实等人[3]认为下述桥联-裂纹钉锚模型更适合于定性与定量描述强韧热塑性粒子的增韧行为。

(1) 桥联约束效应

与弹性体不同，热塑性塑料往往具有与环氧基体相当的弹性模量和远大于基体的断裂伸长率，这使得桥联在已开裂脆性环氧基体表面的延性热塑性颗粒对裂纹扩展起约束闭合作用。

(2) 裂纹钉锚

颗粒桥联不仅对裂纹前沿的整体推进起约束限制作用，分布的桥联力还对桥联点处的裂纹起钉锚作用，从而使裂纹前沿呈波浪形的弓出状，如图 13-20 所示。下面讨论这类新型改性途径对环氧树脂的改性效果。

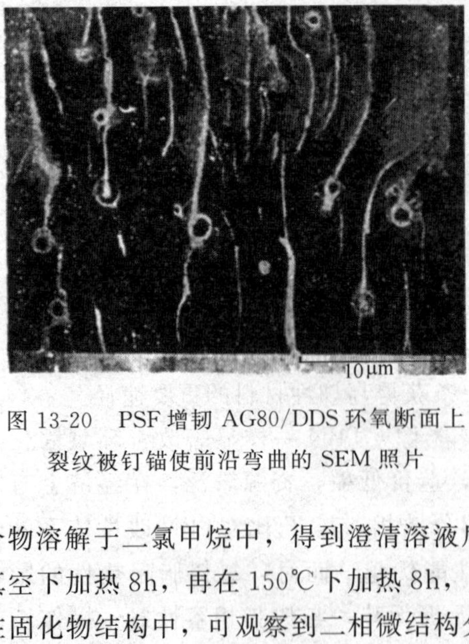

图 13-20　PSF 增韧 AG80/DDS 环氧断面上裂纹被钉锚使前沿弯曲的 SEM 照片

13.2.1　聚砜类树脂改性环氧树脂[31-34]

用聚醚砜（PES）改性胺类固化环氧树脂，可改善固化物韧性。其典型配方是用四官能环氧树脂 100 份同 15 份 PES 混合，加 80 份芳香胺为固化剂，在室温搅拌下把该混合物溶解于二氯甲烷中，得到澄清溶液后，加入 1 份 2-乙基 1，4-二甲基咪唑，在 50℃真空下加热 8h，再在 150℃下加热 8h，然后于 180℃加热 2h 后进行固化，即得固化物。在固化物结构中，可观察到二相微结构分布，这些分散相抑制了龟裂的成长，提高了破坏能，故改善了固化物韧性。粘接强度也得到了改善。

用末端具有官能基的聚芳醚砜（PSF）改性环氧树脂，同样可以增加固化物相分离结构界面的粘接性、韧性，同时耐热性也有提高。如在 Epikotes 828/DDM（二氨基二苯基甲烷）体系中，加入 10%PSF，固化物的弯曲模量从 2.5×10^{9} Pa 下降为 2.0×10^{9} Pa，断裂韧性从 0.6×10^{6} N/m$^{3/2}$，提高到 1.0×10^{6} N/m$^{3/2}$，T_g从 195℃提高到 198℃。从固化物的电子显微镜照片（图略）中可看出，PSE 以均匀的微粒形式分散于环氧树脂中。

13.2.2　聚醚亚胺树脂（PEI）改性环氧树脂[35]

用耐热性高的热塑性树脂 PEI 改性环氧树脂，同样可提高固化物的韧性。其典型配方为：PEI 预先在 120℃真空下干燥 24h，再把它溶解在二氯甲烷中，在室温下同环氧树脂掺混，再把掺混物在油浴上加热到 100℃，赶去二氯甲烷。当掺混物由清澈均一的黏性液体变成玻璃状时，再加热到 135℃，在搅拌下慢慢加入固化剂固化，即得改性固化物。图 13-21 为 PEI 加入量对改性体系断裂能和断裂韧性的影响，由图可知，当 PEI 加入量为 20%左右时，其固化物的破坏韧性可增加 3 倍，这说明分散在环氧树脂中的 PEI 呈延性破坏，起到了良好的增韧作用。

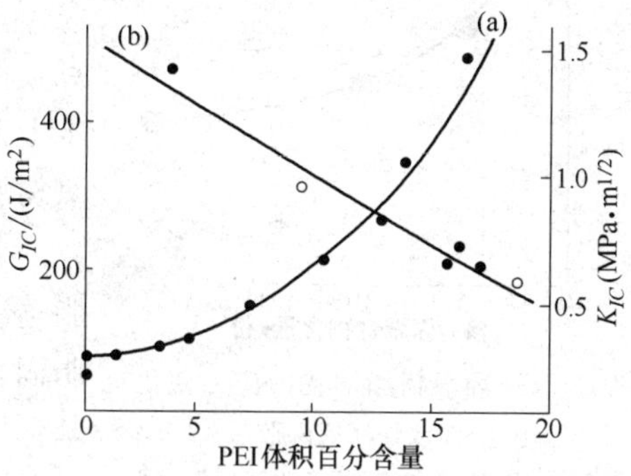

图 13-21　PEI 含量对掺混物断裂能 G_{IC}(a) 和断裂韧性 K_{IC}(b) 的影响

总之，采用耐热热塑性树脂来改性环氧树脂是一种新途径。虽然这种体系一般情况下比橡胶增韧的效果差，但其明显的优势在于改性剂的加入不影响改性体系的模量和 T_g。为了提高对体系的增韧效果，耐热热塑性树脂的选择是一个关键性的问题。目前，对这类新型改性体系的改性规律及增韧机理还有待于进一步深入研究。

13.2.3　丙烯酸类树脂改性环氧树脂

此共混目的是为降低固化过程中（从固化温度降至室温过程）产生的内应力。

有两种引入丙烯酸丁酯的方法[22]。

① 丙烯酸丁酯单体“就地”聚合，经紫外线照射并共混改性。即将丙烯酸丁酯与环氧树脂、固化剂及其他助剂充分混合后，减压脱泡，再用紫外线照射在低温（8～10℃）下聚合。随后，再于 80℃下使环氧树脂充分固化，可得到分散相为 1μm 的两相改性产物。此法虽然可降低固化内应力，但环氧树脂 T_g 下降，影响了耐热性。

② 利用种子乳液聚合制造以聚丙烯酸丁酯（PBA）为核，聚甲基丙烯酸甲酯（PMMA）为壳的核-壳结构粒子并将其分散于环氧树脂中，加入固化剂后经加热固化即得共混改性产物。此种共混产物为两相形态结构，但分散相仅仅是作为核的 PBA，因为作为壳层的 PMMA 与环氧树脂相容性卓越而溶于环氧相。此种改性产物既可降低固化内应力又不使环氧树脂 T_g 下降，保持了环氧树脂的耐热性，是一种更好的方法。如果以丙烯酸丁酯（BA）和乙二醇双甲基丙烯酸酯（IG）的共聚物［P（BA-IG)］为核，以［P（MMA-IG)］共聚物为壳的粒子改性环氧树脂，由电镜照片可见（电镜照片略），分散相粒子形状不规则，分散相内还有微细的相分离。这表明此种情况的核［P（BA-IG)］与环氧树脂有更高的亲和性，也可以认为这时形成了 IPN 结构。图 13-22 给出两种核-壳粒子改性环氧树脂固化物的内应力降低情况，可见均有明显效果，尤其以 P（BA-I-G)/P（MMA-IG）核-壳粒子的改性效果更为突出。

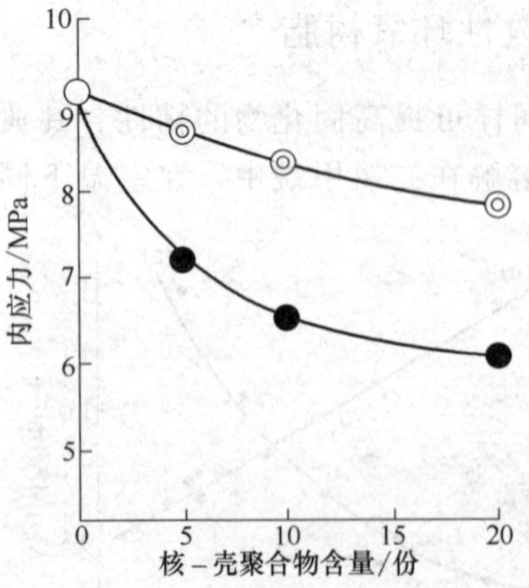

图 13-22　环氧树脂固化内应力变化

○—未改性环氧树脂

◎—PBA/PMMA 核-壳粒子改性环氧树脂

●—P（BA-IG）/P（MMA-IG）核-壳粒子改性环氧树脂

当前，以核壳结构粒子增韧环氧树脂的成功报道很多，可参见本章所附文献［36-42］。

13.2.4　聚醚及聚酯多元醇改性环氧树脂[43-45]

为了克服橡胶类增韧剂增韧环氧树脂的若干缺点，诸如导致体系黏度增大、工艺性受影响以及成本上升等缺点，研究采用聚醚及聚酯多元醇作为环氧树脂增韧改性剂受到普遍重视。

刘诗飞等研究报道[43]，聚醚多元醇对环氧树脂-酸酐体系的增韧效果显示，该增韧剂在环氧树脂固化过程中分相析出，这种微小粒子在环氧树脂基体中，恰好起到增韧作用。而聚醚多元醇的分子量要恰当掌握，因为分子量大的聚醚多元醇的增韧效果，不如分子量较小的；而由环氧乙烷封端的聚醚多元醇，由于含有与环氧树脂相容的聚环氧乙烷（CEO）链段，分散相与环氧树脂基体间能够形成良好的界面作用，也可体现出良好的增韧作用。罗炎等的研究[44]也得到与上基本相同的结论。

聚酯多元醇对环氧树脂也具有良好增韧效果，在此共混改性基础上，冲击强度提高了 1 倍，室温剪切强度也提高了近 1 倍，这对作为黏合剂应用是很重要的。但研究报道认为所选用的聚酯多元醇分子量以较大为好[45]。

13.2.5　聚硅氧烷树脂改性环氧树脂

聚硅氧烷（PDMS）大分子集无机物与有机物特性于一体，具有优良的耐热氧化稳定性、低玻璃化温度（－123℃）、高疏水性等特点。其与 EP 的共混物，呈典型的海-岛式微观形态，PDMS 的“岛”相分散在 EP 的“海”相中，而“岛”尺寸，主要取决于 PDMS 的相对分子质量，通常以 0.1μm 的粒径为佳，可使该共混体系获得综合性能较好的改性效果[46]。

李宏静等[47]采用环氧基硅油及其聚醚胺预反应物、聚醚胺（D-230）等增韧 EP，在预聚物含量为 5%时，实现了韧性明显提高的目的。

13.3　环氧树脂共混改性的一些动向

13.3.1　环氧树脂互穿网络聚合物

互穿网络聚合物自问世以来，因可提高材料性能的协同效应而引起人们的广泛重视。近年来，尤其令人注目的是，以环氧树脂为主体制备互穿网络聚合物（IPN），使环氧树脂增韧技术有了新的发展。

（1）环氧树脂/蓖麻油聚氨酯互穿网络聚合物

蓖麻油是一种分子链含有羟基的植物油，来源广泛，价格便宜。用蓖麻油型聚氨酯与环氧树脂形成互穿网络（IPN），可望提高环氧树脂的力学性能（尤其是柔韧性）及耐热性能，降低价格。

该 IPN 体系的力学性能主要受环氧树脂/蓖麻油聚氨酯（EP/PUR）值及氰羟比（NCO/OH）的影响。IPN 力学性能与组分比的关系见图 13-23[48]。

由图 13-23 可看出，当 EP/PUR＝95/5 时，IPN 体系呈现了良好的力学性能，拉伸强度、剪切强度协同增加。值得注意的是当 EP/PUB 为 25/75 时，IPN 体系的拉伸强度和断裂伸长亦大幅协同增加。体系在这一点出现了断裂伸长最大值，其拉伸强度也是聚氨酯含量大于百分之五十以后所出现的最大值。

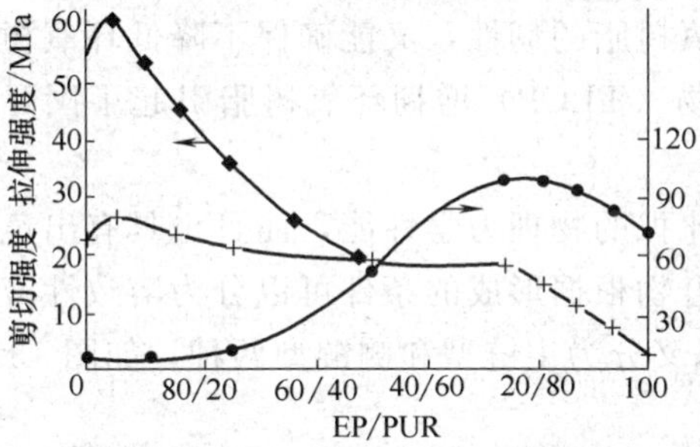

图 13-23　IPN 力学性能与组分比的关系

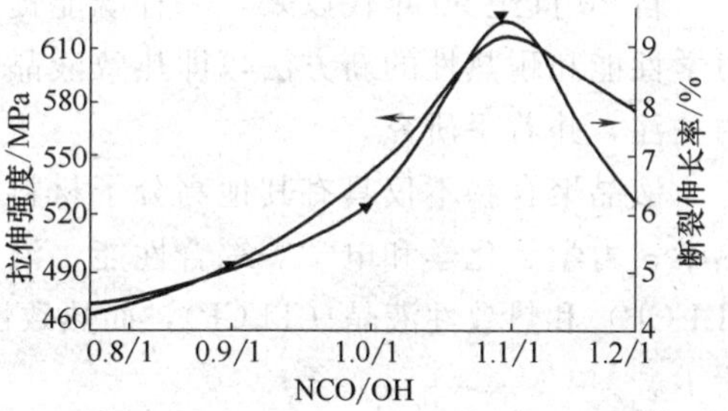

图 13-24　IPN（含 90％环氧树脂）的力学性能与氰羟比的关系

图 13-24 为 EP/PUR＝90/10 时，IPN 的性能随氰羟比（NCO/OH）的变化。从图 13-24 可看出，当 NCO/OH＝1.1/1 时，IPN 的力学性能较好。这是因为过量的氰基可与环氧树脂反应，产生一定程度的网间交联，这种网间交联可以提高两个组分的互溶性，有利于网间互穿和缠结的产生。所以，IPN 体系中轻微的网间交联有利于性能的提高。

通过热失重谱分析[48]可知，形成 IPN 体系后，材料耐热性的提高主要反映在 3 个方面。第一，初始分解温度提高了；第二，失重达一定百分比时对应的温度提高了；第三，完全分解时的温度提高了。

综上所述，形成环氧树脂/蓖麻油聚氨酯互穿网络高聚物（IPN）后，材料的力学性能和耐热性能同时大幅度提高，产生了所谓的协同效应。因此，IPN 是改进材料性能的一种有效手段。

（2）聚丙烯酸丁酯/环氧树脂互穿网络聚合物

聚丙烯酸丁酯弹性体的玻璃化温度低于－40℃，若与环氧树脂共混，可望提高环氧树脂的韧性。但聚丙烯酸丁酯与环氧树脂的溶解度参数相差较大，故相容性差，直接用聚丙烯酸丁酯与环氧树脂共混，增韧效果很差。采用同步法合成聚丙烯酸丁酯/环氧树脂互穿聚合物网络，对于提高环氧树脂的耐冲击性能取得了令人满意的效果[49]。

表 13-13 是纯环氧树脂与 IPN（聚丙烯酸丁酯/环氧树脂＝20/80）的力学性能比较。该表数据表明，IPN 的形成明显改进了环氧树脂的耐冲击性能。

表 13-13　　IPN 与环氧树脂体系的力学性能比较

性能	环氧树脂	IPN
拉伸强度（MPa）	45.22	50.63
冲击强度（kJ/m²）	5.11	13.52
弯曲破坏应力（MPa）	66.97	29.51
破坏挠度（mm）	2.2	3.5

13.3.2　热致液晶聚合物（TLCP）改性环氧树脂

如前所述，30 多年来，国内外许多学者对环氧树脂的改性进行了大量研究，并取得了相当的进展。但是用传统的增韧方法，往往是韧性得到大幅提高的同时耐热性和弹性模量随之下降，其结果不尽人意。

自 20 世纪 90 年代以来，一种既能提高环氧树脂的韧性，又能确保不降低环氧树脂力学性能和耐热性的新方法，即热致液晶聚合物（TLCP）增韧环氧树脂引起了国际上的关注，并着手研究。

液晶聚合物不仅具有其他高分子材料不可比拟的物理力学性能，而且也具有出色的热学、力学、化学和电学等综合性能，液晶聚合物根据形成的条件可以分为溶致性液晶（LLCP）和热致性液晶（TLCP），而热致性液晶又分为主链型和侧链型两种，如图 13-25 所示。

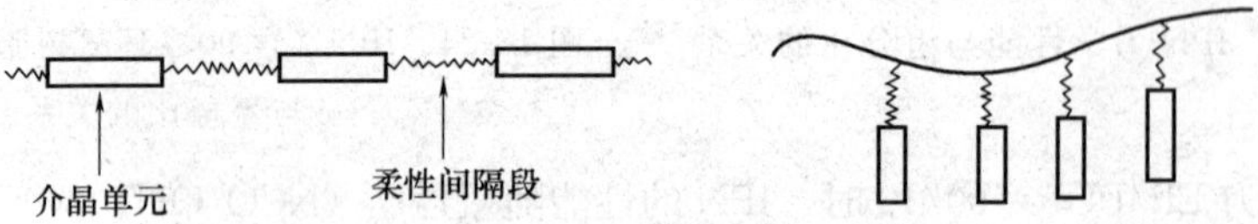

图 13-25　主链型和侧链型液晶示意图

主链型液晶，其结构组成如下：

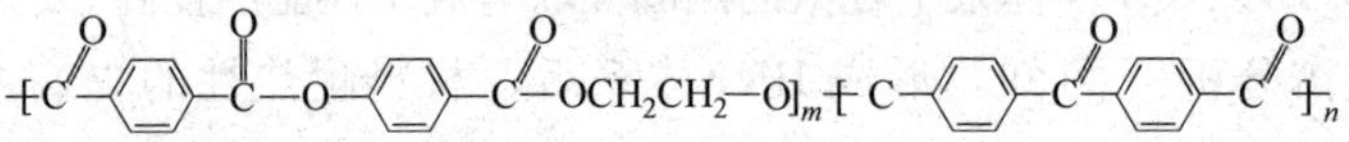

侧链型液晶比较典型的结构如下：

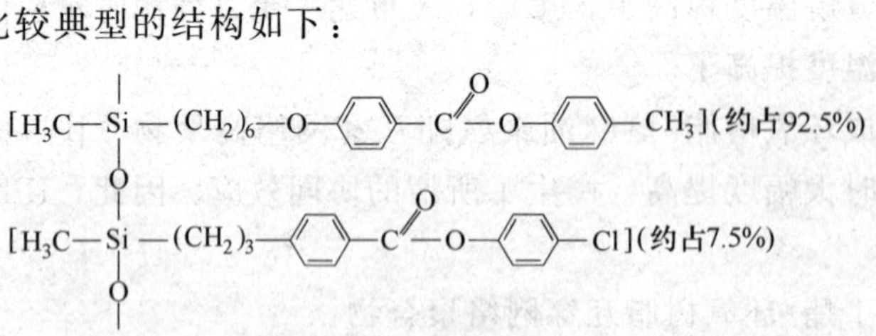

由此可见，无论主链型还是侧链型，热致性液晶大分子中均含有大量的刚性介晶单元和一定量的柔性间隔段，结构特点决定其性能优异。热致性液晶的拉伸强度达 200MPa 以上，比 PE 高 6 倍，比 PET、PC 和 PEEK 高 3 倍，比尼龙 66 高 2.5 倍，模量达 20GPa 以上，比 PE 高 20 倍，比 PC、PEEK 高 8.5 倍，比 PET 和尼龙 66 高 6 倍[50]。此外，热致性液晶还能产生高度的自增强作用。由热致液晶聚合物的结构特点可知，若用热致液晶聚合物改性环氧树脂将会产生更佳的效果。如用 2% 的热致液晶聚

合物来改性环氧树脂，其断裂韧性可提高 20%。随着 TLCP 含量的增加，材料的韧性大幅度提高，弯曲模量基本不变；玻璃化温度 T_g 略有升高。固化后的体系为两相结构，热致液晶聚合物以原纤的形式存在于环氧树脂连续相中，TLCP 的形态则取决于它与环氧树脂的混合方式。少量热致液晶聚合物原纤的存在可以阻止裂缝，提高脆性基体的韧性，且不降低材料的耐热性和刚度。与热塑性工程塑料相比，液晶高分子用量相当于热塑性工程塑料的 25%～30%，就可以得到同样的增韧效果。

曾强等[51]制备了一种聚氨酯型 TLCP，并与 Al_2O_3 一起与环氧树脂共混，取得了较好的增韧改性效果。

13.3.3　超支化聚合物（HBP）改性环氧树脂[52]

超支化聚合物（HBP）是一种以小分子为生长点，通过单体向分子周围重复扩展反应得到的一系列分子质量不断增长的结构类似的化合物。其合成工艺简单，用于环氧树脂的增韧改性，具有黏度低、官能度高、无链缠结和溶解性好等优点，近年来备受重视。国外 1995 年起陆续有了许多研究报道，国内虽然起步较晚，但现在已有若干单位在这方面进行了研究开发工作。

用 HBP 与环氧树脂共混，混合初始形成均相体系，固化时发生相分离，通过控制这种微观形态，为改性效果提供了很大的调整空间。一般，HBP 与环氧树脂共混确可实现增韧后者，例如当加入 5%～15% 的 HBP 共混时，共混物的断裂韧性可增加 100%，而加工性还可保持。

参 考 文 献

[1] 王惠民，梁伟荣．环氧树脂的增韧及其在复合材料方面的应用 [J]．热固性树脂，1990，(2)：16-19.

[2] A. J. Kinloch, S. J. Shaw, D. A. Tod, D. L. Hunston. Deformation and fracture behaviour of arubber-toughened epoxy: 1. Microstructure and fracture studies [J]. Polymer, 1983, 24 (10): 1341-1354.

[3] 孙以实，杨卫．典型热固性树脂的增韧机制和断裂模型 [J]．热固性树脂，1990，(3)：1-7.

[4] 鲁红兵，余寿文，杨卫，傅增力，孙以实．橡胶增韧环氧树脂增韧机理的断裂力学研究 [J]．清华大学学报（自然科学版），1990，(5)：22-29.

[5] 贾德民，李吉波，杨静音，吴小华，游长江．液体羧端基丁腈橡胶增韧环氧树脂的韧性与微观相态 [J]．塑料工业，1981，(6)：38-43.

[6] 王惠民，梁伟荣．环氧树脂的增韧及其在复合材料方面的应用 [J]．热固性树脂，1990，(2)：16-19.

[7] 赵庆章，刘英俊，孙以实，赵世琦，张桂甲．液体端羧基丁腈橡胶增韧环氧树脂作为结构材料的研究（第一报）[J]．塑料工业，1981，(2)：41-46+17.

[8] 王莲芝，韩式荆，郭凤春，韩孝族，张庆余．丁腈羧增韧环氧树脂的研究 [J]．工程塑料应用，1985，(2)：9-12.

[9] 聂绪宗，王丽娟，薛瑞兰，张秀梅．液体丁腈橡胶改性环氧树脂的动态力学与力学性能（一）[J]．工程塑料应用，1982，(2)：14-19.

[10] 李永德，赵世琦，孙以实．液体端羧基丁腈橡胶增韧环氧树脂的研究—有机液体酸酐为固化剂

[J]. 塑料工业，19873，(1)：29-33.

[11] 黄家伟，孙以实，赵世琦. 环氧树脂网链结构对 CTBN 增韧作用的影响 [J]. 高分子材料科学与工程，1985，1 (1)：63-68.

[12] 陶德辉，赵世琦，孙以实. 双酚 A 在环氧树脂和端羧丁腈增韧的环氧树脂中作用的研究 [J]. 高分子学报，1983，(3)：38-43.

[13] N. N. Hemi. Phase separation in rubber-modifide thermoset resin：optical microscopy and laser scattering [J]. J. Appl. Polym. Sci.，1986，31：15.

[14] 王向德，朱斌，万印华，张秀娟. 液膜法生产仲钨酸铵 [J]. 稀有金属与硬质合金，1992，(3)：6-11.

[15] 马蕊然，马满珍，潘顺清. 环氧树脂的韧化 [J]. 塑料工业，1981，(3)：46-50+67.

[16] 宁荣昌. 环氧树脂的韧化 [J]. 高分子材料科学与工程，1988，4 (1)：53-60.

[17] 吕润生，顾国芳. 液体无规羧基丁腈橡胶增韧环氧树脂的研究 [J]. 热固性树脂，1989，(4)：13-16.

[18] 韩孝族，王莲芝，赵国琴，肖刚，张庆余. 端羟基丁腈橡胶增韧环氧树脂研究 [J]. 高分子学报，1989，1 (2)：225-229.

[19] 韩孝族，郭凤春，王莲芝，蔡延斌，张庆余. 丁腈羟增韧环氧树脂研究——Ⅰ. 端异氰酸酯基预聚物法 [J]. 应用化学，19877，4 (1)：18-21.

[20] 韩孝族，郭凤春. HTBN 改性环氧树脂的性能研究 [J]. 粘接，1989，10 (4)：15-18.

[21] 任重远，齐丽英. 端羟基聚丁二烯橡胶增韧环氧树脂的研究 [J]. 工程塑料应用，1992，(2)：9-11.

[22] 吴培熙，张留成. 聚合物共混改性（第二版）[M]. 北京：中国轻工业出版社，1996.

[23] 陶国良. 注射制品冷却时间的计算 [J]. 塑料工业，1984，(5)：44-45+27.

[24] 刘长祐. 液态聚硫橡胶改性的环氧树脂的性能和应用 [J]. 热固性树脂，1988，(3)：31-37.

[25] 任重远，齐丽英. 聚硫橡胶增韧以防止电容器环氧树脂包封低温开裂的研究 [J]. 热固性树脂，1991，(2)：6-9.

[26] 赵世琦，姜晓明，张新龙，孙以实. 端活性聚氧化丙烯醚改性环氧树脂的研究 [J]. 热固性树脂，1987，(2)：5-11.

[27] 田兴和，蘧建星，戴自力. 端羰基聚醚改性环氧树脂（第 2 报）—端羰基 THF—PO 共聚醚对双酚 A 型环氧树脂的增韧效果 [J]. 热固性树脂，1988，(4)：9-14.

[28] N. Chikhi，S. Fellahi，M. Bakar. Modification of epoxy resin using reactive liquid (ATBN) rubber [J]. Eur. Polym. J.，2002，38 (2)：251-264.

[29] 赵祺，廖宏，马玉珍. 聚硫橡胶对环氧胶粘剂的增韧作用研究 [J]. 化学研究与应用，2009，21 (3)：432-434.

[30] 齐鑫，吕新颖，王辉，邸明伟. SBSVP 的环氧化改性及其增韧环氧树脂的研究 [J]. 高分子通报，2010，(7)：87-90.

[31] C. B. Bucknall. I. K. Partridge. Phase separation in epoxy resins containing polyethersulphone [J]. Polymer，1983，24 (5)：639-644.

[32] C. B. bucknall，I. K. Partridge. Phase separation in crosslinked resins containing polymeric modifidrs [J]. Polym. Eng. Sci.，1986，26 (1)：54-62.

[33] R. S. Raghava. Role of matrix-particle interface adhesion on fracture toughness of dual phase epoxy-polyethersulfone blend [J]. J. Polym. Sci.，Part B：Polym. Phys.，1987，25 (5)：1017-1031.

[34] K. Yamanaka，T. Inoue. Structure development in epoxy resin modified with poly (ether sul-

phone) [J]. Polymer, 1989, 30 (4): 662-667.

[35] C. B. Bucknall, A. H. Gilbert. Toughening tetrafunctional epoxy resins using polyetherimide [J]. Polymer, 1989, 30 (2): 213-217.

[36] L. Bécu-Longuet, A. Bonnet, C. Pichot, H. Sautereau, A. Maazouz. Epoxy networks toughened by core-Shell particles: Influence of the particle structure and size on the rheological and mechanical properties [J]. J. Appl. Polym. Sci., 1999, 72 (6): 849-858.

[37] T. Ashida, A. Katoh, K. Handa, M. Ochi. Structure and properties of epoxy resins modified with acrylic particles [J]. J. Appl. Polym. Sci., 1999, 74 (12): 2955-2962.

[38] S. Sohn, S. Kim, S. I. Hong. Synthesis and application of poly (butadiene-g-acrylonitrile-styrene) core-shell rubber particles for use in epoxy resin toughening. I. Synthesis of poly (butadiene-g-acrylonitrile-styrene) [J]. J. Appl. Polym. Sci., 1996, 61 (8): 1259-1264.

[39] L. Becu, A. Maazouz, H. Sautereau, J. F. Gerard. Fracture behavior of epoxy polymers modified with core-shell rubber particles [J]. J. Appl. Polym. Sci., 1997, 65 (12): 2419-2431.

[40] K. F. Lin, Y. D. Shieh. Core-shell particles to toughen epoxy resins. I. Preparation and characterization of core-shell particles [J]. J. Appl. Polym. Sci., 1998, 69 (10): 2069-2078.

[41] K. F. Lin, Y. D. Shieh. Core-shell particles designed for toughening the epoxy resins. Ⅱ. Core-shell-particle-toughened epoxy resins [J]. J. Appl. Polym. Sci., 1998. 70 (12): 2313-2322.

[42] B. H. Nguyen-Thuc, A. Maazouz. Morphology and rheology relationships of epoxy/core-shell particle blends [J]. Polym. Eng. Sci., 2002, 42 (1): 120-133.

[43] 刘诗飞，王永三，朱麟勇，李欣欣. 聚醚多元醇对环氧树脂的增韧改性 [J]. 功能高分子学报，2010，23 (2)：144-148.

[44] 罗炎，何韩霞，陈子方，李长元. 聚醚多元醇分子量对环氧树脂增韧效果的研究 [J]. 绝缘材料，2004，37 (3)：12-16.

[45] 孙明明，张斌，张绪刚，张密林，李坚辉，李奇力，关常参. 多元醇与环氧树脂共混改性的研究 [J]. 中国胶粘剂，2005，14 (6)：5-8.

[46] 孙勤良. 环氧树脂最新进展 [J]. 热固性树脂，1990，(4)：48-61.

[47] 李宏静，刘伟区，魏振杰. 有机硅聚醚胺增韧改性环氧树脂的研究 [J]. 涂料工业，2011，41 (1)：9-12.

[48] 马嵩，张东华，李玉玮，汤心颐. 环氧树脂/蓖麻油聚氨酯互穿网络聚合物性能的研究 [J]. 塑料工业，1987，(2)：44-46+6.

[49] 马蕊然，苏浩志，谢小林. 聚丙烯酸丁酯/聚环氧树脂互穿聚合物网络的研究——(Ⅰ) 互穿聚合物网络的形成与相分离 [J]. 热固性树脂，1989，(1)：54-61.

[50] 王惠民，益小苏. 液晶聚合物及其复合材料 [J]. 材料科学与工程，1990，8 (3)：16-18.

[51] 曾强，徐懿，崔博源，陈平，雷清泉. GIS 用环氧树脂的增韧改性研究 [J]. 绝缘材料，2015，(3)：40-44.

[52] 吴丹，朱超，强骥鹏，王杨勇. 聚苯胺的掺杂及其应用 [J]. 工程塑料应用，2006，34 (9)：70-73.

第 14 章　其他重要聚合物的共混改性

在这一章内将扼要介绍几种重要聚合物的共混改性情况，包括聚苯醚、聚苯硫醚、聚甲醛、氟树脂、酚醛树脂。这些聚合物的共混改性都有着重要意义，而且获得了广泛的应用。以聚苯醚而言，这种耐高温杂链聚合物，其共混改性品种的性能和使用价值远远超过其本身的性能和使用价值，以致一般所谓聚苯醚，实际都是聚苯醚合金。又如耐高温、耐腐蚀、电绝缘性能卓越的聚苯硫醚是一类新型工程塑料，共混改性使其力学性能、加工性能得到改善，成本大幅度降低，从而增加了市场竞争力。酚醛树脂为最古老的一类合成树脂，凭借优良的综合性能和低的生产成本，在热固性树脂中始终占据着产量第一的地位。但因其耐热性和力学性能等重要性能一直处于一个不高的水平，使其未能步入工程塑料的领域。近年来，通过不同的共混改性途径，赋予了酚醛树脂新的生命力，提高了耐热性和力学性能，拓宽了其应用范围，某些改性品种已可制成工程塑料。

14.1　聚苯醚的共混改性

聚苯醚（PPO）是美国通用电器公司（GE 公司）于 20 世纪 60 年代中期推出的新型热塑性工程塑料，其代表品种是聚（2,6-二甲基对苯氧），商品名为 Noryl。PPO 具有优异的力学性能和电性能，但其熔体黏度大，流动性差，使之难以加工成型，所以真正有使用价值的是其各种各样的改性品种[1]。改性 PPO 又有 MPPO 之称，日本为了有别于美国的聚苯醚，称之为 PPE。美国 GE 公司供应的总品级数高达 500 多个，处于世界领先地位。

共混改性是 PPO 最重要的改性措施，其共混物被誉为最典型的聚合物合金，聚合物共混的改性效果在这里得到充分体现。下面分别介绍几种主要的 PPO 共混物。

14.1.1　PPO/PS 共混物

聚苯乙烯（PS）有无规（aPS）、间规（sPS）和等规（iPS）之分。通常大量生产和应用的主要是 aPS，一般不特殊标明的 PS，都是 aPS。

PPO 与 PS 均为非晶聚合物，相容性非常好，各共混比的 PPO/PS 共混物均只有相应的一个玻璃化转变温度 T_g，图 14-1 为使用 DSC 法测定的此种共混物 T_g 与组成的关系[2]。

PPO 与 PS 共混，改进了其加工流动性，是最主要的 MPPO 品种。为使 PPO/PS 共混物具有较好的冲击性能，采取同时添加 ABS 或 HIPS 以使 PPO 与 ABS、HIPS 共混均可取得较好增韧效果。在这些共混体系中，PPO-PS 形成连续相，二烯烃橡胶为具有香肠结构的粒子分散相。图 14-2 表明，橡胶分散相粒径在 1～2μm，有一冲击强度峰值，大于或小于此范围，冲击强度有所下降，但粒径若小于 0.4μm，冲击强度又上升。

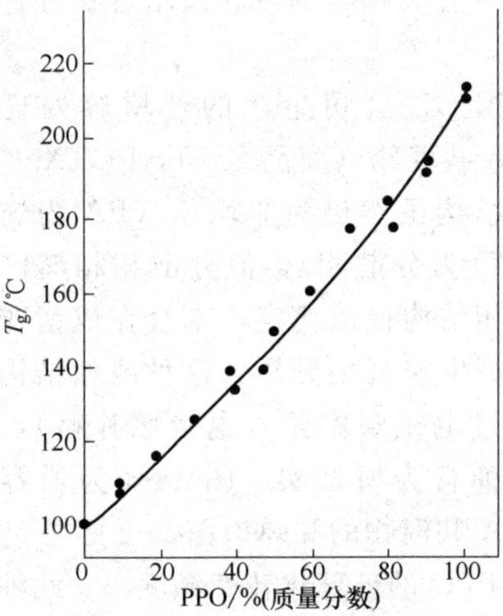

图 14-1　PPO/PPS 共混物的共混比与 T_g 的关系

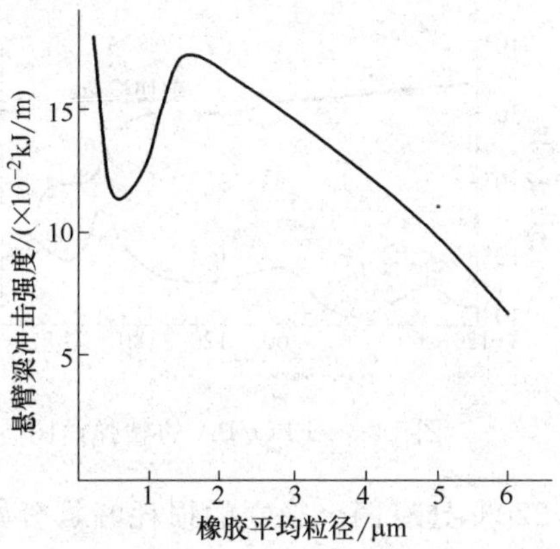

图 14-2　PPO/PS 共混物中橡胶粒径对其冲击强度的影响

以透射电镜观察，发现分散粒径较大时，粒子为香肠形态，而随粒径变小，粒子将逐步转化为核-壳形态，所以 PPO 共混物的冲击强度不仅受粒径大小影响，而且与粒子内部形态有关[1]。从制晶光泽性角度，也希望橡胶粒径要小一点，因为大粒径的橡胶分散相，在制品成型后，会因明显的弹性恢复导致制品表面不平整以及光泽度下降。

PPO 与 SBS 热塑性弹性体共混在提高 PPO 可挠性方面效果显著，冲击性能也有所改善，这一共混组合有着良好的相容性，在宽广的共混比例范围内都只表现出一个玻璃化转变温度 T_g。

在 PPO/PS 共混体系中，同时掺入 SBS 或 SEBS（苯乙烯-乙烯-丁二烯-苯乙烯共聚物），也都制得单一玻璃化转变温度 T_g 产物[3]。

此外，近年来也开发了间规聚苯乙烯（sPS）和等规聚苯乙烯（iPS）与 PPO 的共混改性[4-5]。sPSs 是一种半结晶聚合物，在一定条件下可形成束状形态结构，将其与无定形的 PPO 共混，后者可分散于前者的束状结构中，从而得到韧性良好的共混物。

14.1.2　PPO/PA 共混物

PPO/PA 共混物由于具有优异的力学性能、耐热性、耐油性、尺寸稳定性，近年来备受重视，已成为 PPO 共混改性的一个重要分支。

如果说 PPO/PS 系列共混物是相容性聚合物合金的典型，那么 PPO/PA 则是非相容性聚合物合金的最突出代表。PPO 为非极性和非晶聚合物；与之相反，PA 却为强极性和结晶性聚合物。PPO 与 PA 采用简单的机械共混只能得到宏观相分离的脆性材料，为此，相容剂的应用，对于制备 PPO/PA 共混物必不可缺[1]。

关于 PPO/PA 共混体系相容剂及其应用的研究，主要集中于反应型相容剂方面，如马来酸酐接枝苯乙烯（MAH-*g*-PS）[1]、乙烯-甲基丙烯酸缩水甘油酯-苯乙烯共聚物（E-GMA-PS）[1]、含环氧基的帘状 PS 共聚物[1]、马来酸酐接枝低分子聚烯烃[6]、马来酸酐接枝乙烯共聚物[7-8]以及马来酸酐接枝 PPO[9]等（有关相容剂概念及增容机理详见本书第 7 章）。

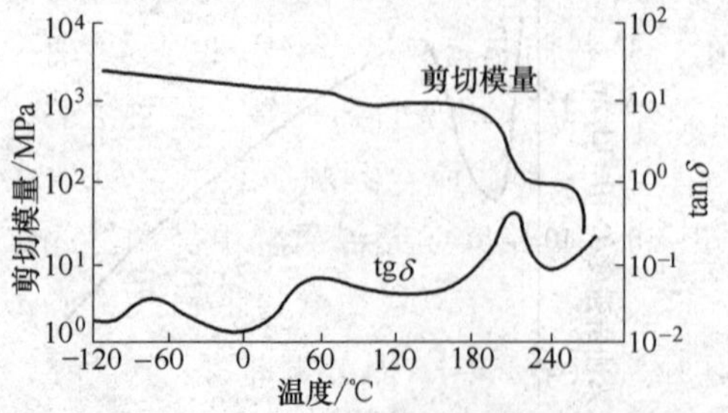

图 14-3 PPO/PA 的黏弹谱图

美国 GE 公司生产的经增容处理的 PPO/PA 共混物（商品名 Noryl GTX910），其形态结构虽然仍为非均相（PA 为连续相，PPO 为分散相），但分散相相畴已微细化，相结构得以稳定，不会在成型或使用过程产生宏观相分离。这种两相结构形态已通过电镜观察到（电镜照片略），也由其黏弹行为所证实，图 14-3 为增容的 PPO/PA 共混物的黏弹谱图，可见在 50℃和 220℃处有两个独立的损耗峰，分别对应于 PA 和 PPO 的玻璃化转变温度[1]。此种共混物的弹性模量在高温下高于 PA-66，而在 −30～60℃温度区间又比 PA-66 变化小（见图 14-4），在−40～40℃范围有着相当高的冲击强度（见图 14-5），加上其优良的耐热性（热变形温度高达 190℃）、耐油性和尺寸稳定性，使得 PPO/PA 共混物非常适用于汽车外装材料，可保证在线涂装而不致损坏。

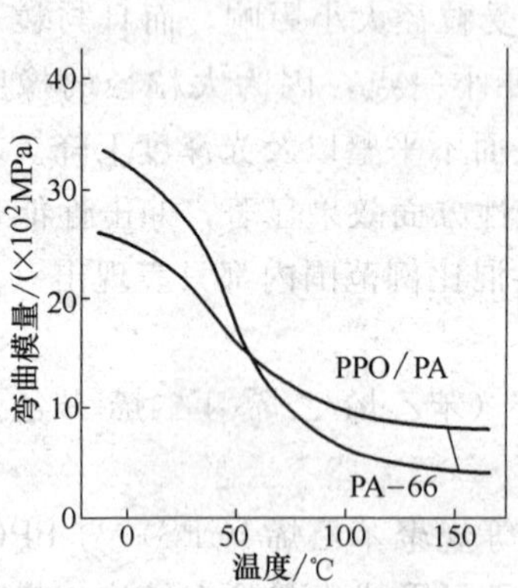

图 14-4 PPO/PA 与 PA-66 的弹性模量对比

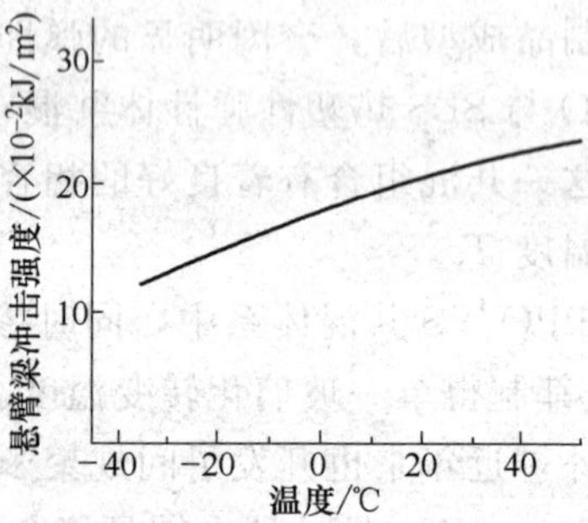

图 14-5 PPO/PA 的冲击强度与温度的关系

孙皓等[10]研究了 3 种技术路线以及多种共混质量比和多种抗冲剂对 PPO/PA 共混物性能的影响，可供开发此种合金材料者参考。

14.1.3 PPO 与 PBT、PPS 及 PTFE 等的共混物

PPO/PBT 共混物是为克服 PPO/PA 共混物吸水性较大的缺点而开发的，其典型品种是美国 GE 公司的 Noryl GEMAX APT，它的物理性能及制品尺寸在潮湿环境中仍能保持稳定，所以更适宜制作电器、电子设备零部件。PPO 与 PBT 的相容性也不甚好，前述之 E-GMA-PS 同样可作为此共混体系的相容剂[7]，更有效的专用于 PPO/PBT 共混体系的相容剂还有待不断开发。

PPO/PPS 共混物研制较晚，目前品种尚不多，主要特点是具有优良的耐热性、耐燃性和加工性能，可满足电器、电子设备耐热、阻燃和表面焊接技术的要求。PPO 及

PPS 单独注射成型温度均需高于 300℃，两者共混物则可在 240～280℃范围加工成型。PP0/PPS 共混比例可在 90/10～10/90 变动。共混方法可采用溶液混合、乳液混合、粉末混合、熔融混炼等，其中以机械熔融混炼为最好。此种共混物的成型条件、耐燃性与组成的关系见表 14-1。

表 14-1　聚苯醚/聚苯硫醚共混物的性质[1]

PPO/PPS	注射成型条件		燃烧试验		
	温度/℃	压力/MPa	平均燃烧时间/s	最大燃烧时间/s	滴落性
100/0	300～320	115	6.8	9.2	无
70/30	250	90	4.5	5.8	无
50/50	240	90	3.5	4.8	无
30/70	240～250	95	3.3	4.5	无
0/100	300	92	3.2	4.4	无

PPO/PTFE 共混物综合了 PPO 耐热性、力学特性和尺寸稳定性与 PTFE 的耐磨、润滑特性，其典型品种 Noryl NF2020 的摩擦系数与聚甲醛相近，所以很适宜用作滑动耐磨部件。用 PPO/PTFE 共混物可以很方便地制成整体、大型的轴承部件，而以往用聚甲醛、尼龙等结晶性聚合物，却由于成型时易结晶和取向，制品收缩率大、易翘曲，无法制成大型、整体的制品。

PPO 的其他共混物也被广泛研究，如 PPO 与 SEBS（苯乙烯-乙烯-丁二烯-苯乙烯嵌段共聚物）[11]、PPO 与 HIPS 及弹性体的三元共混物[12] 等。

14.2　聚苯硫醚的共混改性

聚苯硫醚（PPS）的结构为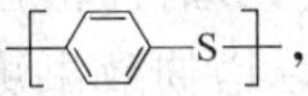，是 20 世纪 60 年代末由美国首先开发的一种综合性能良好的耐高温热塑性工程塑料。PPS 熔点为 286℃左右，玻璃化转变温度为 110℃，结晶度 75%，在空气中热分解起始温度高达 450℃。加之其卓越的刚性、抗蠕变性能、电绝缘性能以及优良的耐腐蚀性能、粘接性能、低摩擦系数，PPS 被广泛应用于制造电机、电器、仪表零部件、防腐化工制品、无润滑轴承等[13]。

韧性差、熔融过程黏度不稳定（在空气中加热产生氧化交联）以及价格较昂贵为 PPS 的主要不足之处，与其他聚合物共混改性是人们为克服 PPS 上述缺点所采用的主要措施之一。至今，研制较多的有 PPS/PA、PPS/PS、PPSABS、PPS/AS、PPS/PPO、PPS/PC、PPS/PSF（聚砜）、PPS/PEEK（聚醚醚酮）、PPS/PES（聚醚砜）等[1]。

14.2.1　PPS/PA 共混物

PPS 与 PA-6、PA-66 等共混可显著提高冲击强度。虽然 PPS 与 PA 因熔融温度和热分解温度相差悬殊，实现良好的共混有困难，但与预期情况相反，两者在高温下却表现出特殊的作用而呈现很好的工程上的混溶性，这或许与它们的溶解度参数相近

(PPS）有较好的热力学相容性有关。

PPS与PA共混，比例以60～97份PPS与40～3份PA为宜，共混操作可首先干混，干混料经120℃干燥后通过螺旋挤出机熔融混炼，温度从料斗到机头依次为280℃、300℃、310℃。挤出的共混物冷却造粒。此种共混物适用于注塑成型，料筒温度取260～350℃，模温120℃左右。PPS/PA共混，注塑成型制品的物性与组成的关系见表14-2。

表 14-2　**PPS/PA 共混物的性能**

性能＼共混比	100/0	97/3	95/5	90/10	80/20	60/40	20/80	0/100
拉伸强度/MPa	60	65	69	67	65	82	60	65
弯曲强度/MPa	96	120	125	114	110	125	110	110
悬臂梁冲击强度								
缺口/(J/m²)	29	46	60	61	83	105	139	150
热变形温度/℃	138	137	136	132	130	130	115	75

由表14-2中数据可见PPS/PA（60/40）共混物的冲击强度约为PPS的5倍，拉伸强度、弯曲强度均有所提高，而热变形温度仅有少许下降，综合性能相当理想。

张志军等[14]对PPS/PA合金制造中相容剂及其用量对该合金性能的影响，进行了较系统地研究，显示出相容剂在此共混体系中的重要作用。同时，邓程方等[15]对E-MA-GMA（乙烯-丙烯酸酯-甲基丙烯酸缩水甘油酯）作为PPS/PA共混体系相容剂及其改性效果也进行了报道。

14.2.2　PPS/PS 共混物[1]

PPS与PS均为脆性材料，但PPS掺混PS后冲击强度得到改善，这是一个非常有理论和实际意义的问题。PPS与ABS共混，增韧效果更突出，与AS树脂共混也有一定的改性效果，为对比，在表14-3列出PPS与PS、ABS、AS共混物注塑成型条件及性能。

表 14-3　**PPS 与 PS、ABS、AS 共混物注塑成型条件及性能**

共混物	PPS/PS					PPS/AS		PPS/ABS		
共混比	100/0	70/30	50/50	20/80	0/100	60/40	0/100	90/10	20/80	0/100
注塑成型温度/℃	330	290	270	250	230	250	200	310	270	240
注塑成型压力/MPa	120	120	90	90	90	90	75	100	120	120
拉伸强度/MPa	45	46	36	30	78	63	73	45	43	42
拉伸模量/MPa	2800	2800	2200	2000	1800	2900	3200	2800	2200	2000
悬臂梁冲击强度										
缺口/(J/m²)	14.7	28.4	53.9	90.2	107.8	20.6	30.4	36.3	218.5	367.5
热变形温度/℃	137	113	107	85	80	98	85	131	97	86

此类共混物在增韧PPS的同时还大大改善了PPS的成型条件，使其可在较低温度和压力下成型。拉伸强度与热变形温度稍下降是其不足之处。

14.2.3 PPS/PC 共混物

PPS/PC 共混物具有优良的力学、电气及加工性能，在共混配合上，若以改进 PPS 冲击强度为主，则可使用较多量的 PC，若以提高 PC 的耐燃性为主，则可多加 PPS。PPS/PC 共混物性能与组成的关系见表 14-4。

表 14-4　　PPS/PC 共混物的性能

PPS/PC	100/0	90/10	70/30	55/45	40/60	25/75	10/90	0/100
拉伸强度/MPa	45	49	56	62	67	70	72	78
拉伸模量/MPa	2800	2800	2600	2500	2400	2400	2300	2300
悬臂梁冲击强度,缺口/(J/m²)	14.7	20.6	46.1	52.9	66.6	80.4	99	105
热变温度/℃	137	137	137	137	137	137	136	136
燃烧性	V－0	V－0	V－0	V－1	V－1	HB	HB	HB
介电常数/×10⁴ Hz	3.2	3.2	3.1	3.0	3.0	3.0	2.9	2.9
介电损耗/×10⁴ Hz	0.0007	0.0009	0.002	0.003	0.003	0.004	0.006	0.007

Choi 等[16]研制了以四官能环氧树脂作为相容剂的 PPS/PC 共混体系，当加入少量此相容剂时，即能大幅度提高 PPS/PC 共混物的力学性能。研究认为，由于相容剂促进了两组分的相容，共混物表现出仅有单一的玻璃化温度 T_g，而且结晶度还得以上升。

14.2.4 PPS 的其他共混物

PPS 与 PTFE（聚四氟乙烯）的共混物是优良的耐磨和低摩擦系数材料，特别适合制作轴承，以 PPS 为主的此类共混物比单纯 PPS 有较高的韧性和耐腐蚀性，而以 PTFE 为主的此类共混物，例如含 20%～40%PPS 的 PTFE，可提高 PTFE 的抗蠕变性能、压缩强度并减少透气性，更适宜制成衬垫材料。

某些芳香族聚酯具有优异的力学性能，同时具有很高的热变形温度和热分解温度以及高度的绝缘性，但加工性差，耐燃、耐腐蚀性不够理想，由上可见其性能与 PPS 有极好的互补性，两者的共混物保持了各项优良性能并且易于成型，可用于制造齿轮、轴承、电气开关、绝缘罩、容器、薄膜等。

PPS 与 PSF（聚砜）熔混显著改善了 PPS 的韧性和冲击性能，PPS/PSF 共混物在两者质量比为 1∶1 时，综合性能较平衡，适用性强，其性能与组成的关系见表 14-5[17]。

表 14-5　　PPS/PSF 共混物的性能

PPS/PSF	100/0	75/25	50/50	25/75	0/100
弯曲强度/MPa	1212	1321	1232	1174	1143
弯曲模量/MPa	33460	32300	30940	27860	26460
拉伸强度/MPa	524	692	772	758	719
断裂伸长率/%	0.3	0.4	0.5	0.6	0.8
冲击强度/(J/m²)					
带缺口	2.5	5.3	10.6	10.4	96.0
无缺口	3	4	58	34	78

用含缩水甘油酯的聚烯烃与PPS共混可得到柔韧性优良的PPS共混物，当以20份乙基丙烯酸酯-甲基丙烯酸缩水甘油乙酯橡胶掺混入80份PPS，可使屈服应力由524MPa增至750MPa，缺口冲击强度达到70J/m。PPS与用环氧改性的聚丙烯及乙烯-丙烯共聚物共混，不但增强了韧性，而且改善了表面性能，其动力学摩擦系数仅为0.16。

PPS与PPSK（聚苯硫醚酮）的共混物尺寸稳定性良好，耐热性也很卓越，在高达304℃的温度下才开始变形。

曾汉民等对PPS与PES（聚醚砜）的共混物进行了系统的研究[18-22]。PPS是半结晶聚合物，PES为非晶聚合物，用溶液共混或熔融共混所得的PPS/PES共混物均是多相复合体系，处于半相容状态，掺入PES使PPS的玻璃化转变温度上升，这对于提高PPS的使用温度是有意义的。此外，PES对PPS熔融及结晶行为均产生深刻的影响，作为结晶/非结晶聚合物共混物结晶特性及形态结构研究有广泛的意义。

涂开熙等[23]通过在PPO分子链上引入极性基团，并辅以适当的相容剂与PPS共混，制得了综合性能优异的PPS/PPO合金。

PPS与PEEK（聚醚醚酮）的共混物可制成高性能的微孔材料[24]；而PPS/PP共混物被研究制成超细纤维[25]。

聚苯硫醚还能与酚醛树脂（PF）共混，这种共混物可制成多孔性聚合物轴承，在此种制品中，PPS作为基体，赋予材料卓越的强度（特别在高温条件下），但它价格高，且不具有多孔性。PF掺入PPS中，经烧结可形成相互联结的孔穴，有利于外加润滑剂在真空条件下的渗透。PPS与PF共混比例虽然很宽，但一般不希望其中任一组分超过70%，因为过高的PPS含量使轴承成本增高，并降低了轴承的润滑性，另一方面，过高的PF含量又使轴承强度不足。通常采用两组分等量共混，所制轴承具有最多的孔隙和最高的润滑油保留能力。不同共混比例的PPS/PF轴承的特点比较见表14-6。制造此种共混物轴承的基本工艺是：按规定比例，将PPS粉与PF粉在混合机中初混，初混前也可先使PF作初步固化处理（例如在177℃加热），然后在3600MPa压力下压制成型，最后于280℃左右烧结。冷却后再在真空下吸收润滑油，即制成PPS/PF多孔聚合物轴承[13]。

表14-6　PPS/PF轴承的特点

PPS/PF	65/35	50/50	35/65
轴承重量/g	5.4	3.83	4.51
含油量/g	0.285	0.984	0.574
含油率/%	5.25	25.6	12.7

PPS涂料虽然具有优良的耐热性、耐腐蚀性、粘结性等多个优点，但因其固化收缩率较大，在涂装金属工件时，为达到一定的涂层厚度，就不得不分作多次喷涂和多次热处理，否则就会造成涂层因收缩剧烈而脱层、开裂以及表层不光整。采用某些热固性树脂与PPS共混后制成的新型PPS涂料基本解决了这一问题，涂层热处理收缩率得到降低，因而为达到同样涂层厚度，所需的涂装次数可以大为减少[26]。利用与热固性树

脂共混降低 PPS 热收缩率的原理为，在 PPS 涂料热处理过程中，由于热固性树脂形成交联网状结构，可以作为坚实的骨架贯穿支撑在 PPS 树脂基体中，因而使 PPS 涂层收缩率降低。

14.3　聚甲醛的共混改性

聚甲醛（POM）是具有卓越强度、刚性、耐疲劳性、自润滑性、耐溶剂性的工程塑料，因而广泛应用于电子、电气、汽车、机械（重型机械、纺织机械、精密机械）等领域。

对 POM 进行共混改性的主要目标是：①增加韧性；②改善高温下的刚性；③提高耐候性；④成型制品尺寸精确度，尺寸稳定性的改进；⑤改善高速、高负荷下的摩擦性能。

POM 是典型的结晶性聚合物，均聚 POM 的结晶度在 75%以上，共聚 POM 在 60%左右。高结晶度使 POM 在制造壁厚制品时，易出现表层与内层结晶度的不一致，导致变形，而与其他聚合物共混相容也较困难。

POM 的共混物可分为均聚 POM 和共聚 POM 两大类，作为第二组分参与共混的聚合物大多为弹性体（PB、热塑性 PU、EPDM、丙烯酸酯类橡胶、乙烯共聚物等），此外还应用 PTFE 等树脂。

早期国外生产 POM 共混物的主要厂家及其商品为：美国 DuPont 公司的 Derlin 100ST 和 Derlin 500T、美国 Celanese 公司的 C400 和 C401、德国 BASF 公司的 ULTRAFORMN2640X、日本ポリプラスチックス株式会社的ジュラユンSU-25 和 SU-50 以及日本旭化成工业株式会社的テナックSN458 等。表 14-7 为其中几种 POM 共混物的性能，同时列出相应未改性 POM 的性能加以对比。

表 14-7　　几种 POM 共混物的性能

性能	ジュラエン				テナック		Derlin			
	M25①	M90①	SU-25②	SU-50②	4510①	SN458②	100①	100ST②	500	500T
相对密度	1.41	1.41	1.35	1.28	1.41	1.33	—	—	—	—
拉伸强度/MPa	61	61	35	25	61	32	67	45	69	58
断裂伸长率/%	75	60	120	>300	60	>200	75	200	50	60
弯曲强度/MPa	96	96	52	31	90	46	—	—	—	—
弯曲模量/MPa	2587	2587	1421	784	2597	1078	2617	1382	3087	1382
悬臂梁冲击强度/(J/m²)（带缺口）	75	64	93	不断	64	118	122	906	—	—
热变形温度/℃										
1.82MPa	110	110	80	65	110	74	136	90	136	100
0.45MPa							172	145	172	169

注：① ジュラエンM25、M90、テナック4510 和 Derlin 100 是未改性的 POM。
② ジュラエンSU-25、SU-50 和テナックSN458 为共聚甲醛共混物，而 Derlin 100ST 为均聚甲醛共混物。

由表中数据对共混改性物与相对应未改性物的比较可见，缺口冲击强度和伸长率均显著改善，但热变形温度、拉伸强度和刚性（弯曲模量）明显下降。所以既保持强度和刚性，又提高冲击性能是继续研究的课题。

下面以 Derlin 100ST 和 500T 为例给以更多的讨论。

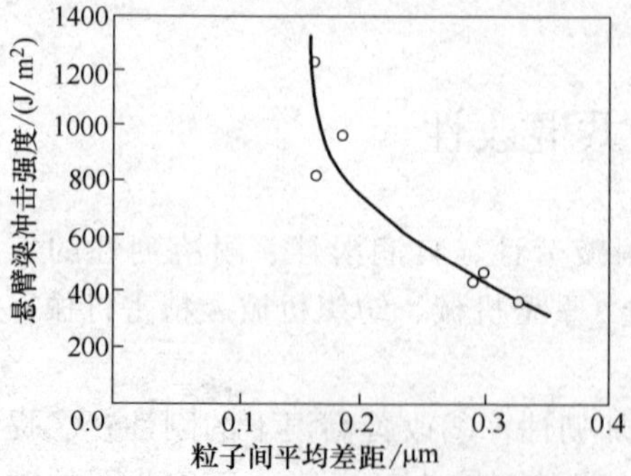

图 14-6　弹性体粒子分散情况对 100ST 冲击强度的影响

Derlin 100ST 是含有较多热塑性聚氨酯弹性体的 POM 共混物，从力学性能数据可了解到，它是相对较柔软的品种。其形态实际可看作是 POM 结晶和聚氨酯分子形成的 IPN 结构，并因此使 POM 结晶速度降低，改善了 POM 制品易翘曲变形的缺点。成型工艺条件对 Derlin100ST 制品的最终性能影响极大，其成型条件对冲击强度的影响见表 14-8。由表编号 3 的工艺条件即树脂在机筒内温度处于 190～210℃、模具温度为较低的温度（50℃）可获得最高冲击强度的成品，其原因是为了保证橡胶粒子得以充分分散，而又能迅速冷却稳定其分散形态。图 14-6 弹性体粒子分散情况对其冲击强度影响的实测数据，显然为获得高抗冲的制品，相邻弹性体粒子距离应小于 0.2μm。

表 14-8　Derlin 100ST 成型条件对冲击强度的影响

编号	机筒温度				模具温度/℃	缺口冲击强度/(J/m²)
	后部	中部	前部	喷嘴		
1	170	180	180	190	50	945
2	170	180	180	190	90	395
3	180	190	200	210	50	1319
4	180	190	200	210	90	1084

Derlin 500T 中所掺混的聚氨酯要比 100ST 中少，其强度、刚度较大，热变形温度较高并且有更好的摩擦性能。Derlin 系列 POM 及其共混物的摩擦性能见表 14-9，500T 的卓越摩擦性能使其在制造齿轮等滑动摩擦制品方面更具优势。

表 14-9　Derlin 系列 POM 及其共混物的摩擦性能

性　能	100	100ST	500	500T
摩擦因数，μ	0.35	0.14	0.35	0.17
磨耗系数(K)	50～80	40～80	50～80	20

另外，POM 与氟树脂共混制造滑动摩擦制品也获得成功，其出发点是解决纯 POM 制件在高速、高负荷场合下作为摩擦件使用时，由于得不到充分润滑，摩擦热不能及时导出，引起制品变形、磨损加速的问题[27]。这类共混物的典型代表有美国 DuPont 公司的 Derlin 100AF，日本注塑公司的 YE-10、YF-20 等。POM/PTFE 共混物的摩擦性能与共混比关系的实验结果见表 14-10。

表 14-10　　POM/PTFE 共混物的摩擦性能

POM/PTFE	摩擦因数(μ)	比磨耗量/[mm^3/(N·km)]	实验时间/h
100/0	0.35	2.6×10^{-5}	2
100/10	0.12	7.6×10^{-5}	4
100/15	0.10	7.5×10^{-5}	2
100/20	0.11	2.6×10^{-5}	2
100/20	0.11	1.83×10^{-5}	8

注：POM 的型号为 Derlin500，PTFE 系经过辐射降解并经微粉化处理，对磨材料为 $45^{\#}$ 钢。

从表 14-10 中数据可见，加入 10phr 的 PTFE 即可使摩擦因数 μ 从 0.35 降至 0.12，约降了 65%，这是由于 PTFE 有着极低的摩擦因数。继续增加 PTFE 掺混量，虽仍有降低摩擦因数的作用，但已不甚明显。考察比磨耗量的实验数据发现 POM/PTFE 共混物降低磨耗量的特征，只有在实验时间超过 2h 以后才有明显表现。其原理据认为是 PTFE 分子间吸引力很弱以及分子链的形状是螺旋形的，分子之间很易滑动，因此 POM/PTFE 共混物试样进行摩擦实验时，PTFE 可以随着摩擦运动而逐步转移到对磨材料（$45^{\#}$ 钢）上并形成一层很薄的润滑层（又称转移膜），起到很好的润滑作用，使比磨耗量降低，而这种润滑层的形成和稳定需要一定的对磨时间。

POM/PTFE 共混物适宜制造各种滑动摩擦制品，如复印机齿轮，轴承等零部件以及其他的机械滑动部件。

POM 与 LDPE 共混也可使 POM 的摩擦磨损性能得到改善。陈金耀等的研究表明，当 LDPE 含量为 10%时，此共混物的摩擦因数从纯 POM 的 0.30 降到 0.13；磨痕宽度从纯 POM 的 4.44mm 降到 3.94mm[28]。

14.4　氟树脂的共混改性

聚四氟乙烯（PTFE）与一般聚合物均缺乏相容性，因而以 PTFE 为主的共混物很少。一个较突出的实例是与四氟乙烯-六氟丙烯共聚物（FEP）的共混，当此种共混物中含 FEP10%～35%时，可显著提高 PTFE 的拉伸强度。此外，PTFE 与聚苯的共混物(75/25)，其耐磨性大大超过 PTFE。PTFE 具有表面摩擦系数极低的特性，可把 PTFE 作为其他聚合物的改性剂以降低这些聚合物的摩擦因数，以尼龙 66 为例，加入 20%的 PTFE，磨耗系数减少到 1/16，摩擦因数减少 50%左右，临界 PV 值上升 10～20 倍。

聚偏氟乙烯（PVDF）可与许多聚合物相容，例如与聚氟乙烯（PVF）可在任意比例下共混。与丙烯酸酯类聚合物相容性也较好，一般情况下，可在不严重影响制品性能情况下使加工性能得以改善。当使用 PVDF 与聚丙烯酸酯的共混物作为涂料时，比单独 PVDF 涂料对基材的粘接性强，涂覆后的加工较容易，且热处理时不易变色。上述效果，当以二氧化钛为颜料时尤为显著。

四氟乙烯-六氟丙烯共聚物（FEP）与 PTFE 一样与一般的聚合物缺乏相容性，但也可加入其他聚合物中以改善后者的表面特征（滑动性和不黏性等）。聚三氟氯乙烯（PCTFE）与其他聚合物共混也因相容性不良而有困难。据报道，少量 PCTFE 掺入聚酰亚胺树脂中起增加润滑性的作用。

聚氟乙烯（PVF）除如前述，可与PVDF完全相容外，还可与聚醋酸乙烯、聚丙酸乙烯等聚乙烯酯类聚合物共混，其目的是使不易加工成型的PVF熔融流动性增加以便用熔融成型方法生产制品。此外，此种共混物还有较好的粘接性。

氟树脂与聚苯硫醚（PPS）共混改性涂料形成的涂层，具有良好的耐腐、耐高温和不粘性，近年来已获得大力发展[29-30]

14.5 酚醛树脂的共混改性[31-33]

酚醛树脂是合成树脂中最早合成并且最先工业化生产的一个品种，此类树脂的产量在热固性树脂中始终居于首位。

最主要的酚醛树脂是苯酚-甲醛树脂。按合成时的原料配比和催化剂的酸、碱性可分为热塑性酚醛树脂和热固性酚醛树脂两类，前者须另外加固化剂才能交联固化，而后者本身具有交联固化能力。酚醛树脂具有较好的耐热性、耐化学腐蚀性、电绝缘性和加工性，而且价格较低廉。加入填料增强的酚醛树脂有较高的力学强度、硬度，因此广泛用以制作电器零件、机械零件、耐腐蚀制件以及仪表壳、瓶盖等物品。

酚醛树脂共混改性的主要目的有，改善其韧性、提高耐热性和增加粘结性能。目前已工业化应用的有酚醛树脂分别与聚氯乙烯、丁腈胶、聚乙烯醇缩醛、聚酰胺、环氧树脂等的共混。

聚氯乙烯改性酚醛塑料是将线型酚醛树脂和聚氯乙烯树脂以及各种配合剂（填料、固化剂、润滑剂、颜料等）混合后用双辊混炼机辊压后再粉碎而得。PVC改性酚醛可以增韧。

丁腈胶改性酚醛，在增韧的同时还显著提高耐热性。过去，商品丁腈胶仅有块状固体一种形状，用其改性酚醛树脂时，首先须将丁腈胶塑炼，使分子量降低，增加胶的塑性，然后再与酚醛树脂及其他配合剂辊压混炼成片，最后粉碎，即得丁腈改性酚醛塑料粉。目前，丁腈胶已有粉状及液态等多种类型，在共混工艺和共混物性能方面均有了一些新的发展。利用粉状丁腈胶可以不经塑炼而直接与酚醛树脂粉及其他配合剂在普通塑料用高速捏合机中干混。干混过程，由于高速剪切作用，物料温度会自然上升，也可借助高速捏合机的夹套加热或冷却来控制温度。总之，一定的捏合温度是必须的，因为温度可以促进酚醛树脂由甲阶段向乙阶段转化，也可促进物料的混合（或混溶），不过在捏合机中切勿使物料温度超过酚醛树脂软化点，否则将造成物料之间粘连成团块，以致搅拌电机负荷过大，使设备受损以及无法卸料。用液体丁腈胶对酚醛树脂进行改性是一条崭新的工艺路线，笔者曾就此进行了系统的研究[31-33]。此法工艺过程大为简化，在所采取的共混工艺条件下，未经交联处理的此种共混物是一种典型的物理共混物，通过电镜观察到的形态结构属于一相连续（酚醛树脂）、一相分散（丁腈胶）的“海-岛”式结构（电镜照片略）。分散相比较规整，相畴一般$<3\mu m$，可以被二甲苯完全从共混体系中萃取出来。上述结构显然可起到良好的增韧作用（参见第2章）。丁腈胶与酚醛树脂均为强极性聚合物，具有较好的相容性，而经过交联处理，不仅酚醛树脂自身能形成

高次网状构造，而且可与含不饱和双键的橡胶（包括丁腈胶）之间产生交联反应：

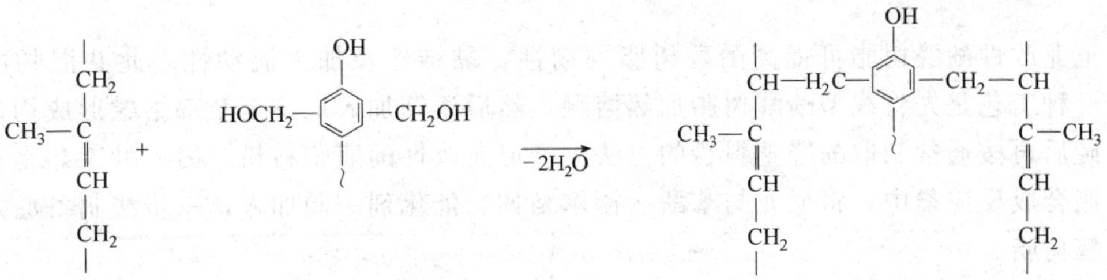

若同时使橡胶硫化，则生成极复杂而又强固的网状结构。此种共混物中，橡胶含量增加，冲击强度提高，但软化点、尺寸稳定性及耐水性下降，所以要根据其应用范围选择恰当的共混比。用丁腈胶改性酚醛树脂，一个重要目的是提高酚醛树脂的热分解温度，以便用于耐高温复合材料的生产。根据笔者所制液体丁腈胶改性酚醛树脂与普通未改性酚醛树脂的热分析结果看，明显失重的起始温度，改性的比未改性的提高了 33℃。在差热分析曲线上，改性的酚醛树脂在 500℃以后有一明显的放热峰（未改性的不明显），这可能是在高温区发生某种放热的化学反应。

笔者研究了用液体非端羧基丁腈胶（L-CNTBN）改性酚醛树脂的结构和形态，结果证实 L-CNTBN 改性酚醛树脂在固化前是 L-CNTBN 与酚醛树脂的物理共混物，当有 Lewis 酸存在加热固化时，伴随树脂的交联，两者发生化学接枝，与一般酚醛树脂固化结构的主要区别在于交联网络中增加了 CNTBN 的各结构单元以及 —C(=O)—O—、—C(=NH)—O— 等基团。关于其形态，通过电镜观察得知 CNTBN 作为分散相以基本是球形的颗粒状态较均匀地分散在酚醛树脂连续相中。当 CNTBN 占 26%左右时，由图像分析结果可知：分散相最小当量直径为 1.159μm，最大当量直径为 7.001μm，平均当量直径为 3.255μm。上述 CNTBN 改性酚醛树脂亚微观两相形态结构的形成由其热力学相容性所确定。据资料，酚醛树脂的溶解度参数 $\delta=10.5$，L-CNTBN 的溶解度参数 $\delta=9.92$，其溶解度参数之差为 0.58，这样的差值显然与欲达到热力学相容的条件有所差距，但亦非很大，基本接近相容性较好的条件（$|\delta_1-\delta_2|<0.5$），所以 L-CNTBN 与酚醛树脂有一定相容性，却又不会形成均相体系。L-CNTBN 改性酚醛树脂有良好的粘接性和耐热性，可用作耐热黏合剂。竹村泰彦等[39]使用羟基含量 4%（摩尔分数）、丙烯腈含量约 35%（摩尔分数）的羧基丁腈胶对酚醛树脂改性，得到了冲击强度和弯曲强度均得以改善的共混产物。

另外，也可用丁苯橡胶、天然橡胶、顺丁橡胶共混增韧改性酚醛树脂，它们虽然与酚醛树脂的相容性及改性效果不如丁腈胶，但生产成本较低亦为另一方面的优点。

氯化聚乙烯（CPE）共混改性酚醛树脂具有增韧效果，尤其在加入恰当的助剂作为相容剂后，可使此共混体系的冲击强度大幅度提高。用其制成的复合材料耐热温度和球压痕硬度在适当配方情况也有所增长。据研究认为，在所用相容剂作用下，CPE 可以和酚醛树脂生成接枝共聚物，因而促进了两聚合物组分之间相容性的改善，通过电镜观察，加有相容剂的共混体系，其形态结构中 CPE 分散均匀微细，两相界面模糊不清，有一明显过渡层，而不加相容剂的共混体系中，CPE 的相畴粗大，两相之间界面清晰可辨（电镜照片略）。CPE 价格较低，来源广泛，开发 CPE 增韧酚醛树脂将有良好前景。

尼龙改性酚醛树脂可提高酚醛树脂的韧性、黏结性及加工流动性。此共混物的制取，一种工艺是先将线型酚醛树脂加热熔融，然后逐渐加入尼龙至全部熔融形成均匀物料，随后再按通常制取酚醛塑料粉的方法生产尼龙改性酚醛塑料粉。另一种工艺是在酚醛树脂合成反应釜中，将尼龙与苯酚、福尔马林、催化剂一同加入，一步法制备尼龙改性酚醛树脂。

酚醛树脂与聚乙烯醇缩丁醛树脂共混物常用于浸渍玻璃纤维以制取玻璃纤维增强复合材料，所以共混方式宜采用溶液共混法，即将聚乙烯醇缩丁醛的酒精溶液加入部分脱水的酚醛缩聚物中，搅拌均匀即可。

参考文献

[1] 吴培熙，张留成．聚合物共混改性（第二版）[M]．北京：中国轻工业出版社，1996.

[2] A. R. Shultz，B. M. Gendron. Thermo-optical and differential scanning calorimetric observations of mobility transitions in polystyrene-poly（2，6-dimethyl-1，4-phenylene oxide）blends [J]. J. Appl. Polym. Sci.，1972，16（2）：461-471.

[3] F. Picchioni，E. Casentini，E. Passaglia，G. Ruggeri. Blends of SBS triblock copolymer with poly（2，6-dimethyl-1，4-phenylene oxide）/polystyrene mixture [J]. J. Appl. Polym. Sci.，2003，88（11）：2698-2705.

[4] A. K. Dikshit，A. Kaito. Effects of the oriented mesophase on the cold crystallization of syndiotactic polystyrene and its blend with poly（2，6-dimethyl-1，4-phenylene oxide）[J]. J. Polym. Sci.，Part B：Polym. Phys. 2003，41（14）：1665-1675.

[5] G. Dutt，K. M. Kit. Effect of crystallization conditions on spherulitic texture and tensile properties of sPS/PPO blends [J]. J. Appl. Polym. Sci.，2003，87（12）：1984-1994.

[6] 王洪澎，张权．新型增容剂（A）对聚苯醚/聚酰胺共混体系的影响 [J]．高分子材料科学与工程，1992，8（2）：108-112.

[7] D. Wu，X. Wang，R. Jin. Toughening of poly（2，6-dimethyl-1，4-phenylene oxide）/nylon 6 alloys with functionalized elastomers via reactive compatibilization：morphology，mechanical properties，and rheology [J]. Eur. Polym. J.，2004，40（6）：1223-1232.

[8] X. Wang，W. Feng，H. Li，R. Jin. Compatibilization and toughening of poly（2，6-dimethyl-1，4-phenylene oxide）/polyamide 6 alloy with poly（ethylene 1-octene）：Mechanical properties，morphology，and rheology [J]. J. Appl. Polym. Sci.，2003，88（14）：3110-3116.

[9] 冯威，励杭泉．反应挤出法制备 PPO/PA6/SEBS 共混物的研究 [J]．高分子材料科学与工程，2000，16（6）：79-82.

[10] 孙皓，丁胜飞，朱新宇．PPO/PA 合金的研制 [J]．塑料工业，2003，31（9）：13-14.

[11] 李红霞，张立群，王炎祥，梁文利，田明．SEBS/PPO 共混物的相态结构及力学性能和流变性能研究 [J]．中国塑料，2014，28（6）：33-40.

[12] 陈凯，陈华强．PPO/HIPS/弹性体三元合金的研究 [J]．工程塑料应用，1998，（12）：8-10.

[13] 蒋士承，张富慎等．《聚苯硫醚论文集》[M]，河北工学院，1973.

[14] 张志军，戴文利，王全兵．增韧 PPS/PA46 合金的性能与微观结构研究 [J]．工程塑料应用，

2012，40（11）：27-30.
[15] 邓程方，邓如生，张志军．E-MA-GMA 增容剂对 PPS/PS66 共混体系性能的影响［J］．工程塑料应用，2012，40（5）：81-85.
[16] J. Choi，S. Lim，J. Kim，C. R. Choe. Studies of an epoxy-compatibilized poly（phenylene-sulfide)/polycarbonate blend［J］. Polymer，1997，38（17）：4401-4406.
[17] 伍齐贤，严永刚，陈永荣．聚苯硫醚共混改性［J］．高分子材料科学与工程，1992，8（6）：1-8.
[18] 曾汉民，何国仁，李元生．聚苯硫醚及其聚砜共混物的结晶形态研究［J］．高分子学报，1986，（2）：19-23.
[19] 曾汉民，杨晨．PPS/PES 共混体系热行为特征的研究［J］．高分子材料科学与工程，1990，6（3）：21-25.
[20] 杨晨，曾汉民．PPS/PES 共混物动态力学行为的研究［J］．工程塑料应用，1990，（4）：45-48.
[21] 杨晨，曾汉民．溶液共混——共沉淀方法制备 PPS/PES 共混物的研究［J］．高分子材料科学与工程，1992，8（4）：81-87.
[22] 杨晨，曾汉民．熔融挤出制备 PPS/PES 共混物的研究［J］．高分子材料科学与工程，1992，8（6）：78-83.
[23] 涂开熙，周健丽．特种工程塑料合金 PPS/PA—66 和 PPS/PPO 的性能与应用［J］．塑料科技，1997，（6）：8-12.
[24] 马忠雷，张广成，杨全，李建通，范晓龙．PPS/PEEK 共混物的超临界 CO_2 微孔发泡研究［J］．工程塑料应用，2015，（6）：16-21.
[25] 万艳霞，朱志国，王锐，董振峰，张秀芹．PPS/PP 共混海岛超细纤维的制备及结构性能研究［J］．中国材料进展，2014，33（11）：677-681.
[26] 张富慎．聚苯硫醚共混改性涂料的研究（简报）［J］．塑料工程，1990，（1）：20-21.
[27] 沈友良．改性聚甲醛摩擦磨损性能的研究［J］．中国塑料，1992，6（4）：25-28.
[28] 陈金耀，曹亚，李惠林，王韩旭．聚甲醛/低密度聚乙烯共混物的摩擦磨损性能［J］．高分子材料科学与工程，2004，20（1）：104-107.
[29] 边洁，王威强，管从胜，马长江．聚苯硫醚/氟树脂共混改性防腐涂层结合强度的研究［J］．腐蚀科学与防护技术，2004，16（6）：357-359.
[30] 李国丽，王雪明．氟树脂/聚苯硫醚共混改性防腐涂层的研究现状及展望［J］．材料导报，2005，19（7）：45-47.
[31] 吴培熙，殷殿书，王惠琼．液体非端羧基丁腈胶（L-CNTBN）改性酚醛树脂结构及形态的研究［J］．河北工业大学学报，1990，（1）：22-30.
[32] Wu Peixi，PPS-PEGIONAL MEETING OF ASIA/AUSTRALIA，ABSTRACTS（1991）P. 267.
[33] 张明善，孙传义．酚醛树脂与 CPE 弹性体共混增韧的研究［J］．中国塑料，1991，5（3）：45-51.

第 15 章　互穿网络聚合物共混物

互穿网络聚合物（IPN）是两种或两种以上交联聚合物相互贯穿而形成的交织聚合物网络，制备方法接近于接枝共聚-共混；从相间有无化学结合考虑，则接近于一般的物理共混聚合物。因此，可把 IPN 视为用化学方法实现的物理共混物。质量分数分别为 X 及 Y 的两种聚合物 A 及 B 构成的 IPN 可记为：IPN A/B（X/Y）。

IPN 概念的提出可追溯到 1951 年，而 IPN（Interpenetrating Polymer Network）这一名称则是 Millar 在 1960 年首先提出的。

20 世纪 60 年代以来，作为聚合物改性的新领域，IPN 的研究日益受到重视。在这方面代表性的人物有：Frisch、Sperling 及 Lipatov 等。他们从不同方面加深和完善了 IPN 的初期概念，使 IPN 逐步形成了一个独立的学科。

除美国和苏联外，德、日、法等国在这一领域的研究也非常活跃。我国在此领域的研究工作起步于 20 世纪 80 年代初。

近些年来，无论在理论上或实践上，IPN 的发展都十分迅速，并已进入工业规模的应用阶段，成为聚合物共混领域中一个独立且重要的分支。故本书单列一章，对 IPN 的合成、微观形态、性能及应用作一简要介绍。

15.1　IPN 的类型及合成

可从形态学、制备方法等不同角度对 IPN 进行分类[1-4]。

根据形态学的观点，IPN 可相对地分为理想 IPN（CIPN）、部分 IPN（PIPN）和相分离 IPN（PSIPN）3 种。理想 IPN 是指在分子水平上均匀贯穿的 IPN。由于绝大多数聚合物在热力学上缺乏相容性，因此难于得到理想 IPN。部分 IPN 是由于组分之间部分混溶而产生的，其特点是具有宽广的玻璃化转变区。完全不相容的组分构成的 IPN 为相分离 IPN。这种分类方法用途不大，最有实用价值的分类是按制备方法进行分类。

按制备方法分类，IPN 可分为：分步 IPN、同步 IPN（SIPN）、胶乳 IPN（LIPN）等。分步 IPN 中还包括泡沫 IPN（FIPN），这是将含有微孔的交联聚合物在单体或低聚体中溶胀，再使单体或低聚物聚合而制得的 IPN。

1. 分步 IPN

分步 IPN 常简称为 IPN。它是先合成交联的聚合物 I，再用含有引发剂和交联剂的单体 II 使之溶胀，然后使单体 II 就地聚合而制得，如图 15-1 所示。

研究得较多的分步 IPN 品种有：SBR/PS、PB/PS、PU/PS 等[1]。

由于最先合成的 IPN 是以弹性体为聚合物 1，树脂为聚合物 2，因此，当以树脂为聚合物 1 而以弹性体为聚合物 2 时，生成的互穿网络聚合物就称为逆-IPN（Inverse IPN）。

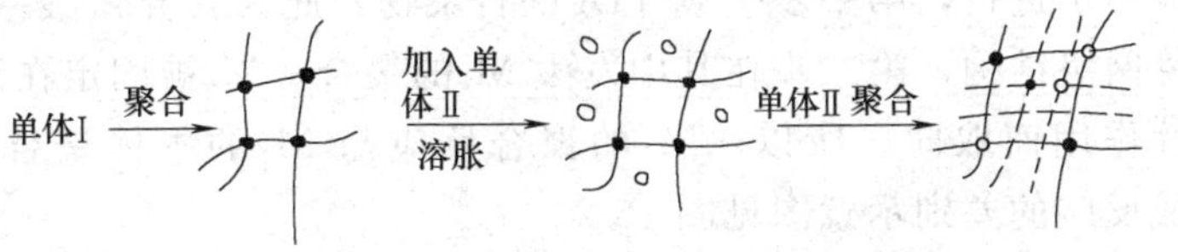

图 15-1　分步法制备 IPN 的示意图

若构成 IPN 的两聚合物组分都是交联的，则可称为完全 IPN。若仅有一种聚合物是交联的，另一种聚合物是线型的，则称为半-IPN（semi-IPN）。半-IPN 又分为两类：若聚合物 1 是交联的，聚合物 2 是线型的，则称为第一类半-IPN，简记为 semi-1；若聚合物 2 交联，聚合物 1 是线型的，则称为第二类半-IPN，简记为 semi-2。

上述分步 IPN 都是指单体 2 对聚合物 1 的溶胀已达到平衡状态，因此，制得的 IPN 具有宏观上均一的组成。如果在溶胀达到平衡之前就使单体 2 迅速聚合，则从聚合物 1 的表面至内部，由于单体 2 的浓度逐渐减小，因此产物的宏观组成具有一定的变化梯度。如此制得的产物称为渐变 IPN（Gradient IPN）。渐变 IPN 也称为梯度 IPN。

还有一种称为 Millar IPN 的分步 IPN，是由化学上完全相同的交联聚合物组成，因此也称为互穿均聚网络聚合物（Homo-IPN）[5]。也可用阴离子聚合的方法制备分步 IPN 和一系列加有二氧化硅填料的分步 IPN[1]。

2. 同步 IPN（SIN）

当两种聚合物成分是同时生成而不存在先后秩序时，生成的 IPN 称为同步 IPN，简记为 SIN。其制备方法是：将两种单体混溶在一起，使两者以互不干扰的方式各自聚合并交联。当一种单体进行加聚而另一种单体进行缩聚时，即可达此目的。

同步 IPN 的合成分以下 3 种情况：①两种聚合物组分同时达到凝胶点；②两种组分依次到达凝胶点；③两种聚合物组分之间发生一定程度的接枝反应。

两组分同时凝胶的产物性能并不太好。当其中一个组分较快达到凝胶点时，产物性能要好得多。所以，预聚物依次达到凝胶点的方法更有实用价值。

在 IPN 和 SIN 的生成反应过程中，总是或多或少地产生一些接枝反应。从实用的观点，一定程度的接枝反应，可促进组分之间的相容，提高力学性能。所以，有时故意引进一定程度的接枝反应。例如以聚氨酯为聚合物 1、以聚丙烯酸酯为聚合物 2 所构成的 SIN。若丙烯酸酯类单体含有一定量的端羟甚，则异氰酸酯与端羟基之间即可发生接枝反应，从而生成含有接枝成分的 SIN PU/Acrylic[6]。

只有一种聚合物是交联结构的 SIN，称为半-SIN，亦称为假-SIN（Pseudo-SIN）。半-SIN 也常称作间充复相聚合物。生成半-SIN 的反应称为间充聚合反应，用该反应可制得一系列含有软段和硬段聚合物的两相复合结构的高抗冲浇铸塑料。

从半-SIN 的概念出发，已研制了一种新型的合成材料系列，此种材料称为互穿聚合物体系（IPS）[7]。生成这种材料的反应称为模式聚合（Matrix polymerization）或局部规整“复型”反应。制备方法类似于半-SIN 的情况。例如单体 1（M_1）为 TD1 或 1，6-已二异氰酸酯。单体 2（M_2）为 MMA、MA、AN、丙烯醛等极性单体。引发剂为三乙胺、四乙基二胺及 BPO 等。将 M_1、M_2 及引发剂混合，强烈搅拌均匀。在氮气保护下，聚合反应分两步进行，第一步生成 TDI 的自聚物，此为含异氰酸基的异氰脲酸酯，是强极性的紧密网络结构，第二步在其中发生 M_2 的聚合。M_2 被固定在这种紧密网络的空隙中，因极性作用而取向。所以，M_2 的聚合反应与 M_2 的本体聚合有很大的不同。IPN 与 IPS 生成反应的差别示意图见图 15-2。

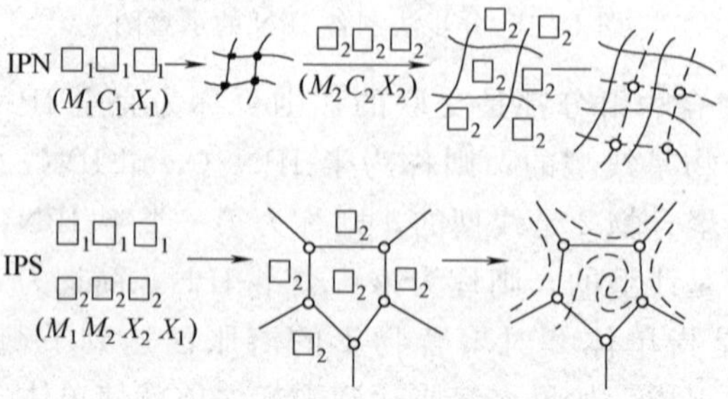

图 15-2　IPN 与 IPS 生成反应的比较

M1—表示单体　X—催化剂或引发剂　C—表示交联剂 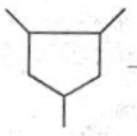 —表示三异氰脲酸酯环

由上述可见，IPS 可视为半-SIN 的变形。在 IPS 中，两种组分由于极性作用，而使第二组分形成“物理”网络。

3. 胶乳 IPN（LIPN）[8]

用本体法合成的 IPN、SIN 为热固性材料，难于加工成型，可采用乳液聚合的方法加以克服。胶乳 IPN（LIPN）是以乳液聚合方法合成的分步 IPN。首先以乳液聚合的方法制得由聚合物 1 组成的“种子”乳胶粒，再加入单体 2、交联剂和引发剂，但不再添加乳化剂以免形成新的乳胶粒；然后使单体 2 聚合、交联，从而形成核壳状结构的 LIPN。LIPN 可制成两层的、三层的或多层的。两层或多层结构的 LIPN，可以各层都是交联的或者有些层交联，有些层不交联；有时各层都不交联。这时考虑到不交联层之间大分子的相互缠接，从形态结构的角度，也可视为是一种胶乳 IPN。胶乳 IPN 与“种子”乳液聚合或多层乳液聚合产物相比，严格而言并非总是等同的，但从形态结构和应用的角度考虑，可把两者等同看待。

为了便于成型加工，LIPN 中聚合物的交联度不宜过大。LIPN 的合成及应用实例有 PVC/PBSM[9]。研究较多的 LIPN 的其他例子有：LIPN 丁苯橡胶/聚丙烯酸酯类、LIPN PVC/丁腈胶等。

4. 互穿网络弹性体（IEN）

由两种线型弹性体胶乳混合在一起，再进行凝聚、交联，如此制得的 IPN 称为互穿网络弹性体，简记为 IEN。之所以称为互穿网络弹性体，是因为两组分都是弹性体的缘故。例如，将聚氨酯脲（PUU）胶乳和聚丙烯酸酯胶乳混合、凝聚，并同时交联，即得 IEN 丙烯酸酯/PUU。其组分含量比可由 90/10 至 10/90。

IEN 中聚合物网络之间并无真正的相互贯穿，其结构介于机械共混物和 IPN 之间。

5. 其他

还有一些材料，虽不是纯粹意义上的 IPN，但从结构和制备方法上看，也可归入

IPN 的范畴。这主要包括 AB-交联聚合物和热塑性 IPN。

AB-交联聚合物（ABCP）是两种聚合物通过接枝交联而构成的整体聚合物网络。ABCP 有两种类型。一种类型是聚合物 2 的两端分别连接于聚合物 1 的两个分子链上形成交联网络，这称为邻接接枝型。另一种类型是聚合物 2 的分子链跨越一个或多个聚合物 1 的分子链，形成一系列四官能的接枝交联键，这称为接枝交联型。

显然，ABCP 并非真正的 IPN，但与 IPN 很类似。其次，如在 ABCP 中有一个组分是交联的，则得接枝的半-IPN；若两组分都是交联的，则得接枝的 IPN。

热塑性 IPN 的制备有两种方法：物理共混法（熔融共混）和化学共混法。物理共混法与一般线型聚合物的机械共混法大致相同；化学共混法是将聚合物 1 用单体 2 溶胀或溶解，再使单体 2 就地聚合而制得互穿网络的方法。用嵌段共聚物 SEBS 与聚酰胺或聚酯可制得性能优异的热塑性 IPN[1]。若采用一般共混法，则只能制得宏观分相的、性能很差的产物。

要形成热塑性互穿网络，需两个条件：①必须存在制备过程中的剪切应力场，形成的初始网络，一般为物理交联网络；②聚合物 2 必须能进行化学或动力学反应，由离散的熔体形成无限网络，并且有足够的流动性以填充到初始网络的间隙中。

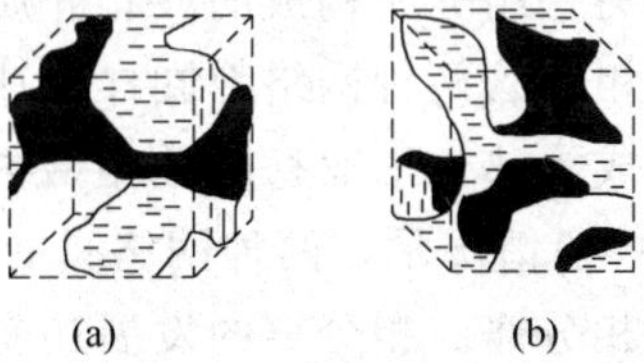

图 15-3　热塑性 IPN 两相连续模型示意图

热塑性 IPN 具有互锁的两相连续结构，其两相连续模型示意图如图 15-3 所示。图 15-3（a）表示软相连续结构，而图 15-3（b）表示硬相连续结构。Ohlsson 等人[10]及韦雨春等人[11]对热塑性 IPN 性能和形态结构进行了较为系统的研究工作，结果表明：其相畴尺寸与胶体粒子尺寸相当。

15.2　相分离及微观形态

15.2.1　相　分　离

IPN 的形成过程示意于图 15-4。首先聚合物网络 1 为单体 2 所溶胀，整个体系为均相状态。随着单体 2 的聚合和交联，两组分之间的相容性下降。当聚合和交联达到一定程度时，即开始相分离，由均相转变成两相。这就是说，反应体系中，同时进行两个过程：形成网络 2 的聚合与交联化学反应过程和相分离的物理过程。这两个过程是相互联系、相互影响的。相分离受热力学因素和动力学因素的制约。聚合物 1 及 2 之间相容性越小，相分离的推动力（热力学因素）越大。例如，由于反应区黏度很大，扩散速率很小（例如在凝胶点之后），相分离就达不到热力学所规定的程度而处于非热力学平衡的亚稳态。

关于相分离程度的表征已在第二章第三节述及，可参见图 2-13 及式（2-36）。网络形成的反应动力学不仅影响相分离的程度，也影响相的组成和相比例[2]。两相分子链的缠结也是阻滞相分离，使相分离程度减小的重要原因。

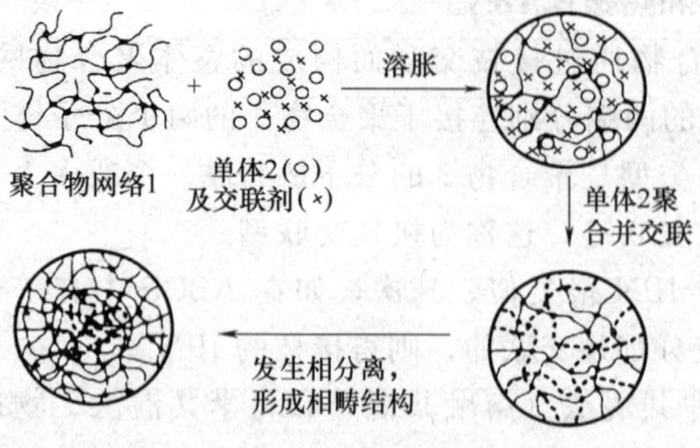

图 15-4 IPN形成过程示意图

相分离机理与IPN的类型有关。按Lipatov的观点[3]，对分步IPN主要按NG机理进行相分离；而对同步IPN主要按SD机理进行相分离。但在网络形成的不同阶段，可能有不同的相分离机理，NG机理和SD机理可以相互转换。例如，对IPN PB/PS，在St转化率为7%时，开始按NG机理进行相分离，形成球形相畴；而转化率达到46%时，相分离主要按SD机理进行，形成圆柱状相畴。

相界区的形成与SD机理有密切关系。对同步IPN，若一种网络形成较快，则其形成是在另一组分所构成的液相介质中进行，相分离进行得比较彻底，相分离程度大，相畴亦较粗。若两种网络都同样迅速地形成，体系黏度迅速增大，相分离很快被冻结，整个体系成为热力学亚稳的单相结构[4]，典型的例子是反应注射成型法（RIM）所形成的IPN。一般情况是，两种网络具有相近的中等大小的形成速率，反应至某一转化率时，形成微相分离。相分离的发展还受到网络形成的阻碍，交联度达到一定程度后，相分离在动力学上终止，这时的两相结构决定于两种网络形成的速率比，两相分离程度决定于热力学因素和动力学因素的竞争。

对于分步IPN，由于网络1一开始便存在，所以，相分离程度一般要比SIN小一些。

为更好理解互穿聚合物网络的相分离和形态结构的形成过程，可以回顾一下聚合物交联网络的形成理论。根据此理论[12]，在形成交联网络的聚合或缩聚反应中，首先形成高度支化的大分子，交联段落的局部升落，产生微凝胶颗粒，它是微相分离的“核”。通过微凝胶粒之间的反应使核增长，产生微凝胶基团聚结的局域化，结果使形成的大分子网络不均匀，是由高度交联的微区和交联度较小的中间层所组成。微凝胶基团之间既存在化学键，也存在物理结合。

15.2.2 相畴尺寸

对第一类半-IPN（semi-1），Danatell等[13-14]建立了一个半经验的公式，此公式在一定条件下也可用于全-IPN。公式中的主要参数是聚合物网络1的交联密度υ_1、聚合物2的含量及界面张力系数γ。界面张力系数是两种细分混溶性的一种表征，界面张力系数大即表示相容性低。

设聚合物1及2在状态1（起始状态）是完全分离的，在状态2，交联聚合1为单体2均匀溶胀，两聚合物形成正规溶液；在状态3（终态）产生相分离，形成聚合物2的球形相畴。假定每一状态都达到热力学平衡，且无体积变化，则形成聚合物2相畴的自由焓为由状态1至2再由状态2至3的自由焓变化总和：

$$\Delta G_d = \Delta G_{12} + \Delta G_{23} \tag{15-1}$$

ΔG_{12}等于混合自由焓与在聚合物 1 中溶胀的网络 1 的弹性自由焓 ΔG_{e1}之和。

$$\Delta G_{12}=\Delta G_{m}+\Delta G_{e1} \tag{15-2}$$

由状态 2 至 3 的自由焓变化 ΔG_{23}等于相分离自由焓 ΔG_{dm}和形成相畴的表面自由焓 ΔG_{s}之和：

$$\Delta G_{23}=\Delta G_{dm}+\Delta G_{s} \tag{15-3}$$

已知，
$$\Delta G_{m}=V\ (\delta_1-\delta_2)^2\varphi_1\varphi_2+kt\ (N_1\ln\varphi_1+N_2\ln\varphi_2) \tag{15-4}$$

式中　N_1、N_2——分别为聚合物 1 及 2 的分子数

k——波尔兹曼常数

φ_1、φ_2——分别为聚合物 1 及 2 的体积分数

δ_1、δ_2——分别为聚合物 1 及 2 的溶解度参数

ΔG_{e1}主要是由溶胀熵 ΔS_{e1}引起的：

$$\Delta G_{e1}=-T\Delta S_{e1} \tag{15-5}$$

对各向同性的聚合物网络：

$$\Delta S_{e1}=-(R\nu_1/2)(3\alpha_1^2-3-\ln\alpha_1^3) \tag{15-6}$$

式中：ν_1为网络 1 的有效网链摩尔数（交联密度），α_1为网络 1 中分子链的扩张因子。

$$\alpha_1=\frac{\gamma_1}{\gamma_0} \tag{15-7}$$

式中，γ_1和 γ_0分别为有扰和无扰状态聚合物 1 的均方末端距；而 $\gamma_0=KM^{\frac{1}{2}}\gamma_0$，$K$为常数，$M$为相对分子质量。于是得：

$$\Delta S_{e1}=-\left[\frac{k\nu_1}{2}\right]\left[\frac{3\gamma_1^2}{k^2M_c}-3-\ln\left(\frac{\gamma_1}{KM_c^{\frac{1}{2}}}\right)^3\right] \tag{15-8}$$

式中：M_c为网链的平均相对分子质量。故有：

$$\Delta G_{e1}=\left[\frac{kT\nu_1}{2}\right]\left[\frac{3\gamma_1^2}{k^2M_c}-3-\ln\left(\frac{\gamma_1}{kM_c^{1/2}}\right)^3\right] \tag{15-9}$$

相分离自由焓 ΔG_{dm}为：

$$\Delta G_{dm}=\Delta H_{dm}-T\Delta S_{dm} \tag{15-10}$$

式中，ΔH_{dm}及 ΔS_{dm}分别为相分离焓及熵。ΔH_{m}近似等于$-\Delta H_{m}$；$\Delta H_{dm}=-\Delta H_{m}=-V\ (\delta_1-\delta_2)^2\varphi_1\varphi_2$。

由状态 2 至 3 的相分离熵等于在状态 2 及 3 熵值之差。在状态 2，$\Delta S_2=-kt\ (N_1\ln\varphi_1+N_2\ln\varphi_2)$。现在考虑在状态 3 的熵值 ΔS_3。根据波尔兹曼公式 $\Delta S=k\ln\Omega$，可求得 ΔS_3；Ω 为系统的可能状态数。

设聚合物 1 构成连续相，聚合物 2 为分散相，相畴数为 N_d，聚合物 2 总分子数为 N_2，则在状态 3 的总可能状态数：$\Omega=(N_d)^{N_2}$，于是有：

$$\Delta S_3=kN_2\ln N_d \tag{15-11}$$

由此可得：

$$\Delta S_{dm}=k(N_d\ln N_d+N_1\ln N_1+N_2\ln N_2) \tag{15-12}$$

于是可得：

$$\Delta G_{dm}=-V(\delta_1-\delta_2)^2\varphi_1\varphi_2-kT(N_2\ln N_d+N_1\ln\varphi_1+N_2\ln\varphi_2) \tag{15-13}$$

因形成相畴而产生的界面自由焓 ΔG_S 为：

$$\Delta G_S=\gamma A_S \tag{15-14}$$

式中　γ——界面张力系数

A_S——界面积

设相畴为球形，则 $A_s=N_d\pi D_2^2$，D_2 为相畴的平均直径。于是：

$$\Delta G_s=\pi\gamma N_d D_2^2 \tag{15-15}$$

得：

$$\Delta G_d=\pi\gamma N_d D_2^2-kTN_2\ln N_0+\left[\frac{kT\gamma_1}{2}\right]\left[\frac{3\gamma_1^2}{k_2M_c}-3-\ln\left(\frac{\gamma_1}{kM_c^{1/2}}\right)^3\right] \tag{15-16}$$

聚合物 2 的总体积 V_2 为：

$$V_2=N_d\pi D_2^3/6 \tag{15-17}$$

$$N_d=\frac{6V_2}{\pi D_2^3} \tag{15-18}$$

根据电镜分析的实验数据，聚合物 2 相畴尺寸是聚合物网络 1 交联密度 ν_1 的函数。为简单计，设 $D_2=C\gamma_1$，C 为比例常数。于是式（15-16）可写成：

$$\Delta G_d=\frac{6\gamma V_2}{D_2}-kT\overline{N_2}\ln\left(\frac{6V_2}{\pi D_2^3}\right)+\left(\frac{kT\gamma_1}{2}\right)\left[\frac{3-3D_2^2}{C^2k^2M_c}-3-\ln\left(\frac{D_2}{CkM_c^{1/2}}\right)^3\right] \tag{15-16'}$$

式中　$\overline{N_2}$——聚合物 2 的摩尔分数，$\overline{N_2}=w_2/M_2$

w_2——聚合物 2 的质量分数

M_2——聚合物 2 的相对分子质量

根据热力学观点，相畴尺寸应对应自由焓的极小值，即满足 $\frac{d\Delta G_c}{dD_2}=0$，由此即可求得：

$$D_2=\frac{2\gamma w_2}{kT\nu_1\left[\left(\frac{1}{1-w_2}\right)^{2/3}+\frac{w_2}{\gamma_1M_2}-\frac{1}{2}\right]} \tag{15-19}$$

将分子数改为摩尔数，并设质量分数 w 与体积分数 ν 相等，则式（15-19）可表示为：

$$D_2=\frac{2\gamma\nu_2}{kT\nu_1}\left[\left(\frac{1}{1-\nu_2}\right)^{2/3}-\frac{\nu_2}{\gamma_1M_2}-\frac{1}{2}\right] \tag{15-19'}$$

由式（15-19′）可见，相畴尺寸与界面张力系数 γ 成正比，与网络交联密度 ν_1 成反比。若令 $M_2=\infty$，即可将式（15-19′）用于全-IPN 的情况。

基于同样的原则，并作进一步改进后，Sperling 推导出更适用的公式：

$$D_2=\frac{4\gamma}{kT(A\nu_1+B\nu_2)} \tag{15-20}$$

式中　ν_1 和 ν_2——分别为聚合物 1 和 2 的交联密度

γ——界面张力系数

$$A=\frac{1}{2}\left(\frac{1}{\varphi_2}\right)(3\varphi_1^{1/3}-3\varphi_1^{4/3}-\varphi_1\ln\varphi_1) \tag{15-21}$$

$$B=\frac{1}{2}(\ln\varphi_2-3\varphi_2^{2/3}+3) \tag{15-22}$$

以 IPN 聚丙烯酸正丁酯（P*n*BA）/聚苯乙烯（PS）为例，其相畴尺寸的计算值和实测值较为吻合，且式（15-20）比式（15-19）更准确一些。

15.2.3　微观形态的基本特点

各种 IPN 的微观形态存在一些共同的基本特点，归纳起来有以下几点：

① 绝大多数 IPN 是复相材料，甚至由均聚网络形成的 IPN（Homo-IPN）也表现一定程度的复相结构。IPN 相分离的程度主要决定于组分间的相容性，但与制备方法、反应条件也有密切关系。IPN 的合成机理决定了在无真正热力学相容情况下的“强迫混溶性”。因此与相应的机械共混物相比，组分间混合均匀，界面粘接力也较强。

② 大多数 IPN 具有胞状结构，胞壁主要由聚合 1 构成，胞体则主要由聚合物 2 构成。胞壁内尚有两种聚合物链相互贯穿而形成的精细结构。一般而言，胞壁是两种聚合物网络相互贯穿的主要场所，有时胞体内也会含有聚合物 2 所组成的更小的胞体。因此，IPN 形态结构的一般模式可用图 15-5（a）表示。根据这一模式，两种网络在胞壁的相互贯穿示意图见图 15-5（b）。

胞体的产生是由于聚合组分间相容性减小而导致一级相分离的结果。精细结构是聚合完成之后，次级相分离产生的。这是由于在聚合过程中，体系黏度的增加和交联的发生，相分离只能在很小的范围内进行。所以，形成尺寸仅为 10nm 左右的小颗粒。例如，IPN PEA/PS（50/50），具有典型的胞状结构，胞壁主要由 PEA 构成，其中尚含有更精细的结构，尺寸约为 10nm。胞体主要由 PS 构成，尺寸约为 100nm。

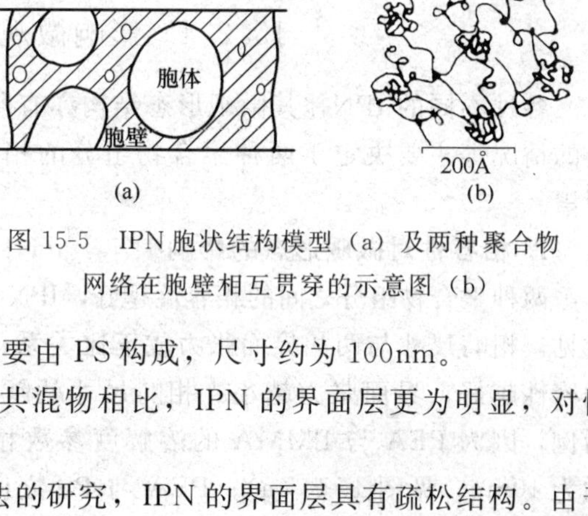

图 15-5　IPN 胞状结构模型（a）及两种聚合物网络在胞壁相互贯穿的示意图（b）

③ 具有明显的界面层。与一般聚合物共混物相比，IPN 的界面层更为明显，对性能的影响更为突出。

根据宽谱带核磁共振法及反气相色谱法的研究，IPN 的界面层具有疏松结构。由于界面层的存在，IPN 可表现出第三个玻璃化转变区。例如 IPN PU/PS，根据宽谱带核磁共振法的测定，有 3 个玻璃化转变区，其中相应于 25～60℃ 的玻璃化转变区是由界面层产生的；IPN PU/PUA 也有类似的情况。界面层转变温度的存在可能与不同网络分子间次价键的断裂等原因所引起的分子活动性的提高有关。

根据吸附动力学方法研究 IPN 自由体积的实测值与按加和规则计算值之差 Δf 与组成的关系见图 15-6。由图可见，Δf 与组成的关系是非单调的，除 $w_2/w_1=0.03\sim0.07$ 的情况之外，IPN 的自由体积分数都比单一网络的大，这证明了界面层的疏松结构。疏松结构的产生主要是由于混合焓为正值以及在接触区构型熵的减小。

界面层的体积分数随网络 2 含量的增加而提高，在中等组成时，达 40%。

IPN 的比表面积很大。在中等组成范围内，比表面积存在极小值，这可能是由于相畴尺寸增大的原因；这也是中等组成时，对溶剂吸附值下降的主要原因。

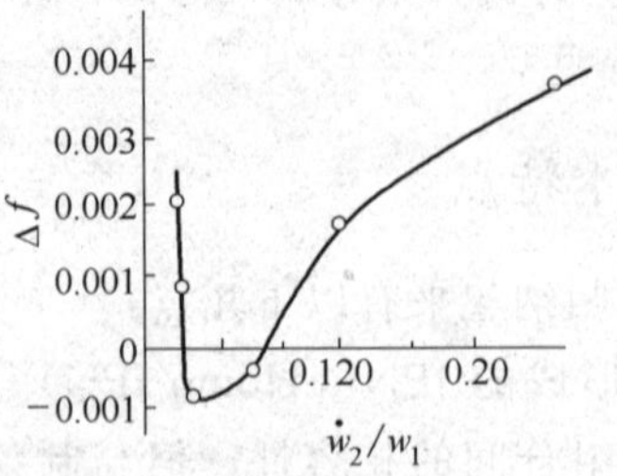

图 15-6　Δf 与 IPN 组成的关系

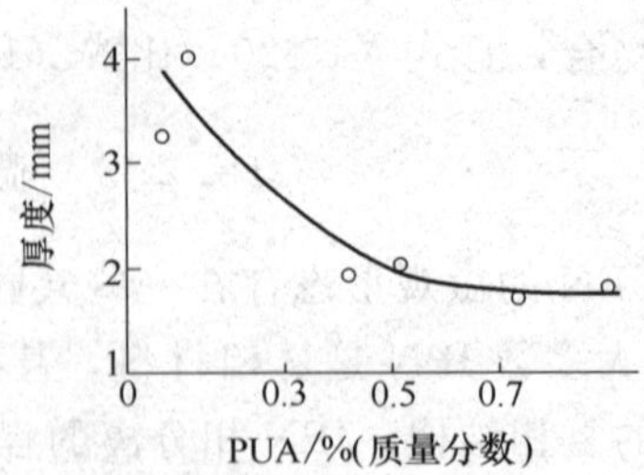

图 15-7　IPN PU/PUA 界面层厚度与组成的关系

采用 X-射线小角散射法测定 IPN 界面层的厚度以及厚度与组成的关系见图 15-7。由图可见，对 IPN PU/PUA，当 PUA 含量提高时，界面层厚度减小。PUA 含量为 10％时，界面层厚度为 4nm；PUA 含量为 40％时，界面层厚度减小到 2nm。

④ 根据上述的结构模型，在 IPN 中，一般而言，网络之间的相互贯穿仅发生于超分子水平，并非真正的分子水平的相互贯穿。第一网络在宏观水平上是连续的，而第二相也可通过精细结构而相互连接。因此，一般而言，IPN 具有两相连续的形态结构。当然，两个相的连续程度可有所不同。

15.2.4　影响微观形态的主要因素

各种不同的 IPN，其微观形态结构亦有所不同。两相的连续性、相畴尺寸、相互贯穿的情况等主要决定于两种聚合物组分的相容性、交联密度、聚合方法以及组成比等因素。

1. 相容性对微观形态的影响

两种聚合物组分之间的相容性越好，IPN 的相畴就越小。由式（15-19）和式（15-20）可见，相畴尺寸与两相界面张力成正比关系；而界面张力决定于两组分之间的相容性。相容性越好，界面张力越小，相畴尺寸就越小。以 IPN PEA/PMMA 和 IPN PEA/PS 为例，因为 PEA 与 PMMA 的溶解度参数相近，二者相容性较好，所以，相畴很小，约为 10nm，见图 15-8（a）；PEA 与 PS 之间的相容性差，故 IPN PEA/PS 的相畴较大，在 100nm 以上，见图 15-8（b）。以 MMA-ST 无规共聚物为聚合 2 时，所得 IPN 的相畴尺寸则介于二者之间，并且随共聚物中 MMA 含量的增加，其相畴尺寸减小[15]，这与相容性的变化是相对应的。SIN PU/PMMA 及 SIN PU/PS 的情况也与上述的相同。由于 PU 与 PMMA 的相容性较 PU 与 PS 的相容性好，所以，SIN PU/PS 的相畴尺寸较 SIN PU/PMMA 的要大。IPN 的相畴尺寸与两种网络之间相互贯穿情况有密切关系。一般而言，两种网络主要是相畴间

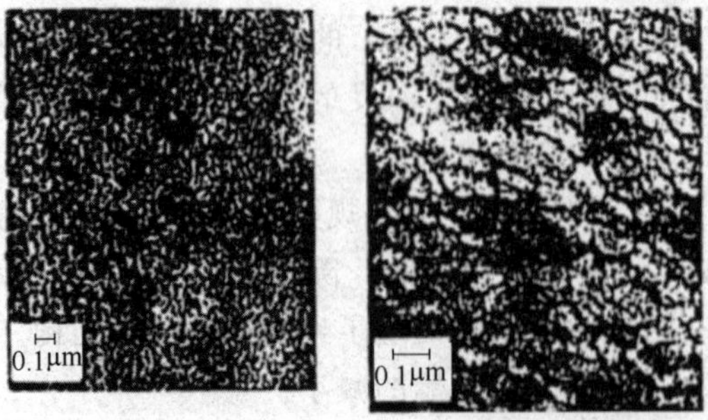

(a) 75/25(PEA/PMMA)　　(b) 50/50(PEA/PS)

图 15-8　IPN PEA/PMMA 和 IPN PEA/PS 的透射电镜照片 OsO_4 染色，黑色部分为 PEA 相

的相互贯穿。随着相容性的增加，相畴减小，分子级的相互贯穿增加。

在 IPN 中，网络 1 处于溶胀状态，网络 2 处于自然状态。所以，即使两个聚合物是相同的，例如均聚-IPN，相互贯穿的两种网络之间仍然存在差别，仍有分相结构存在。当两种聚合物组分之间有接枝反应，发生或形成氢键之类的强次价键时，相容性提高，因而相畴尺寸减小。

2. 交联密度的影响

由式（15-19）和式（15-20）可知，随着两种聚合物网络交联密度的增加，相畴尺寸减小，但两种网络的影响程度不同。Sperling 指出[16]，网络 1 交联密度的影响要比网络 2 交联密度的影响大 10 倍以上。因此，一般而言，Semi-1 总是比 Semi-2 的相畴小。图 15-9 是由 SBR 和 PS 所构成的 Semi-1、Semi-2 以及 IPN 微观形态结构的电镜照片。由图可明显地看到交联密度及反应顺序的影响。

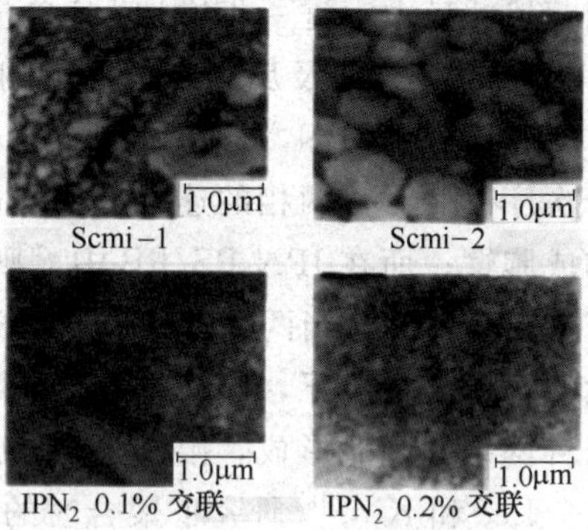

图 15-9　由 SBR 和 PS 所构成的 Semi-1、Semi-2 及 IPN 微观形态的透射电镜照片 用 OsO_4 染色，黑色部分为 SBR

Allen 等人[17]详细研究了以 PU 和聚取代乙烯的半-SIN 的微观形态结构，分析了各种因素对相畴大小的影响。以半-SIN PU/PMMA 为例，PU 为交联的组分，PMMA 为组分 2，不交联，其形态结构为：PMMA 的球形相畴密切堆砌于交联 PU 的基体中，见图 15-10，相畴尺寸与交联密度密切相关。Allen 还研究了 PU 中 NCO/OH 比值/交联剂（三羟基物）用量对相畴尺寸的影响，发现：当 NCO/OH＝1∶1 时，相畴尺寸最小，偏离此值越多，相畴越大。

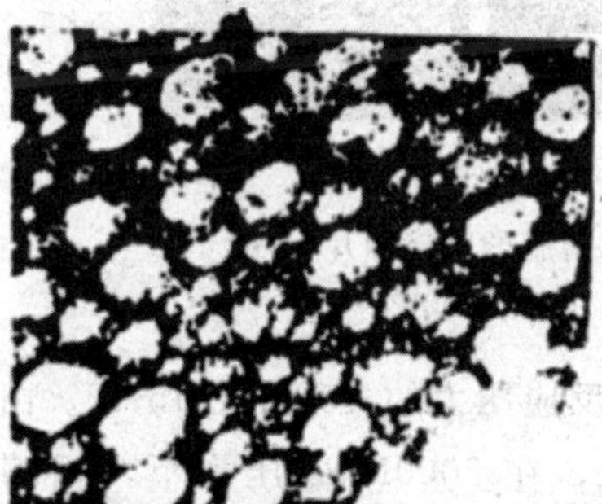

图 15-10　半-SIN PU/PMMA（80/20）的透射电镜照片 PU 用四氧化锇染色

这是由于 NCO/OH 为 1∶1 时，PU 网络的完善程度最大（即有效交联密度最大），偏离此值越多，有效交联密度越小的缘故。提高交联剂三羟基物的用量时，PU 网络交联密度增大，故相畴减小。

影响相畴大小的另一个重要因素是后凝胶时间 t（即 PU 开始凝胶化和 MMA 开始聚合之间的时间间隔）。由于 t 增大时，相分离时 PU 网络的完善程度升高，所以 t 增大时，相畴减小。

总之，PU 的交联密度、网络的完善程度对相畴尺寸有决定性影响。凡是使交联密度增大和网络完善程度提高的因素，都会使相畴尺寸减小。

3. 组成比的影响

组成比对形态结构的影响与 IPN 的类型有关。对于半-IPN，一般随第 2 组分含量的增加，相畴尺寸增大。例如半-SIN PU/PMMA。随着 PMMA 含量增加，相畴尺寸增大，这是由于 MMA 含量增加时，PU 网络交联密度下降的缘故。

对于 SIN，当组成比改变时，会发生相的逆转，例如 SIN PU/PMMA，当 PMMA

含量由 20%增加到 40%时，即发生相的逆转。但是，相的逆转常需在强烈搅拌下才能实现。

根据对 IPN PU/PUA 的研究，相畴尺寸及其分布与组成的关系是非单调的。在中等组成范围内，相畴尺寸及其分散性最大。

实验表明，对于 IPN 蓖麻油聚氨酯/聚苯乙烯，在中等组成（即 50/50 左右）时，相畴尺寸最大。进一步增加 PS 含量，相畴数目增多，所以相畴尺寸反而下降。

4. 聚合方法及反应条件的影响

对于分步 IPN，形态结构主要受聚合物 1 支配，聚合物 1 具有较大的连续性。当聚合次序改变时，两相的连续性及相畴的大小亦随之改变。例如，IPN PB/PS 中，由 PB 构成胞壁；而在 IPN PS/PB 中，则由 PS 构成胞壁。

对于 SIN，当两种单体的聚合速率基本相同时，含量较大的组分一般具有较大的连续性。一般情况下，当两种聚合物网络同时到达凝胶点时，产生的相畴最小，这是由于两种网络的同时形成，限制了分子运动，使每一组分的分子都不能聚集成大的相畴。

Lee 和 Kim[18] 研究了聚合时的压力对所形成 IPN 形态结构的影响。研究结果表明，在高压下进行反应，可显著提高组分之间的混溶性，使相畴尺寸大幅度下降。图 15-11 为不同压力下合成的互穿网络聚合物 PU/PS 薄膜的电镜照片。由图可见，随着反应压力的增大，组分间混合均匀程度增加，相畴尺寸减小。以反应压力来控制形态结构，这对制备组分间混溶性较差（例如 PU 与 PS）的聚合物合金开辟了一条新途径。

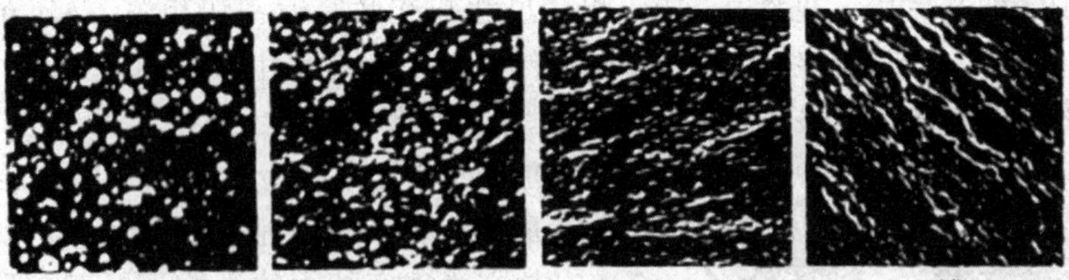

图 15-11　不同压力下合成的 SIN PU/PS 薄膜的电镜照片

（a）常压　（b）100MPa　（c）250MPa　（d）5000MPa

根据 Lee 的研究，SIN PU/PMMA 的相畴尺寸与反应压力的关系见图 15-12。由图可见，在 2000MPa 压力下，相畴尺寸可减至 3nm。反应压力加大时，相畴尺寸减小的原因是组分间相容性的提高。这可从产物的松弛性能上得到证明，随着合成压力的增大，tanδ 逐渐变为单峰，这是相容性逐渐增大的证明。

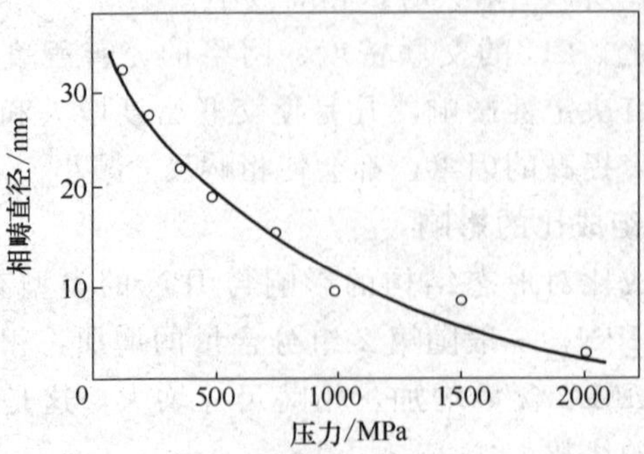

图 15-12　SIN PU/PMMA 相畴尺寸与反应压力的关系

对同步互穿网络聚合物，反应压力及交联度对相分离及网络之间的贯穿、互锁过程的影响见图 15-13。

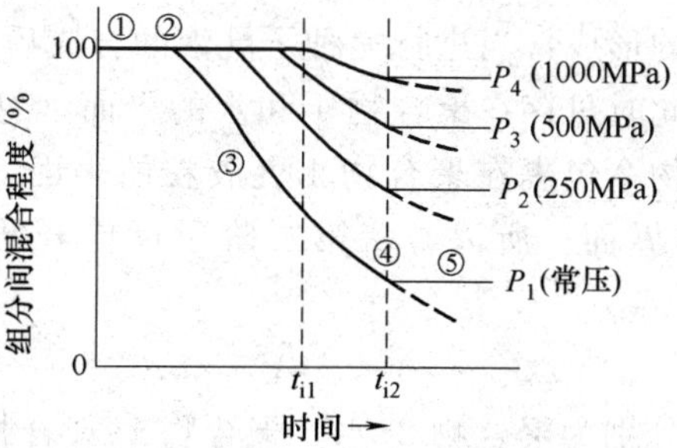

图 15-13　反应压力及交联度对 SIN 相分离及两个网络贯穿、互锁过程影响示意图

t_{i1} 为 $\overline{M_c}=3200$ 时网络间互锁的时间　t_{i2} 为 $\overline{M_c}=2000$ 时网络间互锁的时间

图中，①低转化率时共混物处于均相状态；②相分离开始；③相分离过程，其速度依赖于压力；④网络间开始互锁并防止进一步相分离的时间，此点也决定了网络间的互穿程度；⑤形成恒定的形态结构

由图可见，增大交联度（即减小 $\overline{M_c}$）和提高压力都可提高组分间混合的均匀程度，即减小相畴尺寸。增加交联度可使达到网络间互锁阻止进一步相分离的时间缩短。提高压力使组分间相容性提高，延缓发生相分离的时间。因此，适当调整反应压力和交联度，可达到控制产物形态结构和提高产物性能的目的。

15.2.5　LIPN 的微观形态及其影响因素[19-25]

由于 LIPN 的制备方法与一般 IPN 不同，其微观形态结构及其影响因素也比较特殊，所以，需单独进行阐述。

一般而言，胶乳型互穿网络聚合物具有蕊壳状的微观形态结构，即种子乳胶粒为蕊（核），聚合物 2 构成壳。成膜时，壳即聚合物 2 构成连续性较大的相。但在 LIPN 制备中，不同条件下单体 2 可能会进入种子内，形成胞，结果形成类似于 ABS 一样的香肠状的结构，如图 5-14 所示。

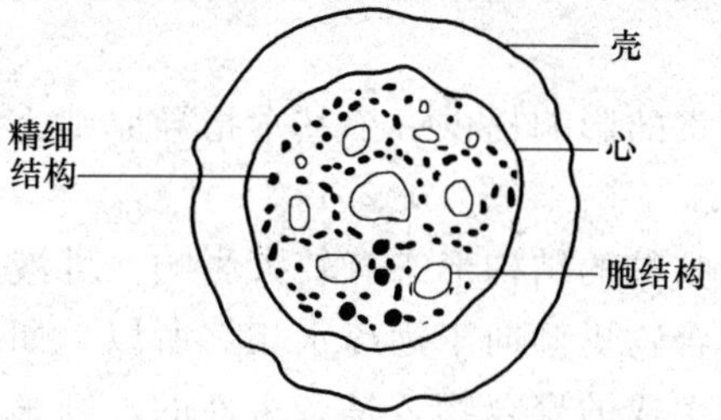

图 15-14　LIPN 乳胶粒形态结构示意图

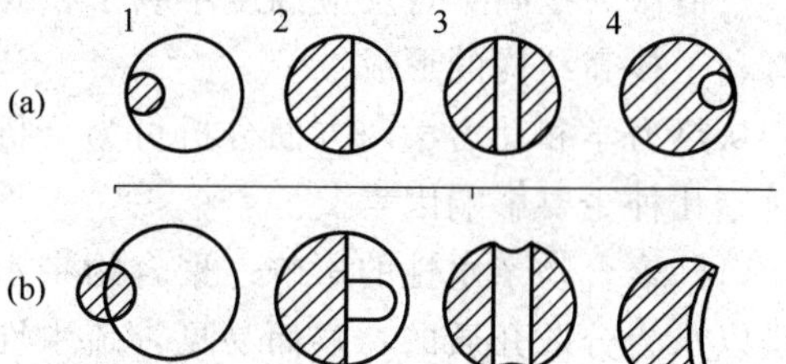

图 15-15　LIPN PMMA/PS 各种形态结构示意图

○—富 PMMA 区　●—富 PS 区

（a）苯乙烯溶胀的颗粒　（b）未用苯乙烯溶胀的颗粒

1—反核-壳状　2—半月状　3—夹层状　4—核-壳状

加料方式、聚合区域黏度、单体亲水性、配料比等因素对 LIPN 的微观形态结构都有显著影响。根据反应条件的不同，乳胶粒的结构可以是核-壳状、反核-壳状、草莓状等不同类型，如图 15-15。

各种因素对乳胶粒形态结构的影响可从热力学和动力学两方面进行分析。从热力学的角度简单分析核壳结构的形成：当进行完种子乳液的合成后，反应体系实际上是聚合物1乳胶粒悬浮在水中，此时只存在聚合物1和水的界面（忽略乳化剂）；当进行完第二阶段反应后，如果聚合物2包裹在聚合物1乳胶粒的表面，则此时存在聚合物1/聚合物2、聚合物2/水两种界面。所以，从第二阶段反应开始，体系的界面自由焓变化为：

$$\Delta G=\gamma_{2W}A_s+\gamma_{12}A_c-\gamma_{1W}A_c \tag{15-23}$$

式中，γ_{2W}、γ_{12}、γ_{1W}分别为聚合物2/水、聚合物1/聚合物2和合物1/水界面的界面张力；A_c和A_s分别为核的面积和乳胶粒的面积（壳的外表面）。

ΔG越小，则越有利于核壳结构的形成。当$\Delta G<0$时，核壳结构的形成具有热力学推动力；当$\Delta G>0$时，在热力学上不利于形成核壳结构。由上可见，聚合物1和2之间相容性越大，γ_{12}越小，越有利于形成核壳结构；聚合物2亲水性越大，γ_{2W}越小，也越有利于形成核壳结构；聚合物1亲水性越大，γ_{1W}越小，则越不利于核壳结构的形成；相反，憎水性大的聚合物1则有利于核壳结构的形成。所以，上式从热力学上分析各种因素的影响是很有帮助的。

然而，热力学只能解决一个过程的进行方向和最终的平衡状态，但过程能否进行和进行的程度，则取决于过程的动力学。

种子乳液聚合制得的乳胶粒的形态结构取决于热力学因素和动力学因素的竞争。相分离的推动力是热力学因素，主要是组分之间的热力学互溶性。所有提高互溶性的因素，都会减小相畴、提高相之间的相互贯穿。但相分离的程度则取决于动力学，主要是在聚合反应区黏度增加的速度与相分离速度之比。所有使黏度增加的因素都会使相分离程度减少，相分离速度下降。例如，反应温度的影响[24]，一方面温度提高时，反应区黏度下降，可使相分离速度提高，相分离程度增加；另一方面，温度提高时，聚合速率增大，这将导致聚合反应区黏度增大，最终将取决于这两方面因素的竞争结果。所以，有些报道认为提高聚合反应温度不利于核壳结构形成；而有些报道认为提高聚合反应温度有利于核壳结构的形成。

从热力学和动力学两方面分析可为分析各种因素的影响提供一个基本指导原则。以下讨论几种主要影响因素。

（1）聚合物亲水性的影响　聚合物亲水性对乳胶粒的结构形态有较大影响。乳液聚合是以水为分散介质的，显而易见，疏水性大的聚合物更倾向于远离水相。所以，如果第一阶段生成的聚合物1是疏水性的，而第二阶段生成的聚合物2是亲水性的，则第二阶段实际上是用一种亲水性聚合物2将水与聚合物1分开，这个过程破坏了原来的聚合物1/水界面，形成了新的聚合物1/聚合物2、聚合物2/水界面。新生成的两个界面的界面能之和比原来的聚合物1/水界面的界面能要低。所以，此时能形成较规整的核壳结构。在这种情况下，当第二阶段单体加入体系中后，聚合反应就在种子乳胶粒的表面进行，壳聚合物就包在核聚合物的外面。由于壳层聚合物是亲水的，不会受到由相分离生成的压力，故此时生成的乳胶粒具有规整的核壳球形结构。反之，如果聚合物1是亲水的，而聚合物2是疏水的，此时如果形成以聚合物1为核、以聚合物2为壳的乳胶粒，则这种乳胶粒从热力学的角度来看是不稳定的。在这种情况下，第二阶段生成的聚合物 2 就可能向种子聚合物 1 形成的乳胶粒核的内部运动，从而形成所谓“翻转”的核壳乳胶粒。这只是一般情况而言，实际的核壳乳液聚合中聚合物的亲水性对乳胶粒结构形态的影响要复杂得多，尤其是当种子聚合物的亲水性较大时，更是如此。此时，根据引发剂、反应中心黏度等其他条件的不同，可能形成如草莓型、雪人型、海岛型或者翻转等异形结构的乳胶粒。

(2) 加料方式的影响　第二阶段单体的加入方式对乳胶粒颗粒形态有较大的影响，尤其表现在以亲水性聚合物为核层聚合物，以疏水性聚合物为壳层聚合物的核壳乳液聚合中。具体地说，单体 2 的加入可采用 3 种方式：半连续的滴加法、一次性加入的间歇法和经一定时间溶胀的预溶胀法。很显然，这 3 种加料方式造成了单体 2 在种子乳胶粒表面及内部的浓度分布有所不同。采用饥饿态半连续加料时，种子乳胶粒表面及内部的单体 2 浓度均很低；如果将单体 2 一次全部加入，则在种子乳胶粒的表面，单体 2 的浓度很高；而采用预溶胀方法加料，不但种子乳胶粒的表面单体 2 浓度很高，而且单体 2 有充分的时间向种子乳胶粒内部渗透。所以，种子乳胶粒内部也富含单体 2。由于单体 2 在种子乳胶粒的表面及内部分布情况不同，就会造成形成的乳胶粒结构形态也不同。以聚丙烯酸丁酯/聚苯乙烯为例，图 15-16 是以丙烯酸丁酯为核单体、以苯乙烯为壳单体，分别采用不同加料方式进行核壳乳液聚合得到的乳胶粒。由图中可以看出，采用间歇法和预溶胀法加入苯乙烯时，形成的乳胶粒中，聚丙烯酸丁酯-聚苯乙烯接枝共聚物的含量较高。因此，改善了核层聚合物与壳层聚合物的互溶性，这有利于提高乳胶粒的稳定性。由图中还可以看出，虽然聚丙烯酸丁酯的亲水性远大于聚苯乙烯亲水性，但此时也没有形成“翻转”的核壳乳胶粒，这也说明了聚合物亲水性对乳胶粒结构形态的影响不一定是决定性的，还与其他因素有关。

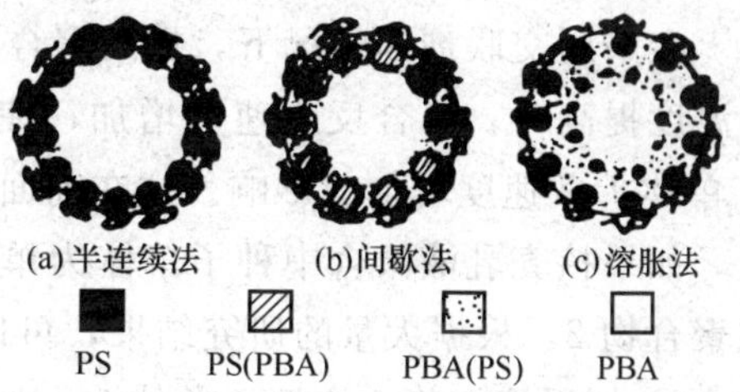

图 15-16　PBA/PB 乳胶粒结构示意图

(3) 引发剂的影响　如上所述，如果以亲水性聚合物为核、以疏水性聚合物为壳的核壳乳液聚合可能得到非正常的核壳结构。如果进一步考虑引发剂的性质，则结果将会更复杂一些。例如以甲基丙烯酸甲酯（MMA）为核层单体、以苯乙烯（St）为壳层单体，分别采用过硫酸钾、偶氮二异丁腈和 4,4′-二偶氮基 4-氰基戊酸（ABCVA）为引发剂，进行核壳乳液聚合，则会得到不同结构形态的乳胶粒。当以油溶性的偶氮二异丁腈和亲水性不大的 ABCVA 为引发剂时，由于聚甲基丙烯酸甲酯的亲水性较大，则苯乙烯进入到种子乳胶粒内部反应，得到以聚苯乙烯为核、聚甲基丙烯酸甲酯为壳的乳胶粒，即乳胶粒发生翻转；而当使用亲水性离子型过硫酸钾为引发剂时，由于大分子链上带有粒子基团—SO_4^-，增大了聚苯乙烯链的亲水性；引发剂浓度越高，大分子链上离子基团也越多，聚苯乙烯链亲水性就越大，则此时乳胶粒就可能不发生翻转，而形成“夹心状”或“半月状”乳胶粒。这种连接在大分子链末端的离子基团所起的作用，类似表面活性剂，它降低了大分子链与水之间的界面张力，从而起到稳定乳胶粒的作用，这种现象常被称为“锚定效应”。

（4）黏度的影响　反应区域的黏度对乳胶粒结构形态也有影响。以聚甲基丙烯酸甲酯-聚苯乙烯（PMMA-PS）体系为例，当聚合反应场所黏度较高时，苯乙烯分子在乳胶粒中的扩散受到阻碍，只能在 PMMA 种子乳胶粒表面进行聚合，结果 PMMA 颗粒就被 PS 分子所覆盖。PS 的疏水性较大，因此，它将对 PMMA 产生巨大的压力，从而将乳胶粒挤成一种“草莓形”的不规则颗粒；反之，当反应中心黏度较低时，大分子运动阻力较小，PS 和 PMMA 容易发生相分离，则此时形成的乳胶粒界面清晰，颗粒比较规整。

与黏度影响相关的有交联程度的影响和聚合温度的影响。在种子乳液聚合中，交联剂的用量对乳胶粒形态结构有重要影响。例如，当以丙烯酸丁酯（BA）为单体 1、St 为单体 2 时，生成翻转核壳结构。但当加入二甲基丙烯酸乙二醇酯（EGMA）交联剂后，形态结构产生明显变化；当 EGMA 用量为 2%时，得到正常的核壳结构。这是由于 PBA 和 PS 热力学互溶性小，倾向于相分离，憎水性较大的 PS 和 St 倾向于向种子 PBA 颗粒扩散，这是形成翻转核壳结构的原因。这种扩散受聚合反应区黏度的控制。加入交联剂使聚合反应区黏度大幅度提高，扩散受到阻碍。交联剂用量越大，影响就越大，形成的乳胶粒越接近于核壳结构。

在采用交联剂的情况下，提高聚合温度，可生成更接近核壳结构的乳胶粒。这是由于温度提高时，聚合反应速率增加，使反应区黏度大幅度提高，超过因温度提高而使 St 单体扩散速度增加的影响。这在前面已经述及。

如果核壳乳液聚合中种子单体为单体 1，生成聚合物 1，第二阶段加入单体 2，生成聚合物 2，根据大量的研究结果，可以总结出以下几条规律：

① 如果聚合物 1 不溶于单体 2，则有可能形成正常乳胶粒，且核壳层界限分明。

② 如果聚合物 1 和聚合物 2 互溶，则有可能生成正常乳胶粒，但核壳层相互渗透，界限不分明。

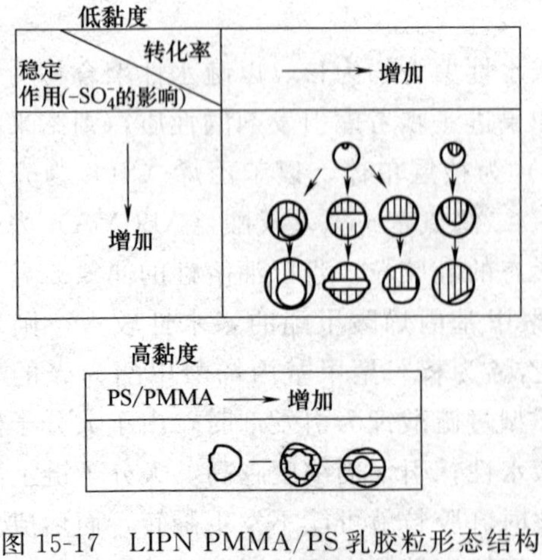

图 15-17　LIPN PMMA/PS 乳胶粒形态结构与反应条件的关系

○—PMMA 区　●—PS 区

③ 如果单体 2 可溶胀聚合物 1，但两种聚合物不相容，则可能发生相分离，生成异形结构的乳胶粒。

④ 如果聚合物 1 交联，与聚合物 2 不互溶，则聚合物 2 可能穿透聚合物 1，生成富含聚合物 2 的外壳。

⑤ 如果聚合物 2 的亲水性大于聚合物 1，则可能形成正常核壳结构。

⑥ 如果聚合物 2 的亲水性小于聚合物 1，则可能形成非正常核壳结构。

反应条件对 LIPN 形态影响的基本规律见图 15-17[21,26]。

IEN 的相畴较大，一般为 1～4μm，两相的相互贯穿仅限于两相的界面区。

Silverstein[27-28] 研究了交联丙烯酸酯 PA（70%PBA 和 30%聚丙烯酸乙酯）和交联 PS 构成的 LIPN PA/PS 的形态结构和性能。聚合完成后经分离干燥、压制试样后，形成如图 15-18所示的形态结构，其流变性能类似于用球形 PS 微粒填充的交联 PA。PS 微区具有增强作用，使模量提高，抗张强度大幅度增加，断裂延伸率可达 200%，是一种新型的热塑性 IPN。图 15-18 表示了颗粒内和颗粒间的纳米级微区（相畴）结构和相互交织的网络结构。

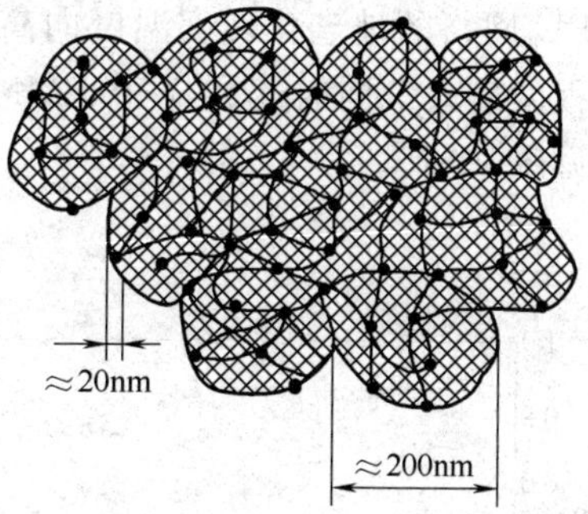

图 15-18　模塑 LIPN 截面示意图

交联 PA；交联 PS；● 交联PS纳米微区

15.3　主要物理性能

15.3.1　玻璃化转变及松弛性能

和一般聚合物共混物的情况相似，IPN 也存在分别对应于两个纯组分的两个玻璃化转变温度；但与纯组分相比，两个玻璃化转变温度有不同程度的相互靠近，玻璃化转变的温度范围拓宽，松弛时间谱的时间范围增大。在某些情况下，IPN 还会出现第三个玻璃化转变温度。

IPN 的松弛性能和玻璃化转变主要取决于组分间的相容性、相互作用和相互影响。这种相互作用和相互影响集中反映在相界区的存在。相畴越小，界面区越明显，组分间的相互影响越大，两个玻璃化转变温度相互靠近的程度越大，松弛时间谱就越宽。因此，凡是使相畴减小的因素，如相容性、交联度、组成、合成方法及反应条件等，大体上都使两个玻璃化转变温度靠近的程度增加，转变温度的范围加宽。

（1）相容性　组分间相容性增大时，两个玻璃化转变温度靠近的程度增加，转变区宽度增大，最后可变成一个宽广的玻璃化转变区。但仅有一个宽广的玻璃化转变，并不意味着均相结构。因为与均相聚合物相比，此玻璃化转变的温度范围要宽得多，这意味着是一系列温度相近的玻璃化转变的叠合。

当两种聚合物组分间发生接枝反应或形成氢键之类的强次价键时，相容性提高，相畴减小。相应于两组分的两个玻璃化温度相互靠近的程度增加，甚至只存在一个玻璃化温度。例如，以聚氨酯和聚丙烯酸酯为基的半-SIN，加入不同量的聚丁二醇以调节接枝程度，发现随着接枝程度的增加，与 PU 组分相应的玻璃化温度向高温移动的程度迅速增加，可达 35℃[29]。

（2）交联度　网络交联密度的增加对 IPN 松弛性能和玻璃化转变的影响与相容性增加的影响相似，这是由于随着交联密度的提高，阻止相分离的倾向增大，强迫相容性增强。

对 SIN PU/PMMA，K＝NCO/OH 是 PU 网络交联密度的控制因素。当 K＝1.07

时，PU 网络的玻璃化转变温度向高温移动的程度最大，因为这时 PU 网络的交联度和完善程度最大。同时，相应于 PMMA 网络的玻璃化温度向低温方向移动的程度也最大，见图 15-19。

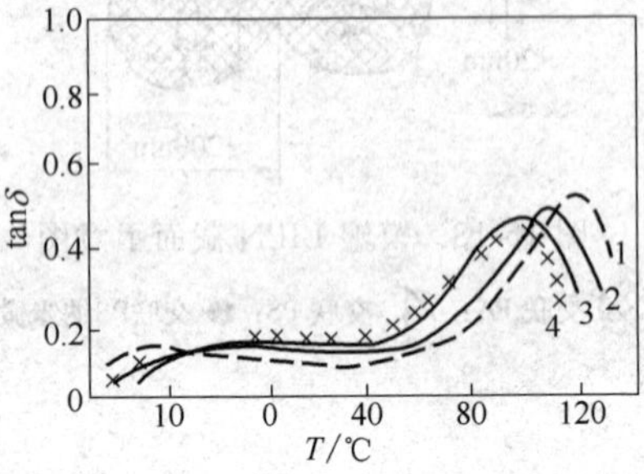

图 15-19　SIN PU/PMMA 的损耗正切 tanδ 与温度的关系

PU 含量为 34%，三甲基丙烯酸三羟甲基丙烷酯（TMPTMA）用量为 5%，

K=NCO/OH：曲线 1—0.77　曲线 2—0.89

曲线 3—1.28　曲线 4—1.07

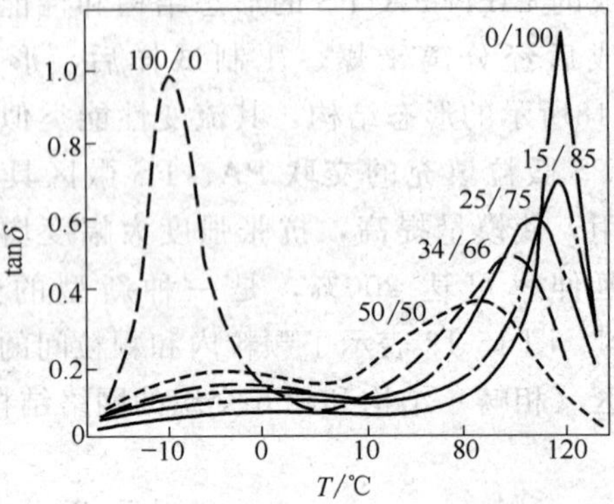

图 15-20　SIN PU/PMMA tanδ 与组成的关系

TMPTMA 用量为 5%，K=1.07

组成比对 SIN PU/PMMA 松弛性能和玻璃化转变行为的影响见图 15-20 和表 15-1。由图可见，与纯组分相比，两个玻璃化转变温度相互靠近了；在中等组成时，靠近的程度最大；随着组成的改变，转变区的宽度亦改变，在中等组成时，宽度最大。对应于 PMMA 网络的 tanδ 峰值随 PMMA 含量的减小而下降。

表 15-1　SIN PU/PMMA 及半-SIN PU/PMMA 转变温度与组成关系[①]

组成 PU/PMMA	低温转变/℃	tanδ	高温转变/℃	tanδ
	SIN	半-SIN	SIN	半-SIN
0/100	1[①],0.08[②]	—	122,1.1	—
15/85	0,0.09	−20,0.10	117,0.69	110,0.91
25/75	−7,0.12	−20,0.12	108,0.55	110,0.95
34/66	−10,0.14	−20,0.14	100,0.53	100,0.73
40/60	−15,0.15	−20,0.15	98,0.43	103,0.30
50/50	−15,0.19	−20,0.18	79,0.37	90,0.48
100/0	−40,1.05	−40,1.05	—	—

注：① 每频率为 0.1rad/s，TMPTMA 用量为 5%；② 为 PMMA 的 β 转变。

对于半-SIN，情况相似（见表 15-2）。这时 PMMA 是非交联的，与 SIN 不同的是，相应于 PU 玻璃化转变的低温转变温度在−20℃左右，基本上不受组成的影响。

tanδ 的半峰宽度也是相畴大小和相容情况的一种量度，它也与组成有关，如表 15-2 所示。对一般机械共混物，此宽度很小。IPN tanδ 的半峰宽度要比半-IPN 的大。这是由于与半-IPN 相比，IPN 网络之间相互贯穿程度大、相畴小的缘故。

表 15-2　SIN PU/PMMA 及半-SIN PU/PMMA 高温转变区 tanδ 半峰宽度与组成的关系

组成	PU/PMMA	15/85	25/75	34/66	40/60	50/50
半峰宽度	SIN	42.5	53	54	72.5	76
温度/℃	半-SIN	24	31.5	36	34.5	55

IPN PU/SBR 的黏弹特性见图 15-21。由图可见，网络 2（SBR）含量 φ 对 IPN 黏弹性的影响是非单调的。模量 E' 随 φ 的变化有极值。当 φ 值很小且增大时，模量减小；φ 较大且增大时，模量显著提高。与 tanδ 峰值相对应的温度 T_g 与 SBR 的体积分数 φ 有类似的关系。

由于模量和 T_g 决定于分子之间的相互作用能和链段的活动性，所以，这种非单调性变化必然与松弛过程的活化能有关。当网络 2 含量很小时，E_a 下降；当 φ 超过 0.1 时，活化能提高。

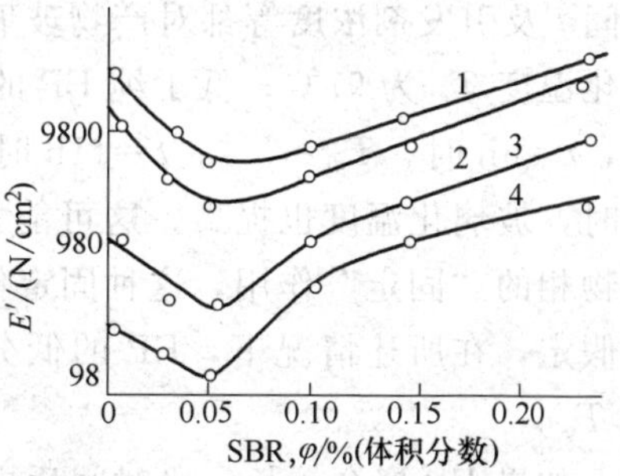

图 15-21　IPN PU/SBR 的储能模量 E' 与 SBR 体积分数 φ 的关系
曲线 1——30℃　曲线 2——20℃
曲线 3—0℃　曲线 4—20℃

在 IPN 中，一种网络是另一种网络的填充剂，由于热力学的非相容性和相分离的不完全，在 IPN 中产生了界面层。界面层的性质有别于纯组分的性质。组分 2 含量增加时，相畴数增多，界面层含量提高。在界面层，密度及分子间作用能较小，因而使模量、T_g 以及转变活化能下降。但是，组分 2 的玻璃化温度 T_g 及模量都比组分 1 的高，所以组分 2 含量增加时，又会使 IPN 的 T_g 及 E_a 增大。此外，组分 2 可起填料作用，减少聚氨酯链段的活动性。这两种倾向相反的影响机理，导致了上述的非单调关系。

（3）合成方法及反应条件的影响　合成方法及反应条件的影响主要是指动力学因素方面的影响。凡是阻碍相分离的因素都会使 IPN 的两个玻璃化转变温度靠近，松弛时间谱加宽。例如以聚氨酯和聚丙烯酸酯（Acrylic）为基的 SIN、第一类半-SIN-1 和第二类半-SIN-2 的研究结果表明[30]，SIN 及半-SIN-2 两个玻璃化温度相互靠近的程度较大，相界面模糊，相畴较小。半-SIN-1 和相应的线型聚合物的共混物，相界面分明，相畴较大，两个玻璃化转变温度相互靠近的程度小，如表 15-3 所示。

由表 15-3 可见，以聚丙烯酸酯为交联组分时，两个玻璃化转变温度靠近的程度都比较大，表明组分之间相互贯穿的程度也较大，这是由于相分离完成程度较小的缘故。线型和交联的聚氨酯链，在聚合过程中，其扩散速度的变化不特别迅速，因为起始预聚物的黏度本来就比较大。但在反应过程中，交联 PA 黏度的提高要比相应的线型 Acrylic 黏度的提高快得多。所以，在交联 Acrylic 的情况下，无充足的时间来完成相的分离。

表 15-3　　**PU/Acrylic 复合物的玻璃化转变温度**①　　单位：K

PU/% Acrylic/%	100 0	80 20	60 40	40 60	20 80	0 100
SIN	204 —	214 306	211 306	209 308	210 312	320.5
半-SIN-1	204 —	211 313	212 317	212 —	210 —	318
半-SIN-2	204 —	211 313	212 314	213	212	320.5
线型聚合物共混物	204 —	212 320	208 319	205	208	318

注：① DSC 法测定，PU 及 Acrylic 组成见文献［30］

又如对以环氧树脂（EP）和聚丙烯酸正丁酯（P*n*BA）构成的 SIN，EP 的预反应时间 t 及引发剂浓度等都对产物玻璃化温度有很大影响。当 $t=1\text{h}$ 时，SIN 中 EP 的玻璃化温度 T_{g1} 为 97℃，低于纯 EP 的玻璃化温度 T_{g0}（105℃）。但随着 t 的延长，T_{g1} 提高，$t=6\text{h}$ 时，$T_{g1}\approx T_{g0}$；$t=11\text{h}$ 时，$T_{g1}=115℃$，高于 T_{g0}。当增加 *n*-BA 中引发剂含量时，玻璃化温度也提高。这可能是由于在形成 SIN 过程中，一种聚合物相对另一聚合物相的“固定”作用。这种固定作用的程度依赖于两种聚合物网络相对生成速度。可以假定，在所述情况下，EP 的低分子级分被橡胶组分所“固定”，所以 T_{g1} 甚至可高于 T_{g0}。

如果 EP 聚合较长一段时间后再加入 *n*-BA 单体，则橡胶对树脂低分子级分的“固定”作用要大一些。如在凝胶前加入 *n*-BA 单体，EP 的低分子量级分还溶于 *n*-BA 单体中。*n*-BA 聚合时，这些低分子量级分保留于橡胶相内，结果使橡胶相和树脂相玻璃化温度都提高。

另一方面，若 EP 预聚合时间 t 不长，*n*-BA 中引发剂含量也很小，则玻璃化温度下降。可能是由于这时发生了相反的情况：EP“抓取”橡胶分子以及 *n*-BA 接枝到 EP 的-OH 基团上。EP-“抓取”橡胶以及橡胶“抓取”EP 的低分子量级分，这两个过程是同时进行的。依反应条件的不同，可使其中之一占优势。因此，改变反应条件可制取具有不同松弛性能的 SIN 材料。

上述事实说明了反应过程的动力学因素对互穿网络聚合物的性能有明显影响，这为反应条件的设计提供了重要依据。

15.3.2　力学性能

1. 模量

IPN 具有两相连续的形态结构，其模量一般都符合 Davies 方程（式 4-13）。例如半-SIN PU/PMMA的模量的实测值与按式（4-13）的计算值十分吻合，如图 15-22 所示。IPN SBR/PS 也是这样，如图 15-23 所示。

Budiansky 提出一种双相连续的力学模型，其表示式为：

$$\frac{\varphi_1}{1+\varepsilon[G_1/(G-1)]}+\frac{\varphi_2}{1+\varepsilon[G_2/(G-1)]}=1 \qquad (15\text{-}24)$$

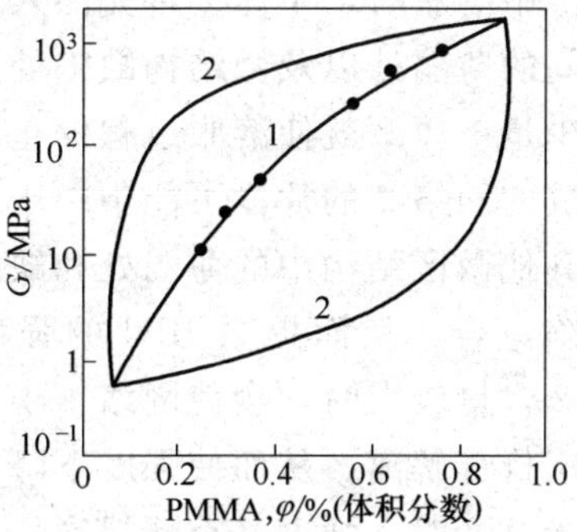

图 15-22　半-SIN PU/PMMA 剪切模量 G 与 PMMA 体积分数 φ_2 的关系

•—实测值，1—按式（4-13）的计算值，2—按 Kener 方程的计算值

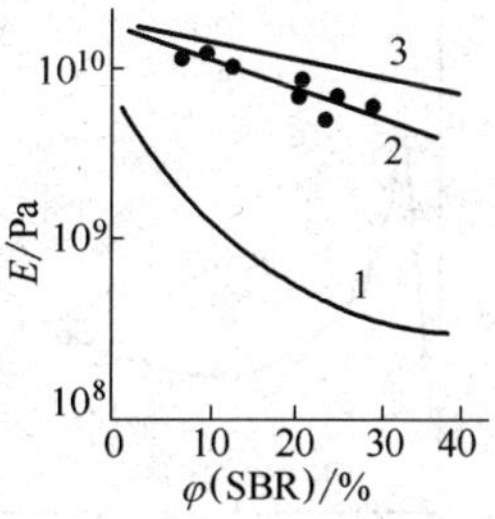

图 15-23　IPN SBR/PS 的模量与组成的关系

•—实测值，1,3—按 Kener 方程的计算值，2—按式（4-13）的计算值

$$\varepsilon=2(4-5\nu_p)/15(1-\nu_p) \tag{15-25}$$

式中　ν_p——复合材料（如 IPN）的泊松比

φ_1 及 φ_2——分别为组分 1 和组分 2 的体积分数

G、G_1 及 G_2——分别为复合材料、组分 1 及组分 2 的剪切模量

实验表明，SIN PU/PMMA 的模量与按式（15-24）的计算值十分吻合。Davies 方程与式（15-24）所得结果相近，但式（15-24）对组成的变化更敏感一些。

应当指出，IPN 两相的连续程度并不完全相同，有人提出了如下的计算公式：

$$P=P_1\varphi_{1//}+P_2\varphi_{2//}+\frac{P_1P_2(\varphi_{1\perp}+\varphi_{2\perp})}{P_1\varphi_{2\perp}+P_2\varphi_{1\perp}} \tag{15-26}$$

式中　$\varphi_{1//}$ 及 $\varphi_{2//}$——分别为组分 1 及组分 2 表现连续相特性的体积分数

$\varphi_{1\perp}$ 及 $\varphi_{2\perp}$——分别为组分 1 及组分 2 表现分散相特性的体积分数

P、P_1 及 P_2——分别为 IPN、组分 1 及组分 2 的有关性能，例如模量等

此公式将性能与两相的连续程度联系了起来，若测得相应的性能（如模量），即可求得两相的连续程度。

2. 力学强度

IPN 作为聚合物共混体系的一个分支，其力学性能服从共混体系力学性能的一般规律。但由于 IPN 制备方法和微观形态结构特点，其力学性能也存在一些独特之处。

第一网络基本上决定了 IPN 的力学性能。当 IPN 组分之一存在强烈的分子间力时，如 PU 的情况，性能与组成的关系往往是非单调的，在一定的组成范围内，IPN 的力学性能可超过其任一组分。这种情况具有重要的实际意义，有时当一种组分含量很少时，IPN 的力学强度会急剧增大。与线型聚合物共混物的情况一样，这是一个值得重视的事实，以下举例说明。

以 PU 和 DVB 交联的 PS 为基的分步 IPN，其拉伸强度与组成的关系具有极值。当 PS 含量很少时，强度急剧增大，而达到极大值，如图 15-24 所示。

对此事实的解释如下：由于非晶网络聚合物，特别是 PU 网络的不均一性，当在单

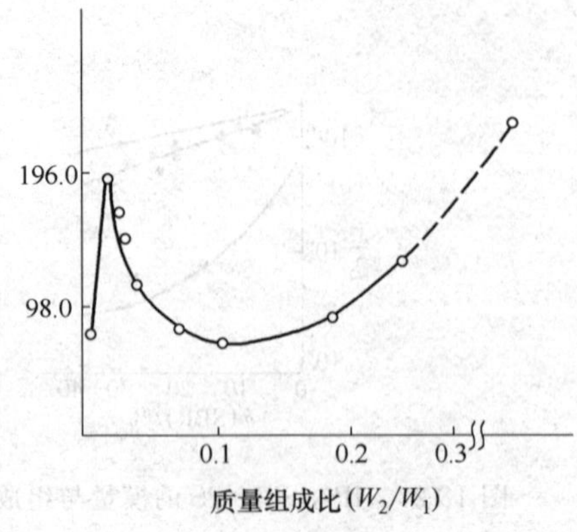

图 15-24　IPN PU/PS拉伸强度与组成的关系

体 2 中溶胀时，单体 2 首先渗入球形结构之间的薄弱处以及微结构缺陷处。如仅渗入少量单体 2 就使溶胀过程停止，那么所形成的网络 2 的片段可能集中于球状结构或其他微区结构中的薄弱处和缺陷处，使缺陷愈合，从而提高 IPN 的强度。当网络 2 含量较大时，会使网络 1 中氢键及其他次价键解离，从而使强度下降。组成比大于 0.2 时，强度又重新提高，这可能是由于高模量、高强度组分（PS）对强度的影响占主导地位的缘故。

当 SIN 的一个组分为 PU，另一个组分为 EP、聚丙烯酸酯、PMMA、不饱和聚酯或 PS 等时，其力学强度与 PU 含量的关系是非单调的，如图 15-25 所示。强度存在极大值，这是由于网络间相互贯穿而使交联密度（其中包括物理交联）增大的缘故。当 PU 交联密度很大时，相互贯穿困难，因而强度极大值减小，见图 15-25 曲线 7。当 PU 含量达 75%左右时，强度出现极小值。这是由于当另一组分含量为 25%左右时，PU 中的氢键及其他次价键结合减小的影响占主导地位的缘故。当组分 2 含量较大时，有效交联密度的影响开始起主导作用。这就是说，增加有效交联密度和减小次价键这两个相反作用的总和，决定了强度与组成间关系中极大值和极小值的存在。

当 PU 是由脂肪族二异氰酸酯制得时，由于与芳香族二异氰酸酯的情况相比，此时

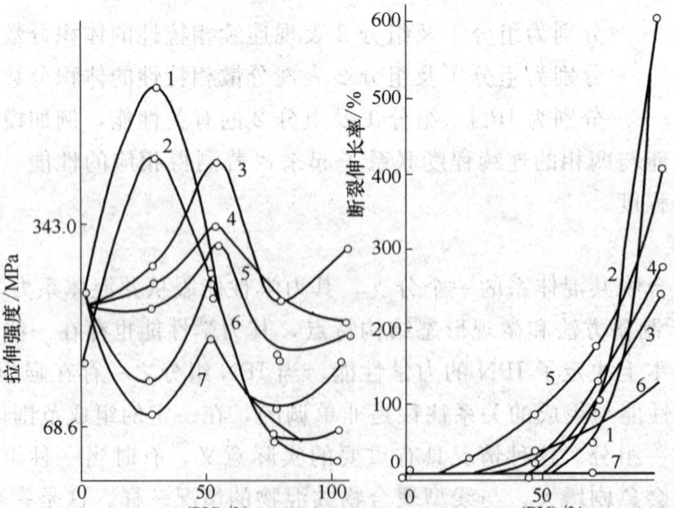

图 15-25　SIN 拉伸强度（a）和断裂伸长率（b）与 PU 含量的关系

1—SIN PU/EP-152　2—SIN PU/EP-828　3—SIN PU/PBA　4—SIN PU/PS

5—SIN PU/PMMA　6,7—SIN PU/聚甲基丙烯酸羟乙酯

PU 中氢键较多，因而组分 2 对 PU 的增塑作用（减少氢键数目的作用）更为明显，使得强度极小值出现在组分 2 含量更小的区域。而对以芳香族二异氰酸酯制成的 PU，此极小值或者没有或者出现在组分 2 含量较大的区域。

随着 PU 含量的减少，断裂伸长率急剧下降，见图 15-25（b）。在 PU 含量为 50% 时，断裂伸长率接近于纯组分 2 的数值。

若构成 IPN 的两种聚合物，一种是橡胶，另一种是塑料，那么两相之间能很好地发挥协同效应。当构成主要连续相（第一网络）的组分是塑料时，橡胶起显著的增韧作用，得到橡胶增韧的塑料。在 IPN 中，相畴尺寸一般为 0.1μm 左右，这对发挥橡胶相的增韧作用极为适当。另一方面，两相之间的相互贯穿和缠结，增加了两相之间的黏合强度。因此，IPN 类的增韧塑料，一般都有较高的冲击强度。例如，IPN PS/SBR 的冲击强度，要比一般的 HIPS 高 3 倍以上。

对于 SIN EP/PBA，当两组分同时到达凝胶点时，力学强度最低，如图 15-26 所示。图中由左下角至右上角的对角线区域，大致代表两聚合物组分同时到达凝胶的条件。在此区域的两边，强度都较高。这可能是由于两组分同时到达凝胶点时，相畴更小，不能很好发挥两相之间协同效应的缘故。

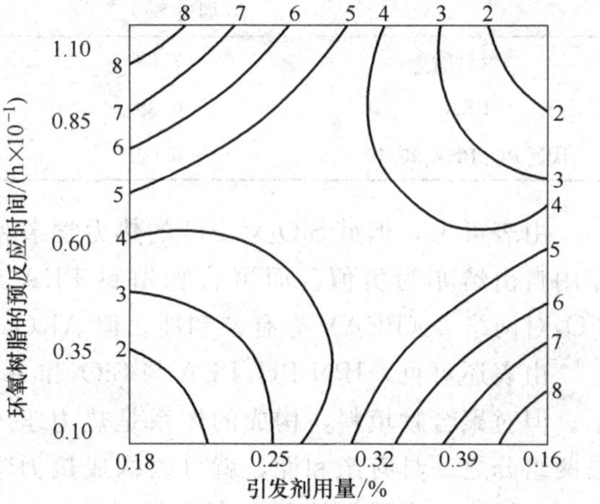

图 15-26　SIN EP/PBA 拉伸强度等高线

PBA 的交联剂为 DEGDM，用量为 0.80%

IPN 用作黏合剂时，存在一些基本特性。IPN 结构可使粘接强度大幅度提高。这与 IPN 中不同网络组分固化速度不同有关，例如，由聚酯和聚氨酯构成的 SIN，聚酯固化 40min 完成，而聚氨酯固化需经数十昼夜才能完成。一种网络固化不充分可使粘合层内应力松弛速度很大，从而减小黏合层的内应力，使黏合强度提高。所以，SIN 聚酯/聚氨酯类型的黏合剂的黏合强度，远远超过单一聚合物黏合剂的黏合强度。

15.3.3　热稳定性

在热稳定性方面，IPN 亦常表现组分间明显的协同效应。例如 SIN PU/PMMA，在某些组成范围内，其热稳定性介于两纯组分之间；而在另一些组成范围内，其热稳定性高于任一纯组分[31]。这是由于 PMMA 及其降解产物起自由基捕捉剂的作用，从而保护了 PU，延滞了 PU 的降解作用。要产生这种协同作用，就需要两组分间的密切接触，为互穿网络的形成提供条件。SIN PU/PS 具有类似的情况。

15.4　填充 IPN

与一般的聚合物一样，用无机填料填充和增强 IPN 是重要的改性手段。这就涉及

IPN与固体表面的作用问题，由IPN与固体表面作用而得出的结论，原则上同样适用于以IPN为基的复合材料。

15.4.1 IPN与填充体表面的相互作用

IPN与固体（如无机填料）表面的作用常常可提高体系的热力学稳定性、减少相分离程度。例如，采用等温蒸气吸附法研究了IPN PU/PEA与各种填料表面的相互作用，测量了在不同填料存在下，体系的混合自由焓[32]，如表15-4所示。

表15-4　聚合物与填料之间的相互作用自由焓[32]

聚合物	自由焓 $\Delta G/(J/g)$		
	烟道 SiO_2	$A1_2O_3$	PEA
聚氨酯	−2.23	−1.17	+1.42
PEA	−0.38	+0.96	+0.31
IPN PU/PEA 90/10	−0.92	−4.73	+6.35

由表可见，烟道SiO_2对PU的热力学亲和性最大；其次是$A1_2O_3$，它与PU的相互作用自由焓亦为负值。而聚合物填料PEA对聚合物无亲和性，自由焓变化为正值。SiO_2对网络2（PEA）亦有亲和性，但Al_2O_3对网络2无亲和性，混合自由焓为正值。

由表还可见，IPN PU/PEA与SiO_2和Al_2O_3都是亲和的，可构成热力学稳定的体系。但对聚合物填料，构成的体系是热力学不稳定的。所以，只要填料与IPN两组分或两组分之一具有亲和性，就可以构成热力学稳定的填充IPN体系。这一结论同样适用于以纤维为增强剂的IPN复合材料。

根据对一系列IPN的研究[33-34]，在填充IPN中，聚合物与固体表面的作用机理可总结为以下几点：

① 根据IPN组分相容性的不同及不同组分对填料固体表面亲和性的不同，IPN各组分对填料表面存在选择性吸附，具有较高表面张力的组分，优先吸附在高表面能的填料表面。这种选择性吸附使其在界面富集，使界面区的组成有别于本体。两聚合组分互溶性较差时，更有利于这种选择性吸附。

② 这种选择性吸附可限制大分子链段的运动，从而阻碍相分离的进行，使相分离程度减小，IPN两组分强迫相容性增加，或者说提高了两组分之间的相容性。

③ 在填料固体表面上的选择性吸附，也对IPN形成的反应动力学产生明显影响。

IPN与固体表面的这种作用也是IPN对固体表面黏合强度提高的重要因素，这一点对于用作涂料和黏合剂的IPN十分重要。此外，根据Bauer等人的研究[35]，填充IPN网络的交联密度有所减少，认为这是由于在填料存在下，网络的缺陷增加的缘故。

15.4.2 填充IPN的黏弹性

根据对填充不同填料IPN PU/PEA黏弹性的研究表明，加入填料可提高IPN网络之间的相容性，减少相分离程度。填充IPN PU/PEA明显改变了整个体系的黏弹性。对其他IPN的影响基本情况也一样。

15.5 应　　用

当前 IPN 技术已成为聚合物材料制备和改性的重要手段之一，许多 IPN 产品已投入市场。本节就 IPN 在塑料与橡胶改性、黏合剂、离子交换树脂、阻尼减震等方面的应用作一简要介绍。

15.5.1 橡胶与塑料改性

橡胶与塑料通过 IPN 的改性，主要是指橡胶的增强和塑料的增韧。这有两种途径，其一是通过调整 IPN 组分以达到改性目的；其二是通过 IPN 方法合成改性剂，再与待改性的基体共混以达到改性的目的。

（1）以 IPN 方法合成增强橡胶和增韧塑料

当以橡胶组分为主时，为增强橡胶；以塑料组分为主时，为增韧塑料。用 IPN 方法制得的产物，其增强或增韧效果要比一般的共混方法好，特别是当两组分相容性很差时，采用 IPN 方法的优点更为突出。

关键是要调整好反应条件和配方，形成相畴大小适中的多相体系，以充分发挥其增强或增韧的效能，下面举例说明之。

例 1，20 世纪 70 年代 Hutchioson 等人发表了一系列专利[1]，阐述 IPN 在增强橡胶等方面的应用。在一些 IPN 中，聚合物 1 为 PU，聚合物 2 为乙烯基聚合物或不饱和聚酯，可采用分步法或同步法分别制得 IPN、SIN 或半-SIN。例如，可先使 PU 的生成反应达到凝胶点，再使乙烯基单体聚合。Hutchinson 称这种反应为凝胶聚合。当作增强橡胶用时，PU 含量要大于 50%，乙烯基聚合物交联网络的网链相对分子质量要在 25000 以下。

乙烯基单体的聚合导致相分离。如果 PU 凝胶化之前乙烯基单体就聚合至相分离，则相畴较大，一般在 40μm 以上，产物性能差。适当调节聚合速率，可使相畴尺寸在 2μm 以下。这时 PU 构成连续相，乙烯基聚合物可视为分散相，所得产物为塑料增强的橡胶，永久形变减小，应力-应变线性关系的特性持续。

例 2，热塑性 IPN 法制塑料增强的橡胶。最典型的例子是由乙烯-丙烯-二烯烃共聚物（EPDM）与等规聚丙烯制备热塑性弹性体[1]。

（2）用 IPN 方法制备塑料改性剂

用胶乳 IPN 的方法合成塑料改性剂，以这种方法合成的聚丙烯酸酯类改性剂（ACR）和 MBS 树脂已经投入市场。在塑料改性中，为保证良好的协同效应，改性剂与基体之间要保证有足够的相容性，复合物要有良好的加工性能。当制备透明材料时，折射率之间要有良好的匹配。采用胶乳 IPN 方法，常常可同时满足这些要求，这是优于其他方法最突出的特点。

① 聚丙烯酸酯系改性剂　聚丙烯酸酯系弹性体对光、热有高度的稳定性，所以，用它增韧塑料受到了广泛重视。专利文献[1]阐述了以聚丙烯酸酯系弹性体为基的 LIPN 增韧塑料的方法。LIPN 可以是双层的，也可以是多层的，根据用途的不同，每一层都

是交联的或者不全是交联的，最外层可以是不交联的线型聚合物。

以聚丙烯酸酯类为基的 LIPN 作为 PVC、PC、PMMA 及其他塑料改性剂的研究日益受到重视，是当前 IPN 应用技术方面最活跃的领域之一。以下举例说明之。

例 1，以 LIPN 为基的抗冲改性剂，用于 PVC 及 PC 等热塑性聚合物的抗冲改性并改善加工性能。此种改性剂由两部分组成：①以聚丙烯酸酯类为基的 LIPN，例如第一层为 PBA，用异氰脲酸三烯丙酯交联，中间层为 PMMA，最外层为交联的 PBA。②为丙烯酸乙酯与甲基丙烯酸的共聚物，也用乳液聚合方法制备。两种组分的用量比为：组分 1 为 100 份，组分 2 为 0.1～20 份。

例 2，以交联的 PBA 作为种子胶乳，网络 1，交联 PS 为第二层，网络 2，线型 PMMA 为第三层，制成三层结构的 LIPN。将制得的胶乳经盐析、洗涤、干燥，再与 PVC 共混、成型，最后可制得透明的或不透明的增韧塑料[36]。

例 3，先制成以聚丙烯酸酯类为基的 LIPN，将其分散于 MMA 单体中，聚合后得到高透明的增韧有机玻璃。

② 热固性树脂增韧剂　将 LIPN 型弹性体表面带上能使热固性树脂交联的基团，即得热固性树脂增韧剂。将其与热固性树脂共混，经加工成型即制得增韧的热固性塑料制品。

③ MBS 树脂　用三甘醇二甲基丙烯酸酯交联的 SBR 制成种子胶乳，以交联的 St-MMA 共聚物为第二层，最外层用交联的 PMMA。此种 3 层结构的 LIPN 胶乳盐析、洗涤、干燥，即得 IPN 类型的 MBS 树脂，优于其他方法制得的 MBS 树脂。以此种 MBS 与 PVC 共混，可得高度透明的韧性塑料，悬臂梁缺口冲击强度可达 8.33J/m^2。

15.5.2　片状成型料和反应注塑料

(1) 片状成型料（SMC）

一般的 SMC 是在不饱和聚酯、ST 混合物中，添加碱性氧化物或氢氧化物制成的。碱性添加物通过生成离子体而达到使苯乙烯-不饱和聚酯增稠的目的。通常，SMC 中加有碳酸钙填料及玻璃纤维增强剂，以提高制品的模量。为达到所需黏度，增稠反应常需数天，且成型过程与添加物的粒度及分散情况有关，因而制品质量常不够稳定。为克服这些缺点，可用交联的 PU 代替上述的氧化物或氢氧化物来起增稠作用，并可制得性能良好的制品。此种技术称为互穿增稠过程，简记为 ITP。此种增稠反应的结果，是于不饱和聚酯存在下，形成 PU 网络。当 PU 网络内所含的苯乙烯-不饱和聚酯聚合时，形成 IPN。

在灌模成型前，PU 的形成反应几乎要进行到凝胶点；然后再使包括苯乙烯-不饱和聚酯聚合反应在内的反应进行完全。PU 和聚酯都是强极性的，所以，凝胶网络内包含大量物理交联键，特别是氢键。加热时物理键破裂，因而能用铸模、压模或真空成型的方法加工成制品。

(2) 反应注塑（RIM）料

RIM 是最为节约能量的塑料加工成型方法。为提高以 PU 为基的 RIM 制品的模量，可采用 IPN 技术[37]。例如，将 PU 与环氧树脂、不饱和聚酯以及甲基丙烯酸酯类单体等复合，生成以 PU 为基的 IPN，从而提高 RIM 制品的模量。例如将 PU 与 EP-828 复合，经反应注射成型后，制品的拉伸强度等力学性能很好；当 EP-828 含量为 20％时，达最佳值，与含有 10％玻璃纤维的相应增强反应注塑制品的性能基本上一样。

15.5.3　离子交换树脂及压渗膜

IPN 技术用于制备离子交换树脂可追溯到 1955 年，即在 IPN 这一术语提出之前。用 IPN 方法制备离子交换树脂时，IPN 中的一种聚合物网络是高度交联的，它赋予离子交换树脂必要的力学强度；另一种聚合物网络轻度交联、易于溶胀，赋予离子交换树脂必要的离子交换能力。Barrett 等人称这种离子交换树脂为“杂化树脂”。

用压渗膜脱盐是海水淡化的新技术。在压力的推动下，盐优先通过压渗膜而被脱除。为此，压渗膜需由聚阴离子和聚阳离子两个连续相构成。IPN 结构可满足这种要求。例如，以交联的 PS 为网络 1、以交联的聚乙烯吡啶为网络 2，制得分步 IPN，再经磺化和季胺化反应，即可制成具有两相连续结构的压渗膜[38]。

15.5.4　减震阻尼

当聚合物与振动物体接触时，会吸收一定振动能量使之变成热能，结果使振动受到阻尼。在聚合物玻璃化转变的温度范围内，对振动能的吸收最大，阻尼作用最强。在玻璃化转变温度范围之外，这种阻尼作用迅速减小。一般均聚物和共聚物玻璃化转变温度范围都很窄，产生有效阻尼作用的温度范围只有 20～30℃，因此，在减震、阻尼方面的应用受到限制。两种聚合物共混时，常可加宽玻璃化转变的温度范围，特别是当两种聚合物制成 IPN 时，玻璃化转变温度范围加宽的效应更为显著。

IPN 的两个玻璃化温度相互靠近，最后变成一个宽广的玻璃化转变区域。例如 IPN PEA/PMMA 的玻璃化转变的温度范围可达 100℃，因而具有良好的减震阻尼性能。

上述情况产生的原因是由于随着相容性的增加，相畴减小，界面层含量增大，在相间产生明显的浓度梯度的缘故。

材料内部存在宏观浓度梯度最典型的例子是渐变型 IPN。例如，将交联的聚合物 1 薄板贴于基质上，由其一侧用单体四拦平衡地溶胀，并随之使单体 2 迅速聚合。由此制成渐变 IPN 阻尼层或隔音层。阻尼和隔音性能十分优异。

阻尼和隔音的聚合物涂层有两种，其一为单一的聚合物涂层，称为伸展型阻尼涂层；其二为束缚型涂层，由硬性聚合物层和黏弹性聚合物层构成，如图 15-27 所示。

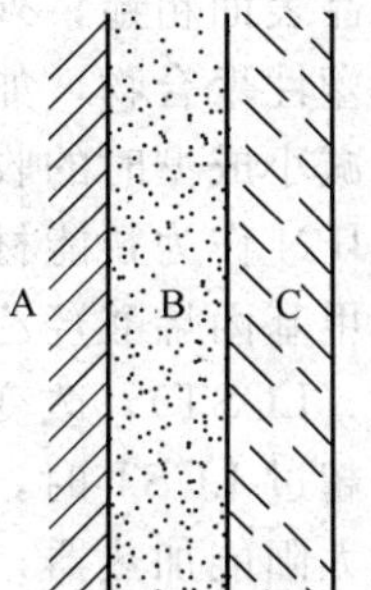

图 15-27　束缚阻尼层

A—基体　B—阻尼层

C—束缚层

伸展阻尼层的阻尼作用主要靠阻尼层的伸展和弯曲运动；束缚阻尼层的阻尼作用，除伸展和弯曲运动之外，还存在剪切运动，因而使阻尼效能大大提高。以胶乳型 IPN 制成的阻尼层，具有阻尼温域宽、对各种曲率表面适应性强的优点。

采用梯度 IPN 可使阻尼层和束缚层为同一的整体，具有优异的阻尼、减震性能，是一类很有发展前途的阻尼、减震材料。

15.5.5 皮革改性

动物生皮是由胶原纤维组成的。胶原纤维排列成三维交织网络形状。生皮经鞣制而成皮革。鞣制过程即熟化过程中产生交联作用，且使胶原纤维不再腐烂。所以，皮革是一种以胶原纤维为基的交联聚合物。

与人造革相比，皮革表面平滑度较差，易受化学腐蚀，易渗水和易磨损。为此常采用聚合物使之改性。例如，可在鞣制前或鞣制后，用单体浸渍，再使单体聚合而形成IPN结构的复合物。常用的单体有丙烯酸酯类、苯乙烯、乙烯基单体等。

IPN技术用于皮革改性有广阔的前景。在鞣制、涂饰方面，IPN技术都存在很大的潜力。例如，德国拜耳公司将IPN技术用于聚氨酯涂饰剂的制备，制得了性能极其优越的皮革涂饰剂。

15.5.6 黏合剂、涂料及其他

IPN技术已用于黏合剂及涂料的改性和新型黏合剂及涂料的制备，例如改性酚醛树脂、改性醇酸树脂涂料等。用能交联的水溶性或水分散的树脂与热塑性树脂乳液混合，经交联生成IPN结构的间充交联涂料，适用于密封料、建筑涂料等。常用的原料有：氨基树脂、酚醛树脂、聚氨酯及环氧树脂等。

有机硅/有机硅型的IPN可用于聚酰亚胺薄膜与金属之间的粘合。用悬浮聚合的方法可制得环氧树脂/聚酯型IPN黏合剂。半-IPN EP/PU型黏合剂具有优异的性能，可作密封剂及裂纹填合剂等。

IPN材料在医疗器械和医学方面也有很大的应用潜力。由于硅树脂改进了尼龙对血凝块的粘性，并能减少血凝块的发生率，从而为IPN改性尼龙开拓了在医学上的应用领域，可用以制造器官移植用的医疗器械、人造关节、各种导管及人造心脏等。

用聚硅氧烷和聚甲基丙烯酸羟乙酯制备的IPN，具有良好的透氧性和生理相容性，可用以制造软质角膜接触镜。

IPN技术已用于制备低收缩聚酯。不饱和聚酯溶于一定量苯乙烯中作基质，用玻璃纤维增强可制成片状成型料和整体模塑料。但这种复合物在成型过程中，收缩率较大，使制品表面粗糙，外观不良。为此，可用IPN技术加以改进，方法是在复合物中，加入热塑性聚合物，如聚醋酸乙烯酯、PMMA或饱和聚酯等；固化后生成半-IPN结构材料，减小成型时的收缩率，可改进产品性能和外观。

IPN作为智能材料的应用也日益受到关注。如在太阳能利用方面的应用，以聚氧乙烯和甲基丙烯酸羟乙酯与苯乙烯共聚物为基的IPN，在30～150℃具有可调的最低临界温度（LCST），改变组成可调节LCST值。由此制成的IPN膜在LCST以下为透明的，温度超过LCST时，透明性逐渐下降，从而使太阳光透过率下降。因此，这种材料可用于太阳能加热器，自动调节温度以防止过热。

15.6 进展和趋势

当前IPN技术已成为高分子材料改性的重要手段和相对独立的高分子科学领域。

在有关 IPN 的理论研究方面，主要集中在相图、相分离机理、反应动力学以及相分离与反应动力学的相互关系等方面。更多的研究则集中于新类型 IPN、新的合成方法以及 IPN 的实际应用方面。以下对近几年的进展和趋势作简要介绍。

15.6.1　新型 IPN

① 原位分步 IPN[39]　将两种不同的乙烯基单体 M1 及 M2 和交联剂、引发剂混合在一起，使两种单体依次聚合和交联。为此，必须两种单体对自由基聚合反应的活性差别很大。例如，烯丙基单体的活性为丙烯酸酯和甲基丙烯酸酯单体活性的 1/100，所以，二者就可分别用作 M1 及 M2。另外，还要使用在不同温度下分解的不同引发剂。这可使活性较大的单体在较低温度下聚合，活性较小的单体在较高温度下聚合，生成分步 IPN。由于这种 IPN 的制备是将两种单体和相应的交联剂、引发剂一起混合，但依次聚合而形成的 IPN，所以，这种 IPN 亦称为原位分步 IPN（in situ sequential IPN）。这种方法对 IPN 的加工成型提供了一个很好的途径，在 IPN 的应用上很有意义。

例如，将 MMA 和双酚 A 碳酸二烯丙基酯（DACBA）混合在一起，在中等温度下，MMA 聚合并交联，待 MMA 聚合及交联反应完成后，升高温度，进行第二步反应，再使 DACBA 聚合并交联，生成原位分步 IPN。第一步反应在 60℃进行，以 AIBN 为引发剂；第二步反应在 95℃进行，以叔丁基过氧化异壬酸酯（TBPIN）为引发剂。由于网络 1 是在单体 2 存在下形成的，网络处于松弛状态，这与一般的分步 IPN 不同。

② 梯度 IPN[40-41]　关于梯度 IPN 的制备方法前面已经述及。当前，有关梯度 IPN 的应用研究已指向高新技术领域，例如，利用其梯度组成能使折光率梯度变化的性质制备梯度光学棱镜。

③ 有机-无机 IPN[40,42-43]　由有机聚合物和无机物构成的 IPN 称为有机-无机 IPN，亦称为杂化 IPN，可视为有机/无机杂化复合材料的一种新类型。这种由性能差别极大的组分构成的 IPN，为高分子材料强度和性能设计提供了新的途径。Jackson 等人[44]用溶胶凝胶法制得了聚丙烯酸羟乙酯和 SiO_2 为基的 IPN，经小角 X-射线散射测得 SiO_2 相畴尺寸为 10nm 左右。Allcock 等[45]合成了一系列由聚丙烯酸酯类与聚膦腈组成的有机-无机 IPN，用透射电镜测得相畴尺寸为 0.05～0.25μm。

15.6.2　以可再生原料为基的 IPN

由于石油资源的有限和环境污染问题，所以利用可再生资源来制备 IPN 已成为发展 IPN 的一种趋势。

① 以蓖麻油为基的 IPN　Patol 等[46]合成了以蓖麻油-氨基甲酸酯网络和丙烯酸酯类网络构成的 IPN，并合成了蓖麻油-聚苯乙烯构成的 SIN，对其微观形态结构进行了研究。Nayak 等人将 TDI 与蓖麻油反应制成预聚物，再与丙烯酸酯类单体混合，以二甲基丙烯酸乙二醇酯（EGDM）为交联剂，制得了同步 IPN，研究了反应动力学、松弛转变行为以及耐热性，发现此类 IPN 具有优异的耐热性。在耐热性上，两组分具有明显的协同效应。

Tan 等[47]合成并研究了 SIN 蓖麻油-氨基甲酸酯/聚丙烯酸酯，聚丙烯酸酯组分的合成采用 MMA、St 和 AN 混合单体。此种 SIN 具有抗水解、耐磨等优异性能，已用作水坝的堵漏剂。Zhou 等[4]研究了蓖麻油型聚氨酯和 PMMA 所构成的 SIN，研究了其力学和松弛性能。这类材料已用作铁的抗锈涂料。Barrett 等人合成了以蓖麻油型聚氨酯和 PET 为基的 IPN，并对其反应机理进行了研究。

② 以天然橡胶为基的 IPN　以天然橡胶胶乳作为种子，使 MMA 进行乳液聚合，可制得类似于 ABS 的抗冲复合材料。Hourston 等合成了以天然橡胶胶乳和 PMMA 为基的 LIPN 和半-IPN，以及以天然橡胶胶乳和 PS 为基的 IPN，这些产物都是性能优异的增韧塑料，抗冲强度可达 $32.2kJ/m^2$。

③ 纤维素衍生物为基的 IPN　纤维素大分子上每个链节都有 3 个具有相当反应活性的羟基，可用以制备各种 IPN 及其相关的材料。例如，Kamath 等人[48]用肉桂酸烯丙基纤维素酯与含交联剂的苯乙烯、丙烯酸酯或醋酸乙烯酯等反应，制成了各种 IPN 和 AB-交联共聚物，这些材料具有优异的耐热性。还有用纤维素酯和丙烯酰胺制备水凝胶的报道[49]。这种材料可用于生物、医学领域。

15.6.3　特种材料

当前 IPN 技术已成为聚合物材料改性的一种重要手段。美国 Petrarch Systems 公司开发了一种商品名为 Rimplast 的 IPN 系列产品，由聚硅氧烷和热塑性树脂组成。这类材料既具有有机硅的润滑、绝缘、耐高温、化学惰性、生物相容性和透氧气等特点，又具有热塑性树脂的力学强度等特点。这种材料以两种粒料形式提供，每一种粒料均由母体聚合物与反应性的有机硅组成。其中一种粒料中的有机硅带乙烯基官能团，另一种粒料中的有机硅带氢官能团，并在其中一种粒料中加入铂催化剂。在加工过程中，因硅树脂上不同官能团之间反应、交联而生成 IPN。由于有机硅是作为交联剂而被包裹在基体树脂中，因而阻止了有机硅的扩散。这类产品可用普通的注塑、挤出工艺加工成型，可用作人体导液管、波纹管以及电器绝缘材料。

目前 Rimplast 系列产品有：

a. IPN 聚硅氧烷/聚酰胺；b. IPN 聚硅氧烷/聚氨酯；c. IPN 聚硅氧烷/脂肪族氨基甲酸酯等；d. 聚硅氧烷与聚碳酸酯、聚对苯二甲酸丁二酯、苯乙烯-乙烯-丁二烯-苯乙烯嵌段共聚物构成的 IPN；e. IPN 聚硅氧烷/环氧树脂。

美国 DuPont 公司开发了聚甲醛系列的 IPN。已投入市场的有牌号为 Pelrin 100ST 的超增韧聚甲醛、牌号为 Delrin 500T 的增韧聚甲醛，这些材料的冲击强度为普通聚甲醛的 7～30 倍。

美国 Allied Fibers and Plastics 公司开发了一种碳纤维增强的半固化-IPN，它由聚砜、聚碳酸酯等热塑性树脂和热固性树脂（改性酚醛）组成。这种材料具有耐热性好、吸水率低、固化时间短、收缩率小的优点。

美国 She11 公司经 8 年多的研究，制得了具有很大实用价值的 IPN 材料，已投入市场，商品名为 Kraton IPN 7590 或 Kraton Gx 7590。它是由热塑性 SB 嵌段共聚物的 Kraton 产品和一些工程塑料，如 PC、聚对苯二甲酸丁二醇酯、聚甲醛等互穿交联而制得。与非 IPN 的 Kraton 产品相比，Kraton IPN 的冲击强度提高 2.5～3 倍，其低温冲击强度高于一般的热塑性工程塑料，且可直接上漆，边角料可回收再用。美国的弗里曼化学公司已于 1982 年应用 IPN 技术生产 SMC，以代替传统的聚酯 SMC。特别应当提出的是 IPN 技术在宇航方面的应用前景。美国 Hsine 等人提出新型的双氰半-IPN，它兼具热固性树脂和热塑性树脂的优点，在较苛刻的条件下，仍能保持良好的刚度和强度，是一种很有潜力的宇航用复合材料的基体树脂。同时，其电性能好，膨胀系数小，因此也是优异的印刷电路材料。这种半-IPN 以二氰基双酚 A（2-CBA）为热固性组分，组分 2 为聚醚砜和其他酯类的共聚物。

参考文献

[1] 张留成，刘玉龙. 互穿网络聚合物 [M]. 北京：烃加工出版社，1990.

[2] B. Suthar, H. X. Xiao, D. Klempner, K. C. Frisch. A review of kinetic studies on the formation of interpenetrating polymer networks [J]. Polym. Adv. Technol., 1996, 7 (4): 221-233.

[3] Y. S. Lipatov. Phase-separated Interpenetrating Polymer Networks [M]. USCHTU, Dnepratrovsk, 2001.

[4] P. G. Zhou, Q. H. XU, H. L. Frisch. Kinetics of simultaneous interpenetrating polymer networks of poly (dimethylsiloxane-urethane) poly (methyl methacrylate) formation and studies of their phase morphology [J]. Macromolecules, 1994, 27 (4): 938-946.

[5] J. R. Millar. Interpenetrating polymer networks. Styrene-divinylbenzene copolymers with two and three interpenetrating networks, and their sulphonates [J]. J. Chem. Soc. 1960, 263: 1311-1317.

[6] D. J. Hourston, Y. Zia. Semi-and fully interpentrating polymer networks based on polyurethane-polyacrylate systems. Ⅳ. Grafted semi-1-interpenetrating polymer networks [J]. J. Appl. Polym. Sci., 1984, 29 (2): 629-635.

[7] G. P. Belonovskaya, J. D. Chernova, L. A. Korotneva, L. S. Andrianova, B. A. Dolgoplosk, S. K. Zakharov, Yu. N. Sazanov, K. K. Kalninsh, L. M. Kaliuzhnaya, M. F. Lebedeva. Interpenetrating polymer networks based on diisocyanates and polar monomers [J]. Eur. Polym. J. 1976, 12 (11): 817-823.

[8] 张留成，李秀错. 胶乳型互穿网络聚合物（LIPN）[J]. 工程塑料应用，1990，(3)：46-52.

[9] L. Zhang, X. Ren. Morphology and properties of polyblend PVS/PBSM [J]. J. Appl. Polym. Sci., 1992, 45 (9): 1679-1683.

[10] B. Ohlsson, H. Hassander, B. Törnell. Blends and thermoplastic interpenetrating polymer networks of polypropylene and polystyrene-block-poly (ethylene-stat-butylene) -block-polystyrene triblock copolymer. 1: Morphology and structure-related properties [J]. Polym. Eng. Sci., 1996, 36 (4): 501-510.

[11] 韦雨春，袁惠根，潘祖仁. 小角 X-光散射方法对苯乙烯-丁二烯-苯乙烯三嵌段共聚物/聚（苯乙烯-甲基丙烯酸盐）热塑性 IPN 共混体系相区尺寸的研究 [J]. 高分子学报，1995，1 (5)：606-609.

［12］ V. I. Irzhak，G. V. Korolev，M. E. Solov′ev. Intermolecular interaction in polymers and the physical network mode ［J］. Russ. Chem. Rev，1997，66（2）：167-186.

［13］ A. A. Donatelli，L. H. Sperling，D. A. Thomas. A semiempirical derivation of phase domain size in interpenetrating polymer networks ［J］. J. Appl. Polym. Sci.，1977，21（5）：1189-1197.

［14］ J. K. Yeo，L. H. Sperling，D. A. Thomas. Theoretical prediction of domain sizes in IPN′s and related materials ［J］. Polymer，19873，24（3）：307-313.

［15］ L. H. Sperling，J. A. Manson. Polymer blends and composites ［J］. Polymer Blends and Composites，1976.

［16］ L. H. Sperling. In Interpenetrating Polymer Networks ［M］. ACS，Washington DC，1994.

［17］ G. Allen，M. J. Bowden，D. J. Blundell，G. M. Jeffs，J. Vyvoda，T. White. Composites formed by interstitial polymerization of vinyl monomers in polyurethane elastomers：2. Morphology and relaxation processes in methyl methacrylate based composites ［J］. Polymer，1973，14（12）：604-616.

［18］ M. Miyamoto，M. Sawamoto，T. Higashimura. Living polymerization of isobutyl vinyl ether with hydrogen iodide/iodine initiating system ［J］. Macromolecules，1984，17（3）：265-268.

［19］ T. I. Min，A. Klein，M. S. El-Aasser，J. W. Vanderhoff. Morphology and grafting in polybutylacrylate-polystyrene core-shell emulsion polymerization ［J］. J. Polym. Sci.：Polym. Chem. Ed.，1983，21（10）：2845-2861.

［20］ M. Okubo，Y. Katsuta，T. Matsumoto. Rupture of anomalous composith particles prepared by seeded emulsion polymerization in aging period ［J］. J. Polym. Sci.：Polym. Lett. Ed.，1980，18（7）：481-486.

［21］ 张留成，李秀错，刘天昌，赵雄燕. 胶乳型互穿网络聚合物形态结构的研究 ［J］. 高分子材料科学与工程，1992，8（4）：76-80.

［22］ L. Zhang，X. Li，T. Liu. Study of the synthesis and properties of PBA/PS/PMMA latex interpenetrating polymer networks ［J］. J. Appl. Polym. Sci.，1991，42（2）：891-900.

［23］ L. H. Sperling，Polymer Multicomponent Materials ［M］. New York，John Wiley & Sons，Inc. 1997.

［24］ L. C. Zhang，et al.，In Advances in Chemistry Series，239，edited by D. Klempner，et al.，Chapter 18，373-392，ACS，Washington DC，(1994).

［25］ 张留成，王家喜. 高分子材料进展 ［M］. 北京：化学工业出版社，2014.

［26］ I. Cho，K. W. Lee. Morphology of latex particles formed by poly（methyl methacrylate）-seeded emulsion polymerization of styrene ［J］. J. Appl. Polym. Sci.，1985，30（5）：1903-1926.

［27］ M. S. Silverstein，Y. Talmon，M. Narkis. Microstructure of polyacrylate/polystyrene two-stage latices ［J］. Polymer，1989，30（3）：416-424.

［28］ S. C. Kim，L. H. Sperling. IPN Around The World ［M］，New York，John Wiley & Sons，Inc.（1997）.

［29］ D. J. Hourston，R. Satgurunathan. Latex interpenetrating polymer networks based on acrylic polymers. I. Predicted and observed compatibilities ［J］. J. Appl. Polym. Sci.，1984，29

(10): 2969-2980.

[30] K. C. Frisch, D. Klempner, H. L. Frisch. Recent advances in interpenetrating polymer networks [J]. Polym. Eng. Sci., 1982, 22 (17): 1143-1152.

[31] S. C. Kim, D. Klempner, K. C. Frisch, H. L. Frisch. Polyurethane interpenetrating polymer networks. V. Engineering properties of polyurethane-poly (methyl methacrylate) IPN′s [J]. J. Appl. Polym. Sci., 1977, 21 (5): 1289-1295.

[32] Y. S. Lipatov, L. V. Karabanova, L. M. Sergeeva. Thermodynamic state of reinforced interpenetrating polymer networks [J]. Polym. Int., 1994, 34 (1): 7-13.

[33] Y. S. Lipatov. Nonequilibrium Surface Segregation at the Polymer Allot-Solid Interface [J]. Polymer Networks & Blends, 1995, 4 (4): 181-183.

[34] Y. S. Lipatov. G. M. Semenovich. The interrelation between the kinetics of the IPN formation at the interface with solid and surface segregation [J]. Polymer, 1999, 40 (23): 6485-6492.

[35] B. J. Bauer, D. W. Liu, C. L. Jackson. J. D. Bames. Epoxy/SiO2 interpenetrating polymer networks [J]. Polym. Adv. Technol., 1996, 7 (4): 333-339.

[36] L. Zhang, X. Ren. Morphology and properties of polyblend PVC/PBSM [J]. J. Appl. Polym. Sci., 1992, 45 (9): 1679-1683.

[37] K. Kircher, W. Mrotaek, G. Menges. Polymer blends from polyurethane and poly (methylmethacrylate) by reaction injection molding [J]. Polym. Eng. Sci., 1984, 24 (12): 974-979.

[38] S. C. Hargest, J. A. Manson, L. H. Sperling. Characterization of anionic/cationic sequential IPNs. Ⅱ. Studies of swelling, modulus, and alternate phase staining with Csf and LiI [J]. J. Appl. Polym. Sci., 1980, 25 (3): 469-485.

[39] X. He, J. M. Widmaier, G. C. Meyer. Kinetics of phase separation in polyurethane/polystyrene semi-1 interpenetrating polymer networks. 2. Microscopy observations and theoretical approach [J]. Polym. Int. 1993, 32 (2): 295-301.

[40] Y. S. Lipatov, L. V. Karabanova. Gradient interpenetrating polymer networks [J]. J. Mater. Sci. 1995, 30 (10): 2475-2484.

[41] H. Sun, G. Sun, H. Lv, Y. Liu, B. Zhao, N. Zhu, K. Hu. DSC study on the effect of cure reagents on the lignin base epoxy cure reaction [J]. J. Appl. Polym. Sci., 2007, 105 (4): 2332-2338.

[42] Y. Du, S. Z. Shen, K. Cai, P. S. Casey. Research progress on polymer-inorganic thermoelectric nanocomposite materials [J]. Prog. Polym. Sci., 2012, 37 (6): 820-841.

[43] 张增平，梁国正，裴建中，方长青. POSS/聚合物杂化材料应用的研究进展 [J]. 高分子材料科学与工程，2012，29 (1): 187-190.

[44] C. L. Jackson, B. J. Bauer, A. I. Nakatani, J. D. Bames. Synthesis of hybrid organic-inorganic materials from interpenetrating polymer network chemistry [J]. Chem. Mater., 1996, 8 (3): 727-733.

[45] H. R. Allcock, K. B. Visscher, Y. B. Kim. New polyphosphazenes with unsaturated side groups: use as reaction intermediates, cross-linkable polymers, and components of interpenetra-

ting polymer networks [J]. Macromolecules, 1996, 29 (8): 2721-2728.

[46] P. Patel, T. Shah, B. Suthat. Interpenetrating polymer networks based on castor oil, ⅩⅤⅢ [J]. J. Appl. Polym. Sci., 1990, 40 (5-6): 1037-1047.

[47] P. Tan, in Interpenetrating Polymer Networks, D. Klempner, et al., eds. Washington DC, ACS Books, (1994).

[48] M. Kamath, J. Kincaid, B. K. Mandal. Interpenetrating polymer networks of poltocrosslinkable cellulose derivatives [J]. J. Appl. Polym. Sci., 1996, 59 (1): 45-50.

[49] P. H. Corkhill, B. J. Tighe. Synthetic hydrogels: 7. High EWC semi-interpenetrating polymer networks based on cellulose esters and N-containing hydrophilic monomers [J]. Polymer, 1990, 31 (8): 1526-1537.

附　　表

附表 1　　聚合物英文名称缩写一览表

AAS	丙烯腈-丙烯酸酯-苯乙烯共聚-共混物；聚丙烯酸酯类
ABR	丙烯酸酯-丁二烯共聚物弹性体
ABS	丙烯腈-丁二烯-苯乙烯共聚-共混物
ACR	丙烯酸酯类共聚物
Acrylic	甲基丙烯酸甲酯的聚合物或共聚物
ACS	含丙烯腈、氯化聚乙烯、苯乙烯 3 种成分的共聚物的共混物
AES	由丙烯腈、乙烯、丙烯和苯乙烯构成的四元聚合物
AK	醇酸树脂
AMMA	丙烯腈-甲基丙烯酸甲酯共聚物
AR	丙烯腈橡胶
AS	丙烯腈-苯乙烯共聚物
ASA	丙烯腈-苯乙烯-丙烯酸酯共聚物(以聚丙烯酸酯为骨架接枝 AS)
AU	聚酯型聚氨酯橡胶
BR	聚丁二烯橡胶(或顺丁胶)
CA	醋酸纤维素
CIPN	理想互穿网络聚合物
CMC	羧甲基纤维素
CN	硝基纤维素
CPA	己内酰胺-己二酸己二酯-癸二酸己二酯三元共聚物
CPE	氯化聚乙烯
CPVC	氯化聚氯乙烯
CR	氯丁胶
CSM	氯磺化聚乙烯
CTBN	端羧基丁腈共聚物
CTFE	聚三氟氯乙烯
EC	乙基纤维素
ECO	环氧氯丙烷橡胶
EEA	乙烯-丙烯酸共聚物；乙烯-丙烯酸乙酯共聚物
EAM	乙烯-醋酸乙烯酯共聚物弹性体
EMA	乙烯-甲基丙烯酸酯共聚物
EP	环氧树脂
EPDM	乙烯-丙烯-二烯类三元共聚物
EPR	乙烯-丙烯共聚物弹性体
EPSAN	乙烯-丙烯-苯乙烯-丙烯腈共聚物
EPT	乙烯-丙烯三元共聚物，三元乙丙橡胶
ETFE	乙烯-四氟乙烯共聚物

续表

EU	聚醚型聚氨酯橡胶
EVA	乙烯-醋酸乙烯共聚物
F-CTFE	乙烯-三氟氯乙烯共聚物
FIPN	泡沫互穿网络聚合物
FPM	氟橡胶
HDPE	高密度聚乙烯
HIPS	高抗冲聚苯乙烯
IEN	互穿网络弹性体
IIR	异丁橡胶(丁基橡胶)
IPN	互穿聚合物网络
IPS	互穿聚合物体系
IR	聚异戊二烯橡胶,合成顺式-1,4-聚异戊二烯
LCP	液晶聚合物
LDPE	低密度聚乙烯
LLDPE	线型低密度聚乙烯
LIPN	胶乳互穿网络聚合物
MABS	甲基丙烯酸甲酯-丙烯腈-丁二烯-苯乙烯共混物
MBS	甲基丙烯酸酯-丁二烯-苯乙烯共聚-共混物
MF	三聚氰胺-甲醛树脂
NBR	丁腈橡胶,丙烯腈-丁二烯共聚物
NR	天然橡胶
PA	聚酰胺,缩写 PA 后一般附以数字,例如 PA-6、PA-6,6 分别表示聚己内酰胺、聚(己二酸己二胺)等
PAA	聚丙烯酸
PAE	聚芳醚
PAEK	聚芳醚酮
PAES	聚芳醚砜
PAI	聚酰胺-酰亚胺
PAN	聚丙烯腈
PAr	聚芳酯
PAS	聚芳砜
PB	聚丁二烯
PBA	聚丙烯酸丁酯
PBAN	丁二烯-丙烯腈共聚物,聚丁二烯丙烯酸/丙烯腈
PBS	丁二烯-苯乙烯共聚物,丁苯橡胶
PBI	聚苯并咪唑
PBMA	聚甲基丙烯酸正丁酯
PBT	聚对苯二甲酸丁二酯
P*n*BA	聚丙烯酸正丁酯
PC	聚碳酸酯
PCL	聚己内酯
PCTFE	聚三氟氯乙烯
PDMS	聚二甲基硅氧烷

续表

PE	聚乙烯
PEA	聚丙烯酸乙酯
PEBA	聚醚-嵌段-酰胺
PEG	聚乙二醇
PEEK	聚醚醚酮
PEI	聚醚亚胺;聚氮杂环丙烷
PEO	聚氧化乙烯
PES	聚醚砜
PET	聚对苯二甲酸乙二醇酯
PF	酚醛树脂
PFEP	四氟乙烯-六氟丙烯共聚物
PI	聚酰亚胺
PIB	聚异丁烯
PIPN	部分互穿网络聚合物
PMA	聚丙烯酸甲酯
PMAA	聚甲基丙烯酸
PMAN	聚甲基丙烯腈
PMMA	聚甲基丙烯酸甲酯
PMP	聚 4-甲基-1-丙烯
PnBA	聚丙烯酸正丁酯
PO	聚烯烃
POM	聚甲醛
PP	聚丙烯
PPE	聚苯醚
PPG	聚丙二醇
PPS	聚苯撑硫醚(聚苯硫醚)
PS	聚苯乙烯
PSO	聚砜
PSIPN	相分离互穿网络聚合物
PSU	聚苯砜
PTE	热塑性聚酯
PTMG	聚丁二醇,聚四亚甲基乙二醇醚
PTMO	聚四氢呋喃
PTFE	聚四氟乙烯
PTP	聚对苯二甲酸乙二醇酯(与 PET 同义);聚对苯二甲酸酯
PU	聚氨酯
PUA	聚丙烯酸氨基甲酸酯
PUU	聚氨酯脲
PVA	聚乙烯醇
PVAC	聚醋酸乙烯酯
PVB	聚乙烯醇缩丁醛
PVC	聚氯乙烯

续表

PVDC	聚偏氯乙烯
PVDF	聚偏氟乙烯
PVF	聚氟乙烯
PVME	聚乙烯基甲基醚
PVP	聚乙烯吡咯烷酮
SAN	苯乙烯-丙烯腈共聚物
SBR	丁苯橡胶
SBS	苯乙烯-丁二烯-苯乙烯嵌段共聚物
S-EPDM	磺化乙烯-丙烯-二烯共聚物
SEBS	苯乙烯-乙烯-丁烯-苯乙烯嵌段共聚物(氢化 SIS)
SEP	苯乙烯-乙烯-丙烯嵌段共聚物
SI	硅树脂
SIN	同步互穿网络聚合物
SIS	苯乙烯-异戊二烯-苯乙烯嵌段共聚物
SMA	苯乙烯-顺丁烯二酸酐共聚物
SMS	苯乙烯-α-甲基苯乙烯共聚物
TE	热塑性弹性体
TPU	热塑性聚氨酯(线型)
TPES	热塑性聚酯
TPX	聚 4-甲基-1-戊烯,4-甲基-1-戊烯树脂
TPO	热塑性聚烯烃弹性体
UHMWPE	超高分子量聚乙烯
ULDPE	超低密度聚乙烯
VLDPE	极低密度聚乙烯

附表 2　　一些常见液体的溶解度参数 δ①

液体	$\delta/(2.04\times10^3 J^{1/2}m^{-3/2})$	液体	$\delta/(2.04\times10^3 J^{1/2}m^{-3/2})$
硅酮	5.5	松节油	8.1
脂肪族氟碳化物	5.5～6.2	丁酸丁酯	8.1
新戊烷	6.3	环己烷	8.2
异戊烷	6.85	2,2-二氯丙烷	8.2
异丁烯	6.7	乙酸叔丁酯	8.2
矿油精	6.9	磷酸三甲苯酯	8.2
正戊烷	7.0	醋酸异戊酯	8.3
正己烷	7.3	醋酸异丁酯	8.3
正庚烷	7.4	异丙苯	8.4
己烯-1	7.4	甲戊酮	8.5
乙醚	7.4	醋酸丁酯	8.5
正辛烷	7.6	四氯化碳	8.6
二异丁烯	7.7	癸二酸二辛酯	8.6
甲基环己烷	7.8	甲基正丙基酮	8.7
二异丁基酮	7.8	乙苯	8.8

续表

液体	$\delta/(2.04\times10^3 J^{1/2}m^{-3/2})$	液体	$\delta/(2.04\times10^3 J^{1/2}m^{-3/2})$
正丁酸异丁酯	7.8	二甲苯	8.8
异丁酸异丙酯	7.9	二乙酮	8.8
二异丙酮	8.0	醋酸正丙酯	8.8
二甲醚	8.8	四氢呋喃	9.5
甲苯	8.9	氯苯	9.5
1,2-二氯丙烷	9.0	醋酸甲酯	9.6
醋酸乙酯	9.1	卡必醇	9.6
双丙酮醇	9.2	二氯甲烷	9.7
苯	9.2	1,2-二氯乙烷	9.7
甲酸正丙酯	9.2	环己酮	9.9
乙硫醇	9.25	二氧六环	9.9
三氯乙烷	9.3	溶纤剂	9.9
氯仿	9.3	丙酮	10.0
甲基环己酮	9.3	乳酸乙酯	10.0
甲乙酮	9.3	乙胺	10.0
四氯乙烷	9.4	硝基苯	10.0
邻苯二甲酸二丁酯	9.4	二硫化碳	10.0
甲硫醚	9.4	醋酸	10.1
五氯乙烷	9.4	甲酸甲酯	10.1
乳酸丁酯	9.4	正辛醇	10.3
四氢化萘	9.5	苯胺	10.3
甲酚	10.2	异丙醇	11.5
乙酰丙酮	10.4	乙腈	11.9
环戊酮	10.4	正丙醇	11.9
丁腈	10.5	二甲基甲酰胺	12.1
叔丁醇	10.6	硝基甲烷	12.4
吡啶	10.7	亚磷酸二甲酯	12.5
正己醇	10.7	乙醇	12.7
丙腈	10.7	二甲基亚砜	12.9
二甲基乙酰胺	10.8	乙二醇	14.2
甲基溶纤剂	10.8	甲醇	14.5
正戊醇	10.9	丁内酯	15.5
环丁二酮	11.0	氨	16.3
环氧乙烷	11.1	甘油	16.5
正丁醇	11.4	水	23.4
环己醇	11.4		

注：① 引自：E. L. McCaffery：Laboratory Preparation for Macromolecular Chemistry，McGraw-Hill Book Company，1970。

附表 3　　一些常用增塑剂的溶解度参数 δ

增塑剂	$\delta/(2.04\times10^3 J^{1/2}m^{-3/2})$	增塑剂	$\delta/(2.04\times10^3 J^{1/2}m^{-3/2})$
石蜡油	7.5	苯二甲酸二-2-丁氧基乙酯	9.3
樟脑	7.5	苯二甲酸二丁酯	9.4
己二酸二异辛酯	8.7	磷酸三苯酯	9.8
癸二酸二辛酯	8.7	磷酸三甲苯酯	9.8
苯二甲酸二异癸酯	8.8	磷酸三甲苄酯	9.9
癸二酸二丁酸	8.9	二苄醚	10.0
苯二甲酸二己酯	8.9	甘油三醋酸酯	10.0
苯二甲酸二异辛酯	8.9	苯二甲酸二甲酯	10.5

附表 4　　一些聚合物之间的界面张力系数①

聚合物对	界面张力/(10^{-5}N/cm)		
	100℃	140℃	180℃
聚乙烯/聚丙烯	—	1.1	—
线型-聚乙烯/聚苯乙烯	6.7	5.9	5.0
支链-聚乙烯/聚氯丁二烯	4.0	3.7	3.4
线型-聚乙烯/聚醋酸乙烯酯	12.4	11.3	10.2
支链-聚乙烯/乙烯-醋酸乙烯共聚物(25%醋酸乙烯*)	1.6	1.4	1.2
线型-聚乙烯/聚甲基丙烯酸甲酯	10.4	9.7	9.0
线型-聚乙烯/聚甲基丙烯酸正丁酯	5.9	5.3	4.7
支链-聚乙烯/聚甲基丙烯酸异丁酯	4.7	4.3	3.9
支链-聚乙烯/聚甲基丙烯酸叔丁酯	5.2	4.8	4.4
支链-聚乙烯/聚氧化乙烯	10.3	9.7	9.1
支链-聚乙烯/聚四氢呋喃	4.5	4.2	3.9
支链-聚乙烯/聚二甲基硅氧烷	5.2	5.1	5.0
聚丙烯/聚苯乙烯	—	5.1	—
聚丙烯/聚二甲基硅氧烷	3.0	2.9	2.8
聚异丁烯/聚醋酸乙烯酯	8.3	7.5	6.7
聚异丁烯/聚二甲基硅氧烷	4.4	4.2	4.0
聚苯乙烯/聚氯丁二烯	0.6	0.5	0.4
聚苯乙烯/聚醋酸乙烯酯	3.9	3.7	3.5
聚苯乙烯/聚甲基丙烯酸甲酯	2.2	1.6	1.1
聚苯乙烯/乙烯-醋酸乙烯共聚物 38.7%醋酸乙烯*	—	5.6	—
聚苯乙烯/聚二甲基硅氧烷	6.1	6.1	6.1
聚氯丁二烯/聚甲基丙烯酸正丁酯	1.8	1.6	1.4
聚氯丁二烯/聚二甲基硅氧烷	6.7	6.5	6.3
聚醋酸乙烯酯/聚甲基丙烯酸正丁酯	4.6	4.2	3.8
聚醋酸乙烯酯/聚二甲基硅氧烷	7.7	7.4	7.1
聚醋酸乙烯酯/聚四氢呋喃	4.9	4.6	4.3
聚甲基丙烯酸甲酯/聚甲基丙烯酸正丁酯	2.4	2.0	1.5
聚甲基丙烯酸甲酯/聚甲基丙烯酸叔丁酯	2.5	2.3	2.1
聚二甲基硅氧烷/聚氧化乙烯	10.2	9.9	9.6
聚氧化乙烯/聚四氢呋喃	4.1	3.9	3.7
聚氧化乙烯/乙烯-醋乙烯共聚物，25%醋酸乙烯*	6.0	5.8	5.6

注：① 引自：J. A. Manson 等：Polymer Blends and Composites，P. 471-472，New York，1976；* 质量分数。

附表 5-1　　　　一些聚合物对的相容情况①

聚合物(Ⅰ)	聚合物(Ⅱ)	相容情况
硝基纤维素	聚 ε-己内酯	Ⅰ的含量＞50％时可阻止结晶
聚异戊二烯	聚丁二烯	二者顺式-1,4 含量不大时,可部分相容
聚氯乙烯	聚 ε-己内酯	部分相容,Ⅰ含量＞50％时,阻止Ⅱ结晶
聚氯乙烯	丁二烯-丙烯腈共聚物	部分相容
聚氯乙烯	乙烯-醋酸乙烯共聚物	高温时相容,有最高临界相容温度
聚乙烯	聚丙烯	在聚乙烯熔点以上可部分相容
聚丁二烯	丁二烯-苯乙烯共聚物	部分相容
聚苯乙烯	聚 α-甲基苯乙烯	分子量＜10^5时,可相容
聚苯乙烯	聚甲基乙烯基醚	部分相容,有最高及最低临界相容温度
聚丙烯酸	聚氧化乙烯	部分相容
聚甲基丙烯酸甲酯	聚偏氟乙烯	部分相容,Ⅰ含量＞65％时,阻止Ⅱ结晶
聚甲基丙烯酸甲酯	氯乙烯-醋酸乙烯共聚物	依Ⅱ的组成不同而有不同的相容性
聚甲基丙烯酸甲酯	苯乙烯-丙烯腈共聚物	部分相容
聚氧化乙烯	聚氧化丙烯	分子量很低时,可相容
聚 ε-己内酯	苯乙烯-丙烯腈共聚物	Ⅱ中丙烯腈含量为 28％时,可相容
聚 2,6-二甲基-1,4-苯撑醚(PPO)	苯乙烯-对-氯苯乙烯共聚物	Ⅱ中苯乙烯摩尔数＞0.347 时,可相容
硝基纤维素	苯乙烯-丙烯腈共聚物	部分相容
聚异戊二烯	丁苯橡胶	部分相容
聚氯乙烯	聚氯丁二烯	部分相容
聚氯乙烯	聚甲基丙烯酸乙酯	部分相容
聚氯乙烯	聚氨基甲酸酯	部分相容
聚氯乙烯	氯乙烯-醋酸乙烯共聚物	部分相容
聚氯乙烯	乙烯-丙烯腈共聚物	部分相容
聚氯乙烯	乙烯-乙烯吡啶共聚物	部分相容
聚氯乙烯	聚茚树脂	部分相容
聚醋酸乙烯酯	聚丙烯酸乙酯	部分相容
聚醋酸乙烯酯	醋酸乙烯-氯乙烯共聚物	部分相容
聚醋酸乙烯酯	甲基乙烯基醚-顺丁二酐共聚物	部分相容
聚苯乙烯	丁苯橡胶	部分相容
聚苯乙烯	苯乙烯-丙烯腈共聚物	部分相容
聚苯乙烯	苯乙烯-甲基丙烯酸甲酯共聚物	部分相容
聚苯乙烯	苯乙烯-顺丁二酸共聚物	部分相容
聚丙烯酸	聚丙烯钠	相容或部分相容
聚甲基丙烯酸甲酯	聚茚树脂	部分相容
聚偏氯乙烯	聚氨基甲酸酯	部分相容
聚偏氯乙烯	聚茚树脂	部分相容
丁苯橡胶	丁腈橡胶	部分相容
丁苯橡胶	氯乙烯-醋酸乙烯共聚物	部分相容
丁腈橡胶	氯乙烯-醋酸乙烯共聚物	部分相容
丁腈橡胶	苯乙烯-丙烯腈共聚物	部分相容
聚氨基甲酸酯	氯乙烯-醋酸乙烯共聚物	部分相容
聚环氧氯丙烷	苯乙烯-丙烯腈共聚物	部分相容
聚异丁烯	丁苯橡胶	部分相容

注：① 引自 D. R. Paul 等，Polymer Blends，Vol. 1，Chapter 2，1973。

附表 5-2　　一些相容或部分相容的三元体系①

聚合物(Ⅰ)	聚合物(Ⅱ)	聚合物(Ⅲ)
聚乙烯	聚氯乙烯	乙烯-(N-甲基-N-乙烯基乙酰胺)共聚物
聚氯丁二烯	聚氯乙烯	聚丙烯腈
聚氯丁二烯	聚氯乙烯	聚偏氯乙烯
聚氯丁二烯	聚醋酸乙烯	聚偏氯乙烯
聚氯丁二烯	聚醋酸乙烯	聚丙烯腈
聚氯乙烯	聚 ε-己内酯	乙烯-(N-甲基-N-乙烯基乙酰胺)共聚物

注：① 引自 D. R. Paul 等：Polymer Blends Vol. 1，Chapter 2 1978。

附表 6　　聚合物的渗透系数①

聚合物	气体或蒸汽的渗透系数②/[(cm³·mm/cm³·s·cmHg)×10¹⁰]			
	N_2	O_2	CO_2	H_2O(蒸汽)
醋酸纤维素	1.6～5	4.0～7.8	24～180	15000～106000
氯磺化聚乙烯	11.6	28	208	12000
环氧树脂	—	0.49～16	0.89～14	—
乙基纤维素	84	265	410	14000～130000
氟乙丙共聚物	21.5	59	17	500
天然橡胶	84	230	1330	30000
酚醛塑料	0.95	—	—	—
聚酰胺	0.1～0.2	0.38	1.6	700～17000
聚丁二烯	64.5	191	1380	49000
丁腈橡胶	2.4～25	9.6～82	75～636	10000
丁苯橡胶	63.5	172	1240	24000
聚碳酸酯	3	20	85	7000
氯丁橡胶	11.8	40	250	18000
聚一氯三氟乙烯	0.09～1.3	0.25～5.4	0.48～12.5	3～360
聚二甲基丁二烯	4.8	21	75	—
聚乙烯	3.3～20	11～59	43～280	120～2100
聚对苯二甲酸乙二醇酯	0.05	0.3	1.0	1300～2300
聚甲醛	0.22	0.38	1.9	5000～10000
聚丙烯	4.4	23	92	700
聚苯乙烯	3～80	15～250	75～370	10000
苯乙烯-丙烯腈共聚物	0.46	3.4	10.8	9000
聚氨酯	4.9	15.2～48	140～400	3500～125000
聚乙烯醇	—	—	—	29000～140000
聚氯乙烯	0.4～1.7	1.2～6	10.2～37	2600～6300
聚偏氯乙烯	0.01	0.05	0.29	14～1000
氯化氢橡胶	0.08～6.2	0.25～5.4	1.7～18.2	250～19000
硅橡硅	—	1000～6000	6000～30000	106000

注：① 引自：A. Lebovits，Modern. Plastics，43 (7)：139，1966。

② 测定时温度为 20～30℃。